JN126465

電気学会大学講座

アナログ電子回路

―半導体デバイスとその応用技術―

工学博士　　落 合　政 司

電　気　学　会

まえがき

半導体素子とそれを用いた電子回路に関する技術は日々進化しており，大規模集積化が進んでいます．今後も集積度がますます向上するものと推定されますが，大規模集積回路（LSI: large scale integration）においても，それらを構成する電子回路についての基本的な理論は同じです．現在，電子回路は電気・電子工学を専攻する学生にとって重要な基礎科目になっています．電子回路の基本となる理論を学ぶことは，電気・電子に携わる技術者にとって必要不可欠なことであり，それらをきちんと理解できれば，それを応用して新しい機能・価値を創造することができます．

本書では，電子回路の基礎理論，半導体の基礎とダイオード，バイポーラトランジスタ，電界効果トランジスタなどの動作原理およびそれらを応用した電子回路について説明します．電子回路については，以前から継承されている回路だけでなく，D 級電力増幅回路やスイッチング電源などの新しい回路についても解説しています．本文で必要な項目について解説し，さらに説明が必要なときは付録に詳細を掲載しています．また，理解度が上がるように例題を多く入れています．演習問題も各章に入れています．大学や高専の教科書に適しています．

本書を読んでいただければ，アナログ電子回路に関する基礎知識を理解することができます．読者諸氏が十分に活用されることを期待いたします．

最後になりましたが，巻末に掲載しているいろいろな文献を参考にさせていただき，ありがとうございました．また，出版にあたり，いろいろとご協力してくださった方々に深く感謝いたします．

2022 年 8 月

落合 政司

目　　次

第1章　はじめに

第2章　半導体の基礎

第3章　pn接合ダイオード

第4章　トランジスタ

第5章　電界効果トランジスタ

第6章　バイアス回路

第7章　CR 結合増幅回路

第8章　負帰還増幅回路

第9章　差動増幅回路

第10章　演算増幅器

第11章　電力増幅回路

第12章　電 源 回 路

第13章　発 振 回 路

第 14 章　パルス回路

付　　録

はじめに

第1章では，第2章以降を理解するために必要な事項について，知っておかなければならない重要な法則，定理，定義などについて説明する．

1.1　キルヒホッフの法則

キルヒホッフの法則（Kirchhoff's low）は電子回路などの回路網を解析するときに，最も重要な法則である．キルヒホッフの第一法則とキルヒホッフの第二法則がある．

［1］　キルヒホッフの第一法則

キルヒホッフの第一法則は，**キルヒホッフの電流則**とも呼ばれている．「回路網の一点に流れ込む電流の総和は0である」というものであり，式(1.1)で表される．

$$\sum_{i=1}^{n} I_i = 0 \qquad (1.1)$$

図1.1のP点において，流れ込む電流をプラス，流れ出る電流をマイナスとすると

$$I_1 + I_2 + I_3 - I_4 = 0 \qquad (1.2)$$

が成り立つ．

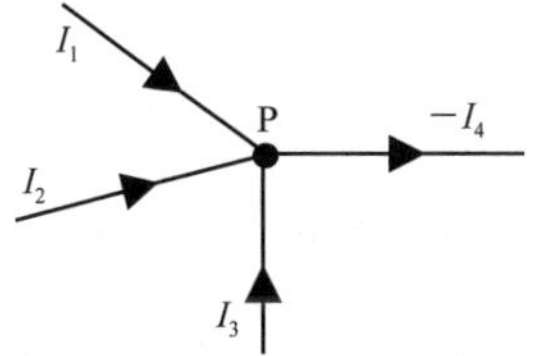

図1.1　P点に流れ込む電流

［2］　キルヒホッフの第二法則

キルヒホッフの第二法則は，**キルヒホッフの電圧則**とも呼ばれている．「回路網の任意の閉回路に発生する逆起電力（電圧降下）の総和は，起電力（電源）の総和に

等しい」というものである．直列に接続された抵抗からなる回路網で，起電力を E，抵抗に発生する逆起電力（電圧降下）を IR とすると

$$\sum_{i=1}^{n} E_i = I \sum_{i=1}^{m} R_i \qquad (1.3)$$

で表される．**図 1.2** の回路では

$$E_1 + E_2 = I\ (R_1 + R_2 + R_3) \qquad (1.4)$$

が成り立つ．

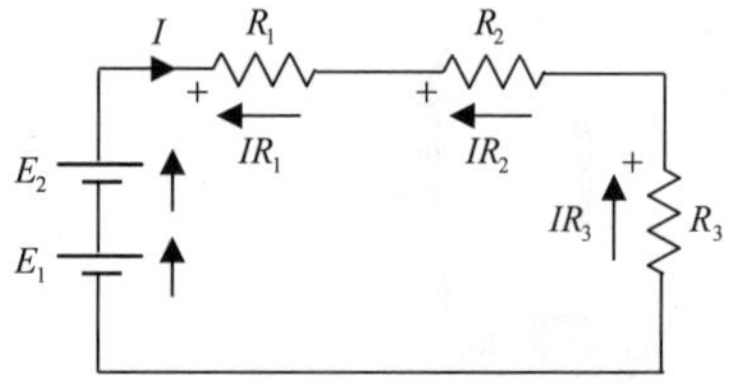

矢印は起電力と逆起電力の向きを示す．

図 1.2　回路網の起電力と逆起電力（電圧降下）

1.2　鳳・テブナンの定理

図 1.3 に示す起電力を有する回路網がある．この回路網の開放された端子 a-b 間に生じている電圧を V_0，端子 a-b 間から見た内部抵抗を R_0 とすると，端子 a-b 間に抵抗 R を接続したときの等価回路は**図 1.4** になり，電流 I は

$$I = \frac{V_0}{R_0 + R} \qquad (1.5)$$

で表される．これを**鳳・テブナンの定理**（Ho-Thevenin's theorem）という．鳳・テブナンの定理を使うと回路方程式の解（電圧，電流など）を簡単に求めることができる．

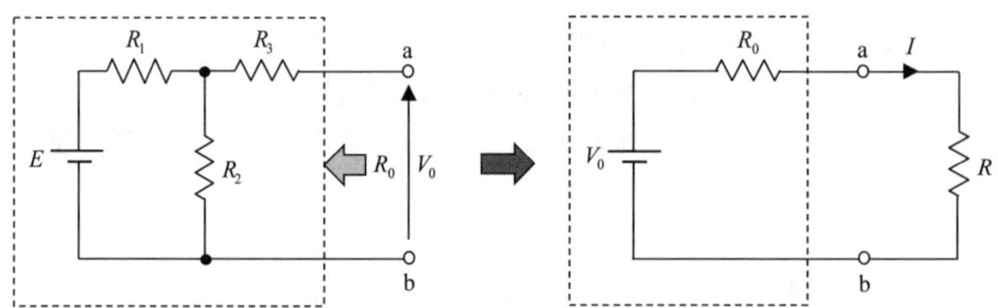

図 1.3　起電力を有する回路網　　　**図 1.4**　抵抗 R を接続したときの等価回路

【例題 1.1】

図 1.5 に示す回路網 A の抵抗 R に流れる電流 I を求めよ．

（解）　この回路網の開放された端子 a-b 間に生じている電圧を V_0，端子 a-b 間から見た内部抵抗を R_0 とすると，**図 1.6** よりそれぞれ

$$V_0 = \frac{R_2}{R_1 + R_2} E = \frac{3}{1+3} \times 12 = 9\ \text{V}, \qquad R_0 = \frac{R_1 R_2}{R_1 + R_2} = \frac{1 \times 3}{1+3} = 0.75\ \text{k}\Omega$$

となる．端子 a-b 間に抵抗 $R = 2\ \text{k}\Omega$ を接続したときに抵抗 R に流れる電流 I は

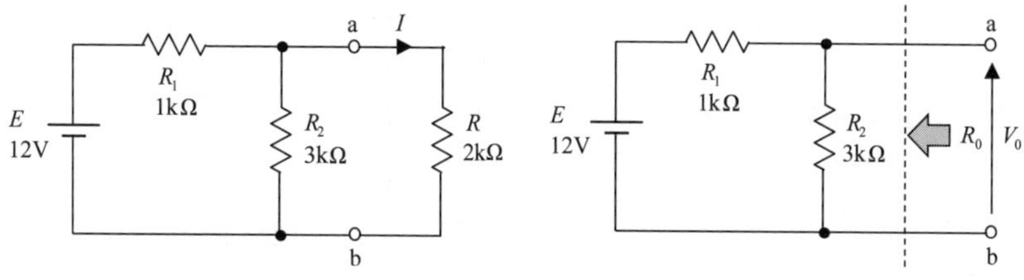

図 1.5　回路網 A　　**図 1.6**　回路網 A の V_0 と R_0

$$I=\frac{V_0}{R_0+R}=\frac{9}{0.75+2}=3.27\cong 3.3\ \text{mA}$$

になる．

(別解)　図 1.5 の端子 a-b 間に抵抗を接続したときの電流 I を，鳳・テブナンの定理を使わずに**図 1.7** をもとにして求めてみよう．

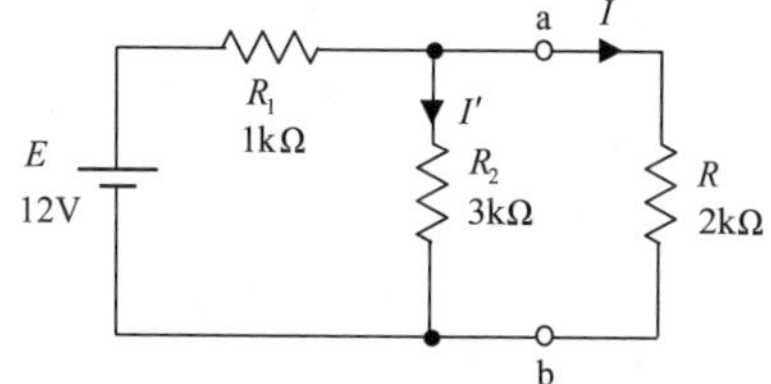

図 1.7　抵抗 R を接続したときの回路網 A における電流

図 1.7 において次式が成り立つ．

$$E=(I+I')R_1+IR,\quad I'R_2=IR\quad ］\qquad (1.6)$$

（］が付いている式番号は，その行の複数の式の番号を示す．］がないときは，最後の式の番号を示す．）

これより，電流 I を求めると

$$E=R_1\left(I+\frac{R}{R_2}I\right)+RI=\left\{R_1\left(\frac{R_2+R}{R_2}\right)+R\right\}I=\left\{\frac{R_1R_2+R(R_1+R_2)}{R_2}\right\}I$$

$$I=\frac{R_2E}{R_1R_2+R(R_1+R_2)}=\frac{3}{3+2\times(1+3)}\times 12=\frac{3}{11}\times 12=3.27\cong 3.3\ \text{mA}\qquad (1.7)$$

となり，鳳・テブナンの定理を使って解いた値と一致する．なお，式 (1.7) は展開すると，式 (1.8) のように，鳳・テブナンの定理で与えられる式 (1.5) になる．

$$I=\frac{R_2E}{R_1R_2+R(R_1+R_2)}=\frac{1}{\dfrac{R_1R_2}{R_1+R_2}+R}\cdot\frac{R_2}{R_1+R_2}E=\frac{V_0}{R_0+R}\qquad (1.8)$$

1.3　四端子回路と *h* パラメータ

第 4 章以降で ***h* パラメータ** (hybrid parameter) を使う．ここでは，四端子回路から h パラメータを導き，h パラメータの意味について説明する．h パラメータは hybrid(混成) の頭文字をとったもので，後出の式 (1.13) に示すように，次元 (単位) が異なるものが混在していることから，このように呼ばれている．

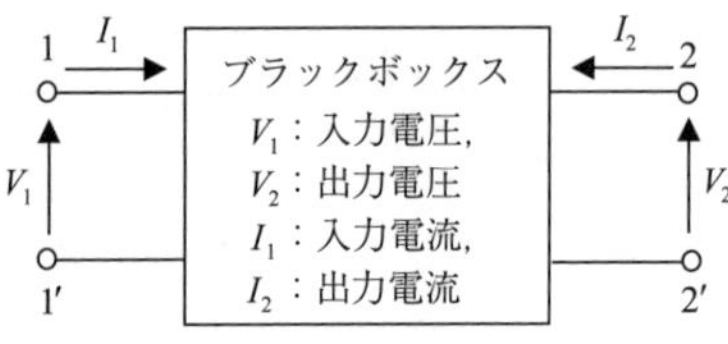

図1.8　四端子回路

図1.8 に示す四端子回路において，V_1 が I_1 と V_2 の関数，I_2 が I_1 と V_2 の関数とすると，V_1 と I_2 の変化分である $\varDelta V_1$ と $\varDelta I_2$ は次式で与えられる．

$$\varDelta V_1=\frac{\partial V_1}{\partial I_1}\varDelta I_1+\frac{\partial V_1}{\partial V_2}\varDelta V_2 \qquad (1.9),\quad \varDelta I_2=\frac{\partial I_2}{\partial I_1}\varDelta I_1+\frac{\partial I_2}{\partial V_2}\varDelta V_2 \qquad (1.10)$$

ここで，それぞれの変化分を交流小信号の電圧と電流とみなし

$$\varDelta V_1=v_1,\ \varDelta V_2=v_2,\ \varDelta I_1=i_1,\ \varDelta I_2=i_2$$

とし，さらに数式中の偏微分を

$$\frac{\partial V_1}{\partial I_1}=h_i,\ \frac{\partial V_1}{\partial V_2}=h_r,\ \frac{\partial I_2}{\partial I_1}=h_f,\ \frac{\partial I_2}{\partial V_2}=h_o$$

として h パラメータに置き換えると

$$v_1=h_i i_1+h_r v_2 \qquad (1.11),\quad i_2=h_f i_1+h_o v_2 \qquad (1.12)$$

が得られる．

式 (1.11) と式 (1.12) より，h パラメータを求めることができ，それぞれを次のように定義されている．

$$\left.\begin{array}{ll}
h_i=\left(\dfrac{v_1}{i_1}\right)_{v_2=0} & \text{：出力端短絡のときの入力インピーダンス〔Ω〕} \\
 & \text{(input impedance with output short circuit)} \\
h_r=\left(\dfrac{v_1}{v_2}\right)_{i_1=0} & \text{：入力端開放のときの逆方向電圧帰還率 (無名数)} \\
 & \text{(reverse voltage feedback ratio with input open circuit)} \\
h_f=\left(\dfrac{i_2}{i_1}\right)_{v_2=0} & \text{：出力端短絡のときの順方向電流増幅率 (無名数)} \\
 & \text{(forward current gain with output short circuit)} \\
h_o=\left(\dfrac{i_2}{v_2}\right)_{i_1=0} & \text{：入力端開放のときの出力コンダクタンス〔S=1/Ω：ジーメンス〕} \\
 & \text{(output conductance with input open circuit)}
\end{array}\right\} \quad (1.13)$$

1.4　電圧源と電流源

電圧源 (voltage source) と**電流源** (current source) の等価変換を使用すると，回路方程式を簡単にすることができる場合がある．ここでは，それらの基本回路と等価変換について説明する．

図1.9 は電圧源の基本回路を，**図1.10** は電流源の基本回路を示したものである．E は起電力，I は電流，r は内部抵抗，V は出力電圧，I_R は出力電流，R は負荷抵抗である．内部抵抗 r は，電圧源では起電力 E に直列に，電流源においては電流 I

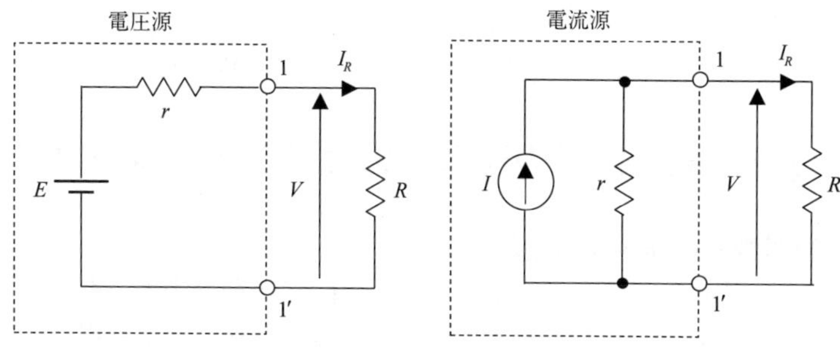

図 1.9　電圧源の基本回路　　図 1.10　電流源の基本回路

に並列に入る．その値は，電圧源では小さく 0 であることが，電流源においては大きく無限大であることが理想になる．

図 1.9 における出力電圧 V は

$$V=E-I_R r \qquad (1.4)$$

となり，$r=0$ なら，出力電圧 V は $V=E$ で出力電流 I_R に関係なく一定になる．つまり，定電圧源になる．また，図 1.10 における出力電流は

$$I_R=\frac{r}{r+R}I \qquad (1.15)$$

となり，$r=\infty$ なら，出力電流 I_R は $I_R=I$ で負荷抵抗 R に関係なく一定になる．つまり，定電流源になる．

図 1.9 の電圧源と図 1.10 の電流源は，内部抵抗 r が等しく

$$E=Ir \qquad (1.16)$$

が成り立つときに等価になる．つまり，等価変換することができる．

図 1.9 の電圧源の基本回路において，出力電圧と出力電流は

$$V=E-I_R r=\frac{R}{r+R}E \qquad (1.17),\quad I_R=\frac{E}{r+R} \qquad (1.18)$$

になる．一方，図 1.10 の電流源の基本回路では

$$V=\frac{rR}{r+R}I \qquad (1.19),\quad I_R=\frac{r}{r+R}I \qquad (1.20)$$

になる．ここで，式 (1.19) と式 (1.20) に式 (1.16) より得られる $I=E/r$ を代入すると

$$V=\frac{rR}{r+R}I=\frac{rR}{r+R}\cdot\frac{E}{r}=\frac{R}{r+R}E \qquad (1.21)$$

$$I_R=\frac{r}{r+R}I=\frac{r}{r+R}\cdot\frac{E}{r}=\frac{E}{r+R} \qquad (1.22)$$

が得られ，電圧源の基本回路の出力電圧である式(1.17)および出力電流である式(1.18)と等しくなる．つまり，電圧源と電流源が等価変換されたことになる．

1.5　線形素子の逆起電力とインピーダンス

［1］　線形素子に発生する逆起電力

電流が線形素子に流れると逆起電力(電圧降下)Vが発生する．電流が流れたときに，抵抗R，コンデンサC，インダクタンスLに発生する逆起電力vは以下のようになる．

抵抗Rには，**オームの法則**(Ohm's law)に基づく逆起電力v_Rが**図1.11**(a)の向きに発生する．1 Ωの抵抗に1 Aが流れると1 Vの電圧が発生する．

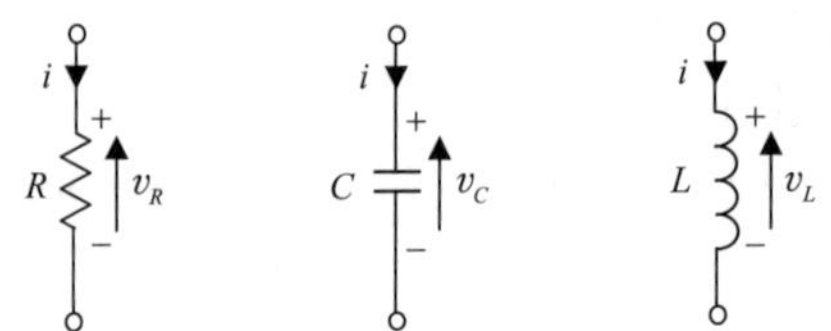

(a)　抵　抗　　(b)　コンデンサ　　(c)　インダクタンス

図1.11　線形素子に発生する逆起電力(電圧降下)

$$v_R = iR \text{〔V〕} \qquad (1.23)$$

電圧v_Rの単位：V（volt：ボルト）

電流iの単位：A（ampere：アンペア）

抵抗Rの単位：Ω（ohm：オーム）

コンデンサCには，電流が流れ込み電荷Qが蓄えられると，式(1.24)で与えられる逆起電力v_Cが図1.11(b)の向きに発生する．電流は時間t〔s〕に対する電荷Q〔C〕の変化なので，$i=dQ/dt$〔A〕となる．両辺を積分すると$Q=\int idt$〔C〕が得られる．これより，コンデンサに生じる電圧v_Cは

$$v_C = \frac{Q}{C} = \frac{1}{C}\int idt \text{〔V〕} \qquad (1.24)$$

容量Cの単位：F（farad：ファラド）

電荷Qの単位：C（coulomb：クーロン）

時間tの単位：s（second：秒）

になる．容量の単位であるFは，1Cの電荷(電気量)を蓄えたときにときに1 Vの電圧を生じる静電容量をいい，そのときにコンデンサに生じる電圧v_Cは式(1.24)になる．

インダクタンス L には電流が流れ，流れている電流が時間に対して変化すると，その電流の変化を打ち消す方向，図 1.11(c) の向きに式 (1.25) で与えられる逆起電力 v_L が発生する．

$$v_L = L\frac{di}{dt}\ \text{〔V〕} \qquad (1.25)$$

インダクタンス L の単位：H（henry：ヘンリ）

インダクタンスの単位である 1 H は，1 秒間に 1 A の電流が変化したときに，1 V の電圧を発生するインダクタンスをいい，そのときにインダクタンスに生じる逆起電力 v_L は式 (1.25) になる．

【例題 1.2】

図 1.12 に示すように，直流電流 I が流れたとき，抵抗 R，コンデンサ C，インダクタンス L に発生する逆起電力を求めよ．

（解）　式 (1.23)～式 (1.25) を使用して求めると，**図 1.13** のようになる．

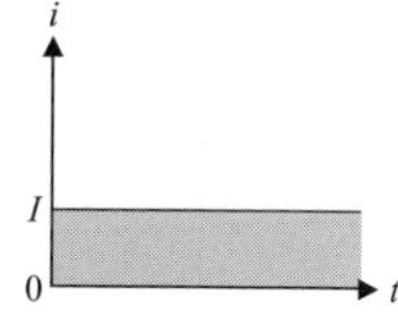

図 1.12　直流電流

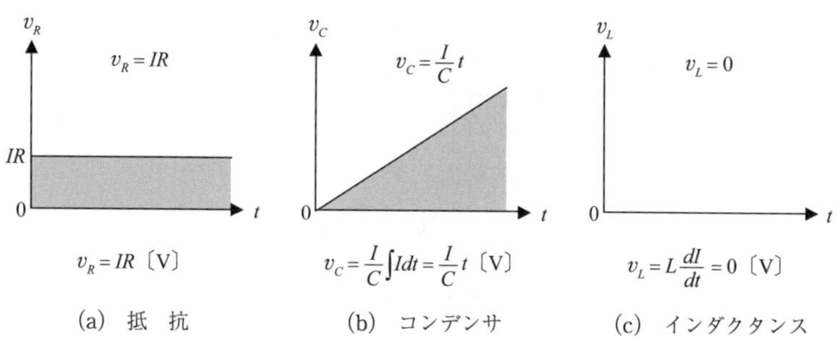

(a)　抵　抗　　(b)　コンデンサ　　(c)　インダクタンス

図 1.13　直流電流が流れたときに発生する逆起電力

インダクタンスに直流電流が流れても逆起電力は発生しない．したがって，直流に対してインダクタンスは短絡として扱うことができる．

---

［2］　線形素子のインピーダンス

正弦波電流が流れたときにコンデンサ C とインダクタンス L に発生する逆起電力は，式 (1.24) と式 (1.25) より

$$i = I_m \sin\omega t$$

$$v_C = \frac{1}{C}\int idt = -\frac{I_m}{\omega C}\cos\omega t = \frac{I_m}{\omega C}\sin\left(\omega t - \frac{\pi}{2}\right) \qquad (1.26)$$

$$v_L = L\frac{di}{dt} = \omega L I_m \cos\omega t = \omega L I_m \sin\left(\omega t + \frac{\pi}{2}\right) \qquad (1.27)$$

となる．コンデンサに発生する逆起電力 v_C は振幅（大きさ）が $I_m/(\omega C)$ で，位相が電流に対して $\pi/2$(時間軸でいうと $T/4$，T: 周期）遅れる．インダクタンスに発生する逆起電力 v_L は振幅が $\omega L I_m$ で，位相が $\pi/2$ 進む（**図 1.14** を参照のこと）．ただし，ω は角周波数（角速度）であり，$\omega=2\pi f$〔rad/s〕で与えられる．f は交流電流の周波数〔Hz〕である．

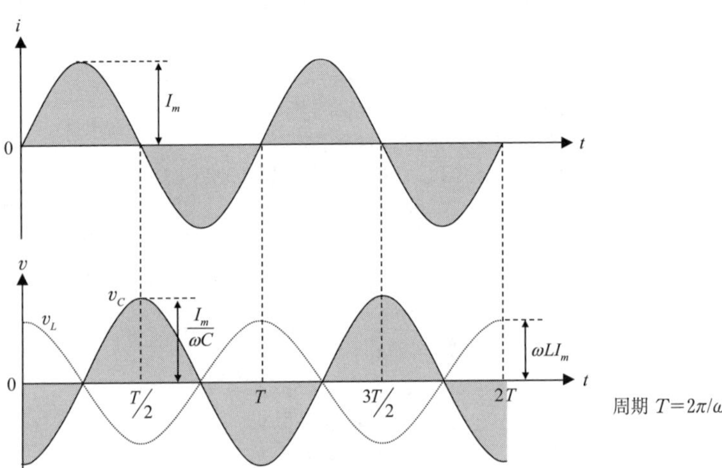

図 1.14　コンデンサとインダクタンスに発生する逆起電力

$i=I_m\varepsilon^{j0}=I_m$ とおき，複素数を使って表示すると，コンデンサとインダクタンスの逆起電力 v_C と v_L はそれぞれ

$$v_C = \frac{I_m}{\omega C}\varepsilon^{-j\frac{\pi}{2}} = \frac{I_m}{\omega C}\left(\cos\frac{\pi}{2} - j\sin\frac{\pi}{2}\right) = -j\frac{I_m}{\omega C} \qquad (1.28)$$

$$v_L = \omega L I_m \varepsilon^{j\frac{\pi}{2}} = \omega L I_m\left(\cos\frac{\pi}{2} + j\sin\frac{\pi}{2}\right) = j\omega L I_m \qquad (1.29)$$

と書き直すことができる．これらから，電圧と電流の比 (v/i) を求め，それらを Z_C と Z_L とすると

$$Z_C = \frac{v_C}{i} = \frac{v_C}{I_m} = -j\frac{1}{\omega C} \qquad (1.30),\qquad Z_L = \frac{v_L}{i} = \frac{v_L}{I_m} = j\omega L \qquad (1.31)$$

となる．上式の Z_C と Z_L は，コンデンサとインダクタンスの複素インピーダンスを意味している．式 (1.30) より，Z_C は大きさが $1/(\omega C)$ で位相が $\pi/2$ 遅れている．また，式 (1.31) より，Z_L は大きさが ωL で位相が $\pi/2$ 進んでいる．一方，抵抗に

発生する逆起電力は式(1.23)で与えられるために，抵抗 R の位相は0になる．これらを複素平面にベクトル表示すると，**図1.15**のようになる．

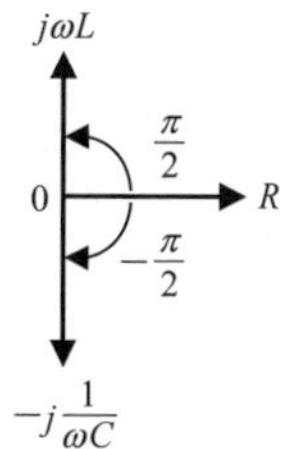

図1.15 線形素子の交流に対するベクトル図

直流は周波数が0と考えることができる．したがって，直流に対するコンデンサとインダクタンスのインピーダンスは

$$|Z_C| = \frac{1}{\omega C} = X_C = \infty \qquad (1.32), \qquad |Z_L| = \omega L = X_L = 0 \qquad (1.33)$$

となる．つまり，直流に対しては，コンデンサは開放（オープン），インダクタンスは短絡（ショート）として扱うことができる．なお，式中の X_C を**容量性リアクタンス**，X_L を**誘導性リアクタンス**と呼んでいる．

1.6 デシベル表示

増幅回路における入力電圧と出力電圧など二つの同じ単位の量を比較するのに，常用対数を用いた**デシベル(dB)**を単位とする．このときの入力電圧と出力電圧の比を増幅度といい，その値は，小さな値から非常に大きな値になる．そこで，的確に効率よく増幅度を表すために，デシベル(dB)を単位とする．電力増幅度を A_p，電圧増幅度を A_v，電流増幅度を A_i，とすると，それらのデシベルは以下のように表示される．

① **電力増幅度（電力比）**

$$G_p = 10\log_{10}\frac{p_o}{p_i} = 10\log_{10}A_p \text{〔dB〕} \qquad (1.34)$$

② **電圧増幅度（電圧比）**

$$G_v = 20\log_{10}\frac{v_o}{v_i} = 20\log_{10}A_v \text{〔dB〕} \qquad (1.35)$$

③ **電流増幅度（電流比）**

$$G_i = 20\log_{10}\frac{i_o}{i_i} = 20\log_{10}A_i \text{〔dB〕} \qquad (1.36)$$

ただし，p_i は入力電力，p_o は出力電力，v_i は入力電圧，v_o は出力電圧，i_i は入力電流，i_o は出力電流である．

よく使われる電圧・電流増幅度のデシベル表示を**表1.1**に示す．

表1.1 電圧・電流増幅度のデシベル表示

電圧・電流増幅度〔倍〕	デシベル表示〔dB〕
10^4	80
100	40
10	20
2	6
$\sqrt{2}$	3
1	0
$1/\sqrt{2}$	−3
1/2	−6
1/10	−20

【例題 1.3】

図 1.16 に示す増幅回路の増幅器 1 と増幅器 2 の電圧増幅度 G_{v1}〔dB〕，G_{v2}〔dB〕および総合増幅度 G_v〔dB〕を求めよ．

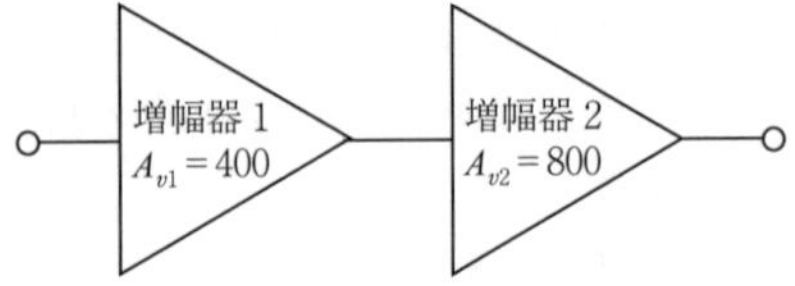

図 1.16　2 段増幅回路

（解）
$$G_{v1}=20\log_{10}A_{v1}=20\log_{10}400=20\times2.6=52\ \text{dB}$$
$$G_{v2}=20\log_{10}A_{v2}=20\log_{10}800=20\times2.9=58\ \text{dB}$$
$$G_v=20\log_{10}(A_{v1}\times A_{v2})=20\log_{10}A_{v1}+20\log_{10}A_{v2}=G_{v1}+G_{v2}=110\ \text{dB}$$

1.7　記　　　号

本書では，**表 1.2** のように，直流を大文字で，交流（交流小信号）またはパルスを小文字で表している．2 章以降については，これを理解したうえで読むこと．

表 1.2　記号の例

	直流	交流または パルス
電圧	V，E	v，e
電流	I	i

演 習 問 題

1.　トランジスタのコレクタ電流が $I_C=3$ mA，ベース電流が $I_B=20$ μA のとき，エミッタ電流 I_E はいくらになるか求めよ（**図 1.17**）．

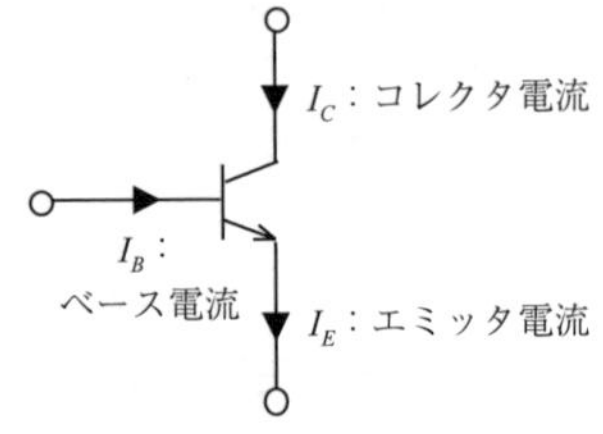

図 1.17　トランジスタの電流

2.　**図 1.18** に示す回路網 B の抵抗 R_3 に生じる定常状態における電圧を求めよ．

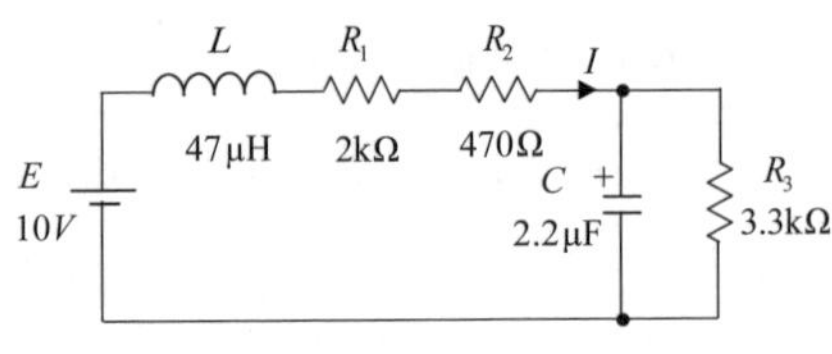

図 1.18　回路網 B

3. **図 1.19** に示す回路網 C の電流 I を求めよ．

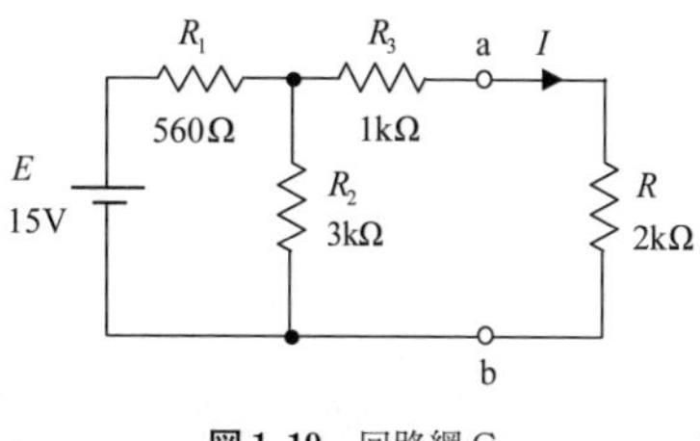

図 1.19 回路網 C

4. 電圧 $E=10$ V，内部抵抗 $r=1\ \Omega$ の電圧源がある．これを電流源に変換したときの電流 I は何 A になるか求めよ．

5. **図 1.20** に示すような時間に対して直線的に増加する電流が流れたとき，抵抗 R，コンデンサ C，インダクタンス L に発生する逆起電力を求めよ．

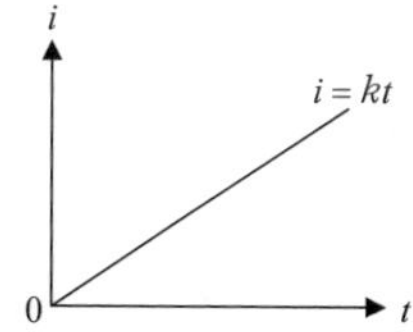

図 1.20 時間に対して直線的に増加する電流

6. 抵抗 R とコンデンサ C の直列回路（**図 1.21**）がある．この回路のインピーダンス Z とインピーダンスの位相角を求めよ．

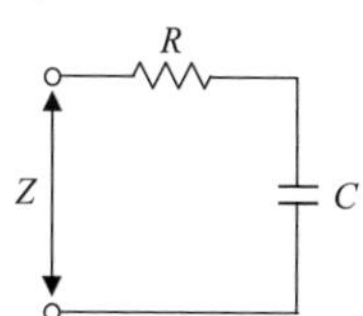

図 1.21 抵抗とコンデンサの直列回路

半導体の基礎

ダイオード，バイポーラトランジスタ，電界効果トランジスタの動作原理を理解するためには，そこに使われている半導体の種類や特性を知っておかなければならない．

第 2 章では，第 3 章に入る前に説明しておかなければならない半導体の基礎について述べる．

2.1　原子の構造とエネルギー準位

物質を構成する**原子**は，**原子核**とそれを中心にして円運動をしている電子で構成されている．原子番号 Z の元素には Z 個の電子が存在し，電子の電荷を $-q$ $(q=1.602\times10^{-19}\ \mathrm{C})$ とすると電子の総電荷は $-Zq$ になる．一方，原子核の持っている電荷は $+Zq$ となり，原子全体として電荷は 0 になる．電子はいくつもの軌道に分かれ，原子核の周りを回転運動している．

例えば，シリコンの原子番号は 14 であり，**図 2.1** のように，14 個の電子が原子

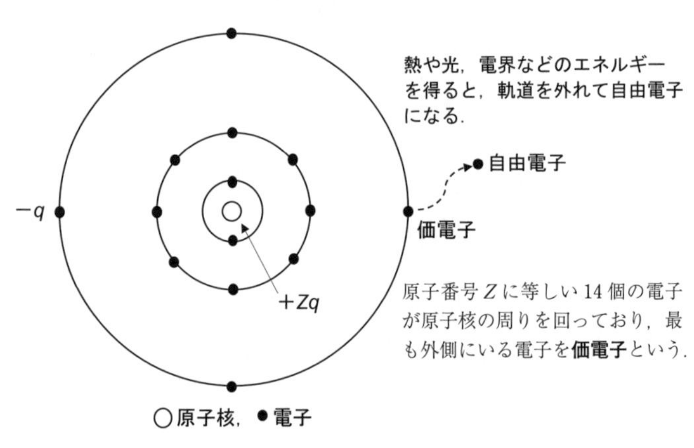
熱や光，電界などのエネルギーを得ると，軌道を外れて自由電子になる．
自由電子
−q
価電子
+Zq
原子番号 Z に等しい 14 個の電子が原子核の周りを回っており，最も外側にいる電子を価電子という．
○原子核，●電子

図 2.1　シリコン原子の構造

核の周りを回っている．最も外側にある電子を**価電子**(valence electron)といい，シリコンの場合は4個の価電子がある．価電子は原子核からの距離が遠いために，原子核との間に働く吸引力が弱く，熱や光，電界などのエネルギーを得ると，軌道を外れて自由に動き回ることができるようになる．

$Z=1$ の水素原子では，原子核の電荷は $+q$ になる．電子の電荷を $-q$，質量を m，円運動の半径(原子核から電子までの距離)を r，電子の速度を v とすると，原子核から n 番目の軌道にいる電子のエネルギーを求めることができる．水素原子では $n=1$ の軌道にしか電子はいないが，$n=2$ 以上の軌道が実際に存在しており，原子核から n 番目の軌道に電子がいると仮定した場合の電子のエネルギーを求めることができる．(ここでは簡潔に説明している．電子のエネルギーの詳細な解き方については付録Aを参照のこと)

図2.2に示すように，半径 r〔m〕，速度 v〔m/s〕で円運動している電子 $(-q)$ に働く**遠心力** f_r と原子核 $(+q)$ との間に働く**クーロンの力** f_c は等しく，電子の質量を m〔kg〕，真空の誘電率 ε_0($\varepsilon_0=8.854\times10^{-12}$ F/m)とすると

$$m=\frac{v^2}{r}=\frac{q^2}{4\pi\varepsilon_0 r^2}\ 〔\mathrm{N}〕 \tag{2.1}$$

が成り立つ．

このときの電子の運動エネルギー E_m は，式(2.1)を用いて

$$E_m=\frac{1}{2}mv^2=\frac{q^2}{8\pi\varepsilon_0 r}\ 〔\mathrm{J}〕 \tag{2.2}$$

になる．

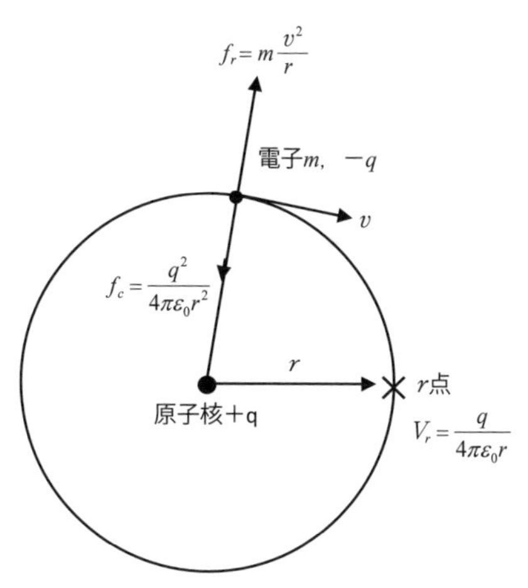

図2.2　円運動している電子に働く力と r 点の電位 V_r

一方，電子のポテンシャルエネルギー U は，原子核から r の距離にある点の電位を V_r とすると，1 V=1 J/C なので

$$U=-qV_r=-q\left(\frac{q}{4\pi\varepsilon_0 r}\right)=-\frac{q^2}{4\pi\varepsilon_0 r}\ 〔\mathrm{J}〕 \tag{2.3}$$

として求められる．したがって，これらを加算した電子の全エネルギー E は

$$E=U+E_m=-\frac{q^2}{4\pi\varepsilon_0 r}+\frac{q^2}{8\pi\varepsilon_0 r}=-\frac{q^2}{8\pi\varepsilon_0 r}\ 〔\mathrm{J}〕 \tag{2.4}$$

になる．電子は波動としての性質を持っており，ド・ブロイ(de Broglie)の式を

使い，式(2.4)より原子核から n 番目の軌道の半径 r_n と電子の全エネルギー E_n を求めると

$$r_n=\frac{\varepsilon_0 h^2 n^2}{\pi m q^2}\ \text{[m]} \qquad (2.5), \qquad E_n=-\frac{q^2}{8\pi\varepsilon_0 r_n}=\frac{mq^4}{8\varepsilon_0^2 h^2 n^2}\ \text{[J]} \qquad (2.6)$$

となる．ただし，h はプランク(Planck)の定数($h=6.625\times10^{-34}$ J·s)である．

式(2.6)の電子のエネルギー E_n を**エネルギー準位**(energy level)，n を**主量子数**(principal quantum number)という．

図2.3は，各軌道における電子のエネルギー準位と円運動の半径を示したものである．主量子数が $n=1$ のときのエネルギー準位を E_1，電子のポテンシャルエネルギーを U_1，電子の運動エネルギーを E_{m1} とすると，これらの間には式(2.4)と同様に

$$E=U_1+E_{m1} \qquad (2.7)$$

の関係式が成り立ち，E_1 は U_1 より E_{m1} だけ上昇した負のエネルギー準位になる．このときの電子は，エネルギー準位が U_1 の位置(図2.3の $n=1$ の軌道)で円運動

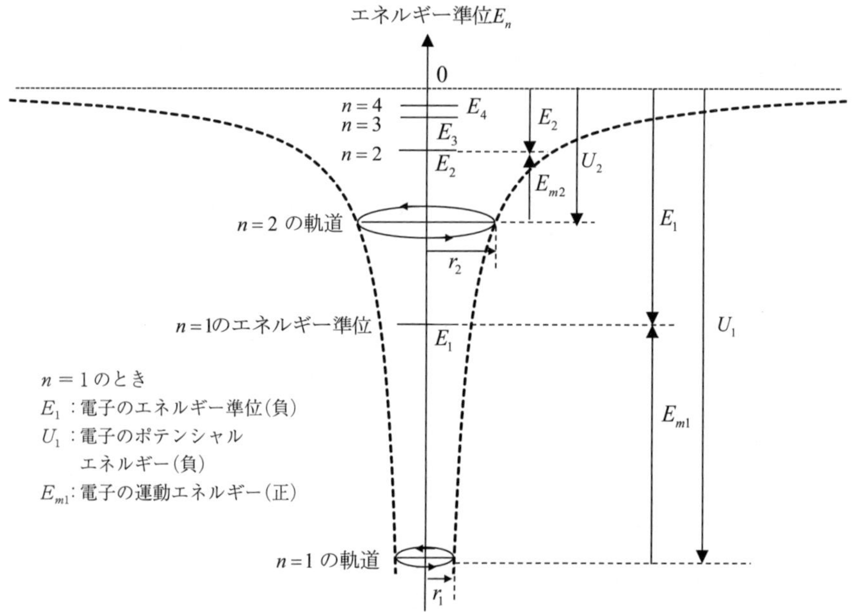

主量子数 n が大きくなると，電子のエネルギー準位は n^2 に反比例して，円運動の半径は n^2 に比例して変化する．n が大きくなると，軌道半径が大きくなり，エネルギー準位 E_n は0に近づく．その結果，電子は自由空間に飛び出すことになる．

図2.3　電子のエネルギー準位と円運動の半径

をする (E_1 の位置ではない). 主量子数が $n=2,3,4\cdots$ のときも同様の関係が成り立つ. 主量子数 n が大きくなると, 電子のエネルギー準位 E_n は n^2 に反比例して, 円運動の半径 r は n^2 に比例して変化する. n が大きくなると, 軌道半径が大きくなり, エネルギー準位 E_n は 0 に近づく. その結果, 電子は自由空間に飛び出していくことになる.

2.2 半導体とは

金属のように電気を良く通す物質を**導体** (conductor), また, 石英やガラスなどのように電気を通さない物質を**絶縁体** (insulator) という. これに対して, トランジスタやダイオードの材料になるシリコンなどは, 両者の中間になる電気伝導度を示すことから, **半導体** (semiconductor) と呼ばれている. 抵抗率でいうと, 10^{-4} ～10^{7} Ω·m 程度のものが半導体になる. 抵抗率 ρ は

$$R=\rho\frac{1}{S} \text{ より } \rho=\frac{S}{l}R \text{ 〔Ω·m〕} \qquad (2.8)$$

で与えられる. ただし, R は抵抗〔Ω〕, S と l は物質の断面積〔m^2〕と長さ〔m〕である.

導体, 半導体, 絶縁体の抵抗率の代表例を**表 2.1** に示す. 半導体は, 不純物を添加すると不純物原子の数に等しい数のキャリア (電子や正孔のこと, 後で説明) が発生し, 抵抗率が大きく低下するという特徴がある.

表 2.1 物質の抵抗率

	導体	半導体	絶縁体
	銅	シリコン	石英
抵抗率〔Ω·m〕	10^{-8} 程度	2.7×10^{3}	10^{16} 程度

表 2.2 は半導体における単独原子の電子配列を示したものである. シリコンの場合, 1s, 2s, 2p の軌道は電子で満たされており, 3s と 3p の軌道に 4 個の価電子

表 2.2 単独原子の電子配列

主量子数 n		1	2		3			4			
軌道		1s	2s	2p	3s	3p	3d	4s	4p	4d	4f
電子の収容可能数		2	2	6	2	6	10	2	6	10	14
3 価 (3 族)	B(ボロン)	2	2	1							
4 価 (4 族)	Si(シリコン)	2	2	6	2	2					
5 価 (5 族)	As(ヒ素)	2	2	6	2	6	10	2	3		

・原子番号 Z　B：3, Si：14, As：33
・塗りつぶしてある升目の合計が価電子の数になる.

が存在する．それぞれの軌道にある電子は別々なエネルギー準位を持っているが，結晶になるとエネルギー準位は**図 2.4** のように帯状（バンド状）になる．結晶中の原子の数は，**図 2.5** に示すように 1 cm^3 当り 5×10^{22} 個あり非常に多く，結晶状態になり原子がたくさん集まると，エネルギー準位は帯状（バンド状）になる．これを**エネルギー帯**（energy band）といい，電子が存在できるエネルギー帯を**許容帯**（tolerance band），許容帯と許容帯の間で電子が存在できないエネルギー帯を**禁制帯**（forbidden band）という．価電子が入っているエネルギー帯を**価電子帯**（valence band），その上にあるエネルギー帯を**伝導帯**（conduction band）とい

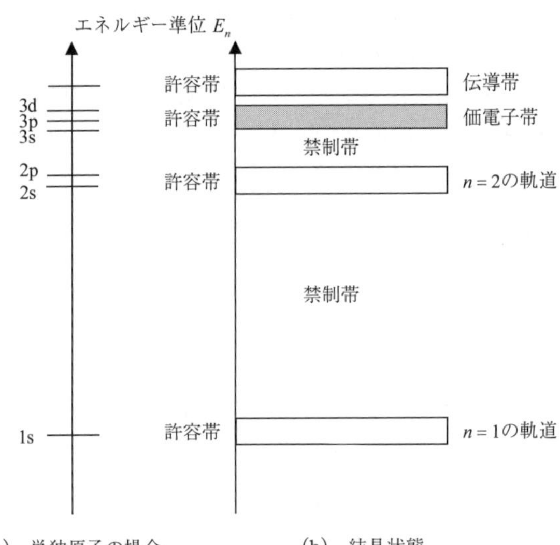

3d の軌跡にいる電子が，最も外側の電子（価電子）である場合を示す．

図 2.4 結晶状態でのエネルギー帯

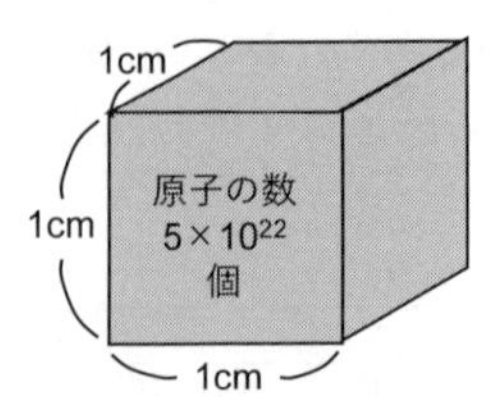

図 2.5 シリコン原子の数密度

う．伝導帯には**自由電子**（free electron）が存在し，ここに電界を加えると，一方向に電子が移動し電気伝導が生じる．

また，伝導帯と価電子帯とのエネルギー準位の差 ΔE を**エネルギーギャップ**（energy gap）といい，シリコンの場合は 1.1 eV($1\ \text{eV}=1.602\times10^{-19}$ J) のエネルギー差がある．絶縁体である炭素は，このエネルギーギャップが大きく 5.5 eV ある．2 価の金属導体ではエネルギーギャップはなく，価電子帯と伝導帯が一部重なっている．価電子がそのまま自由電子になる（**図 2.6** を参照）．

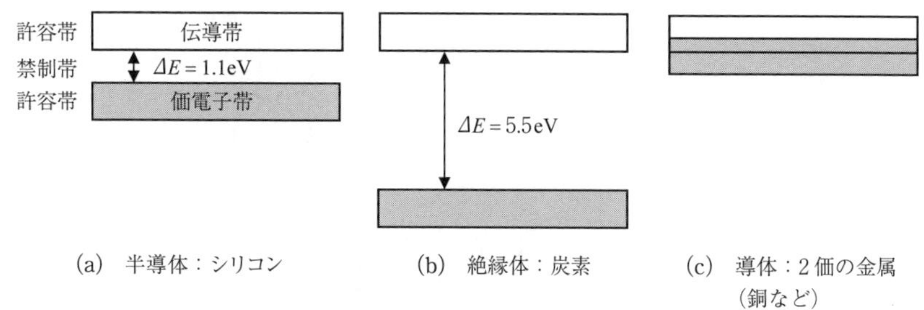

(a)　半導体：シリコン　(b)　絶縁体：炭素　(c)　導体：2価の金属（銅など）

価電子帯の下にある充満帯は省略してある.

図 2.6　結晶状態のエネルギーギャップの大きさ

絶縁体に電圧を加えると，きわめてわずかな電流が流れる．これは，伝導帯にわずかな自由電子が存在するため，あるいはイオン移動により電流が流れるものと考えられている.

2.3　真 性 半 導 体

不純物を含まない半導体を**真性半導体**（intrinsic semiconductor）という．シリコン原子が集合すると，価電子を共有しダイヤモンド形構造の結晶を形成するが，この結びつきを**共有結合**（covalent bond）という．5 個のシリコン原子が結合し，これを結合の基本単位として，**ダイヤモンド形結晶**が形成される（**図 2.7** を参照）.

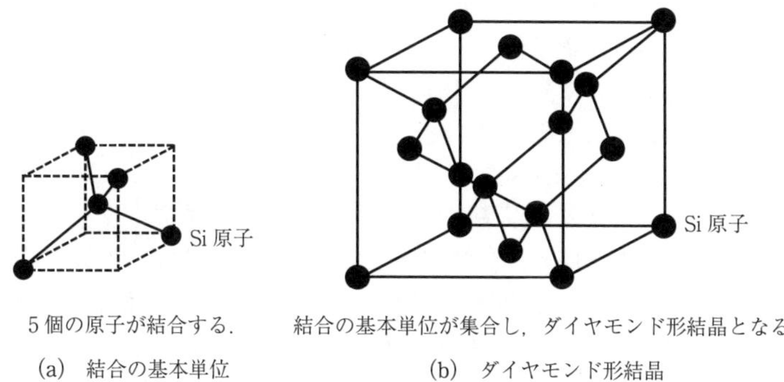

5 個の原子が結合する.　(a)　結合の基本単位

結合の基本単位が集合し，ダイヤモンド形結晶となる.　(b)　ダイヤモンド形結晶

図 2.7　ダイヤモンド形結晶構造

4 価のシリコン原子には価電子が 4 個ある．共有結合するときは，最も外側の電子は 8 個が安定状態になる．このために，空席も 4 個あると考えることができる．したがって，シリコン原子を模式的に平面図で表すと，**図 2.8** のようになる．ま

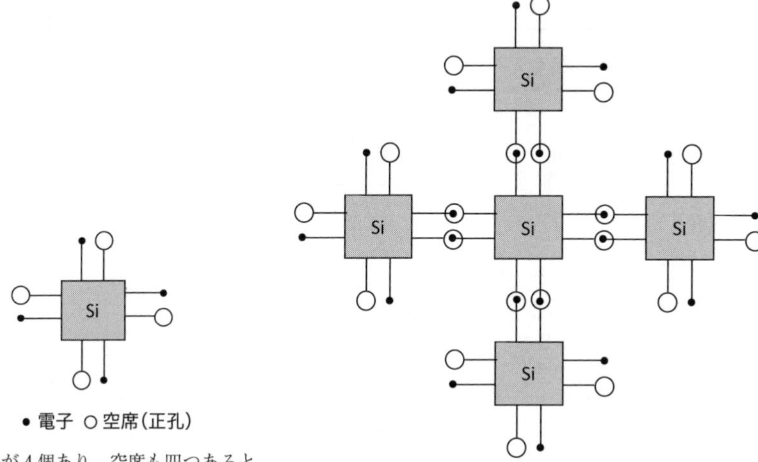

価電子が4個あり，空席も四つあると考えることができる.

図 2.8 シリコン原子の模式図

シリコン原子は電子を共有し，共有結合する.

図 2.9 真性半導体（シリコン）の結晶

た，共有結合したシリコンの結晶を平面的に表すと，**図 2.9** のようになる．中央のシリコン原子の4個の空席に，周辺の4個の原子の価電子が入り込む．また，周辺のシリコン原子の空席に，中央のシリコン原子の4個の価電子が入り込み，電子を共有し結合する．中央のシリコン原子の価電子は，周辺のシリコン原子の原子核にクーロンの力により吸引される．逆に周辺のシリコン原子の価電子は，中央のシリコン原子の原子核により吸引され，がっちりと共有結合する．

このため，低温における電子はまったく動けない状態にあり，電気伝導は行われない．しかし，価電子が熱や光，電界などから 1.1 eV 以上のエネルギーを得ると，伝導帯に遷移し自由電子になる．このとき，価電子帯には**正孔** (hole，電子が抜けた穴) ができる．ここに外部から電圧を加えると，伝導帯の電子は電圧のプラス側に，価電子帯の正孔には次々に電子が飛び込んで，正孔の位置はマイナス側に移動する．この結果，電流が電圧のプラス側からマイナス側に流れ，電気伝導が行われることになる（**図 2.10**(a),(b) を参照)．このときの電子と正孔を**キャリア** (carrier，電荷を運ぶもの) と呼び，電子と正孔の数が等しくなる．これらのキャリアは，シリコンの場合，常温 (25℃) で原子が 10^{12} 個 (正確には 4.3×10^{12} 個) 当り1個程度である．なお，図 (b) において，電子から見た電圧 V の正極性側のエネルギーは負極性側に対して $-qV$〔J〕になるために，エネルギーバンドは qV だけ下がる．

シリコンなどの真性半導体の純度は，一般的にテンナイン (不純物の含有率が 10^{-10} 以下) あるいはイレブンナインになっているが，実際にトランジスタや集積

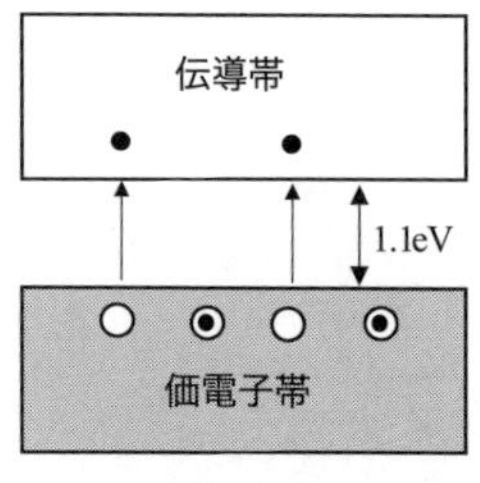

価電子が熱や光，電界などから 1.1eV 以上のエネルギーを得ると，伝導帯に遷移し自由電子になる．このときに，価電子帯には正孔ができる．

(a) キャリア

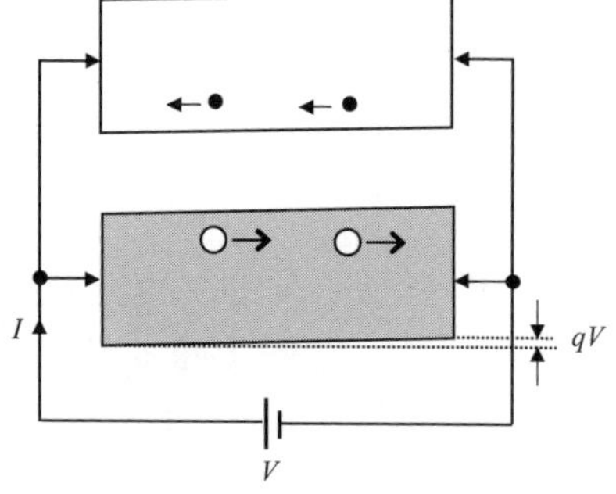

電圧 V を加えると，電子と正孔が移動して電流 I が流れ，電気伝導が行われる．

(b) 電気伝導

図 2.10 真性半導体（シリコン）のキャリアと電気伝導

回路を作るときには，ここに不純物を混ぜて使用する．加える不純物により，n 形半導体や p 形半導体になる．

2.4 不純物半導体

［1］ n 形 半 導 体

4 価のシリコンにごく微量†の 5 価のヒ素 (As)，リン (P)，アンチモン (Sb) などを混入させて結晶を作ると，5 価元素の電子が一つ余り，1 個の過剰電子が発生する．不純物原子が 1 個で，1 個の過剰電子が発生する．

不純物（5 価元素）の原子 1 個→ 1 個の過剰電子

5 価のヒ素 (As) を混入させたときの結晶の平面図を**図 2.11** に示す．このように，過剰電子を発生する 5 価の元素を**ドナー** (donor) という．

この過剰電子は，温度が極低温のときは伝導帯のすぐ下の**ドナー準位**にいるが，室温程度の熱エネルギーを得ると，伝導帯に遷移し自由電子になる（**図 2.12**(a),(b) を参照）．このとき，5 価の元素であるドナーは電子を失うので陽イオンになる．ドナーがヒ素 (As) の場合，それらの関係は以下のように表すことができる．

$As \rightarrow As^{+} + e^{-}$　　As：ヒ素原子，As^{+}：陽イオンになったヒ素原子（ドナーイオン），e^{-}：電子

さらに，価電子帯の価電子が熱や光，電界などから 1.1 eV 以上のエネルギーを

† 後述する MOSFET に使う基板の不純物濃度は，0.02 ppm(parts per million:100 万分の 1 の意味) 程度である．

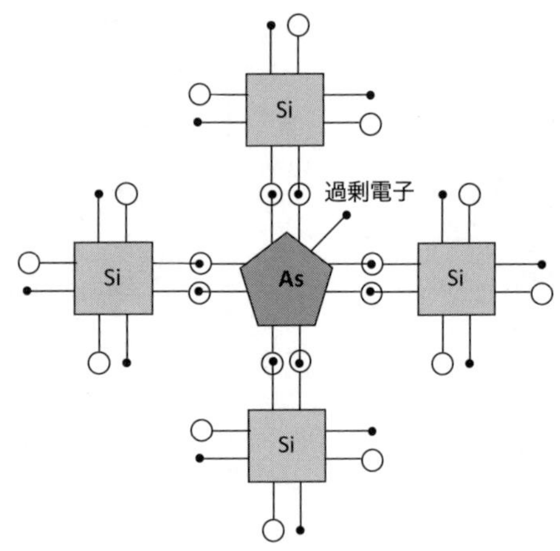

4価のシリコン (Si) に5価のヒ素 (As) を混入させると, 1個の過剰電子が発生する.

図 2.11 n形半導体の結晶

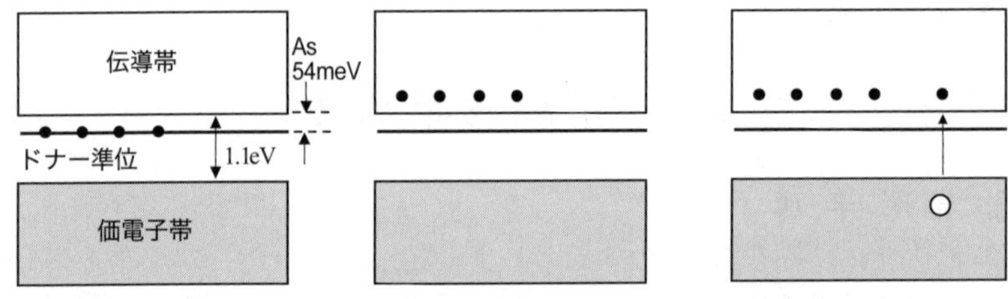

過剰電子はドナー準位にいる.

(a) 極低温

室温程度のエネルギーを得ると, 過剰電子が伝導帯に遷移し, 自由電子になる.

(b) 室 温

価電子が熱や光, 電界などから 1.1eV 以上のエネルギーを得ると, 伝導帯に遷移し自由電子になる. このとき, 価電子帯には正孔ができる.

(c) 高 温

図 2.12 n形半導体のキャリア

得ると, 伝導帯に遷移し自由電子になる. このとき, 価電子帯には正孔が発生する (図 2.12(c) を参照). ここに外部から電圧を加えると, 伝導帯の電子は電圧のプラス側に, 価電子帯の正孔の位置はマイナス側に移動する. この結果, 電流が電圧のプラス側からマイナス側に流れ, 電気伝導が行われることになる (**図 2.13** を参照).

以上の振舞いにより発生した電子と正孔の数を比較すると, 電子のほうが正孔より多くなる. つまり, 電子が**多数キャリア** (majority carrier) に, 正孔が**少数キャリア** (minority carrier) になる. このようにしてできた半導体は多数キャリアが

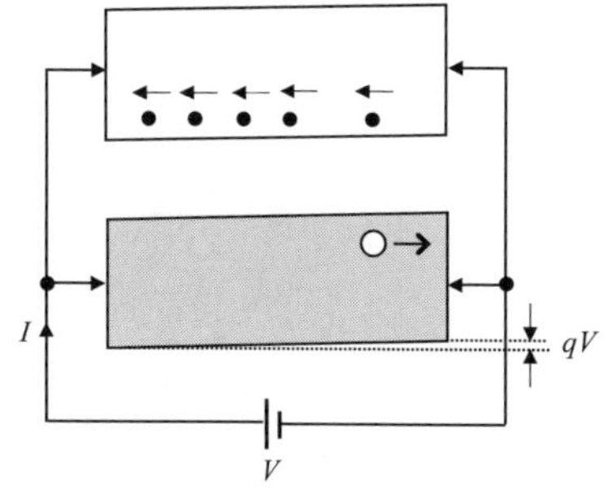

図 2.12(c) の状態で電圧 V を加えると，電子と正孔が移動し電流 I が流れ，電気伝導が行われる．

図 2.13 n 形半導体の電気伝導

負 (negative) の電荷をもつ電子であることから，**n 形半導体**と呼ばれている．不純物の原子数と同じ数の過剰電子が発生するので，不純物の数密度 (単位体積当りの数，単位 :m^{-3}，不純物密度という場合もある) を増やすと多数キャリアの数密度 (多数キャリア密度という場合もある) も増加し，n 形半導体の抵抗率が下がる．

［2］ p 形 半 導 体

4 価のシリコンに 3 価のボロン (B)，ガリウム (Ga)，インジウム (In) などをごく微量混入させて結晶を作ると，電子が 1 個足りず，1 個の正孔が発生する．不純物原子が 1 個で，1 個の正孔が発生する．

不純物（3 価元素）の原子 1 個
→ 1 個の正孔

3 価のボロン (B) を混入させたときの結晶の平面図を**図 2.14** に示す．このように，正孔を発生する 3 価の元素を**アクセプタ** (acceptor) という．

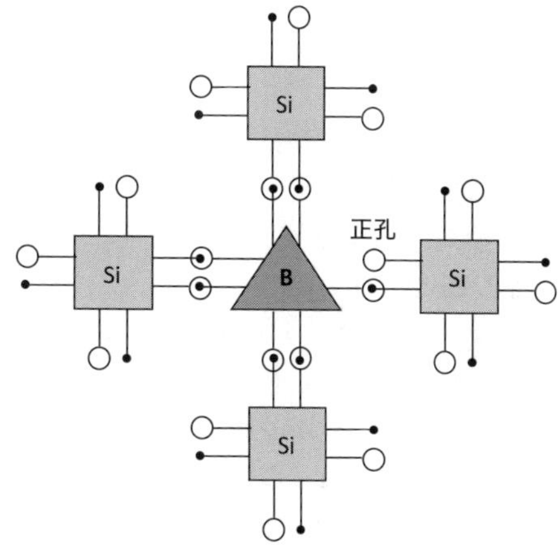

4 価のシリコン (Si) に 3 価のボロン (B) を混入させると，1 個の正孔が発生する．

図 2.14 p 形半導体の結晶

この正孔は価電子帯のすぐ上の**アクセプタ準位**にいる．価電子は極低温のときは価電子帯にいるが，室温程度の熱エネルギーを得ると，アクセプタ準位に遷移する．このとき，価電子帯には正孔が発生する（**図 2.15**(a),(b) を参照）．アクセプタは電子を受け入れるので，陰イオンになる．アクセプタがボロン (B) の場合，それらの関係は以下のように表すことができる．

$B+e^{-}\rightarrow B^{-}$　　B：ボロン原子，B^{-}：陰イオンになったボロン原子（アクセプタイオン），e^{-}：電子

さらに，価電子が熱や光，電界などから 1.1 eV 以上のエネルギーを得ると伝導帯に遷移し，自由電子になる．このとき，価電子帯には正孔が発生する（**図 2.15**(c) を参照）．ここに外部から電圧を加えると，伝導帯の電子は電圧のプラス側に，価

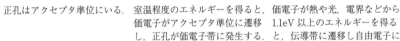

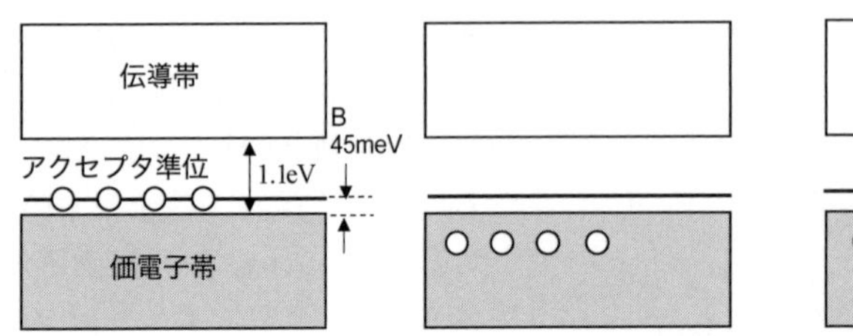

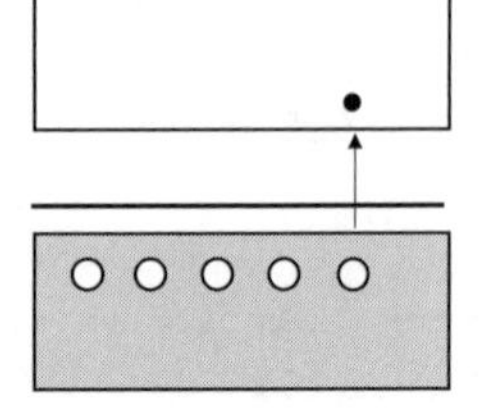

正孔はアクセプタ準位にいる．

(a) 極低温

室温程度のエネルギーを得ると，価電子がアクセプタ準位に遷移し，正孔が価電子帯に発生する．

(b) 室 温

価電子が熱や光，電界などから1.1eV以上のエネルギーを得ると，伝導帯に遷移し自由電子になる．このとき，価電子帯には正孔ができます．

(c) 高 温

図 2.15 p形半導体のキャリア

電子帯の正孔の位置はマイナス側に移動する．この結果，電流が電圧のプラス側からマイナス側に流れ，電気伝導が行われることになる．（**図 2.16** を参照）．

以上の振舞いにより発生した電子と正孔の数を比較すると，正孔のほうが電子より多くなる．つまり，正孔が多数キャリアに，電子が少数キャリアになる．このようにしてできた半導体は多数キャリアが正（positive）の電荷を持つ正孔であることから，**p形半導体**と呼ばれている．不純物の原子数と同じ数の正孔が発生するので，不純物の数密度を増やすと多数キャリアの数密度も増加し，p形半導体の抵抗率が下がる．

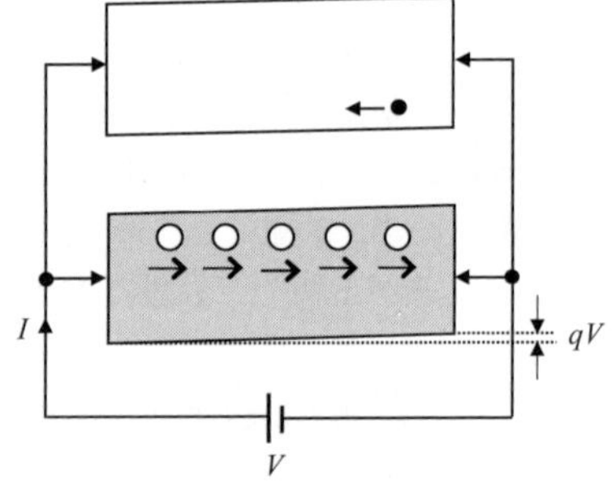

図 2.15(c) の状態で電圧 V を加えると，電子と正孔が移動し電流 I が流れ，電気伝導が行われる．

図 2.16 p形半導体の電気伝導

表 2.3 不純物と多数キャリア，少数キャリア

	不純物元素	多数キャリア	少数キャリア
真性半導体	ない	区別はない	
n形半導体	5価のヒ素（As），リン（P），アンチモン（Sb）など	電子	正孔
p形半導体	3価のボロン（B），ガリウム（Ga），インジウム（In）など	正孔	電子

［3］　不純物と多数キャリア・少数キャリア

以上で述べた不純物半導体の不純物とキャリアについてまとめると，**表2.3**のようになる．

2.5　半導体の電気伝導

半導体中の電流は，キャリアが電界に引かれ移動することにより流れる**ドリフト電流**（drift current）と，キャリアが数密度(m^{-3})の高いほうから低いほうに拡散していくことにより流れる**拡散電流**（diffusion current）からなる．ドリフト電流には電子のドリフト電流と正孔のドリフト電流がある．拡散電流も電子の拡散電流と正孔の拡散電流がある．これらを加算した電子電流密度J_n〔A/m^2〕と正孔電流密度J_p〔A/m^2〕を求めると，以下のようになる．（ここでは簡潔に説明している．詳細な解き方については付録Bを参照のこと．）

$$J_n=J_{nE}+J_{nD}=-qnv_n-q\left(-D_n\frac{dn}{dx}\right)=-qn(-\mu_nE)+qD_n\frac{dn}{dx}$$
$$=qn\mu_nE+qD_n\frac{dn}{dx}\quad〔A/m^2〕\qquad(2.9)$$

$$J_p=J_{pE}+J_{pD}=qpv_p-qD_p\frac{dp}{dx}=qp\mu_pE-qD_p\frac{dp}{dx}\quad〔A/m^2〕\qquad(2.10)$$

ここに

J_{nE}：電子のドリフト電流密度〔A/m^2〕，J_{nD}：電子の拡散電流密度〔A/m^2〕
J_{pE}：正孔のドリフト電流密度〔A/m^2〕，J_{pD}：正孔の拡散電流密度〔A/m^2〕
$q=1.602\times10^{-19}$〔C〕，n：電子の数密度〔m^{-3}〕，p：正孔の数密度〔m^{-3}〕
v_n：ドリフトによる電子の移動速度〔m/s〕，$v_n=-\mu_nE$
v_p：ドリフトによる正孔の移動速度〔m/s〕，$v_p=\mu_pE$
μ_n：電子の移動度〔$m^2/(V\cdot s)$〕，μ_P：正孔の移動度〔$m^2/(V\cdot s)$〕，D_n：電子の拡散係数〔m^2/s〕
D_p：正孔の拡散係数〔m^2/s〕，E：電界強度〔V/m〕

半導体に電界Eを加えると，電子は電界と逆方向に，正孔は電界と同じ方向に移動する．このとき，電子のドリフト電流J_{nE}と正孔のドリフト電流J_{pE}は，それぞれ伝導帯と価電子帯を通って**図2.17**のように流れる．

また，n形およびp形半導体における拡散電流は**図2.18**のように流れる．電子と正孔は数密度の高いほうから低いほう（－方向）に拡散し，その大きさは数密度の勾配に比例する．電子の拡散電流J_{nD}は電子の電荷が負のために拡散方向と逆向きに，正孔の拡散電流J_{pD}は正孔の電荷が正のために拡散方向と同じ向き流れる．

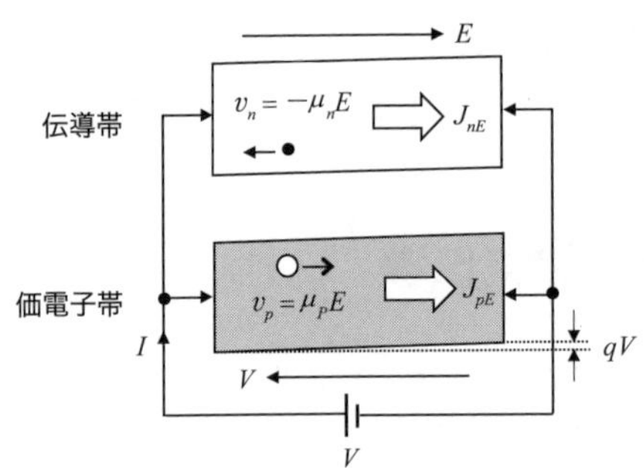

電子によるドリフト電流J_{nE}〔A/m^2〕と正孔によるドリフト電流J_{pE}〔A/m^2〕は同じ方向に流れる．

E：電界〔V/m〕，v_n：電子の移動速度〔m/s〕，v_p：正孔の移動速度〔m/s〕，μ_n：電子の移動度〔m^2/(V·s)〕，μ_p：正孔の移動度〔m^2/(V·s)〕

図 2.17 電界によるドリフト電流

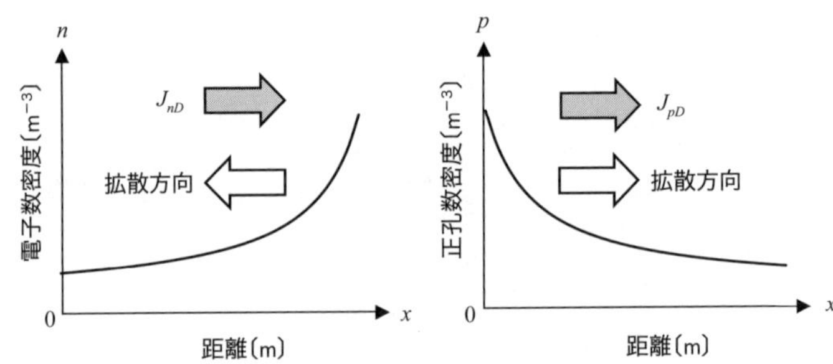

電子と正孔は数密度の高いほうから低いほうに拡散していき，電子の拡散電流J_{nD}〔A/m^2〕と正孔の拡散電流J_{pD}〔A/m^2〕が上図のように流れる．n：電子数密度〔m^{-3}〕，p：正孔数密度〔m^{-3}〕

図 2.18 キャリア数密度の差による拡散電流

演 習 問 題

1. シリコンの電子配列 (軌道ごとの電子数) を示し，価電子が 4 であることを説明せよ．なお，シリコンの原子番号 Z は 14 とする．

2. 不純物の濃度が 0.1 ppm のときの不純物の数密度 (1 cm^3 当りの数) を求めよ．

3. 自由電子と正孔が共存する半導体の抵抗率 ρ は，次式で表すことができる．式を導け．

$$\rho = \frac{1}{q(n\mu_n + p\mu_p)} \quad 〔\Omega\cdot\text{m}〕 \qquad (2.11)$$

ただし，それぞれは以下を意味する．

ρ：抵抗率〔Ω·m〕，$q = 1.602\times10^{-19}$〔C〕，n：電子の数密度〔m^{-3}〕
p：正孔の数密度〔m^{-3}〕，μ_n：電子の移動度〔m^2/(V·s)〕，
μ_P：正孔の移動度〔m^2/(V·s)〕

4. 設問の（ ）内に当てはまる用語や数字を入れよ．

(1) 物質には電気を良く通す物質と電気を通さない物質がある．前者を導体，後者を絶縁体という．これに対してシリコンなどはある程度電気を通すことから (①)

といわれている．これらの物質の電気を通す度合いを比較するのに (②) が用いられる．(②) の単位は一般に (③) を用いる．

(2) 物質を構成する分子は，さらに分解すると原子の集まりになる．原子は中央に (④) があり，その周りを (⑤) に等しい数の電子が一定の軌道上を回っている．一番外側の軌道を回っている電子を (⑥) といい，原子核との吸引力が弱く，熱や光などのエネルギーを与えると軌道を離れて自由電子になる．

(3) 主量子数 n が大きくなると，電子のエネルギー準位 E_n は (⑦) に反比例して小さくなる．

(4) 結晶中の伝導帯と価電子帯の間にはエネルギー差がある．これを (⑧) といい，絶縁体はこの (⑧) が (⑨)．

(5) シリコンなどの (⑩) 価の真性半導体に (⑪) 価のヒ素などの不純物を微量混ぜ結晶を作ると，不純物の原子 1 個当り 1 個の過剰電子が発生する．この過剰電子は伝導帯よりすぐ下のエネルギー準位に位置しており，常温程度の熱エネルギーで伝導帯に入り込み自由電子になる．このときの過剰電子のいるエネルギー準位を (⑫)，過剰電子を生じさせる元素を (⑬) という．また，このような半導体を (⑭) 形半導体と呼んでおり，この場合の多数キャリアは (⑮) になる．

(6) シリコンなどの (⑩) 価の真性半導体に (⑯) 価のボロンなどの不純物を微量混ぜ結晶を作ると，不純物の原子 1 個当り 1 個の電子が不足し正孔が発生する．この正孔は価電子帯よりすぐ上のエネルギー準位に位置している．このエネルギー準位を (⑰)，正孔を生じさせる元素を (⑱) という．また，このような半導体を (⑲) 形半導体と呼んでおり，この場合の多数キャリアは (⑳) になる．

(7) 半導体では，(㉑) 帯の電子と，(㉒) 帯の正孔が移動し，電流を流す役目を担っている．

pn 接合ダイオード

電子回路にはダイオード，バイポーラトランジスタ，電界効果トランジスタなどの半導体素子が数多く使われている．

第 3 章では，その内の pn 接合ダイオードの動作原理と電気特性およびダイオードを使用した整流回路と波形整形回路について説明する．

3.1　pn 接合と整流作用

真性半導体の半分の面積に p 形（アクセプタ）不純物を，残った半分の面積に n 形（ドナー）不純物を混入させたものを **pn 接合** (pn junction) という．不純物を混入させることを「**拡散**（diffusion）**する**」といい，高温炉の中に真性半導体を置き，不純物を含んだ蒸気を数時間から 1 日程度吹き付けることにより，真性半導体に不純物を拡散する．

このようにしてできた pn 接合の p 形半導体にはアクセプタイオン⊖と正孔◦が，n 形半導体にはドナーイオン⊕と電子 • がそれぞれ存在している（**図 3.1**(a) を参照）．その後，正孔と電子は図 (b) のように拡散し，接合面を超える．このとき，正孔と電子は互いに吸引し再結合して消えてしまい，その結果，接合面近傍にはキャリアがなく，アクセプタイオン⊖とドナーイオン⊕だけの領域ができる．この領域を**空乏層** (depletion layer) といい，ある一定の幅に落ち着く．空乏層の p 形領域にはアクセプタイオン⊖が，n 形領域にはドナーイオン⊕が存在するために，空乏層には電位差 ϕ が生じる．この電位差を**電位障壁**または**拡散電位**というが，電位障壁が発生すると，正孔と電子はそれ以上拡散できなくなり，空乏層の幅がある値に落ち着く．このときの電位障壁の大きさは，p 形と n 形領域のキャリアの数密度に関係し，以下の式で表すことができる．(電位障壁の詳しい求め方については，付録 C を参照のこと.）

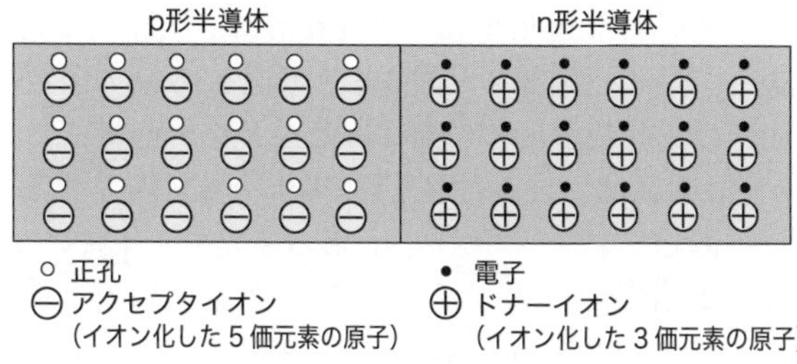

(a) 初期状態

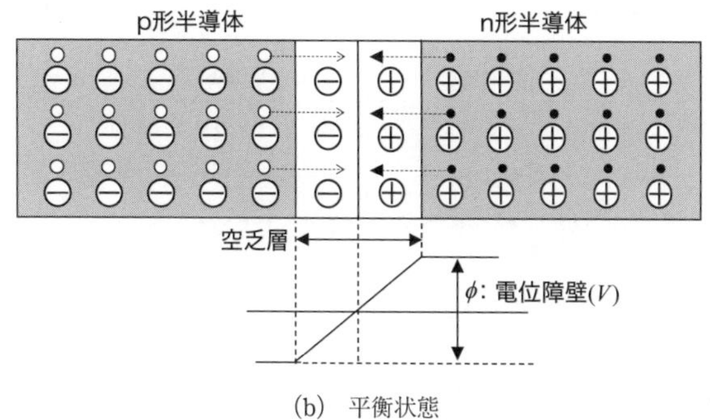

(b) 平衡状態

図 3.1 pn 接合のキャリアと電位障壁

$$\phi=\frac{kT}{q}\ln\left(\frac{n_n}{n_p}\right)=\frac{kT}{q}\ln\left(\frac{p_p}{p_n}\right) \quad 〔\mathrm{V}〕 \qquad (3.1)$$

n_n：n 形領域の電子数密度〔m^{-3}〕，n_p：p 形領域の電子数密度〔m^{-3}〕，p_p：p 形領域の正孔数密度〔m^{-3}〕，p_n：n 形領域の正孔数密度〔m^{-3}〕，$q=1.602\times10^{-19}$〔C〕，k：ボルツマン定数，$k=1.38\times10^{-23}$〔J/K〕，T：絶対温度（ケルビン温度），$T=t$〔℃〕$+273$〔K〕，ln：自然対数〔$\log_e$〕

また，pn 接合の平衡状態におけるエネルギー準位は**図 3.2** のようになる．エネルギー準位は電子のエネルギーを表したものであり，電位障壁 ϕ を電子のエネルギー E に換算すると，1 V＝1 J/C および電子の電荷は$-q$〔C〕なので

$$E=-q\phi \quad 〔\mathrm{J}〕 \qquad (3.2)$$

になる．つまり，エネルギー帯は n 形のほうが下に $q\phi$ だけ下がる．

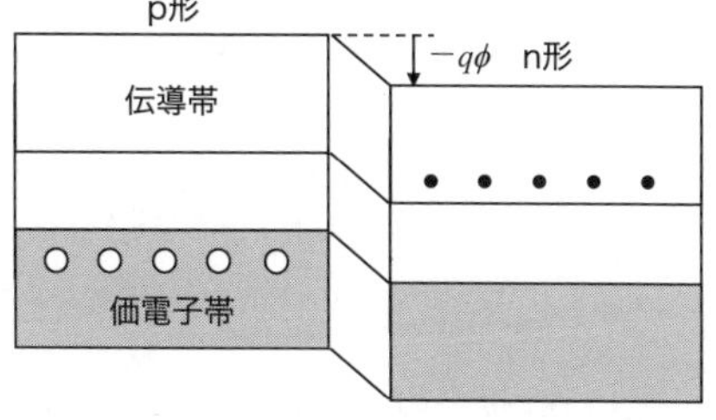

図 3.2 平衡状態での pn 接合のエネルギー準位

pn 接合の p 形がプラス，n 形がマイナスになるように電位障壁 ϕ と同じ大きさの電圧 V_D を加えると，$\phi-V_D=0$ となり，pn 接合の電位差（電位障壁）がなくな

る．このために，価電子帯の正孔がｐ形からｎ形に，伝導帯の電子がｎ形からｐ形に，容易に拡散していく（**図 3.3** と**図 3.4** を参照）．ｐ形の多数キャリアである正孔は，ｐ形領域では正孔数密度の勾配はほとんどないので主にドリフト（電界）により移動するが，ｎ形領域に入ると正孔数密度に勾配が発生するので，接合面からｎ形領域方向に拡散していく．同様に，ｎ形の多数キャリアである電子は，ｎ形領域では主にドリフト（電界）により移動すが，ｐ形領域に入ると電子数密度に勾配が発生するので，接合面からｐ形領域方向に拡散していく．その結果，図 3.3 と図 3.4 の向きに大きな電流 I_D が流れる．このときの電圧 V_D を**順方向電圧**，電流 I_D を**順方向電流**という．

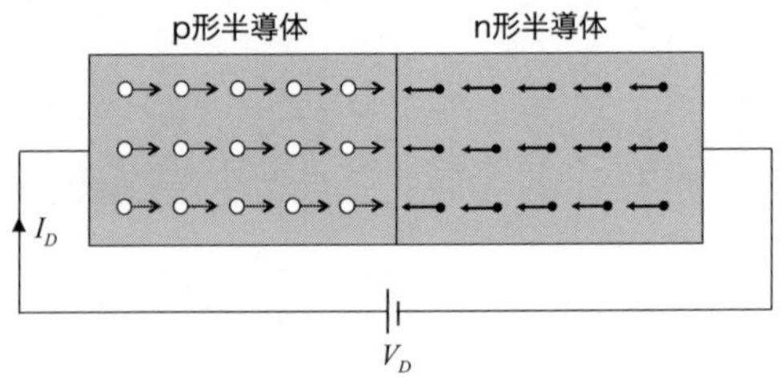

アクセプタイオンとドナーイオンは省略している．pn 接合の電位差と空乏層がなくなる．多数キャリアである正孔と電子がドリフト（電界）と拡散により移動し，大きな順方向電流 I_D が流れる．

図 3.3 順方向電圧 V_D を加えたときの多数キャリアの移動と順方向電流（$\phi - V_D = 0$ のとき）

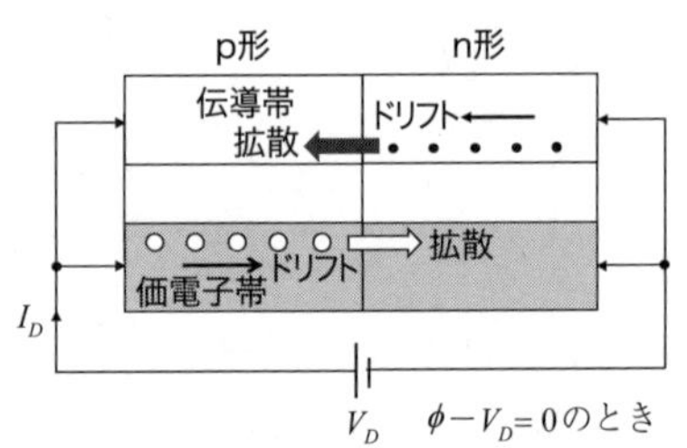

空乏層と pn 接合間の電位差がなくなり，価電子帯の正孔がｐ形からｎ形に，伝導帯の電子がｎ形からｐ形に拡散していき，図の向きに大きな順方向電流 I_D が流れる．

図 3.4 順方向電圧 V_D を加えたときのエネルギー準位と多数キャリアの拡散（$\phi - V_D = 0$ のとき）

逆に pn 接合のｐ形がマイナス，ｎ形がプラスになるように電圧 V_R を加えると，pn 接合間の電位差が $(\phi + V_R)$ に大きくなり，空乏層も広がる．その結果，電位障壁を超えてｎ形からｐ形に達する正孔とｐ形からｎ形に達する電子，つまり少数キャリアはほとんどなく，わずかな電流 I_R しか流れない．**図 3.5** と**図 3.6** を参照のこと．このときの電圧 V_R を**逆方向電圧**，電流 I_R を**逆方向電流**という．なお，

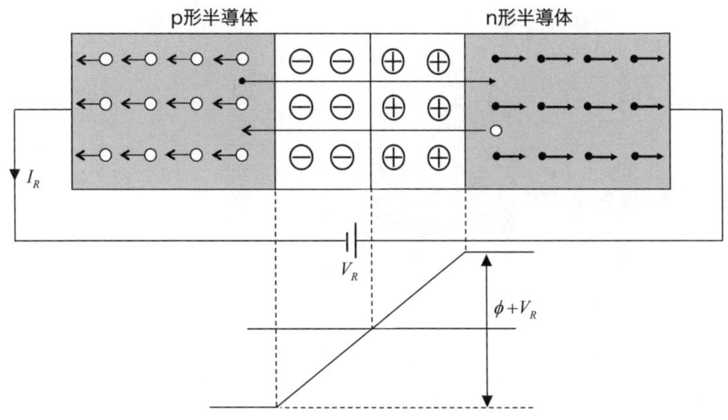

pn 接合間の電位差が $(\phi+V_R)$ に大きくなり，空乏層も広がる．その結果，電位障壁を超えて n 形領域と p 形領域に達する少数キャリアはほとんどなく，わずかな電流 I_R しか流れない．

図 3.5 逆方向電圧 V_R を加えたときの電位差と電流

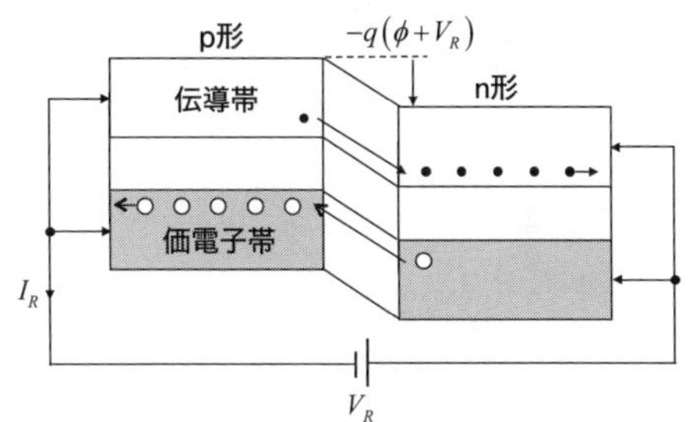

エネルギー準位の差と空乏層の幅が大きくなる．空乏層を超えて p 形から n 形に，n 形から p 形に達する少数キャリアはほとんどなく，わずかな電流 I_R しか流れない．

図 3.6 逆方向電圧 V_R を加えたときのエネルギー準位と少数キャリアの動き

電流 I_R は後に出てくる飽和電流 I_S のことを意味している．

このように，pn 接合に順方向電圧を加えると大きな電流が流れ，逆方向電圧を加えるとほとんど電流は流れない．この特性を pn 接合の**整流作用**という．

3.2 pn 接合ダイオードとその特性

pn 接合に金属電極とリード線を付け，樹脂でパッケージしたものを**ダイオード** (diode，2 個の極を持つもの) という．定格の違いにより，さまざまな形状のダイオードがある．それらを**図 3.7** に，また，**図 3.8** にダイオードの図記号を示す．

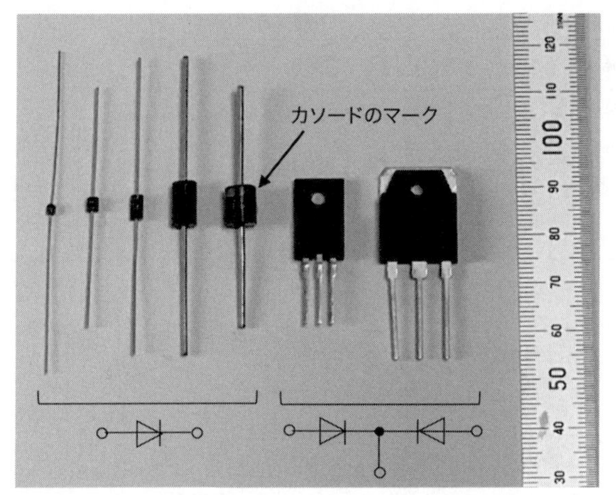

図 3.7 ダイオードの形状と図記号

アノード カソード
A K

図 3.8 ダイオードの図記号

pn 接合ダイオードは前節で説明した整流作用があり，交流電圧を加えると，電圧が正の期間だけ電流が流れ，直流電流を得ることができる（**図 3.9** を参照）．

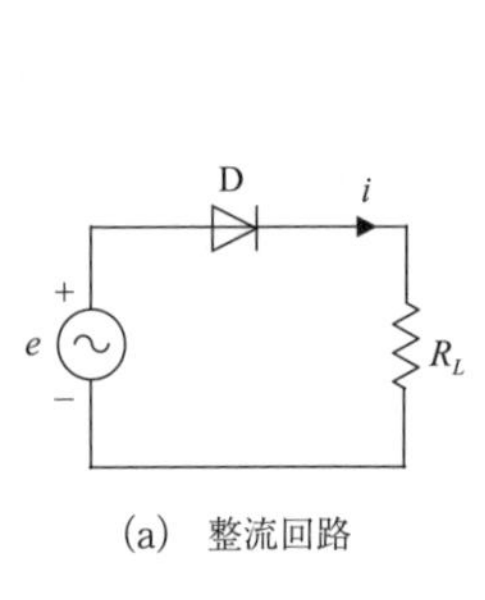

(a) 整流回路

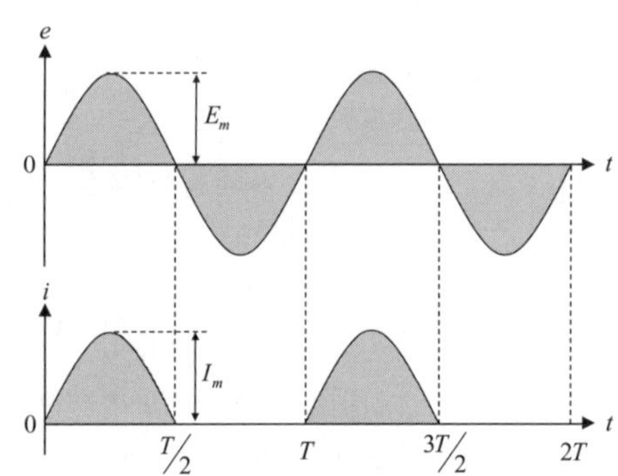

T：周期，ダイオードの順方向等価抵抗を無視すると$I_m=E_m/R_L$

(b) 動作波形

図 3.9 ダイオードの整流作用

図 3.10 は pn 接合ダイオードの電圧-電流特性を示したものである．順方向電圧 V_D を大きくしていき**順方向電圧降下** V_F を超えると，順方向電流 I_D が流れ急激に上昇する．

このときの順方向電流 I_D は以下のように求めることができる．（ここでは簡潔に求めている．I_D の詳細な解き方については付録 C を参照のこと．）平衡状態におけ

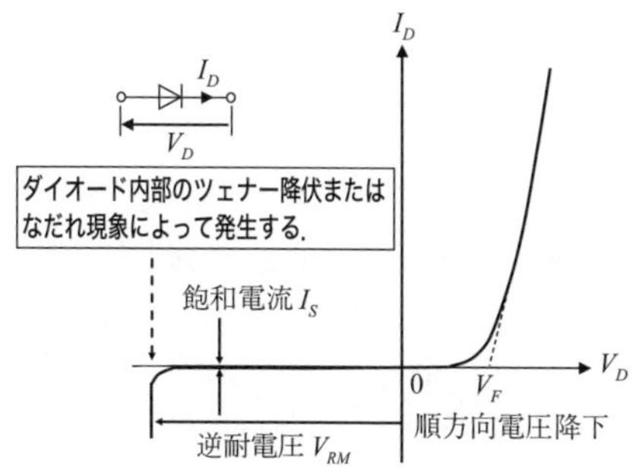

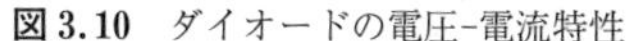

図 3.10　ダイオードの電圧-電流特性

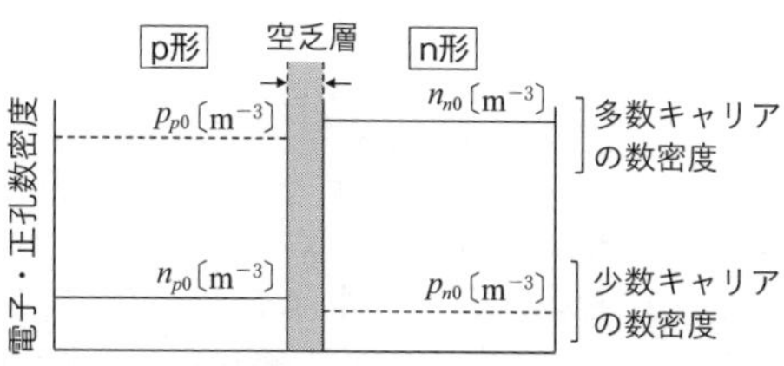

図 3.11　平衡状態における pn 接合のキャリア数密度

る電子と正孔の数密度を以下のように定義し，これらを**図 3.11** に示す．

まず，式 (3.1) より次式が得られる．

$$\phi=\frac{kT}{q}\ln\left(\frac{n_{n0}}{n_{p0}}\right)=\frac{kT}{q}\ln\left(\frac{p_{p0}}{p_{n0}}\right)\quad〔\mathrm{V}〕\qquad(3.3)$$

ここで，順方向電圧 $\mathrm{V_D}$ を加えると，電子が n 形領域から p 形領域に，正孔が p 形領域から n 形領域に空乏層を介して注入され，$x=0$ におけるそれぞれの領域の電子数密度と正孔数密度が上昇する．$x=0$ における p 形領域の電子数密度は $n_p(0)$ に，n 形領域の正孔数密度は $p_n(0)$ に上がる（**図 3.12** を参照）．

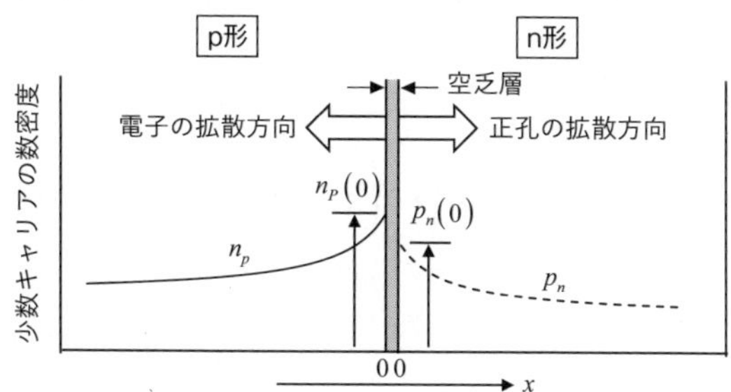

図 3.12　順方向電圧を加えたときの pn 接合ダイオードの少数キャリア

このとき

$$\phi-V_D=\frac{kT}{q}\ln\left(\frac{n_{n0}}{n_p(0)}\right)=\frac{kT}{q}\ln\left(\frac{p_{p0}}{p_n(0)}\right)\quad〔\mathrm{V}〕\qquad(3.4)$$

が成り立つ．式 (3.3) と式 (3.4) から ϕ を消去すると

$$\phi-(\phi-V_D)=V_D=\frac{kT}{q}\ln\left(\frac{n_p(0)}{n_{p0}}\right)=\frac{kT}{q}\ln\left(\frac{p_n(0)}{p_{p0}}\right)\quad〔\mathrm{V}〕$$

$$\left.\begin{aligned} n_p(0) &= n_{p0}\exp\left(\frac{qV_D}{kT}\right) \quad [\mathrm{m^{-3}}] \\ p_n(0) &= p_{p0}\exp\left(\frac{qV_D}{kT}\right) \quad [\mathrm{m^{-3}}] \end{aligned}\right] \qquad (3.5)$$

が得られる．以上より，$x=0$ での電子の拡散電流密度 $J_{nD}(0)$ と正孔の拡散電流密度 $J_{pD}(0)$ および順方向電流 I_D は，pn 接合部の断面積を S〔$\mathrm{m^2}$〕，電子と正孔の拡散長を L_n〔m〕，L_p〔m〕電子と正孔の拡散係数を D_n〔$\mathrm{m^2/s}$〕，D_p〔$\mathrm{m^2/s}$〕とすると次のようになる．なお，拡散長とは，小数キャリアが発生してから再結合して消滅するまでに，拡散によって移動する平均距離を意味している．

$$\begin{aligned} J_{nD}(0) &= qD_n\frac{dn(0)}{dx} = \frac{qD_n}{L_n}(n_p(0)-n_{p0}) \\ &= \frac{qD_n n_{p0}}{L_n}\left\{\exp\left(\frac{qV_D}{kT}\right)-1\right\} \quad [\mathrm{A/m^2}] \qquad (3.6) \end{aligned}$$

$$\begin{aligned} J_{pD}(0) &= qD_n\frac{dp(0)}{dx} = \frac{qD_p p_{n0}}{L_p}(p_n(0)-p_{n0}) \\ &= \frac{qD_p p_{n0}}{L_p}\left\{\exp\left(\frac{qV_D}{kT}\right)-1\right\} \quad [\mathrm{A/m^2}] \qquad (3.7) \end{aligned}$$

$$I_D = S(J_{nD}(0)+J_{pD}(0)) = qS\left(\frac{D_n n_{p0}}{L_n}+\frac{D_P p_{n0}}{L_p}\right)\left\{\exp\left(\frac{qV_D}{kT}\right)-1\right\} \quad [\mathrm{A}]$$

$I_S = qS\left(\dfrac{D_n n_{p0}}{L_n}+\dfrac{D_p p_{n0}}{L_p}\right)$ とおくと

$$I_D = I_S\left\{\exp\left(\frac{qV_D}{kT}\right)-1\right\} = I_S\left\{\exp\left(\frac{V_D}{V_T}\right)-1\right\} \quad [\mathrm{A}] \qquad (3.8)$$

となる．なお，式 (3.8) におけるそれぞれは以下のことを意味している．
I_S：飽和電流（Si で数 nA 程度），V_D：順方向電圧〔V〕，$V_T=kT/q$〔V〕，$T=300$ K で $V_T \cong 26$ mV

逆方向電圧を加えると，わずかな電流 I_S が流れる．この電流を**飽和電流**(saturation current) といい，シリコンダイオードで数〔nA(10^{-9} A)〕の微小な電流である．逆方向電圧を加えたときの電流 I_D は，式 (3.8) において $V_D=-V_R$ と書き直すことができる．

$$I_D = I_S\left\{\exp\left(\frac{qV_R}{kT}\right)-1\right\} \cong -I_S \quad [\mathrm{A}] \qquad (3.9)$$

V_R が大きいと exp $(-qV_R/(kT)) \cong 0$ で電流 I_D は $-I_S$ になり，V_R が増加しても変化しないことから I_S を飽和電流と呼ぶ．さらに，逆方向電圧を大きくしていき逆方向電圧が逆耐電圧 V_{RM} を超えると，急激に電流が増加し流れる．これを**逆電圧降伏** (reverse voltage breakdown) といい，**ツェナー降伏** (Zener breakdown) または**なだれ現象** (avalanche phenomenon) の二つの機構によって発生する．この逆電圧降伏が発生すると，ダイオードが破壊することがある．なお，ツェナー降伏となだれ現象については，付録 D で詳細を説明している．

ダイオードは内部抵抗を持っている．順方向電流が流れたときの等価抵抗 r_D を**交流抵抗**または**動抵抗**という．交流抵抗は $r_D=\partial V_D/\partial I_D$ で与えられ，図 3.10 の x 軸と y 軸を入れ替えたときの傾き ($\tan\theta$) に相当する．この関係を**図 3.13** に示す．

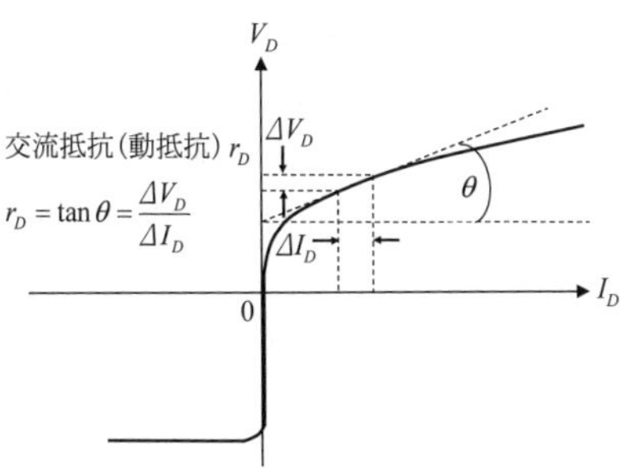

図 3.13　ダイオードの交流抵抗

式 (3.8) から交流抵抗 r_D を求めると

$$r_D=\frac{\partial V_D}{\partial I_D}=\frac{1}{\dfrac{\partial I_D}{\partial V_D}}=\frac{1}{\dfrac{1}{V_T}I_S\exp\left(\dfrac{V_D}{V_T}\right)}\cong\frac{V_T}{I_D}=\frac{26\ \mathrm{mV}}{I_D}\quad〔\Omega〕\qquad(3.10)$$

になる．交流抵抗 r_D は，順方向電流 I_D が大きくなればなるほど小さくなる．

3.3　等価回路と動作点

ダイオードの基本回路と順方向に対する等価回路は**図 3.14** のようになる．図中，E は直流電源，V_D は順方向電圧，I_D は順方向電流，V_F は順方向電圧降下，r_D は交流抵抗，R_L は負荷抵抗を示す．

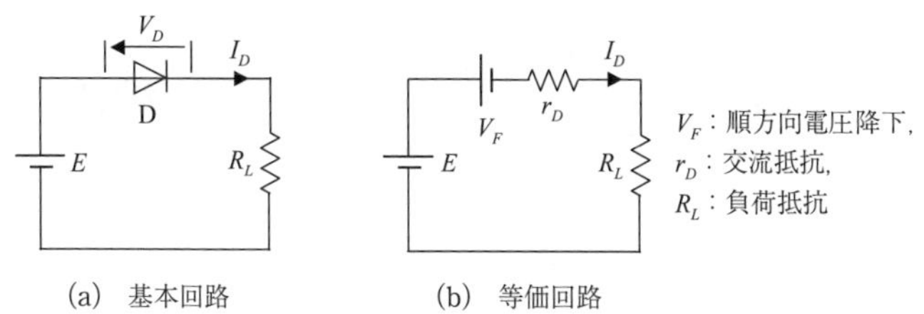

図 3.14　ダイオードの基本回路と等価回路

図 3.14(b) において

$$E=V_F+I_D(R_L+r_D)\qquad(3.11)$$

が成り立つ．ここで，直流電圧が E から $(E+\Delta E)$ になると，順方向電流 I_D が $(I_D+\Delta I_D)$ に増える．このとき，次式が成り立つ．

$$E+\Delta E=V_F+(I_D+\Delta I_D)(R_L+r_D) \qquad (3.12)$$

これらの式より

$$\Delta E=\Delta I_D(R_L+r_D) \qquad (3.13)$$

が得られる．つまり，電圧が ΔE 変化したとき電流は ΔI_D 変化するが，そのときのダイオードは交流抵抗 r_D に置き換えることができる．以上より，式 (3.13) において $\Delta E=v_i$，$\Delta I_D=i$ とおくと，交流に対するダイオードの等価回路である**図 3.15** を得ることができる．

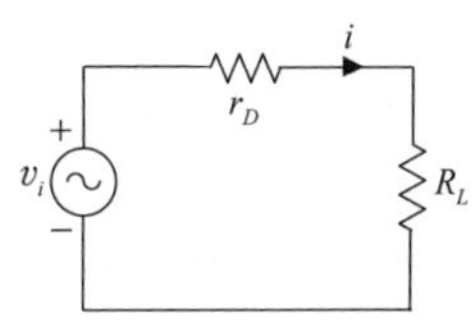

図 3.15　交流に対するダイオードの等価回路

ダイオードが動作しているときの順方向電圧 V_{DQ} と順方向電流 I_{DQ} を**動作点** (operation point) という．ダイオードの順方向特性は図 3.10 に示すように非直線的であり，したがって，ダイオードの動作点である V_{DQ} と I_{DQ} は簡単に計算で求めることができない．

電圧-電流特性図に**負荷線** (load line) を引き，それらの交点を**動作点**として V_{DQ} と I_{DQ} が求められる．図 3.14(a) において

$$E=V_D+I_DR_L \qquad (3.14)$$

が成り立つ．ここで

$$V_D=0 \text{ とすると } I_D=\frac{E}{R_L} \qquad (3.15),\quad I_D=0 \text{ とすると } V_D=E \qquad (3.16)$$

になる．これをダイオードの電圧-電流特性にプロットし，直線を引くと，この直線が負荷線になる．電圧 V_D を変化させると電流 I_D がこの線上を変化する．このとき，負荷線と電圧-電流特性の交点が，動作点の電圧 V_{DQ} と電流 I_{DQ} になる（**図 3.16** を参照）．なお，このときの負荷線の傾きは以下となる．

$$\text{傾き} \tan\theta=\frac{\partial I_D}{\partial V_D}=\frac{\partial}{\partial V_D}\left(\frac{E-V_D}{R_L}\right)=-\frac{1}{R_L} \quad 〔\mathrm{S}〕 \qquad (3.17)$$

動作点の V_{DQ} を中心に，順方向電圧 V_D が微小変化したときのダイオードの電圧-電流特性（Q 点における接線）は直線的である．この範囲では，交流抵抗 r_D はほぼ一定と近似することができる．このことにより，交流小信号電圧に対する等価回路は**図 3.17** のようになる．v_i は交流小信号入力電圧，v_o は交流小信号出力電圧を示す．また，交流抵抗は $r_D=26$〔mV〕$/I_{DQ}$ になる．

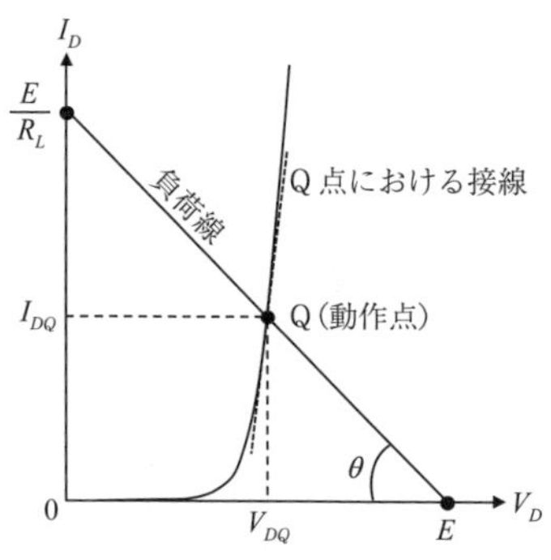

図 3.16　ダイオードの負荷線と動作点

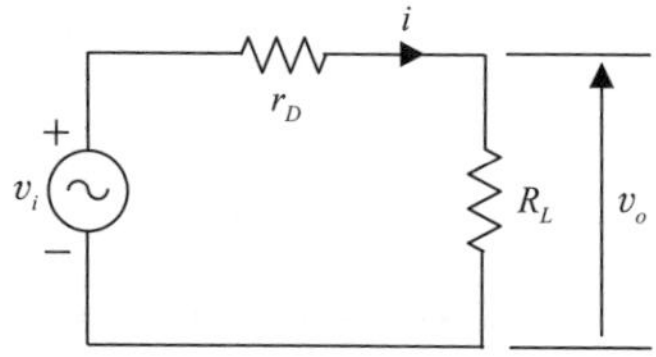

v_i：入力電圧，v_o：出力電圧，r_D：交流抵抗
r_Dは一定の値として扱うことができる．

図 3.17　交流小信号電圧に対する等価回路

【例題 3.1】

図 3.18 のダイオード回路の動作点における V_{DQ} と I_{DQ} および交流抵抗 r_D を求めよ．なお，ダイオードの電圧-電流特性を**図 3.19** に示す．

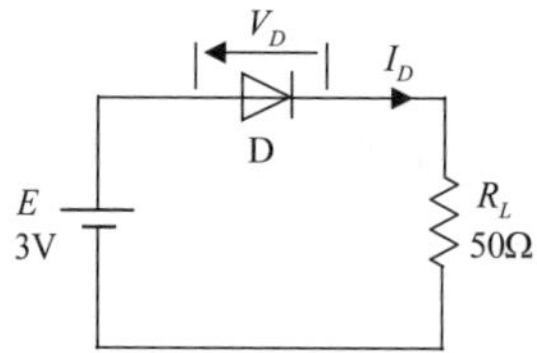

図 3.18　ダイオード回路

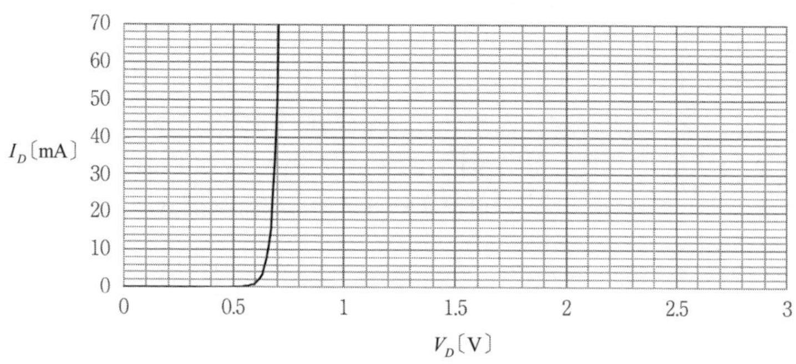

図 3.19　ダイオードの電圧-電流特性

(解)　$V_D=0$ のとき $I_D=E/R_L=3$〔V〕/50〔Ω〕=60〔mA〕, $I_D=0$ のとき $V_D=E=3$〔V〕
負荷線を引いて電圧-電流特性との交点 Q から**動作点**を求めると，$V_{DQ}=0.7$ V，$I_{DQ}=46$ mA になる（**図 3.20**）．この値は，$V_{DQ}=0.7$ V としたときの I_{DQ} の計算結果と一致し，正しいことがわかる．また，このときの交流抵抗は $r_D=0.565\cong 0.57\,\Omega$ になる．

$$V_{DQ}=0.7\ [\mathrm{V}],\ I_{DQ}=\frac{E-V_{DQ}}{R_L}=\frac{(3-0.7)[\mathrm{V}]}{50\ [\Omega]}=46\ [\mathrm{mA}]$$

$$r_D=\frac{26[\mathrm{mV}]}{I_D}=\frac{26[\mathrm{mV}]}{46[\mathrm{mA}]}=0.565\cong 0.57\ [\Omega]$$

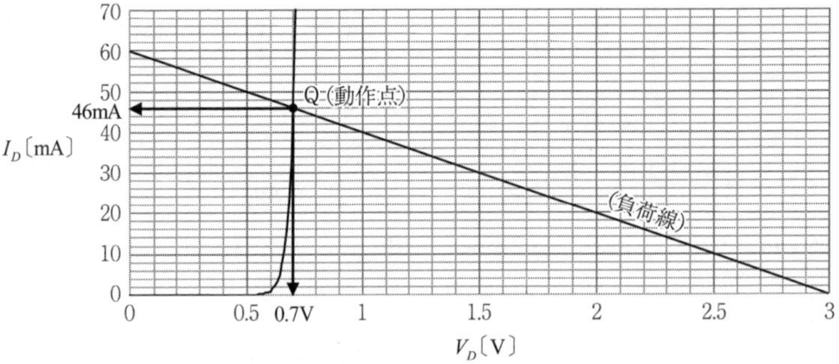

図 3.20　負荷線と動作点

3.4　定電圧ダイオード

ダイオードに逆方向電圧を加えそれを大きくしていくと，逆方向電圧が逆耐電圧 V_{RM} を超えたところで急激に逆方向電流が増加する．この現象を逆電圧降伏といい，ダイオードにとって好ましくない状態であるが，この特性を積極的に使うことにより，一定の電圧を得ることができる．このような目的で作られたダイオードを，**定電圧ダイオード**または**ツェナーダイオード** (Zener diode) という．実際に使うときには，電流を制限するための抵抗を直列に接続する．定電圧ダイオードの図記号と基本回路を，**図 3.21** と**図 3.22** に示す．図 3.22 において，定電圧ダイオードを使用して得られた一定の直流電圧 V_Z が，負荷抵抗 R_L に供給される．

図 3.21　定電圧ダイオードの図記号

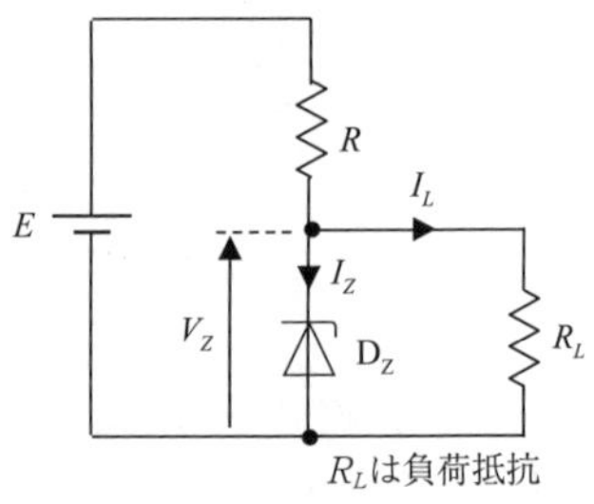

図 3.22　定電圧ダイオードの基本回路

【例題 3.2】

図 3.22 において，$E=10$ V，$V_Z=5$ V，$R_L=1$ kΩ のときに定電圧ダイオードが動作するための R の使用可能な抵抗値の範囲を求めよ．ただし，定電圧ダイオードの消費電力を $P=V_ZI_Z+I_Z^2r_Z\cong V_ZI_Z$（$r_z$: 動作抵抗），許容できる最大電力を 150 mW とする．

（解） 定電圧ダイオードがオフしているときの R_L 両端電圧を V_L とする．V_L が V_Z を超えたときに定電圧ダイオードが動作する．

$$V_L=I_LR_L=\frac{R_L}{R+R_L}E>V_Z$$

これより，定電圧ダイオードが動作するための抵抗 R は，1 kΩ 以下となる．

$$R<\frac{E-V_Z}{V_Z}R_L=\frac{(10-5)\mathrm{V}}{5\ \mathrm{V}}\times 1\ \mathrm{k\Omega}=1\ \mathrm{k\Omega}$$

次に，消費電力 P が 150 mW を超えない抵抗 R の値を求める．

$$E=(I_Z+I_L)R+V_Z$$

ここで，I_Z と I_L は

$$I_Z\leq\frac{P}{V_Z}=\frac{0.15\ \mathrm{W}}{5\ \mathrm{V}}=30\ \mathrm{mA},\quad I_L=\frac{V_Z}{R_L}=\frac{5\ \mathrm{V}}{1\ \mathrm{k\Omega}}=5\ \mathrm{mA}$$

になります．これより，抵抗 R の使用可能な最低値が求められる．

$$R>\frac{E-V_Z}{I_Z+I_Z}=\frac{(10-5)\mathrm{V}}{(30+5)\mathrm{mA}}=142.9\ \Omega$$

以上より，抵抗の使用可能な範囲は $R=143$ Ω～1 kΩ になる．

3.5　整流回路と波形整形回路

ダイオードを使用した代表的な回路に整流回路がある（**図 3.23** を参照）．整流回路には**半波整流回路**と**全波整流回路**がある．全波整流回路には**ブリッジ**（bridge）**形整流回路**と**センタータップ**（center tap）**形整流回路**がある．センタータップ形全波整流回路は，両波整流回路といわれることもある．

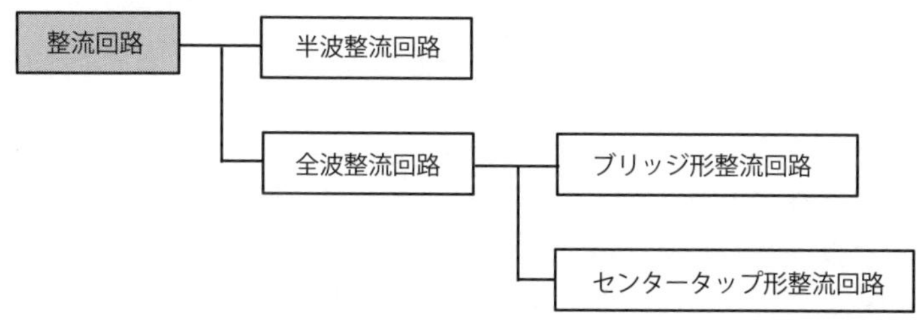

図 3.23　整流回路の分類

半波整流回路とその動作波形は図 3.9 に示したとおりになる．ブリッジ形整流回路とセンタータップ形整流回路およびその動作波形を**図 3.24** に示す．全波整流回路では，全期間にわたって整流動作が行われる．

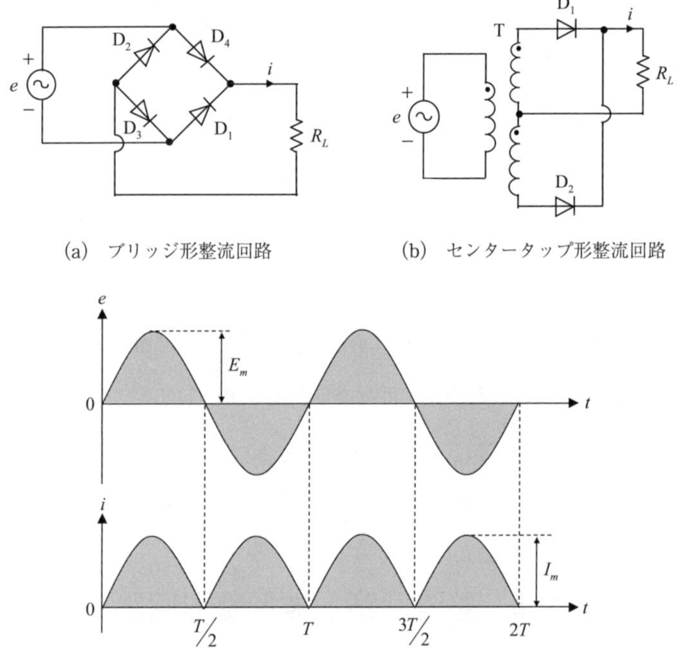

図 3.24 全波整流回路と動作波形

【例題 3.3】

ブリッジ形整流回路の動作について説明せよ．

（解） それぞれの期間における電流 i は，**図 3.25** のように流れ，負荷抵抗 R_L に正極性の電圧が発生する．

ダイオードを使用した波形整形回路はいろいろとあるが，代表的なものに**図 3.26** に示す**クランパ**（clamper）がある．コンデンサ C に電圧 E_m が蓄積されており，入力電圧 v_i に対して出力電圧 v_o の直流電圧を電圧 E_m だけ下げることができる．**直流再生回路**ともいう．これ以外の波形整形回路とその動作については，第 14 章の 14.2 節で詳細を解説している．

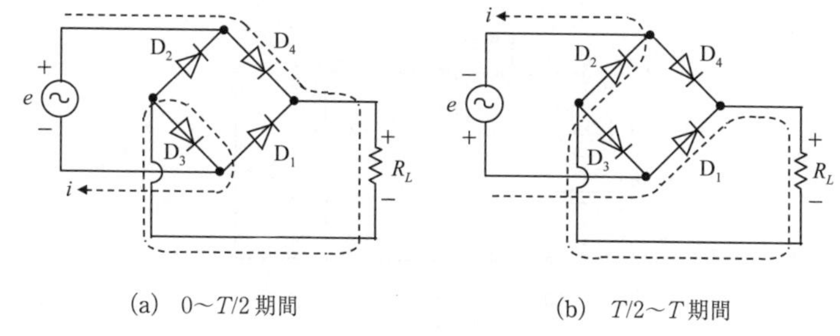

(a)　0〜T/2 期間　(b)　T/2〜T 期間

図 3.25　ブリッジ形整流回路の動作

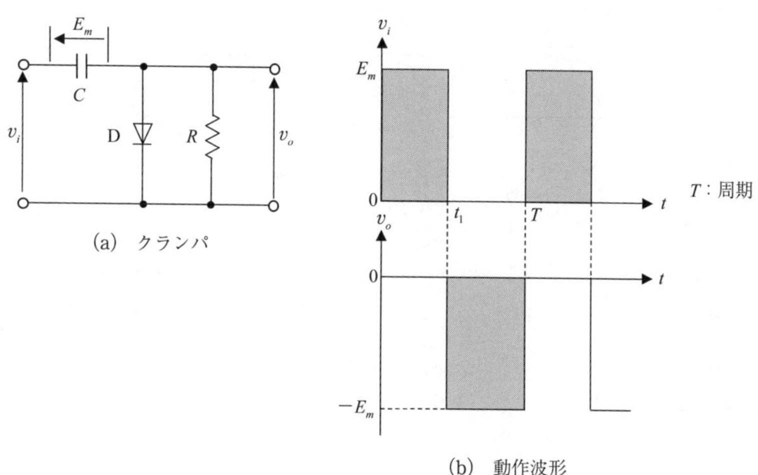

(a)　クランパ　(b)　動作波形

図 3.26　クランパと動作波形

演 習 問 題

1.　ダイオードの順方向電圧 V_D が 0.7 V から 0.71 V になると，順方向電流 I_D は何倍になるか求めよ．

2.　正弦波電圧を加えたときの半波整流回路（図 3.9）と全波整流回路（図 3.24）の平均電流を求め，比較せよ．ただし，電流の振幅を $I_m=0.5$ A とする．

3.　**図 3.27** の回路（1）は，例題 3.1 の回路に交流小信号の入力電圧 v_i を加えたときのものである．$v_i=20\sin\omega t$〔mV〕としたときの，交流小信号の出力電圧 v_o を求めよ．

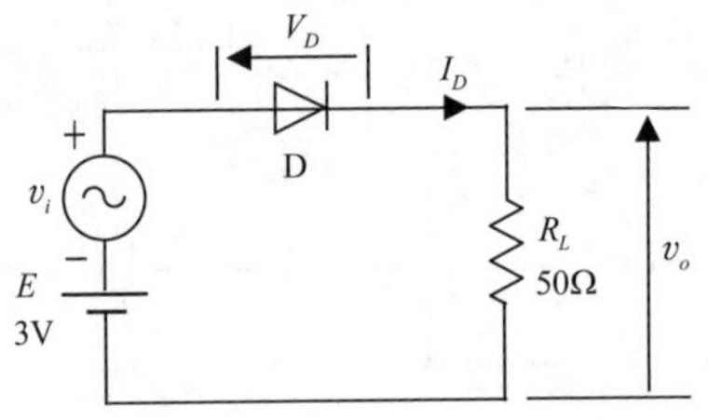

図3.27 ダイオード回路(1)

4. **図 3.28** の回路 (2) において，ダイオードを流れる電流を求めよ．ただし，ダイオードの順方向電圧降下 V_F を 0.7 V とし，交流抵抗 r_D は無視するものとする．

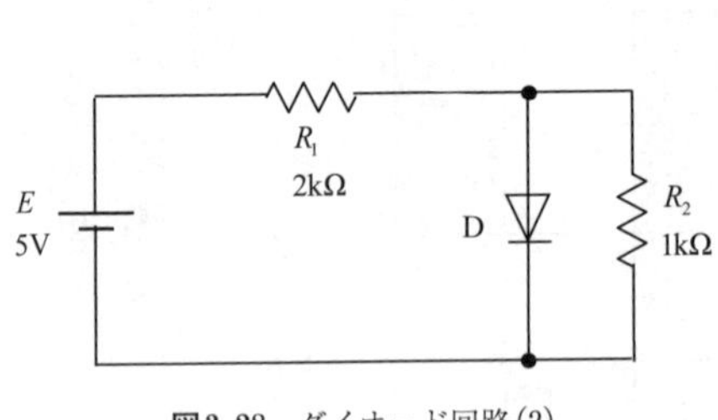

図3.28 ダイオード回路(2)

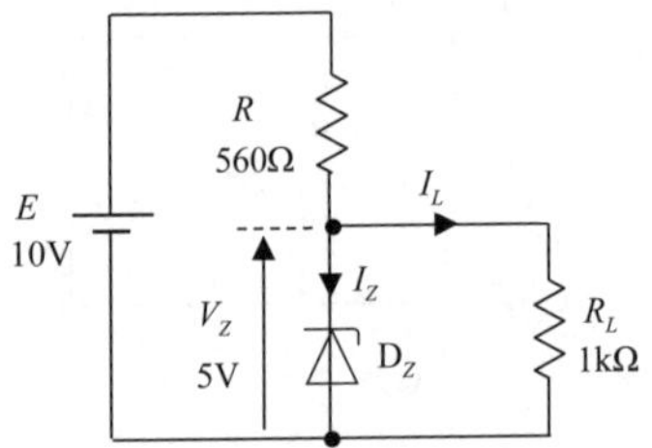

図 3.29 ツェナーダイオードを用いた定電圧回路

5. **図 3.29** は例題 3.2 をもとにして設定した定数である．定電圧ダイオードの消費電力を求め，150 mW 以下であることを確認せよ．
6. クランパの動作について説明せよ．

トランジスタ

トランジスタを分類すると，**図 4.1** のようになる．**バイポーラトランジスタ**（bipolar transistor，2 極性）には，負のキャリア（電子）と正のキャリア（正孔）が存

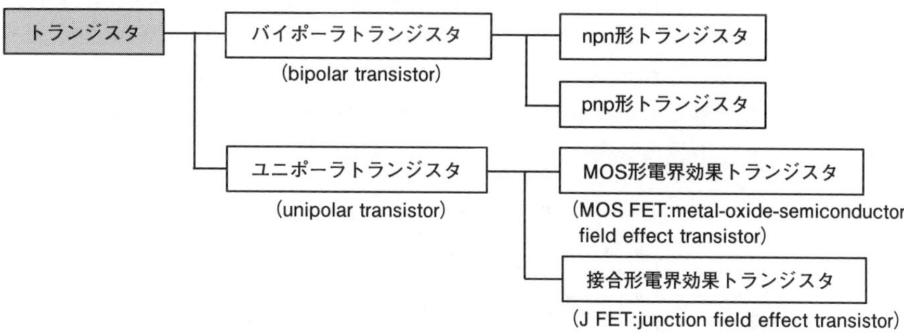

図 4.1　トランジスタの分類

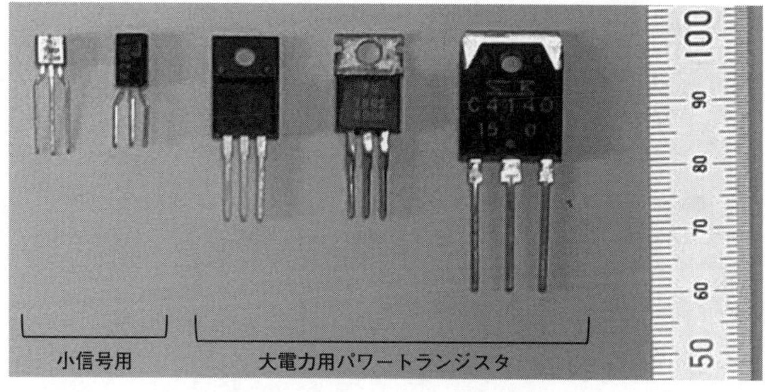

図 4.2　リードタイプのトランジスタの形状

在することにより，npn形，pnp形と呼ばれている．一方，**ユニポーラトランジスタ**(unipolar transistor,1極性)は，電子か正孔のいずれかしか電気伝導に寄与しないことにより，こう呼ばれている．**図4.2**はリードタイプのトランジスタの写真である．定格の違いにより，さまざまな形状のトランジスタがある．これ以外にも面実装タイプのトランジスタがある．

第4章では，バイポーラトランジスタ(以下，略してトランジスタと呼ぶ)の構造，動作原理，静特性，接地方式，その他の基本となる事項について説明する．なお，**電界効果トランジスタ**(field effect transistor)については第5章で説明する．

4.1　構造と動作原理

トランジスタは**図4.3**に示す構造をしている．**npn形トランジスタ**ではn形とn形の間にp形が，また，**pnp形トランジスタ**ではp形とp形の間にn形が配置されており，接合面が2か所ある．それぞれの領域には，リード線が接続され，**コレクタ**(C: collector)，**エミッタ**(E: emitter)，**ベース**(B: base)の三つの電極が設けられている．三つの領域の不純物数密度(不純物密度)は，キャリアの数密度を大きくするためにエミッタが一番高く，次いでベース，コレクタの順になっている．エミッタの不純物数密度はコレクタに比べ数百倍高くなっている．コレクタ

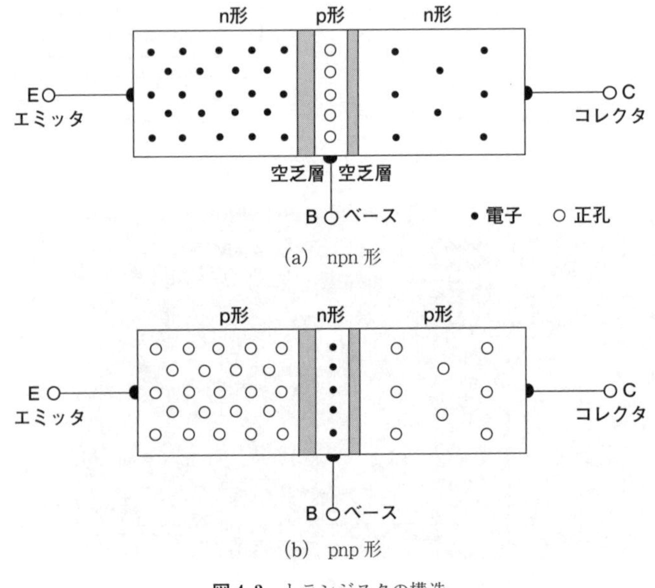

図4.3　トランジスタの構造

は耐圧を確保するために，不純物数密度を低くしている．式 (2.11) に示したように，不純物数密度を下げてキャリアの数密度を低くすると，抵抗率が上がり，耐圧を上げることができる．ベースは，エミッタから放出されたキャリアがベース領域を通過しコレクタに到達できるように，幅が数 μm と狭く設計されている．エミッタはキャリアを放出する，コレクタはキャリアを集める，ベースは動作の基礎という意味でこの名前が付いている．トランジスタの図記号を**図 4.4** に示す．

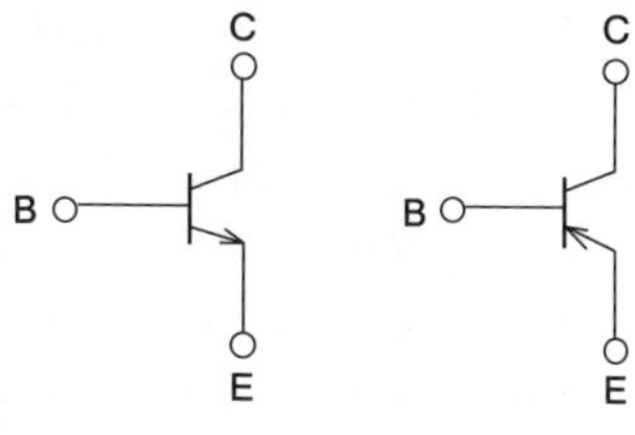

(a) npn 形　(b) pnp 形

図 4.4 トランジスタの図記号

図 4.5(a) に示すように，npn 形トランジスタのコレクタとベース間に逆方向電圧 V_{CB} を加えると，ベースとコレクタ接合間の電位差が（$\phi+V_{CB}$）に大きくなり，空乏層が広がる．その結果，電位障壁を超えてベース領域とコレクタ領域に達する

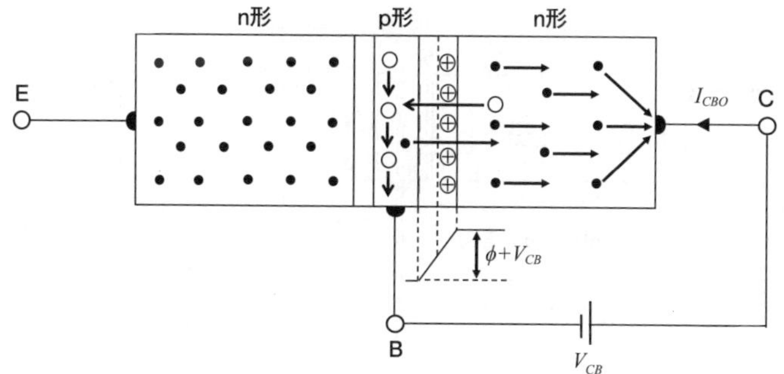

(a) 逆方向電圧 V_{CB} だけを加えたとき

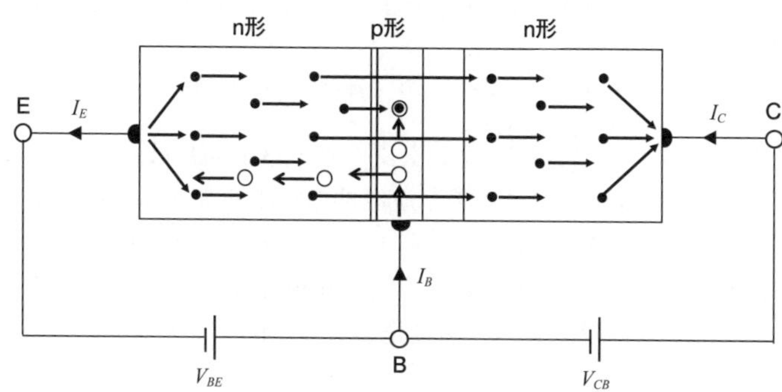

(b) 逆方向電圧 V_{CB} と順方向電圧 V_{BE} を加えたとき

図 4.5 npn 形トランジスタの動作

少数キャリアはほとんどなく，わずかな逆方向電流 I_{CBO} しか流れない．この電流をベース接地の**コレクタ遮断電流**という．

この状態でさらにベース-エミッタ間に順方向電圧 V_{BE} を加えると（図4.5(b)の状態），エミッタ領域の多数キャリアである電子がベース領域に注入される．注入された電子の一部はベース領域の多数キャリアである正孔と再結合し，消滅する．しかし，ベース幅が狭いために，大部分はベース領域を拡散していきベースとコレクタの接合部に達する．その後，コレクタとベース間に加えられた電界によりドリフトしコレクタ領域に入り，コレクタ電流になる．ベース領域の多数キャリアである正孔の一部は注入された電子と再結合するが，これ以外の正孔はエミッタに拡散していく．これらの正孔の合計がベース電流になる．動作状態におけるキャリアの動きを**図4.6**に示す．

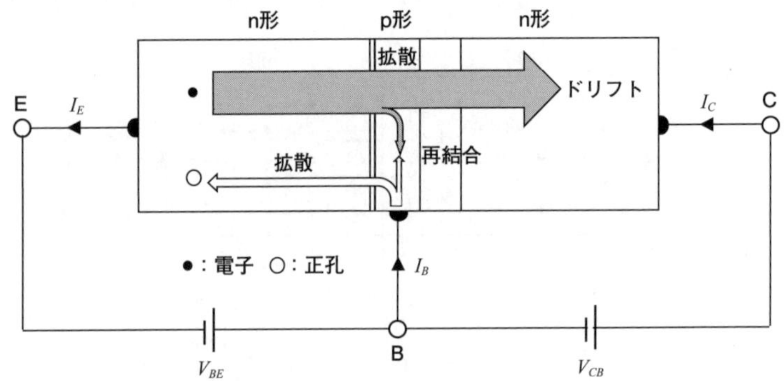

エミッタの電子のほとんどがベース領域に拡散し，その後，電界によりドリフトし，コレクタ領域に入りコレクタ電流になる．ベース領域の正孔の一部は注入された電子と再結合するが，これ以外はエミッタに拡散していく．これらの正孔の合計がベース電流になる．

図4.6 npn形トランジスタのキャリアの動き

pnp形トランジスタの場合は，コレクタ・ベース間電圧 V_{CB} とベース・エミッタ間電圧 V_{BE} はnpn形トランジスタと逆極性の電圧を加える．コレクタ電流，エミッタ電流およびベース電流は，npn形トランジスタと逆方向に流れる．動作原理は基本的にnpn形トランジスタと同じで，npn形トランジスタの電子を正孔に置き換えると，pnp形トランジスタの動作になる（**図4.7**を参照）．

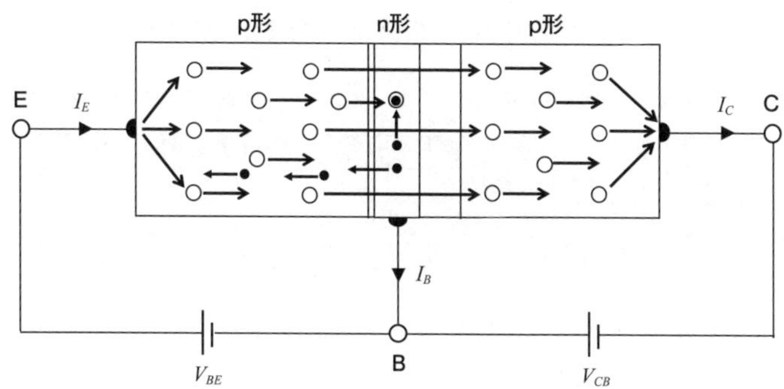

図 4.7　pnp 形トランジスタの動作

npn トランジスタの動作状態における電流を**図 4.8** に示す．コレクタからエミッタに流れる電子電流がコレクタ電流になる．ベースからエミッタに流れる正孔電流と再結合電流の和がベース電流になる．また，エミッタ電流はコレクタ電流とベース電流の和になる．

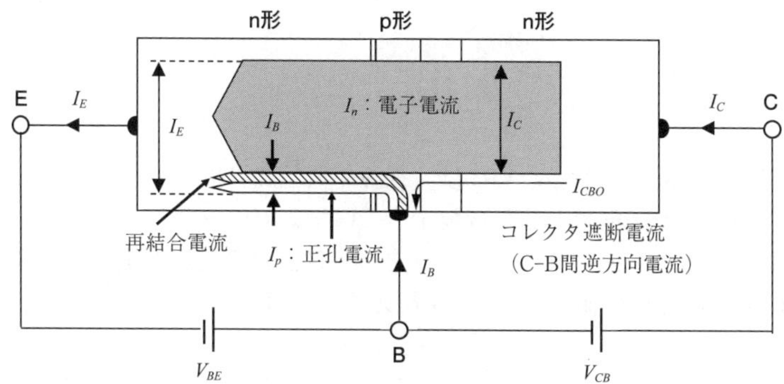

図 4.8　npn 形トランジスタの動作状態における各電流

動作状態におけるベース電流とコレクタ電流は

$$I_B = I_{B0}\left\{\exp\left(\frac{qV_{BE}}{kT}\right) - 1\right\} \cong I_{B0}\exp\left(\frac{qV_{BE}}{kT}\right) \qquad (4.1)$$

$$I_C = I_{C0}\left\{\exp\left(\frac{qV_{BE}}{kT}\right) - 1\right\} \cong I_{C0}\exp\left(\frac{qV_{BE}}{kT}\right) \qquad (4.2)$$

で与えられる．ダイオードの順方向電流の式 (3.8) の I_D を I_B と I_C に，I_S を I_{B0} と I_{C0} に，V_D を V_{BE} に置き換えると式 (4.1) と式 (4.2) を得ることができる．なお，I_{B0} と I_{C0} は飽和電流であり，I_{B0} はベース飽和電流，I_{C0} はコレクタ飽和電流である．

V_{BE} はベース–エミッタ間の順方向電圧である（**表 4.1** を参照）.

表 4.1 ダイオードの順方向電流とトランジスタのベース電流およびコレクタ電流

		等式	飽和電流	順方向電圧
ダイオード順方向電流 I_D		式 (3.8)	I_S	V_D
トランジスタ	ベース電流 I_B	式 (4.1)	I_{B0}	V_{BE}
	コレクタ電流 I_C	式 (4.2)	I_{C0}	V_{BE}

ここで，キルヒホッフの第一法則により，エミッタ電流は

$$I_E = I_B + I_C \cong (I_{B0} + I_{C0}) \exp\left(\frac{qV_{BE}}{kT}\right)$$

$$= (I_{B0} + I_{C0}) \exp\left(\frac{V_{BE}}{V_T}\right) \qquad (4.3)$$

になる．トランジスタを増幅器と考えると，エミッタ電流 I_E が入力電流，コレクタ電流 I_C が出力電流になる．コレクタ電流のエミッタ電流に対する比を求め，この比を α とする．

α は

$$\frac{I_C}{I_E} = \frac{I_C}{I_B + I_C} = \alpha \qquad (4.4)$$

となる．

トランジスタを動作させるためには，電源や信号源に接続しなければならなく，三つの電極の一つを基準点として接地する．いままでに説明してきた動作は，ベースを接地したときのものであり，この α を**ベース接地の電流増幅率**という．なお，α は 0.99〜0.995 程度の値であり，1 を超えることはない．

以上で説明したトランジスタの動作の重要な点をまとめると，以下のようになる．

① コレクタ電流はコレクタ–ベース間電圧 V_{CB} ではなく，ベース–エミッタ間電圧 V_{BE} によって決定される．

② ベース電流もベース–エミッタ間電圧 V_{BE} によって決定される．したがって，エミッタ電流はベース–エミッタ間電圧 V_{BE} によって決定される．

③ ベース–エミッタ間電圧 V_{BE} が増加すると，ベース電流とコレクタ電流は指数関数的に急激に大きくなる．

④ ベース電流とコレクタ電流は比例関係にある．したがって，ベース電流が求められれば，コレクタ電流とエミッタ電流を計算することができる．

4.2 T 形等価回路

[1] 直流等価回路

ベース接地トランジスタの直流等価回路を**図 4.9** に示す．2 個のダイオード D_E, D_C と**電流源** αI_E および**ベース抵抗** r_b で構成される．r_b はベース抵抗であり，ベースの中心から外部端子までの抵抗を意味している．トランジスタの形状や寸法およびベース領域の不純物数密度によって違ってくる．たとえば，不純物数密度が下がるとキャリアの数密度が下降し，抵抗率が上がる．その結果，ベース抵抗が大きくなる．その値は，定格電力が 400 mW の小信号トランジスタで 50 Ω 程度になる．

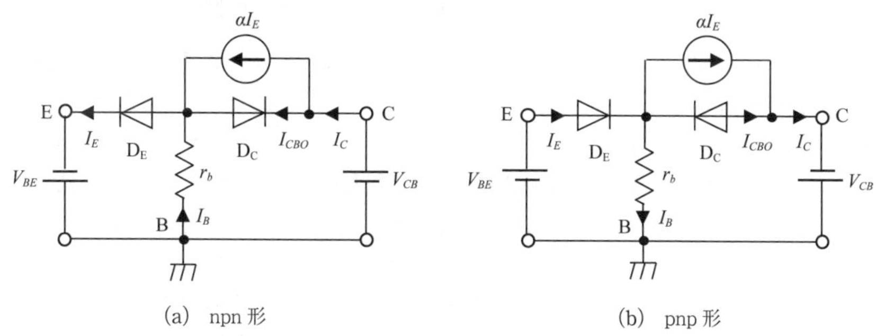

図 4.9 トランジスタの直流等価回路（ベース接地）

[2] 交流小信号に対する等価回路

交流小信号を取り扱うときは，図 4.9 のエミッタダイオード D_E は**エミッタ抵抗** r_e に，コレクタダイオード D_C は**コレクタ抵抗** r_c に置き換えることができる．これより，交流小信号に対する**ベース接地の T 形等価回路**を得ることができる．**図 4.10** にベース接地の T 形等価回路を示す．

図 4.10 において，エミッタ抵抗 r_e はダイオード D_E の順方向にエミッタ電流が流れたときの等価抵抗であり，ダイオードの交流抵抗 r_D を求める式 (3.10) と同じ

$$r_e=\frac{\partial V_{BE}}{\partial I_E}=\frac{1}{\dfrac{\partial I_E}{\partial V_{BE}}}=\frac{1}{\dfrac{1}{V_T}(I_{B0}+I_{C0})\exp\left(\dfrac{V_{BE}}{V_T}\right)}=\frac{V_T}{I_E}$$

$$=\frac{26〔\mathrm{mV}〕}{I_E}\quad〔\Omega〕\qquad(4.5)$$

で与えられる．また，コレクタ抵抗 r_c はダイオード D_C に逆方向電圧 V_{CB} が加え

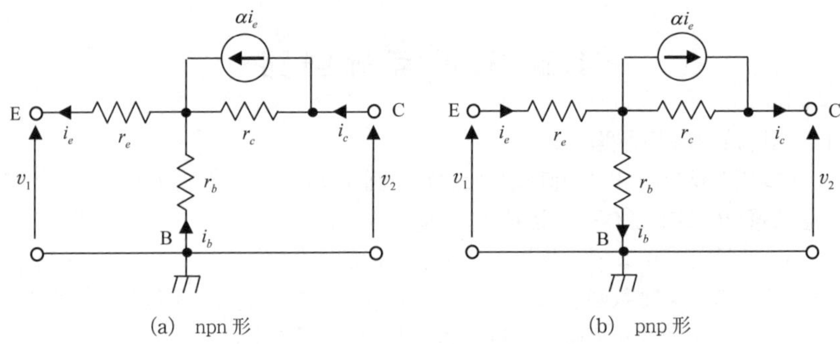

(a) npn 形　(b) pnp 形

v_1 はトランジスタを4端子回路と考えたときの入力電圧，v_2 は出力電圧を意味する．

図 4.10 交流小信号に対するベース接地のT形等価回路

られたときの等価抵抗であり，電流がほとんど流れないので非常に大きな値(数 MΩ 以上)の抵抗になる．トランジスタの動作状態において，コレクタ-ベース間の逆方向電圧 V_{CB} を大きくすると，コレクタ接合部の空乏層がコレクタ側とベース側に広がり，実効的なベース幅が**図 4.11** の $\varDelta W_b$ だけ狭くなる．その結果，コレクタ電流 I_C がわずかに増加する．この動作により，コレクタ-ベース間の逆方向電圧 V_{CB} を大きくしていくと，コレクタ電流が緩やかに増加する．これを**アーリー効果** (early effect) といい，コレクタ抵抗 r_c はこのときの等価抵抗である．

次に，エミッタ接地の等価回路を求めてみよう．エミッタ接地の場合は，入力電流がベース電流 I_B，出力電流がコレクタ電流 I_C になる．これらの比である I_C/I_B を β とおくと，ベース接地の電流増幅率 α との間に

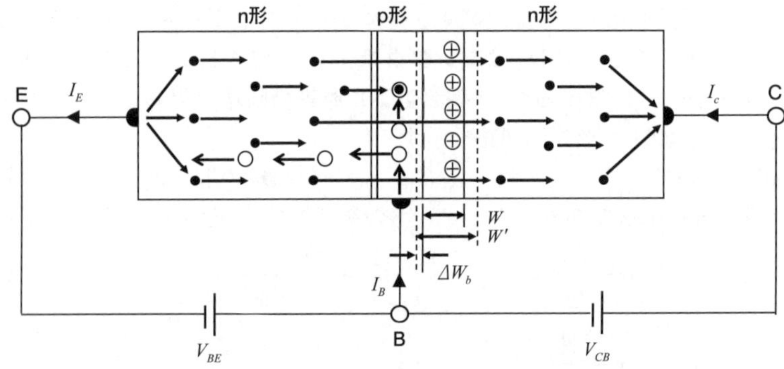

W が初期状態の空乏層の幅，W' が V_{CB} を大きくしたときの空乏層の幅，$\varDelta W_b$ が V_{CB} を大きくしたときのベース幅の減少分を意味する．

図 4.11 空乏層とベース幅の変化

$$\beta=\frac{I_C}{I_B}=\frac{I_C}{I_E-I_C}=\frac{I_C/I_E}{1-I_C/I_E}=\frac{\alpha}{1-\alpha} \qquad (4.6)$$

が成り立つ．このときの β を**エミッタ接地の電流増幅率**という．

【例題 4.1】

ベース接地の電流増幅率が $\alpha=0.995$ のトランジスタを，エミッタ接地にしたときの電流増幅率 β を求めよ．

（解） $\beta=\frac{\alpha}{1-\alpha}=\frac{0.995}{1-0.995}=199$

ベース接地の電流源は αi_e だが，エミッタ接地の電流源は βi_b になる．これらを考慮して npn 形トランジスタの T 形等価回路をベース接地からエミッタ接地に変更すると，**図 4.12**(b) のようになる．

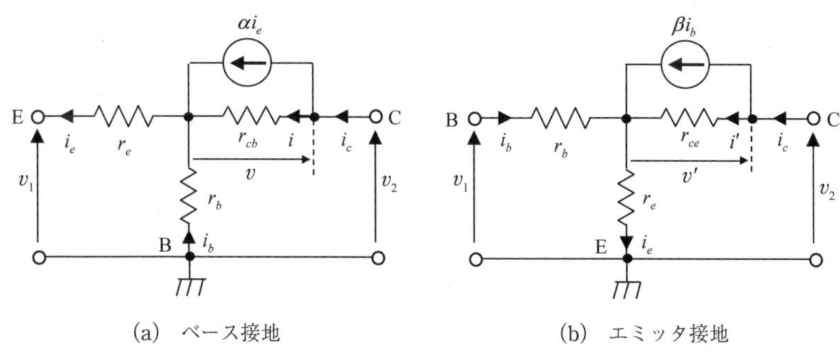

(a) ベース接地　　(b) エミッタ接地

図 4.12 npn 形トランジスタの T 形等価回路とコレクタ抵抗の電圧・電流

ここで，図 4.12 におけるそれぞれを以下のように定義すると，図 (b) におけるエミッタ接地のコレクタ抵抗 r_{ce} を，コレクタ抵抗に発生する電圧とここを流れる電流から求めることができる．それぞれを

ベース接地のコレクタ抵抗：r_{cb}，ベース接地コレクタ抵抗の電圧・電流：v，i

エミッタ接地のコレクタ抵抗：r_{ce}，エミッタ接地のコレクタ抵抗の電圧，電流：v'，i' と定義する．図 (a) に示すベース接地での i，v は

$$i=i_c-\alpha i_e=i_c-\alpha(i_b+i_c)=(1-\alpha)i_c-\alpha i_b, \quad v=ir_{cb}=\{(1-\alpha)i_c-\alpha i_b\}r_{cb}$$

となる．一方，図 (b) のエミッタ接地での i'，v' は

$$i'=i_c-\beta i_b=i_c-\frac{\alpha}{1-\alpha}i_b, \quad v'=i'r_{ce}=\left(i_c-\frac{\alpha}{1-\alpha}i_b\right)r_{ce}=\frac{(1-\alpha)i_c-\alpha i_b}{1-\alpha}r_{ce}$$

になる．ここで，トランジスタは同一であるために $v=v'$ であり，エミッタ接地のコレクタ抵抗 r_{ce} が

$$\{(1-\alpha)i_c-\alpha i_b\}r_{cb}=\frac{(1-\alpha)i_c-\alpha i_b}{1-\alpha}r_{ce},\quad r_{ce}=(1-\alpha)r_{cb} \tag{4.7}$$

として求められる．さらに，$\dfrac{1}{1-\alpha}=\dfrac{\alpha}{1-\alpha}+1=(\beta+1)$ なので

$$r_{ce}=\frac{r_{cb}}{\beta+1} \tag{4.8}$$

になる．

以上より，交流小信号に対する**エミッタ接地のT形等価回路**は**図4.13**になる．

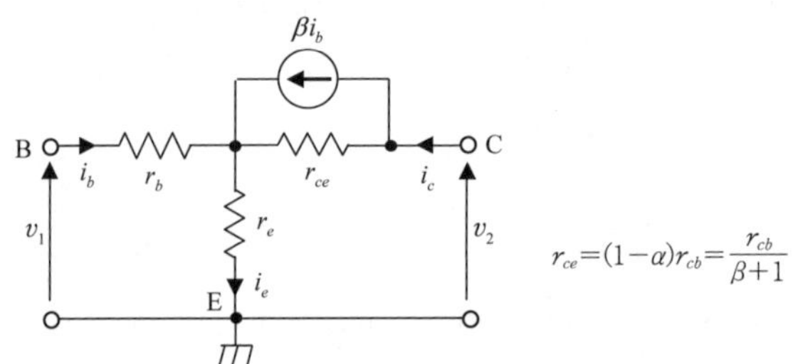

図4.13 交流小信号に対するエミッタ接地のT形等価回路(npn形)

図4.14にエミッタ接地トランジスタの出力特性を示す．アーリー効果により，コレクタ・エミッタ間電圧 V_{CE} に対してコレクタ電流 I_C が緩やかに上昇する．このときの傾いた特性の延長線とx軸の交点を**アーリー電圧** V_A といい，これよりエミッタ接地のコレクタ電流 I_C とコレクタ抵抗 r_{ce} を求めることができる．

$$\left.\begin{aligned} I_C&=\left(\frac{V_A+V_{CE}}{V_A}\right)I'_C\cong\left(1+\frac{V_{CE}}{V_A}\right)I'_C=\left(1+\frac{V_{CE}}{V_A}\right)\beta I_B \\ r_{ce}&=\frac{1}{\tan\theta}=\frac{1}{\dfrac{\partial I_C}{\partial V_{CE}}}=\frac{1}{\dfrac{\beta I_B}{V_A}}=\frac{V_A}{I_C}\left(1+\frac{V_{CE}}{V_A}\right)\quad〔\Omega〕\end{aligned}\right] \tag{4.9}$$

ここで，$\dfrac{V_{CE}}{V_A}\ll 1$ であれば，コレクタ抵抗 r_{ce} は

$$r_{ce}\cong\frac{V_A}{I_C}\quad〔\Omega〕 \tag{4.10}$$

となる．コレクタ電流 I_C が小さくなると，**図4.14**の傾き $\tan\theta$ が小さくなり，コレクタ抵抗 r_{ce} が大きくなる．アーリー電圧 V_A が大きくなったときも同じで，傾きが小さくなり，コレクタ抵抗 r_{ce} が大きくなる．なお，アーリー電圧は負の電圧であるが，一般的に絶対値で示しており，その値は50～200V程度になる．

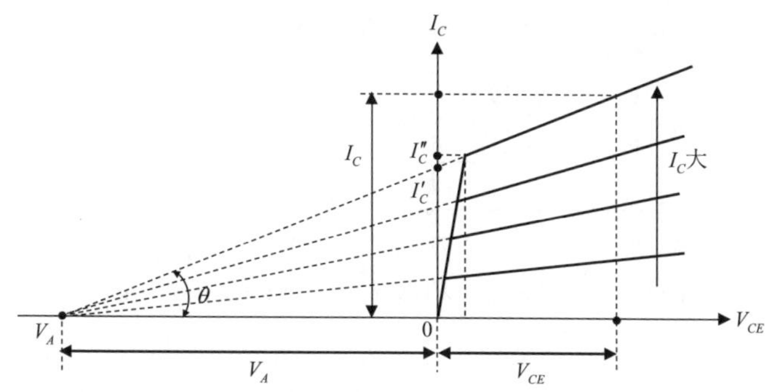

図 4.14　エミッタ接地トランジスタの出力特性とアーリー電圧 V_A

エミッタ接地の npn 形トランジスタの活性領域におけるコレクタ電流 I_C を**図 4.15** に示す．コレクタ抵抗 r_{ce} が存在すると，コレクタ電流は電流源 βI_B とコレクタ抵抗 r_{ce} に流れる電流 I の合計になる．このときのコレクタ電流 I_C を計算すると

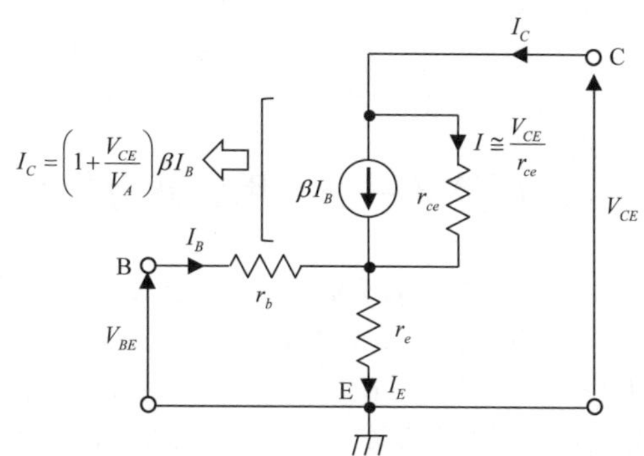

図 4.15　エミッタ接地トランジスタの活性領域におけるコレクタ電流 I_C (npn 形)

$$I \cong \frac{V_{CE}}{r_{ce}},\quad I_C \cong \beta I_B + I \cong \beta I_B + \frac{V_{CE}}{r_{ce}} = \beta I_B + \frac{V_{CE}}{V_A} I_C$$

$$I_C = \frac{\beta I_B}{1-\dfrac{V_{CE}}{V_A}} \cong \left(1+\frac{V_{CE}}{V_A}\right)\beta I_B,\quad \text{ただし，}\ 1 \gg (V_{CE}/V_A)$$

となり，式 (4.9) の値と一致する．

図 4.13 のエミッタ接地の T 形等価回路のコレクタ端子とエミッタ端子を入れ替えると，交流小信号に対する**コレクタ接地の T 形等価回路**を得ることができる．**図 4.16** にコレクタ接地の T 形等価回路を示す．

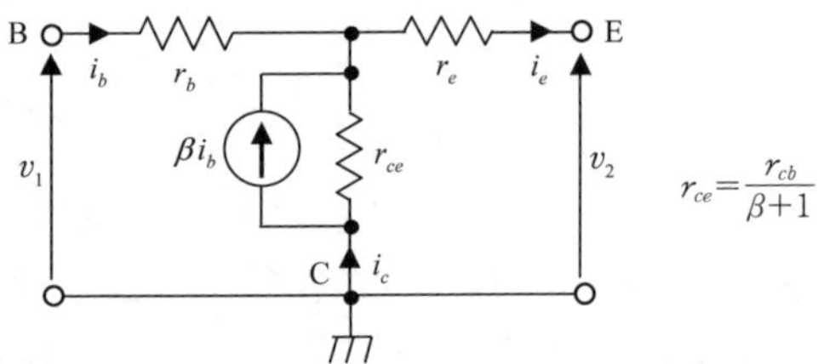

図4.16　交流小信号に対するコレクタ接地のT形等価回路（npn形）

【例題 4.2】

アーリー電圧が $V_A=100$ V，コレクタ電流が $Ic=3$ mA，ベース接地の電流増幅率が $\alpha=0.995$ のときのエミッタ接地トランジスタのコレクタ抵抗 r_{ce} とベース接地トランジスタのコレクタ抵抗 r_{cb} を求めよ．

（解）　エミッタ接地のトランジスタのコレクタ抵抗：$r_{ce}=\frac{V_A}{I_C}=\frac{100\text{ V}}{3\text{ mA}}=33.3\text{ k}\Omega$

ベース接地トランジスタのコレクタ抵抗：

$$r_{cb}=\frac{1}{1-\alpha}\cdot\frac{V_A}{I_C}=\frac{33.3\text{ k}\Omega}{1-0.995}=6.67\cong 6.7\text{ M}\Omega$$

4.3　*h* パラメータを用いた等価回路

図 4.17 に示すように，トランジスタは四端子回路と考えることができる．*h* パラメータを使用し，ベース接地，エミッタ接地，コレクタ接地トランジスタの等価回路を求めると**図 4.18** ようになる．*h* パラメータは接地方式によって変わるために，第2の添え字を追加し区別することとする．第2の添え字がbのときはベース接地，eのときはエミッタ接地，cのときはコレクタ接地を意味している（**表 4.2** を参照）．

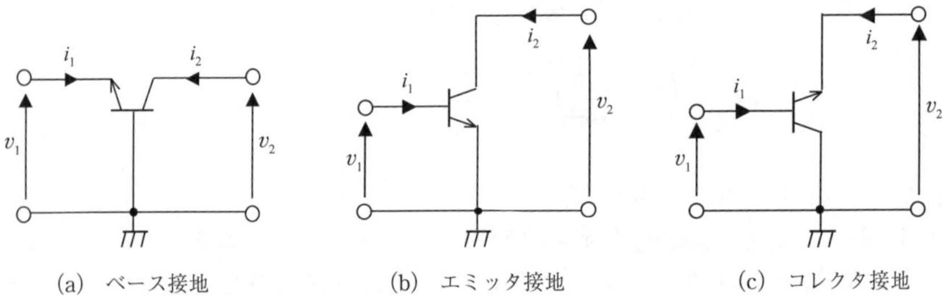

図4.17　四端子回路と考えたときのトランジスタの電圧と電流（npn形）

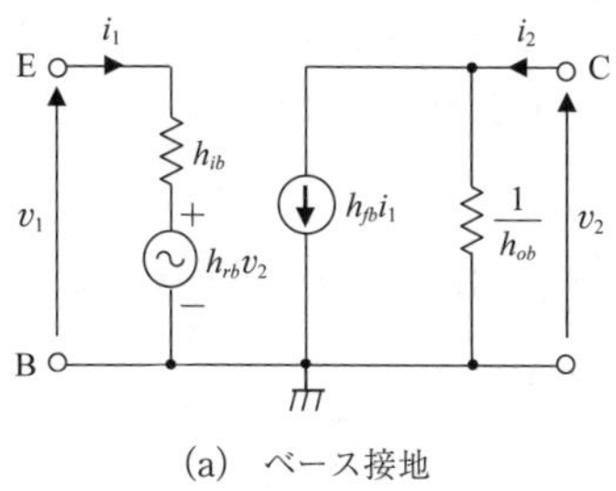

(a)　ベース接地

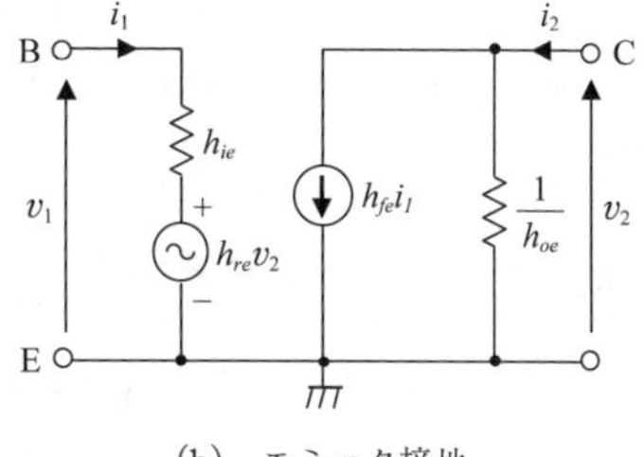

(b)　エミッタ接地

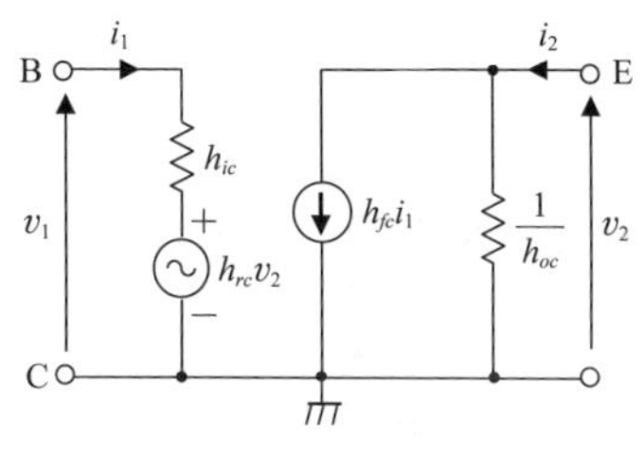

(c)　コレクタ接地

表 4.2　h パラメータの記号

	h_i	h_r	h_f	h_o
ベース接地	h_{ib}	h_{rb}	h_{fb}	h_{ob}
エミッタ接地	h_{ie}	h_{re}	h_{fe}	h_{oe}
コレクタ接地	h_{ic}	h_{rc}	h_{fc}	h_{oc}

図 4.18　h パラメータを用いた等価回路

図 4.18 における h パラメータは，T 形等価回路から求めることができる．エミッタ接地を例にして，T 形等価回路から h パラメータを求めてみよう．まず，図 4.18(b) の h パラメータを使用したエミッタ接地の等価回路において，$i_1=i_b$, $i_2=i_c$ とおくと

$$v_1=h_{ie}i_b+h_{re}v_2 \qquad (4.11), \quad i_c=h_{fe}i_b+h_{oe}v_2 \qquad (4.12)$$

が成り立つ．次に，図 4.13 の T 形等価回路から式 (4.11) と式 (4.12) に相当する式を求める．図 4.13 において $r_{ce}=(1-\alpha)r_{cb}$ とおくと

$$v_1=i_br_b+i_er_e=i_br_b+(i_b+i_c)r_e=i_b(r_b+r_e)+i_cr_e \qquad (4.13)$$

$$v_2=(i_c-\beta i_b)r_{ce}+i_er_e=(i_c-\beta i_b)(1-\alpha)r_{cb}+(i_b+i_c)r_e \qquad (4.14)$$

が成り立つ．式 (4.14) を整理すると，式 (4.15) を得ることができる．

$$v_2=i_c(1-\alpha)r_{cb}+i_cr_e-\beta i_b(1-\alpha)r_{cb}+i_br_e=i_c\{(1-\alpha)r_{cb}+r_e\}-i_b(\alpha r_{cb}-r_e)$$

$$i_c=\frac{\alpha r_{cb}-r_e}{(1-\alpha)r_{cb}+r_e}i_b+\frac{1}{(1-\alpha)r_{cb}+r_e}v_2 \qquad (4.15)$$

また，式 (4.15) を式 (4.13) に代入すると，式 (4.16) が得られる．

$$v_1=i_b(r_b+r_e)+\frac{r_e(\alpha r_{cb}-r_e)}{(1-\alpha)r_{cb}+r_e}i_b+\frac{r_e}{(1-\alpha)r_{cb}+r_e}v_2$$

$$v_1=\left\{(r_b+r_e)+\frac{r_e(\alpha r_{cb}-r_e)}{(1-\alpha)r_{cb}+r_e}\right\}i_b+\frac{r_e}{(1-\alpha)r_{cb}+r_e}v_2 \qquad (4.16)$$

式 (4.11) と式 (4.16) よりエミッタ接地トランジスタの h パラメータである h_{ie} と h_{re} を，式 (4.12) と式 (4.15) より h_{fe} と h_{oe} を求めることができる．それらは以下のようになる．

$$h_{ie}=\left(\frac{v_1}{i_b}\right)_{v_2=0}=(r_b+r_e)+\frac{r_e(\alpha r_{cb}-r_e)}{(1-\alpha)r_{cb}+r_e}\cong(r_b+r_e)+\frac{\alpha}{1-\alpha}r_e=r_b+\frac{1}{1-\alpha}r_e$$
$$=r_b+(\beta+1)r_e(\Omega) \qquad (4.17)$$

$$h_{re}=\left(\frac{v_1}{v_2}\right)_{i_b=0}=\frac{r_e}{(1-\alpha)r_{cb}+r_e}\cong\frac{r_e}{(1-\alpha)r_{cb}}=\frac{r_e}{r_{cb}/(\beta+1)}$$
$$=\frac{r_e}{r_{ce}}\,(\text{無名数}) \qquad (4.18)$$

$$h_{fe}=\left(\frac{i_c}{i_b}\right)_{v_2=0}=\frac{\alpha r_{cb}-r_e}{(1-\alpha)r_{cb}+r_e}\cong\frac{\alpha}{1-\alpha}=\beta\,(\text{無名数}) \qquad (4.19)$$

$$h_{oe}=\left(\frac{i_c}{v_2}\right)_{i_b=0}=\frac{1}{(1-\alpha)r_{cb}+r_e}\cong\frac{1}{(1-\alpha)r_{cb}}=\frac{1}{r_{cb}/(\beta+1)}=\frac{1}{r_{ce}}(\mathrm{S}) \qquad (4.20)$$

同様にして，ベース接地とコレクタ接地トランジスタの h パラメータを求めると，**表 4.3** のようになる．なお，これらはすべて交流小信号に対するパラメータを意味している．

表 4.3　h パラメータと T 形パラメータの関係式

	ベース接地	エミッタ接地	コレクタ接地
h_i〔Ω〕	$(1-\alpha)r_b+r_e$	$r_b+(\beta+1)r_e$	$r_b+(\beta+1)r_e$
h_r(無名数)	$\dfrac{r_b}{r_{cb}}$	$\dfrac{r_e}{r_{ce}}=\dfrac{r_e}{r_{cb}/(\beta+1)}$	$1-\dfrac{r_e}{r_{ce}}=1-\dfrac{r_e}{r_{cb}/(\beta+1)}$
h_f(無名数)	$-\alpha$	β	$-(\beta+1)$
h_o〔S〕	$\dfrac{1}{r_{cb}}$	$\dfrac{1}{r_{ce}}=\dfrac{1}{r_{cb}/(\beta+1)}$	$\dfrac{1}{r_{ce}}=\dfrac{1}{r_{cb}/(\beta+1)}$

表 4.4　パラメータ h_f の絶対値

	ベース接地	エミッタ接地	コレクタ接地
$\lvert h_f\rvert$	α	β	$\beta+1$

表 4.3 のベース接地とコレクタ接地の電流増幅率 h_f は負になっている．これは，入力電流 i_1 または出力電流 i_2 に対して，実際のトランジスタでは，どちらか一方が逆方向に流れていることを意味する．したがって，大きさだけを求めるときは**表 4.4** の絶対値を使っても構わない．

【例題 4.3】

コレクタ・エミッタ間電圧が $V_{CE}=6\,\mathrm{V}$，コレクタ電流が $I_C=3\,\mathrm{mA}$，アーリー電圧が $V_A=100\,\mathrm{V}$，エミッタ接地の電流増幅率が $\beta=199$(ベース接地の電流増幅率 $\alpha=0.995$)，ベース抵抗が $r_b=50\,\Omega$ のときのエミッタ接地トランジスタの各 h パラメータを求めよ．

(解)　例題 4.2 より，$V_A=100\ \mathrm{V}$，$\beta=199$（$\alpha=0.995$），$I_C=3\ \mathrm{mA}$ のとき，$r_{ce}=33.3\ \mathrm{k\Omega}$ になる．ここで，$r_b=50\ \Omega$ とすると，それぞれは以下となる．

$$I_C=\beta I_B\left(1+\frac{V_{CE}}{V_A}\right)=\beta I_B\left(1+\frac{6}{100}\right)=1.06\beta I_B$$

$$I_E=I_B+I_C=\left(\frac{1}{1.06\beta}+1\right)I_C=(0.00474+1)\times 3=3.014\ \mathrm{mA}$$

$$r_e=\frac{26\ \mathrm{mV}}{I_E}=\frac{26\ \mathrm{mV}}{3.014\ \mathrm{mA}}=8.626\ \Omega,\ h_{ie}=r_b+(\beta+1)r_e=50+200\times 8.626=1.775\ \mathrm{k\Omega}$$

$$h_{re}=\frac{r_e}{r_{ce}}=\frac{8.626\ \Omega}{33.3\ \mathrm{k\Omega}}=0.259\times 10^{-3}\cong 2.6\times 10^{-4},\ h_{fe}=\beta=199$$

$$h_{oe}=\frac{1}{r_{ce}}=\frac{1}{33.3\ \mathrm{k\Omega}}=0.03\times 10^{-3}=3\times 10^{-5}\ \mathrm{S}$$

$I_E\cong I_C$ と近似すると，h_{ie} と h_{re} の値が変わるが

$$r_e\cong\frac{26\ \mathrm{mV}}{I_C}=\frac{26\ \mathrm{mV}}{3\ \mathrm{mA}}=8.667\ \Omega,\ h_{ie}=r_b+(\beta+1)r_e=(50+200\times 8.667)\Omega=1.783\ \mathrm{k\Omega}$$

$$h_{re}=\frac{r_e}{r_{ce}}=\frac{8.667\ \Omega}{33.3\ \mathrm{k\Omega}}=0.26\times 10^{-3}\cong 2.6\times 10^{-4}$$

となり，先に求めた値と大きな差がないことがわかる．

4.4　簡易等価回路

T 形等価回路および h パラメータを用いた等価回路において，以下のパラメータの値を計算すると，次のことがいえる．

①　ベース接地とエミッタ接地トランジスタの電圧帰還率は，きわめて小さい．

例題 4.2 より，$V_A=100\ \mathrm{V}$, $\alpha=0.995$ ($\beta=199$), $I_C=3\ \mathrm{mA}$ のとき，$r_{ce}=33.3\ \mathrm{k\Omega}$, $r_{cb}=6.7\ \mathrm{M\Omega}$ になる．ここで，$r_b=50\ \Omega$ とすると，h_{rb} は

$$h_{rb}=\frac{r_b}{r_{cb}}=\frac{50\ \Omega}{6.7\ \mathrm{M\Omega}}=7.46\times 10^{-6}\cong 7.5\times 10^{-6}$$

になる．また，h_{re} は例題 4.3 より，$h_{re}=2.6\times 10^{-4}$ となる．

電圧帰還率は，入力端を開放したときの出力電圧 v_2 に対する入力電圧 v_1 の変化率を表したもので，**図 4.19** より簡単に求めることができる．図において，出力電圧が Δv_2 だけ変化するとコレクタ抵抗 r_c を流れる電流が変化し

・ベース接地ではベース抵抗 r_b に発生する電圧が Δv_1 変化する．

・エミッタ接地ではエミッタ抵抗 r_e に発生する電圧が Δv_1 変化する．

このときの電圧変化の比，$\Delta v_1/\Delta v_2$ が電圧帰還率 h_r になるので，電圧帰還率 h_r は単に抵抗分割比として求めることができる．

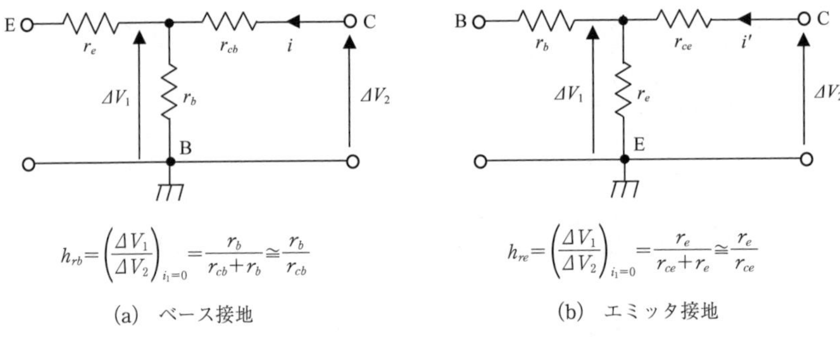

(a) ベース接地　　(b) エミッタ接地

図 4.19 ベース接地およびエミッタ接地における電圧帰還率

ベース接地ではコレクタ抵抗 r_{cb} が非常に大きく，電圧帰還率 h_{rb} はほぼ0になる．エミッタ接地でもエミッタ抵抗 r_e に対してコレクタ抵抗 r_{ce} が大きく，電圧帰還率 h_{re} は無視できるほど小さい値になる．これらのことは，ベース接地とエミッタ接地の出力抵抗 r_{ob} と r_{oe} は，コレクタ抵抗だけを考慮すればよいことを意味している．

$$r_{ob}=\left(\frac{\Delta v_2}{\Delta i_2}\right)_{i_1=0}=\left(\frac{\Delta v_2}{\Delta i}\right)_{i_1=0}=r_{cb}+r_b\cong r_{cb}$$

$$r_{oe}=\left(\frac{\Delta v_2}{\Delta i_2}\right)_{i_1=0}=\left(\frac{\Delta v_2}{\Delta i'}\right)_{i_1=0}=r_{ce}+r_e\cong r_{ce}$$

② コレクタ接地トランジスタの電圧帰還率はほぼ1になる．

$$h_{rc}=1-h_{re}=1-2.6\times10^{-4}\cong1$$

①と同様に抵抗分割によっても，電圧帰還率が求めることができる．このときの電圧帰還率 h_{rc} はほぼ1になる（**図 4.20** を参照）．

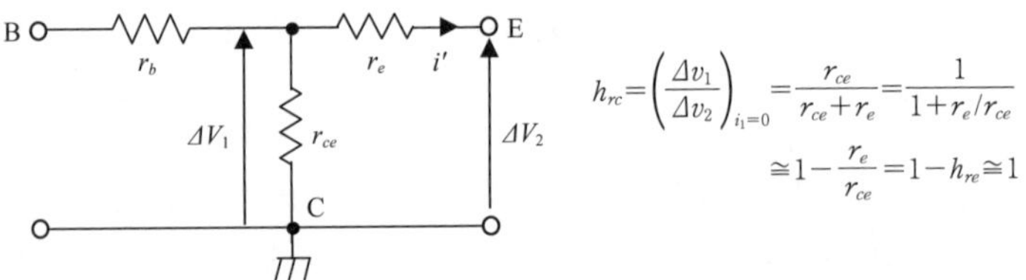

図 4.20 コレクタ接地における電圧帰還率

また，このときのコレクタ抵抗 r_{ce} はエミッタ抵抗 r_e より十分に大きく，出力抵抗 r_{oc} はコレクタ抵抗 r_{ce} だけ考慮すればよいことになる．

$$r_{oc}=r_{oe}=\left(\frac{\Delta v_2}{\Delta i_2}\right)_{i_1=0}=\left(\frac{\Delta v_2}{\Delta i'}\right)_{i_1=0}=r_{ce}+r_e\cong r_{ce}$$

③ ①と同一条件のとき，ベース接地トランジスタのコレクタ抵抗 r_{cb} は 6.7 MΩ と非常に大きく，出力コンダクタンス h_{ob} はきわめて小さくなる．したがって，出力抵抗 r_{cb} は開放として扱うことができる．

$$r_{cb}=6.7\ \mathrm{M\Omega},\ \ h_{ob}=\frac{1}{r_{cb}}=\frac{1}{6.7\ \mathrm{M\Omega}}=0.149\times10^{-6}\cong1.5\times10^{-7}\ \mathrm{S}$$

④ ①と同一条件のとき，エミッタ接地トランジスタのコレクタ抵抗 r_{ce} は 33.3 kΩ になる．実際の増幅回路では，コレクタとエミッタ間に並列に接続される負荷抵抗 R_L は数 kΩ であり，この値を考慮するとコレクタ抵抗を無視することはできない．したがって，開放として扱うことはできない．コレクタ接地の場合も，コレクタ抵抗 r_{cc} はエミッタ接地のコレクタ抵抗 r_{ce} と同じになるので無視できない．

$$\text{エミッタ接地}\ r_{ce}=\frac{V_A}{I_C}=\frac{100\ \mathrm{V}}{3\ \mathrm{mA}}=33.3\ \mathrm{k\Omega}$$

$$\text{コレクタ接地}\ r_{cc}=r_{ce}=33.3\ \mathrm{k\Omega}$$

以上のことを整理すると**表 4.5** のようになる．

表 4.5 実際のパラメータの値と扱い方

	ベース接地	エミッタ接地	コレクタ接地
帰還電圧 $h_r v_2$〔V〕	$h_{rb}v_2\cong0$ 短絡と考えてよい．	$h_{re}v_2\cong0$ ほぼ短絡と考えてよい．	$h_{rc}v_2\cong v_2$ v_2 と考えてよい．
コレクタ抵抗 r_c〔Ω〕	開放として扱ってよい．	$r_{ce}=\dfrac{V_A}{I_C}$ 無視できない．	$r_{cc}=r_{ce}=\dfrac{V_A}{I_C}$ 無視できない．
出力抵抗 r_o〔Ω〕	∞として扱える．	$r_{oe}\cong r_{ce}$	$r_{oe}=r_{oe}\cong r_{ce}$

表 4.5 を考慮すると，簡易等価回路を得ることができる．**図 4.21** に交流小信号に対するトランジスタの基本となる簡易等価回路を示す．電流源と入力抵抗 r_i およびコレクタ抵抗 r_c で構成した等価回路になっている．この図がトランジスタの基本となる等価回路になる．ベース接地では，コレクタ抵抗 r_{cb} は③の理由により付いていない．また，①の理由により帰還電圧は短絡されている．エミッタ接地では，①の理由により帰還電圧は短絡されており，出力端子間にはコレクタ抵抗 r_{ce} が接続されている．コレクタ接地では入力抵抗 r_{ie} が入力電圧と出力電圧の間に接続されており，帰還電圧は v_2 になっている．電流源の大きさと方向は，図 4.16 に示すコレクタ接地の T 形等価回路に同じになる．このときの簡易等価回路のパラメータを**表 4.6** に示す．

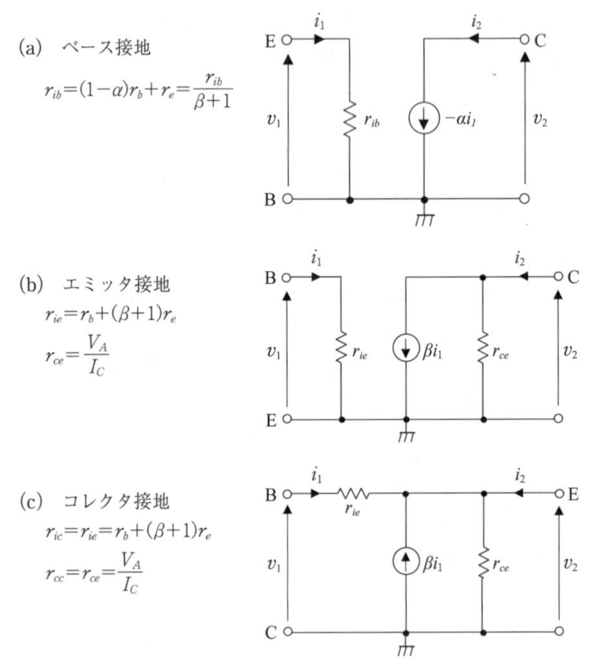

図 4.21　交流小信号に対するトランジスタの基本となる簡易等価回路

表 4.6　簡易等価回路のパラメータ

	ベース接地	エミッタ接地	コレクタ接地
入力抵抗 r_i〔Ω〕	$r_{ib}=(1-\alpha)r_b+r_e=r_{ie}/(\beta+1)$ $r_e=26\ \mathrm{mV}/I_E$	$r_{ie}=r_b+(\beta+1)r_e$ $r_e=26\ \mathrm{mV}/I_E$	$r_{ic}=r_{ie}=r_b+(\beta+1)r_e$ $r_e=26\ \mathrm{mV}/I_E$
電流源〔A〕	$-\alpha i_1$	βi_1	βi_1
コレクタ抵抗 r_c〔Ω〕	開放	$r_{ce}=\frac{V_A}{I_C}$	$r_{cc}=r_{ce}=\frac{V_A}{I_C}$

図 4.21(c) に示すコレクタ接地の実際の回路を**図 4.22** に示す．エミッタに負荷抵抗 R_L が接続されており，ここに発生する電圧 $v_2=v_{ec}$ が出力電圧になる．ベース-エミッタ間には入力抵抗 r_{ie} が存在している．エミッタ-コレクタ間には，コレクタからエミッタの方向に流れ出る電流源 $i_c=\beta i_1(\beta i_b)$ とコレクタ抵抗 r_{ce} が並列に接続されている．このとき，直流電圧 V_{BB} と V_{CC} は交流小信号に対して短絡と考える．以上のことから図 4.22 の等価回路は図 4.21(c) になる．

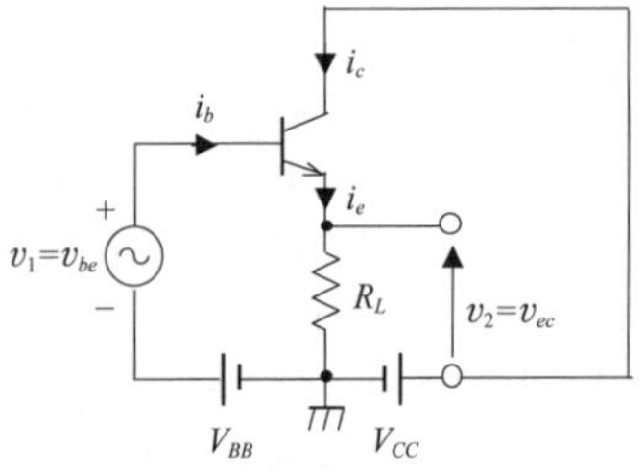

図 4.22　コレクタ接地の実際の回路

トランジスタのコレクタ抵抗を考慮すると h パラメータ (h_o) は使いづらく，以上で説明した簡易等価回路を基本として，今後は議論を進める．

【例題 4.4】

コレクタ接地トランジスタの基本となる等価回路 (図 4.21(c)) から入力電圧 v_1 を求め，電圧帰還率 h_{rc} が 1 になることを証明せよ．

(解) 以下のようになる．

$$v_1 = i_1 r_{ie} + v_2,\quad h_{rc} = \left(\frac{v_2}{v_1}\right)_{i_1=0} = 1$$

4.5 接 地 方 式

ここでは接地方式について説明する．トランジスタを動作させるためには，電源や信号源に接続しなければならなく，三つの電極の一つを基準点として接地する．この接地方式には，**ベース接地回路**，**エミッタ接地回路**，**コレクタ接地回路**の三つの接地方式がある．npn 形の接地方式を**図 4.23** に，pnp 形の接地方式を**図 4.24** に示す．pnp 形の接地回路では，各端子間に加える電圧はすべて npn 形と逆極性の電圧になる．コレクタ電流，ベース電流，エミッタ電流の向きも npn 形と逆方向

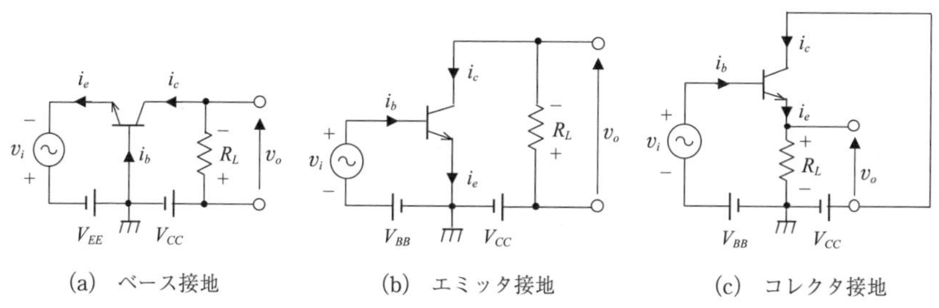

(a) ベース接地　(b) エミッタ接地　(c) コレクタ接地

図 4.23 npn 形トランジスタの接地方式

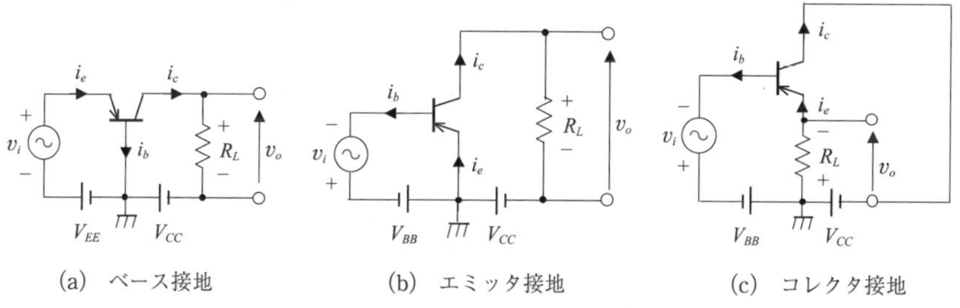

(a) ベース接地　(b) エミッタ接地　(c) コレクタ接地

図 4.24 pnp 形トランジスタの接地方式

になる．

図 4.23 と図 4.24 において，ベースとエミッタ間には，ベース接地回路では V_{EE}，エミッタ接地回路とコレクタ接地回路では V_{BB} なる直流電圧が，交流小信号の入力電圧 v_i とともに加えられている．また，ベース接地回路ではコレクタとベース間に，エミッタ接地回路ではコレクタとエミッタ間に直流電圧 V_{CC} と負荷抵抗 R_L の直列回路が接続されている．コレクタ接地回路ではコレクタと接地点間に直流電圧 V_{CC} が，エミッタと接地点間に負荷抵抗 R_L が接続されている．直流電源(電圧) から，トランジスタが動作したときの電気エネルギーが供給される．交流小信号の出力電圧 v_o は，負荷抵抗 R_L の両端から取り出される．直流電圧 V_{CC} は交流小信号に対しては短絡として扱うので，接地点からみた出力電圧も v_o になる．

コレクタ接地回路では，コレクタには直流電圧 V_{CC} が加えられているが，交流小信号に対しては同様に短絡として扱うので，コレクタは接地されていることになる．コレクタ接地回路は，エミッタから出力を取り出しているので，一般的には**エミッタホロワ** (emitter follower，EFL) と呼ばれている．

図 4.23 に示す npn 形トランジスタを使用したときのそれぞれの接地回路の等価回路は，**図 4.25** のようになる．

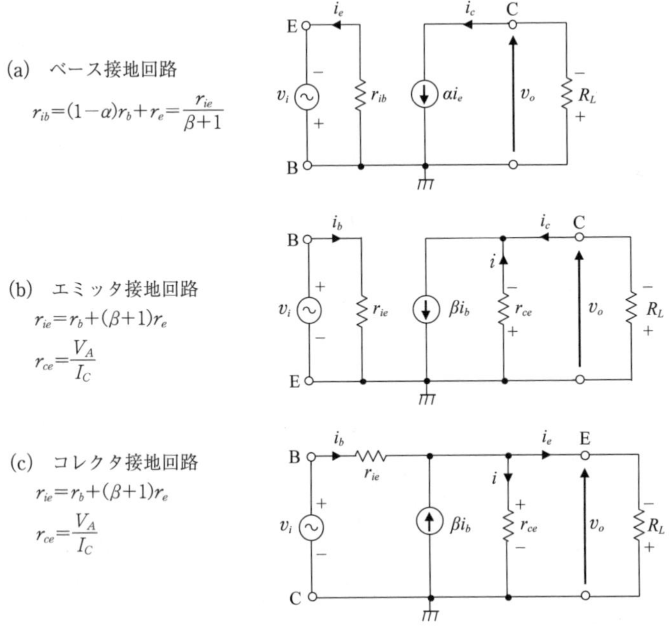

図 4.25　npn 形トランジスタを使用したときの各接地回路の等価回路

図 4.25 の等価回路から，それぞれの接地回路における動作電圧・電流を求めることができる.

① **ベース接地回路**

$$i_e=-\frac{V_i}{r_{ib}} \quad (4.21),\quad i_c=\alpha i_e \quad (4.22),\quad v_o=-i_cR_L=-\alpha i_eR_L \quad (4.23)$$

② **エミッタ接地回路**

$$i_b=\frac{V_i}{r_{ie}} \quad (4.24)$$

図 4.25(b) に示すように，電流源 βi_b が分流しコレクタ端子に流れる電流がコレクタ電流 i_c になるので，コレクタ電流 i_c は電流源 βi_b に分流比をかけることにより

$$i_c=\beta i_b\frac{r_{ce}}{R_L+r_{ce}} \quad (4.25)$$

として求めることができる．出力電圧は，コレクタ電流 i_c により負荷抵抗 R_L に発生する電圧であり，以下のようになる.

$$v_o=-i_cR_L=-\beta i_b\frac{R_Lr_{ce}}{R_L+r_{ce}}=-\beta i_bR \quad (4.26) \qquad ただし，R=\frac{R_Lr_{ce}}{R_L+r_{ce}}$$

③ **コレクタ接地回路**

$$\left.\begin{aligned} i_b&=\frac{v_i-v_o}{r_{ie}} \\ v_o&=(i_e+i)R=(i_b+\beta i_b)R=(\beta+1)i_bR \end{aligned}\right] \quad (4.27) \qquad ただし，R=\frac{R_Lr_{ce}}{R_L+r_{ce}}$$

上式から，ベース電流 i_b，エミッタ電流 i_e，出力電圧 v_o を求めることができる.

$$i_br_{ie}=v_i-v_o=v_i-(\beta+1)i_bR,\quad i_b\{r_{ie}+(\beta+1)R\}=v_i$$

$$i_b=\frac{v_i}{r_{ie}+(\beta+1)R} \quad (4.28)$$

エミッタ電流 i_e と出力電圧 v_o は，エミッタ接地回路と同様な考え方で求めることができる.

$$i_e=(\beta+1)i_b\frac{r_{ce}}{R_L+r_{ce}}=\frac{(\beta+1)v_i}{r_{ie}+(\beta+1)R}\cdot\frac{r_{ce}}{R_L+r_{ce}} \quad (4.29)$$

$$v_o=i_eR_L=(\beta+1)i_bR=\frac{(\beta+1)R}{r_{ie}+(\beta+1)R}v_i \quad (4.30)$$

以上の結果から，それぞれの接地回路で正弦波の交流小信号電圧が入力され，npn 形トランジスタが動作したときの入力電圧 v_i，入力電流（エミッタ電流 i_e またはベース電流 i_b），出力電流（コレクタ電流 i_c またはエミッタ電流 i_e），出力電圧 v_o の波形は**図 4.26**〜**図 4.28** のようになる.

ベース接地回路では，入力電圧 v_i に対してエミッタ電流 i_e とコレクタ電流 i_c が

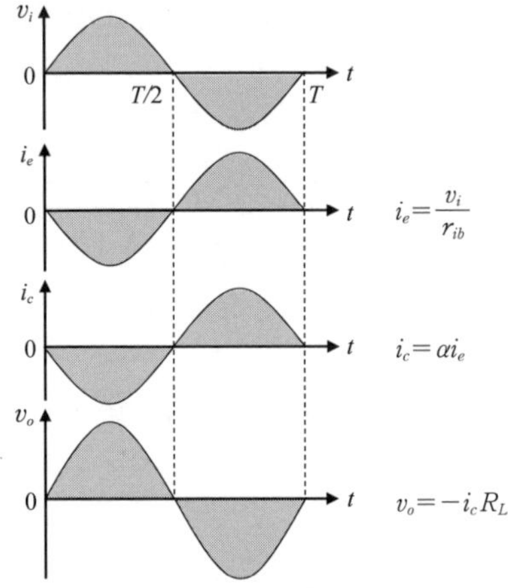

図 4.26 npn 形トランジスタを使用したベース接地回路の動作波形

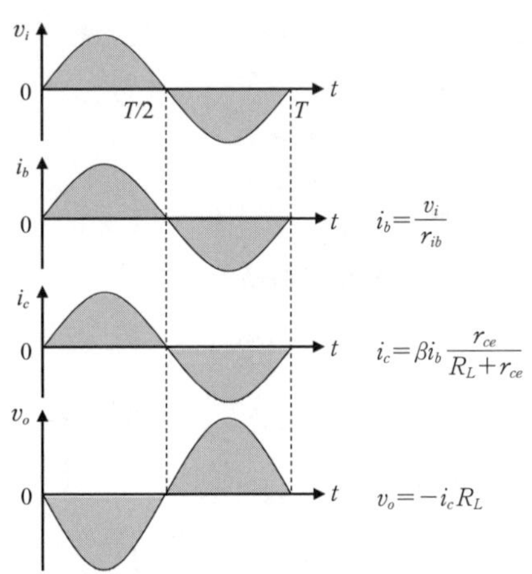

図 4.27 npn 形トランジスタを使用したエミッタ接地回路の動作波形

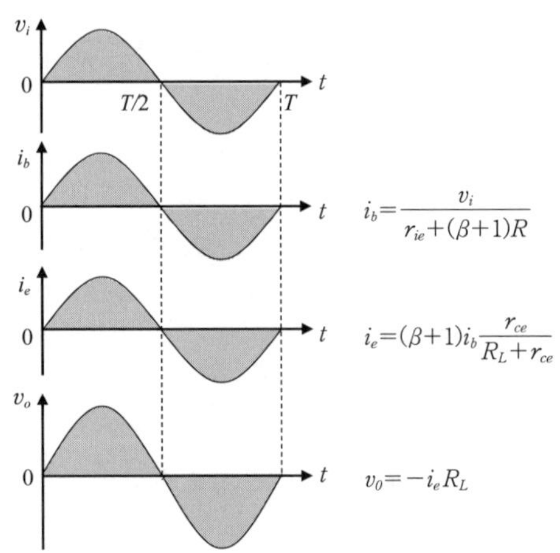

図 4.28 npn 形トランジスタを使用したコレクタ接地回路の動作波形

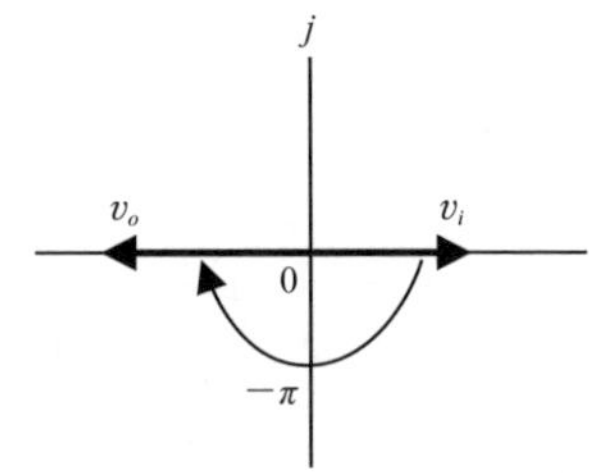

図 4.29 エミッタ接地における入力電圧と出力電圧の位相

逆極性，出力電圧 v_o が同一極性になる．エミッタ接地回路では，入力電圧 v_i に対してベース電流 i_b とコレクタ電流 i_c が同一極性，出力電圧 v_o が逆極性になる．コレクタ接地回路では，入力電圧 v_i に対してベース電流 i_b とエミッタ電流 i_e が同一極性，出力電圧 v_o も同一極性になる．入力電圧 v_i と出力電圧 v_o を比較すると，ベース接地回路とコレクタ接地回路では同一極性であるが，エミッタ接地回路では逆極性になる．つまり，エミッタ接地回路では，入力電圧 v_i に対する出力電圧 v_o

の位相が180°遅れることになる．複素数を使い入力電圧 v_i と出力電圧 v_o をベクトル表示すると式(4.31)および**図 4.29** のようになり，出力電圧 v_o は入力電圧 v_i に対して180°遅れることになる．このときの入力電圧に対する出力電圧の位相を**逆相**という．

$$\left.\begin{aligned} v_i\varepsilon^{j0} &= v_i(\cos 0 + j\sin 0) = v_i \\ v_o\varepsilon^{-j\pi} &= v_o\{\cos(-\pi) + j\sin(-\pi)\} = -v_o \end{aligned}\right] \quad (4.31)$$

トランジスタに信号源や負荷抵抗 R_L を接続したときの入力インピーダンス Z_i，出力インピーダンス Z_o，電流増幅度 A_i，電圧増幅度 A_v，電力増幅度 A_p のことを動作量というが，それぞれの接地回路の特徴と用途については，それぞれの動作量を求めたあとで説明する．

【例題 4.5】

図4.25(b)のエミッタ接地回路において，トランジスタのコレクタ抵抗 r_{ce} を開放として無視したときのコレクタ電流 i_c と出力電圧 v_o を求め，本来の式である式(4.25)および式(4.26)と比較せよ．

（解） コレクタ抵抗 r_{ce} を無視したときのコレクタ電流と出力電圧を i'_c と v'_o とします．また，式(4.25)と式(4.26)で与えられる本来のコレクタ電流と出力電圧を i_c と v_o する．i'_c と v'_o は

$$i'_c = \beta i_b,\ \ v'_o = -i'_c R_L = -\beta i_b R_L$$

となる．これらを本来の式と比較すると

$$\frac{i'_c}{i_c} = \frac{R_L + r_{ce}}{r_{ce}},\quad \frac{v'_o}{v_o} = \frac{R_L + r_{ce}}{r_{ce}}$$

のようになり，トランジスタのコレクタ抵抗 r_{ce} を無視すると，コレクタ電流と出力電圧ともに増えることになる．このときの誤差は

$$\varepsilon = \frac{i'_c - i_c}{i_c} \times 100 = \frac{v'_o - v_o}{v_o} \times 100 = \frac{R_L}{r_{ce}} \times 100(\%) \qquad (4.32)$$

となり，負荷抵抗 R_L とコレクタ抵抗 r_{ce} の比でその大きさが決まる．負荷抵抗 R_L が大きくなるか，またはコレクタ抵抗 r_{ce} が小さくなると誤差が大きくなる．

4.6　トランジスタの静特性

トランジスタのコレクタ-エミッタ間，ベース-エミッタ間に直流電圧を加え，各端子間に加えた直流電圧と各端子に流れる直流電流の関係を求めたものを**静特性** (static characteristics) という．トランジスタの静特性には

① **入力特性**（V_{CE} が一定のときの I_B-V_{BE} 特性）

② **電流伝達特性**（V_{CE} が一定のときの I_C-I_B 特性）

③ **出力特性**（I_B が一定のときの I_C-V_{CE} 特性）

④　**電圧帰還特性**（I_B が一定のときの V_{BE}-V_{CE} 特性）

⑤　**伝達特性**（V_{CE} が一定のときの I_C-V_{BE} 特性）

がある．このうち⑤の伝達特性はあまり使われない．①から④が主に使われているが，トランジスタ回路を設計する際には，入力特性と出力特性が最も重要になる．

そのうちの電流伝達特性は，電流増幅率で代表させることができる．ベース接地の場合は α，エミッタ接地の場合は β になる．電圧帰還特性は，電圧帰還率で代表することができる．ベース接地とエミッタ接地では電圧帰還率はほぼ 0 であり，コレクタ接地では 1 になる．

増幅器にはエミッタ接地回路が一番多く使用されている．npn トランジスタを使用したエミッタ接地回路での静特性の測定回路を**図 4.30** に示す．静特性についても npn トランジスタを使用したエミッタ接地回路について説明する．

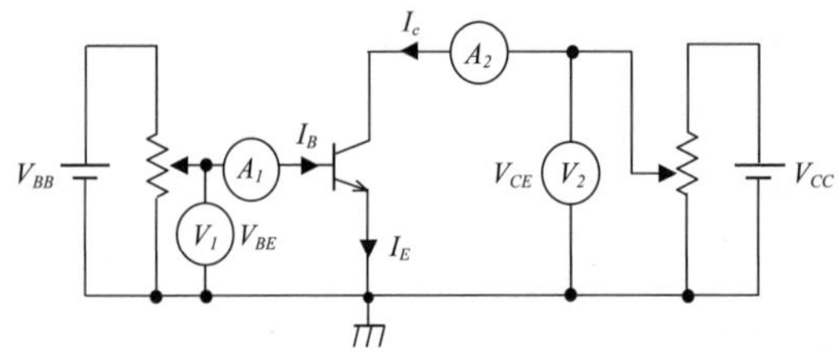

図 4.30　静特性の測定回路

（1）　入力特性（V_{CE} が一定のときの I_B-V_{BE} 特性）

コレクタ-エミッタ間電圧 V_{CE} を一定にして，ベース-エミッタ間電圧 V_{BE} を変化させさたときのベース電流 I_B は式 (4.1) で与えられ，V_{BE} に対して指数関数的に増加する．このとき，**図 4.31** に示す特性が得られる．ダイオードの順方向特性と

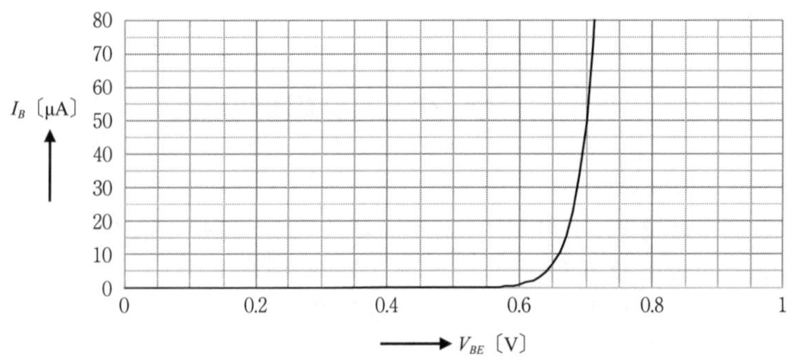

図 4.31　入力特性（V_{CE} が一定のときの I_B-V_{BE} 特性）

類似した特性になる．これを**入力特性**という．

$$I_B = I_{B0} \exp\left(\frac{qV_{BE}}{kT}\right) \qquad (4.1)$$

図 4.23(b) の npn トランジスタを使用したエミッタ接地回路において，ベース-エミッタ間に直流電圧 V_{BB} が加えられている．入力特性は図 4.31 に示すように非直線的であるが，V_{BB} を加えることにより動作点 Q における V_{BE} を上げ，入力特性のほぼ直線的なところを使うことができる．ベース-エミッタ間に

$$V_{BE} = V_{BB} + v_i = V_{BB} + \Delta V_{BE} \sin \omega t \qquad (4.33)$$

なる V_{BE} が加えられると，式 (4.34) のベース電流 I_B が流れる．

$$I_B = I_{BB} + i_b = I_{BB} + \Delta I_B \sin \omega t \qquad (4.34)$$

このときの動作点と動作波形を**図 4.32** に示すが，直流電圧 V_{BB} を加えることにより特性の直線的なところを使うことができ，ΔV_{BE} に比例した ΔI_B を得ることができる．

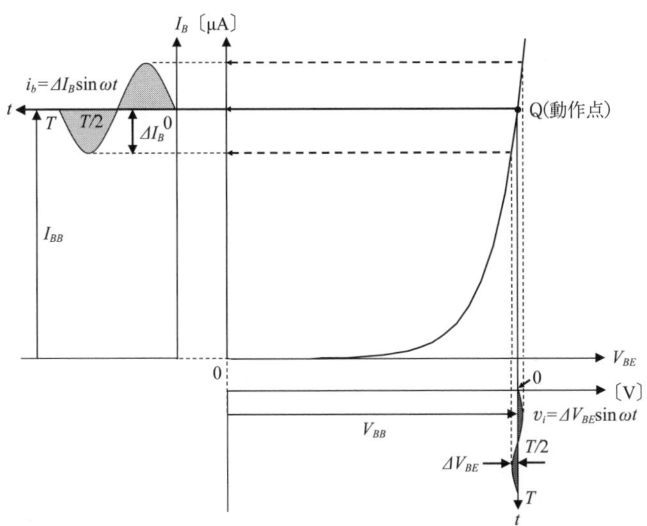

図 4.32　直流電圧 V_{BB} を加えたときの動作点および動作波形

(2)　電流伝達特性（V_{CE} が一定のときの I_C-I_B 特性）

コレクタ-エミッタ間電圧 V_{CE} を一定にして，ベース-エミッタ間電圧 V_{BE} を変化させさせると，ベース電流 I_B とコレクタ電流 I_C が変化する．このときのベース電流 I_B とコレクタ電流の関係をグラフにしたものを**電流伝達特性**という．電流伝達特性を図に示す．図における傾きを求めると

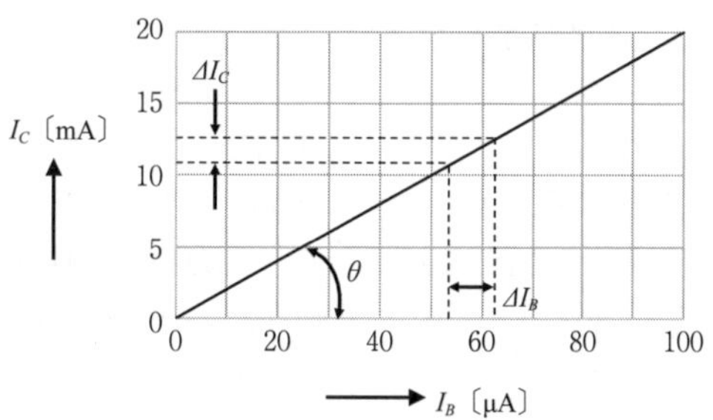

図4.33　電流伝達特性（V_{CE}が一定のときのI_C-I_B特性）

$$\tan\theta = \frac{I_C}{I_B} = \frac{\Delta I_C}{\Delta I_B} = \beta \qquad (4.35)$$

となるので，電流伝達特性は電流増幅率βで代表させることができる．

エミッタ接地回路にベース電流I_B

$$I_B = I_{BB} + i_b = I_{BB} + \Delta I_B \sin\omega t$$

を流すと，コレクタ電流I_C

$$I_C = I_{CC} + i_c = I_{CC} + \Delta I_C \sin\omega t \qquad (4.36)$$

が流れる．この様子を**図4.34**に示す．

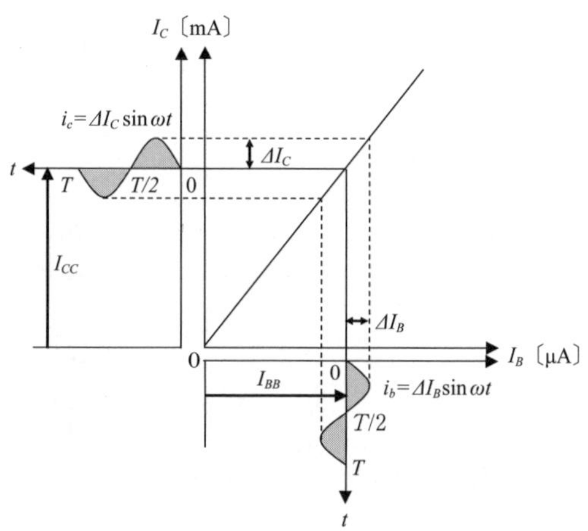

図4.34　ベース電流によるコレクタ電流の変化

（3）　出力特性（I_Bが一定のときのI_C-V_{CE}特性）

ベース電流I_Bを一定にして，コレクタ-エミッタ間電圧V_{CE}を変化させると**図4.35**に示す特性が得られる．この特性を**出力特性**という．コレクタ-エミッタ間電

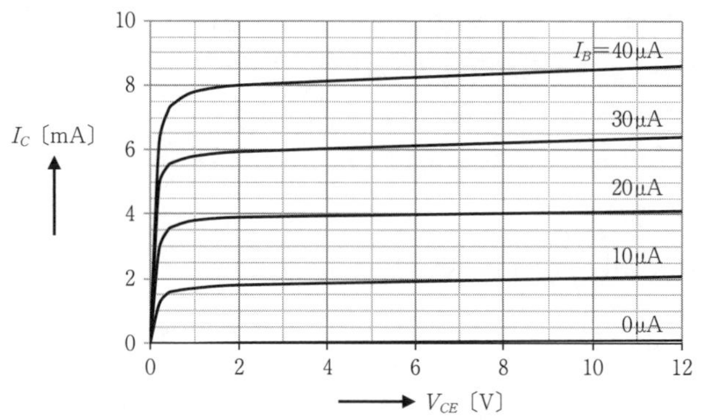

図 4.35 出力特性（I_B が一定のときの I_C-V_{CE} 特性）

圧 V_{CE} が小さい領域では，コレクタ-エミッタ間電圧 V_{CE} が大きくなるとコレクタ電流 I_C は急激に増加するが，そのあとは，コレクタ抵抗 r_{ce} の大きさで決まる傾斜で緩やかに上昇する．傾斜が小さく特性が平坦（フラット）になるほど，トランジスタのコレクタ抵抗 r_{ce} が大きいことを意味している（式 (4.10) と図 4.14 を参照）．

（4） 電圧帰還特性（I_B が一定のときの V_{BE}-V_{CE} 特性）

ベース電流 I_B を一定にして，コレクタ-エミッタ間電圧 V_{CE} を変化させると**図 4.36** に示す特性が得られる．この特性を**電圧帰還特性**という．コレクタ-エミッタ間電圧 V_{CE} が低い領域では，ベース-エミッタ間電圧 V_{BE} は図 4.36 のように変化するが，通常使う領域では特性の傾き，つまり電圧帰還率は $h_{re}=\partial V_{BE}/\partial V_{CE}\cong 0$ であり，簡易等価回路を使って回路の計算をするときは h_{re} を考慮に入れる必要はない．したがって，エミッタ接地トランジスタの等価回路は図 4.25(b) になる．

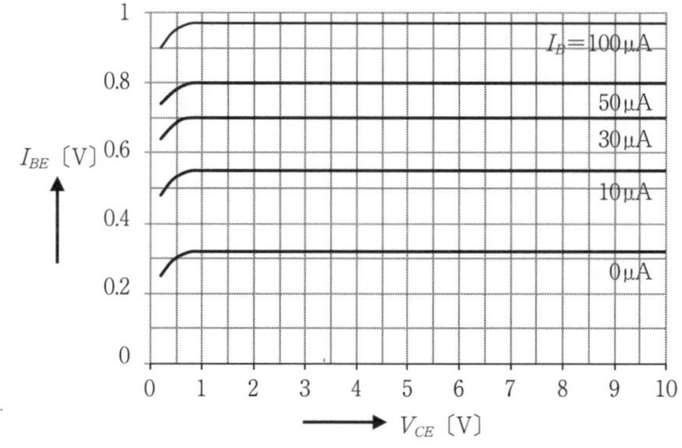

図 4.36 電圧帰還特性（I_B が一定のときの V_{BE}-V_{CE} 特性）

(5)　伝達特性(V_{CE} が一定のときの I_C-V_{BE} 特性)

入力特性の縦軸をベース電流 I_B からコレクタ電流 I_C に入れ替えた特性を**伝達特性**という．ベース-エミッタ間電圧 V_{BE} を大きくすると，コレクタ電流は式(4.2)に従い，**図 4.37** のように急激に増加する．なお，この伝達特性はあまり使われていない．

$$I_C = I_{C0} \exp\left(\frac{qV_{BE}}{kT}\right) \qquad (4.2)$$

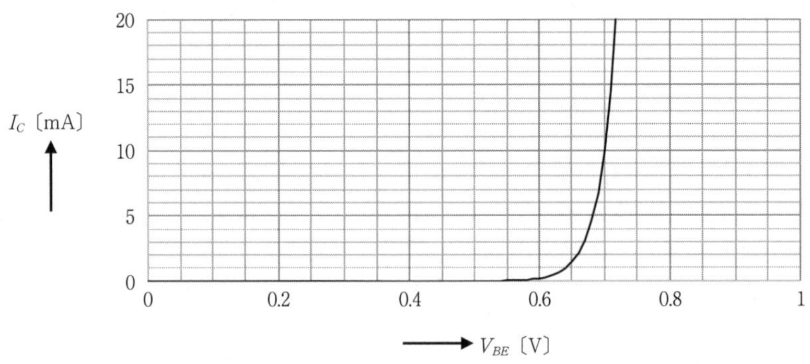

図 4.37　伝達特性(V_{CE} が一定のときの I_C-V_{BE} 特性)

以上の特性のうち，四つの特性をまとめると**図 4.38** のようになる．トランジスタは本来，非直線素子であるが，特性の直線的なところ(図 4.38 の○印)に着目すると，その傾きから，コレクタ抵抗 r_{ce} を第一象限から，電流増幅率 β を第二象限から，入力抵抗 r_{ie} を第三象限から，電圧帰還率 h_{re} を第四象限から求めることができる．なお，β と h_{re} は無名数である．

$$\text{第一象限：}\left(\frac{\Delta V_{CE}}{\Delta I_C}\right)_{I_B=\text{一定}} = r_{ce}\,〔\Omega〕 \quad (4.37)$$

$$\text{第二象限：}\left(\frac{\Delta I_C}{\Delta I_B}\right)_{V_{CE}=\text{一定}} = \beta \quad (4.38)$$

$$\text{第三象限：}\left(\frac{\Delta V_{BE}}{\Delta I_B}\right)_{V_{CE}=\text{一定}} = r_{ie}\,〔\Omega〕 \quad (4.39)$$

$$\text{第四象限：}\left(\frac{\Delta V_{BE}}{\Delta V_{CE}}\right)_{I_B=\text{一定}} = h_{re} \cong 0 \quad (4.40)$$

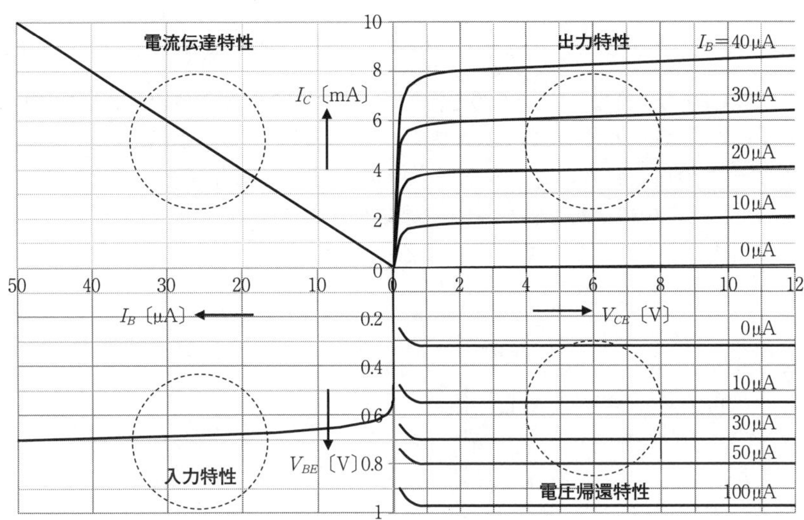

図 4.38　トランジスタの静特性

4.7　負荷線と増幅動作

図 4.39 のエミッタ接地回路において，コレクタ電流 I_C が変化するとコレクタ-エミッタ間電圧 V_{CE} が変化する．図 4.39 において

$$V_{CC}=I_C R_C+V_{CE} \qquad (4.41)$$

が成り立つ．ここで

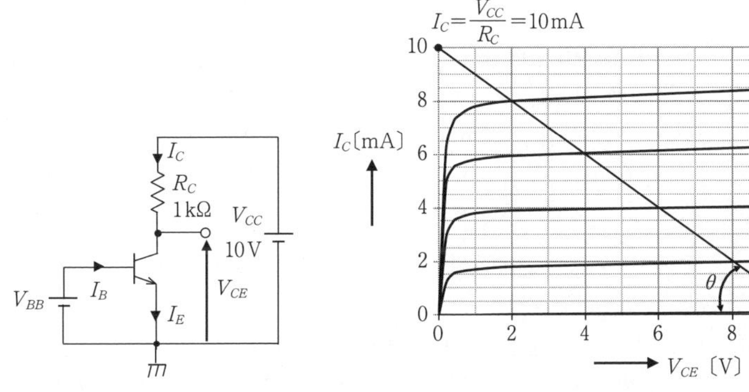

図 4.39　エミッタ接地回路

図 4.40　出力特性と負荷線

$$V_{CE}=0 \text{ とすると } I_C=\frac{V_{CC}}{R_C} \quad (4.42), \quad I_C=0 \text{ とすると } V_{CE}=V_{CC} \quad (4.43)$$

になる．図4.39の場合は，$V_{CE}=0$ のときのコレクタ電流 I_C は $I_C=10\,\mathrm{V}/1\,\mathrm{k\Omega}=10\,\mathrm{mA}$，$I_C=0$ のときのコレクタ-エミッタ間電圧 V_{CE} は $V_{CE}=V_{CC}=10\,\mathrm{V}$ になる．これをトランジスタの出力特性にプロットし，直線を引くと**図4.40**のようになる．この直線をトランジスタの**負荷線**といい，コレクタ電流 I_C が変化するとコレクタ-エミッタ間電圧 V_{CE} がこの線上を変化する．なお，図4.40における負荷線の傾き $\tan\theta$ は

$$I_C=\frac{V_{CC}-V_{CE}}{R_C} \text{ より } \quad \tan\theta=\frac{\partial I_C}{\partial V_{CE}}=-\frac{1}{R_C} \qquad (4.44)$$

になる．抵抗 R_C が小さくなると，傾斜が大きくなる．

図4.41は，図4.39のエミッタ接地回路のベース-エミッタ間に，さらに交流小信号の入力電圧 v_i を加えた回路になっている．ベース-エミッタ間に直流電圧 V_{BB} と交流小信号の入力電圧 v_i が加えられると

$$\begin{aligned} I_B &= I_{BB}+i_b \\ &= 20+10\sin\omega t \text{〔}\mu\mathrm{A}\text{〕} \end{aligned} \qquad (4.45)$$

で表されるベース電流が流れる．このとき，コレクタ電流 I_C とコレクタ-エミッタ間電圧 V_{CE} は，**図4.42**に示すように**動作点**Qを中心にして変化する．動作点Qはベース電流が $I_B=20\,\mu\mathrm{A}$ のときのコレクタ-エミッタ間電圧 V_{CE} とコレクタ電流 I_C で決まる座標であり，動作点Qにおけるそれぞれを V_{CEQ} と I_{CQ} とすると，$V_{CEQ}=6\,\mathrm{V}$，$I_{CQ}=4\,\mathrm{mA}$ になる．

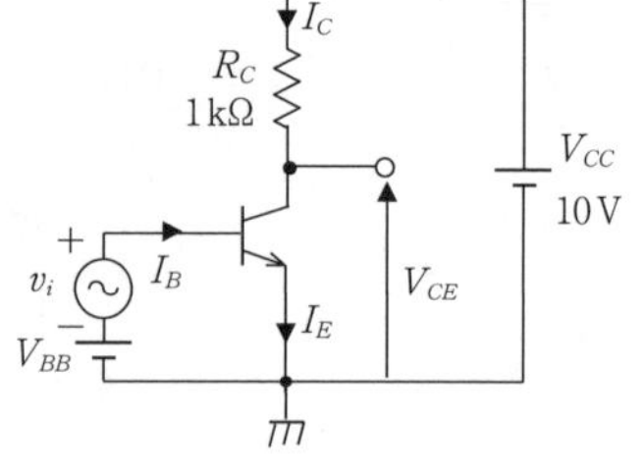

図4.41 交流小信号（入力電圧 v_i）が加えられたときのエミッタ接地回路

図4.42において，ベース電流 I_B が時間に対して正弦波状に変化すると，コレクタ電流 I_C，コレクタ-エミッタ間電圧 V_{CE} も以下のように正弦波状に変化する．

① $t=0$ 時刻では，ベース電流は $I_B=20\,\mu\mathrm{A}$ で，コレクタ電流は $I_C=I_{CQ}=4\,\mathrm{mA}$，コレクタ-エミッタ間電圧は $V_{CE}=V_{CEQ}=6\,\mathrm{V}$ で，動作点Qにいる．

② $t=T/4$ 時刻になると，ベース電流は $I_B=30\,\mu\mathrm{A}$ に増え，コレクタ電流は $I_C=6\,\mathrm{mA}$，コレクタ-エミッタ間電圧は $V_{CE}=4\,\mathrm{V}$ になり，トランジスタが動作している座標はa点に移動する．

③ $t=T/2$ 時刻になると，$I_B=20\,\mu\mathrm{A}$ なり，動作点Qに戻る．

④ $t=3T/4$ 時刻になると，ベース電流は $I_B=10\,\mu\mathrm{A}$ に減り，コレクタ電流は $I_C=2\,\mathrm{mA}$，コレクタ-エミッタ間電圧は $V_{CE}=8\,\mathrm{V}$ で，トランジスタが動作している座標はb点に移動する．

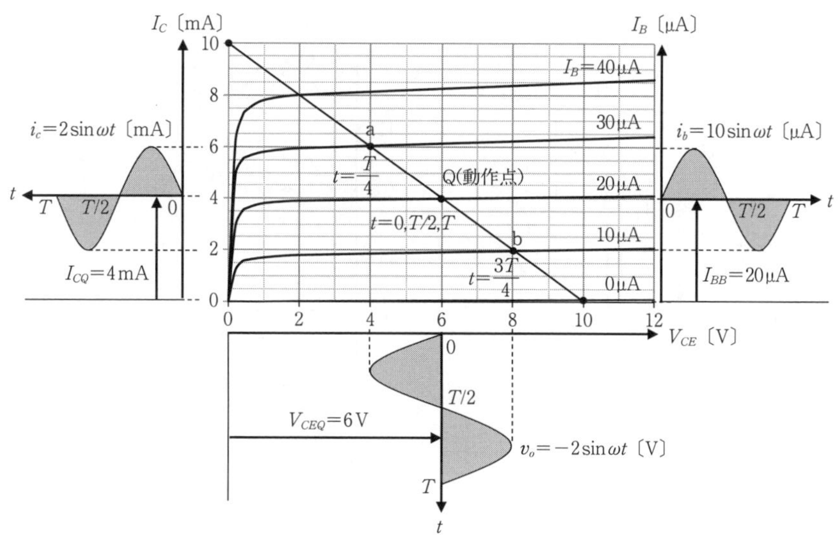

図 4.42　コレクタ電流 I_C とコレクタ-エミッタ間電圧 V_{CE} の変化

⑤　$t=T$ 時刻では，$I_B=20$ μA になり，再び動作点 Q に戻る．

以上の動作を式で表すと

$$I_C=I_{CQ}+i_c=4+2\sin\omega t\text{〔mA〕}\qquad(4.46)$$

$$V_{CE}=V_{CQ}+v_o=6-2\sin\omega t\text{〔V〕}\qquad(4.47)$$

となる．このように，出力特性と負荷線から，ベース電流 I_B が変化したときのコレクタ電流 I_C とコレクタ-エミッタ間電圧 V_{CE} を求めることができる．

コレクタ-エミッタ間電圧 V_{CE} には，出力電圧 v_o の他に直流電圧 V_{CEQ} が含まれている．直流電圧を除去するためには，**図 4.43**(a) に示すように，**結合コンデンサ** (coupling capacitor)C を付け，その後から出力電圧 v_o だけを取り出すようにする．結合コンデンサ C は，直流電圧を阻止し，交流小信号の出力電圧 v_o だけを通す役目を果たす．同図 (b) を参照のこと．

トランジスタには増幅作用がある．ベース電流が流れると，ベース電流に比例したコレクタ電流が流れる．コレクタ電流はベース電流より大きく，ベース電流を入力電流，出力電流をコレクタ電流とすると増幅されたことになる．出力電圧 v_o も入力電圧 v_i よりも大きく，増幅されたことになる．図 4.43(a) の交流小信号に対する等価回路は**図 4.44** のようになる．これをもとにベース電流 i_b を入力電流，出力電流をコレクタ電流 i_c として，交流小信号に対する**電流増幅度** A_i，**電圧増幅度** A_v を求めることができる．

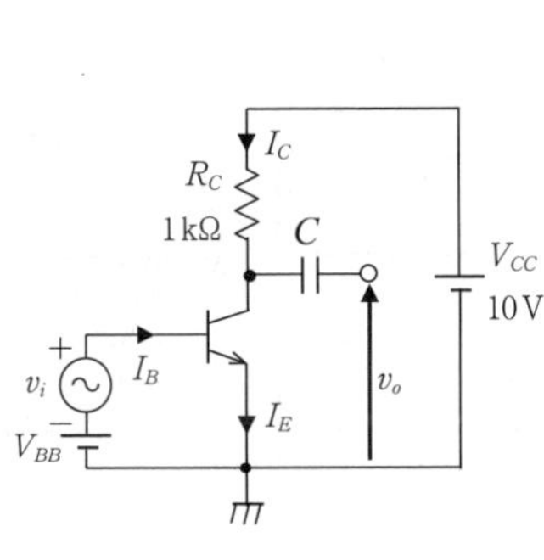

(a) 結合コンデンサを備えたエミッタ接地回路

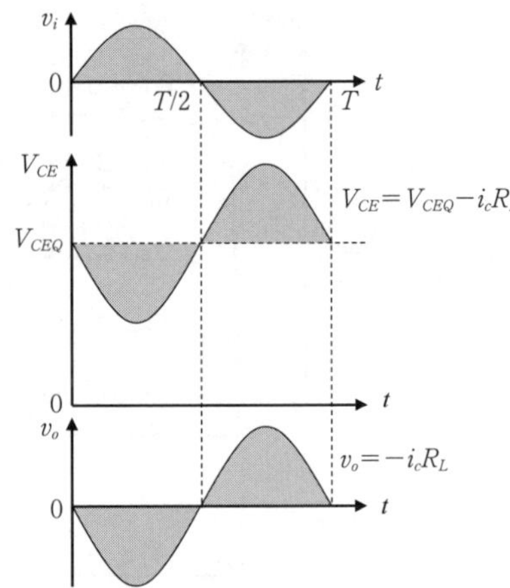

(b) 動作波形

図 4.43 結合コンデンサを備えたエミッタ接地回路と動作波形

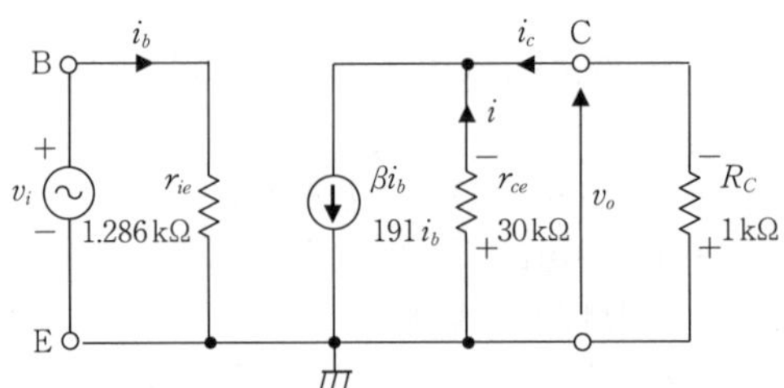

図 4.44 エミッタ接地回路（図 4.43）の交流小信号に対する等価回路

図 4.44 において，コレクタ抵抗 r_{ce} と抵抗 R_C は並列になる．コレクタ抵抗 r_{ce} は，コレクタ電流が $I_C=4\ \mathrm{mA}$ であり，アーリー電圧を $V_A=120\ \mathrm{V}$ とすると

$$r_{ce}=\frac{V_A}{I_c}=\frac{120\ \mathrm{V}}{4\ \mathrm{mA}}=30\ \mathrm{k\Omega}$$

になる．また，電流増幅率 β は式 (4.9) の

$$I_C=\beta I_B\left(1+\frac{V_{CE}}{V_A}\right) \text{より} \quad \beta=\frac{I_C}{I_B\left(1+\dfrac{V_{CE}}{V_A}\right)}=\frac{4\ \mathrm{mA}}{0.02\ \mathrm{mA}\times\left(1+\dfrac{6\ \mathrm{V}}{120\ \mathrm{V}}\right)}$$

$$=190.5\cong 191$$

になる．入力抵抗 r_{ie} は，ベース抵抗を $r_b=50\ \Omega$ とすると

$$r_e = \frac{26\ \mathrm{mV}}{I_E} = \frac{26\ \mathrm{mV}}{I_{CC}+I_{BB}} = \frac{26\ \mathrm{mV}}{(4+0.02)\mathrm{mA}} = 6.468 \cong 6.47\ \Omega$$

$$r_{ie} = r_b + (\beta+1)r_e = 50 + 191 \times 6.47 = 1285.8\ \Omega \cong 1.286\ \mathrm{k\Omega}$$

となる．これらから，電流増幅度 A_i と電圧増幅度 A_v は以下のように求められる．

$$A_i = \frac{i_c}{i_b} = \beta \frac{r_{ce}}{R_C + r_{ce}} = 191 \times \frac{30}{1+30} = 184.8 \cong 185 \qquad (4.48)$$

$$R = \frac{R_C r_{ce}}{R_C + r_{ce}} = \frac{1\times 30}{1+30} = 0.9677\ \mathrm{k\Omega}$$

$$A_v = \frac{v_o}{v_i} = -\frac{\beta i_b R}{i_b r_{ie}} = -\frac{\beta R}{r_{ie}} = -\frac{191 \times 0.9677}{1.286} = -143.7 \cong -144 \qquad (4.49)$$

【例題 4.6】

図 4.43 および図 4.44 において，抵抗が $R_C = 1.3\ \mathrm{k\Omega}$ になったときの，電流増幅度 A_i と電圧増幅度 A_v を求めよ．抵抗 R_C 以外は同一条件とする．

（解） $A_i = \dfrac{i_c}{i_b} = \beta \dfrac{r_{ce}}{R_C + r_{ce}} = 191 \times \dfrac{30}{1.3+30} = 183.1 \cong 183$

$R = \dfrac{R_C r_{ce}}{R_C + r_{ce}} = \dfrac{1.3\times 30}{1.3+30} = 1.246\ \mathrm{k\Omega}$，$A_v = \dfrac{v_o}{v_i} = -\dfrac{\beta R}{r_{ie}} = -\dfrac{191 \times 1.246\ \mathrm{k\Omega}}{1.286\ \mathrm{k\Omega}}$

$= -185.1 \cong -185$

4.8　動作領域とコレクタ遮断電流

図 4.39 のエミッタ接地回路において，ベース電流を増やしていくと，コレクタ電流も増加する．しかし，あるところからコレクタ電流が増えなくなる．これをトランジスタが**飽和** (saturation) したといい，このときのコレクタ-エミッタ間電圧を**飽和電圧**と呼び，$V_{CE(sat)}$ または $V_{CE(s)}$ という記号を用いる．図 4.42 において，ベース電流 I_B を増やすと，コレクタ電流 I_C が負荷線の上を移動し増える．同時にコレクタ-エミッタ間電圧 V_{CE} が小さくなる．コレクタ-エミッタ間電圧 V_{CE} が 0 なら，コレクタ電流は $I_C = 10\ \mathrm{mA}$ になる．しかし，コレクタ-エミッタ間電圧は 0 にならず，飽和電圧を持つ．**図 4.45** は図 4.42 の出力特性にトランジスタの動作領域と飽和電圧 $V_{CE(sat)}$ を追加した図であるが，飽和領域に入る境界線と負荷線が交わる点を垂直に下した線と x 軸との交点が飽和電圧 $V_{CE(sat)}$ になる．図 4.45 の場合の飽和電圧は $V_{CE(sat)} = 0.6\ \mathrm{V}$ になり，このときは，コレクタ電流は $I_C = 9.4\ \mathrm{mA}$ までしか流れない（式 (4.50) を参照）．

$$I_C = \frac{V_{CC} - V_{CE(sat)}}{R_C} = \frac{(10-0.6)\mathrm{V}}{1\ \mathrm{k\Omega}} = 9.4\ \mathrm{mA} \qquad (4.50)$$

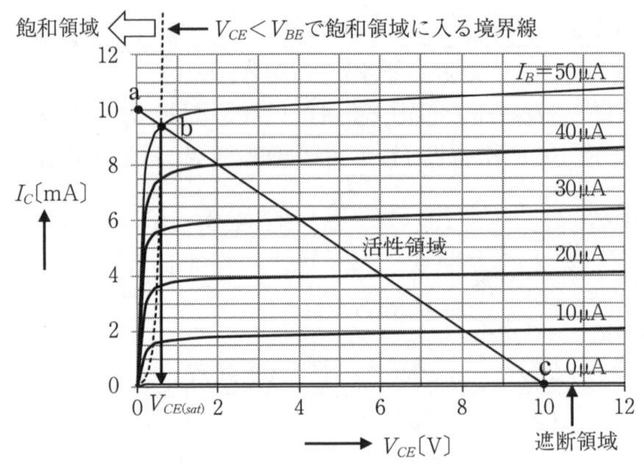

図 4.45 トランジスタの動作領域と飽和電圧 $V_{CE(sat)}$

なお，飽和電圧 $V_{CE(sat)}$ は，ベース電流 I_B が減少し，コレクタ電流 I_C が減少すると境界線に沿って低下する．

トランジスタの動作領域は**飽和領域**，**活性領域**または**能動領域**，**遮断領域**に分けることができる．図 4.45 において，飽和領域は境界線の左側を意味し，コレクタ-エミッタ間電圧 V_{CE} がベース-エミッタ間電圧 V_{BE} より低くなるとトランジスタはこの領域に入る．遮断領域はベース電流 I_B が 0 以下の領域を意味する．b 点から c 点までが活性領域であり，この領域で増幅動作が行われる．

トランジスタの B-E 間にはエミッタダイオード D_E が，B-C 間にはコレクタダイオード D_C が存在する．活性領域において，エミッタダイオード D_E には順方向電圧 V_{BE} が，コレクタダイオード D_C には逆方向電圧 V_{BC} が加えられている．このとき，ベース-コレクタ間電圧は $V_{BC}=V_{BE}-V_{CE}$ で与えられるが，$V_{CE}>V_{BE}$ なので V_{BC} は負で逆方向電圧になる．

$$V_{BC}=V_{BE}-V_{CE} \qquad (4.51)$$

コレクタ-エミッタ間電圧 V_{CE} を小さくしていき，V_{BE} より低くなると，コレクタダイオード D_C にも順方向電圧 V_{BC} が加わることになる．$V_{CE}<V_{BE}$ になると，V_{BC} は正で順方向電圧になる．この状態を**図 4.46** に示す．このときの動作が飽和状態の動作になる．

少数キャリアを無視したときの，エミッタダイオード D_E とコレクタダイオード D_C の両方に順方向電圧が加えられた飽和状態での多数キャリアと，多数キャリアによる電子電流 I_{nE} と I_{nC} を図示すると**図 4.47** のようになる．エミッタ領域に流れる電子電流 I_{nE} は，電子の数密度がコレクタより高いために，コレクタ領域に流れる電子電流 I_{nC} より大きく，I_{nC} と逆方向に流れている．このとき，電子電流 I_{nE} と

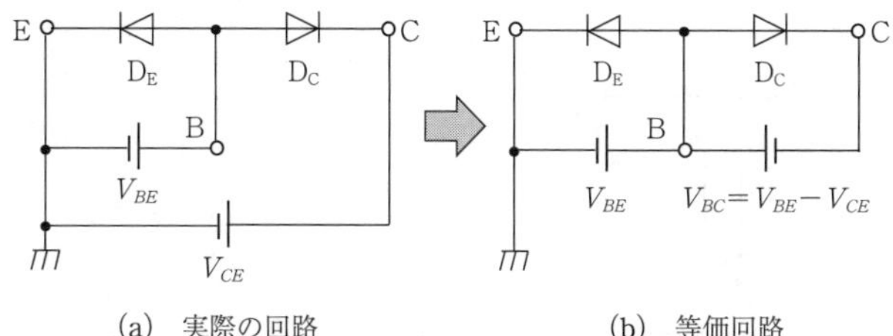

V_{CE} が低下し $V_{CE}<V_{BE}$ になると，コレクタダイオードに加わる電圧 V_{BC} が順方向電圧になる．

図 4.46　V_{CE} が V_{BE} より低下したときのダイオードに加わる電圧

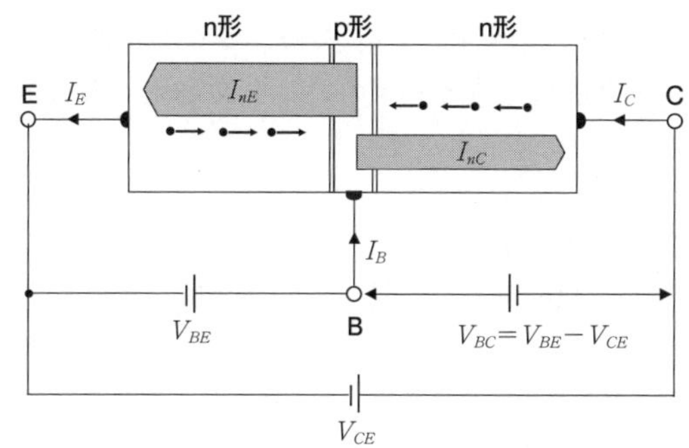

I_{nE}：エミッタからベースに注入される電子による電流
I_{nC}：コレクタからベースに注入される電子による電流

図 4.47　飽和状態（$V_{CE}<V_{BE}$ のとき）における多数キャリアと電子電流

I_{nC} の差がコレクタ電流になる．

$$I_C \cong I_{nE}-I_{nC} \qquad (4.52)$$

ここで，コレクタ–エミッタ間電圧 V_{CE} がさらに低くなると，ベース–コレクタ間電圧 V_{BC} が大きくなり，コレクタ領域に流れる電子電流 I_{nC} が増え，コレクタ電流 I_C が減少する．つまり，ベース電流 I_B が一定のときの飽和領域におけるコレクタ電流 I_C は，コレクタ–エミッタ間電圧 V_{CE} が低下すると図 4.45 のように急激に減少することになる．

図 4.45 において，ベース電流 I_B が 0 でもわずかにコレクタ電流 I_C が流れている．これがコレクタ遮断電流になる．コレクタ遮断電流とは，**図 4.48** に示すように入力端子（ベース–エミッタ間）を開放にしたときに，コレクタからベースまたはコレクタからエミッタに流れる直流電流のことであり，ベース接地回路では I_{CBO}，エミッタ接地回路では I_{CEO} と呼ばれている．その値は定格電力が 400 mW の小信号用トランジスタで最大 0.1 μA，100 W の大電力用パワートランジスタで最大

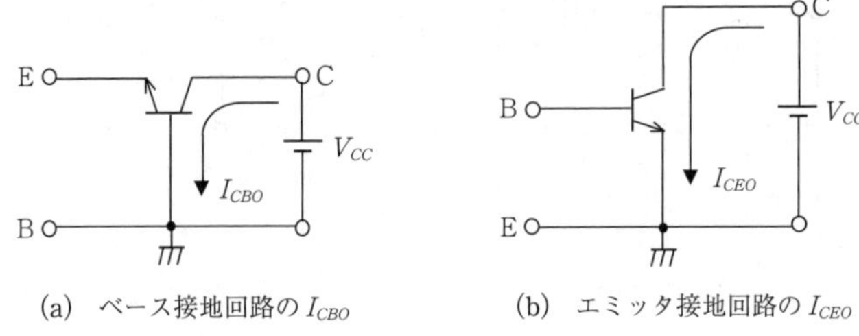

(a)　ベース接地回路の I_{CBO}　　　(b)　エミッタ接地回路の I_{CEO}

図 4.48　コレクタ遮断電流

100 μA 程度である．

実際の回路では**図 4.49** に示すように本来のコレクタ電流が流れているために，コレクタ電流はコレクタ遮断電流と本来のコレクタ電流との合計になる．したがって，ベース接地回路では

$$I_C=\alpha I_E+I_{CBO} \qquad (4.53)$$

になり，エミッタ接地回路では

$$I_C=\beta I_B+I_{CEO} \qquad (4.54)$$

になる．

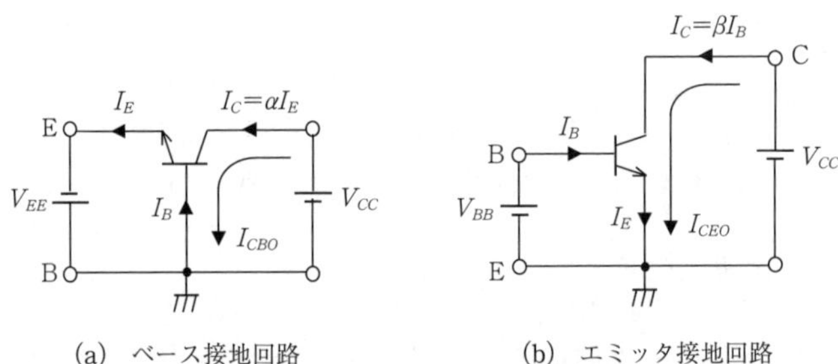

(a)　ベース接地回路　　　(b)　エミッタ接地回路

図 4.49　実際の回路でのコレクタ遮断電流とコレクタ電流

ここで，I_{CBO} と I_{CEO} の関係を求めるために，式 (4.53) を変形する．

$$I_C=\alpha I_E+I_{CBO}=\alpha(I_B+I_C)+I_{CBO},\ \ I_C(1-\alpha)=\alpha I_B+I_{CBO}$$

$$I_C=\frac{\alpha}{1-\alpha}I_B+\frac{I_{CBO}}{1-\alpha}=\beta I_B+(\beta+1)I_{CBO} \qquad (4.55)$$

式 (4.54) と式 (4.55) は等しく，これより次式が得られる．

$$I_{CEO}=(\beta+1)I_{CBO} \qquad (4.56)$$

すなわち，エミッタ接地では I_{CBO} は $(\beta+1)$ 倍になって現れることを意味する．

演習問題

1. アーリー電圧が $V_A=120$ V，コレクタ電流が $Ic=3$ mA，ベース接地の電流増幅率が $\alpha=0.99$ のときのベース接地トランジスタのコレクタ抵抗 r_{cb} とエミッタ接地トランジスタのコレクタ抵抗 r_{ce} を求めよ．
2. アーリー電圧が $V_A=110$ V，コレクタ電流が $Ic=2.5$ mA，エミッタ接地の電流増幅率が $\beta=199$，ベース抵抗が $r_b=50\ \Omega$ のときのエミッタ接地トランジスタの入力抵抗 r_{ie} とコレクタ抵抗 r_{ce} を求めよ．
3. **図 4.50** において，アーリー電圧が $V_A=100$ V，エミッタ接地の電流増幅率が $\beta=200$，ベース電流（直流）が $I_B=20\ \mu$A のときのコレクタ電流 I_C とコレクタ-エミッタ間電圧 V_{CE} を求めよ．
4. **図 4.51** において，トランジスタのベース抵抗 $r_b=50\ \Omega$，アーリー電圧が $V_A=100$ V，電流増幅率が $\beta=180$，コレクタ電流（直流）$I_C=4$ mA のときの電流増幅度 A_i と電圧増幅度 A_v を求めよ．

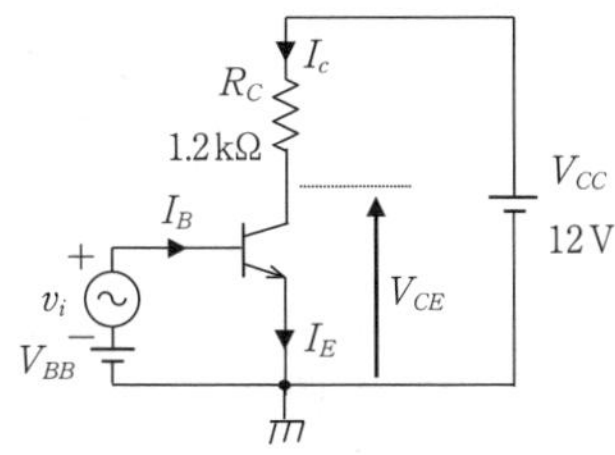

図4.50　エミッタ接地増幅回路(1)

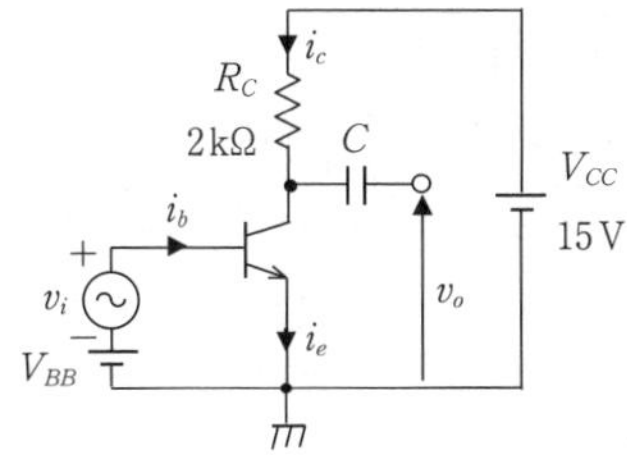

図4.51　エミッタ接地増幅回路(2)

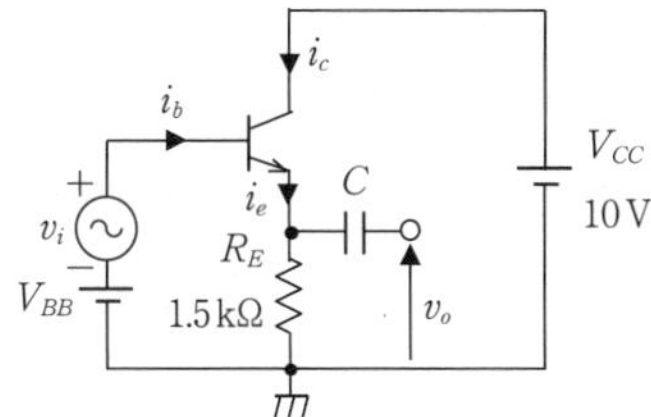

図 4.52　コレクタ接地増幅回路

5. **図 4.52** において，トランジスタの入力抵抗が $r_{ie}=1.0$ kΩ，アーリー電圧が $V_A=90$ V，電流増幅率が $\beta=200$，コレクタ電流（直流）$I_C=3$ mA のときの電流増幅度 A_i と電圧増幅度 A_v を求めよ．
6. 表 4.3 に記載されているベース接地回路の h パラメータを導け．

5 電界効果トランジスタ

電界効果トランジスタ (field effect transistor) には，**MOS 形電界効果トランジスタ** (**MOS FET**: metal-oxide- semiconductor FET) と，**接合形電界効果トランジスタ** (**J FET**: junction FET) がある．MOS FET にはエンハンスメント形とデプレッション形があり，エンハンスメント形はノーマリオフ形，デプレッション形はノーマリオン形ともいわれている．また，MOS FET と J FET には，n チャネル MOS FET と p チャネル MOS FET，n チャネル J FET と p チャネル J FET がそれぞれある（**図 5.1** を参照）．また，それらの記号を**表 5.1** に示す．

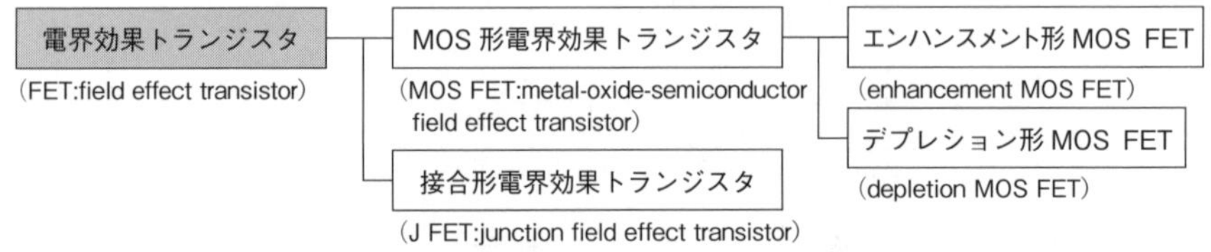

図 5.1　電界効果トランジスタの分類

表 5.1　FET の記号

		n チャネル形	p チャネル形
MOS FET	エンハンスメント形		
	デプレッション形		
J FET			

D：ドレイン (drain)，G：ゲート (gate)，S：ソース (source) を意味している．

第 5 章では，電界効果トランジスタの構造，動作原理，接地方式，その他の基本となる事項について説明する．

5.1 構造と動作原理

MOS FET の構造図を**図 5.2** に示す．**MOS** とは Metal-Oxide-Semiconductor (金属-酸化膜-半導体) の略であり，断面が図に示すように三層構造をしていることからこう呼ばれている．図 5.2(a) の n チャネル MOS FET では p 形半導体の基板に**ドレイン** (D: drain) および**ソース** (S: source) となる n 形領域が作られている．図 5.2(b) の p チャネル MOS FET では，n 形半導体の基板にドレインおよびソースとなる p 形領域が作られている．二つの電極間，ドレイン-ソース間の上にはシリコン酸化膜 (二酸化ケイ素 :SiO_2) が敷かれており，さらにその上に**ゲート** (G: gate) 電極が設けられている．三つの電極があり，ソースはキャリアを供給する源，ドレインはキャリアが流れ込む領域，ゲートはキャリアを制御する扉という意味で，その名前が付いている．

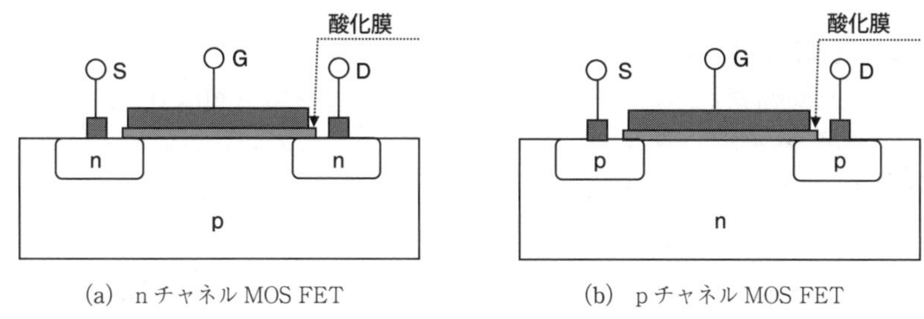

(a) n チャネル MOS FET　(b) p チャネル MOS FET

図 5.2 MOS FET の構造

図 5.3 は MOS FET の動作原理を示したものである．図 (a) の n チャネル MOS FET において，ドレイン-ソース間に正電圧 V_{DS} を加えると，ドレインの周りの p 形基板内に空乏層ができキャリアが排除される．次に，ゲート-ソース間に正電圧 V_{GS} 加えると，p 形基板内の少数キャリアである自由電子がゲートの下に吸い寄せられて集まり，ついにはドレインとソースが電子でつながり電流が流れるようになる．この部分を**チャネル** (channel) といい，チャネルが電子で構成されており，n 形であることから，このような MOS FET を **n チャネル MOS FET** という．チャネルの電子はソースからドレインに移動し，その結果，**ドレイン電流** I_D が図 (a) のように流れる．図 (b) の p チャネル MOS FET では，ドレイン-ソース間とゲート-ソース間に加える電圧 V_{DS} と V_{GS} は負電圧であり，ドレイン電流はドレインから流れ出る方向に流れる．この場合，正孔によってチャネルが形成されるので，このような MOS FET を **p チャネル MOS FET** という．

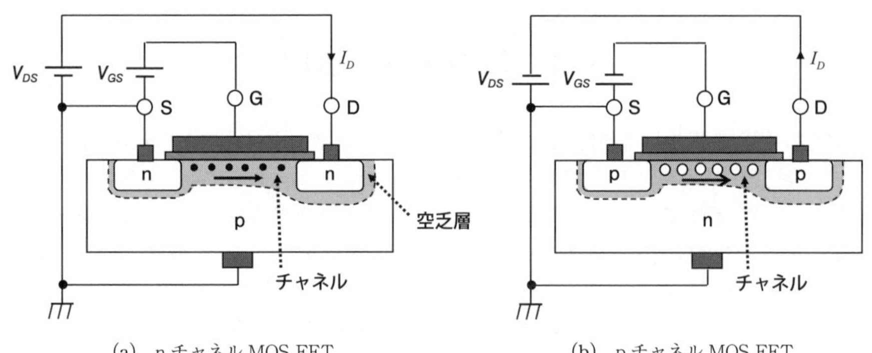

(a) nチャネル MOS FET (b) pチャネル MOS FET

●は電子を，○は正孔を表している．ドレイン電流は実際に流れる方向に表している．

図5.3 MOS FETの動作原理

図5.4(a)はnチャネル MOS FETの伝達特性(I_D-V_{GS}特性)を示したものである．ゲート電圧V_{GS}が0のときにドレイン電流I_Dが0でオフしているものを**エンハンスメント形**(enhancement)といい，ゲート電圧V_{GS}が0のときにオンしておりドレイン電流I_Dが流れているものを**デプレッション形**(depletion)という．エンハンスメント形は**ノーマリオフ形**(normally off)，デプレッション形は**ノーマリオン形**(normally on)ともいわれる．nチャネル MOS FETのチャネル領域にn形不純物(5価のドナー不純物)を添加すると，チャネルの形成が容易になり，ドレイン電流が流れ始めるゲート電圧V_{GS}が低下する．逆にp形不純物(3価のアクセプタ不純物)を加えると，ドレイン電流が流れ始めるゲート電圧V_{GS}は上昇する．これにより，ドレイン電流が流れ始めるゲート電圧V_{GS}を制御することがで

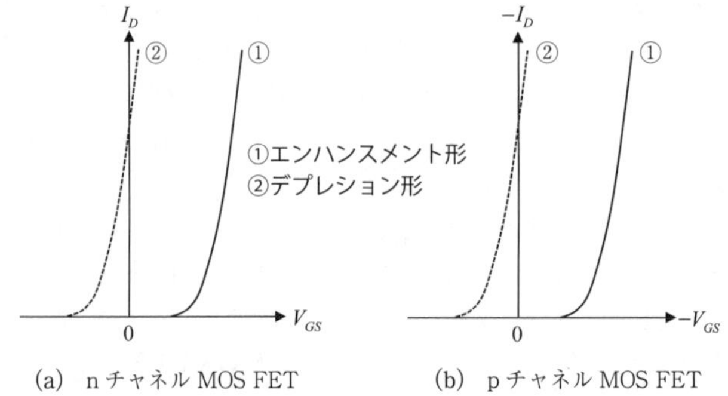

(a) nチャネル MOS FET (b) pチャネル MOS FET

ドレイン電流I_Dは，ドレインに流れ込む電流を正，ドレインから流れ出す電流を負にしている．

図5.4 MOS FETの伝達特性(V_{DS}一定のときのI_D-V_{GS}特性)

き，図(a)に示すような異なった二つの特性を持ったnチャネルMOS FETを得ることが可能となる．pチャネルMOS FETでは，p形不純物（3価のアクセプタ不純物）を加えると，チャネルの形成が容易になり，ゲート電圧 V_{GS} が0でもドレイン電流が流れるようになる（図(b)を参照）．

J FETの構造図を**図5.5**に示す．図(a)が**nチャネルJ FET**であり，図(b)が**pチャネルJ FET**である．nチャネルJ FETでは，n形半導体の両端にドレイン電極とソース電極が設けられており，また，p形半導体からなるゲート電極が中央部の上下面に付いている．pチャネルJ FETでは，p形半導体の両端にドレイン電極とソース電極が設けられており，また，n形半導体からなるゲート電極が中央部の上下面に付いている．

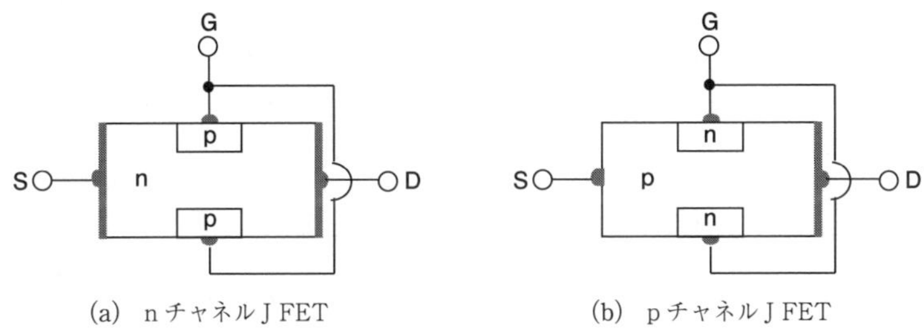

(a)　nチャネルJ FET　　(b)　pチャネルJ FET

図5.5　J FETの構造

図5.6はJ FETの動作原理を示したものである．図(a)のnチャネルJ FETにおいて，ドレイン-ソース間に電圧 V_{DS} を加えるとn形半導体の多数キャリアである電子が移動し，ドレインからソースに電流 I_D が流れるが，このときの電子が通るチャネル幅はゲート-ソース間の負電圧 V_{GS} の大きさによって決まる．負電圧

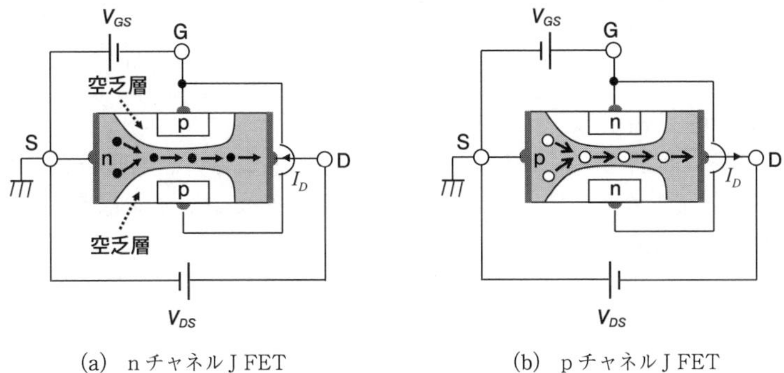

(a)　nチャネルJ FET　　(b)　pチャネルJ FET

●は電子を，○は正孔を表している．ドレイン電流は実際に流れる方向を表している．

図5.6　J FETの動作原理

V_{GS} が大きくなると，電界効果により空乏層が n 形領域まで広がり，チャネル幅を狭くする．その結果，ドレイン電流 I_D が減少する（**図 5.7**(a) を参照）．この特性を利用してドレイン電流 I_D が制御される．図 5.6(b) の p チャネル J FET では，ドレイン-ソース間とゲート-ソース間に加える電圧は n チャネル J FET は逆極性になる．キャリアは正孔になり，ドレイン電流 I_D はドレインから流れ出る．n チャネル J FET と同様に，ゲート-ソース間電圧 V_{GS} によってドレイン電流 I_D を制御することができる（図 (b) を参照）．

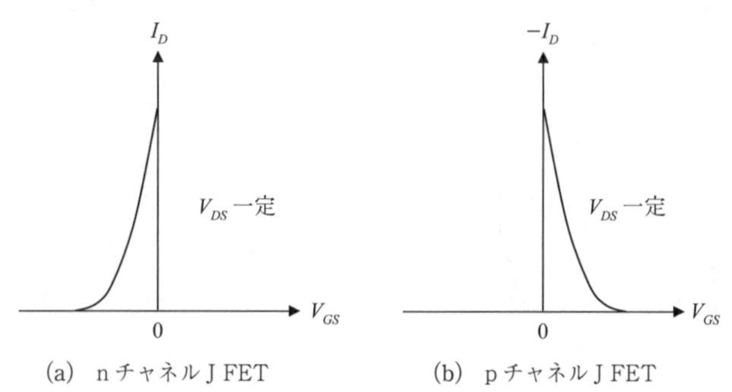

(a)　n チャネル J FET　　　(b)　p チャネル J FET

ドレイン電流 I_D は，ドレインに流れ込む電流を正，ドレインから流れ出す電流を負にしている．

図 5.7　J FET の伝達特性（V_{DS} 一定のときの I_D-V_{GS} 特性）

5.2　動　作　領　域

MOS FET の動作領域は，**遮断領域**，**線形領域**，**飽和領域**の三つに分けることができる．n チャネル MOS FET を例にして説明する．なお，本文中のドレイン電流 I_D の詳細な誘導については付録 E を参照のこと．

［1］　遮　断　領　域

ゲート-ソース間電圧 V_{GS} がチャネルを発生させる**しきい値電圧** V_{th}（図 5.13(a) を参照）に達していなく，チャネルが形成されないのでドレイン電流は 0 になる．

$$I_D = 0 \qquad (5.1)$$

〔2〕 線 形 領 域

ゲート-ソース間電圧 V_{GS} が，しきい値電圧 V_{th} とドレイン-ソース間電圧 V_{DS} を加算した電圧 $(V_{th}+V_{DS})$ を超えると，チャネルが形成され，ドレイン電流 I_D が流れる（**図 5.8** を参照）．このときのドレイン電流 I_D は

$$I_D=\beta_0\left(\frac{W}{L}\right)\left\{(V_{GS}-V_{th})V_{DS}-\frac{1}{2}V_{DS}^2\right\}$$
$$\cong\beta_0\left(\frac{W}{L}\right)(V_{GS}-V_{th})V_{DS}\,〔\mathrm{A}〕 \qquad (5.2)$$

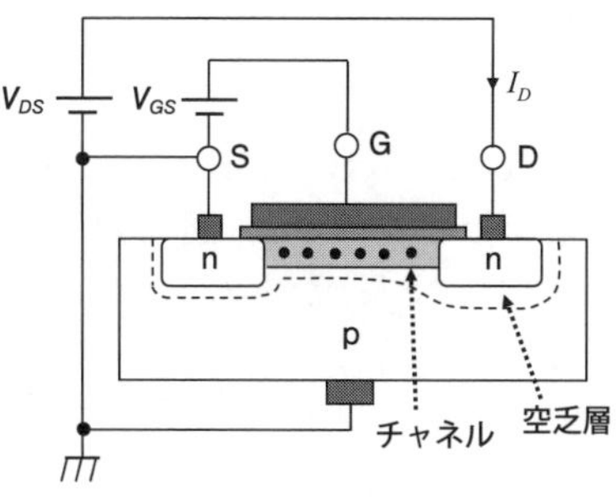

図 5.8 線形領域での n チャネル MOS FET の動作

L：ゲート長（D-S 間の距離〔m〕）
W：ゲート幅（奥行〔m〕）
V_{th}：チャネルを生じさせるゲート電圧のしきい値〔V〕
β_0：プロセス定数，$\beta_0=\mu C_{ox}=\mu\dfrac{\varepsilon_r\varepsilon_0}{T_{ox}}\left[\dfrac{\mathrm{F}}{\mathrm{V\cdot s}}\right]$
ε_0：真空の誘電率〔F/m〕
ε_r：酸化膜の比誘電率（無名数）
μ：キャリアの移動度，$\mu=\dfrac{速度}{電界強度}=\dfrac{v}{E}\left[\dfrac{\mathrm{m/s}}{\mathrm{V/m}}=\dfrac{\mathrm{m^2}}{\mathrm{V\cdot s}}\right]$
C_{ox}：ゲート酸化膜の単位面積当りの容量〔F/m²〕
T_{ox}：ゲートの酸化膜厚〔m〕

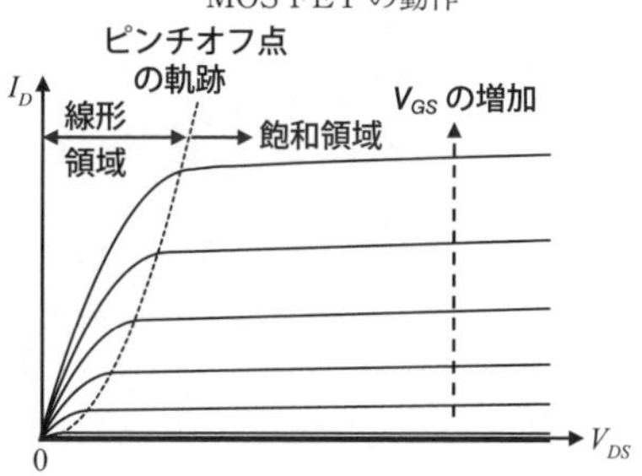

図 5.9 n チャネル MOS FET の出力特性と動作領域

で与えられ，V_{DS} に比例して増加する．ドレイン-ソース間電圧 V_{DS} が低く，式 (5.3) を満足するときに，V_{DS} に比例したドレイン電流 I_D が流れる．**図 5.9** に n チャネル MOS FET の出力特性と動作領域を示しており，この領域を**線形領域**という．

$$V_{GS}>(V_{th}+V_{DS})\Rightarrow(V_{GS}-V_{th})>V_{DS} \qquad (5.3)$$

〔3〕 飽 和 領 域

ドレイン電圧を上げていくと，ドレイン-ソース間電圧 V_{DS} が $(V_{GS}-V_{th})$ に等しくなり

$$V_{GS}=V_{th}+V_{DS} \;\Rightarrow\; V_{DS}=V_{GS}-V_{th} \qquad (5.4)$$

チャネルはドレインに接する P 点で消滅する．この現象を**ピンチオフ**という（**図 5.10** を参照）．このときのドレイン電流 I_D は，$V_{DS}=(V_{GS}-V_{th})$ を式 (5.2) に代入すると

$$I_D=\beta_0\left(\frac{W}{L}\right)\left\{(V_{GS}-V_{th})^2-\frac{1}{2}(V_{GS}-V_{th})^2\right\}=\frac{1}{2}\beta_0\left(\frac{W}{L}\right)(V_{GS}-V_{th})^2 \text{〔A〕} \tag{5.5}$$

として求められ，ドレイン-ソース間電圧 V_{DS} に関係なく一定になる．さらに，V_{DS} を上げていくと，**図5.11** に示すようにP点がソース側に移動し，チャネル長が L(ゲート長) から L' に縮む．式(5.5) より，チャネル長が短くなると，V_{DS} の増加に伴い I_D が緩やかに上昇する．この現象を**チャネル長変調**という．このときの出力特性は図5.9のようになるが，境界線から右の領域を**飽和領域**という．

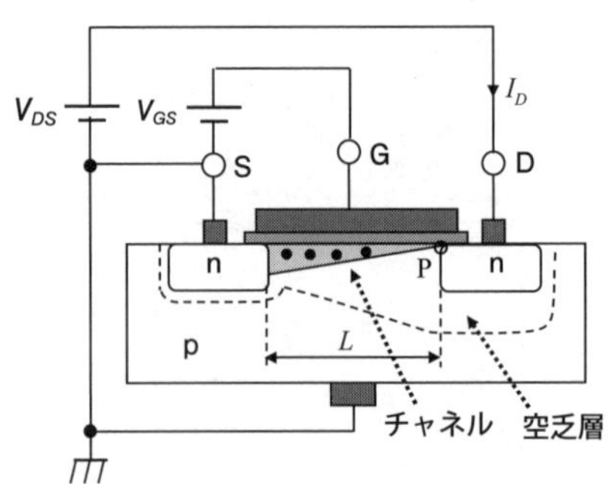

図5.10　ピンチオフ現象

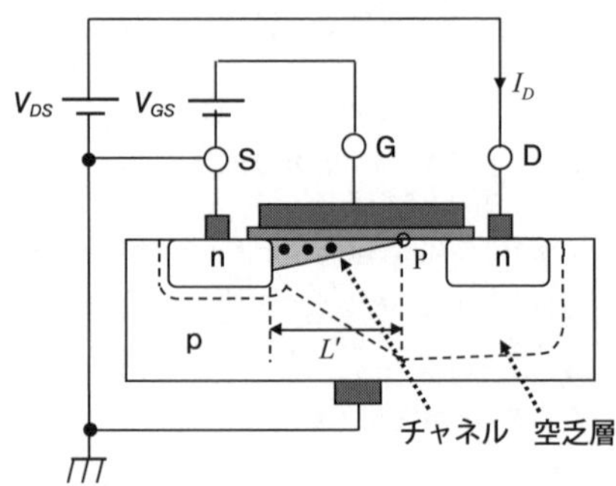

図5.11　nチャネルMOS FETの飽和領域での動作

5.3 等　価　回　路

MOS FETおよびJ FETの交流小信号に対する等価回路を**図5.12** に示す．図において，g_m は**相互コンダクタンス**，r_d は**ドレイン抵抗**である．$g_m v_{gs}$ は**電流源**であり，ゲート-ソース間電圧 v_{gs} によってその大きさが制御される．

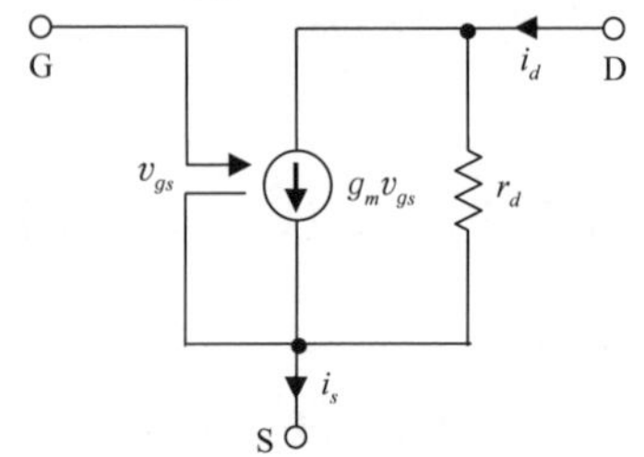

g_m：相互コンダクタンス(A/V=S)
r_d：ドレイン抵抗〔Ω〕

図5.12　交流小信号に対するFETの等価回路

相互コンダクタンスは，飽和領域におけるゲート-ソース間電圧 V_{GS} の変化に対するドレイン電流 I_D の変化を表したものであり，式(5.5) より

$$g_m=\frac{\partial I_D}{\partial V_{GS}}=\beta_0\left(\frac{W}{L}\right)(V_{GS}-V_{th}) \text{〔S〕} \tag{5.6}$$

として求めることができる．ここに，式 (5.5) より求められる

$$(V_{GS}-V_{th})=\sqrt{\frac{2}{\beta_0}\cdot\frac{L}{W}I_D} \qquad (5.7)$$

を代入すると

$$g_m=\beta_0\left(\frac{W}{L}\right)(V_{GS}-V_{th})=\beta_0\left(\frac{W}{L}\right)\sqrt{\frac{2}{\beta_0}\cdot\frac{L}{W}I_D}=\sqrt{2\beta_0\cdot\frac{W}{L}I_D}\ \text{〔S〕} \qquad (5.8)$$

と書き直すことができ，g_m は I_D の 1/2 乗に比例して変化する．

図 5.9 の飽和領域におけるドレイン電流 I_D は，ドレイン-ソース間電圧 V_{DS} が高くなると緩やかに上昇する．実際の出力特性は右肩上がりになっている．この現象はバイポーラトランジスタのアーリー効果に相当し，このときのドレイン電流は

$$I_D=\frac{1}{2}\beta_0\left(\frac{W}{L}\right)(V_{GS}-V_{th})^2(1+\lambda V_{DS})\ \text{〔A〕} \qquad (5.9)$$

で与えられる．ドレイン-ソース間電圧 V_{DS} が高くなると，式 (5.10) の傾きでドレイン電流が増加する．

$$\text{傾き：}\tan\theta=\frac{\partial I_D}{\partial V_{DS}}=\frac{\lambda}{2}\beta_0\left(\frac{W}{L}\right)(V_{GS}-V_{th})^2\ \text{〔S〕} \qquad (5.10)$$

このときの λ を**チャネル長変調係数**といい，λ が大きいと傾きが大きくなり，V_{DS} に対するドレイン電流 I_D の変化が大きくなる．なお，λ は一般的には 0.001〜0.01(V^{-1}) 程度の値になる．また，この V_{DS} に対するドレイン電流 I_D の変化を抵抗に置き換えたものがドレイン抵抗 r_d であり

$$r_d=\frac{\partial V_{DS}}{\partial I_D}=\frac{1}{\dfrac{\partial I_D}{\partial V_{DS}}}=\frac{1}{\dfrac{\lambda}{2}\beta_0\left(\dfrac{W}{L}\right)(V_{GS}-V_{th})^2}=\frac{1}{\dfrac{\lambda I_D}{1+\lambda V_{DS}}}$$

$$=\frac{1}{I_D}\left(\frac{1}{\lambda}+V_{DS}\right)\cong\frac{1}{\lambda I_D}\ \text{〔Ω〕} \qquad (5.11)$$

で与えられる．ドレイン抵抗 r_d はチャネル長変調係数 λ とドレイン電流 I_D に反比例して変化し，λ と I_D が大きいと抵抗値が下がる．

【例題 5.1】

ドレイン電流が $I_D=3$ mA，チャネル長変調係数が $\lambda=0.005$ のときのドレイン抵抗 r_d を求めよ．

（解） $r_d\cong\dfrac{1}{\lambda I_D}=\dfrac{1}{0.005\times3\times10^{-3}}=66.7\ \text{k}\Omega$

5.4　電界効果トランジスタの静特性

電界効果トランジスタでは，ゲートに電流は流れない．そのために，バイポーラトランジスタで説明した入力特性と電流伝達特性は必要がなくなる．静特性は

①　**伝達特性**（V_{DS} が一定のときの I_D-V_{GS} 特性）

②　**出力特性**（V_{GS} が一定のときの I_D-V_{DS} 特性）

の二つになる．エンハンスメント形 n チャネル MOS FET の静特性を**図 5.13** に，n チャネル J FET の静特性を**図 5.14** に示す．

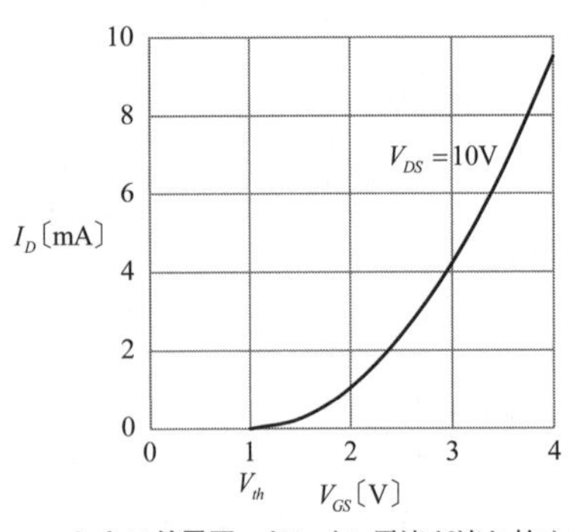

V_{th}：**しきい値電圧**，ドレイン電流が流れ始める電圧

(a)　伝達特性

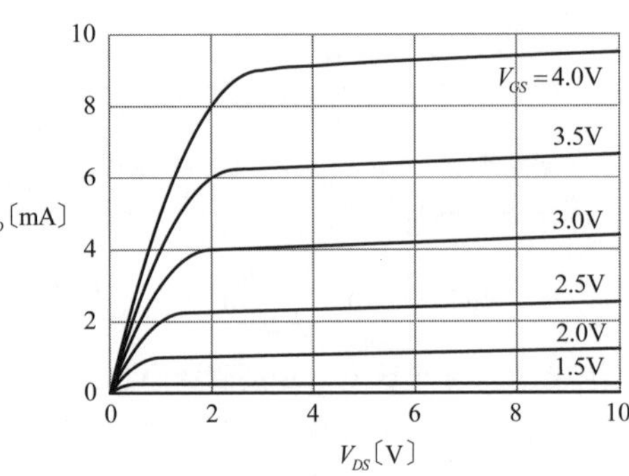

(b)　出力特性

図 5.13　エンハンスメント形 n チャネル MOS FET の静特性

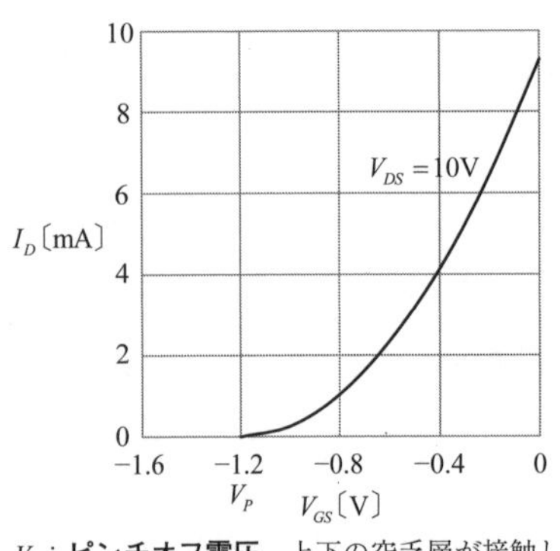

V_P：**ピンチオフ電圧**，上下の空乏層が接触しドレイン電流が流れなくなる電圧

(a)　伝達特性

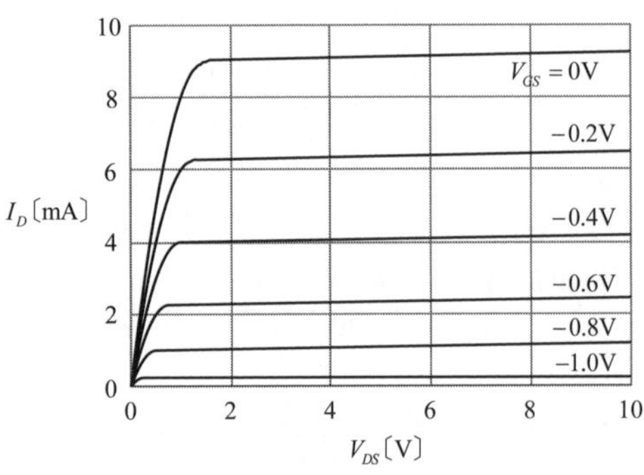

(b)　出力特性

図 5.14　n チャネル J FET の静特性

図5.13(a)はドレイン-ソース間電圧が$V_{DS}=10$ Vにおける伝達特性を示したものであるが，ゲート-ソース間電圧V_{GS}が高くなると，式(5.5)に示したように$(V_{GS}-V_{th})$の2乗に比例してドレイン電流I_Dが増加する．このときの曲線の傾きが相互コンダクタンス$g_m(g_m=\partial I_D/\partial V_{GS})$を表しており，ドレイン電流$I_D$の大きさによって変化する．ゲート-ソース間電圧$V_{GS}$を上げてドレイン電流$I_D$が増加すると，ドレイン電流$I_D$の1/2乗に比例して相互コンダクタンス$g_m$が大きくなる．この関係を式(5.8)に示している．また，図5.13(b)は出力特性を示したものであるが，ゲート-ソース間電圧V_{GS}を一定にしてドレイン-ソース間電圧V_{DS}を大きくしていくと，V_{DS}に比例してドレイン電流I_Dが増加する．さらにV_{DS}を大きくし飽和領域に入ると，ドレイン電流I_Dはほぼ一定値になるが，ドレイン抵抗r_dで決まる傾斜で緩やかに増加する．

nチャネルJ FETでは，ゲート-ソース間電圧が$V_{GS}=0$でもドレイン電流I_Dが流れており，ゲート-ソース間の負電圧を大きくすると，チャネル幅が狭くなり，図5.14(a)に示すようにドレイン電流I_Dが減少する．さらに負電圧が大きくなり，V_{GS}が**ピンチオフ電圧**（V_P）に達すると，図5.6(a)に示す上下の空乏層が接触してドレイン電流が流れなくなる．そのときの出力特性は図(b)のようになる．

【例題5.2】

図5.13(a)のMOS FETの伝達特性において，ゲート-ソース間電圧V_{GS}を2Vから3Vにするとドレイン電流I_Dは何倍になるか計算せよ．

（解）　$V_{th}=1$ V，$\dfrac{(V'_{GS}-V_{th})^2}{(V_{GS}-V_{th})^2}=\left(\dfrac{3-1}{2-1}\right)^2=4$　⇒　4倍になる．

5.5　負荷線と増幅動作

FETの接地方式には，**ソース接地**，**ゲート接地**，**ドレイン接地**の三つの方式が

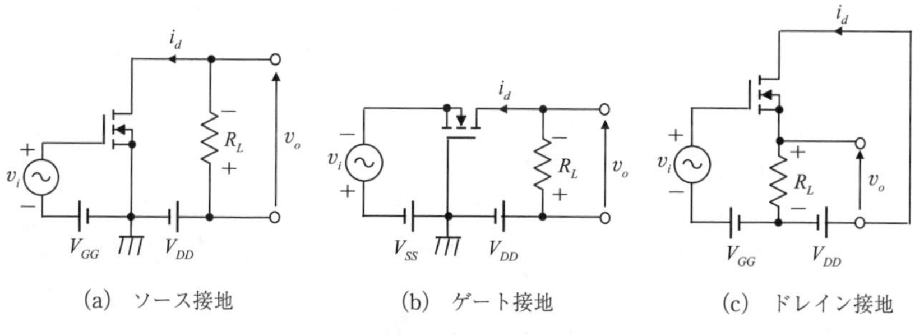

図5.15　MOS FETの接地方式

ある．これらを**図5.15**，**図5.16**に示す．FETを用いた増幅回路は，ソース接地が一般的である．ここでは，ソース接地の負荷線と増幅動作について説明する．

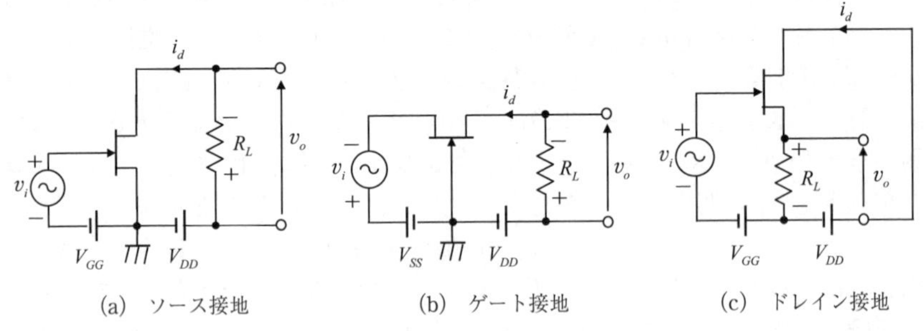

図5.16 J FETの接地方式

図5.17のJ FETを使用したソース接地増幅回路において，ゲート-ソース間に

$$V_{GS}=V_{GG}+v_i$$
$$=-0.1+0.02\sin\omega t \text{〔V〕} \quad (5.12)$$

なる電圧が加えられると，ドレイン電流I_Dが流れ，ドレイン-ソース間電圧V_{DS}が負荷線に沿って変化する（**図5.18**を参照）．このときのドレイン電流I_Dとドレイン-ソース間電圧V_{DS}は

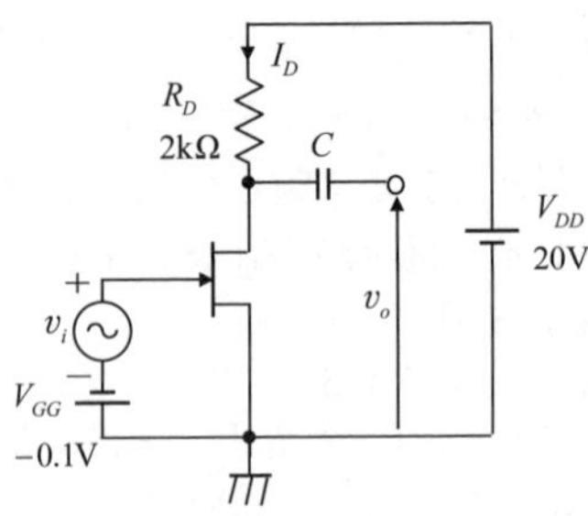

図5.17 J FETを使用したソース接地増幅回路

$$I_D=I_{DQ}+i_d=4+0.8\sin\omega t \text{〔mA〕} \quad (5.13)$$
$$V_{DS}=V_{DSQ}+v_o=12-16\sin\omega t \text{〔V〕} \quad (5.14)$$

となり，出力電圧v_oは入力電圧v_iより大きくなる．このように，図5.17の回路には増幅作用がある．

図5.17の交流小信号に対する等価回路は**図5.19**のようになる．ドレイン抵抗r_dは抵抗R_Dと並列になる．このときの電圧増幅度A_vを求めると，以下のようになる．

$$i_d=g_m v_i\frac{r_d}{R_D+r_d} \quad (5.15)$$

$$v_o=-i_d R_D=-g_m v_i\frac{R_D r_d}{R_D+r_d}=-g_m v_i R \quad (5.16) \qquad \text{ただし，} R=\frac{R_D r_d}{R_D+r_d}$$

$$A_v=\frac{v_o}{v_i}=-\frac{g_m v_i R}{v_i}=-g_m R \quad (5.17)$$

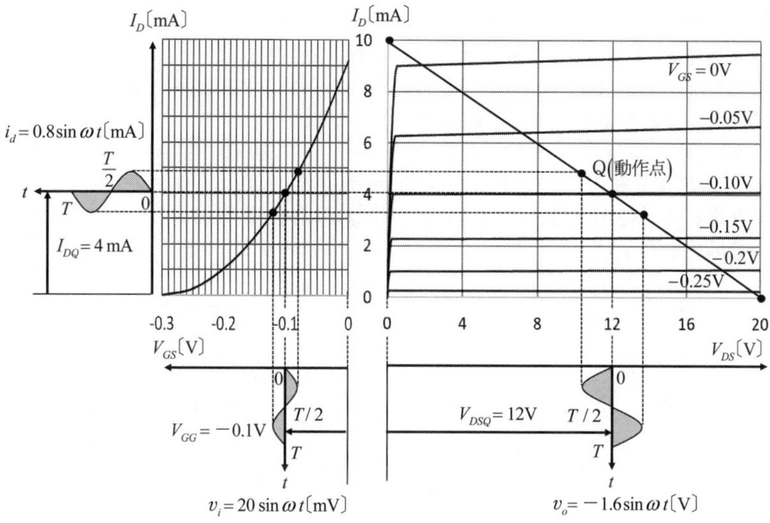

図 5.18 J FET を使用した増幅回路の負荷線と増幅動作

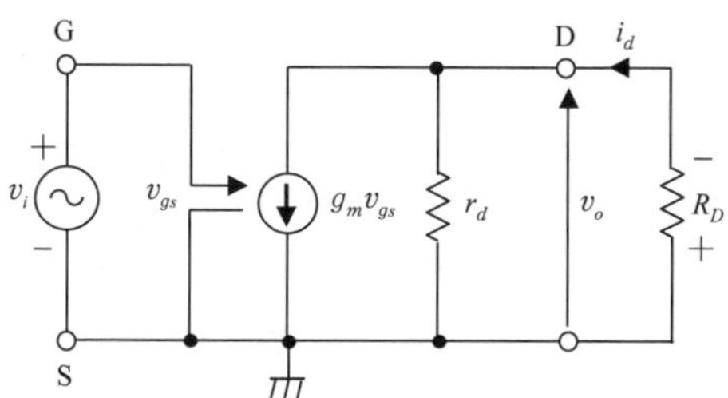

図 5.19 ソース接地増幅回路（図 5.17）の等価回路

チャネル長変調係数を $\lambda=0.005$ とすると，図 5.17 に示す増幅回路の電圧増幅度は

$$r_d \cong \frac{1}{\lambda I_D} = \frac{1}{0.005\times 4\times 10^{-3}} = 50\ \mathrm{k\Omega},\quad R = \frac{R_D r_d}{R_D + r_d} = \frac{2\times 50}{2+50} = 1.923\ \mathrm{k\Omega}$$

図 5.18 より，$g_m = \dfrac{\partial I_D}{\partial V_{GS}} = \dfrac{0.8\ \mathrm{mA}}{20\ \mathrm{mV}} = 0.04\ \mathrm{S}$

$$A_v = -g_m R = -0.04\ \mathrm{S}\times 1.923\times 10^3\ \Omega = -76.9 \qquad (5.18)$$

になる．ドレイン抵抗 r_d が無限大であり開放と考えると，電圧増幅度 A_v は

$$A_v = -g_m R_D = -0.04\ \mathrm{S}\times 2\times 10^3\ \Omega = -80 \qquad (5.19)$$

になり，図 5.18 および式 (5.12) と式 (5.14) から求められる電圧増幅度 $A_v = v_o/v_i = -1.6\ \mathrm{V}/20\mathrm{mV} = -80$ に一致する．

演 習 問 題

1. MOS FET のゲートにはなぜ電流が流れないのか説明せよ．
2. MOS FET において，シリコン酸化膜の厚さを 1/2 にすると，相互コンダクタンスは何倍になるか求めよ．これ以外の値は変わらないものとする．
3. **図 5.20** に示すように，MOS FET でゲート-ソース間電圧 V_{GS} を上げるとドレイン電流 I_D が増加し相互コンダクタンス $(g_m = \partial I_D / \partial V_{GS})$ が大きくなる．V_{GS} を上げ，ドレイン電流 I_D が 2 倍になったときの電圧増幅度は何 dB 増加するか求めよ．V_{GS} の以外の値は変わらないとものとする．

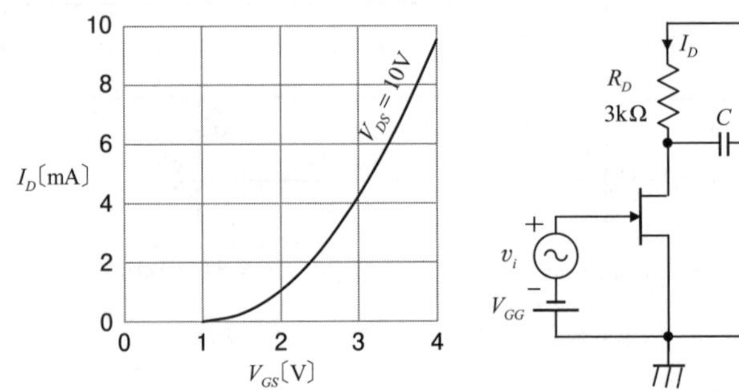

図 5.20　MOS FET の伝達特性

図 5.21　ソース接地増幅回路

4. **図 5.21** に示す J FET を使ったソース接地の増幅回路において，$g_m = 30$ mS，ドレイン電流が $I_D = 3$ mA，チャネル長変調係数が $\lambda = 0.01$ のときの電圧増幅度 A_v を求めよ．

バイアス回路

トランジスタに増幅動作をさせるには，適切な動作点を決める必要がある．このために与えられる直流電圧および直流電流を，バイアス電圧およびバイアス電流という．また，直流電圧と直流電流を与える回路を**バイアス回路**（vias circuit）と呼んでいる．

第 6 章では，バイアス回路の必要性といろいろなバイアス回路について説明する．また，バイアス回路の感度関数，素子感度および安定度についても説明する．

6.1　バイアス回路の役目

図 6.1 は，ベースバイアス電圧 V_{BB} がないときのエミッタ接地増幅回路とその

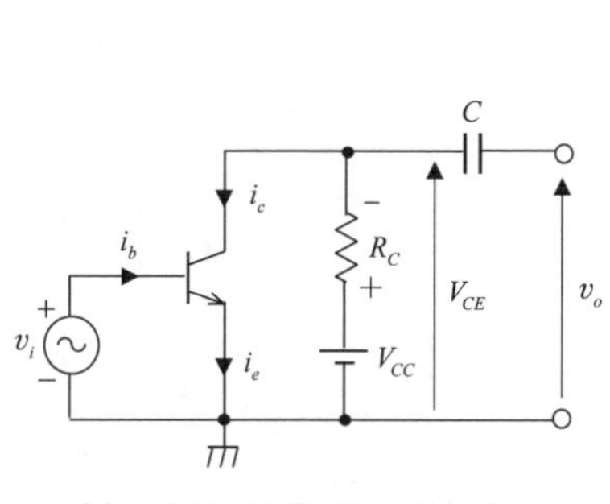

(a)　バイアス電圧 V_{BB} がないときのエミッタ接地増幅回路

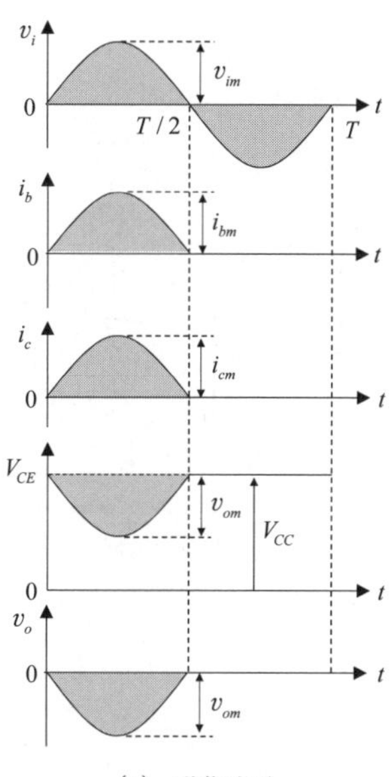

(b)　動作波形

図 6.1　ベースバイアス電圧 V_{BB} がないときのエミッタ接地増幅回路と動作波形

動作波形を示したものである．図 (a) において，トランジスタ Q のベース-エミッタ間には周期 T の正弦波の入力電圧 v_i が加えられている．入力電圧 v_i が正の 0〜$T/2$ の期間はベース電流 i_b が流れ，コレクタ電流 i_c が流れる．このときに，抵抗 R_C に電圧降下，$-i_cR_L$ が生じる．この電圧が出力電圧 v_o になる（図 (b) を参照)．しかし，$T/2$〜T の期間は入力電圧 v_i が負になり，pn 接合が逆方向になるために，ベース電流 i_b は流れない．したがって，コレクタ電流 i_c が流れず，出力電圧 v_o も出ない．$T/2$〜T の期間は本来の増幅動作が行われていない．

図 6.2 は，図 6.1(a) のベース-エミッタ間にバイアス電圧 V_{BB} を加えたあとの増幅回路と動作波形を示したものである．ベースにバイアス電圧 V_{BB} を加えると，バイアス電流 I_{BB} が流れる．このときに，入力電圧を $v_i = v_{im}\sin\omega t$ とすると

$$V_{BB} + v_i = V_{BB} + v_{im}\sin\omega t \geqq 0 \quad \Rightarrow \quad V_{BB} \geqq v_{im} \qquad (6.1)$$

になるようにバイアス電圧を設定すると，ベース-エミッタ間電圧が負になる期間がなくなる．バイアス電流 I_{BB} により，ベース電流も負になる期間がなくなる．その結果，周期 T の全期間にわたりベース電流とコレクタ電流が流れ，抵抗 R_C には電圧降下が発生し，出力電圧 v_o を得ることができる．ベース-エミッタ間にバイアス電圧，電流を与えることで，本来の増幅動作をさせることができるようになる．

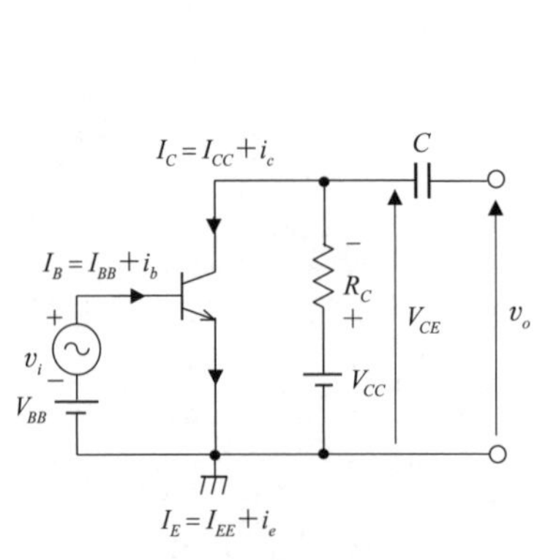

(a) バイアス電圧 V_{BB} を与えたあとのエミッタ接地増幅回路

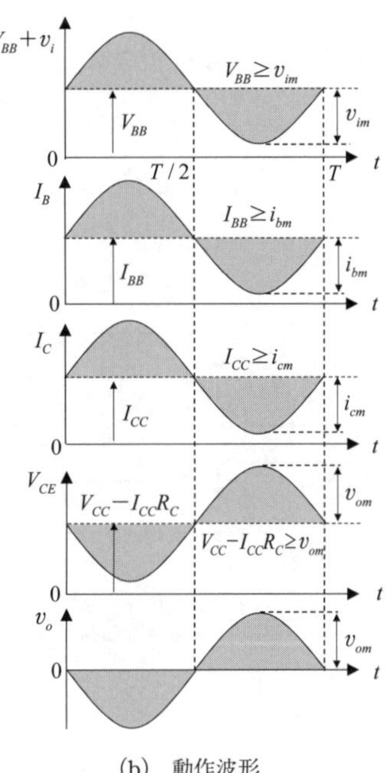

(b) 動作波形

図 6.2 ベースバイアス電圧 V_{BB} を与えたあとのエミッタ接地増幅回路と動作波形

これがバイアス回路の役目になる．なお，トランジスタのベース-エミッタ間には電圧降下 V_{BE} が存在するので，実際には

$$V_{BB} \geqq v_{im} + V_{BE} \qquad (6.2)$$

で与えられる値以上のバイアス電圧 V_{BB} が必要になる．ベース電流でいうと

$$I_{BB} \geqq i_b = i_{bm} \sin \omega t \quad \Rightarrow \quad I_{BB} \geqq i_{bm} \qquad (6.3)$$

になるように，バイアス電流 I_{BB} を与える必要がある（図 6.2(b) を参照）．

【例題 6.1】

交流入力電圧の振幅が 40 mV のときの，必要なバイアス電圧 V_{BB} の限度を求めよ．ただし，トランジスタのベース-エミッタ間電圧を $V_{BE}=0.7$ V とする．

（解） $V_{BB} \geqq v_{im} + V_{BE} = 0.04 + 0.7 = 0.74$ V

6.2　固定バイアス回路

電源電圧 V_{CC} から抵抗 R_B の電圧降下を利用してベース電圧を得る回路を**固定バイアス回路** (fixed bias circuit) という．固定バイアス回路を**図 6.3**(a) に，その直流に対する等価回路は図 (b) に示す．トランジスタのベース抵抗 r_b はバイアス回路の抵抗 R_B より十分に小さく，無視できる．ベース-エミッタ間のダイオードは電圧降下 V_{BE} に置き換えることができる．通常，V_{BE} は 0.7 V である．コレクタ電流 I_C は，アーリー効果（Early effect）による出力特性の右肩上りを考慮すると，式 (4.9) になる．

$$I_C = \left(1 + \frac{V_{CE}}{V_A}\right) \beta I_B \qquad (4.9)$$

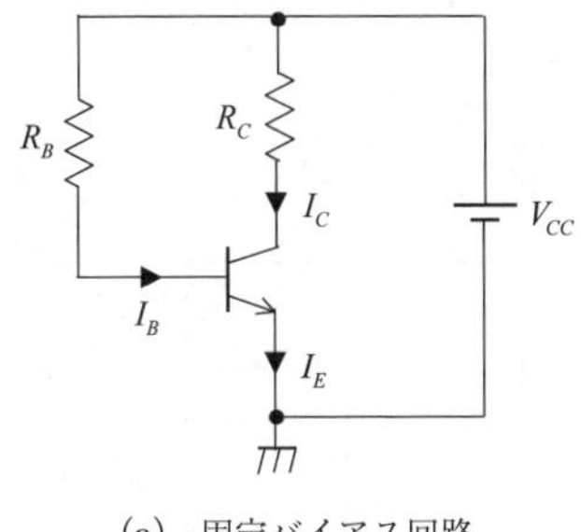

(a)　固定バイアス回路

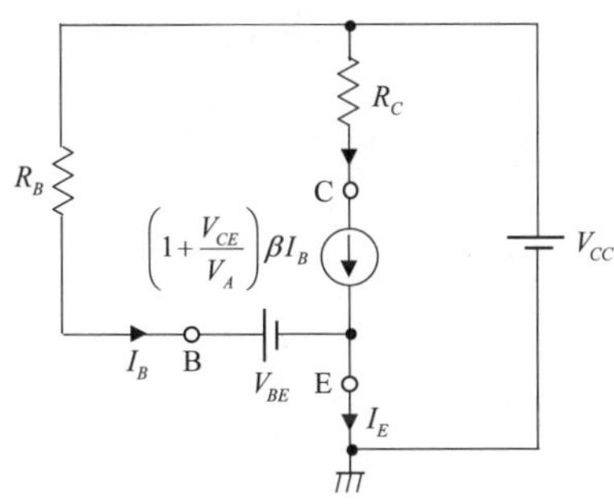

(b)　直流等価回路

図 6.3　固定バイアス回路と直流等価回路

図(b)において

$$V_{CC}=I_B R_B+V_{BE} \qquad (6.4)$$

が成り立ち，ここからベース電流が

$$I_B=\frac{V_{CC}-V_{BE}}{R_B} \qquad (6.5)$$

として求められる．また，動作点Qにおけるコレクタ電流 I_C は式(4.9)で与えられ，ここに式(6.5)を代入すると，抵抗 R_B が求められる．

$$R_B=\frac{\beta(V_{CC}-V_{BE})}{I_C}\left(1+\frac{V_{CE}}{V_A}\right) \qquad (6.6)$$

一方，コレクタ電流 I_C とコレクタ-エミッタ間電圧 V_{CE} および電源電圧 V_{CC} の間には，次式が成り立つ．

$$V_{CC}=I_C R_C+V_{CE} \qquad (6.7)$$

これより，抵抗 R_C が

$$R_C=\frac{V_{CC}-V_{CE}}{I_C} \qquad (6.8)$$

として求められる．式(6.6)と式(6.8)より，電源電圧 V_{CC}，トランジスタの電流増幅率 β とアーリー電圧 V_A および動作点のコレクタ-エミッタ間電圧 V_{CE} とコレクタ電流 I_C があれば抵抗 R_B と R_C を決定することができる．

特別な事情がないときは，動作点Qの電圧・電流，V_{CE} と I_C は

$$V_{CE}=V_{CEQ}=\frac{V_{CC}}{2},\ \ I_C=I_{CQ}=\frac{V_{CC}}{2R_C}\Bigg] \qquad (6.9)$$

のように選ぶことが最適になる．増幅された出力電圧 v_o とコレクタ電流 i_c のプラス側とマイナス側の余裕($\varDelta V$，$\varDelta I$)が同じになり，増幅動作を効率的に行うことができる(**図6.4**を参照)．

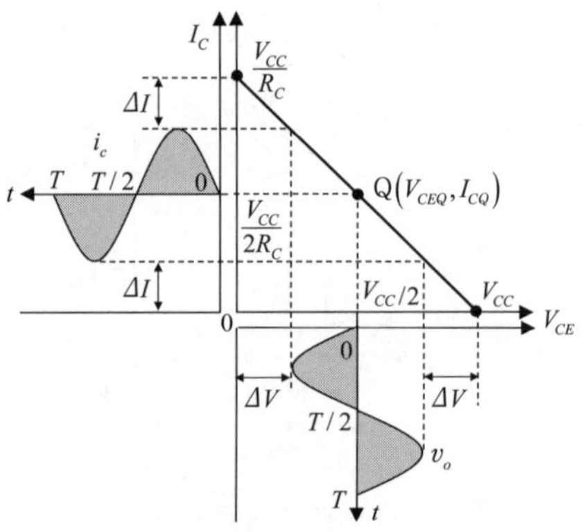

図6.4　最適な動作点と電圧・電流の余裕

【例題 6.2】

図 6.3(a) の固定バイアス回路おいて，電源電圧 $V_{CC}=10$ V，トランジスタの電流増幅率 $\beta=180$，アーリー電圧 $V_A=100$ V のときの抵抗 R_B と R_C の値を求めよ．ただし，動作点のコレクタ-エミッタ間電圧とコレクタ電流を，$V_{CE}=5$ V，$I_C=5$ mA とする．

（解）

$$R_B=\frac{\beta(V_{CC}-V_{BE})}{I_C}\left(1+\frac{V_{CE}}{V_A}\right)=\frac{180\times(10-0.7)\text{V}}{5\text{ mA}}\times\left(1+\frac{5\text{ V}}{100\text{ V}}\right)=351.5\cong 352\text{ k}\Omega$$

$$R_C=\frac{V_{CC}-V_{CE}}{I_{CE}}=\frac{(10-5)\text{V}}{5\text{ mA}}=1\text{ k}\Omega$$

6.3　自己バイアス回路

［1］　回路構成と動作

図 6.5(a) に示すように，コレクタ-エミッタ間電圧 V_{CE} から R_B の電圧降下を利用してベース電圧を得る回路を**自己バイアス回路**(self bias circuit) または**電圧帰還バイアス回路**（voltage feedback circuit）という．

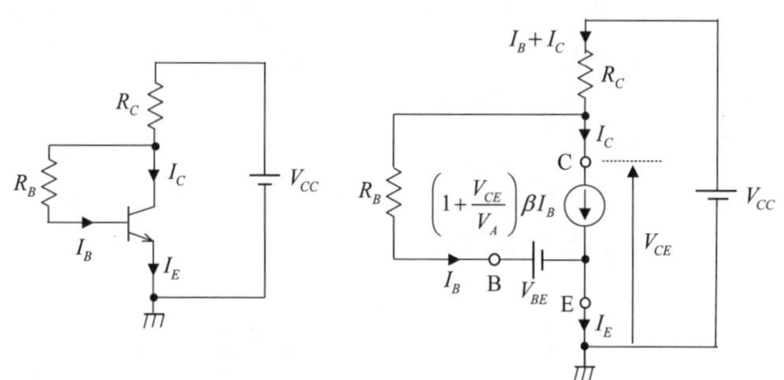

(a)　自己バイアス回路　　(b)　直流等価回路

図 6.5　自己バイアス回路と直流等価回路

図 (b) の等価回路において，次式が成り立つ．

$$V_{CC}=(I_C+I_B)R_C+V_{CE} \qquad (6.10),\qquad V_{CE}=I_BR_B+V_{BE} \qquad (6.11)$$

式 (6.11) と式 (4.9) からベース電流を消去し抵抗 R_B を求めると

$$R_B=\frac{V_{CE}-V_{BE}}{I_B}=\frac{\beta(V_{CE}-V_{BE})}{I_C}\left(1+\frac{V_{CE}}{V_A}\right) \qquad (6.12)$$

になる．同様に式 (6.10) と式 (4.9) からベース電流を消去し抵抗 R_C を求めると

$$R_C=\frac{V_{CC}-V_{CE}}{I_C+I_B}\cong\frac{V_{CC}-V_{CE}}{I_C} \qquad (6.13)$$

になる．式(6.12)と式(6.13)より，電源電圧 V_{CC}，トランジスタの電流増幅率 β とアーリー電圧 V_A および動作点のコレクタ-エミッタ間電圧 V_{CE} とコレクタ電流 I_C により抵抗 R_B と R_C を決定することができる．

【例題 6.3】

例題 6.2 の固定バイアス回路と同一条件のときの自己バイアス回路の抵抗 R_B と抵抗 R_C を求めよ．

（解） $$R_B=\frac{\beta(V_{CE}-V_{BE})}{I_C}\left(1+\frac{V_{CE}}{V_A}\right)=\frac{180\times(5-0.7)\mathrm{V}}{5\,\mathrm{mA}}\times\left(1+\frac{5\,\mathrm{V}}{100\,\mathrm{V}}\right)=155.85\cong 156\ \mathrm{k\Omega}$$

$$R_C\cong\frac{V_{CC}-V_{CE}}{I_C}=\frac{(10-5)\mathrm{V}}{5\,\mathrm{mA}}=1\ \mathrm{k\Omega}$$

一般に，温度が上がると，トランジスタの電流増幅率 β が上がる．また，ベース-エミッタ間電圧 V_{BE} が低下する．その結果，コレクタ電流が増加し，動作点がずれてしまう．V_{BE} が低下すると，ベース電流が増えコレクタ電流が増加する．自己バイアス回路はこれらの変化を抑制する働きがある．**図 6.6** は，オーディオ機器の電力増幅用などに使われる 2SC3851(最大許容コレクタ損失 :25 W，耐圧 :60 V，最大コレクタ電流 :4 A，電流増幅率 β:40～320) の温度特性を示したものである．このように，電流増幅率 β とベース-エミッタ間電圧 V_{BE} が温度に対して変化する．npn 形トランジスタにおいて，温度が上昇するとエミッタ領域の電子が得るエネルギーが増加するために，ベース領域を超えてコレクタに達する電子の比率 (ベース輸送効率) が増加する．これにより，電流増幅率が上がる．なお，V_{BE} が温度変化する理由については付録 F に掲載している．

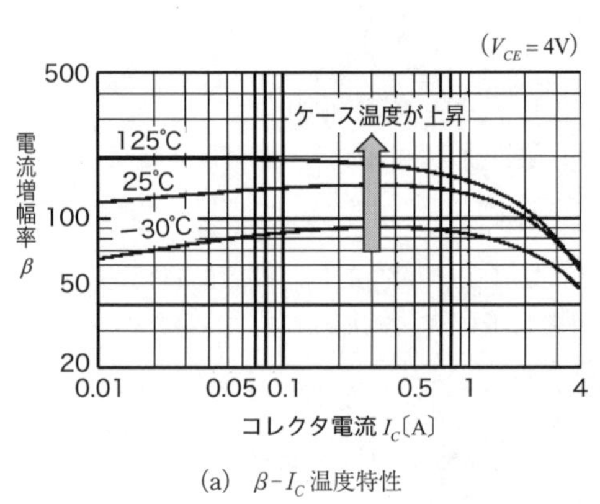

(a)　β-I_C 温度特性

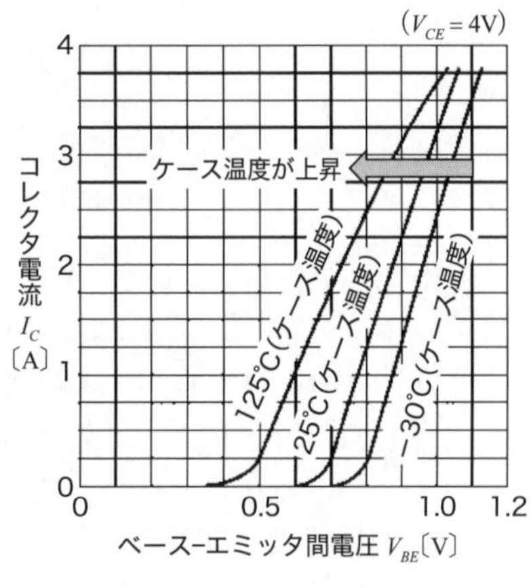

(b)　I_C-V_{BE} 温度特性

図 6.6　2SC3851 の温度特性

温度が上昇しコレクタ電流が増えると，コレクタ電流の増加を抑制するように回路が動作する．出力側（コレクタ電流）の変化を入力側（ベース電流）に帰還し抑制することを**負帰還**（negative feedback）といい，自己バイアス回路にはこの機能がある．

① 温度が上がり，コレクタ電流が増加する．
② 抵抗 R_C の電圧降下が大きくなり，コレクタ-エミッタ間電圧 V_{CE} が低下する．
③ ベース電流が減少する．
④ コレクタ電流が減少する．

［2］ 安定度の比較

一般に，電流増幅率 β はトランジスタによるばらつきが大きく，2SC3851 では 40～320 の幅がある．ここで，電流増幅率 β の変化に対する動作点におけるコレクタ-エミッタ間電圧 V_{CE} とコレクタ電流 I_C の変化を，固定バイアス回路と自己バイアス回路について求め，比較してみよう．

（1） 固定バイアス回路の動作点

固定バイアス回路のコレクタ電流 I_C は式（4.9）で与えられる．ここに，式（6.7）から得られる $V_{CE}=V_{CC}-I_CR_C$ を代入し，式を整理すると動作点におけるコレクタ電流 I_C を求めることができる．

$$I_C=\left(1+\frac{V_{CE}}{V_A}\right)\beta I_B=\left(1+\frac{V_{CC}-I_CR_C}{V_A}\right)\beta I_B,$$

$$I_C=\frac{1}{1+\dfrac{\beta I_BR_C}{V_A}}\left(1+\frac{V_{CC}}{V_A}\right)\beta I_B \qquad (6.14)$$

式（6.5）でベース電流 I_B を求めれば，電流増幅率 β が変化したときの動作点におけるコレクタ電流 I_C を式（6.14）から，また，コレクタ-エミッタ間電圧 V_{CE} を $V_{CE}=V_{CC}-I_CR_C$ から計算することができる．

（2） 自己バイアス回路の動作点

自己バイアス回路の動作点におけるコレクタ-エミッタ間電圧 V_{CE} とコレクタ電流 I_C は以下のようになる．図 6.5(b) において

$$V_{CE}=V_{CC}-(I_C+I_B)R_C\cong V_{CC}-I_CR_C=V_{CC}-\left(1+\frac{V_{CE}}{V_A}\right)\beta I_BR_C \qquad (6.15)$$

が成り立つ．ここに式（6.11）から得られる $I_B=(V_{CE}-V_{BE})/R_B$ を代入し整理すると，コレクタ-エミッタ間電圧 V_{CE} に関して二次方程式が得られる．

$$V_{CE}=V_{CC}-\left(1+\frac{V_{CE}}{V_A}\right)\beta\cdot\frac{V_{CE}-V_{BE}}{R_B}R_C$$

$$\frac{(V_{CE})^2}{V_A}+\left(\frac{R_B}{\beta R_C}+1-\frac{V_{BE}}{V_A}\right)V_{CE}-\left(\frac{R_B}{\beta R_C}V_{CC}+V_{BE}\right)=0 \qquad (6.16)$$

これを解くと，コレクタ-エミッタ間電圧 V_{CE} が得られる．

$$V_{CE}=\frac{V_A}{2}\left\{-\left(\frac{R_B}{\beta R_C}+1-\frac{V_{BE}}{V_A}\right)+\sqrt{\left(\frac{R_B}{\beta R_C}+1-\frac{V_{BE}}{V_A}\right)^2+\frac{4}{V_A}\left(\frac{R_B}{\beta R_C}V_{CC}+V_{BE}\right)}\right\} \qquad (6.17)$$

電流増幅率 β が変化したときの動作点におけるコレクタ-エミッタ間電圧 V_{CE} は式(6.17)により計算することができる．また，$I_B=(V_{CE}-V_{BE})/R_B$ でベース電流 I_B を求め，式(4.9)に代入すればコレクタ電流 I_C を計算することができる．

（3）　電流増幅率 β に対する動作点の変化

電流増幅率 β に対する動作点の変化を固定バイアス回路と自己バイアス回路について求め，比較してみよう．例題6.2の固定バイアス回路と例題6.3の自己バイアス回路における抵抗 R_B と R_C は**表6.1**になる．

表6.1　例題6.2と例題6.3における抵抗値

	抵抗 R_B	抵抗 R_C	備考
固定バイアス回路	352(351.5) kΩ	1 kΩ	例題6.2
自己バイアス回路	156(155.85) kΩ	1 kΩ	例題6.3

条件：$V_{cc}=10$ V，$\beta=180$，$V_A=100$ V，$V_{CE}=5$ V，$I_C=5$ mA

この条件における電流増幅率 β に対する動作点のコレクタ電流 I_C とコレクタ-エミッタ間電圧 V_{CE} の変化を，**図6.7**と**図6.8**に示す．I_C，V_{CE} ともに固定バイアス回路より自己バイアス回路での変化量が少なくなっていることが確認できる．

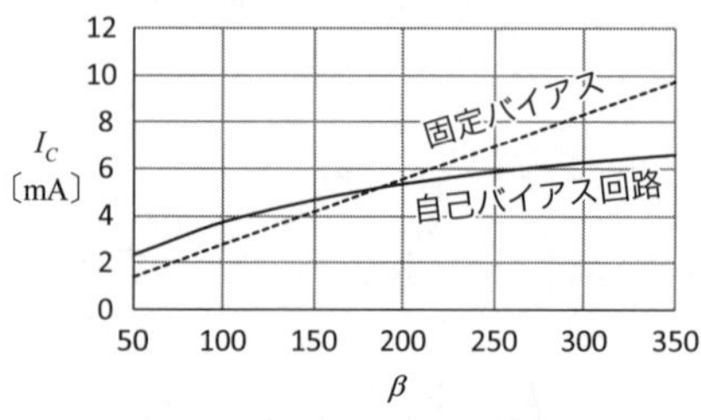

図6.7　電流増幅率 β に対する コレクタ電流 I_C の変化

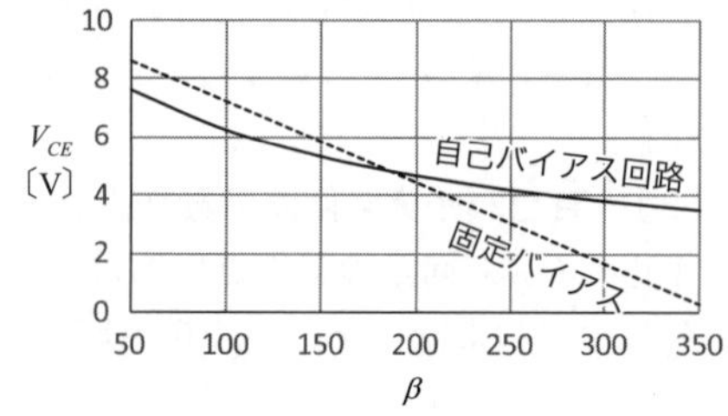

図6.8　電流増幅率 β に対するコレクタ-エミッタ間電圧 V_{CE} の変化

【例題 6.4】

図 6.5 の自己バイアス回路おいて，$V_{CC}=10$ V，$R_C=1.5$ kΩ，$R_B=200$ kΩ，トランジスタの電流増幅率 $\beta=200$ のときの動作点におけるコレクタ電流 I_C とコレクタ-エミッタ間電圧 V_{CE} を求めよ．なお，アーリー効果は無視するものとする．

（解）　$V_{CC}=V_{CE}+(I_C+I_B)R_C=V_{CE}+(\beta+1)I_BR_C$,　$V_{CE}=I_BR_B+V_{BE}$

両式から，V_{CE} を消去しコレクタ電流 I_C を求めると 3.7 mA になる．

$$I_B=\frac{V_{CC}-V_{BE}}{R_B+(\beta+1)R_C}=\frac{(10-0.7)\text{V}}{(200+201\times1.5)\text{k}\Omega}=\frac{9.3\text{ V}}{501.5\text{ k}\Omega}=0.01854\text{ mA}$$

$$I_C=\beta I_B=200\times0.01854=3.708\text{ mA}\cong3.71\text{ mA}$$

また，コレクタ-エミッタ間電圧 V_{CE} は 4.4 V になる．

$$V_{CE}=V_{CC}-(I_B+I_C)R_C\cong V_{CC}-I_CR_C=10\text{ V}-3.71\text{ mA}\times1.5\text{ k}\Omega\cong4.4\text{ V}$$

6.4　電流帰還バイアス回路

［1］　回路構成と動作

図 6.9(a) は電流帰還バイアス回路を，図 (b) はその直流等価回路を示したものである．

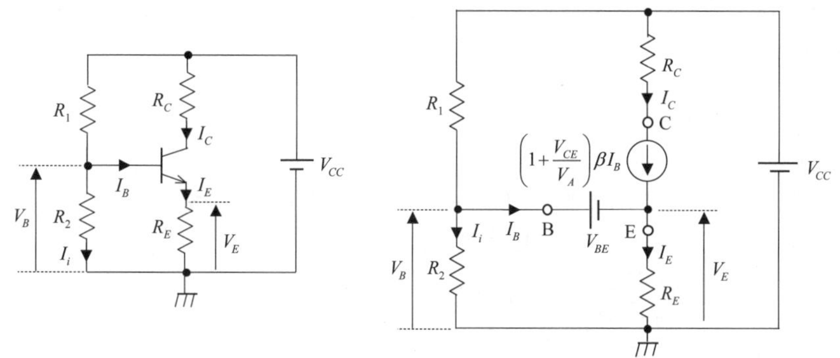

(a)　電流帰還バイアス回路　　(b)　直流等価回路

図 6.9　電流帰還バイアス回路と直流等価回路

図 6.5 の自己バイアス回路に抵抗 R_2 と抵抗 R_E を追加した回路になっている．安定性が良く，最も広く使われている．

鳳・テブナンの定理を使い，図 6.9(a) に示す電流帰還バイアス回路の動作電圧・電流を求めてみよう．まず，ベースを開放したときに抵抗 R_2 の両端に発生する電圧 V_0 とスイッチ S より左側を見たときの内部抵抗 R_0 は，**図 6.10** より

$$V_0=\frac{R_2}{R_1+R_2}V_{CC},\quad R_0=\frac{R_1R_2}{R_1+R_2}\Bigg] \qquad (6.18)$$

となる．この値を用いると，**図 6.11** の等価回路が得られる．

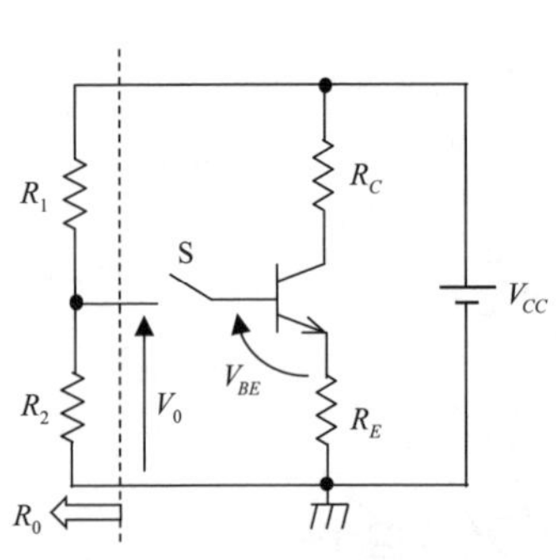

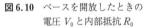

図 6.10 ベースを開放したときの電圧 V_0 と内部抵抗 R_0

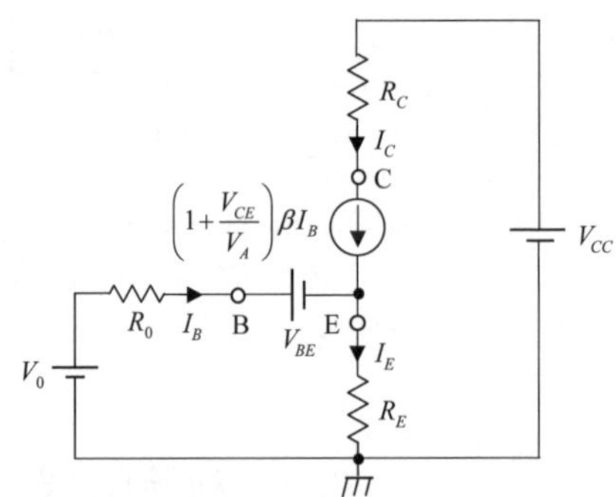

図 6.11 鳳・テブナンの定理を適用したときの等価回路

等式が複雑になるので

$$I_C=\beta I_B \qquad (6.19)$$

とおき，I_C を求めたあとにアーリー効果を考慮したコレクタ電流 I_{C0} を求めることにする．

$$I_{C0}=\left(1+\frac{V_{CE}}{V_A}\right)I_C \qquad (6.20)$$

図 6.11 より

$$V_0=I_BR_0+I_ER_E+V_{BE}=I_BR_0+I_B(\beta+1)R_E+V_{BE} \qquad (6.21)$$

が成り立つ．これより，ベース電流が

$$I_B=\frac{V_0-V_{BE}}{R_0+(\beta+1)R_E} \qquad (6.22)$$

として求められる．また，コレクタ電流 I_C は，$R_0=nR_E$ とおくと

$$I_C=\beta I_B=\frac{\beta(V_0-V_{BE})}{R_0+(\beta+1)R_E}=\frac{\beta(V_0-V_{BE})}{nR_E+(\beta+1)R_E}$$

$$=\frac{V_0-V_{BE}}{R_E}\cdot\frac{\beta}{n+\beta+1} \qquad (6.23)$$

となる．

温度が上昇しコレクタ電流が増えると，コレクタ電流の増加を抑制するように回路が動作する．

① 温度が上がり，コレクタ電流が増加する．
② エミッタ電流が増加する．
③ 抵抗 R_E に発生する電圧，図 6.9 の V_E が大きくなり，ベース電流が減少する．
④ コレクタ電流が減少する．

トランジスタにより電流増幅率 β がばらついたときも同様に動作し，コレクタ電流の変化を抑制する．抑制効果は自己バイアス回路よりも大きく，安定性に優れている．自己バイアス回路における電流増幅率 β に対するコレクタ電流の変化を示した図 6.7 と，電流帰還バイアス回路のコレクタ電流の変化を示した図 6.12 を比較すること．

【例題 6.5】

図 6.9(a) の電流帰還バイアス回路おいて，$V_{CC}=10$ V，$R_1=18$ kΩ，$R_2=4.7$ kΩ，$R_C=1.5$ kΩ，$R_E=470$ Ω，トランジスタの電流増幅率 $\beta=180$ のときの動作点におけるコレクタ電流 I_C とコレクタ-エミッタ間電圧 V_{CE} を求めよ．なお，アーリー電圧を $V_A=80$ V とする．

(解)
$$V_0=\frac{R_1}{R_1+R_2}V_{CC}=\frac{4.7\ \text{k}\Omega}{(18+4.7)\text{k}\Omega}\times 10\ \text{V}=2.07\ \text{V}$$
$$R_0=\frac{R_1R_2}{R_1+R_2}=\left(\frac{18\times 4.7}{18+4.7}\right)=3.7267\ \text{k}\Omega\cong 3.73\ \text{k}\Omega$$
$$I_C=\beta I_B=\beta\frac{V_0-V_{BE}}{R_0+(\beta+1)R_E}=180\times\frac{(2.07-0.7)\text{V}}{(3.73+181\times 0.47)\text{k}\Omega}=2.777\ \text{mA}\cong 2.78\ \text{mA}$$
$$V_{CE}\cong V_{CC}-I_C(R_C+R_E)=10\ \text{V}-2.78\ \text{mA}\times(1.5+0.47)\text{k}\Omega=4.52\ \text{V}\cong 4.5\ \text{V}$$

アーリー効果を考慮すると，コレクタ電流とコレクタ-エミッタ間電圧は以下となる．
$$I_{C0}=\beta I_B\left(1+\frac{V_{CE}}{V_A}\right)=I_C\left(1+\frac{V_{CE}}{V_A}\right)=2.68\ \text{mA}\times\left(1+\frac{4.5\ \text{V}}{80\ \text{V}}\right)=2.83\ \text{mA}$$
$$V_{CE0}\cong V_{CC}-I_{C0}(R_C+R_E)=10\ \text{V}-2.83\ \text{mA}\times(1.5+0.47)\text{k}\Omega=4.43\cong 4.4\ \text{V}$$

[2] 抵抗値の決定

ここでは，抵抗 R_1，R_2，R_C，R_E の抵抗値の決め方について説明する．

(1) 事前検討

抵抗値を決めるためには，抵抗比 $n(n=R_0/R_E)$ の上限値と抵抗 R_E の下限値を事前に検討する必要があり，これについて説明する．

〈1〉 抵抗比 n の上限値

コレクタ電流の変化幅より，抵抗比 n の上限値を求めることができる．$V_0=2.0$ V，$R_E=240$ Ω，$V_{BE}=0.7$ V としたときの電流増幅率 β に対するコレクタ電流 I_C の変化を**図 6.12** に示す．図 6.12 より，R_E が大きく抵抗比 $n(n=R_0/R_E)$ が小さいほど，電流増幅率 β に対するコレクタ電流 I_C の変化は小さくなる．また，**図 6.13** は

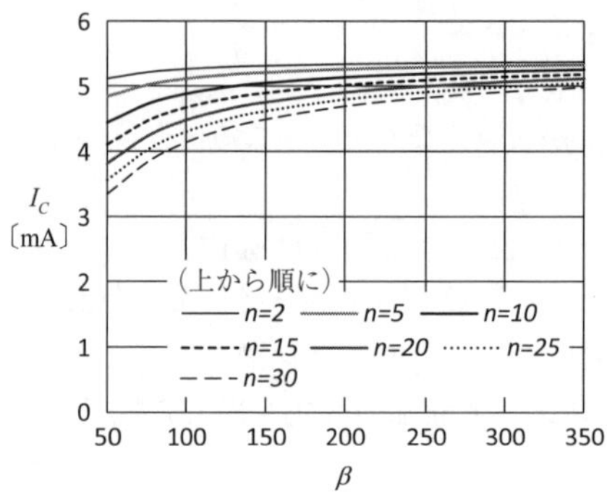

V_0=2.0 V，R_E=240 Ω，V_{BE}=0.7 V で計算している．抵抗比 n は $n=R_o/R_E$ を意味している．

図 6.12　電流帰還バイアス回路での電流増幅率 β に対するコレクタ電流の変化

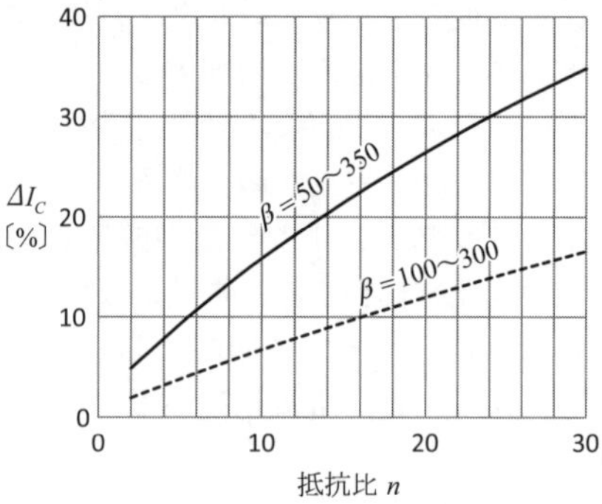

ΔI_C は β=200 のときの I_C を 100% にしたときの変化幅．抵抗比 n は $n=R_o/R_E$ を意味している．

図 6.13　電流帰還バイアス回路における抵抗比 n とコレクタ電流の変化幅

β=200 のときのコレクタ電流を 100% としたときの β=50～350 および β=100～300 におけるコレクタ電流の変化幅 ΔI_C を示したものである．抵抗比 n を小さくすると，変化幅 ΔI_C も小さくなる．抵抗 R_E を大きくすると n が小さくなるが，このときに抵抗 R_E に発生する電圧 V_E が増え負帰還量が増加するために，β に対するコレクタ電流の変化が小さくなるためである．図 6.13 より β=50～350 で ΔI_C=10～15% 以下にするためには，n は 8 以下であれば十分となる．

〈2〉抵抗 R_E の下限値

動作点におけるコレクタ-エミッタ間電圧 V_{CE} とコレクタ電流 I_C が与えられると，

$$V_{CE}=V_{CC}-I_CR_C-I_ER_E\cong V_{CC}-I_C(R_C+R_E) \qquad (6.24)$$

$$R_C+R_E=\frac{V_{CC}-V_{CE}}{I_C} \qquad (6.25)$$

として，抵抗 R_C と R_E の合計値を求めることができる．このときの電圧増幅率は，トランジスタのアーリー効果を無視すると

$$A_v=-\beta\frac{R_C}{r_{ie}} \qquad (6.26)$$

になり，抵抗 R_C をあまり小さくすることはできない．第 7 章で説明するが，実際の増幅回路では抵抗 R_E に並列にコンデンサが接続されているために，交流小信号に対して抵抗 R_E は短絡されることになり，電圧増幅度は式 (6.26) になる．一方，ベース-エミッタ間電圧 V_{BE} が温度変化したときのコレクタ電流の変化 $(\partial I_C/\partial V_{BE})$ は式 (6.23) から

$$\frac{\partial I_C}{\partial V_{BE}}=-\frac{1}{R_E}\cdot\frac{\beta}{n+\beta+1} \qquad (6.27)$$

となり，R_E を小さくしすぎると，V_{BE} の温度変化に対するコレクタ電流の変化が大きくなってしまう．ここで，ベース-エミッタ間電圧が V_{BE} から $(V_{BE}+\Delta V_{BE})$ に増加し，コレクタ電流が I_C から $I_C'(I_C'=I_C+\Delta I_C)$ になったときのコレクタ電流の変化率を求めると

$$\frac{\Delta I_C}{I_C}=\frac{I'_C-I_C}{I_C}=-\frac{\Delta V_{BE}}{V_0-V_{BE}}=-\frac{\beta\Delta V_{BE}}{I_C(n+\beta+1)R_E} \qquad (6.28)$$

となる．計算結果を**図 6.14** に示すが，コレクタ電流が 5 mA のときに少なくとも $\Delta I_C/I_C$ を 10% 以下にするためには抵抗 R_E を 210 Ω 以上にする必要がある．余裕を取り 240 Ω とすると，抵抗 R_C は 1 kΩ−240 Ω=760 Ω になる．その比は R_C/R_E= 約 3 となる．

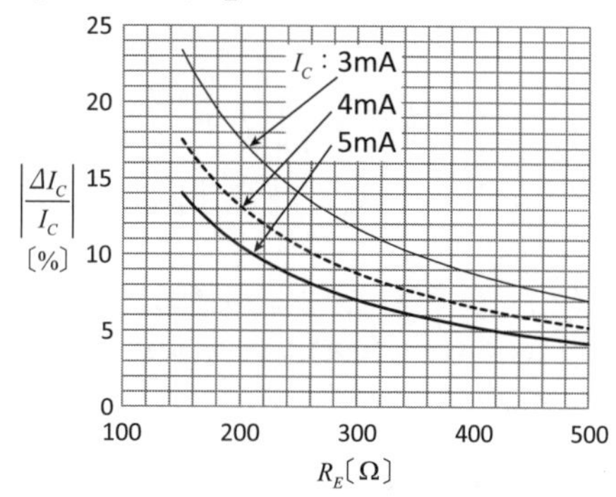

β=200，n=8，ΔV_{BE}=0.11 V(2.2 mV×50=0.11 V)で計算している．

図 6.14 V_{BE} が温度変化したときのコレクタ電流の変化率 ($\Delta I_C/I_C$)

以上の結果より，電源電圧 V_{CC}，トランジスタの電流増幅率 β および動作点におけるコレクタ-エミッタ間電圧 V_{CE} とコレクタ電流 I_C があれば各抵抗の値を決定することができる．ここでは V_{CC}=10 V，β=200，V_{CE}=5 V，I_C=5 mA として求める．

（2） 本来の抵抗値の決め方

以下に手順を示す．

① 許容されるコレクタ電流の変化幅から抵抗比 n を求める．
(1) の結果より n=8 で進める．

② R_E=240 Ω とすると，$R_0=nR_E$=8×240=1.92 kΩ になる．

③ 式 (6.23) を変形すると以下で求められ，電圧 V_0 は 1.95 V になる．

$$V_0=\frac{I_C(n+\beta+1)R_E}{\beta}+V_{BE}=\frac{5\text{ mA}\times(8+201)\times240\ \Omega}{200}+0.7\text{ V}=1.954\text{ V}$$

④ V_0=1.95 V とすると，抵抗 R_1 と R_2 が求められる．

$$R_0=\frac{R_1R_2}{R_1+R_2}=\left(\frac{R_2}{R_1+R_2}\right)R_1=\left(\frac{V_0}{V_{CC}}\right)R_1=1.92\text{ k}\Omega$$

$$R_1=\frac{V_{CC}}{V_0}R_0=\frac{10\text{ V}}{1.95\text{ V}}\times 1.92\text{ k}\Omega=9.85\text{ k}\Omega\cong 9.9\text{ k}\Omega \qquad (6.29)$$

$$R_2=\frac{V_0}{V_{CC}-V_0}R_1=\frac{1.95\text{ V}}{(10-1.95)\text{V}}\times 9.85\text{ k}\Omega=2.386\text{ k}\Omega\cong 2.4\text{ k}\Omega \qquad (6.30)$$

⑤　式(6.25)から $V_{CE}=5$ V のときの抵抗 R_C が決まる．

$$R_C=\frac{V_{CC}-V_{CE}}{I_C}-R_E=\frac{5\text{ V}}{5\text{ mV}}-240=760\ \Omega$$

⑥　実際のコレクタ電流とコレクタ-エミッタ間電圧は，アーリー電圧を 150 V とすると以下の値となる．

$$I_{C0}=I_C\left(1+\frac{5\text{ V}}{150\text{ V}}\right)=5\text{ mA}\times 1.033=5.17\text{ mA}$$

$$V_{CE0}=V_{CC}-I_C(R_C+R_E)=10\text{ V}-5.17\text{ mA}\times 1\text{ k}\Omega=4.83\text{ V}$$

（3）　簡易法による抵抗値の決め方

簡易法でベース電圧 V_B を求め，そこから抵抗の値を決定する方法がある．簡易法のために誤差を含まれる．ベース電流を無視してベース電圧 V_B を求めると

$$V_B=\frac{R_2}{R_1+R_2}V_{CC}=V_0 \qquad (6.31)$$

となる．これから，コレクタ電流はエミッタ電圧を V_E とすると

$$I_E=\frac{V_E}{R_E}=\frac{V_B-V_{BE}}{R_E}=\frac{V_0-V_{BE}}{R_E}=\frac{\beta+1}{\beta}I_C\cong IC \qquad (6.32)$$

になり，このときの誤差 ε は，同一条件（同一の電源電圧 V_{CC} および同一抵抗）でのコレクタ電流の計算値より以下のように求めることができる．

$$\varepsilon=\frac{\text{簡易法での計算値}-\text{真値}}{\text{真値}}=\frac{\dfrac{V_0-V_{BE}}{R_E}}{\dfrac{\beta(V_0-V_{BE})}{R_0+(\beta+1)R_E}}-1$$

$$=\frac{R_0+(1+\beta)R_E}{\beta R_E}-1\cong\frac{(R_0/\beta)+R_E}{R_E}-1=\frac{R_0}{\beta R_E}=\frac{n}{\beta} \qquad (6.33)$$

電流増幅率が $\beta=200$，抵抗比が $n=8$ のときは 4% の誤差が生じる．抵抗比 n が小さく電流増幅率が大きいときは誤差が小さくなり問題ないが，逆に抵抗比 n が大きく電流増幅率が小さいときは注意が必要になる．たとえば，$n=20$，$\beta=100$ のときは $\varepsilon=n/\beta=20/100=0.2$ となり，20% の誤差を生じる．簡易法を使うときは，少なくとも誤差が 5% 程度であることを確認してから使用すること．

簡易法により，各抵抗の値は以下のように求めることができる．

① 許容されるコレクタ電流の変化幅から抵抗比 n を求める．
(1) の結果より $n=8$ で進める．

② $R_E=240\ \Omega$ とすると，$R_0=nR_E=8\times 240=1.92\ \text{k}\Omega$ になる．

③ $I_C=5\ \text{mA}$ とすると，電圧 V_0 は 1.9 V になる．

$$V_0 \cong I_C R_E + V_{BE} = 5\ \text{mA}\times 240 + 0.7\ \text{V} = 1.2\ \text{V} + 0.7\ \text{V} = 1.9\ \text{V} \tag{6.34}$$

④ $V_0=1.9\ \text{V}$ とすると，抵抗 R_1 と R_2 が求められる．

$$R_0=\frac{R_1R_2}{R_1+R_2}=\left(\frac{R_2}{R_1+R_2}\right)R_1=\left(\frac{V_0}{V_{CC}}\right)R_1=1.92\ \text{k}\Omega$$

$$R_1=\frac{V_{CC}}{V_0}R_0=\frac{10\ \text{V}}{1.9\ \text{V}}\times 1.92\ \text{k}\Omega=10.1\ \text{k}\Omega$$

$$R_2=\frac{V_0}{V_{CC}-V_0}R_1=\frac{1.9\ \text{V}}{(10-1.9)\text{V}}\times 10.1\ \text{k}\Omega=2.369\ \text{k}\Omega\cong 2.4\ \text{k}\Omega$$

⑤ 式 (6.25) から $V_{CE}=5\ \text{V}$ のときの抵抗 R_C が決まる．

$$R_C=\frac{V_{CC}-V_{CE}}{I_C}-R_E=\frac{5\ \text{V}}{5\ \text{mA}}-240=760\ \Omega$$

⑥ 実際のコレクタ電流とコレクタ-エミッタ間電圧は，アーリー電圧を 150 V とすると以下の値になる．

$$I_{C0}=I_C\left(1+\frac{5}{150}\right)=5\ \text{mA}\times 1.033=5.17\ \text{mA}$$

$$V_{CE0}=V_{CC}-I_C(R_C+R_E)=10\ \text{V}-5.17\ \text{mA}\times 1\ \text{k}\Omega=4.83\ \text{V}$$

真値と比較すると，電圧 V_0 と抵抗 R_1 の値が少々異なってきますが大きな差はない．式 (6.33) で与えられる誤差が 4% でしたが，この場合は問題がないことが確認できる．

6.5　FETのバイアス回路

［1］ 接合形FETのバイアス回路

図 6.15 は n チャネル接合形 FET の固定バイアス回路である．固定の負電圧 V_{GG} が抵抗 R_G を通してゲートに加えられている．この負電圧 V_{GG} で動作点を決めている．一例として，バイアス電圧が $V_{GG}=-0.1\ \text{V}$ における動作電圧・電流を第 5 章の図 5.18 に示す．なお，抵抗 R_G はゲートをアースに接続するための抵抗であり，入力電圧 (交流小信号) がゲートに加えられたときに，電流がアースに流れ入力電圧が低下してしまわないように通常数 MΩ の高い値の抵抗が使われる．

図 6.16 は接合形 FET の自己バイアス回路である．ドレイン電流 I_D が流れると，ソースに

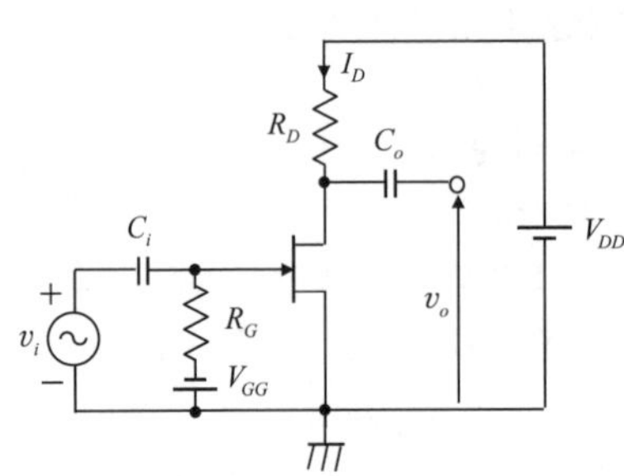

図6.15　接合形FETの固定バイアス回路

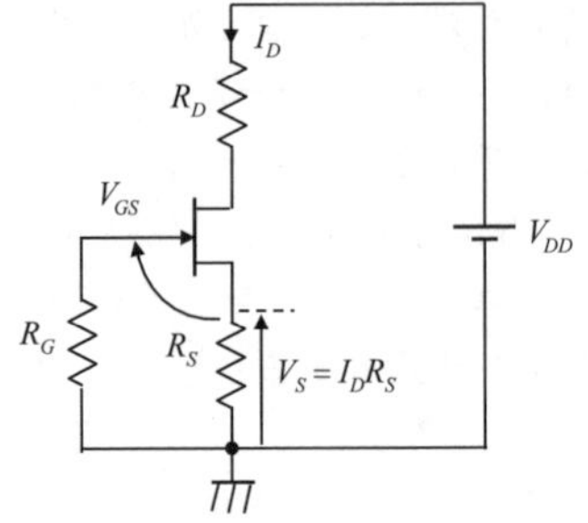

図6.16　接合形FETの自己バイアス回路(1)

$$V_S = I_D R_S \qquad (6.35)$$

の電圧が発生する．したがって，ソースを基準にしてゲートを見たときの電圧 V_{GS} は

$$V_{GS} = V_G - V_S = 0 - I_D R_S = -I_D R_S \qquad (6.36)$$

となり，ゲート電圧は負電圧 $-I_D R_S$ でバイアスされることになる．この電圧により，動作点Qが決まる（**図6.17**を参照）．

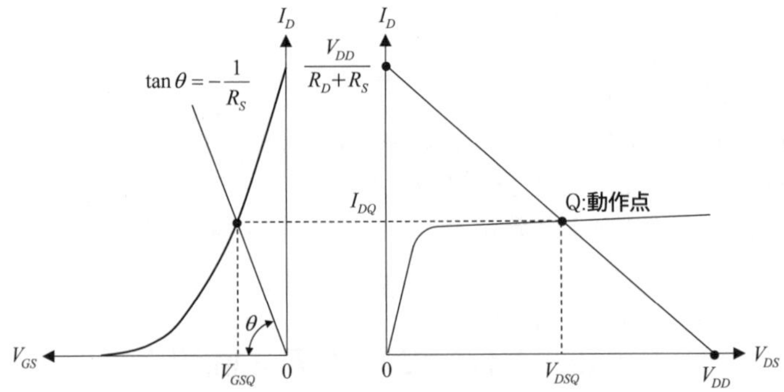

図6.17　自己バイアス回路のバイアス電圧と動作点

式(6.36)から

$$R_S = \frac{|V_{GS}|}{I_D} \qquad (6.37)$$

が得られる．また，抵抗 R_D を式(6.38)のように求めることができる．

$$V_{DD} = I_D(R_D + R_S) + V_{DS}$$

$$R_D = \frac{V_{DD} - V_S - V_{DS}}{I_D} = \frac{V_{DD} - |V_{GS}| - V_{DS}}{I_D} \qquad (6.38)$$

式 (6.37) と式 (6.38) より，電源電圧 V_{DD}，接合形 FET の伝達特性と出力特性および動作点におけるドレイン-ソース間電圧 V_{DS} とドレイン電流 I_D があれば，抵抗 R_S と R_D を決定することができる．

図 6.18 も自己バイアス回路であるが，図 6.16 の回路に抵抗 R_1 と R_2 が追加されている．

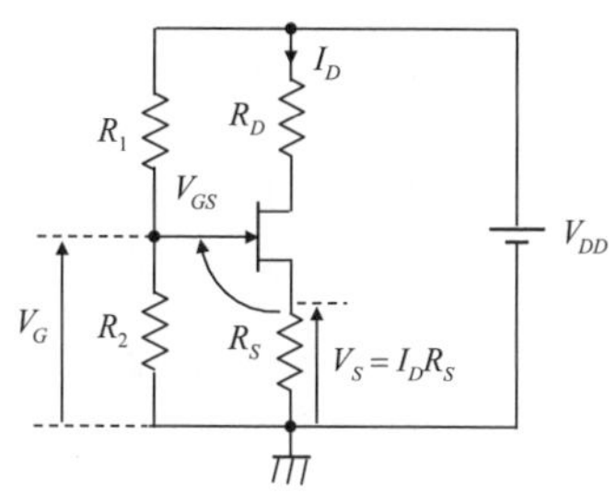

図 6.18　接合形 FET の自己バイアス回路 (2)

この回路のゲート電圧 V_G は

$$V_G=\frac{R_2}{R_1+R_2}V_{DD} \qquad (6.39)$$

で与えられる．したがつて，ゲート-ソース間電圧 V_{GS} は

$$V_{GS}=V_G-V_S=\frac{R_2}{R_1+R_2}V_{DD}-I_DR_S \qquad (6.40)$$

となり，抵抗 R_1 と R_2 により自由に設定できるようになる．このときの動作点におけるドレイン電流を I_D，ゲート-ソース間電圧を V_{GS} とすると抵抗 R_S は式 (6.41) で与えられ，式 (6.37) に比べ，設定の際の自由度が増している．なお，抵抗 R_1 と R_2 は通常数百 kΩ の値を使用する．

$$R_S=\frac{1}{I_D}\left(\frac{R_2}{R_1+R_2}V_{DD}-V_{GS}\right)=\frac{1}{I_D}\left(\frac{R_2}{R_1+R_2}V_{DD}+|V_{GS}|\right) \qquad (6.41)$$

【例題 6.6】

図 6.16 に示す接合形 FET の自己バイアス回路において，電源電圧 $V_{DD}=30$ V，動作点におけるゲート-ソース間電圧 $V_{GS}=-0.4$ V，ドレイン-ソース間電圧 $V_{DS}=15$ V，ドレイン電流 $I_D=2$ mA のときの抵抗 R_S と R_D を求めよ．

（解）
$$R_C=\frac{|V_{GS}|}{I_D}=\frac{0.4\ \text{V}}{2\ \text{mA}}=200\ \Omega$$

$$R_D=\frac{V_{DD}-|V_{GS}|-V_{DS}}{I_D}=\frac{(30-0.4-15)\text{V}}{2\ \text{mA}}=7.3\ \text{k}\Omega$$

---

［2］　MOS FET のバイアス回路

n チャネルエンハンスメント形 MOS FET のバイアス回路を**図 6.19** に示す．図において，

$$V_{GS}=\frac{R_2}{R_1+R_2}V_{DD} \qquad (6.42)$$

$$V_{DS}=V_{DD}-I_DR_D \qquad (6.43)$$

が成り立ち，電源電圧 V_{DD}，MOS FET の伝達特性と出力特性および動作点にお

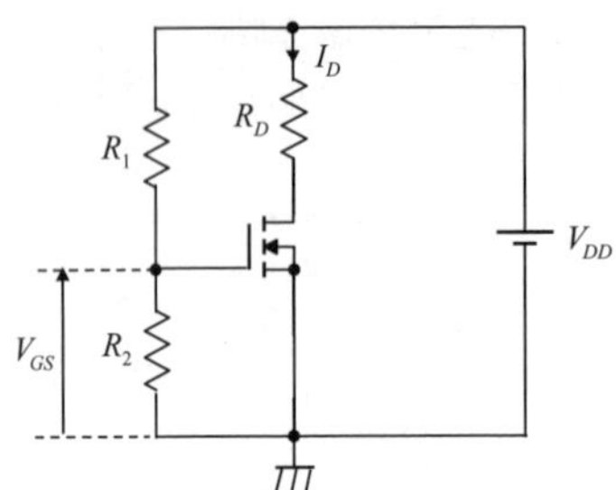

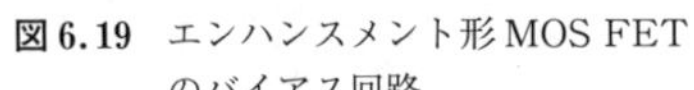
図 6.19　エンハンスメント形 MOS FET のバイアス回路

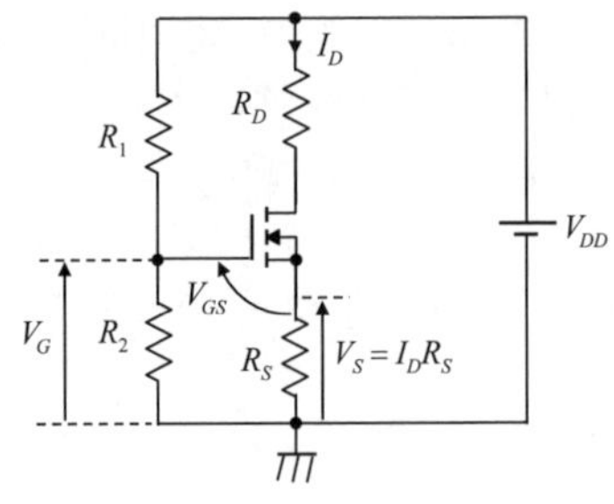

図 6.20　エンハンスメント形/デプレッション形 MOS FET のバイアス回路

けるドレイン-ソース間電圧 V_{DS} とドレイン電流 I_D があれば抵抗 R_1，R_2，R_D を決定することができる．

また，**図 6.20** はエンハンスメント形，デプレッション形のいずれにも使えるバイアス回路である．ゲート-ソース間電圧 V_{GS} は式(6.40)で与えられる．したがって，抵抗 R_1，R_2，R_S の選び方により，ゲート-ソース間電圧 V_{GS} は正負のいずれの値も得ることができる（**図 6.21** を参照）．

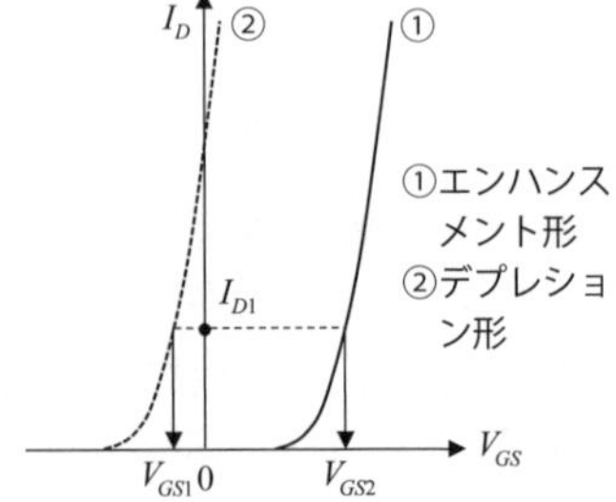

図 6.20 のバイアス回路では，V_{GS} は正負のいずれの値も得ることができる．

図 6.21　MOS FET のバイアス回路におけるゲート-ソース間電圧 V_{GS}

6.6　バイアス回路の安定度

［1］　素子感度と安定指数

6.3 節で説明したように，温度によって電流増幅率 β とベース-エミッタ間電圧 V_{BE} が変化する．これ以外にもコレクタ遮断電流 I_{CBO} も温度によって変化する．

① 電流増幅率 β の温度変化は図 6.6 を参照のこと．

② V_{BE} の温度変化も図 6.6 を参照のこと．通常，$V_{BE}=0.7\ \mathrm{V}$ 程度だが，温度に対して約$-2.2\ \mathrm{mV/℃}$変化する．

③ ベース接地のコレクタ遮断電流 I_{CBO} はシリコンを使用した小信号用トランジスタで 0.1～10 nA 程度であるが，温度が 10℃上がるごとに約 2 倍になる．

これらの温度変化を考慮すると，コレクタ電流 I_C は

$$I_C=f(I_{CBO},\ V_{BE},\ \beta) \qquad (6.44)$$

と表すことができる．したがって，トランジスタの I_{CBO}，V_{BE}，β が微小変化したときのコレクタ電流の変化分 ΔI_C は

$$\Delta I_C=\left(\frac{\partial I_C}{\partial I_{CBO}}\right)\Delta I_{CBO}+\left(\frac{\partial I_C}{\partial V_{BE}}\right)\Delta V_{BE}+\left(\frac{\partial I_C}{\partial \beta}\right)\Delta\beta \qquad (6.45)$$

となる．このときの微分係数を**感度関数**または**安定係数**という．動作点におけるコレクタ電流 I_C が，温度が変化したときのコレクタ遮断電流 I_{CBO} やベース-エミッタ間電圧 V_{BE} の変化，電流増幅率 β に対してどの程度変化するのかを表す指標になっている．これらの感度関数（または安定係数）は，小さいほどコレクタ電流の変化が少なく，よいことになる．なお，シリコンを使用したトランジスタの場合は，コレクタ遮断電流 I_{CBO} が小さく，温度変化による影響は無視できる．

しかし，V_{BE} に対する感度関数 $(\partial I_C/\partial V_{BE})$ と β に対する感度関数 $(\partial I_C/\partial\beta)$ の次元（単位）は異なるために，感度関数を求めてもどちらの影響が大きいのか判断することができない．この問題を解決し，同時比較するためには別な指標が必要になる．それが**素子感度**（sensitivity）であり，V_{BE} の変化率に対する I_C の変化率の比を $S_{V_{BE}}^{I_C}$，β の変化率に対する I_C の変化率の比を $S_{\beta}^{I_C}$ と表記し，それらは以下のように求めることができる．

$S_{V_{BE}}^{I_C}$：コレクタ電流 I_C の V_{BE} に対する素子感度
$S_{\beta}^{I_C}$：コレクタ電流 I_C の β に対する素子感度

$$S_{V_{BE}}^{I_C}=\frac{\Delta I_C/I_C}{\Delta V_{BE}/V_{BE}}=\frac{\Delta I_C}{\Delta V_{BE}}\cdot\frac{V_{BE}}{I_C}=\frac{\partial I_C}{\partial V_{BE}}\cdot\frac{V_{BE}}{I_C}\ (\text{無名数}) \qquad (6.46)$$

$$S_{\beta}^{I_C}=\frac{\partial I_C/I_C}{\Delta\beta/\beta}=\frac{\Delta I_C}{\Delta\beta}\cdot\frac{\beta}{I_C}=\frac{\partial I_C}{\partial\beta}\cdot\frac{\beta}{I_C}\ (\text{無名数}) \qquad (6.47)$$

V_{BE} や β が 1% 変化したときに，I_C が 1% 変化するときの素子感度は 1 になる．

素子感度が大きくなるとコレクタ電流の変化が大きくなり，安定度が低下する．安定度と素子感度は逆比例の関係にある．したがって，素子感度の逆数を**安定指数**（stability index）SI と定義することとする．

$$SI_{V_{BE}}=\frac{1}{|S_{V_{BE}}^{I_C}|}\ (\text{無名数}),\ SI_{V_{BE}}：V_{BE}\ \text{に対する安定指数} \qquad (6.48)$$

$$SI_{\beta}=\frac{1}{|S_{\beta}^{I_C}|}\ (\text{無名数}),\ SI_{\beta}：\beta\ \text{に対する安定指数} \qquad (6.49)$$

素子感度が小さく安定指数が大きいほど，バイアス回路の安定度がよいことになる．二つの素子感度と二つの安定指数は無名数で次元が一致しており，V_{BE} による影響と β による影響の大きさを比較することができる．また，後で説明するが，動作点によってその値が変化することもない．

【例題 6.7】

図 6.9(a) に示す電流帰還バイアス回路のトランジスタの V_{BE} に対する感度関数 $(\partial I_C/\partial V_{BE})$ と β に対する感度関数 $(\partial I_C/\partial\beta)$ および素子感度 $S_{V_{BE}}^{I_C}$ と $S_\beta^{I_C}$ を求め，それらを小さくするためにはどうしたらよいかを考察せよ．ただし，コレクタ電流を $I_C=\beta I_B$ とし，コレクタ遮断電流とアーリー効果は無視する．

(解) 式 (6.23) より，コレクタ電流は以下となる．

$$I_C=\beta\frac{V_0-V_{BE}}{R_0+(\beta+1)R_E}=\beta\frac{V_0-V_{BE}}{nR_E+(\beta+1)R_E}=\frac{V_0-V_{BE}}{R_E}\cdot\frac{\beta}{n+\beta+1}$$

これより，感度関数は以下のように求められる．

$$\frac{\partial I_C}{\partial V_{BE}}=-\frac{\beta}{R_0+(\beta+1)R_E}=-\frac{1}{R_E}\cdot\frac{\beta}{(n+\beta+1)}\ \text{〔A/V〕} \qquad (6.50)$$

$$\frac{\partial I_C}{\partial\beta}=\frac{R_0+(1+\beta)R_E-\beta R_E}{\{R_0+(\beta+1)R_E\}^2}(V_0-V_{BE})=\frac{R_0+R_E}{\{R_0+(\beta+1)R_E\}^2}(V_0-V_{BE})$$

$$=\frac{V_0-V_{BE}}{R_E}\cdot\frac{n+1}{(n+\beta+1)^2}\ \text{〔A〕} \qquad (6.51)$$

式 (6.50) と式 (6.51) を変形すると

$$\frac{\partial I_C}{\partial V_{BE}}=-\frac{I_C}{V_0-V_{BE}}\ \text{〔A/V〕} \qquad (6.52),\quad \frac{\partial I_C}{\partial\beta}=I_C\frac{n+1}{\beta(n+\beta+1)}\ \text{〔A〕} \qquad (6.53)$$

ようになり，感度関数は動作点のコレクタ電流によってその値が変わってしまう．I_C の V_{BE} に対する素子感度は，式 (6.46) に式 (6.52) を代入すると

$$S_{V_{BE}}^{I_C}=-\frac{I_C}{V_0-V_{BE}}\cdot\frac{V_{BE}}{I_C}=-\frac{V_{BE}}{V_0-V_{BE}}\ (\text{無名数}) \qquad (6.54)$$

になる．また，式 (6.47) に式 (6.53) を代入すると電流帰還バイアス回路における I_C の β に対する素子感度が

$$S_\beta^{I_C}=\frac{\partial I_C}{\partial\beta}\cdot\frac{\beta}{I_C}=I_C\frac{n+1}{\beta(n+\beta+1)}\cdot\frac{\beta}{I_C}=\frac{n+1}{n+1+\beta}\ (\text{無名数}) \qquad (6.55)$$

として求められる．二つの素子感度は動作点が変わっても変化しない．また，次元が同じであり，比較することができる．

式 (6.54) より，電流帰還バイアス回路では電圧 V_0 を高くすることにより素子感度 $S_{V_{BE}}^{I_C}$ を小さくし，安定度を高くすることができる．また，式 (6.55) より，素子感度 $S_\beta^{I_C}$ を小さくするためには，抵抗比 $n(n=R_0/R_E)$ を小さくするか電流増幅率 β を大きくすることが必要である．抵抗比 n を小さくし電流増幅率 β を大きくすると，電流増幅率が $\beta\gg(n+1)$ のためにコレクタ電流は

$$I_C=\frac{V_0-V_{BE}}{R_E}\cdot\frac{\beta}{n+\beta+1}=\frac{V_0-V_{BE}}{R_E}\cdot\frac{1}{1+(n+1)/\beta}\cong\frac{V_0-V_{BE}}{R_E} \qquad (6.56)$$

となり，電流増幅率 β に対してコレクタ電流は変化しなくなる．つまり，素子感度 $S_\beta^{I_C}$ はほぼ 0 になり，回路は電流増幅率 β に対して安定になる．

［2］安　定　度

式(6.46)と式(6.47)を使用すると，動作点に関係なく素子感度を求めることができる．また，式(6.48)と式(6.49)から安定指数を求めることができ，V_{BE}による影響とβによる影響も含めてバイアス回路との安定度の比較を行うことができる．固定バイアス回路，自己バイアス回路，電流帰還バイアス回路について素子感度$S_{V_{BE}}^{I_C}$と$S_{\beta}^{I_C}$および安定指数$SI_{V_{BE}}$とSI_{β}を求めた．結果を**表6.2**と**表6.3**に示す．

表6.2　バイアス回路の素子感度

	固定バイアス回路	自己バイアス回路	電流帰還バイアス回路
$S_{V_{BE}}^{I_C}$	$-\dfrac{V_{BE}}{V_{CC}-V_{BE}}$	$-\dfrac{V_{BE}}{V_{CC}-V_{BE}}$	$-\dfrac{V_{BE}}{V_0-V_{BE}}$
$S_{\beta}^{I_C}$	1	$\dfrac{R_B}{R_B+\beta R_C}$	$\dfrac{n+1}{n+1+\beta}$

$\beta \gg 1$として計算しています．$n=R_0/R_E$です．

表6.3　バイアス回路の素子感度と安定指数

		固定バイアス回路	自己バイアス回路	電流帰還バイアス回路
素子感度	$S_{V_{BE}}^{I_C}$	−0.075	−0.075	−0.5
	S_{β}^{IC}	1	0.438	0.043
安定指数	$SI_{V_{BE}}$	13.3	13.3	2
	SI_{β}	1	2.28	23.2

$V_{CC}=10$ V，$V_{BE}=0.7$ V，$R_B=156$ k，$R_C=1$ kΩ，$V_0=2.1$ V，$n=8$，$\beta=200$で計算

電流帰還バイアス回路では，トランジスタのベース-エミッタ間電圧V_{BE}に対するコレクタ電流の変化は大きいが，電流増幅率βに対する変化は非常に小さく，固定バイアス回路の1/23以下，自己バイアス回路の1/10以下になっている．電流帰還バイアス回路はβの変化に対して非常に安定していることがわかる．ベース-エミッタ間電圧V_{BE}の変化に対しては，固定バイアス回路と自己バイアス回路の素子感度が低く，コレクタ電流の変化が小さいために安定している．

安定指数で比較すると，電流帰還バイアス回路のβに対する安定度が最も高く，次いで自己バイアス回路と固定バイアス回路のV_{BE}に対する安定度が高くなっている．電流帰還バイアス回路のV_{BE}に対する安定度と，自己バイアス回路および固定バイアス回路のβに対する安定度は安定指数が小さくよくない．特に固定バイアス回路は，βに対する安定指数が1で小さく，安定度が最もよくない．

素子感度と安定指数については，今後も安定度評価の指標にしたい．

【例題6.8】

図6.9(a)に示す電流帰還バイアス回路において

① $V_{BE}=0.7$ Vのとき，V_0が2 Vと2.5 Vの場合のV_{BE}に対する素子感度と安定指数

を求め，どちらの安定度が良いか判断せよ．

② 電流増幅率が $\beta=200$ のとき，抵抗比 $n(n=R_0/R_E)$ が 5 と 10 の場合の β に対する素子感度と安定指数を求め，どちらの安定度が良いか判断せよ．

(解) ① $V_0=2\ V$, $S_{V_{BE}}^{I_C}(1)=-\dfrac{V_{BE}}{V_{01}-V_{BE}}=-\dfrac{0.7\ \mathrm{V}}{1.3\ \mathrm{V}}=-0.5385\cong-0.539$, $SI_{V_{BE}}(1)=1.855$

$V_0=2.5\ \mathrm{V}$, $S_{V_{BE}}^{I_C}(2)=-\dfrac{V_{BE}}{V_{02}-V_{BE}}=-\dfrac{0.7\ \mathrm{V}}{1.8\ \mathrm{V}}=-0.389$, $SI_{V_{BE}}(2)=2.57$

$$\frac{SI_{V_{BE}}(2)}{SI_{V_{BE}}(1)}=\frac{2.57}{1.855}=1.385\cong1.39$$

$V_0=2\ \mathrm{V}$ を基準すると，安定度は $V_0=2.5\ \mathrm{V}$ のほうが 1.39 倍良い．

② $n=5$, $S_{\beta}^{I_C}(1)=\dfrac{n+1}{n+1+\beta}=\dfrac{5+1}{5+1+200}=0.0291$, $SI_{\beta}(1)=34.3$

$n=10$, $S_{\beta}^{I_C}(2)=\dfrac{n+1}{n+1+\beta}=\dfrac{10+1}{10+1+200}=0.0521$, $SI_{\beta}(2)=19.2$

$$\frac{SI_{\beta}(1)}{SI_{\beta}(2)}=\frac{34.3}{19.2}=1.786\cong1.79$$

$n=10$ を基準にすると，安定度は $n=5$ のほうが 1.79 倍良い．

演 習 問 題

1. 図 6.22 はエミッタ接地増幅回路とその動作波形を示したものである．トランジスタの電流増幅率が $\beta=160$，コレクタ電流が $I_C=I_{CC}+2\sin\omega t$〔mA〕のときの必要なベースバイアス電流 I_{BB} と電源電圧 V_{CC} の値を求めよ．なお，アーリー効果は無視し，コレクタ電流の下側余裕を 1 mA とする．

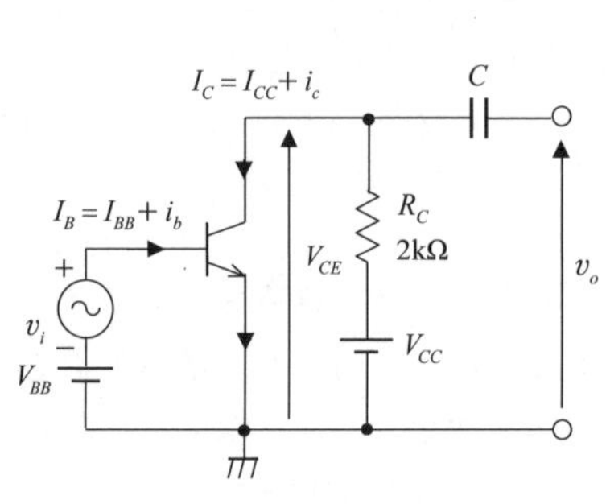

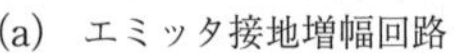

(a) エミッタ接地増幅回路

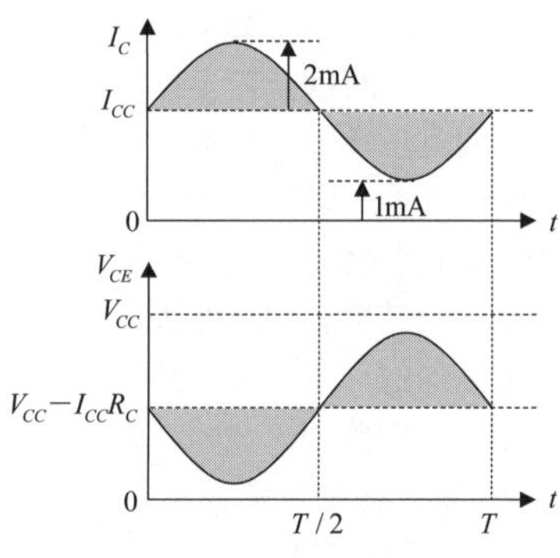

(b) 動作波形

図 6.22 エミッタ接地増幅回路と動作波形

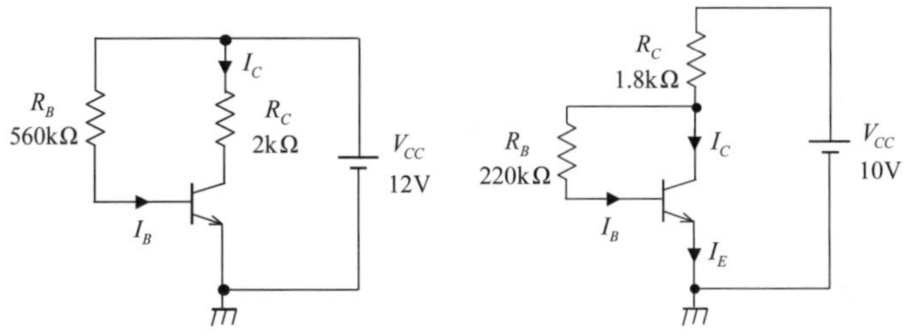

図 6.23　固定バイアス回路　　**図 6.24**　自己バイアス回路

2.　図 6.23 の固定バイアス回路で，動作点におけるベース電流 I_B，コレクタ電流 I_C，コレクタ-エミッタ間電圧 V_{CE} を求めよ．ただし，電流増幅率を $\beta=140$，アーリー電圧を $V_A=120\ \mathrm{V}$ とする．

3.　図 6.24 の自己バイアス回路で，電流増幅率を $\beta=180$ のときの動作点におけるベース電流 I_B，コレクタ電流 I_C，コレクタ-エミッタ間電圧 V_{CE} を求めよ．なお，アーリー効果は無視するものとする．

4.　図 6.9(a) に示す電流帰還バイアス回路で，$V_{CC}=12\ \mathrm{V}$，$\beta=160$，$V_{BE}=0.7\ \mathrm{V}$，抵抗比 $n=R_0/R_E=8$，動作点におけるコレクタ-エミッタ間電圧とコレクタ電流を $V_{CE}=6\ \mathrm{V}$，$I_C=3\ \mathrm{mA}$ として抵抗 R_1，R_2，R_C，R_E の値を求めよ．ただし，抵抗 R_C と R_E の比を $R_C/R_E=3$ とし，アーリー効果は無視するものとする．

5.　図 6.25(a) に示すエンハンスメント形 n チャネル MOS FET のバイアス回路で，動作点におけるゲート-ソース間電圧 V_{GS}，ドレイン電流 I_D およびドレイン-ソース間電圧 V_{DS} を求めよ．ただし，MOS FET の伝達特性を図 6.25(b) とする．

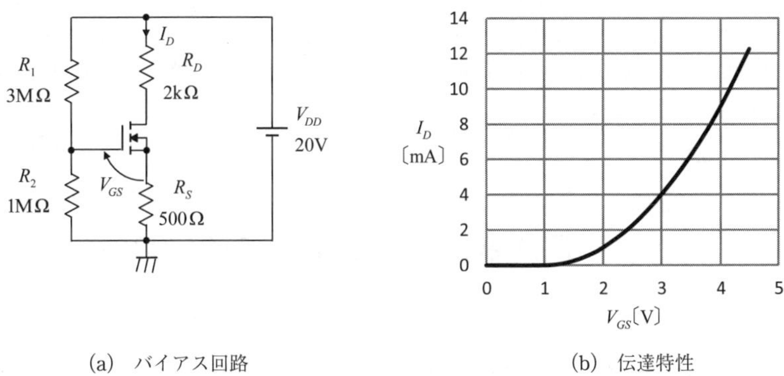

(a)　バイアス回路　　(b)　伝達特性

図 6.25　エンハンスメント形 n チャネル MOS FET のバイアス回路と伝達特性

6.　図 6.5(a) の自己バイアス回路の感度関数である $(\partial I_C/\partial V_{BE})$ と $(\partial I_C/\partial \beta)$ を求めよ．また，表 6.2 に示している素子感度 $S_{V_{BE}}^{I_C}$ と $S_{\beta}^{I_C}$ を導き，それらを小さくするためにはどうしたらよいかを考察せよ．ただし，コレクタ電流を $I_C=\beta I_B$ とし，コレクタ遮断電流とアーリー効果は無視するものとする．

7 CR 結合増幅回路

大きな増幅度を得るときは，増幅回路を直列に接続した多段増幅回路を使用する．多段増幅回路は，前段と後段の増幅回路を結合する方法により，**CR 結合増幅回路**，トランス結合増幅回路，直結増幅回路に分けることができる．そのうちの CR 結合増幅回路が最も広く使われている．

CR 結合増幅回路は直流回路と交流回路に分けて考えると理解しやすくなる．そのときのそれぞれの回路における負荷線を，直流負荷線と交流負荷線と呼んでいる．増幅回路に入力信号や負荷抵抗が接続された状態での入力インピーダンス，出力インピーダンス，電流増幅度，電圧増幅度，電力増幅度を動作量という．入力電圧（交流小信号）の周波数が変化すると，回路に付いているコンデンサの容量や回路図には現れない配線などの浮遊容量，トランジスタの等価容量などによって，電圧増幅度と入力電圧に対する出力電圧の位相が変化する．

第 7 章では，エミッタ接地の CR 結合増幅回路について，構成，直流負荷線と交流負荷線，電圧増幅度と位相の周波数特性について説明する．また，トランジスタと FET を使用した三つの接地方式における動作量と CR 結合 2 段結合増幅回路の電圧増幅度について説明する．

なお，トランス結合増幅回路，直結増幅回路については，付録 G に構成と特徴を掲載している．

7.1 回路構成とコンデンサの役目

直列に接続された CR 結合増幅回路の 1 段を取り出すと**図 7.1** になる．コンデンサ C_1 と C_2 は**結合コンデンサ**（coupling capacitor）であり，直流電流が流れるのを阻止し，交流小信号だけを通す役目をしている．C_1 は入力電圧 v_i を接続したときのベースの直流電圧（バイアス電圧）がずれてしまうのを，C_2 は負荷抵抗 R_L を接続したときにコレクタの直流電圧がずれてしまうのを防いでいる．入力電圧や負荷抵抗が接続されたときに直流電流が流れ，動作点がずれてしまわないようにしている．

コンデンサ C_E は**バイパスコンデンサ**（bypass capacitor）と呼ばれ，エミッタ電流の交流電流（交流小信号電流，図7.1の i_e）をここに流し，交流に対して抵抗 R_E を短絡している．このコンデンサがないと交流に対しても負帰還がかかり，電圧増幅度が下がってしまう．これを阻止している．**図7.2** はCR結合増幅回路の交流小信号に対する等価回路である．スイッチS（コンデンサ C_E）により抵抗 R_E が短絡されている．スイッチSが開いたときと電圧増幅度を比較してみよう．

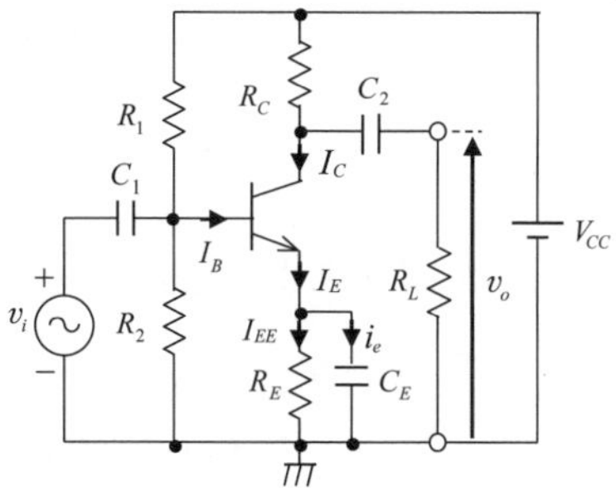

$I_B = I_{BB}+i_b$，$I_C = I_{CC}+i_c$，$I_E = I_{EE}+i_e$

I_{BB}，I_{cc}，I_{EE} は直流電流，i_b，i_c，i_e は交流電流（交流小信号電流）を意味する．

図7.1　CR結合増幅回路

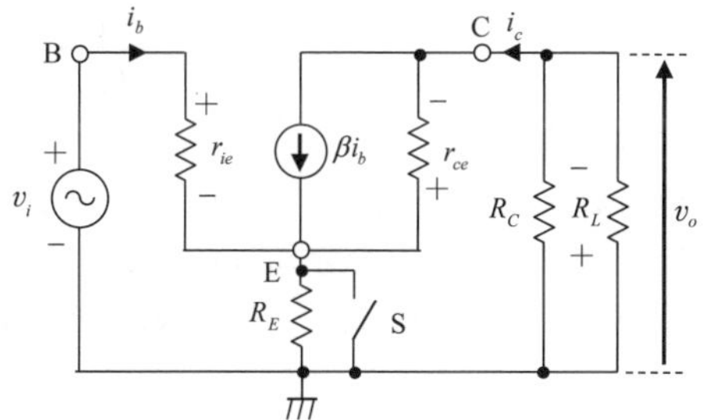

r_{ie} はトランジスタの入力抵抗，r_{ce} はコレクタ抵抗である．また，交流に対しては抵抗 R_C と負荷抵抗 R_L は並列になる．

図7.2　CR結合増幅回路の交流小信号に対する等価回路

① R_E が短絡されているときの電圧増幅度（スイッチSが閉じているときの電圧増幅度）

ベース電流は $i_b=v_i/r_{ie}$ になる．また，出力端子間の抵抗 R は

$$R=1\Big/\left(\frac{1}{r_{ce}}+\frac{1}{R_C}+\frac{1}{R_L}\right)$$

となる．これより，電圧増幅度 A_V は

$$\left.\begin{aligned} v_o&=-\beta i_b R=-\beta\frac{R}{r_{ie}}v_i\\ A_V&=\frac{v_o}{v_i}=-\beta\frac{R}{r_{ie}}\end{aligned}\right]\qquad(7.1)$$

になる．

② R_E が存在するときの電圧増幅度（スイッチSが開いているときの電圧増幅度）

まず，$R_L'=\dfrac{R_CR_L}{R_C+R_L}$ とおき，入力電圧と出力電圧を求める．

$$v_i=i_br_{ie}+(i_b+i_c)R_E=i_br_{ie}+(\beta+1)i_bR_E=i_b\{r_{ie}+(\beta+1)R_E\}$$

$$\left.\begin{aligned} v_o&=-i_cR_L'=-\beta i_b\frac{r_{ce}R_L'}{r_{ce}+R_E+R_L'}=-\beta i_b\frac{r_{ce}R_L'}{r_{ce}+R_L'}\cdot\frac{1}{1+\dfrac{R_E}{r_{ce}+R_L'}}\\ &=-\frac{\beta i_bR}{1+\dfrac{R_E}{r_{ce}+R_L'}}\end{aligned}\right]\qquad(7.2)$$

これより，電圧増幅度が求められる．

$$A_v=\frac{v_o}{v_i}=-\frac{\beta R}{r_{ie}+(\beta+1)R_E}\cdot\frac{1}{1+\dfrac{R_E}{r_{ce}+R_L'}} \qquad (7.3)$$

抵抗 R_E があると，電圧増幅度は式(7.3)のように下がってしまう．高い増幅度を得るために，バイパスコンデンサ C_E で抵抗 R_E を短絡している．

7.2　直流負荷線と交流負荷線

CR結合増幅回路は直流回路（バイアス回路）と交流回路（増幅回路）に分けて考えると理解しやすくなる．直流回路はバイアス電圧・電流を与え，トランジスタの動作点を決めている．交流回路は増幅動作を行うための回路である．図7.1のCR結合増幅回路を分けて考えると，**図7.3**のようになる．このときの負荷線は，直流回路と交流回路と別々になるために二つの負荷線が存在することになる．二つの負荷線は，それぞれ，直流回路の負荷線が**直流負荷線**，交流回路の負荷線が**交流負荷線**と呼ばれている．バイアス電圧・電流を変化させると，直流負荷線に沿って動作点が移動する．また，入力電圧が変化すると，交流負荷線に沿って増幅動作が行われる．

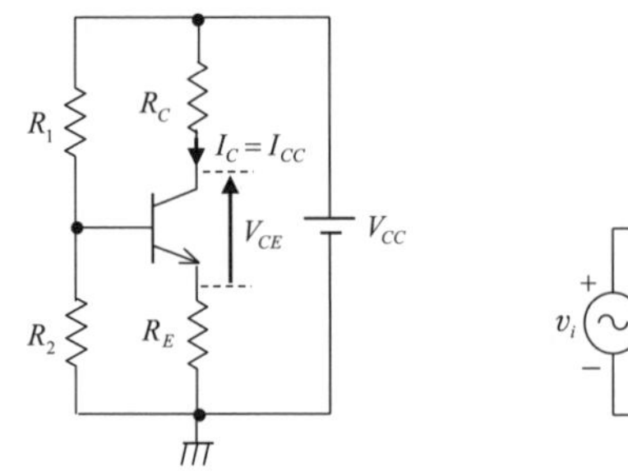

(a)　直流回路（バイアス回路）

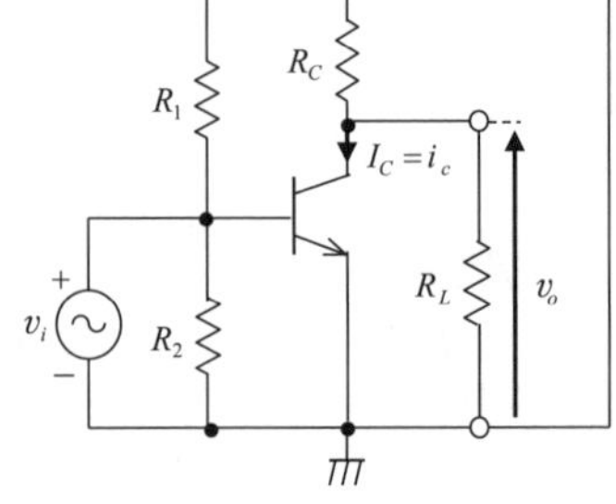

(b)　交流回路（増幅回路）

I_{CC}はコレクタ電流の直流電流，i_cは交流電流（交流小信号電流）である．

図7.3　CR結合増幅回路の直流回路と交流回路

[1]　直 流 負 荷 線

図7.3(a)において

$$V_{CE}=V_{CC}-I_CR_C-I_ER_E\cong V_{CC}-I_C(R_C+R_E) \qquad (7.4)$$

が成り立つ．これより

$$\left.\begin{aligned} &V_{CE}=0 \text{ とすると，} I_C=\frac{V_{CC}}{R_C+R_E} \\ &I_C=0 \text{ とすると，} V_{CE}=V_{CC} \end{aligned}\right] \qquad (7.5)$$

になる．この二つの座標を出力特性にプロットし，結んだ直線が直流負荷線になる．このときの直流負荷線の傾きは

$$\tan\theta_d=\frac{\partial I_C}{\partial V_{CE}}=\frac{\partial}{\partial V_{CE}}\left(\frac{V_{CC}-V_{CE}}{R_C+R_E}\right)=-\frac{1}{R_C+R_E} \qquad (7.6)$$

になる．このとき，バイアス電流（ベース電流の直流分）が決まれば，トランジスタ動作点が決まる．例えば，ベース電流が20 μA とすると動作点 Q は**図 7.4** のようになる．また，6.4 節で説明したとおり，動作点おけるコレクタ-エミッタ間電圧 V_{CEQ} とコレクタ電流 I_{CQ} は計算で求めることもできる．

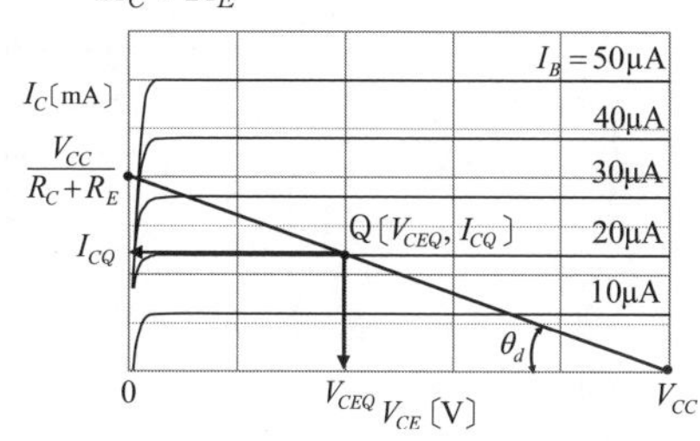

図 7.4　CR 結合増幅回路の直流負荷線と動作点 Q

［2］ 交 流 負 荷 線

動作点は直流負荷線とバイアス電流によって図 7.4 の点 Q に決まっている．増幅動作はこの動作点 Q を中心にして行われる．図 7.3(b) より，出力端子間の抵抗 R は，トランジスタのコレクタ抵抗 r_{ce} が抵抗 R_C や負荷抵抗 R_L に対して十分に大きく，$r_{ce} \gg (R_C,\ R_L)$ の関係が成り立つときは

$$R=1\Big/\left(\frac{1}{r_{ce}}+\frac{1}{R_C}+\frac{1}{R_L}\right)\cong\frac{R_CR_L}{R_C+R_L} \qquad (7.7)$$

として近似することができる．コレクタ電流（交流小信号電流）を i_c とすると，コレクタ-エミッタ間電圧 V_{CE} は動作点の V_{CEQ} を基点にして変化するので

$$V_{CE}=V_{CEQ}-i_cR \qquad (7.8)$$

になる．これより，V_{CE} に対する i_c の変化，$\partial i_c/\partial V_{CE}$ を求めると

$$\frac{\partial i_c}{\partial V_{CE}}=1\Big/\left(\frac{\partial V_{CE}}{\partial i_c}\right)=-\frac{1}{R}=\tan\theta_a \qquad (7.9)$$

になる．このときに，動作点 Q を通り傾きが $-1/R$ で引いた直線が交流負荷線になる（**図 7.5** を参照）．$V_{CE}=0$ のときのコレクタ電流 I_C と $I_C=0$ のときのコレクタ-エミッタ間電圧 V_{CE} は，動作点における V_{CEQ} と I_{CEQ} および傾き（$-1/R$）より以下のように求めることができる．

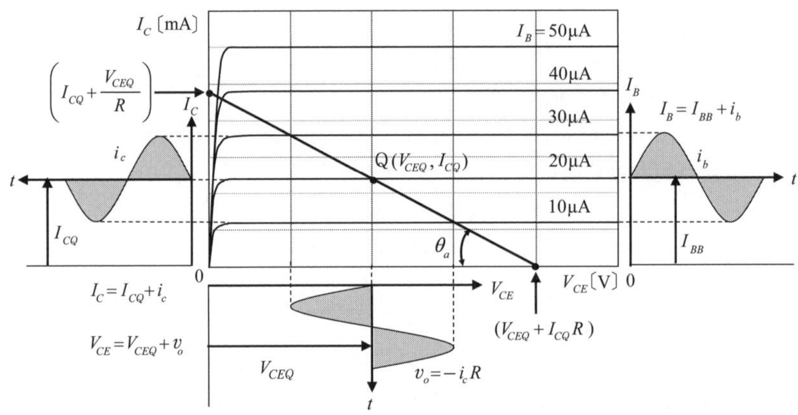

図 7.5　CR結合増幅回路の交流負荷線と増幅動作

$$
\left.
\begin{array}{l}
V_{CE}=0\text{ のとき，}\ I_C=I_{CQ}+\dfrac{\partial i_c}{\partial V_{CE}}\times(-V_{CEQ})=I_{CQ}+\dfrac{V_{CEQ}}{R} \\
I_C=0\text{ のとき，}\ V_{CE}=V_{CEQ}-\dfrac{I_{CQ}}{\partial i_c/\partial V_{CE}}=V_{CEQ}+I_{CQ}R
\end{array}
\right]
\tag{7.10}
$$

なお，交流負荷線の傾き($\tan\theta_a$)は直流負荷線の傾き($\tan\theta_d$)より大きくなる．

$$
|\tan\theta_a|>|\tan\theta_d| \quad \Rightarrow \quad \left(\frac{1}{R}\right)>\left(\frac{1}{R_C+R_E}\right) \tag{7.11}
$$

直流負荷線と交流負荷線の違いをまとめると，**表7.1**のようになる．動作点は共通であり同じであるが，それ以外は異なっている．

増幅動作は，［2］の交流負荷線に沿って行われる．交流小信号のベース電流 i_b

表 7.1　直流負荷線と交流負荷線

<table>
<tr><th colspan="2"></th><th>直流負荷線</th><th>交流負荷線</th></tr>
<tr><td colspan="2">$V_{CE}=0$ での I_C</td><td>$I_C=\dfrac{V_{CC}}{R_C+R_E}$</td><td>$I_C=I_{CQ}+\dfrac{V_{CEQ}}{R}$</td></tr>
<tr><td colspan="2">$I_C=0$ での V_{CE}</td><td>$V_{CE}=V_{CC}$</td><td>$V_{CE}=V_{CEQ}+I_{CQ}R$</td></tr>
<tr><td colspan="2">傾き($\tan\theta$)</td><td>$\tan\theta_d=-\dfrac{1}{R_C+R_E}$</td><td>$\tan\theta_a=-\dfrac{1}{R}$</td></tr>
<tr><td rowspan="2">動作点</td><td>I_{CQ}</td><td colspan="2">$I_{CQ}=\beta I_B\left(1+\dfrac{V_{CE}}{V_A}\right)=\dfrac{\beta(V_0-V_{BE})}{R_0+(\beta+1)R_E}\left(1+\dfrac{V_{CE}}{V_A}\right)$，近似式：$I_{CQ}\cong\beta I_B=\dfrac{\beta(V_0-V_{BE})}{R_0+(\beta+1)R_E}$</td></tr>
<tr><td>V_{CEQ}</td><td colspan="2">$V_{CEQ}=V_{CC}-I_{CQ}(R_C+R_E)$</td></tr>
<tr><td colspan="2">備考</td><td>バイアス電流(I_{BB})が変化すると，I_C と V_{CE} がこの直前上を変化し動作点が移動する．</td><td>交流小信号の i_c と v_o が，動作点を中心(AC0)にしてこの直線上を変化する．</td></tr>
</table>

動作点における I_{CQ} と V_{CEQ} の求め方は6.4節を参照のこと．

が流れるとコレクタ電流 i_c が交流負荷線に沿って図 7.5 のように変化する．その結果，抵抗 R の両端に交流電圧 $-i_cR$ が発生し，これが増幅された出力電圧 v_o になる．

【例題 7.1】

図 7.6(a) に CR 結合増幅回路を，その負荷線を図 (b) に示す．図 (b) における直流負荷線の I_{C1}，V_{CE1} と交流負荷線の I_{C2}，V_{CE2} の値を求めよ．ただし，動作点の電圧・電流を $V_{CE}=4$ V，$I_C=2$ mA とする．トランジスタのコレクタ抵抗 $r_{ce}=50$ kΩ を考慮したときの I_{C2} と V_{CE2} を求めよ．

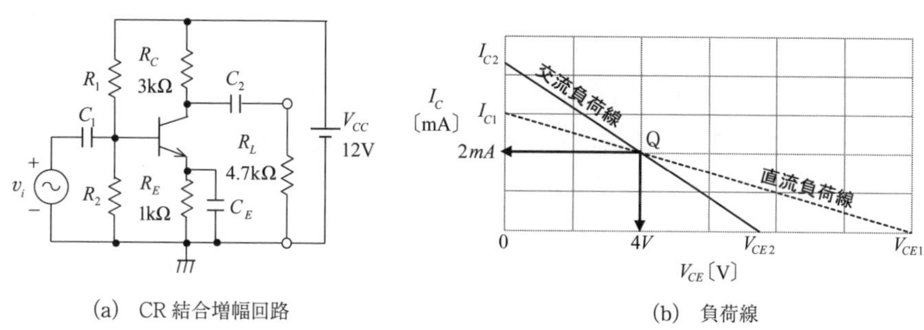

(a)　CR 結合増幅回路　　(b)　負荷線

図 7.6　CR 結合増幅回路と負荷線

（解）　$I_{C1}=\dfrac{V_{CC}}{R_C+R_E}=\dfrac{12}{3+1}=3$ mA，$V_{CE1}=V_{CC}=12$ V，

$$R=\frac{R_CR_L}{R_C+R_L}=\frac{3\times4.7}{3+4.7}=1.83\ \text{k}\Omega$$

$$I_{C2}=I_{CQ}+\frac{V_{CEQ}}{R}=2\ \text{mA}+\frac{4\ \text{V}}{1.831\ \text{k}\Omega}=4.19\ \text{mA}\cong4.2\ \text{mA}$$

$$V_{CE2}=V_{CEQ}+I_{CQ}R=4\ \text{V}+2\ \text{mA}\times1.831\ \text{k}\Omega=7.66\ \text{V}\cong7.7\ \text{V}$$

トランジスタのコレクタ抵抗 r_{ce} を考慮すると，I_{C2} と V_{CE2} は以下のようになる．

$$R=\frac{1}{\dfrac{1}{r_{ce}}+\dfrac{1}{R_C}+\dfrac{1}{R_L}}=\frac{1}{\dfrac{1}{50\ \text{k}\Omega}+\dfrac{1}{3\ \text{k}\Omega}+\dfrac{1}{4.7\ \text{k}\Omega}}=1.7665\cong1.767\ \text{k}\Omega$$

$$I_{C2}=I_{CQ}+\frac{V_{CEQ}}{R}=2\ \text{mA}+\frac{4\ \text{V}}{1.767\ \text{k}\Omega}=4.264\ \text{mA}\cong4.3\ \text{mA}$$

$$V_{CE2}=V_{CEQ}+I_{CQ}R=4\ \text{V}+2\ \text{mA}\times1.767\ \text{k}\Omega=7.53\ \text{V}\cong7.5\ \text{V}$$

7.3　増幅回路の動作量

実際の増幅回路には，**図 7.7** に示すように入力信号 v_s と負荷抵抗 R_L が接続され

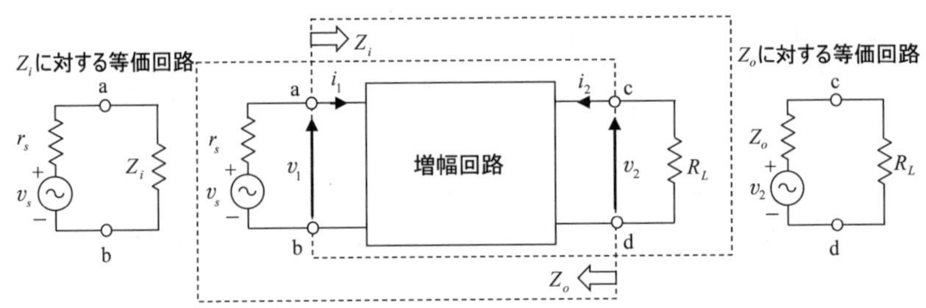

v_s：入力信号，r_s：入力信号の内部抵抗，v_1：入力電圧，v_2：出力電圧，R_L：負荷抵抗

図 7.7　実際の増幅回路

る．増幅回路に入力信号や負荷抵抗が接続された状態での**入力インピーダンス** Z_i，**出力インピーダンス** Z_o，**電流増幅度**（電流利得）A_i，**電圧増幅度**（電圧利得）A_v，**電力増幅度**（電力利得）A_p を**動作量**という．これらは，入力信号の内部抵抗 r_s や負荷抵抗 R_L などによってその値が異なってくる．

図 7.7 において，負荷抵抗 R_L を接続したときに入力端子 a-b 間から右側（破線で囲まれた回路）を見たときのインピーダンスを入力インピーダンス Z_i という．また，出力端子 c-d 間から左側（点線で囲まれた回路）を見たインピーダンスを出力インピーダンス Z_o という．なお，出力インピーダンス Z_o には負荷抵抗 R_L は含まれない．これらは

$$Z_i=\frac{v_1}{i_1}\ 〔\Omega〕\qquad (7.12),\quad Z_o=\frac{v_2}{i_2}\ 〔\Omega〕\qquad (7.13)$$

で与えられる．出力インピーダンスは，**図 7.8** に示すように入力信号を $v_s=0$ として出力端子間（c-d 間）に電圧 v_2 を加え，そのときに流れ込む電流 i_2 より $Z_o=v_2/i_2$ として求めることができる．

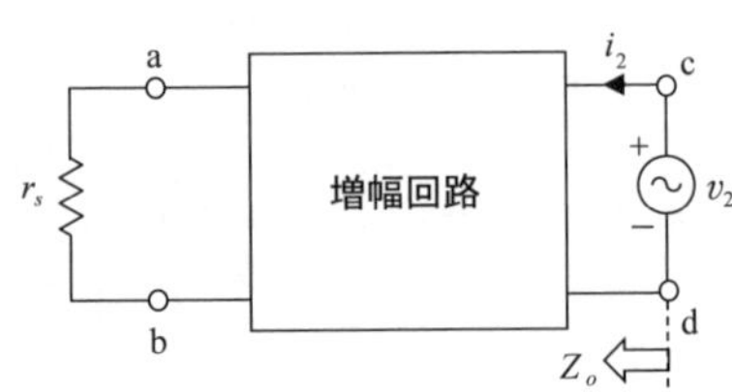

図 7.8　出力インピーダンスの求め方

また，電流増幅度 A_i，電圧増幅度 A_v，電力増幅度 A_p は以下のようになる．

$$A_i=\frac{i_2}{i_1}\ (無名数)\qquad (7.14),\quad A_v=\frac{v_2}{v_1}\ (無名数)\qquad (7.15)$$

$$A_p=|A_iA_v|=\left|\frac{v_2i_2}{v_1i_1}\right|\ (無名数)\qquad (7.16)$$

ここで，トランジスタ増幅回路と FET 増幅回路の各接地方式における CR 結合増幅回路の動作量を求める．

［1］ トランジスタ増幅回路

ここでは，わかりやすくするために，入力電圧 v_1 は v_i に，出力電圧 v_2 は v_o に，入力電流 i_1 と出力電流 i_2 は，ベース電流 i_b，コレクタ電流 i_c，エミッタ電流 i_e にそれぞれ置き換えて動作量を求める．

（1） ベース接地増幅回路

図 7.9 はベース接地増幅回路とその等価回路である．図 (b) は基本となる簡易等価回路である図 4.21(a) に入力信号と負荷抵抗 R_L およびエミッタ抵抗 R_E を接続し，入力電流をエミッタ電流とし，実際に電流が流れる方向に変更している．

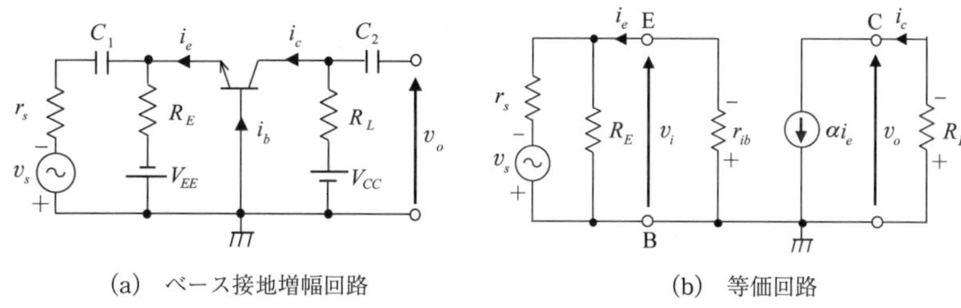

図 7.9　ベース接地増幅回路と等価回路

図 (b) より，動作量を求めることができる．入力インピーダンス Z_i は，図 (b) に示すように入力端子間 (B–E 間) から増幅回路を見たときのインピーダンスであり

$$Z_i=\frac{v_i}{-i_e}=\frac{-i_e r_{ib}}{-i_e}=r_{ib}=(1-\alpha)r_b+r_e \qquad (7.17)$$

となる．出力インピーダンス Z_o は，入力信号 v_s がなく $v_i=0$ ときの図 (b) の出力端子間 (C–B 間) から増幅回路を見たときのインピーダンスであり，電流源は $\alpha i_e=0$ であり，開放と考えると

$$Z_o=\infty \qquad (7.18)$$

となる．電流増幅度 A_i，電圧増幅度 A_v，電力増幅度 A_p は以下のようになる．

$$A_i=\frac{i_c}{i_e}=\alpha \qquad (7.19),\quad A_v=\frac{v_o}{v_i}=\frac{-i_c R_L}{-i_e r_{ib}}=\frac{\alpha i_e R_L}{i_e r_{ib}}=\alpha\frac{R_L}{r_{ib}} \qquad (7.20)$$

$$A_p=|A_i A_v|=\alpha^2\frac{R_L}{r_{ib}} \qquad (7.21)$$

三つの接地方式の中で，入力インピーダンス Z_i が最も低く，逆に出力インピーダンス Z_o が最も高い．電流増幅率は $\alpha\cong 1$ であるが，電圧増幅度 A_v はエミッタ接地とほぼ同じになる（後出の**表 7.2** を参照）．入力電圧 v_i と出力電圧 v_o は同相になる．

(2) エミッタ接地増幅回路

図7.10 はエミッタ接地増幅回路と等価回路である．図(b)は基本となる簡易等価回路である図4.21(b)に入力信号と負荷抵抗 R_L，抵抗 R_1，R_2 を接続した回路になっている．図(b)より，動作量を求めることができる．

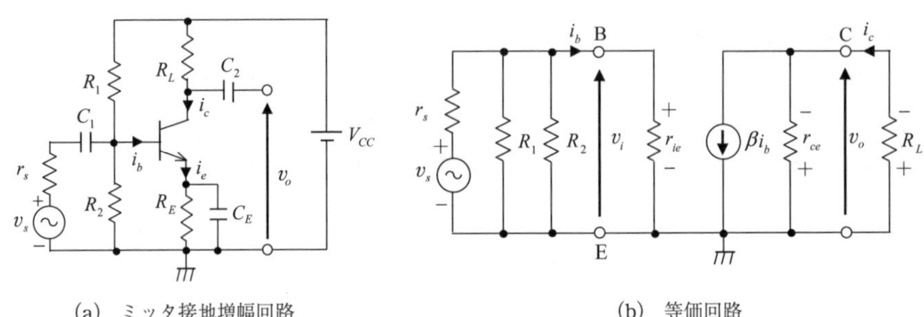

(a) ミッタ接地増幅回路 (b) 等価回路

図7.10 エミッタ接地増幅回路と等価回路

(1)の場合と同様に，入力インピーダンス Z_i と出力インピーダンス Z_o を求めることができる．

$$Z_i=\frac{v_i}{i_b}=r_{ie}=r_b+(\beta+1)r_e \qquad (7.22)$$

出力インピーダンス Z_o は，入力信号 v_s がなく $v_i=0$ ときの図(b)の出力端子間(C–E間)から増幅回路を見たときのインピーダンスであり，電流源は $\beta i_b=0$ であり開放と考えると

$$Z_o=r_{ce} \qquad (7.23)$$

となる．また，電流増幅度 A_i，電圧増幅度 A_v，電力増幅度 A_p は以下のようになる．

$$A_i=\frac{i_c}{i_b}=\frac{\beta i_b}{i_b}\cdot\frac{r_{ce}}{r_{ce}+R_L}=\beta\frac{r_{ce}}{r_{ce}+R_L} \qquad (7.24)$$

$$v_i=i_b r_{ie},\quad v_o=-\beta i_b\frac{r_{ce}R_L}{r_{ce}+R_L}=-\beta i_b R \quad \text{ただし，} R=\frac{r_{ce}R_L}{r_{ce}+R_L}$$

$$A_v=\frac{v_o}{v_i}=-\frac{1}{i_b r_{ie}}\left(\beta i_b\frac{r_{ce}R_L}{r_{ce}+R_L}\right)=-\frac{\beta}{r_{ie}}\left(\frac{r_{ce}R_L}{r_{ce}+R_L}\right)=-\beta\frac{R}{r_{ie}} \qquad (7.25)$$

$$A_p=|A_iA_v|=\left(\beta\frac{r_{ce}}{r_{ce}+R_L}\right)\left(\frac{\beta}{r_{ie}}\cdot\frac{r_{ce}R_L}{r_{ce}+R_L}\right)=\left(\beta\frac{r_{ce}}{r_{ce}+R_L}\right)^2\frac{R_L}{r_{ie}} \qquad (7.26)$$

トランジスタのコレクタ抵抗 r_{ce} が十分に大きいときは，これを無視することができる．そのときの出力インピーダンス Z_o，電流増幅度 A_i，電圧増幅度 A_v，電力増幅度 A_p は

$$Z_o=\infty \qquad (7.27), \quad A_i=\frac{i_c}{i_b}=\frac{\beta i_b}{i_b}=\beta \qquad (7.28)$$

$$A_v=\frac{v_o}{v_i}=-\frac{\beta i_b R_L}{i_b r_{ie}}=-\beta\frac{R_L}{r_{ie}} \qquad (7.29), \quad A_p=|A_i A_v|=\beta^2\frac{R_L}{r_{ie}} \qquad (7.30)$$

となる．式(7.24)～式(7.26)に比べ，式(7.28)～式(7.30)の電流増幅度A_i，電圧増幅度A_v，電力増幅度A_pは大きくなっている．つまり，トランジスタのコレクタ抵抗r_{ce}が存在すると，A_iとA_vおよびA_pは小さくなることになる．

入力インピーダンスZ_iはベース接地回路より高く，出力インピーダンスZ_oはベース接地回路より低い．電流増幅度A_i，電圧増幅度A_V，電力増幅度A_pが三つの接地方式の中で最も大きく，増幅回路として広く使われている．入力電圧v_iと出力電圧v_oは逆相になる．

（3）　コレクタ接地増幅回路

図7.11はコレクタ接地増幅回路とその等価回路である．図(b)は基本となる簡易等価回路である図4.21(c)に入力信号と負荷抵抗R_Lおよび抵抗R_1，R_2を接続し，出力電流をエミッタ電流とし，実際に電流が流れる方向に変更している．

図7.11(a)において，エミッタに負荷抵抗R_Lが接続されており，この抵抗の両端電圧が出力電圧v_oになる．ベース-エミッタ間にはトランジスタの入力抵抗r_{ie}が，コレクタ-エミッタ間にはコレクタ抵抗r_{ce}が存在する．したがって，その等価回路は図(b)のようになる．

図(b)より，動作量を求めることができる．まず，入力インピーダンスZ_iは以下のようになる．

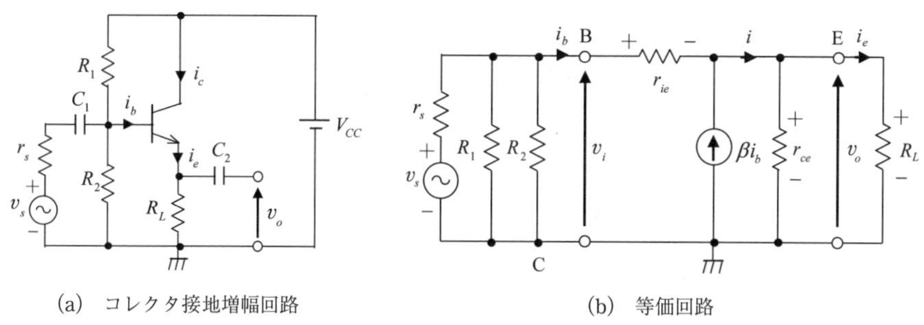

(a)　コレクタ接地増幅回路　　(b)　等価回路

図7.11　コレクタ接地増幅回路と等価回路

$$\left.\begin{aligned} &i=\beta i_b+i_b=(\beta+1)i_b,\ \ i_e=i\frac{r_{ce}}{r_{ce}+R_L}=(\beta+1)i_b\frac{r_{ce}}{r_{ce}+R_L} \\ &v_i=i_b r_{ie}+i_e R_L=i_b r_{ie}+(\beta+1)i_b\frac{r_{ce}R_L}{r_{ce}+R_L}=i_b\{r_{ie}+(\beta+1)R\} \end{aligned}\right] \quad (7.31)$$

$$Z_i=\frac{v_i}{i_b}=r_{ie}+(\beta+1)R \qquad (7.32),\ \text{ただし},\ R=\frac{r_{ce}R_L}{r_{ce}+R_L}$$

次に，入力信号を $v_s=0$ として，出力端子間に電圧 v を与えたときの出力インピーダンス Z_o を**図7.12**から求める．まず，出力端子間の v を求めると，次のようになる．

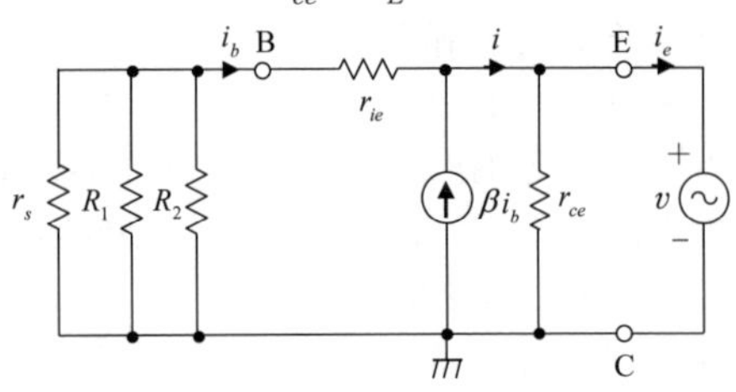

図7.12　出力インピーダンスに対するコレクタ接地の等価回路

$$v=-i_b r_{ie}-i_b\frac{1}{\dfrac{1}{r_s}+\dfrac{1}{R_1}+\dfrac{1}{R_2}}=-i_b(r_{ie}+R') \qquad (7.33)$$

$$\text{ただし},\ R'=\frac{1}{\dfrac{1}{r_s}+\dfrac{1}{R_1}+\dfrac{1}{R_2}}$$

また，エミッタ電流は式(7.33)を使って次式で与えられる．

$$i_e=i-\frac{v}{r_{ce}}=(\beta+1)i_b+\frac{i_b(r_{ie}+R')}{r_{ce}} \qquad (7.34)$$

これより，出力インピーダンス Z_o は

$$Z_o=\frac{v_2}{i_2}=\frac{v}{-i_e}=\frac{i_b(r_{ie}+R')}{(\beta+1)i_b+\dfrac{i_b(r_{ie}+R')}{r_{ce}}}=\frac{1}{\dfrac{\beta+1}{r_{ie}+R'}+\dfrac{1}{r_{ce}}}$$

$$\cong\frac{r_{ie}+R'}{\beta+1} \qquad (7.35)$$

となる．電流増幅度 A_i は，式(7.31)より

$$A_i=\frac{i_e}{i_b}=\frac{(\beta+1)i_b}{i_b}\cdot\frac{r_{ce}}{r_{ce}+R_L}=(\beta+1)\frac{r_{ce}}{r_{ce}+R_L} \qquad (7.36)$$

になる．また，電圧増幅度 A_v，電力増幅度 A_p は以下のようになる．

$$A_v=\frac{v_o}{v_i}=\frac{v_o}{i_b r_{ie}+v_o}$$

ここに，$v_o=i_eR_L=(\beta+1)i_bR$ を代入する．

$$A_v=\frac{v_o}{v_i}=\frac{(\beta+1)i_bR}{i_br_{ie}+(\beta+1)i_bR}=\frac{(\beta+1)R}{r_{ie}+(\beta+1)R} \qquad (7.37)$$

$$A_p=|A_iA_v|=\frac{r_{ce}}{r_{ce}+R_L}\cdot\frac{(\beta+1)^2R}{r_{ie}+(\beta+1)R} \qquad (7.38)$$

トランジスタのコレクタ抵抗 r_{ce} を無視すると，出力インピーダンス Z_o，電流増幅度 A_i，電圧増幅度 A_v，電力増幅度 A_p は以下のようになる．

$$Z_o=\frac{r_{ie}+R'}{\beta+1} \quad (7.39),\quad A_i=(\beta+1) \quad (7.40)$$

$$A_v=\frac{(\beta+1)R_L}{r_{ie}+(\beta+1)R_L} \quad (7.41),\quad A_p=\frac{(\beta+1)^2R_L}{r_{ie}+(\beta+1)R_L} \quad (7.42)$$

三つの接地方式の中で，入力インピーダンス Z_i が最も高く，逆に出力インピーダンス Z_o が最も低い．電流増幅度 A_i はエミッタ接地増幅回路とほぼ同じであるが，電圧増幅度 A_v は1を超えることはない．電力増幅度 A_p は最も低くなる．また，入力電圧 v_i と出力電圧 v_o は同相になる．

以上で求めた動作量と用途をまとめると，**表7.2**のようになる．なお，ベース接地増幅回路の動作量は，同時比較するために式の一部を展開している．エミッタ接

表7.2　トランジスタ増幅回路の動作量と用途

		ベース接地	エミッタ接地	コレクタ接地
動作量	入力インピーダンス Z_i	$r_{ib}=(1-\alpha)r_b+r_e=\frac{r_{ie}}{\beta+1}$ 最も低い	$r_{ie}=r_b+(\beta+1)r_e$ 低い	$r_{ie}+(\beta+1)R$ **最も高い**
	出力インピーダンス Z_o	∞ 最も高い	r_{ce} 高い	$\frac{r_{ie}+R'}{\beta+1}$ **最も低い**
	電流増幅度 A_i	α **1未満**	$\beta\frac{r_{ce}}{r_{ce}+R_L}$ **大きい**	$(\beta+1)\frac{r_{ce}}{r_{ce}+R_L}$ **大きい**
	電圧増幅度 A_v	$\alpha\frac{R_L}{r_{ib}}=\alpha(\beta+1)\frac{R_L}{r_{ie}}$ **大きい**	$-\beta\frac{R}{r_{ie}}$ **大きい**	$\frac{(\beta+1)R}{r_{ie}+(\beta+1)R}$ **1未満**
	電力増幅度 A_p	$\alpha^2\frac{R_L}{r_{ib}}=\alpha^2(\beta+1)\frac{R_L}{r_{ie}}$ 中くらい	$\left(\beta\frac{r_{ce}}{r_{ce}+R_L}\right)^2\frac{R_L}{r_{ie}}$ **最も大きい**	$\frac{r_{ce}}{r_{ce}+R_L}\cdot\frac{(\beta+1)^2R}{r_{ie}+(\beta+1)R}$ 最も小さい
入力と出力の位相		同相	逆相	同相
用途		周波数特性の良い増幅回路など．	**増幅回路**として広く使用されている．	**インピーダンス変換回路**として用いられる．

r_{ce}：トランジスタのコレクタ抵抗，r_b：ベース抵抗，r_e：エミッタ抵抗，$r_e[\Omega]=26\,\mathrm{mV}/I_E[\mathrm{mA}]$

地の増幅回路は電流増幅度，電圧増幅度，電力増幅度が最も大きく，広く使われている．一部は，周波数特性の良いベース接地の増幅回路が使用される．ベース接地の増幅回路は後述する**ミラー効果** (Miller effect) がなく，高域周波数領域の周波数特性がエミッタ接地の増幅回路よりも良くなる．増幅回路などを縦列接続するとき，前段に影響を与えないようにするためには入力インピーダンスが無限大であることが理想的である．また，後段に影響を与えないようにするためには出力インピーダンスが0であることが理想的である．コレクタ接地の増幅回路を使うとこの状態に近づけることができる．前段に接続すると，入力インピーダンスを大きくすることができる．後段に接続すると，出力インピーダンスを低くすることができる．こういったインピーダンス変換回路にコレクタ接地が使われる．エミッタ接地は電圧・電流増幅度が大きいが出力インピーダンスが高いために，後段にコレクタ接地の増幅回路を接続すれば，出力インピーダンスを低くすることができる．この組合せを用いると，低抵抗のスピーカなども効率よく駆動することができる．

$$R=\frac{r_{ce}R_L}{r_{ce}+R_L},\quad R'=1\Bigg/\left(\frac{1}{r_s}+\frac{1}{R_1}+\frac{1}{R_2}\right)$$

なお，エミッタ接地とコレクタ接地のコレクタ抵抗 r_{ce} を無視すると，動作量は

表 7.3　トランジスタ増幅回路の動作量（近似式）

	ベース接地	エミッタ接地	コレクタ接地
入力インピーダンス Z_i	$r_{ib}=(1-\alpha)r_b+r_e=\dfrac{r_{ie}}{\beta+1}$	$r_{ie}=r_b+(\beta+1)r_e$	$r_{ie}+(\beta+1)R$
出力インピーダンス Z_o	∞	∞	$\dfrac{r_{ie}+R'}{\beta+1}$
電流増幅度 A_i	α	β	$\beta+1$
電圧増幅度 A_v	$\alpha\dfrac{R_L}{r_{ib}}=\alpha(\beta+1)\dfrac{R_L}{r_{ie}}$	$-\beta\dfrac{R_L}{r_{ie}}$	$\dfrac{(\beta+1)R_L}{r_{ie}+(\beta+1)R_L}$
電力増幅度 A_p	$\alpha^2\dfrac{R_L}{r_{ib}}=\alpha^2(\beta+1)\dfrac{R_L}{r_{ie}}$	$\beta^2\dfrac{R_L}{r_{ie}}$	$\dfrac{(\beta+1)^2R_L}{r_{ie}+(\beta+1)R_L}$

R と R' は表 7.2 と同じである．

表 7.3 のように簡略化される．ベース接地の動作量は表 7.2 と同じになっている．

◆ミラー効果とエミッタ接地増幅回路の周波数特性

図 7.13 において，増幅回路の入力と出力間にコンデンサ C が接続されている．増幅器が動作していないときの容量は C である．ところが，増幅回路が動作したときの入力インピーダンスは，エミッタ接地増幅回路の電圧増幅度を想定して $-A_v$

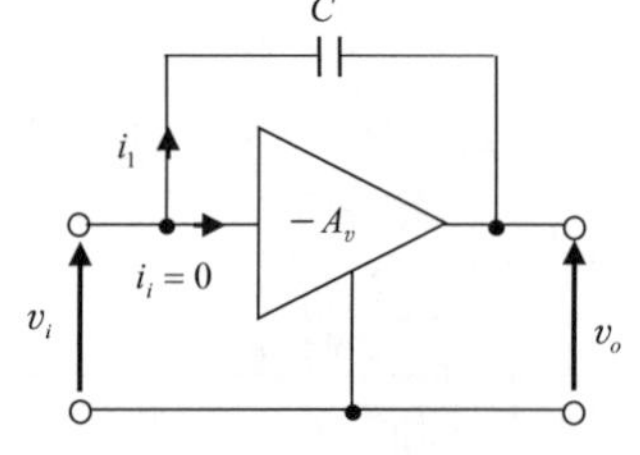

図 7.13　エミッタ接地増幅回路の入出力間容量とミラー効果

とすると

$$v_o = -A_v v_i,\ \ i_1 = j\omega C(v_i - v_o) = j\omega C v_i(1+A_v)$$

$$Z_i = \frac{v_i}{i_1} = \frac{1}{j\omega C(1+A_v)} \qquad (7.43)$$

となり，入力側から見ると容量は $(1+A_v)$ 倍になってしまう．これを**ミラー効果**（Miller effect）という．

エミッタ接地の増幅回路では，**図 7.14**(a)，(b) に示すように接合容量が存在する．その内の C-B' 間の接合容量 $C_{cb'}$ が図 7.13 の容量 C に相当し，動作状態では非常に大きな値になる．高域周波数領域ではこのコンデンサのリアクタンスが小さくなり，入力電圧が短絡されることになる．その結果，増幅度が下がってしまう．ベース接地の増幅回路では，接合容量 $C_{cb'}$ と $C_{b'e}$ が接地されるために入力と出力が結合せず，周波数特性がエミッタ接地よりも良くなる．

図 7.14(a) の電圧源 $v_{b'e}$ を電流源 $I(I=j\omega C_{cb'}v_{b'e})$ に変換すると，図 7.14(c) に示す等価回路を得ることができる．図 7.13 および図 7.14(c) より，動作状態におけ

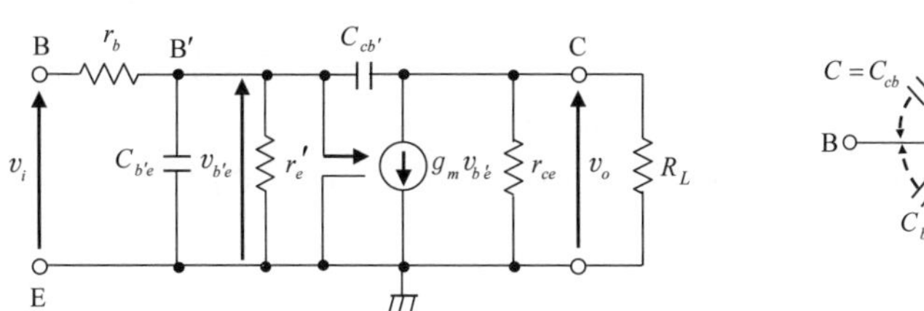

(a)　接合容量を考慮したときの等価回路　　(b)　等価接合容量

$C_{cb'}$：逆バイアスされたコレクタ-ベース間の空乏層容量（通常数pF程度），$C_{b'e}$：ベース-エミッタ間拡散容量（通常10～15pF程度），r_b：ベース抵抗，r'_e：ベース側に換算したエミッタ抵抗，r'_e：$(\beta+1)r_e$，r_{ce}：コレクタ抵抗，C_{cb}，C_{be}：$C_{cb'}$と$C_{b'e}$の等価容量

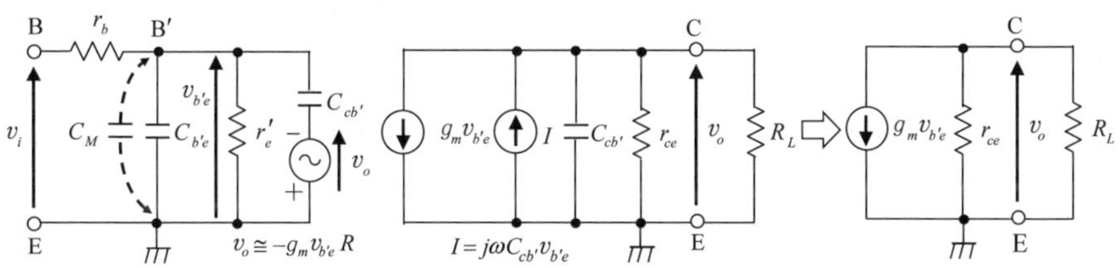

(c)　電圧源を電流源 $I(I=j\omega C_{cb'}v_{b'e})$ に変換したあとの等価回路

C_M：動作状態における等価容量　　$g_m v_{b'e} \gg I$，$(r_{ce},\ R_L) \ll (1/j\omega C_{cb'})$のために，$I$と$C_{cb'}$は無視できる．
（入力側等価回路）　　（出力側等価回路）

図 7.14　接合容量を考慮したときのエミッタ接地増幅回路の等価回路

るB'-E間の容量 C_M は

$$C_M = C_{b'e} + (1+|A_v|)C_{cb'} = C_{b'e} + (1+g_m R)C_{cb'} \qquad (7.44)$$ ただし，

$$R = r_{ce}R_L/(r_{ce}+R_L)$$

になり，抵抗 r'_e に並列に C_M が接続されることになる．

これより，r'_e と C_M の並列回路のインピーダンスを Z とすると，ミラー効果を考慮した電圧増幅度 A_M は

$$Z = \frac{r'_e}{1+j\omega C_M r'_e},\quad v_{b'e} = \frac{Z}{r_b+Z}v_i = \frac{r'_e}{r_b+r'_e+j\omega C_M r_b r'_e}v_i$$

$$A_M = \frac{v_o}{v_i} = -\frac{g_m v_{b'e} R}{v_i} = \frac{-g_m r'_e R}{r_b+r'_e+j\omega C_M r_b r'_e} \qquad (7.45)$$

になり，高域周波数領域において容量 C_M により低下してしまう．なお，式(7.45)は，図7.14(c)に示す出力側等価回路において，$g_m v_{b'e} \gg I\ (I = j\omega C_{cb'} v_{b'e})$，$(r_{ce}, R_L) \ll (1/j\omega C_{cb'})$ であり，電流源 I と容量 $C_{cb'}$ は無視し開放として求めている．

接合容量がないときの増幅度を A_0 とすると，A_0 は

$$A_0 = \frac{-g_m R r'_e}{r_b+r'_e} \qquad (7.46)$$

になる．ここで，$r_b r'_e/(r_b+r'_e) = r$ とおき，式(7.46)を式(7.45)に代入すると

$$A_M = \frac{-g_m R r'_e}{r_b+r'_e+j\omega C_M r_b r'_e} = \frac{-g_m R r'_e}{r_b+r'_e}\cdot\frac{1}{1+j\omega C_M r_b r'_e/(r_b+r'_e)}$$

$$= \frac{A_0}{1+j\omega C_M r} \qquad (7.47)$$

になる．高域周波数領域において，増幅度が $A_0/\sqrt{2}$（3 dB低下に相当する）になる周波数を**高域遮断周波数**という．ミラー効果による高域遮断周波数 f_M を求めると

$$\left|\frac{A_M}{A_0}\right| = \frac{1}{\sqrt{1+(\omega_M C_M r)^2}} = \frac{1}{\sqrt{2}},\quad \omega_M C_M r = 1,\quad f_M = \frac{1}{2\pi C_M r} \qquad (7.48)$$

となる．一例として，$I_C = 1.5$ mA，$C_{cb'} = 2$ pF，$C_{b'e} = 10$ pF，$r_b = 50\ \Omega$，$r_e' = 2.4$ kΩ，$R = 1$ kΩ のときの f_M を求めると25.5 MHzになる．

$$r_e \cong \frac{26\ \text{mV}}{1.5\ \text{mA}} = 17.3\ \Omega,\quad g_m = \frac{1}{r_e} = \frac{1}{17.3} = 57.8\ \text{mS}$$

$$r = \frac{50\times 2400}{50+2400} = 48.98 \cong 49\ \Omega$$

$$C_M = 10 + (1+57.8\ \text{mS}\times 1\ \text{k}\Omega)\times 2 = 127.6\ \text{pF}$$

$$f_M = \frac{1}{2\pi\times 127.6\times 10^{-12}\times 49} = 25.5\ \text{MHz}$$

【例題 7.2】

トランジスタの電流増幅率が $\alpha=0.995$，エミッタ接地の入力抵抗が $r_{ie}=1.2\,\text{k}\Omega$，負荷抵抗が $R_L=1.5\,\text{k}\Omega$ の場合の各接地方式における電圧増幅度 A_v を表 7.3 の近似式を使って求めよ．

（解） $\beta=\dfrac{\alpha}{1-\alpha}=\dfrac{0.995}{1-0.995}=199$

ベース接地回路：$A_v=\alpha(\beta+1)\dfrac{R_L}{r_{ie}}=0.995\times200\times\dfrac{1.5\,\text{k}\Omega}{1.2\,\text{k}\Omega}=248.75\cong248.8$

エミッタ接地：$A_v=-\beta\dfrac{R_L}{r_{ie}}=-199\times\dfrac{1.5\,\text{k}\Omega}{1.2\,\text{k}\Omega}=-248.75\cong-248.8$

コレクタ接地：$A_v=\dfrac{(\beta+1)R_L}{r_{ie}+(\beta+1)R_L}=\dfrac{200\times1.5\,\text{k}\Omega}{(1.2+200\times1.5)\text{k}\Omega}=0.996$

ベース接地とエミッタ接地の電圧増幅度の絶対値は，今回の場合は同じになる．コレクタ接地の電圧増幅度は 1 未満になる．

【例題 7.3】

図 7.15 に示すエミッタ接地増幅回路において，抵抗 R_1 と R_2 を考慮して，入力インピーダンス Z_i，出力インピーダンス Z_o，電流増幅度 A_i，電圧増幅度 A_v を求めよ．ただし，トランジスタのコレクタ抵抗を $r_{ce}=30\,\text{k}\Omega$，入力抵抗を $r_{ie}=1.1\,\text{k}\Omega$，電流増幅率を $\beta=140$ とする．

（解） 図 7.15 の等価回路は**図 7.16** ようになる．これより，動作量を求めることができる．

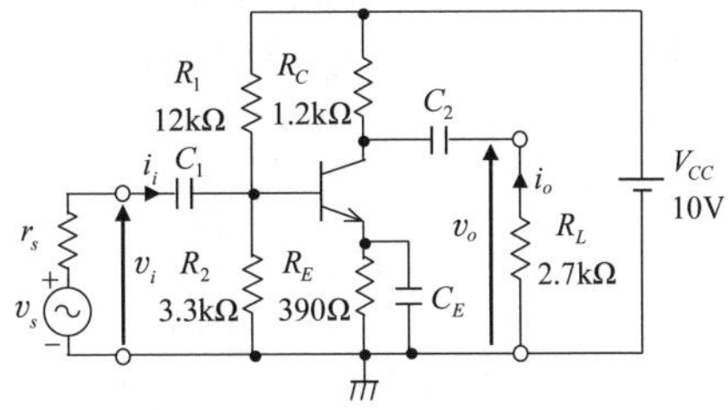

図 7.15　エミッタ接地増幅回路

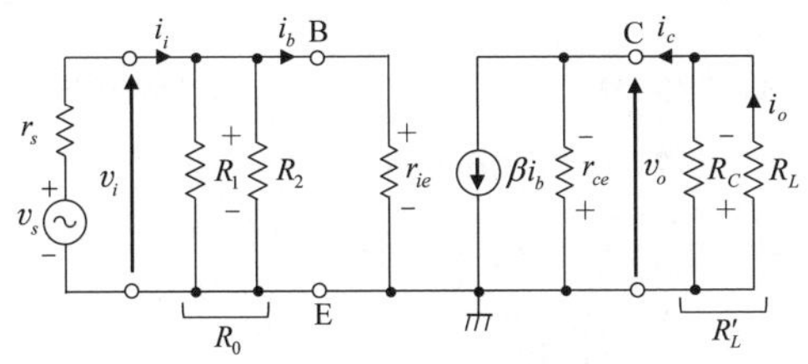

図 7.16　エミッタ接地増幅回路の等価回路

$$R_0=\frac{R_1R_2}{R_1+R_2}=\frac{12\times3.3}{12+3.3}\cong2.59\ \text{k}\Omega,\quad Z_i=\frac{r_{ie}R_0}{r_{ie}+R_0}=\frac{1.1\times2.59}{1.1+2.59}=0.772\ \text{k}\Omega$$

$Z_o=r_{ce}=30\ \text{k}\Omega$，$R_C$ を含めると，$Z_o'=\dfrac{r_{ce}R_C}{r_{ce}+R_C}=\dfrac{30\times1.2}{30+1.2}=1.15\ \text{k}\Omega$ になる．

$$R_L'=\frac{R_CR_L}{R_C+R_L}=\frac{1.2\times2.7}{1.2+2.7}\cong0.83\ \text{k}\Omega,\quad R=\frac{r_{ce}R_L'}{r_{ce}+R_L'}=\frac{30\times0.83}{30+0.83}\cong0.808\ \text{k}\Omega$$

$$i_b=\frac{R_0}{R_0+r_{ie}}i_i,\ \ i_c=\beta i_b\frac{r_{ce}}{r_{ce}+R'_L},\ \ i_o=i_c\frac{R_C}{R_C+R_L}=\beta i_b\frac{r_{ce}}{r_{ce}+R'_L}\cdot\frac{R_C}{R_C+R_L}$$

$$A_i=\frac{i_o}{i_i}=\frac{i_b}{i_i}\cdot\frac{i_o}{i_b}=\frac{R_0}{R_0+r_{ie}}\cdot\beta\frac{r_{ce}}{r_{ce}+R'_L}\cdot\frac{R_C}{R_C+R_L}=\frac{2.59}{3.69}\times 140\times\frac{30}{30.83}\times\frac{1.2}{3.9}=29.4$$

$$v_i=i_b r_{ie},\ \ v_o=-\beta i_b R,\ \ A_v=\frac{v_o}{v_i}=-\beta\frac{R}{r_{ie}}=-140\times\frac{0.808}{1.1}=-102.8$$

［2］ FET 増幅回路

FETのゲートには電流が流れないために，動作量はトランジスタより比較的に簡単に求めることができる．ここでは，わかりやすくするために，入力電圧 v_1 は v_i に，出力電圧 v_2 は v_o に，入力電流 i_1 と出力電流 i_2 は，ゲート電流 i_g，ソース電流 i_s，ドレイン電流 i_d にそれぞれ置き換えて動作量を求める．

（1） ソース接地増幅回路

図7.17 はソース接地増幅回路と等価回路です．三つの接地回路の中で，最も広く増幅回路として使われている．

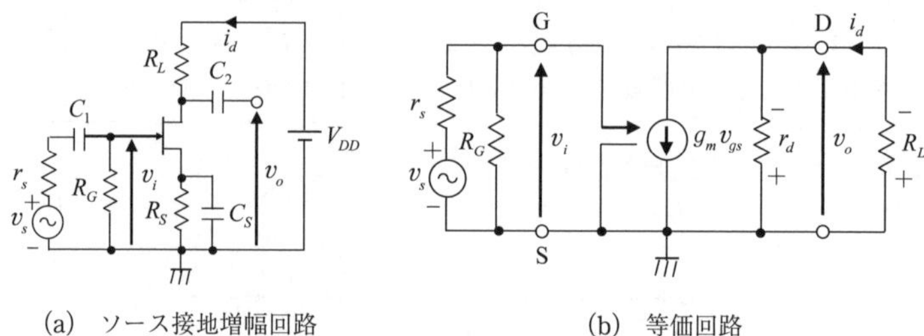

(a) ソース接地増幅回路　　(b) 等価回路

図7.17 ソース接地増幅回路と等価回路

図(b)より，動作量が以下のように求められる．

$$Z_i=\frac{v_i}{i_g}=\frac{v_i}{0}=\infty \qquad (7.49)$$

出力インピーダンス Z_o は入力信号がない $v_s=0$ ときの図(b)の出力端子間(D-S間)から増幅回路を見たときの抵抗であり，電流源は $g_m v_{gs}=g_m v_i=0$ であり，開放と考えると

$$Z_o=\frac{v_o}{i_d}=r_d \qquad (7.50)$$

になる．また，電圧増幅度 A_v は以下のようになる．

$$A_v=\frac{v_o}{v_i}=-\frac{g_mV_i}{v_i}R=-g_mR \qquad (7.51),\quad ただし,\ R=\frac{r_dR_L}{r_d+R_L}$$

電流増幅度 A_i と電力増幅度 A_p は入力電流 $i_g=0$ のために，無限大になる．

(2) ドレイン接地増幅回路

ドレイン接地増幅回路と等価回路を**図 7.18** に示す．ドレイン接地増幅回路はソースから出力を取り出しているので，**ソースホロワ** (source follower) ともいわれている．

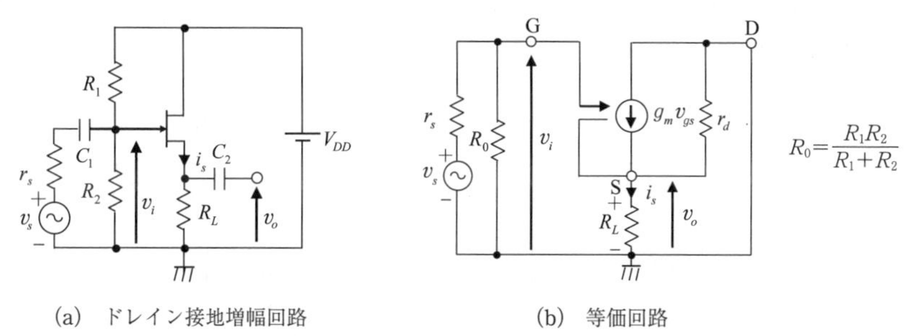

(a) ドレイン接地増幅回路　(b) 等価回路

図 7.18　ドレイン接地増幅回路と等価回路

図 7.18 において，負荷抵抗 R_L に発生する電圧は大きいために，抵抗 R_1 と R_2 を設け，必要なゲート-ソース間電圧のバイアス電圧 V_{GS} を得るようにしている．動作量は次のように求めることができる．

$$Z_i=\frac{v_i}{i_g}=\frac{v_i}{0}=\infty \qquad (7.52)$$

電流源を電圧源に変換すると，**図 7.19** の等価回路が得られる．ここで，入力信号がなく $v_s=0$ とすると

$$v_{gs}=0-v_o=-v_o$$

となる．これより，出力インピーダンス Z_o を求めることができる．

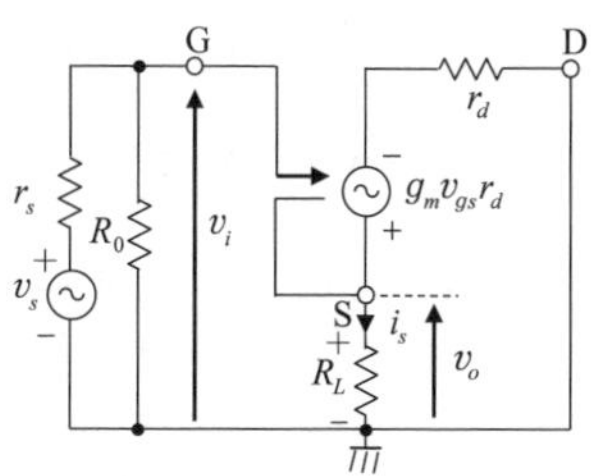

図 7.19　電圧源を用いたドレイン接地増幅回路の等価回路

$$i_s=\frac{g_mv_{gs}r_d-v_o}{r_d}=\frac{-g_mv_or_d-v_o}{r_d}$$

$$=-\frac{(1+g_mr_d)v_o}{r_d}$$

$$Z_o=\frac{v_2}{i_2}=\frac{v_o}{-i_s}=\frac{r_dv_o}{(1+g_mr_d)v_o}=\frac{r_d}{1+g_mr_d} \qquad (7.53)$$

また，電圧増幅度は以下のようになる．

$$v_o = g_m v_{gs} r_d \frac{R_L}{r_d + R_L} = g_m \frac{r_d R_L}{r_d + R_L}(v_i - v_o) = g_m R(v_i - v_o) \quad ただし，R = \frac{r_d R_L}{r_d + R_L}$$

$$v_o = \frac{g_m R}{1 + g_m R} v_i,\ A_v = \frac{g_m R}{1 + g_m R} \qquad (7.54)$$

電流増幅度 A_i と電力増幅度 A_p は入力電流 $i_g = 0$ のために，無限大になる．

(3) ゲート接地増幅回路

ゲート接地増幅回路と等価回路を**図 7.20** に示す．また，電流源を電圧源に変換すると**図 7.21** の等価回路を得ることができる．

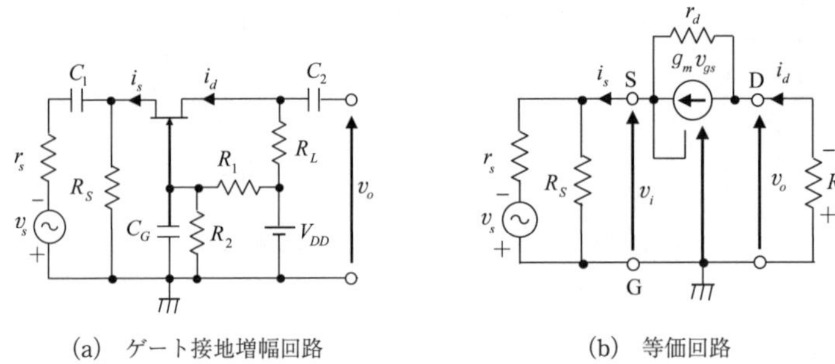

(a) ゲート接地増幅回路　(b) 等価回路

図 7.20　ゲート接地増幅回路と等価回路

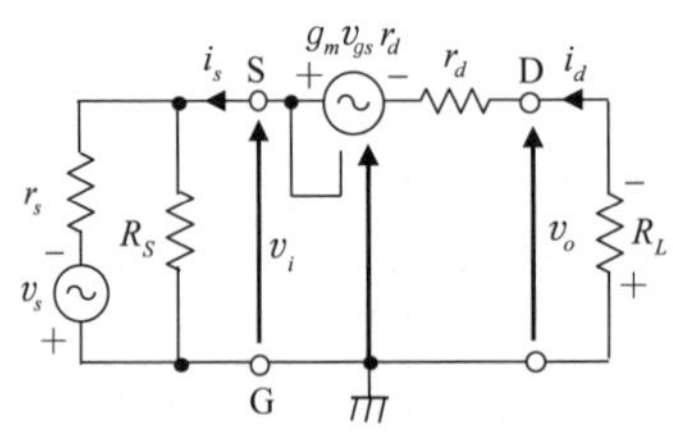

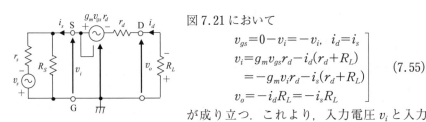

図 7.21　電圧源を用いたゲート接地増幅回路の等価回路

図 7.21 において

$$\left.\begin{aligned} &v_{gs} = 0 - v_i = -v_i,\ i_d = i_s \\ &v_i = g_m v_{gs} r_d - i_d(r_d + R_L) \\ &\quad = -g_m v_i r_d - i_s(r_d + R_L) \\ &v_o = -i_d R_L = -i_s R_L \end{aligned}\right\} \qquad (7.55)$$

が成り立つ．これより，入力電圧 v_i と入力インピーダンス Z_i を求めることができる．

$$v_i = \frac{-i_s(r_d + R_L)}{1 + g_m r_d} \qquad (7.56),\quad Z_i = \frac{v_1}{i_1} = \frac{v_i}{-i_s} = \frac{r_d + R_L}{1 + g_m r_d} \qquad (7.57)$$

ここで，入力信号 v_s がないとすると

$$v_o = i_d r_d - g_m v_{gs} r_d + i_s \frac{r_s R_S}{r_s + R_S} = i_d r_d - g_m v_{gs} r_d + i_s R'$$

$$v_{gs} = v_g - v_s = 0 - i_s R' = -i_s R' \quad ただし，R' = \frac{r_s R_S}{r_s + R_S}$$

となり，これより出力インピーダンス Z_o が

$$v_o=i_dr_d+g_mr_di_dR'+i_dR'=i_d(r_d+g_mr_dR'+R')$$

$$Z_o=\frac{v_o}{i_d}=r_d+g_mr_dR'+R'=r_d+(1+g_mr_d)R' \qquad (7.58)$$

として求められる．また，電流増幅度 A_i は

$$A_i=\frac{i_d}{i_s}=1 \qquad (7.59)$$

となる．電圧増幅度 A_v は式 (7.55) と式 (7.56) から

$$A_v=\frac{v_o}{v_i}=-i_sR_L\cdot\frac{1+g_mr_d}{-i_s(r_d+R_L)}=\frac{(1+g_mr_d)R_L}{r_d+R_L} \qquad (7.60)$$

になる．電力増幅度 A_p は式 (7.59) と式 (7.60) から以下のようになる．

$$A_p=|A_iA_v|=\frac{(1+g_mr_d)R_L}{r_d+R_L} \qquad (7.61)$$

以上で求めた動作量をまとめると，**表 7.4** のようになる．

表 7.4　FET 増幅回路の動作量

	ソース接地	ドレイン接地	ゲート接地
入力インピーダンス Z_i	∞，**最も高い**	∞，**最も高い**	$\frac{r_d+R_L}{1+g_mr_d}$，最も低い
出力インピーダンス Z_o	r_d，高い	$\frac{r_d}{1+g_mr_d}$，**最も低い**	$r_d+(1+g_mr_d)R'$，最も高い
電流増幅度 A_i	∞	∞	1
電圧増幅度 A_v	$-g_mR$，**大きい**	$\frac{g_mR}{1+g_mR}$，**1 未満**	$\frac{(1+g_mr_d)R_L}{r_d+R_L}$，**大きい**
電力増幅度 A_p	∞	∞	$\frac{(1+g_mr_d)R_L}{r_d+R_L}$

$R=\frac{r_dR_L}{r_d+R_L}$，$R'=\frac{r_sR_S}{r_s+R_S}$ である．

【例題 7.4】

FET の相互コンダクタンスが $g_m=20$ mS，ドレイン抵抗が $r_d=60$ kΩ，負荷抵抗が $R_L=4.7$ kΩ のときの各接地方式 (図 7.17，図 7.18，図 7.20) の電圧増幅度 A_v を求めよ．

(解)　$R=\frac{r_dR_L}{r_d+R_L}=\frac{60\times4.7}{64.7}=4.359\ \text{k}\Omega$

ソース接地：$A_v=-g_mR=-20\ \text{mS}\times4.359\ \text{k}\Omega=-87.18\cong-87.2$

ドレイン接地：$A_v=\frac{g_mR}{1+g_mR}=\frac{87.2}{1+87.2}=0.989\cong0.99$

ゲート接地：$A_v=\frac{(1+g_mr_d)R_L}{r_d+R_L}=\frac{(1+20\ \text{mS}\times60\ \text{k}\Omega)\times4.7\ \text{k}\Omega}{64.7\ \text{k}\Omega}=87.24\cong87.2$

7.4　増幅度と位相の周波数特性

［1］　トランジスタ増幅回路

実際のCR結合増幅回路は**図7.22**のようになる．結合コンデンサC_1,C_2やバイパスコンデンサC_Eのほかに，トランジスタの接合容量C_{cb}，C_{be}や配線などの**浮遊**(ふゆう)**容量**(stray capacitance)C_{is}，C_{os}が存在する．これらのコンデンサは周波数が低くなると，リアクタンスが大きくなる．逆に周波数が高くなると，リアクタンスが小さくなる．これに起因して，電圧増幅度(以下，略して**増幅度**と呼ぶ)と増幅度の位相，つまり，入力電圧に対する出力電圧の位相が周波数により変化する．なお，先に述べたように，トランジスタの接合容量C_{cb}はミラー効果により高域周波数領域における増幅度に大きく影響する．

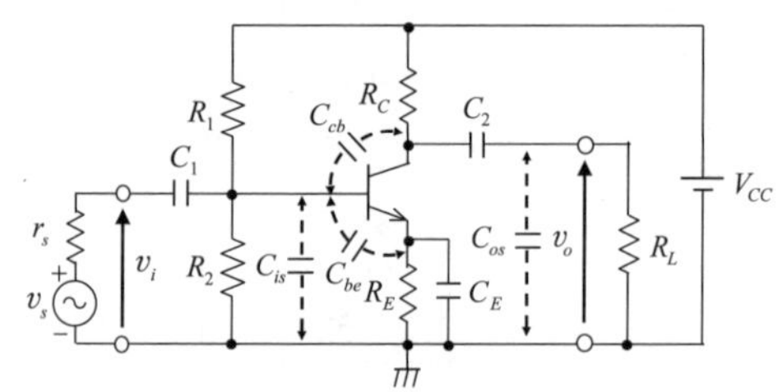

図7.22　実際のCR結合増幅回路

① 結合コンデンサC_1，C_2は入力と出力間に直列に入っているために，入力電圧の周波数が低下すると，結合コンデンサC_1，C_2のリアクタンスが大きくなり，増幅度が低下する．

② 同様にバイパスコンデンサC_Eも周波数が低下するとリアクタンスが大きくなり，負帰還量が増えて増幅度が低下する．

③ 逆にトランジスタの接合容量や浮遊容量は周波数が高くなるとリアクタンスが小さくなり，入力電圧や出力電圧が短絡されてしまい増幅度が下がってしまう．

このために，CR結合増幅回路の増幅度の周波数特性は**図7.23**のようになる．中域周波数領域での増幅度をA_0と

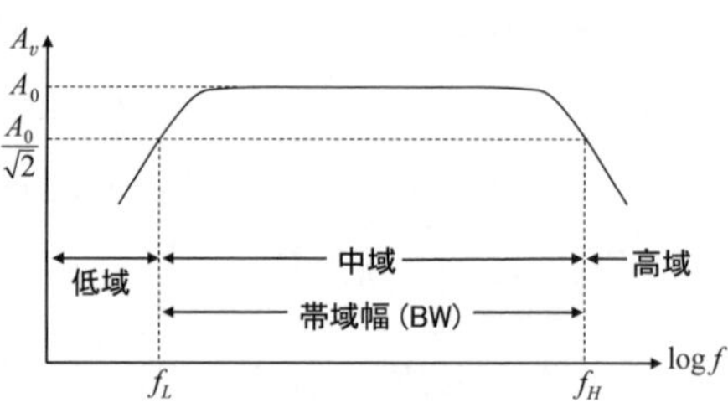

図7.23　増幅度の周波数特性

すると，増幅度が$A_0/\sqrt{2}$（3 dB 低下に相当する）になる周波数を**低域遮断周波数**（f_L）と**高域遮断周波数**（f_H）という．また，低域遮断周波数から高域遮断周波数までの領域が中域周波数領域，低域遮断周波数から下側を低域周波数領域，高域遮断周波数から上側を高域周波数領域という．

また，f_Lからf_Hまでを**帯域幅**（band width，BW$=f_H-f_L$）と呼んでいる．

図 7.22 において，浮遊容量などを合計した出力端子間の容量をC_Oとすると，CR 結合増幅回路は**図 7.24** になる．

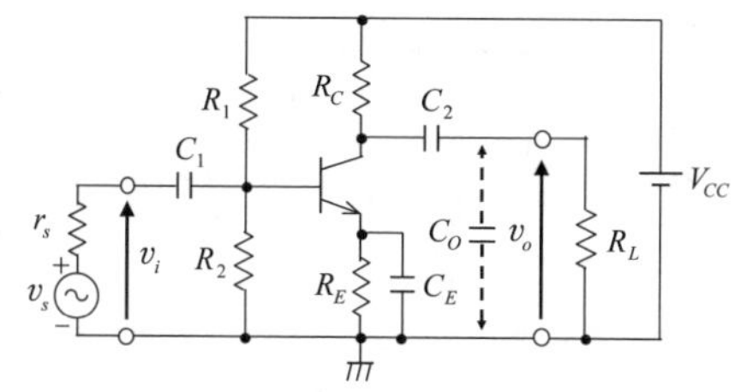

図 7.24　容量C_Oを考慮したときの CR 結合増幅回路

低周波数を考慮し，$C_1=C_2=2.2\ \mu F$，$C_E=100\ \mu F$，また，$C_O=5\ pF$とすると，周波数に対するそれぞれのコンデンサのリアクタンスは**図 7.25** のようになる．

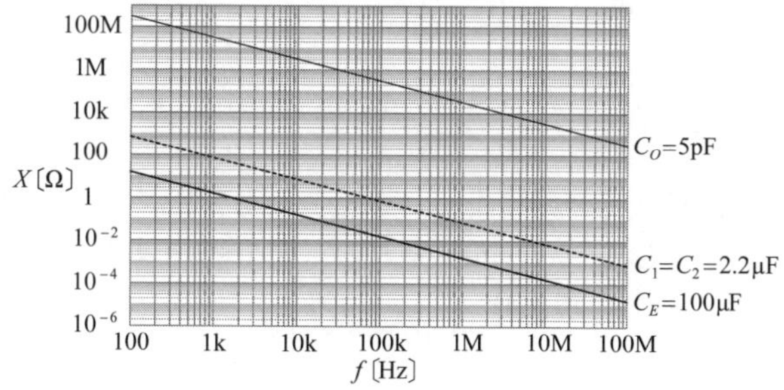

図 7.25　周波数に対するコンデンサのリアクタンス

これより，それぞれのコンデンサは**表 7.5** のように扱うことができ，

①　低域周波数領域ではC_1，C_2，C_Eは無視できない．

②　高域周波数領域ではC_Oは無視できない．

となる．これらを考慮して，それぞれの領域における増幅度と出力電圧の位相の周波数特性を求めてみよう．ただし，前節で説明したミラー効果による高域周波数領域の周波数特性は除く．

表 7.5　コンデンサの扱い方

	C_1, C_2	C_E	C_O
低域周波数領域	無視できない	無視できない	開放
中域周波数領域	短絡	短絡	開放
高域周波数領域	短絡	短絡	無視できない

(1)　中域周波数領域

中域周波数領域ではコンデンサは無視できるので，等価回路は**図 7.26** になる．

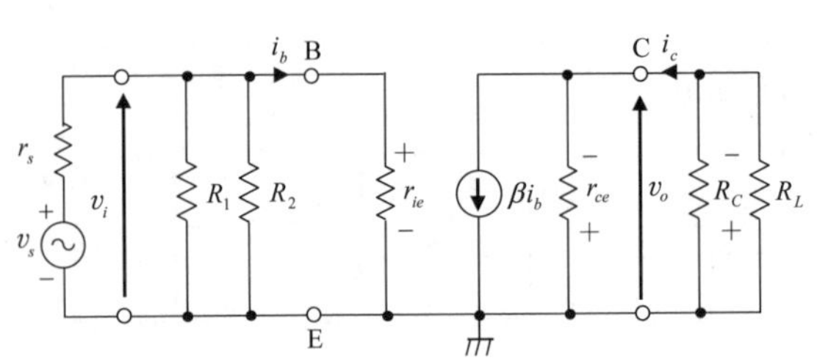

図 7.26　中域周波数領域の等価回路

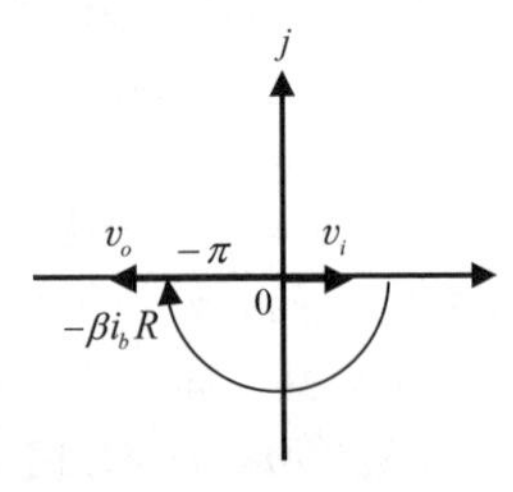

図 7.27　中域周波数領域における出力電圧の位相 ϕ_0

増幅度 A_0 は

$$A_0=\frac{v_o}{v_i}=\frac{-\beta i_b R}{i_b r_{ie}}=-\beta\frac{R}{r_{ie}}=\beta\frac{R}{r_{ie}}\varepsilon^{-j\pi} \qquad (7.62),$$

$$\text{ただし，}\ R=1\Big/\left(\frac{1}{r_{ce}}+\frac{1}{R_C}+\frac{1}{R_L}\right)$$

となり，周波数に関係なく一定になる．また，入力電圧に対する出力電圧の位相 ϕ_0 は増幅度の位相に等しく，π〔rad〕遅れる（**図 7.27** を参照）．

$$\phi_0=\angle A_0=-\pi \qquad (7.63)$$

(2)　高域周波数領域

容量 C_O を考慮した等価回路は**図 7.28** になる．

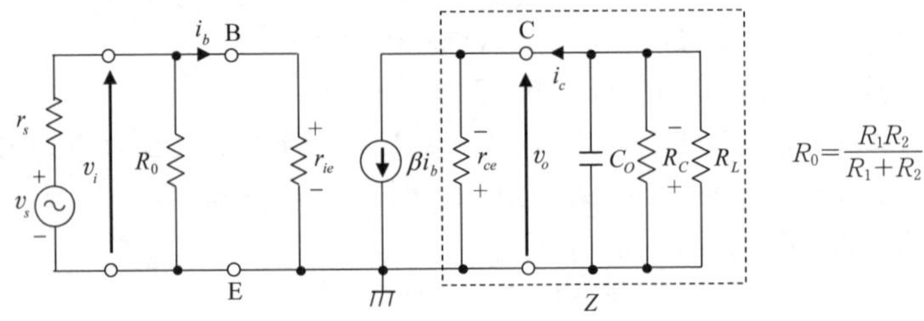

図 7.28　C_O を考慮した高域周波数領域での等価回路

増幅度 A_H を求めると

$$R=1\Big/\left(\frac{1}{r_{ce}}+\frac{1}{R_C}+\frac{1}{R_L}\right),\quad Z=\frac{R/(j\omega C_O)}{R+1/(j\omega C_O)}=\frac{R}{1+j\omega C_O R}$$

$$A_H=\frac{v_o}{v_i}=-\frac{\beta i_b Z}{i_b r_{ie}}=-\frac{\beta}{r_{ie}}\cdot\frac{R}{1+j\omega C_O R}=\frac{A_0}{1+j\omega C_O R} \qquad (7.64)$$

となる．また，式 (7.64) から高域遮断周波数を求めることができる．

$$\left|\frac{A_H}{A_0}\right|=\frac{1}{\sqrt{1+(\omega_H C_O R)^2}}=\frac{1}{\sqrt{2}},\ \ \omega_H C_O R=1,\ \ f_H=\frac{1}{2\pi C_O R} \qquad (7.65)$$

式 (7.65) を式 (7.64) に代入すると，次式が得られる．

$$A_H=\frac{A_0}{1+j\omega/\omega_H}=\frac{A_0}{1+jf/f_H} \qquad (7.66)$$

周波数が高い領域では $1\ll(f/f_H)$ が成り立ち，増幅度は

$$A_H\cong\frac{f_H A_0}{jf} \qquad (7.67)$$

になる．周波数が上がると，周波数に反比例して増幅度が下がる．周波数が 2 倍になると，増幅度は 1/2 倍 (−6 dB)，周波数が 10 倍になると 1/10 倍 (−20 dB) になる．このような傾斜を−6 dB/octave(周波数が 2 倍で−6 dB)，−20 dB/decade (周波数が 10 倍で−20 dB) という．

出力電圧 v_o とその位相 ϕ_H は

$$\left.\begin{aligned} v_o&=-\beta i_b\frac{R}{1+j\omega C_O R}=\beta i_b R\varepsilon^{-j\pi}\frac{1}{\sqrt{1+(\omega C_O R)^2}\varepsilon^{j\theta}}=\frac{\beta i_b R\varepsilon^{-j(\pi+\theta)}}{\sqrt{1+(\omega C_O R)^2}}\\ \phi_H&=-(\pi+\theta)=-(\pi+\tan^{-1}\omega C_O R)=-\{\pi+\tan^{-1}(f/f_H)\}\end{aligned}\right\} \qquad (7.68)$$

となり，出力電圧の位相は周波数が上がると $-\pi$ よりどんどん遅れていく．しかし，周波数が $f=\infty$ で $\phi_H=-(3\pi/2)$ となり，それ以上は遅れない（**図 7.29** を参照）．

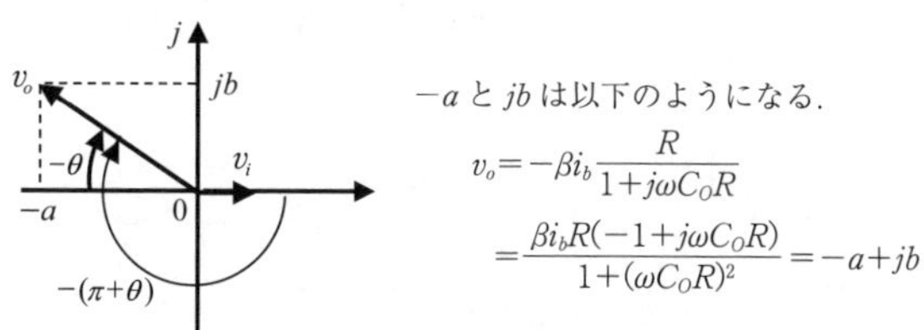

図 7.29 高域周波数領域における出力電圧の位相 ϕ_H

（3） 低域周波数領域

〈1〉 結合コンデンサ C_1 の影響

等価回路は**図 7.30** になる．

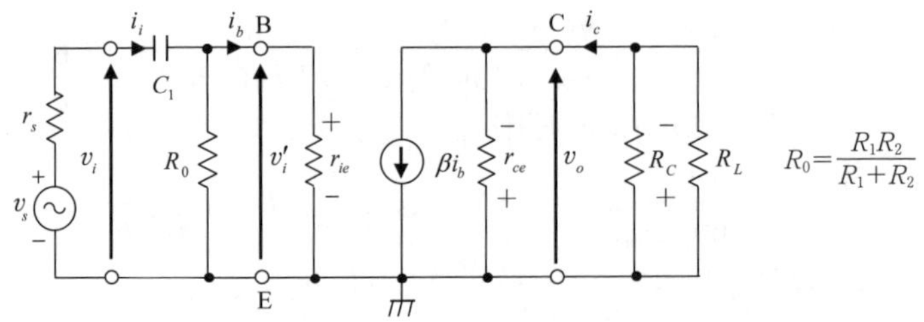

図 7.30 C_1 を考慮した低域周波数領域での等価回路

増幅度 A_{L1} は

$$A_{L1}=A_0\left(\frac{v'_i}{v_i}\right)=A_0\frac{R_0}{1-j\dfrac{1}{\omega C_1R_0}}=A_0\frac{1}{1-j\dfrac{1}{\omega C_1R_0}} \tag{7.69}$$

になる．また，式 (7.69) から遮断周波数を求めることができる．

$$\omega_{L1}C_1R_0=2\pi f_{L1}C_1R_0=1,\ \ f_{L1}=\frac{1}{2\pi C_1R_0} \tag{7.70}$$

式 (7.70) を式 (7.69) に代入すると，次式が得られる．

$$\left.A_{L1}=\frac{A_0}{1-j\omega_{L1}/\omega}=\frac{A_0}{1-jf_{L1}/f},\ \ |A_{L1}|=\frac{A_0}{\sqrt{1+(f_{L1}/f)^2}}\right] \tag{7.71}$$

周波数が下がると式 (7.71) の分母が大きくなるために，増幅度は低下する．

出力電圧とその位相 ϕ_{L1} は

$$\left.\begin{aligned}v_o&=-\beta i_bR\left(\frac{v'_i}{v_i}\right)=-\beta i_bR\frac{1}{1-j\dfrac{1}{\omega C_1R_0}}=\frac{\beta i_bR\varepsilon^{-j\pi}}{\sqrt{1+\left(\dfrac{1}{\varepsilon C_1R_0}\right)^2}\varepsilon^{-j\theta}}\\&=\frac{\beta i_bR\varepsilon^{j(-\pi+\theta)}}{\sqrt{1+\left(\dfrac{1}{\varepsilon C_1R_0}\right)^2}}\\\phi_{L1}&=-\pi+\theta=-\pi+\tan^{-1}\left(\frac{1}{\omega C_1R_0}\right)=-\pi+\tan^{-1}\left(\frac{f_{L1}}{f}\right)\end{aligned}\right] \tag{7.72}$$

となり，出力電圧の位相は周波数が下がると $-\pi$ よりどんどん進んでいく．しかし，周波数が $f=0$ で $\phi_{L1}=-(\pi/2)$ となり，それ以上は進まない（**図 7.31** を参照）．

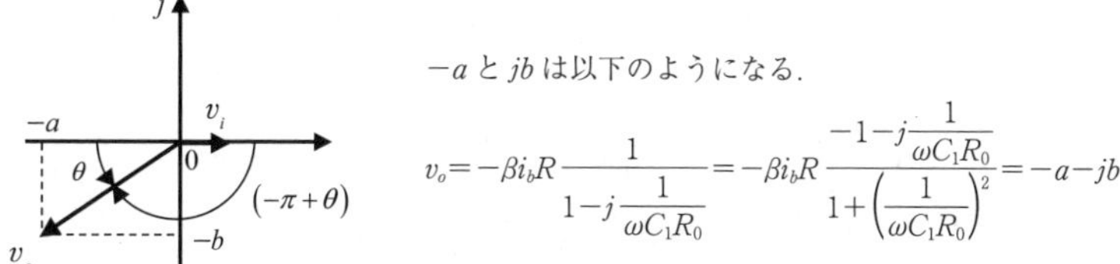

$-a$ と jb は以下のようになる．

$$v_o=-\beta i_b R\frac{1}{1-j\dfrac{1}{\omega C_1 R_0}}=-\beta i_b R\frac{-1-j\dfrac{1}{\omega C_1 R_0}}{1+\left(\dfrac{1}{\omega C_1 R_0}\right)^2}=-a-jb$$

図 7.31　低域周波数領域における出力電圧の位相 ϕ_{L1}

〈2〉　結合コンデンサ C_2 の影響

等価回路は**図 7.32**(a) になる．電流源 βi_b を電圧源に変換すると，出力側の等価回路である図 (b) が得られる．

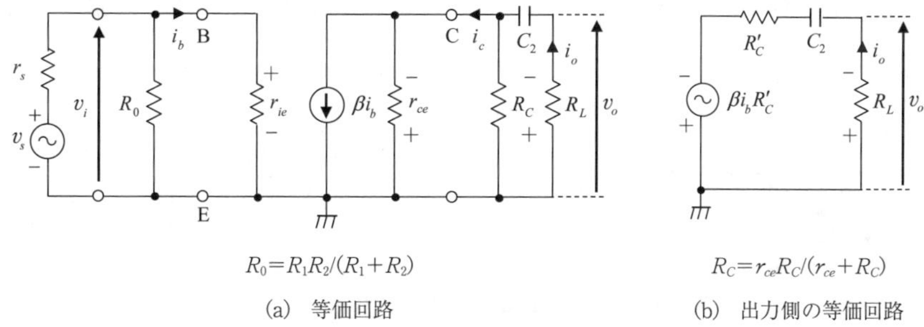

(a)　等価回路　　(b)　出力側の等価回路

図 7.32　C_2 を考慮した低域周波数領域での等価回路

増幅度 A_{L2} は，図 7.32(a)，(b) より

$$A_{L2}=-\frac{i_o R_L}{i_b r_{ie}}=-\frac{\beta i_b R'_C}{i_b r_{ie}}\cdot\frac{R_L}{R'_C+R_L-j\dfrac{1}{\omega C_2}}=-\frac{\beta R}{r_{ie}}\cdot\frac{1}{1-j\dfrac{1}{\omega C_2(R'_C+R_L)}}$$

$$A_{L2}=A_0\cdot\frac{1}{1-j\dfrac{1}{\omega C_2(R'_C+R_L)}}\qquad(7.73)\quad ただし，R=\frac{R'_C R_L}{R'_C+R_L}$$

になる．また，式 (7.73) から遮断周波数を求めることができる．

$$\omega_{L2}C_2(R'_C+R_L)=2\pi f_{L2}C_2(R'_C+R_L)=1,\ \ f_{L2}=\frac{1}{2\pi C_2(R'_C+R_L)}\qquad(7.74)$$

式 (7.74) を式 (7.73) に代入すると，次式が得られる．

$$A_{L2}=\frac{A_0}{1-j\omega_{L2}/\omega}=\frac{A_0}{1-jf_{L2}/f},\ \ |A_{L2}|=\frac{1}{\sqrt{1+(f_{L2}/f)^2}}\qquad(7.75)$$

周波数が低下すると式(7.75)の分母が大きくなるために，増幅度は低下する．

出力電圧とその位相 ϕ_{L2} は

$$\left.\begin{aligned} v_o &= \frac{-\beta i_b R}{1-j\dfrac{1}{\omega C_2(R'_C+R_L)}} = \frac{\beta i_b R\varepsilon^{-j\pi}}{\sqrt{1+\left(\dfrac{1}{\omega C_2(R'_C+R_L)}\right)^2}\,\varepsilon^{-j\theta}} \\ &= \frac{\beta i_b R\varepsilon^{j(-\pi+\theta)}}{\sqrt{1+\left(\dfrac{1}{\omega C_2(R'_C+R_L)}\right)^2}} \\ \phi_{L2} &= -\pi+\theta = -\pi+\tan^{-1}\left(\frac{1}{\omega C_2(R'_C+R_L)}\right) = -\pi+\tan^{-1}\left(\frac{f_{L2}}{f}\right) \end{aligned}\right] \tag{7.76}$$

となり，出力電圧の位相は周波数が低下すると $-\pi$ よりどんどん進んでいく．しかし，周波数が $f=0$ で $\phi_{L2}=-(\pi/2)$ となり，それ以上は進まない（**図 7.33** を参照）．

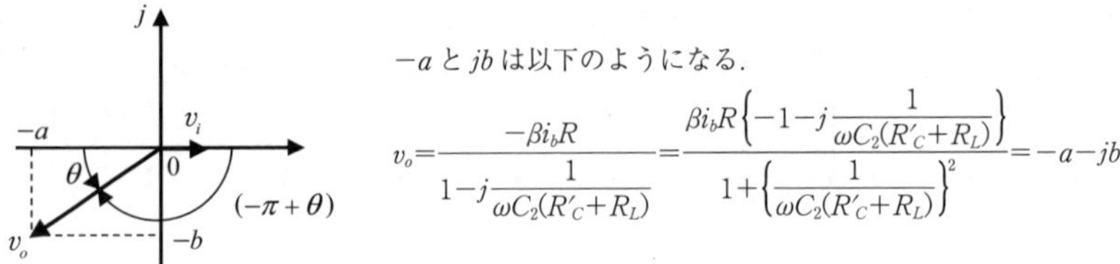

図 7.33　低域周波数領域における出力電圧の位相 ϕ_{L2}

〈3〉 バイパスコンデンサ C_E の影響

エミッタに接続されている抵抗 R_E とバイパスコンデンサ C_E のインピーダンスを Z_E とすると，等価回路は**図 7.34** になる．

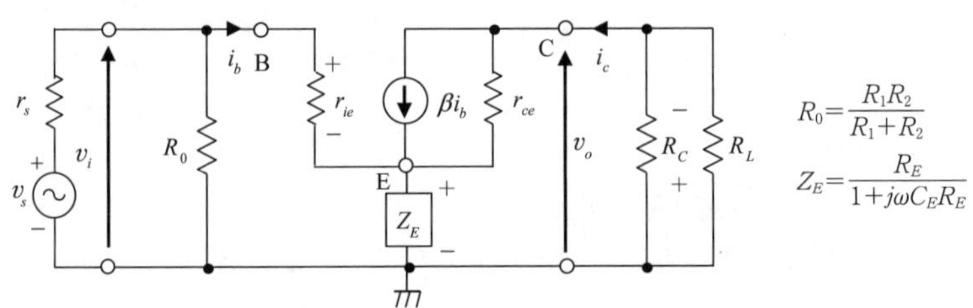

図 7.34　C_E を考慮した低域周波数領域での等価回路

入力電圧と出力電圧は

$$v_i = i_b r_{ie} + (i_b+i_c)Z_E = i_b r_{ie} + (\beta+1)i_b Z_E = i_b\{r_{ie}+(\beta+1)Z_E\}$$

$$\left.\begin{aligned}
v_o&=-\beta i_b\frac{r_{ce}R_L'}{r_{ce}+R_L'+Z_E}=-\beta i_b\frac{r_{ce}R_L'}{r_{ce}+R_L'}\cdot\frac{1}{1+\dfrac{Z_E}{r_{ce}+R_L'}}\\
&=-\frac{\beta i_b R}{1+\dfrac{Z_E}{r_{ce}+R_L'}}\\
&\text{ただし，}R_L'=\frac{R_C R_L}{R_C+R_L},\ R=\frac{r_{ce}R'}{r_{ce}+R_L'},\\
Z_E&=\frac{R_E/j\omega C_E}{R_E+1/j\omega C_E}=\frac{R_E}{1+j\omega C_E R_E}
\end{aligned}\right\}\tag{7.77}$$

となる．これより，増幅度 A_{LE} は

$$A_{LE}=\frac{v_o}{v_i}=-\frac{\beta R}{r_{ie}+(\beta+1)Z_E}\cdot\frac{1}{1+\dfrac{Z_E}{r_{ce}+R_L'}}\tag{7.78}$$

になるが，$(r_{ce}+R_L')\gg|Z_E|$ であるから，以下のように近似することができる．

$$A_{LE}=-\frac{\beta R}{r_{ie}+(\beta+1)Z_E}\tag{7.79}$$

周波数が非常に高いときにはバイパスコンデンサ C_E が短絡状態になり $Z_E=0$ になるので，式(7.79)の増幅度は $A_{LE}=-\beta R/r_{ie}=\mathrm{A}_0$ となり，中域周波数領域の増幅度 A_0 に等しくなる．

C_E による遮断周波数は，増幅度 A_{LE} が中域周波数領域の増幅度 A_0 の $1/\sqrt{2}$ 倍になる周波数として以下のように求めることができる．

$$\left|\frac{A_{LE}}{A_0}\right|\cong\frac{\beta R}{r_{ie}+(\beta+1)|Z_E|}\cdot\frac{r_{ie}}{\beta R}=\frac{r_{ie}}{r_{ie}+(\beta+1)|Z_E|}$$

$$=\frac{r_{ie}}{r_{ie}+(\beta+1)R_E/\sqrt{1+(\omega C_E R_E)^2}}=\frac{1}{\sqrt{2}}$$

$$f_{LE}=\frac{1}{2\pi C_E R_E}\sqrt{\left(\frac{(\beta+1)R_E}{0.4142r_{ie}}\right)^2-1}\cong\frac{\beta+1}{2\pi\times0.4142C_E r_{ie}}$$

$$=\frac{\beta+1}{2.6C_E r_{ie}}\cong\frac{\beta}{2.6C_E r_{ie}}\tag{7.80}$$

また，出力電圧とその位相 ϕ_{LE} は以下のように求めることができる．まず，出力電圧は式(7.79)から以下のように求められる．

$$v_o=A_{LE}v_i=-\frac{\beta R v_i}{r_{ie}+(\beta+1)\dfrac{R_E}{1+j\omega C_E R_E}}$$

$$= -\frac{\beta R v_i (1+j\omega C_E R_E)}{r_{ie}+(\beta+1)R_E+j\omega C_E R_E r_{ie}} \qquad (7.81)$$

$(\beta+1)R_E \cong \beta R_E \gg r_{ie}$ なので，v_o は次のように近似することができる．

$$v_o = -\frac{\beta R v_i (1+j\omega C_E R_E)}{\beta R_E + j\omega C_E R_E r_{ie}}$$

$$= \frac{\beta R v_i \varepsilon^{-j\pi}}{R_E} \cdot \frac{\beta+(\omega C_E)^2 R_E r_{ie} + j\omega C_E(\beta R_E - r_{ie})}{\beta^2+(\omega C_E r_{ie})^2} \qquad (7.82)$$

これより，出力電圧の位相 ϕ_{LE} は

$$\phi_{LE} = -\pi+\theta = -\pi+\tan^{-1}\left\{\frac{\omega C_E(\beta R_E - r_{ie})}{\beta+(\omega C_E)^2 R_E r_{ie}}\right\} \qquad (7.83)$$

となる．増幅度と出力電圧の位相の式には電流増幅率 β が含まれており，β が大きくなると増幅度と位相の変化が起こる周波数が高くなり，バイパスコンデンサ C_E の影響が大きくなる．これは，インピーダンス Z_E をベース側に換算したときの値が大きくなり，ベース電流が減少し，増幅度の低下が大きくなるためである．

（4）　周波数特性のまとめ

図 7.35 に増幅度の周波数特性を，**図 7.36** に位相の周波数特性を示す．図 7.35(a) から高域周波数領域における増幅度の周波数特性を良くするためには，できるだけ容量 C_O を小さくする必要がある．トランジスタの電流増幅率 β は，高域周波数領域では周波数が上がると少しずつ低下する．β が 1 になる周波数を**遷移周波数**もしくは**トランジッション周波数** (transition frequency) という．記号は f_T を用いる．トランジスタの増幅動作の限界となる周波数であり，f_T が高いものほど周波数特性が良いことになる．したがって，高域周波数領域における増幅度の周波数特性を良くするためには，f_T の高いトランジスタを使うことも必要になる．

図 7.35(b)，(c) を見ると，低域周波数領域では結合コンデンサ C_2 よりもバイパスコンデンサ C_E による影響が大きく，低周波の信号を増幅するときは，C_E の容量を十分に大きくしておく必要がある．それぞれの計算は，$r_{ce}=50\,\mathrm{k\Omega}$，$R_C=2.1\,\mathrm{k\Omega}$，$R'_C=2\,\mathrm{k\Omega}$，$R_L=2\,\mathrm{k\Omega}$，$R=1\,\mathrm{k\Omega}$，$\beta=100$，$R_E=240\,\Omega$，$r_{ie}=1.8\,\mathrm{k\Omega}$ で行っているが，この条件下では，C_E によって決まる遮断周波数 f_{LE} が C_2 によって決まる遮断周波数 f_{L2} よりも高く，したがって低域遮断周波数は f_{LE} になる．

(a)　低域遮断周波数：f_{LE}

(b)　高域遮断周波数：f_H

高域周波数領域における出力電圧の位相は図 7.36(a) のように，周波数とともに

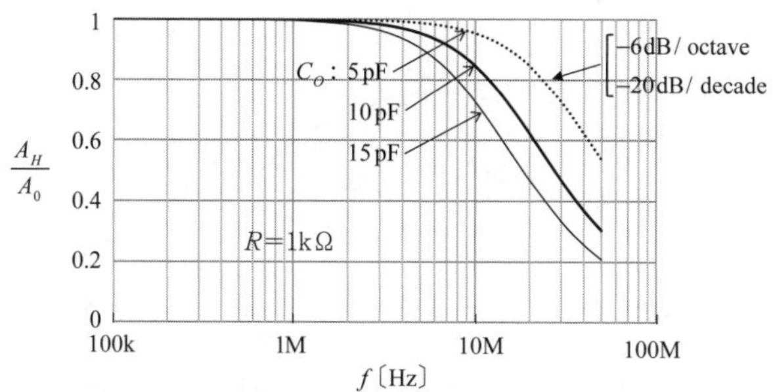

(a) 容量 C_O を考慮したときの増幅度の周波数特性

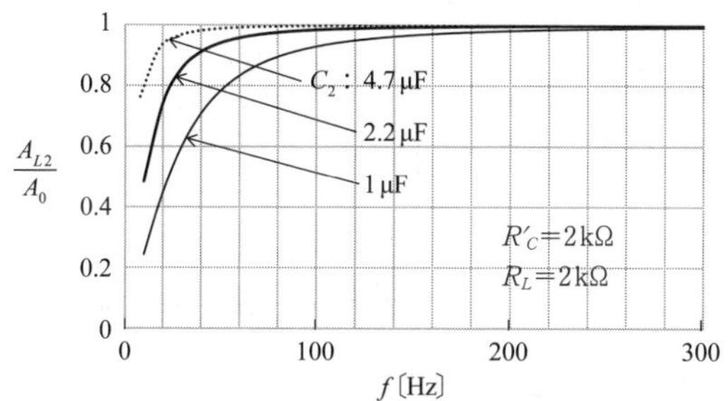

(b) 結合コンデンサ C_2 を考慮したときの増幅度の周波数特性

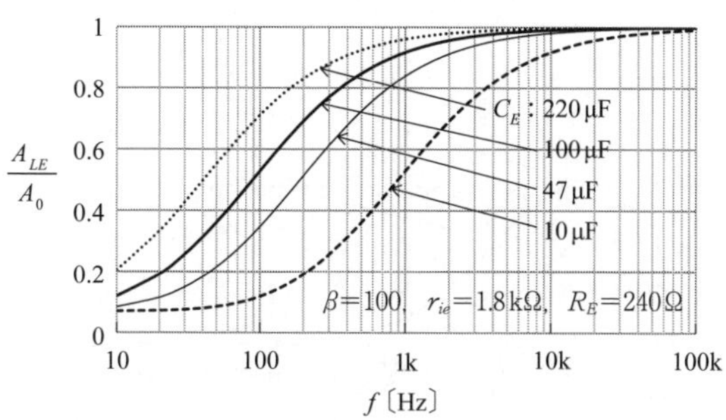

(c) バイパスコンデンサ C_E を考慮したときの増幅度の周波数特性

図 7.35 増幅度の周波数特性

遅れていく．低域周波数領域における位相は，結合コンデンサ C_2 による変化とバイパスコンデンサ C_E による変化が異なり，それぞれ図 7.36(b) と (c) のようになる．周波数が低下すると，基本的に位相が進む．

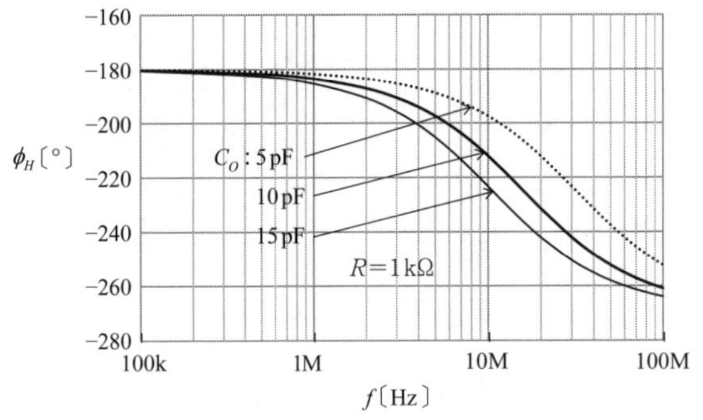

(a) 容量 C_O を考慮したときの位相の周波数特性

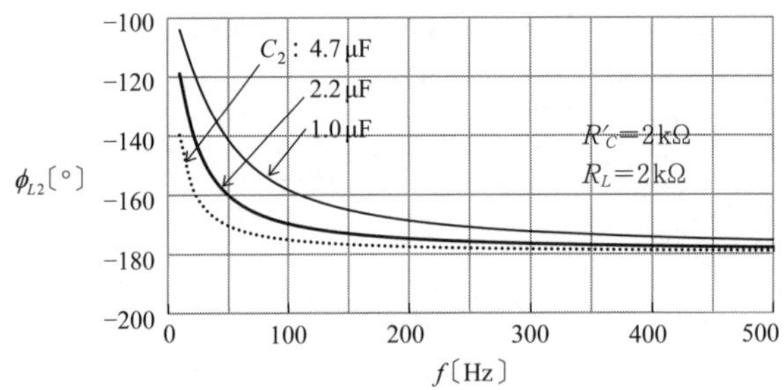

(b) 結合コンデンサ C_2 を考慮したときの位相の周波数特性

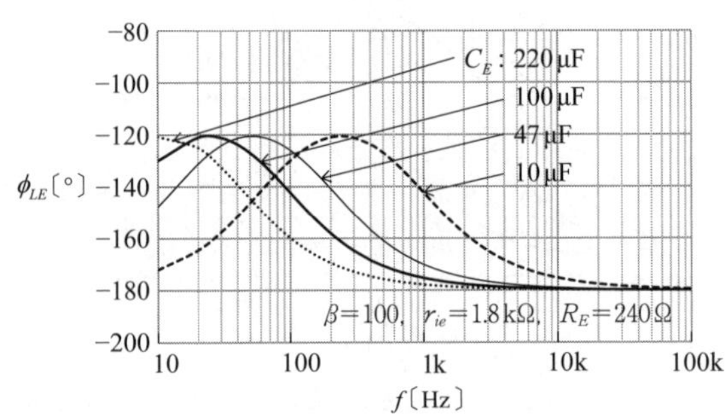

(c) バイパスコンデンサ C_E を考慮したときの位相の周波数特性

図 7.36 出力電圧の位相の周波数特性

【例題 7.5】

図 7.24 において，以下の条件のときの帯域幅を求めよ．ただし，$f_{L2}<f_{LE}$ とする．$C_O=10$ pF，$r_{ce}=50$ kΩ，$R_C=1.5$ kΩ，$R_L=2.2$ kΩ，$\beta=200$，$r_{ie}=1.6$ kΩ，$C_E=47$ μF

(解)　$$R=\frac{1}{\dfrac{1}{r_{ce}}+\dfrac{1}{R_C}+\dfrac{1}{R_L}}=\frac{1}{\dfrac{1}{50\ \mathrm{k\Omega}}+\dfrac{1}{1.5\ \mathrm{k\Omega}}+\dfrac{1}{2.2\ \mathrm{k\Omega}}}=0.8763\ \mathrm{k\Omega}=876.3\ \Omega$$

$$f_H=\frac{1}{2\pi C_o R}=\frac{1}{2\pi\times10\times10^{-12}\times876.3}=1.817\times10^{7}\ \mathrm{Hz}\cong18.2\ \mathrm{MHz}$$

$$f_{LE}=\frac{\beta+1}{2.6C_E r_{ie}}=\frac{201}{2.6\times47\times10^{-6}\times1.6\times10^{3}}=\frac{201\times10^{3}}{2.6\times47\times1.6}$$

$$=1.028\ \mathrm{kHz}\cong1.03\ \mathrm{kHz}$$

帯域幅は，BW＝1.03 kHz～18.2 MHz になる．

---

［2］ FET 増幅回路

FET も電極間に容量が存在し，このために高周波に対する等価回路は**図 7.37** のようになる．したがって，増幅度はトランジスタ増幅回路と同様に周波数に対して変化する．

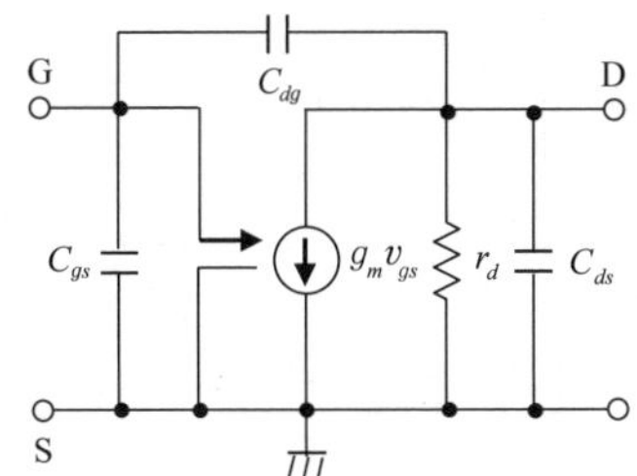

図 7.37　FET の高周波に対する等価回路

（1） 中域周波数領域

ソース接地の FET 増幅回路と等価回路を**図 7.38** に示す．

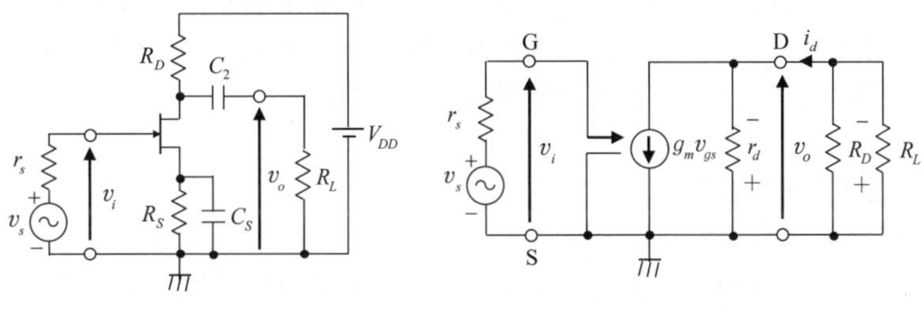

図 7.38　ソース接地の FET 増幅回路と等価回路

図(b)より増幅度 A_0 は以下のようになる.

$$A_0=\frac{v_o}{v_i}=-\frac{g_m v_i R}{v_i}=-g_m R=g_m R\varepsilon^{-j\pi} \qquad (7.84)$$

ただし, $R=1\Big/\left(\dfrac{1}{r_d}+\dfrac{1}{R_D}+\dfrac{1}{R_L}\right)$

また, 出力電圧の入力電圧に対する位相 ϕ_0 は増幅度の位相に等しく, トランジスタ増幅回路と同じになる.

$$\phi_0=\angle A_0=-\pi \qquad (7.85)$$

(2) 高域周波数領域

図7.38(a)において, FETの入出力容量と配線などの浮遊容量を合計した容量を C_O とすると, ソース接地FET増幅回路の等価回路は**図7.39**になる.

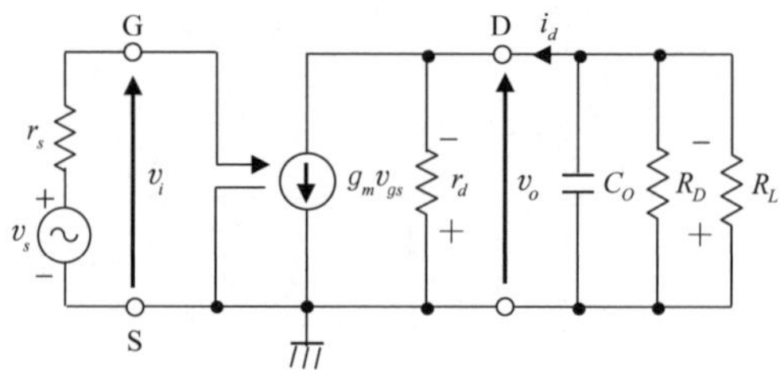

図7.39 C_O を考慮した高域周波数領域での等価回路

増幅度 A_H は

$$Z=\frac{R}{1+j\omega C_O R},\quad v_o=-g_m v_{gs} Z=-\frac{g_m v_i R}{1+j\omega C_O R}$$

$$A_H=\frac{v_o}{v_i}=-\frac{g_m R}{1+j\omega C_O R}=\frac{A_0}{1+j\omega C_O R} \qquad (7.86)$$

となる. 式(7.86)はエミッタ接地トランジスタ増幅回路の増幅度(式(7.64))と基本的に同じなる. したがって, 高域遮断周波数 f_H や増幅度 A_H と出力電圧の位相 ϕ_H の周波数特性もトランジスタ増幅回路と同じになる.

(3) 低域周波数領域

〈1〉結合コンデンサ C_2 の影響

等価回路は**図7.40**(a)になる. 電流源 $g_m v_{gs}$ を電圧源に変換すると出力側の等価回路である図(b)が得られる. 増幅度 A_{L2} は

$$A_{L2}=-\frac{g_m v_i R_D'}{v_i}\cdot\frac{R_L}{R_D'+R_L-j\dfrac{1}{\omega C_2}}=-g_m\frac{R_D' R_L}{R_D'+R_L}\cdot\frac{1}{1-j\dfrac{1}{\omega C_2(R_D'+R_L)}}$$

$$=-g_m R\cdot\frac{1}{1-j\dfrac{1}{\omega C_2(R_D'+R_L)}}=A_0\cdot\frac{1}{1-j\dfrac{1}{\omega C_2(R_D'+R_L)}} \qquad (7.87)$$

になり，エミッタ接地トランジスタ増幅回路の増幅度の式 (7.73) において R_C' を R_D' に置き換えたときと同じ式になる．したがって，遮断周波数 f_{L2} や増幅度 A_{L2} と出力電圧の位相 ϕ_{L2} の周波数特性も，R_C' を R_D' に置き換えればトランジスタ増幅回路の式から同様に得ることができる．

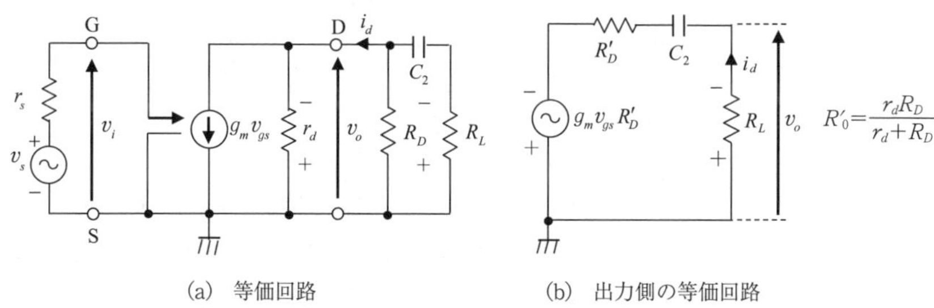

(a)　等価回路　　(b)　出力側の等価回路

図 7.40　C_2 を考慮した低域周波数領域での等価回路

〈2〉　バイパスコンデンサ C_S の影響

ソースに接続されている抵抗 R_S とバイパスコンデンサ C_S のインピーダンスを Z_S とすると，等価回路は**図 7.41** のようになる．

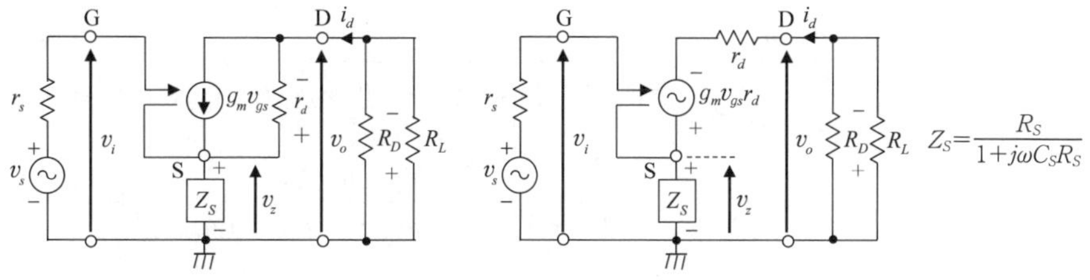

(a)　電流源を使用した等価回路　　(b)　電圧源を使用した等価回路

図 7.41　C_S を考慮した低域周波数領域での等価回路

図 7.41(b) からゲート-ソース間電圧 v_{gs} が

$$v_{gs}=v_i-v_z=v_i-g_m v_{gs} r_d\frac{Z_S}{r_d+R_L'+Z_S}$$

$$v_{gs}=\frac{v_i}{1+\dfrac{g_m r_d Z_S}{r_d+R_L'+Z_S}}=\frac{(r_d+R_L'+Z_S)v_i}{r_d+R_L'+(1+g_m r_d)Z_S} \qquad (7.88)$$

ただし，$R_L'=\dfrac{R_D R_L}{R_D+R_L}$

として求められる．これより，出力電圧 v_o と増幅度 A_{LS} は以下のようになる．

$$v_o=-g_m v_{gs} r_d \frac{R_L'}{r_d+R_L'+Z_S}=-\frac{g_m r_d R_L'}{r_d+R_L'+Z_S}\cdot\frac{(r_d+R_L'+Z_S)v_i}{r_d+R_L'+(1+g_m r_d)Z_S}$$

$$=-\frac{g_m r_d R_L' v_i}{r_d+R_L'+(1+g_m r_d)Z_S}=-\frac{g_m R v_i}{1+\dfrac{1+g_m r_d}{r_d+R_L'}Z_S} \qquad (7.89)$$

$$A_{LS}=-\frac{g_m R}{1+\dfrac{1+g_m r_d}{r_d+R_L'}Z_S}=\frac{A_0}{1+\dfrac{1+g_m r_d}{r_d+R_L'}Z_S} \qquad (7.90)$$

ただし，$R=\dfrac{r_d R_L'}{r_d+R_L'}=1\Big/\left(\dfrac{1}{r_d}+\dfrac{1}{R_D}+\dfrac{1}{R_L}\right)$，$Z_S=\dfrac{R_S}{1+j\omega C_S R_S}$

バイパスコンデンサ C_S による低域遮断周波数は以下のように求めることができる．

$$\left|\frac{A_{LS}}{A_0}\right|=\frac{1}{1+\dfrac{1+g_m r_d}{r_d+R_L'}\cdot\dfrac{R_S}{\sqrt{1+(\omega C_S R_S)^2}}}=\frac{1}{\sqrt{2}}$$

$$f_{LS}=\frac{1}{2\pi C_S R_S}\sqrt{\left(\frac{g_m r_d R_S}{0.4142(r_d+R_L')}\right)^2-1}\cong\frac{g_m r_d}{2.6C_S(r_d+R_L')} \qquad (7.91)$$

また，出力電圧の位相は以下のようになる．

$$\left.\begin{aligned} v_o&=-\frac{g_m R v_i}{1+\dfrac{1+g_m r_d}{r_d+R_L'}Z_S}=\frac{g_m R v_i \varepsilon^{-j\pi}}{1+\dfrac{1+g_m r_d}{r_d+R_L'}\cdot\dfrac{R_S(1-j\omega C_S R_S)}{1+(\omega C_S R_S)^2}} \\ \phi_{LS}&=-\pi+\theta=-\pi+\tan^{-1}\left[\frac{(1+g_m r_d)\omega C_S R_S^2}{(r_d+R_L')\{1+(\omega C_S R_S)^2\}+(1+g_m r_d)R_S}\right] \end{aligned}\right\} \qquad (7.92)$$

以上の結果をもとに，FET の g_m=40 mS，r_d=50 kΩ および R_S=750 Ω，R_D=3 kΩ，R_L=3.9 kΩ として周波数に対する増幅度と出力電圧の位相を計算した．その結果を**図 7.42** に示すが，トランジスタの特性と同様な周波数特性が得られる．図 (a) より，低周波の入力信号を増幅するときは，C_S の容量を十分に大きくしておく必要がある．

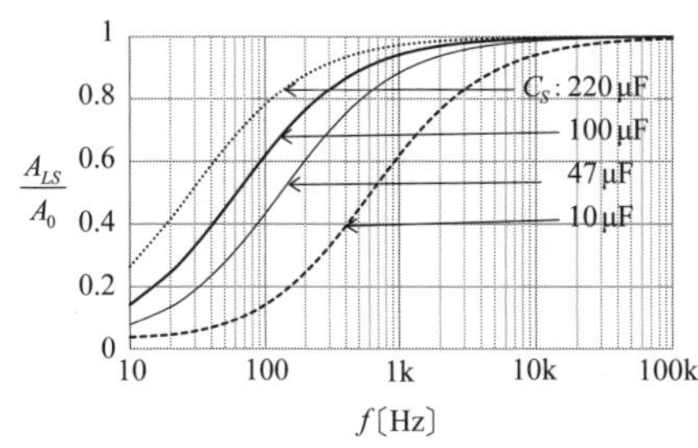

(a)　増幅度の周波数特性

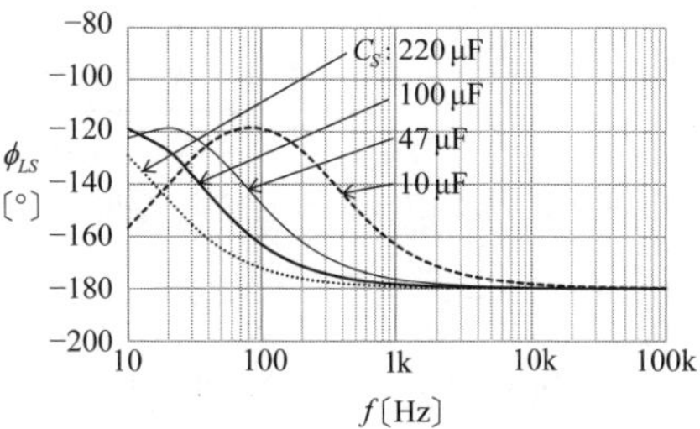

(b)　出力電圧の位相の周波数特性

図 7.42　バイパスコンデンサ C_S を考慮したときの周波数特性

7.5　CR 結合 2 段増幅回路

図 7.43 は，トランジスタを用いた CR 結合 2 段増幅回路（a）とその等価回路（b）である．これより，増幅度を求めることができる．

1 段目の増幅回路の負荷抵抗 R_{L1} は

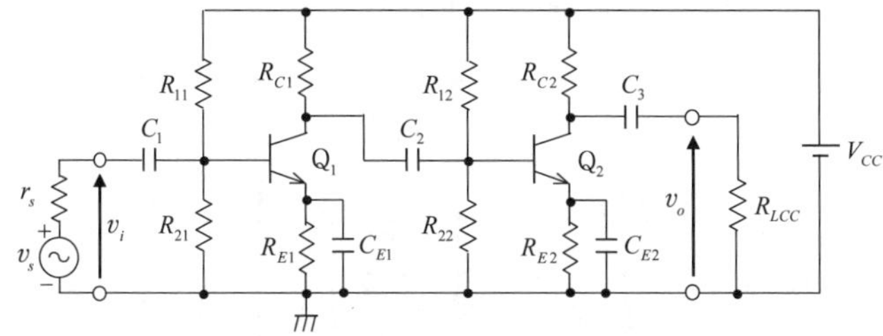

(a)　トランジスタを用いた CR 結合 2 段増幅回路

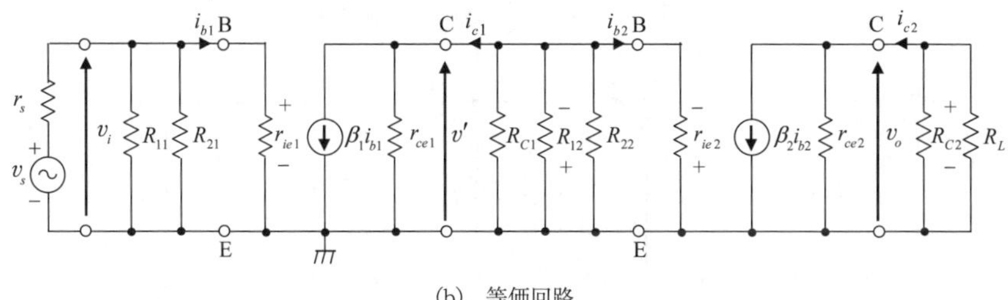

(b)　等価回路

図 7.43　トランジスタを用いた CR 結合 2 段増幅回路とその等価回路

$$R_{L1}=\frac{1}{\dfrac{1}{r_{ce1}}+\dfrac{1}{R_{C1}}+\dfrac{1}{R_{12}}+\dfrac{1}{R_{22}}+\dfrac{1}{r_{ie2}}}$$

となる．これより，1段目の増幅度 A_{v1} は

$$A_{v1}=\frac{v'}{v_i}=-\frac{\beta_1 i_{b1}}{i_{b1}r_{ie1}}R_{L1}=-\beta_1\frac{R_{L1}}{r_{ie1}} \qquad (7.93)$$

になる．また，2段目の増幅度 A_{v2} は負荷抵抗を R_{L2} とすると

$$R_{L2}=\frac{1}{\dfrac{1}{R_{ce2}}+\dfrac{1}{R_{C2}}+\dfrac{1}{R_L}},\quad A_{v2}=\frac{v_o}{v'}=-\frac{\beta_2 i_{b2}}{i_{b2}r_{ie2}}R_{L2}=-\beta_2\frac{R_{L2}}{r_{ie2}} \qquad (7.94)$$

になる．このときの全体の増幅度 A_v は次式で与えられる．

$$A_v=A_{v1}\cdot A_{v2} \qquad (7.95)$$

図 7.44 は，FET を用いた CR 結合 2 段増幅回路とその等価回路である．これより，増幅度を求めることができる．

$$A_{v1}=\frac{v'}{v_i}=-g_{m1}R_{L1} \qquad (7.96),\quad A_{v2}=\frac{v_o}{v'}=-g_{m2}R_{L2} \qquad (7.97)$$

$$A_v=A_{v1}\cdot A_{v2}=g_{m1}R_{L1}\cdot g_{m2}R_{L2} \qquad (7.98)$$

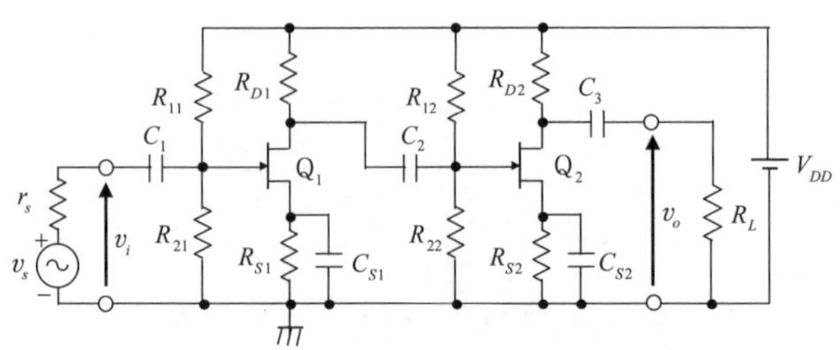

(a)　FET を用いた CR 結合 2 段増幅回路

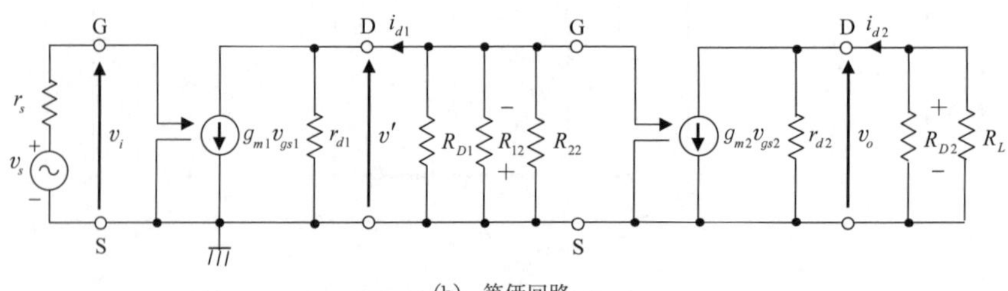

(b)　等価回路

図 7.44　FET を用いた CR 結合 2 段増幅回路とその等価回路

$$\text{ただし，}R_{L1}=\frac{1}{\dfrac{1}{r_{d1}}+\dfrac{1}{R_{D1}}+\dfrac{1}{R_{12}}+\dfrac{1}{R_{22}}},\quad R_{L2}=\frac{1}{\dfrac{1}{r_{d2}}+\dfrac{1}{R_{D2}}+\dfrac{1}{R_L}}$$

演習問題

1. **図 7.45** の CR 結合増幅回路において，トランンジスタのコレクタ抵抗 r_{ce} を考慮し，直流負荷線と交流負荷線の傾きを求めよ．動作点の電圧・電流を $V_{CE}=4.6\text{ V}$，$I_C=2\text{ mA}$，トランジスタ Q のアーリー電圧を $V_A=80\text{ V}$ とする．

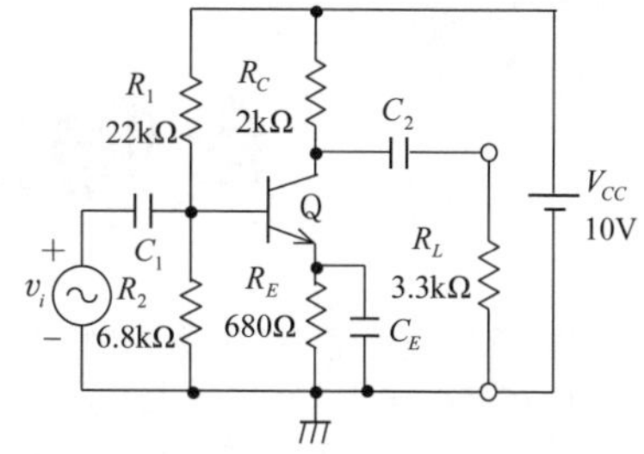

図 7.45 CR 結合増幅回路

2. $r_b=50\ \Omega$，$\beta=199$，$r_{ce}=50\text{ k}\Omega$ のトランジスタを使用した増幅回路において，各接地方式（ベース接地：図 7.9，エミッタ接地：図 7.10，コレクタ接地：図 7.11）の動作量を表 7.2 の式をもとに求めよ．ただし，動作時のエミッタ抵抗を $r_e=9\ \Omega$，$R_L=2.7\text{ k}\Omega$，$r_s=500\ \Omega$ とする．また，コレクタ接地増幅回路における抵抗を $R_1=15\text{ k}\Omega$，$R_2=16\text{ k}\Omega$ とする．
3. $r_d=50\text{ k}\Omega$，$g_m=30\text{ mS}$ の FET を使用した増幅回路において，各接地方式（ソース接地：図 7.17，ドレイン接地：図 7.18，ゲート接地：図 7.20）における動作量を表 7.4 の式をもとに求めよ．ただし，$R_L=3\text{ k}\Omega$ とする．また，ゲート接地増幅回路における抵抗を，$r_s=500\ \Omega$，$R_S=1\text{ k}\Omega$ とする．
4. $r_d=60\text{ k}\Omega$，$g_m=30\text{ mS}$ の FET を使用したソース接地増幅回路（図 7.38(a)）において，$C_S=100\ \mu\text{F}$，$C_2=2.2\ \mu\text{F}$，$R_S=1\text{ k}\Omega$，$R_D=2\text{ k}\Omega$，$R_L=3.3\text{ k}\Omega$ のとき帯域幅を求めよ．なお，ドレイン-ソース間の容量（図 7.39 の C_O）を $C_O=15\text{pF}$ とする．
5. **図 7.46** の CR 結合 2 段増幅回路の 1 段目の増幅度 A_{v1}，2 段目の増幅度 A_{v2} と総合増幅度 A_v を求めよ．なお，トランジスタ Q_1 および Q_2 の入力抵抗を $r_{ie1}=1.8\text{ k}\Omega$，$r_{ie2}=2.0\text{ k}\Omega$，コレクタ抵抗を $r_{ce1}=r_{ce2}=50\text{ k}\Omega$，電流増幅率を $\beta_1=150$，$\beta_2=180$ とする．

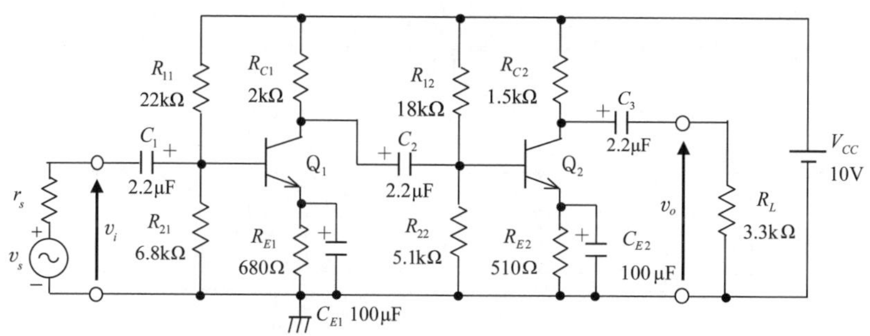

図 7.46 CR 結合 2 段増幅回路

負帰還増幅回路

増幅回路の出力の一部を入力側に戻すことを**帰還**(feedback)という．そのうち，増幅度が高くなるように入力と同一極性の出力を帰還する場合を**正帰還**(positive feedback)，逆に増幅度が減少するように入力と逆極性の出力を帰還することを**負帰還**(negative feedback)という．負帰還をかけると増幅度は低下するが，安定性が増す，ノイズが軽減する，周波数帯域幅が広くなる，入力インピーダンスを上げ出力インピーダンスを下げることができるなど，特性を改善することができる．

第8章では**負帰還増幅回路**の構成と特徴について説明する．

8.1　負帰還増幅回路の原理

図8.1は，負帰還増幅回路の構成を示したものである．図(a)において，増幅回路の出力電圧の一部が，帰還回路を通して入力側に負帰還されている．出力電圧 v_o に対する帰還電圧 v_f の割合 $H_v(H_v=v_f/v_o)$ を**帰還率**という．入力電圧を v_i，出力電圧を v_o，増幅器の入力電圧を v_i'，増幅器の電圧増幅度を A_v，負帰還増幅回路としての電圧増幅度を A_{vf} とすると以下の式が成り立つ．

$$v_i'=v_i-v_f=v_i-H_v v_o \qquad (8.1)$$

$$v_o=A_v v_i'=A_v(v_i-H_v v_o),\quad v_o=\frac{A_v}{1+A_v H_v}v_i=A_{vf}v_i$$

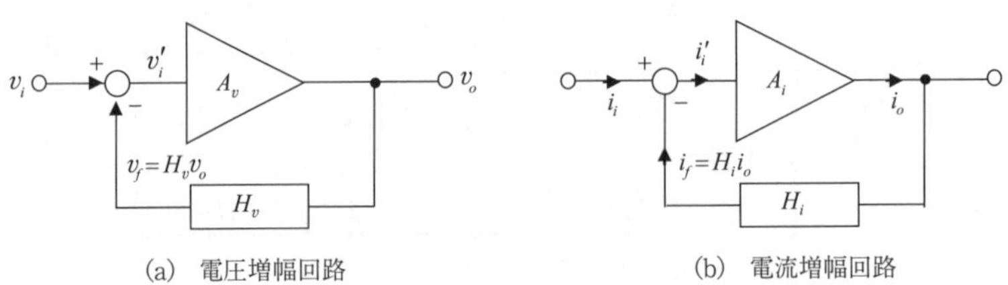

図8.1　負帰還増幅回路の構成

$$A_{vf}=\frac{A_v}{1+A_vH_v} \quad (8.2), \text{ ただし, } A_v=\frac{v_o}{v_i'}, \ H_v=\frac{v_f}{v_o} \quad (8.3)$$

このように，負帰還をかけると電圧増幅度が低下することになる．

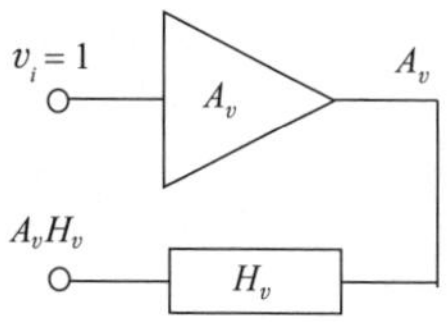

式(8.2)において，A_vH_v は**図8.2**に示すように負帰還増幅回路を一巡したときの利得であり，これを**ループ利得**(loop gain)という．

図8.2 ループ利得

ループ利得が $A_vH_v \gg 1$ のときの増幅度は

$$A_{vf}\cong\frac{A_v}{A_vH_v}=\frac{1}{H_v} \quad (8.4)$$

となり，帰還率で決まる値になる．したがって，トランジスタの特性や抵抗などの回路定数がばらついても変化せず，安定した増幅度を得ることができる．

図8.1(b)は負帰還増幅回路を電流増幅回路と考えたときの構成を示したものである．入力電流を i_i，増幅器の入力電流を i_i'，出力電流を i_o，電流増幅度を A_i，負帰還増幅回路としての電流増幅度を A_{if}，帰還率を H_i とすると，電圧増幅回路と同様な関係式が得られる．

$$i_i'=i_i-i_f=i_i-H_ii_o \quad (8.5)$$

$$i_o=A_ii_i'=A_i(i_i-H_ii_o), \quad i_o=\frac{A_i}{1+A_iH_i}v_i=A_{if}v_i$$

$$A_{if}=\frac{A_i}{1+A_iH_i} \quad (8.6), \text{ ただし, } A_i=\frac{i_o}{i_i'}, \ H_i=\frac{i_f}{i_o} \quad (8.7)$$

である．

【例題8.1】

電圧増幅度60 dBの増幅回路に，帰還率を $H_v=0.03$ として負帰還をかけたときの負帰還増幅回路の電圧増幅度 A_{vf} を求めよ．

（解） $G_v=20\log_{10}A_v=60$ dB，$A_v=1000$

$$A_{vf}=\frac{A_v}{1+A_vH_v}=\frac{1000}{1+1000\times0.03}=32.3$$

8.2 負帰還の方式

帰還方式には4種類がある．出力端子間に並列に帰還回路を接続し電圧を取り出す並列帰還と，負荷抵抗に直列に帰還回路を接続し出力電流(出力電圧)に比例した電圧を取り出す直列帰還がある．並列帰還は電圧を取り出すので，電圧帰還とも呼ばれている．直列帰還は電流を取り出すので，電流帰還とも呼ばれている．また，取り出した電圧・電流を入力回路に並列に加えるか直列に加えるかによって，並列注入と直列注入に分けられる．並列注入は電流を帰還するので電流注入，直列帰還は電圧を帰還するので電圧注入とも呼ばれている．それらを**図 8.3** に示す．

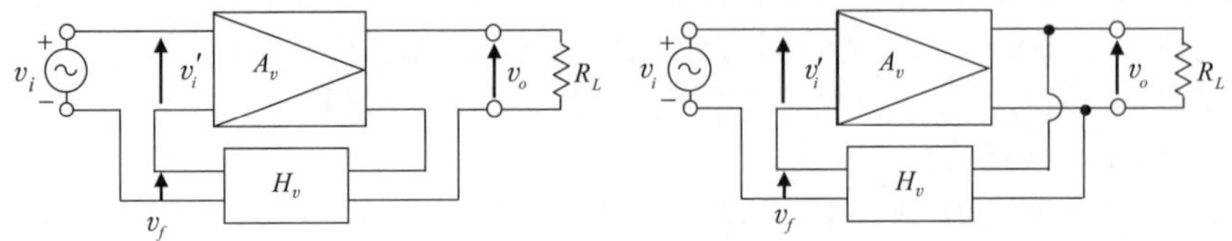

v_i：入力電圧，v_i'：増幅器の入力電圧，v_o：出力電圧，v_f：帰還電圧

(a)　直列帰還-直列注入形　　(b)　並列帰還-直列注入形

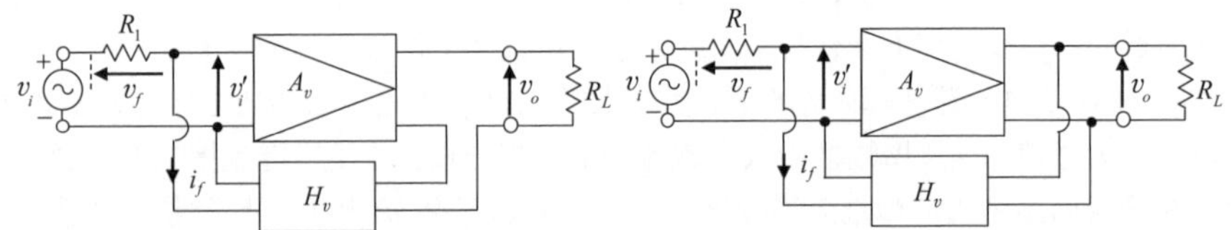

v_i：入力電圧，v_i'：増幅器の入力電圧，v_o：出力電圧，v_f：帰還電圧，i_f：帰還電流

(c)　直列帰還-直列注入形　　(d)　並列帰還-直列注入形

図 8.3　負帰還増幅回路の帰還方式

図 8.3(a)，(b) は直列注入形の負帰還増幅回路である．図 (a) の回路では負荷抵抗 R_L に直列に帰還回路が接続されており，帰還回路の出力側に生じる電圧が帰還電圧 v_f に変換され，入力電圧 v_i に直列に帰還されている．図 (b) の回路では，出力電圧の一部が帰還回路を通して帰還電圧 v_f に変換され，入力電圧 v_i に直列に帰還されている．出力電圧が変化するとこれに比例して帰還電圧 v_f が変化し，負帰還がかかる．

図 8.3(c),(d) は並列注入形の負帰還増幅回路である．この回路では帰還電流 i_f によって抵抗 R_1 に生じる電圧が帰還電圧 v_f になる．出力電圧が変化すると帰還電流 i_f が変化し，帰還電圧 v_f が変化する．図 (c) の回路では負荷抵抗 R_L に直列に帰還回路が接続されており，帰還回路の出力側に生じる電圧によって帰還電流 i_f が変化する．図 (d) の回路では出力電圧によって帰還回路の入力側に流れる帰還電流 i_f が変化する．この動作により負帰還がかかる．なお，各帰還方式における増幅率 A_v と帰還率 H_v の定義は同じであり，式 (8.3) で与えられる．

図 8.4 は負帰還増幅回路の各帰還方式における回路例（交流回路例）と動作波形を示したものである．図 8.3 と対比して見てほしい．

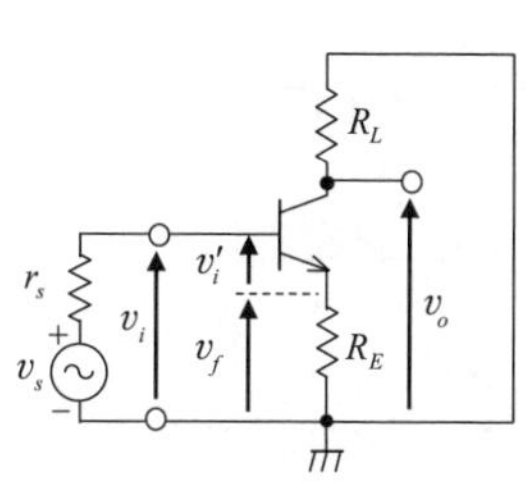

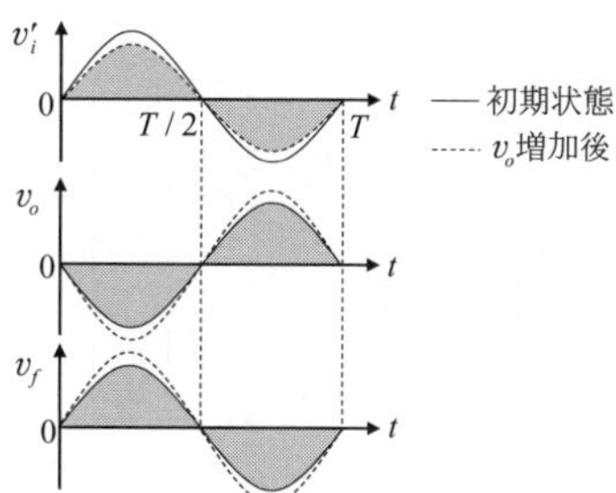

増幅器の入力電圧 v_i' と出力電圧 v_o および出力電圧 v_o と帰還電圧 v_f は逆相になる．増幅度（$A_v=v_o/v_i'$）と帰還率（$H_v=v_f/v_o$）は負になる．v_o が増加すると，v_f が増加し v_i' が減少する．

(a)　直列帰還-直列注入形

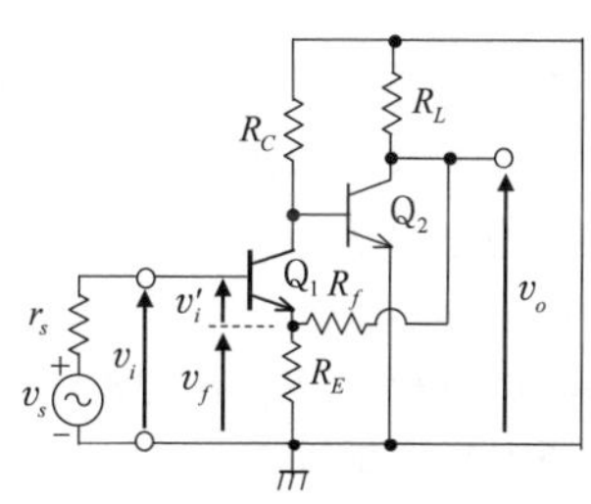

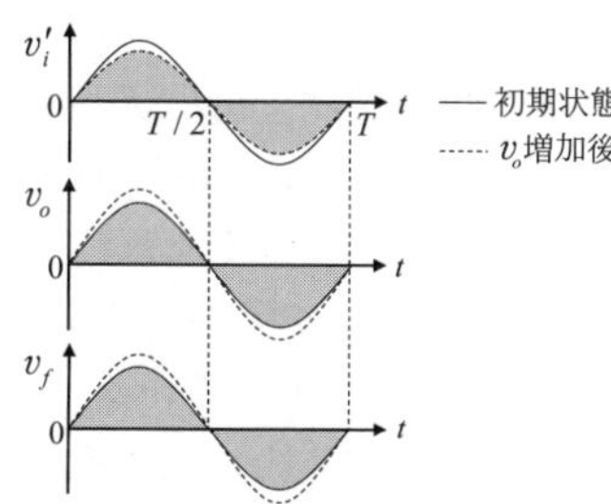

増幅器の入力電圧 v_i' と出力電圧 v_o および出力電圧 v_o と帰還電圧 v_f は同相になる．増幅度（$A_v=v_o/v_i'$）と帰還率（$H_v=v_f/v_o$）は正になる．v_o が増加すると，v_f が増加し v_i' が減少する．

(b)　並列帰還-直列注入形

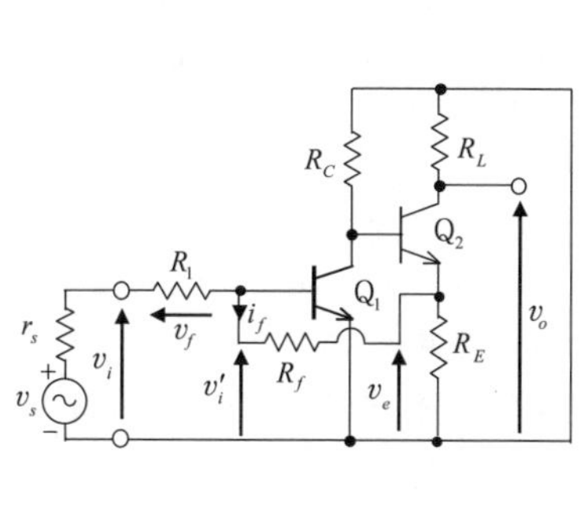

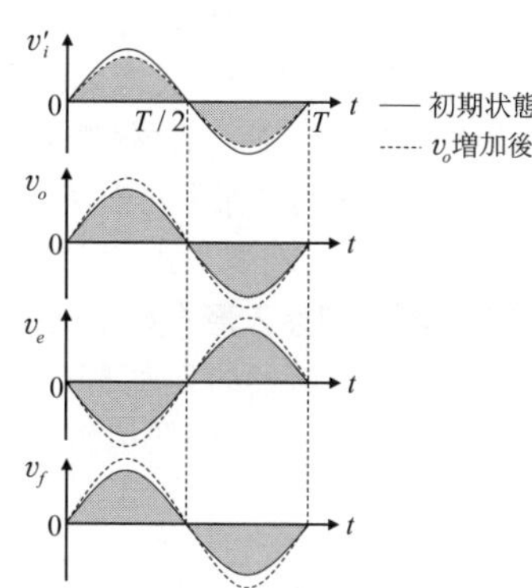

増幅器の入力電圧 v_i' と出力電圧 v_o および出力電圧 v_o と帰還電圧 v_f は同相になる．増幅度（$A_v=v_o/v_i'$）と帰還率（$H_v=v_f/v_o$）は正になる．v_o が増加すると，v_f が増加し v_i' が減少する．

(c)　並列帰還-並列注入形

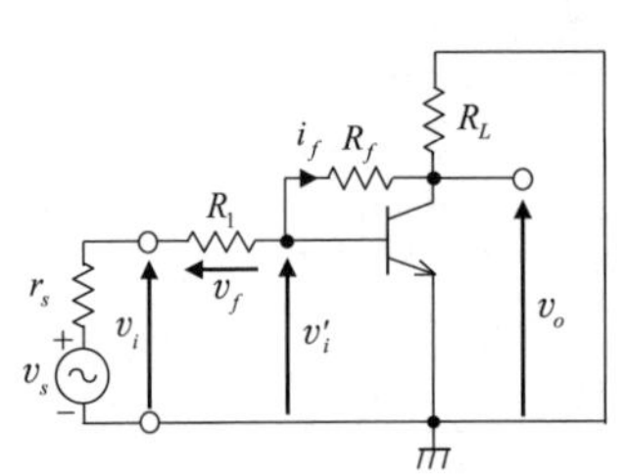

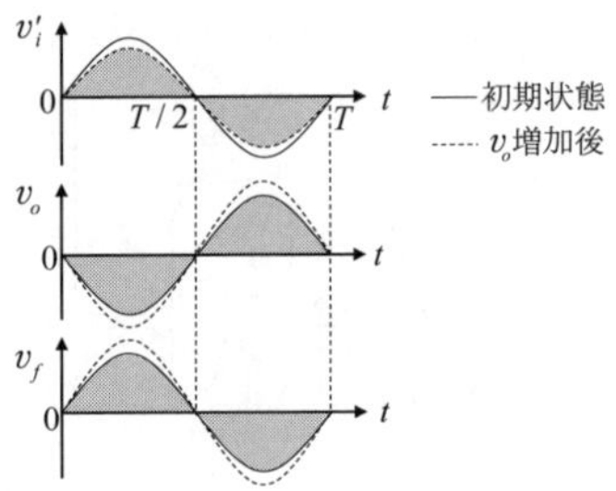

増幅器の入力電圧 v_i' と出力電圧 v_o および出力電圧 v_o と帰還電圧 v_f は逆相になる．増幅度（$A_v=v_o/v_i'$）と帰還率（$H_v=v_f/v_o$）は負になる．v_o が増加すると，v_f が増加し v_i' が減少する．

(d)　並列帰還–並列注入形

図 8.4　負帰還増幅回路の各帰還方式のおける回路例（交流回路例）と動作波形

図 8.4(a) の回路では，抵抗 R_E に生じる電圧を v_f としてトランジスタのエミッタに帰還されている．電流増幅率 β の大きいトランジスタではコレクタ電流が増加し，出力電圧 v_o が大きくなる．そうすると帰還電圧 v_f が増加し，v_i' が点線のように減少する．図 8.4 の動作波形において，実線は初期状態を，破線は v_o が大きくなったときの波形を示している．このように負帰還がかかり，出力電圧と増幅度の変化を抑制する．図 (b) の回路では，出力電圧が帰還抵抗 R_f と抵抗 R_E により v_f としてトランジスタのエミッタに帰還されている．出力電圧が大きくなると，帰還電圧 v_f が増加し v_i' が減少する．図 (c) の回路では，抵抗 R_E に生じる電圧が帰還抵抗 R_f と抵抗 R_1 によってトランジスタのベースに帰還されている．出力電圧が大きくなると，抵抗 R_E に発生する電圧 v_e が大きくなり，帰還電圧 v_f も大きくなる．その結果，v_i' が小さくなる．図 (d) の回路では出力電圧が抵抗 R_f と R_1 によってトランジスタのベースに帰還されている．出力電圧が大きくなると，帰還電圧 v_f も増加する．その結果，v_i' が減少する．

ここで，それぞれの帰還方式での増幅度 A_{vf} を求めてみよう．

① **直列帰還–直列注入形**（図 8.4(a)）

出力電圧 v_o と増幅器の入力電圧 v_i' は逆相であり位相が 180° ずれているので，増幅度は負になる．また，出力電圧 v_o と帰還電圧 v_f も逆相であり，帰還率も負になる．

$$\left.\begin{aligned} A_v &= \frac{v_o\varepsilon^{-j\pi}}{v_i'} = -\frac{v_o}{v_i'} \\ H_v &= \frac{v_f}{v_o} = \frac{(\beta+1)R_E}{\beta R_L}\cdot\frac{v_o\varepsilon^{-j\pi}}{v_o} \cong \frac{R_E}{R_L}\varepsilon^{-j\pi} = -\frac{R_E}{R_L} \end{aligned}\right\} \quad (8.8)$$

以上により，負帰還をかけたときの増幅度 A_{vf} は次のようになる．

$$v_i' = v_i - v_f, \quad v_o = A_v v_i' = A_v(v_i - v_f) = A_v(v_i - H_v v_o)$$

$$A_{vf} = \frac{v_o}{v_i} = \frac{A_v}{1 + A_v H_v} = \frac{A_v}{1 + A_v\left(-\dfrac{R_E}{R_L}\right)} \qquad (8.9)$$

増幅度 A_{vf} は負帰還をかけることにより，$1/(1+A_v H_v)$ 倍に低下する.

② **並列帰還-直列注入形**（図 8.4(b)）

出力電圧 v_o は電圧 v_i' と同相になるので，増幅度は正になる．また，出力電圧 v_o と帰還電圧 v_f も同相であり，帰還率も正になる.

$$A_v = \frac{v_o}{v_i'}, \quad H_v = \frac{v_f}{v_o} = \frac{R_E}{R_E + R_f} \qquad (8.10)$$

以上により，負帰還をかけたときの増幅度 A_{vf} は次のようになる.

$$v_i' = v_i - v_f, \quad v_o = A_v v_i' = A_v(v_i - v_f) = A_v(v_i - H_v v_o)$$

$$A_{vf} = \frac{v_o}{v_i} = \frac{A_v}{1 + A_v H_v} = \frac{A_v}{1 + A_v\left(\dfrac{R_E}{R_E + R_f}\right)} \qquad (8.11)$$

増幅度 A_{vf} は負帰還をかけることにより，$1/(1+A_v H_v)$ 倍に低下する.

③ **直列帰還-並列注入形**（図 8.4(c)）

出力電圧 v_o は電圧 v_i' と同相になるので，増幅度は正になる．また，出力電圧 v_o と帰還電圧 v_f も同相であり，帰還率も正になる.

$$A_v = \frac{v_o}{v_i'}, \quad H_v = \frac{v_f}{v_o} = \frac{R_1}{R_1 + R_f} \cdot \frac{(\beta+1) R_E}{\beta R_L} \cong \frac{R_1}{R_1 + R_f} \cdot \frac{R_E}{R_L} \qquad (8.12)$$

以上により，負帰還をかけたときの増幅度 A_{vf} は次のようになる.

$$v_i' = v_i - v_f, \quad v_o = A_v v_i' = A_v(v_i - v_f) = A_v(v_i - H_v v_o)$$

$$A_{vf} = \frac{v_o}{v_i} = \frac{A_v}{1 + A_v H_v} = \frac{A_v}{1 + A_v\left(\dfrac{R_1}{R_1 + R_f} \cdot \dfrac{R_E}{R_L}\right)} \qquad (8.13)$$

増幅度 A_{vf} は負帰還をかけることにより，$1/(1+A_v H_v)$ 倍に低下する.

④ **並列帰還-並列注入形**（図 8.4(d)）

出力電圧 v_o と増幅器の入力電圧 v_i' は逆相であり位相が 180° ずれているので，増幅度は負になる．また，出力電圧 v_o と帰還電圧 v_f も逆相であり，帰還率も負になる.

$$\left.\begin{aligned} A_v &= \frac{v_o \varepsilon^{-j\pi}}{v_i'} = -\frac{v_o}{v_i'} \\ H_v &= \frac{v_f}{v_o} = \frac{R_1}{R_1 + R_f} \cdot \frac{v_o \varepsilon^{-j\pi}}{v_o} = -\frac{R_1}{R_1 + R_f} \end{aligned}\right] \qquad (8.14)$$

以上により，負帰還をかけたときの増幅度 A_{vf} は次のようになる．

$$v_i'=v_i-v_f,\ \ v_o=A_v v_i'=A_v(v_i-v_f)=A_v(v_i-H_v v_o)$$

$$A_{vf}=\frac{v_o}{v_i}=\frac{A_v}{1+A_vH_v}=\frac{A_v}{1+A_v\left(-\dfrac{R_1}{R_1+R_f}\right)} \tag{8.15}$$

増幅度 A_{vf} は負帰還をかけることにより，$1/(1+A_vH_v)$ 倍に低下する．

以上をまとめると増幅度は**表 8.1** のようになる．負帰還増幅回路の増幅度 A_{vf} はすべて $1/(1+A_vH_v)$ 倍に低下することになる．

表 8.1　帰還方式と電圧増幅度

	(a)増幅器の増幅度	(b)負帰還増幅回路の増幅度	(c)$=\dfrac{(b)}{(a)}$
①　直列帰還-直列注入形	A_v	$A_{vf}=\dfrac{A_v}{1+A_vH_v}$	$\dfrac{1}{1+A_vH_v}$
②　並列帰還-直列注入形			
③　直列帰還-並列注入形			
④　並列帰還-並列注入形			

8.3　負帰還増幅回路の利点

負帰還増幅回路は，負帰還をかけることにより増幅度は低下する．しかし，次のように利点があり，広く使用されている．

① 増幅度の安定性が増加する．

② 周波数特性を良くし，帯域幅を広くできる．

③ 増幅器が原因で発生し，出力に現れるひずみや雑音を軽減できる．

④ 入出力インピーダンスを変えることができる．

[1]　増幅度の安定性

トランジスタの電流増幅率 β などにより増幅度が変化すると，出力電圧が変化してしまい安定した増幅動作ができない．しかし，負帰還をかけることにより，安定した増幅度を得ることができる．式 (8.2) を Av で微分すると

$$\frac{dA_{vf}}{dA_v}=\frac{1}{(1+A_vH_v)^2}$$

が得られる．ここに，式 (8.2) を代入し整理すると，dA_{vf}/A_{vf} を求めることができる．

$$\frac{dA_{vf}}{dA_v}=\frac{1}{1+A_vH_v}\cdot\frac{A_{vf}}{A_v}\ \ \Rightarrow\ \ \frac{dA_{vf}}{A_{vf}}=\frac{1}{1+A_vH_v}\cdot\frac{dA_v}{A_v} \tag{8.16}$$

式 (8.16) は負帰還をかけると，A_v の変化率に対する A_{vf} の変化率が $1/(1+A_vH_v)$ に減少することを意味している．その分，増幅度の安定性が増加する．

［2］ 周波数特性の改善

負帰還をかけることにより，周波数特性を改善し帯域幅を拡大することができる．高域周波数領域における増幅度 A_H は式 (8.17) で与えられる．

$$A_H=\frac{A_v}{1+jf/f_H} \qquad (8.17)$$

これより，帰還率 H_v の負帰還をかけたときの増幅度は

$$A_{Hf}=\frac{A_H}{1+A_HH_v}=\frac{\dfrac{A_v}{1+jf/f_H}}{1+\dfrac{A_v}{1+jf/f_H}H_v}$$

$$=\frac{A_v}{1+A_vH_v}\cdot\frac{1}{1+j\dfrac{f}{(1+A_vH_v)f_H}} \qquad (8.18)$$

となる．また，高域遮断周波数 f_{Hf} は式 (8.18) の分母より

$$f_{Hf}=(1+A_vH_v)f_H \qquad (8.19)$$

となる．負帰還をかけると増幅度は $1/(1+A_vH_v)$ 倍に減少するが，高域遮断周波数は $(1+A_vH_v)$ 倍に高くすることができる．

低域周波数領域における増幅度 A_L は式 (8.20) で与えられる．

$$A_L=\frac{A_v}{1-jf_L/f} \qquad (8.20)$$

これより，帰還率 H_v の負帰還をかけたときの増幅度は

$$A_{Lf}=\frac{A_L}{1+A_LH_v}=\frac{\dfrac{A_v}{1-jf_L/f}}{1+\dfrac{A_v}{1-jf_L/f}H_v}$$

$$=\frac{A_v}{1+A_vH_v}\cdot\frac{1}{1-j\dfrac{f_L}{(1+A_vH_v)f}} \qquad (8.21)$$

となる．また，低域遮断周波数が結合コンデンサ C_2 によって決まるとすると，そのときの低域遮断周波数 f_{Lf} は式 (8.21) の分母より

$$f_{Lf}=\frac{f_L}{1+A_vH_v} \qquad (8.22)$$

になる．負帰還をかけると増幅度は $1/(1+A_vH_v)$ 倍に減少するが，低域遮断周波数は $1/(1+A_vH_v)$ 倍に低くすることができる．以上で求めた周波数特性の改善効果を**図8.5**に示す．周波数に対して平坦な領域が広がる．

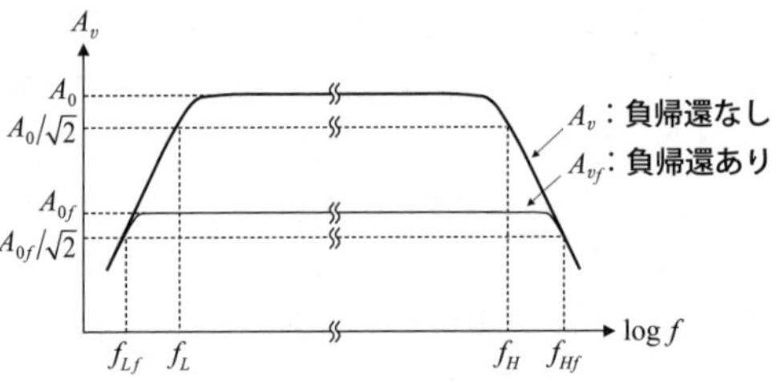

図8.5　負帰還による周波数特性の改善

【例題8.2】

電圧増幅度 30 dB の増幅回路に，帰還率 $H_v=0.05$ で負帰還をかけたときの帯域幅を求めよ．ただし，帰還をかける前の遮断周波数を $f_L=100$ Hz，$f_H=1$ MHz とする．

（解）　$A_v=10^{1.5}=31.6$，$1+A_vH_v=1+31.6\times0.05=2.58$

$$\frac{f_L}{1+A_vH_v}=\frac{100\ \mathrm{Hz}}{2.58}=38.8\ \mathrm{Hz}\cong 39\ \mathrm{Hz}$$

$$(1+A_vH_v)f_H=2.58\times1=2.58\ \mathrm{MHz}\cong 2.6\ \mathrm{MHz}$$

帯域幅 BW＝39 Hz～2.6 MHz

［3］　ひずみや雑音の軽減

非直線ひずみは，振幅がトランジスタの特性の非直線部分に及ぶことによって発生する．たとえば，ベース電流が大きくなると，ある点からはコレクタ電流がベース電流に比例して増加しなくなり，その部分の出力波形が本来の値よりも小さくなりひずんでしまう．したがって，非直線ひずみは多段増幅器の出力段で生じることになる．

図8.6(a) は，負帰還増幅回路の出力電圧にひずみ電圧 v_d が加算された状態を示している．このときの出力電圧は

$$v_i'=v_i-H_vv_o,\quad v_o=A_vv_i'+v_d=A_v(v_i-H_vv_o)+v_d$$

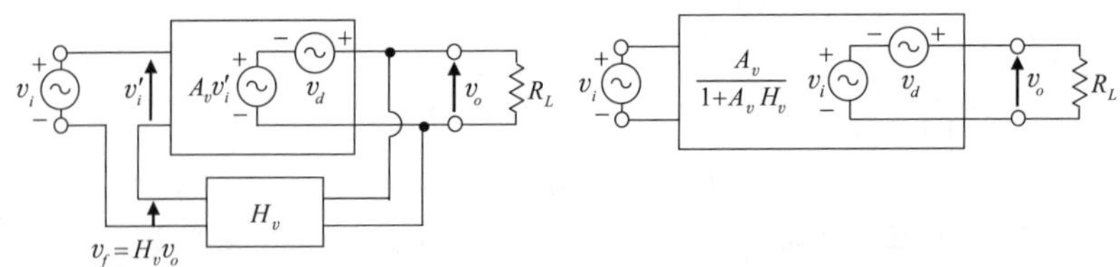

(a)　負帰還増幅回路とひずみ電圧　　　　(b)　増幅回路とひずみ電圧

図8.6　負帰還増幅回路とひずみ電圧 v_d

$$v_o = \frac{A_v}{1+A_vH_v}v_i + \frac{1}{1+A_vH_v}v_d \qquad (8.23)$$

となる．また，ひずみ電圧と出力電圧の比であるひずみ率 γ_f を求めると以下のようになる．

$$\gamma_f = \frac{v_d}{A_v v_i} \qquad (8.24)$$

図(b)は，負帰還がなく増幅度が $A_v/(1+A_vH_v)$ の増幅回路にひずみ電圧 v_d が加算された状態を示している．このときの出力電圧は

$$v_o = \frac{A_v}{1+A_vH_v}v_i + v_d \qquad (8.25)$$

となる．また，ひずみ率 γ を求めると以下のようになり，負帰還があるときのひずみ率 γ_f の $(1+A_vH_v)$ 倍になってしまう．$(1+A_vH_v)$ は非常に大きいために，負帰還をかけることによりひずみ率が非常に小さくなることになる．

$$\gamma = \frac{1+A_vH_v}{A_v}\cdot\frac{v_d}{v_i} = (1+A_vH_v)\gamma_f \qquad (8.26)$$

増幅回路の最終段で発生する雑音については v_d を v_n に置き換えて考えればよく，同様に軽減することができる．

［4］　入力インピーダンスと出力インピーダンス

増幅回路などを縦列接続するとき，前段に影響を与えないようにするためには入力インピーダンスが無限大であることが理想的である．また，後段に影響を与えないようにするためには出力インピーダンスが0であることが理想的である．ところが，広く使われているエミッタ接地増幅回路は，入力インピーダンスが低く，出力インピーダンスが高い．負帰還をかけることにより，これを改善し理想に近づけることができる．

帰還する電圧などを注入するのは入力側であり，注入方法により入力インピーダンス Z_{if} が変化する．直列注入形では，帰還回路のインピーダンス Z_f が負帰還をかける前の入力インピーダンス Z_i に直列に接続されるので，負帰還をかけたときの入力インピーダンス Z_{if} は増加する．並列注入形は帰還回路のインピーダンス Z_f が負帰還をかける前の入力インピーダンス Z_i に並列に接続されるので，帰還をかけたときの入力インピーダンス Z_{if} は減少する．負帰還をかけたときの出力インピーダンス Z_{of} も同様であり，Z_{of} は直列帰還形では負帰還をかける前の出力インピーダンス Z_o より増加し，並列帰還形では減少する．これについて説明する．

（1）　直列注入形の入力インピーダンス

図8.7(a)の直列注入形における入力インピーダンスZ_{if}を求める．図8.7(b)はその等価回路である．図8.7(b)より，R_Eをベース側に換算した抵抗をR'_Eとすると，Z_{if}は

$$i_b R'_E = i_e R_E = (\beta+1) i_b R_E, \quad R'_E = (\beta+1) R_E$$

$$Z_{if} = \frac{v_i}{i_i} = \frac{v_i}{i_b} = r_{ie} + R'_E = r_{ie} + (\beta+1) R_E \qquad (8.27)$$

として求めることができる．負帰還がないとき，つまり，抵抗R_Eがないときの入力インピーダンスZ_iは$Z_i = r_{ie}$になる．これらの比をとると

$$\left.\begin{aligned} &A_v = -\beta\frac{R_L}{r_{ie}}, \quad H_v = -\frac{i_e R_E}{i_c R_L} = -\frac{(\beta+1) R_E}{\beta R_L}, \quad A_v H_v = \frac{(\beta+1) R_E}{r_{ie}} \\ &\frac{Z_{if}}{Z_i} = \frac{r_{ie} + (\beta+1) R_E}{r_{ie}} = 1 + \frac{(\beta+1) R_E}{r_{ie}} = 1 + A_v H_v \end{aligned}\right\} \qquad (8.28)$$

になる．これより，負帰還をかけたときの入力インピーダンスZ_{if}が求められる．

$$Z_{if} = (1 + A_v H_v) Z_i \qquad (8.29)$$

直列注入形で負帰還をかけると，入力インピーダンスは帰還がないときに比べて$(1 + A_v H_v)$倍に増加する．

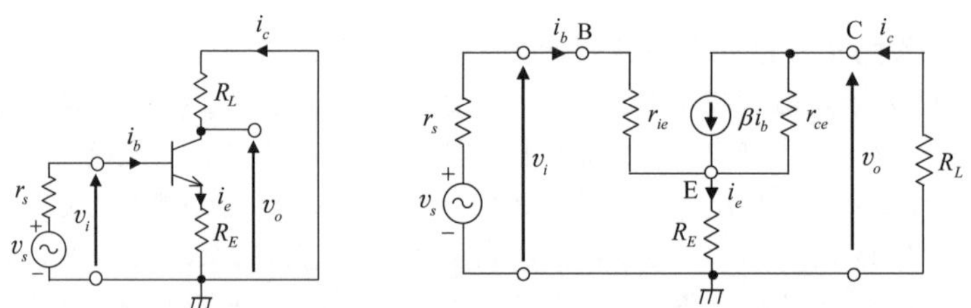

(a)　直列帰還-直列注入形負帰還増幅回路　　(b)　等価回路

図8.7　直列帰還－直列注入形負帰還増幅回路と等価回路

（2）　並列注入形の入力インピーダンス

図8.8の並列注入形において，負帰還がないときの入力インピーダンスは$Z_i = r_{ie}$，帰還回路のインピーダンスは$Z_f = R_f$であり，負帰還をかけたときのベース-エミッタ間から右側を見た入力インピーダンスZ_{if}は以下のようになる．

$$
\left.
\begin{aligned}
&R=\frac{r_{ce}R_L}{r_{ce}+R_L},\ \ v_o=-\beta i_b R=-\left(\frac{\beta R}{r_{ie}}\right)v_i'=-|A_v|v_i' \\
&\text{ただし，}\ |A_v|=\left|-\frac{\beta R}{r_{ie}}\right|=\frac{\beta R}{r_{ie}} \\
&(A_v\text{は負であるために，増幅度の大きさとして}|A_v|\text{を用いている}) \\
&i_i=i_b+i_f=\frac{v_i'}{r_{ie}}+\frac{v_i'-v_o}{R_f}=\frac{v_i'}{r_{ie}}+\frac{(1+|A_v|)v_i'}{R_f}=v_i'\left(\frac{1}{r_{ie}}+\frac{1+|A_v|}{R_f}\right)
\end{aligned}
\right] \quad (8.30)
$$

$$
Z_{if}=\frac{V_i'}{i_i}=\frac{1}{\dfrac{1}{r_{ie}}+\dfrac{1+|A_v|}{R_f}}=\frac{1}{\dfrac{1}{Z_i}+\dfrac{1+|A_v|}{Z_f}} \quad (8.31)
$$

式(8.31)より，入力インピーダンス Z_{if} は，負帰還がないときの入力インピーダンス Z_i に並列に $Z_f/(1+|A_v|)$ が入ることになり低下する．また，抵抗 R_1 も含めた入力インピーダンス Z_{if}' は次のようになる．

$$
Z_{if}'=R_1+Z_{if}=R_1+\frac{1}{1/Z_i+(1+|A_v|)/Z_f} \quad (8.32)
$$

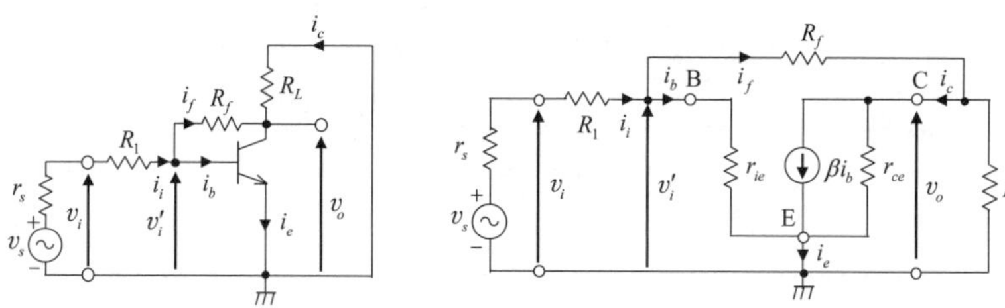

(a)　並列帰還-並列注入形負帰還増幅回路　　(b)　等価回路

図 8.8　並列帰還－並列注入形負帰還増幅回路と等価回路

(3)　直列帰還形の出力インピーダンス

図 8.7 の直列帰還形の出力インピーダンスを求める．直列帰還形の出力インピーダンスに対する等価回路は，入力信号の内部抵抗 r_s を無視すると**図 8.9** になる．理想的な信号源を想定し，$r_s=0$ にしている．トランジスタはバイアス電圧・電流により動作状態にある．

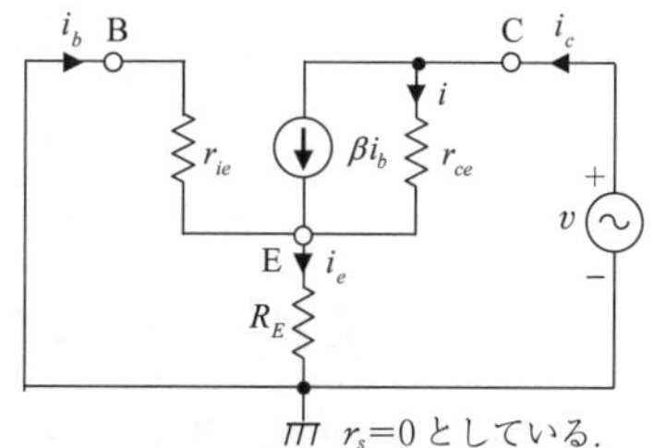

図 8.9　直列帰還形の出力インピーダンスに対する等価回路

入力信号を $v_s=0$ にして，コレクタと接地点間に電圧 v を加えると電流が図のように流れる．

負帰還がなく R_E がないときの出力インピーダンス Z_o は

$$Z_o=r_{ce} \qquad (8.33)$$

となる．帰還回路のインピーダンスは $Z_f=R_E$ であり，負帰還をかけたときの出力インピーダンス Z_{if} は次のように求めることができる．図 8.9 において

$$\left.\begin{array}{l} i_b r_{ie}+i_e R_E=i_b r_{ie}+\{(\beta+1)i_b+i\}R_E=0 \\ i r_{ce}+i_e R_E=i r_{ce}+\{(\beta+1)i_b+i\}R_E=v \end{array}\right] \qquad (8.34)$$

が成り立つ．これより，ベース電流 i_b とコレクタ抵抗 r_{ce} に流れる電流 i を求めると

$$\left.\begin{array}{l} i_b=-\dfrac{v}{(\beta+1)r_{ce}+r_{ie}\left(1+\dfrac{r_{ce}}{R_E}\right)} \\ i=\dfrac{r_{ie}+(\beta+1)R_E}{R_E}\cdot\dfrac{v}{(\beta+1)r_{ce}+r_{ie}\left(1+\dfrac{r_{ce}}{R_E}\right)} \end{array}\right] \qquad (8.35)$$

となる．これより，負帰還をかけたときの出力インピーダンス Z_{of} が求められる．

$$\begin{aligned} i_c=i+\beta i_b &= \frac{v}{(\beta+1)r_{ce}+r_{ie}\left(1+\dfrac{r_{ce}}{R_E}\right)}\left\{\frac{r_{ie}+(\beta+1)R_E}{R_E}-\beta\right\} \\ &= \frac{v}{(\beta+1)r_{ce}+r_{ie}\left(\dfrac{R_E+r_{ce}}{R_E}\right)}\left(\frac{r_{ie}+R_E}{R_E}\right) \\ &= \frac{v}{\dfrac{(\beta+1)r_{ce}R_E+r_{ie}(R_E+r_{ce})}{r_{ie}+R_E}} \qquad (8.36) \end{aligned}$$

$$\begin{aligned} Z_{of}=\frac{v}{i_c} &= \frac{(\beta+1)r_{ce}R_E+r_{ie}(R_E+r_{ce})}{r_{ie}+R_E}=r_{ce}+\frac{R_E(\beta r_{ce}+r_{ie})}{r_{ie}+R_E} \\ &= r_{ce}+\frac{\beta r_{ce}}{r_{ie}}\cdot\frac{r_{ie}R_E}{r_{ie}+R_E}+\frac{R_E r_{ie}}{r_{ie}+R_E}=r_{ce}+(1+|A_v|)\frac{r_{ie}R_E}{r_{ie}+R_E} \qquad (8.37) \end{aligned}$$

ただし，$|A_v|=\dfrac{\beta r_{ce}}{r_{ie}}$ です．$r_{ie}\gg R_E$ なら

$$Z_{of}\cong r_{ce}+(1+|A_v|)R_E=Z_o+(1+|A_v|)Z_f \qquad (8.38)$$

になり，負帰還をかけたときの出力インピータンス Z_{of} は負帰還をかけないときの

出力インピーダンス Z_o よりも増加する．これは，図 8.9 と逆方向に i_b および βi_b が流れ，コレクタ電流 i_c が減少するために，コレクタと接地点間のインピーダンスが大きくなるためである．

（4） 並列帰還形の出力インピーダンス

図 8.8 の並列帰還形の出力インピーダンスを求める．並列帰還形の出力インピーダンスに対する等価回路は，入力信号の内部抵抗 r_s を無視すると**図 8.10** になる．入力信号を $v_s=0$ にして，コレクタと接地点間に電圧 v を加えると電流が図のように流れる．

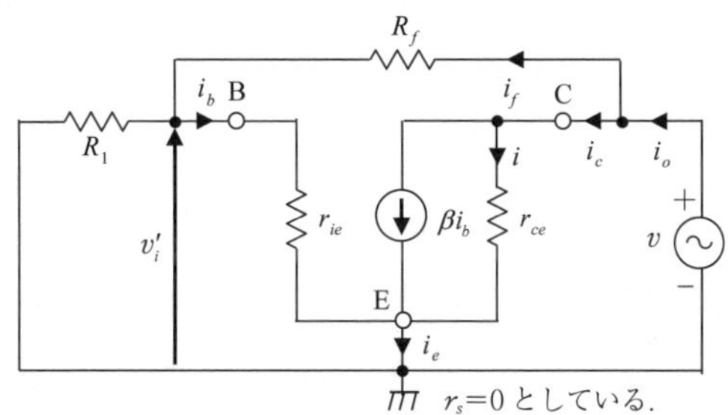

図 8.10 並列帰還－並列注入形負帰還増幅回路の出力インピーダンスに対する等価回路

まず，ベース電流 i_b は，鳳・テブナンの定理を使用すると

$$i_b=\frac{1}{r_{ie}+\dfrac{R_1R_f}{R_1+R_f}}\cdot\frac{R_1}{R_1+R_f}v=\frac{H_v v}{r_{ie}+\dfrac{R_1R_f}{R_1+R_f}} \qquad (8.39),$$

ただし，$H_v=\dfrac{R_1}{R_1+R_f}$

になる．$R_1 \ll R_f$ のために，ベース電流 i_b と βi_b は

$$i_b\cong\frac{H_v v}{r_{ie}+R_1} \qquad (8.40)$$

$$\beta i_b=\beta\frac{H_v v}{r_{ie}+R_1}=\left(\beta\frac{r_{ce}}{r_{ie}+R_1}\right)\frac{H_v v}{r_{ce}}=\frac{|A_v|H_v v}{r_{ce}} \qquad (8.41),$$

ただし，$|A_v|=\beta\dfrac{r_{ce}}{r_{ie}+R_1}$

になる．抵抗 R_f は非常に大きく電流 i_f を無視すると，i_o は

$$i_o=\beta i_b+i+i_f\cong\beta i_b+i=v\left(\frac{|A_v|H_v}{r_{ce}}+\frac{1}{r_{ce}}\right) \qquad (8.42)$$

となる．これより，負帰還をかけたときの出力インピーダンスは

$$Z_{of}=\frac{v}{i_o}=\frac{r_{ce}}{1+|A_v|H_v}=\frac{Z_o}{1+|A_v|H_v} \tag{8.43}$$

となり，$1/(1+|A_v|H_v)$ 倍に低下する．

以上の結果をまとめると，**表8.2**のようになる．並列帰還－直列注入形の帰還回路を使うと，入力インピーダンスを上げ，出力インピーダンスを下げることができ，理想的な増幅回路に近づけることができる．

表8.2(a)　注入方式と入力インピーダンス

	直列注入	並列注入
入力インピーダンス	増加　$Z_{if}=(1+A_vH_v)Z_i$	減少　$Z_{if}=\dfrac{1}{\dfrac{1}{Z_i}+\dfrac{1+\|A_v\|}{Z_f}}$

増加・減少は，負帰還をかける前に比較して増加・減少したことを意味する．

表8.2(b)　帰還方式と出力インピーダンス

	直列帰還	並列帰還
出力インピーダンス	増加　$Z_{of}=Z_o+(1+\|\mathrm{A}_v\|)Z_f$	減少　$Z_{of}=\dfrac{Z_o}{1+\|A_v\|H_v}$

増加・減少は，負帰還をかける前に比較して増加・減少したことを意味する．

【例題8.3】

図8.7に示す直列帰還－直列注入形負帰還増幅回路における入力インピーダンス Z_{if} と出力インピーダンス Z_{of} を求めよ．ただし，コレクタ電流を $I_C=1.3\,\mathrm{mA}$，電流増幅率を $\beta=180$，ベース抵抗を $r_b=0$，アーリー電圧を $V_A=100\,\mathrm{V}$，抵抗 R_E を $R_E=100\,\Omega$ とする．

$$r_{ce}=\frac{V_A}{I_C}=\frac{100\,\mathrm{V}}{1.3\,\mathrm{mA}}=76.9\ \mathrm{k\Omega}$$

$$r_e=\frac{26\,\mathrm{mV}}{I_E}=\frac{\beta}{\beta+1}\cdot\frac{26\,\mathrm{mV}}{I_C}=\frac{180}{181}\times\frac{26\,\mathrm{mV}}{1.3\,\mathrm{mA}}=19.89\ \Omega$$

$$r_{ie}=r_b+(\beta+1)r_e=181\times19.89\,\Omega=3.6\ \mathrm{k\Omega}$$

式(8.27)より，$Z_{if}=r_{ie}+(\beta+1)R_E=3.6+181\times0.1=21.7\ \mathrm{k\Omega}$

式(8.37)より，$Z_{of}=r_{ce}+\dfrac{R_E(\beta r_{ce}+r_{ie})}{r_{ie}+R_E}=76.9\,\mathrm{k\Omega}+\dfrac{0.1\times(180\times76.9+3.6)}{3.6+0.1}\mathrm{k\Omega}$

$$=451.1\ \mathrm{k\Omega}$$

負帰還をかけることにより，入力インピーダンスと出力インピーダンスがともに高くなる．この回路は大きな出力インピーダンスを必要するときに使われる．

$$Z_i=r_{ie}=3.6\,\mathrm{k\Omega}\Rightarrow Z_{if}=r_{ie}+(\beta+1)R_E=21.7\ \mathrm{k\Omega}$$

$$Z_o=r_{ce}=76.9\,\mathrm{k\Omega}\Rightarrow Z_{of}=r_{ce}+\frac{R_E(\beta r_{ce}+r_{ie})}{r_{ie}+R_E}=451.1\ \mathrm{k\Omega}$$

8.4　負帰還増幅回路の増幅度

［1］　直列帰還-直列注入形負帰還増幅回路

図 8.11 は直列帰還-直列注入形の帰還回路を持つ負帰還増幅回路とその等価回路を示したものである．この回路について，増幅度を求めてみよう．

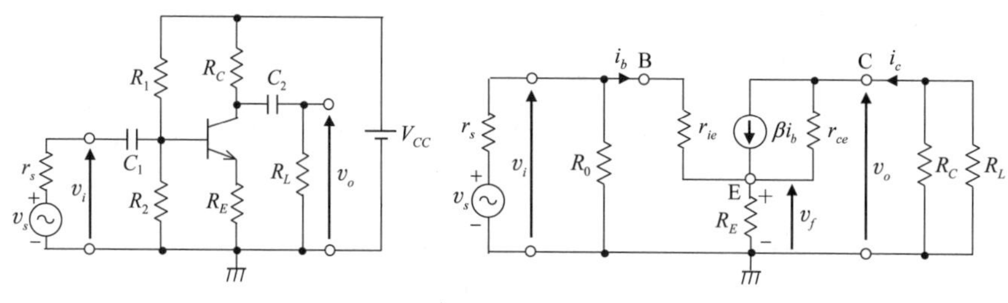

(a)　直列帰還-直列注入形負帰還増幅回路　　(b)　等価回路

図 8.11　直列帰還-直列注入形負帰還増幅回路と等価回路

図 8.11(b) において，コレクタ電流と入力電圧および出力電圧は

$$i_c=\beta i_b\frac{r_{ce}}{r_{ce}+R_L'+R_E} \qquad (8.44) \quad ただし，R_L'=\frac{R_CR_L}{R_C+R_L}$$

$$\left.\begin{aligned} v_i&=i_br_{ie}+(i_b+i_c)R_E=i_b(r_{ie}+R_E)+\beta i_b\frac{r_{ce}R_E}{r_{ce}+R_L'+R_E} \\ v_o&=-i_cR_L'=-\beta i_b\frac{r_{ce}R_L'}{r_{ce}+R_L'+R_E} \end{aligned}\right] \qquad (8.45)$$

になる．これより，負帰還増幅回路の増幅度 A_{vf} を求めると

$$\begin{aligned} A_{vf}&=\frac{v_o}{v_i}=-\frac{\beta r_{ce}R_L'}{(r_{ie}+R_E)(r_{ce}+R_L'+R_E)+\beta r_{ce}R_E} \\ &=-\frac{\beta R_L'}{(r_{ie}+R_E)\left(1+\dfrac{R_L'+R_E}{r_{ce}}\right)+\beta R_E} \end{aligned} \qquad (8.46)$$

になるが，$1\gg(R_L'+R_E)/r_{ce}$ のときは以下のようになる．

$$A_{vf}\cong-\frac{\beta R_L'}{r_{ie}+(\beta+1)R_E} \qquad (8.47)$$

図 8.11(b) における帰還率 H_v は帰還電圧 v_f と出力電圧 v_o の比なので

$$H_v=\frac{v_f}{v_o}=\frac{(i_b+i_c)R_E}{-i_cR'_L}=-\frac{(1/\beta+1)i_cR_E}{-i_cR'_L}=-\frac{R_E}{R'_L}\cdot\frac{\beta+1}{\beta} \qquad (8.48)$$

として求められる．また，負帰還が加わっていないとき，つまり抵抗 R_E がないときの増幅度 A_v は

$$A_v=-\beta\frac{R}{r_{ie}} \qquad (8.49),\ \text{ただし，}\ R=\frac{r_{ce}R'_L}{r_{ce}+R'_L}$$

であるが，$r_{ce}\gg R'_L$ のときは

$$\left.R\cong R'_L=\frac{R_CR_L}{R_C+R_L},\ \ A_v=-\beta\frac{R'_L}{r_{ie}}\right] \qquad (8.50)$$

で与えられる．これらから，負帰還をかけたときの増幅度 A_{vf} を求めることができる．

$$A_{vf}=\frac{A_v}{1+A_vH_V}=-\frac{\beta R'_L}{r_{ie}}\cdot\frac{1}{1+\dfrac{\beta R'_L}{r_{ie}}\left(\dfrac{R_E}{R'_L}\cdot\dfrac{\beta+1}{\beta}\right)}$$

$$=-\frac{\beta R'_L}{r_{ie}+(\beta+1)R_E} \qquad (8.51)$$

式 (8.47) と式 (8.51) で与えられる負帰還増幅回路の増幅度 A_{vf} は一致することがわかる

【例題 8.4】

図 8.12 において，トランジスタの電流増幅率が $\beta=150$，入力抵抗が $r_{ie}=1.6\ \text{k}\Omega$ で，各抵抗が $R_1=47\ \text{k}\Omega$，$R_2=15\ \text{k}\Omega$，$R_E=100\ \Omega$，$R_C=3\ \text{k}\Omega$，$R_L=3.3\ \text{k}\Omega$ のときの負帰還をかけていないときの増幅度 A_v と，帰還率 H_v から負帰還増幅回路の増幅度 A_{vf} を求め，式 (8.47) から求められる増幅度 A_{vf} と比較せよ．なお，コレクタ抵抗 r_{ce} は非常に大きく無視できるものとする．

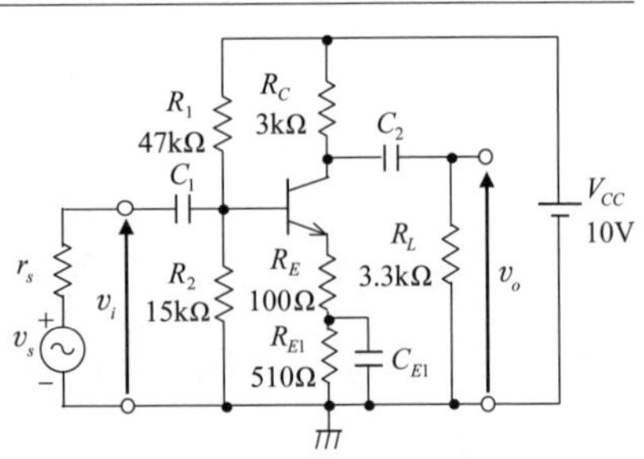

図 8.12　負帰還増幅回路

(解)　$R'_L=\dfrac{R_C+R_L}{R_C+R_L}=\dfrac{3\times3.3}{6.3}=1.571\ \text{k}\Omega$

$$H_v=-\frac{R_E}{R'_L}\cdot\frac{\beta+1}{\beta}=-\frac{0.1}{1.571}\times\frac{151}{150}=-0.064$$

$$A_v=-\beta\frac{R'_L}{r_{ie}}=-150\times\frac{1.571\ \text{k}\Omega}{1.6\ \text{k}\Omega}=-147.28\cong-147.3$$

$$A_{vf}=\frac{A_v}{1+A_vH_V}=\frac{-147.3}{1-147.3\times(-0.064)}=-\frac{-147.3}{10.4272}=-14.1$$

式 (8.47) を使うと

$$A_{vf}=-\frac{\beta R'_L}{r_{ie}+(\beta+1)R_E}=-\frac{150\times 1.571\ \mathrm{k\Omega}}{(1.6+151\times 0.1)\mathrm{k\Omega}}=-\frac{235.65}{16.7}=-14.1$$

負帰還をかけていないときの増幅度 A_v と帰還率 H_v から求めた増幅度 A_{vf} と式 (8.47) から求められる増幅度 A_{vf} は一致する.

---

［2］　並列帰還-直列注入形負帰還増幅回路

図 8.13 は，並列帰還-直列注入形の帰還回路をもつ負帰還増幅回路とその等価回路を示したものである．抵抗 R_E によって直列帰還-直列注入形の帰還回路が形成されており，さらに抵抗 R_f と R_E によって並列帰還-直列注入形の帰還回路が加えられている．この回路について，増幅度を求めてみよう．

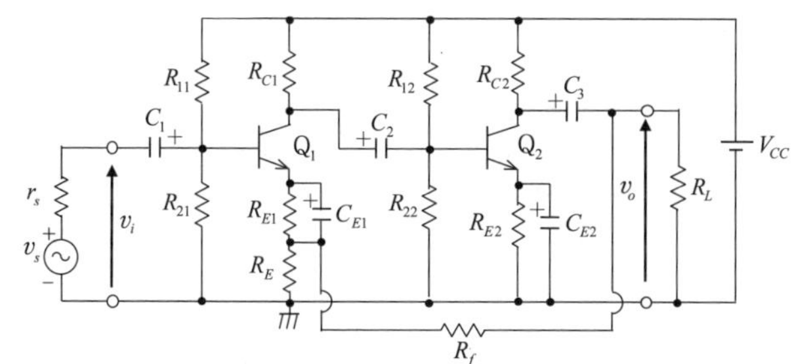

(a)　並列帰還-直列注入形負帰還増幅回路

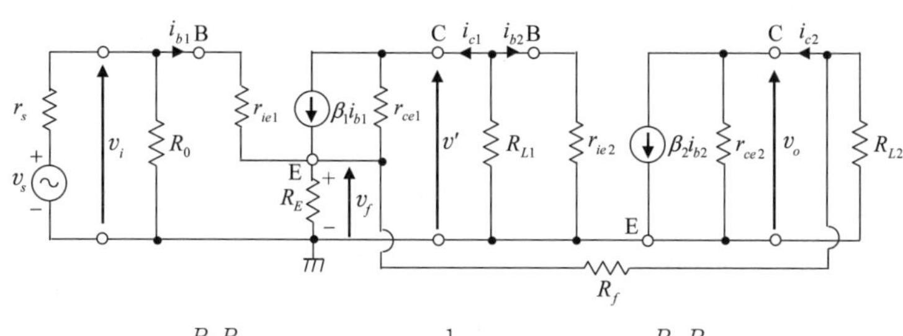

$R_0=\frac{R_{11}R_{21}}{R_{11}+R_{21}}$，$R_{L1}=\frac{1}{1/R_{C1}+1/R_{12}+1/R_{22}}$，$R_{L2}=\frac{R_{C2}R_L}{R_{C2}+R_L}$

(b)　等価回路

図 8.13　並列帰還-直列注入形負帰還増幅回路と等価回路

1 段目の増幅度は $r_{ce1}\gg R_{L1}$ とすると式 (8.47) より

$$A_{v1}=\frac{v'}{v_i}=-\frac{\beta_1}{r_{ie1}+(\beta_1+1)R_E}\left(\frac{r_{ce1}R_{L1}}{r_{ce1}+R_{L1}}\right)\cong-\frac{\beta_1 R_{L1}}{r_{ie1}+(\beta_1+1)R_E} \tag{8.52}$$

となる．また，2段目の増幅度は $r_{ce2} \gg R_{L2}$ とすると

$$A_{v2}=\frac{v_o}{v'}=-\frac{\beta_2}{r_{ie2}}\left(\frac{r_{ce2}R_{L2}}{r_{ce2}+R_{L2}}\right)\cong-\beta_2\frac{R_{L2}}{r_{ie2}} \qquad (8.53)$$

になる．次に，全体の増幅度 A_v と帰還率 H_v を求める．

$$A_v=\frac{v_o}{v_i}=A_{v1}A_{v2}=\frac{\beta_i R_{L1}}{r_{ie1}+(\beta_1+1)R_E}\cdot\frac{\beta_2 R_{L2}}{r_{ie2}} \qquad (8.54)$$

$$H_v=\frac{v_f}{v_o}=\frac{R_E}{R_E+R_f} \qquad (8.55)$$

以上より，並列帰還をかけたときの増幅度 A_{vf} を求めることができる．

$$A_{vf}=\frac{A_v}{1+A_vH_v}=\frac{A_v}{1+A_v\dfrac{R_E}{R_E+R_f}} \qquad (8.56)$$

【例題 8.5】

図8.13(a)において，各抵抗が $R_E=120\ \Omega$, $R_{C1}=4.7\ \text{k}\Omega$, $R_{12}=39\ \text{k}\Omega$, $R_{22}=10\ \text{k}\Omega$，$R_{C2}=3\ \text{k}\Omega$，$R_L=3.9\ \text{k}\Omega$，$R_f=51\ \text{k}\Omega$ のときの増幅度 A_{vf} を求めよ．なお，トランジスタの入力抵抗と電流増幅率を**表8.3**とする．また，コレクタ抵抗 r_{ce} は非常に大きく無視できるものとする．

表8.3

	Q_1	Q_2
r_{ie}〔kΩ〕	5	2
β	180	120

(解)

$$R_{L1}=\frac{1}{\dfrac{1}{R_{c1}}+\dfrac{1}{R_{12}}+\dfrac{1}{R_{22}}}=\frac{1}{\dfrac{1}{4.7\ \text{k}\Omega}+\dfrac{1}{39\ \text{k}\Omega}+\dfrac{1}{10\ \text{k}\Omega}}=\frac{1}{0.3384}=2.955\ \text{k}\Omega$$

$$R_{L2}=\frac{R_{C2}R_L}{R_{C2}+R_L}=\frac{3\times3.9}{3+3.9}=1.696\ \text{k}\Omega$$

$$A_v=\frac{\beta_1R_{L1}}{r_{ie1}+(\beta_1+1)R_E}\cdot\frac{\beta_2R_{L2}}{r_{ie2}}=\frac{180\times2.955\ \text{k}\Omega}{(5+181\times0.12)\ \text{k}\Omega}\times\frac{120\times1.696\ \text{k}\Omega}{2\ \text{k}\Omega}=\frac{108252.2}{53.44}$$
$$=2025.7$$

$$A_{vf}=\frac{A_v}{1+A_v\dfrac{R_E}{R_E+R_f}}=\frac{2025.7}{1+2025.7\times\dfrac{0.12\ \text{k}\Omega}{51.12\ \text{k}\Omega}}=\frac{2025.7}{5.755}=351.98\cong352$$

［3］　並列帰還–並列注入形負帰還増幅回路

図8.14は，並列帰還–並列注入形の帰還回路をもつ負帰還増幅回路とその等価回路を示したものである．抵抗 R_f によって並列帰還–並列注入形の帰還回路が形成されている．この回路について，増幅度を求めてみよう．

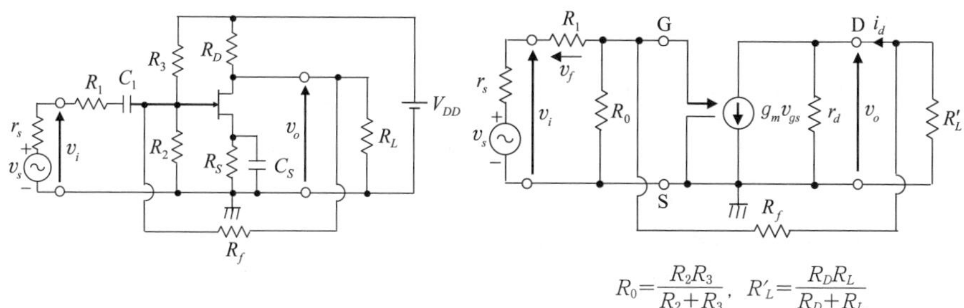

(a) 並列帰還-並列注入形負帰還増幅回路　　(b) 等価回路

図 8.14 並列帰還-並列注入形負帰還増幅回路と等価回路

R_0 の抵抗値は数百 kΩ あり非常に大きく，開放状態にあると考え無視すると

$$v_{gs}=v_i+\frac{R_1}{R_1+R_f}(v_o-v_i)=\frac{R_f}{R_1+R_f}v_i+\frac{R_1}{R_1+R_f}v_o \qquad (8.57)$$

$$v_o=-g_m v_{gs}R=A_v v_{gs} \qquad (8.58) \qquad \text{ただし，} R=\frac{r_dR'_L}{r_d+R'_L}$$

が成り立つ．これらの式から v_{gs} を消去し増幅度を求めると，以下のようになる．

$$H_v=\frac{v_f}{v_o}=-\frac{R_1}{R_1+R_f} \qquad (8.59)$$

$$v_o=-g_mR\frac{R_f}{R_1+R_f}\cdot\frac{v_i}{1+\dfrac{g_mRR_1}{R_1+R_f}}=A_v\frac{R_f}{R_1+R_f}\cdot\frac{v_i}{1+(-A_v)\left(-\dfrac{R_1}{R_1+R_f}\right)}$$

$$=A_v\cdot\frac{R_f}{R_1+R_f}\cdot\frac{v_i}{1+A_vH_v}$$

$$A_{vf}=\frac{v_o}{v_i}=A_v\cdot\frac{R_f}{R_1+R_f}\cdot\frac{1}{1+A_vH_v} \qquad (8.60) \qquad \text{ただし，} A_v=-g_mR$$

$R_f \gg R_1$ のときは

$$A_{vf}\cong\frac{A_v}{1+A_vH_v} \qquad (8.61)$$

になる．また，FET を用いた負帰還増幅回路の例として，入力インピーダンス Z_{if} と出力インピーダンス Z_{of} を求めてみよう．まず，Z_{if} は

$$Z_{if}=\infty \qquad (8.62)$$

になる．また，出力インピーダンスに対する等価回路は**図 8.15** のようになる．これより，抵抗 R_f が非常に大きくここに流れる電流 i_f と抵抗 R_0 を無視すると，Z_{of} は以下のようになる．

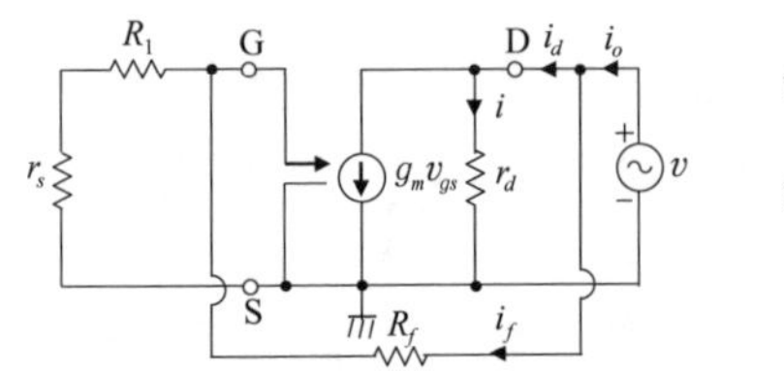

図 8.15　並列帰還-並列注入形負帰還増幅回路の出力インピーダンスに対する等価回路

$$v_{gs}=\frac{R_1+r_s}{R_f+R_1+r_s}v,$$

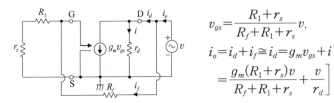

$$\left.\begin{aligned}i_o&=i_d+i_f\cong i_d=g_m v_{gs}+i\\&=\frac{g_m(R_1+r_s)v}{R_f+R_1+r_s}+\frac{v}{r_d}\end{aligned}\right]\qquad(8.63)$$

$$Z_{of}=\frac{v}{i_o}\cong\frac{v}{i_d}=\frac{1}{\dfrac{g_m(R_1+r_s)}{R_f+R_1+r_s}+\dfrac{1}{r_d}}\qquad(8.64)$$

【例題 8.6】

図 8.14(a) において，FET の相互コンダクタンスが $g_m=20$ mS，ドレイン抵抗が $r_d=50$ kΩ で，各抵抗が $r_s=50$ Ω，$R_1=510$ Ω，$R_D=3$ kΩ，$R_L=4.7$ kΩ，$R_f=68$ kΩ のときの増幅度 A_{vf} と出力インピーダンス Z_{of} を求めよ．なお，$R_0=R_2R_3/(R_2+R_3)$ は非常に大きく無視できるものとする．

(解) $R'_L=\dfrac{R_DR_L}{R_D+R_L}=\dfrac{3\times4.7}{3+4.7}=1.831$ kΩ，$R=\dfrac{r_dR'_L}{r_d+R'_L}=\dfrac{50\times1.831}{50+1.831}=1.766$ kΩ

$$A_v=-g_mR=-20\text{ mS}\times1.766\text{ k}\Omega=-35.32,\ H_v=-\frac{R_1}{R_1+R_f}=-\frac{0.5}{68.5}=-0.0073$$

$$A_{vf}=A_v\cdot\frac{R_f}{R_1+R_f}\cdot\frac{1}{1+A_vH_v}=-35.32\times\frac{68\text{ k}\Omega}{68.5\text{ k}\Omega}\times\frac{1}{1+35.32\times0.0073}\cong-27.9$$

$$Z_{of}=\frac{1}{\dfrac{g_m(R_1+r_s)}{R_f+R_1+r_s}+\dfrac{1}{r_d}}=\frac{1}{\dfrac{20\times10^{-3}\times0.56}{68.56}+\dfrac{1}{50\times10^{3}}}$$

$$=\frac{1}{0.163\times10^{-3}+0.02\times10^{-3}}\cong5.5\text{ k}\Omega$$

8.5　安定性と位相補償

帰還電圧 v_f と入力電圧 v_i の位相が同じときに負帰還増幅回路が成り立つ．したがって，帰還電圧 v_f の位相が入力電圧 v_i に対して 180° 遅れると正帰還になってしまい，増幅回路は不安定になる．また，負帰還増幅回路の増幅度は式 (8.65) で与えられるが，分母が 0 になると，増幅度は無限大になり発振を起こす．

$$A_{vf}=\frac{A_v}{1+A_vH_v}=\frac{A_v}{1+|A_vH_v|\varepsilon^{j\theta}}\qquad(8.65)$$

ここで，$1+|A_vH_v|\varepsilon^{j\theta}=0$ とおくと，式 (8.66) のときに分母が 0 になり発振する．

$$|A_vH_v|=1,\ \theta=-\pi\qquad(8.66)\qquad(\because\varepsilon^{-j\pi}=\cos(-\pi)+j\sin(-\pi)=-1)$$

負帰還増幅回路が安定かどうかを判定する方法はいろいろとあるが，最もよく使

われるのが**ボード線図**（Bode diagram）による判定法である．信号周波数に対するループ利得が 0 dB($20\log|A_vH_v|=20\log 1=0$ dB) になるときの位相 θ が$-180°$より小さければ，安定と判定する方法である．**図 8.16** に負帰還増幅回路のボード線図を示す．図 (a) が安定な負帰還増幅回路のボード線図であり，ループ利得が 0 dB になったときの位相は$-180°$より小さくなっている．このとき，ループ利得が 0 dB のときの$-180°$に対する位相差を位相余裕，位相が $\theta=-180°$ のときの 0 dB に対する利得差を利得余裕といっている．また，図 (b) は不安定な負帰還増幅回路のボード線図であり，位相が $\theta=-180°$ のときのループ利得が 0 dB 以上あり，正帰還になってしまっている．

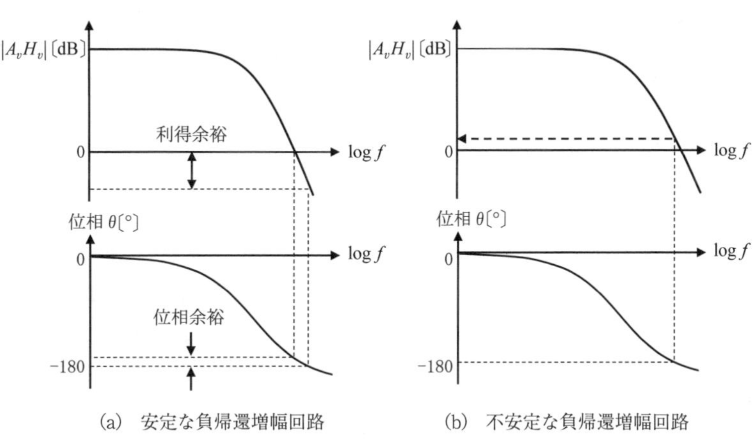

(a)　安定な負帰還増幅回路　　(b)　不安定な負帰還増幅回路

図 8.16　負帰還増幅回路のボード線図

2 段の負帰還増幅回路まではループ利得の位相 θ が$-180°$になることはない．出力端子間の容量を C_O，負荷抵抗を R とすると，ループ利得の位相 θ は式 (8.67) になる．**図 8.17** に示す 3 段負帰還増幅回路のループ利得の位相 θ は式 (8.70) で与えられ，これを 1 段の場合に置き換えると，式 (8.67) になる．式 (8.67) から 1 段での最大位相 θ は$-90°$であり，2 段では$-180°$になる．通常は (ωC_OR) が無限大になることはなく，したがって，2 段の負帰還増幅回路までは位相 θ が$-180°$になることはない．

$$\theta=-\tan^{-1}(\omega C_OR) < -\tan^{-1}\infty=-90° \qquad (8.67)$$

しかし，3 段の負帰還増幅回路では$-180°$を超す位相角の遅れを生じる．このときに，位相 θ が$-180°$におけるループ利得 ($20\log|A_vH_v|$) が 0 dB 以上だと増幅回路は不安定になる．これを改善する方法として**位相補償**がある．いずれか (1 段目，2 段目，3 段目のいずれか) の増幅回路のドレイン-ソース間に容量の小さいコンデ

ンサを付けて，ループ利得を下げる方法である．位相の遅れも大きくなるが，それ以上にループ利得が低下するために，ループ利得が0 dBになる位相を改善することができる．

図8.17は3段負帰還増幅回路と等価回路を示したものである．．この回路の増幅度A_vとループ利得A_vH_vおよびその位相θを求めると，以下のようになる．

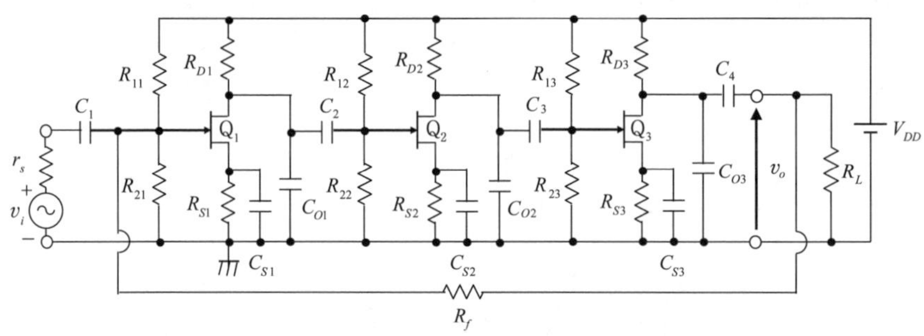

C_{O1}，C_{O2}，C_{O3}はトランジスタの容量や配線などの浮遊容量を合計した容量である．

(a)　3段負帰還増幅回路

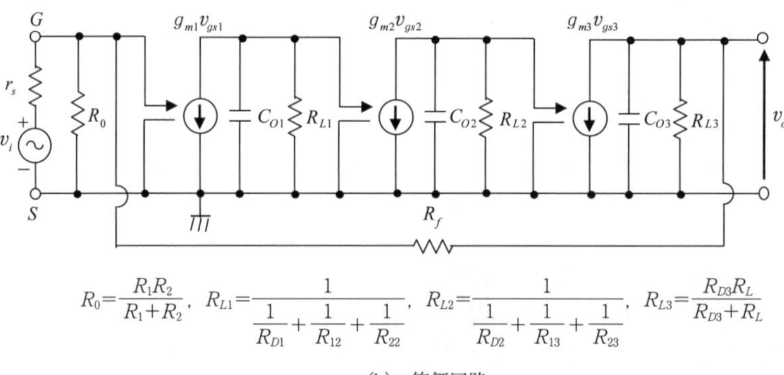

$R_0=\dfrac{R_1R_2}{R_1+R_2}$，$R_{L1}=\dfrac{1}{\dfrac{1}{R_{D1}}+\dfrac{1}{R_{12}}+\dfrac{1}{R_{22}}}$，$R_{L2}=\dfrac{1}{\dfrac{1}{R_{D2}}+\dfrac{1}{R_{13}}+\dfrac{1}{R_{23}}}$，$R_{L3}=\dfrac{R_{D3}R_L}{R_{D3}+R_L}$

(b)　等価回路

図8.17　3段負帰還増幅回路と等価回路

$$A_v=A_{v1}A_{v2}A_{v3}=-\frac{g_{m1}R_{L1}}{1+j\omega C_{O1}R_{L1}}\cdot\frac{g_{m2}R_{L2}}{1+j\omega C_{O2}R_{L2}}\cdot\frac{g_{m3}R_{L3}}{1+j\omega C_{O3}R_{L3}}$$

$$=-\frac{g_{m1}R_{L1}}{\sqrt{1+(\omega C_{O1}R_{L1})^2}}\cdot\frac{g_{m2}R_{L2}}{\sqrt{1+(\omega C_{O2}R_{L2})^2}}\cdot\frac{g_{m3}R_{L3}}{\sqrt{1+(\omega C_{O3}R_{L3})^2}}\varepsilon^{-j\theta} \qquad (8.68)$$

$$H_v=-r_s/(r_s+R_f)$$

$$A_vH_v = |A_vH_v|\varepsilon^{-j\theta}$$
$$= \left(\frac{g_{m1}R_{L1}}{\sqrt{1+(\omega C_{O1}R_{L1})^2}}\cdot\frac{g_{m2}R_{L2}}{\sqrt{1+(\omega C_{O2}R_{L2})^2}}\cdot\frac{g_{m3}R_{L3}}{\sqrt{1+(\omega C_{O3}R_{L3})^2}}\cdot\frac{r_s}{r_s+R_f}\right)\varepsilon^{-j\theta} \tag{8.69}$$

$$\theta = \theta_1+\theta_2+\theta_3 = \tan^{-1}(\omega C_{O1}R_{L1}) + \tan^{-1}(\omega C_{O2}R_{L2}) + \tan^{-1}(\omega C_{O3}R_{L3}) \tag{8.70}$$

以上の式を用い，**表 8.4** の条件で位相補償をしたときのループ利得とその位相 θ を計算すると，**図 8.18** のようになる．

表 8.4　ループ利得と位相の計算条件

	g_m	抵抗 R_L	$\lvert H_v\rvert$	C_{O1}	C_{O2}	C_{O3}
初期状態	10 mS	1.5 kΩ	0.004	40 pF	40 pF	40 pF
位相補償後	10 mS	1.5 kΩ	0.004	260 pF	40 pF	40 pF

ただし，$g_{m1}=g_{m2}=g_{m3}=g_m$，$R_{L1}=R_{L2}=R_{L3}=R_L$．また，帰還回路の抵抗 R_f は，$R_f \gg R_{L3}$ として計算した．

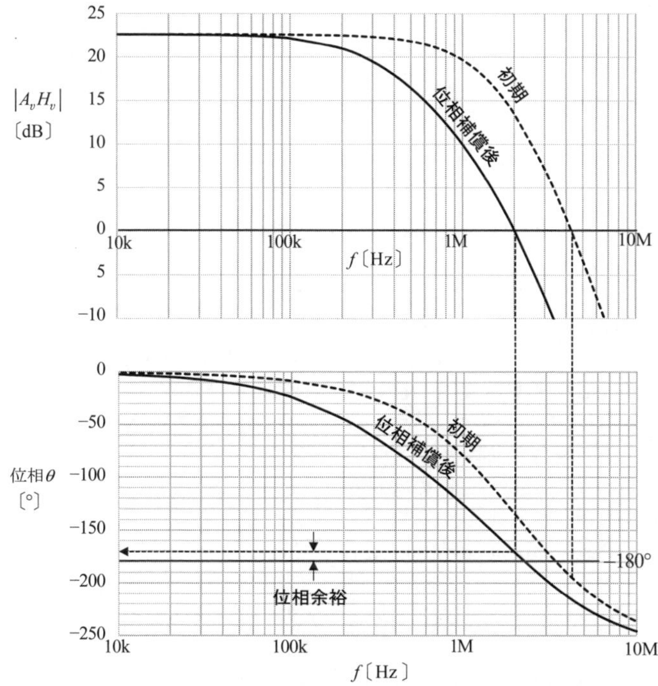

図 8.18　位相補償による負帰還増幅回路の特性改善（安定化）

位相補償前の初期状態では，ループ利得 $(20\log|A_vH_v|)$ が 0 dB のときの位相は $-180°$ を超えている．また，$\theta=-180°$ のときのループ利得は 0 dB を超えており，負帰還増幅回路は不安定な状態にある．位相補償後はループ利得が 0 dB のときの位相は $-170°$ で $-180°$ に達していない．また，$\theta=-180°$ のときのループ利得は 0 dB 未満であり，負帰還増幅回路は安定な状態にある．

ここでは1段目の増幅回路の容量 $C_{O1}=40$ pF に 220 pF を並列に追加し，改善をしている．追加する容量を大きくし過ぎると，高域周波数領域における負帰還増幅回路の本来の増幅度 A_{vf} が低下してしまうので，注意する必要がある．位相補修前後の増幅度を**図 8.19** に示す．

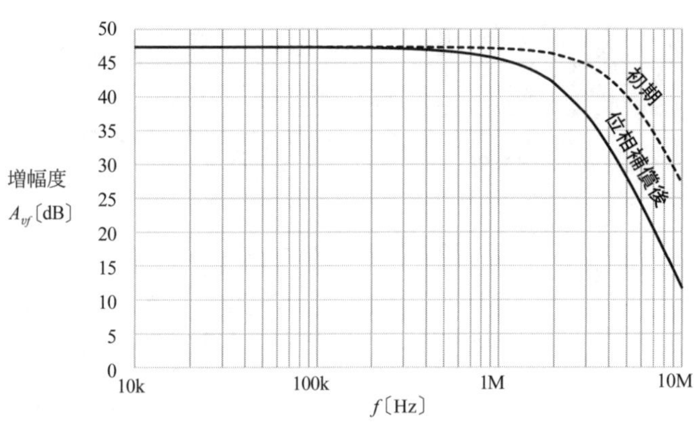

図 8.19　位相補償による負帰還増幅回路の増幅度 A_{vf}

演 習 問 題

1. 負帰還増幅回路の利点を四つ挙げ，説明せよ．
2. 増幅度が $A_v=1000$ の増幅回路において，帰還率 $H_v=0.05$ で負帰還をかけたときのループ利得〔dB〕と増幅度 A_{vf}〔dB〕を求めよ．
3. 理想的な増幅回路に近づけるためには，どの負帰還増幅回路を使ったらよいか答えよ．また，その理由を説明せよ．
4. **図 8.20** に示す負帰還増幅回路の増幅度 A_{vf} を求めよ．また，抵抗 R_E があるときとないときの入力端子から見たときの入力インピーダンス Z_{if} と Z_i を求めよ．なお，トランジスタの電流増幅率を $\beta=180$，動作しているときの入力抵抗を $r_{ie}=2.2$ kΩ とする．また，トランジスタのコレクタ抵抗 r_{ce} は非常に大きく無視できるものとする．
5. **図 8.21** に示す負帰還増幅回路において，入力にノイズ電圧 v_n が加わったときの出力電圧を求めよ．
6. **図 8.22** の負帰還増幅回路の増幅度 A_{vf} と抵抗 R_E を短絡したときの増幅度 A_v を求め比較せよ．また，出力インピーダンス Z_{of} を求めよ．なお，トランジスタの入力抵抗と電流増幅率を**表 8.5** とする．また，コレクタ抵抗 r_{ce} は非常に大きく無視できるも

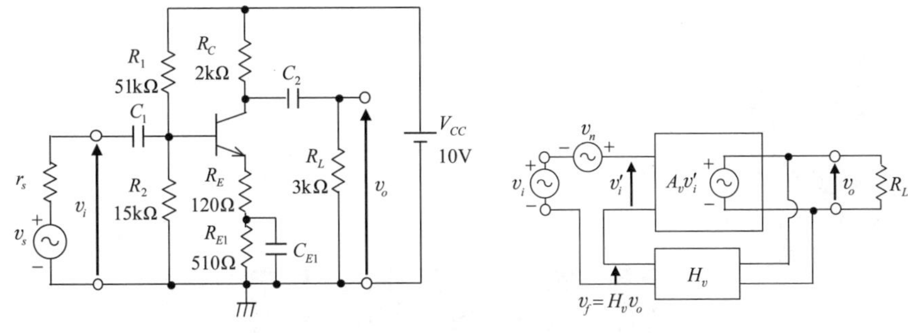

図8.20　負帰還増幅回路(1)

図8.21　ノイズ電圧が加わったときの負帰還増幅回路

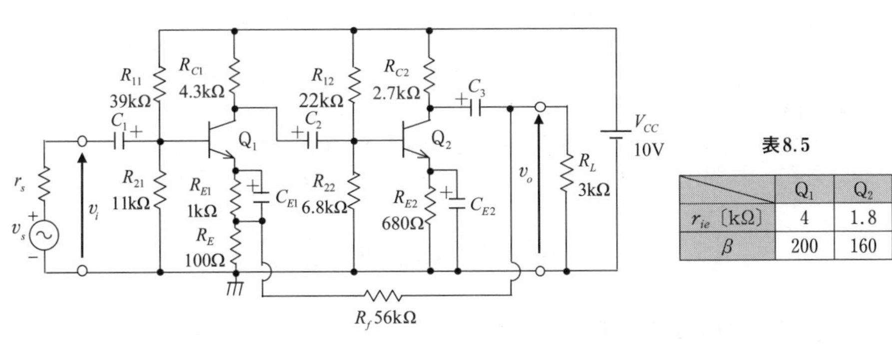

図8.22　負帰還増幅回路(2)

表8.5

	Q_1	Q_2
r_{ie}〔kΩ〕	4	1.8
β	200	160

のとする．

7. 図 8.17 に示す 3 段負帰還増幅回路において，次の条件のときに安定しているかどうかを判定せよ．$g_{m1}=g_{m2}=g_{m3}=15$ mS，$R_{L1}=R_{L2}=1.5$ kΩ，$R_{L3}=2$ kΩ，$C_{O1}=C_{O2}=30$ pF，$C_{O3}=300$ pF，$R_f=68$ kΩ，$r_s=200$ Ω

9 差動増幅回路

演算増幅器の初段には**差動増幅回路**が使われる．集積回路では，結合コンデンサやバイパスコンデンサを内蔵することはできない．したがって，増幅回路は直結形が使われる．この場合，バイアス電圧の温度ドリフト（温度による変化）を相殺するために差動増幅回路が一般的に使われる．

第9章では，差動増幅回路の回路構成と等価回路，動作原理について説明する．また，差動増幅回路に使われる定電流回路，ダーリントン接続についても説明する．

9.1 回路構成と動作原理

［1］ 回路構成と動作原理

図9.1は，差動増幅回路と等価回路を示したものである．特性のそろった2個のトランジスタがエミッタを共通にして，図のように接続されている．エミッタと接地点間には抵抗 R_E が接続されており，それぞれのトランジスタのベースには入力電圧 v_1，v_2 が加えられている．コレクタ電圧の差 $(v_{c1}-v_{c2})$ が出力電圧 v_o として

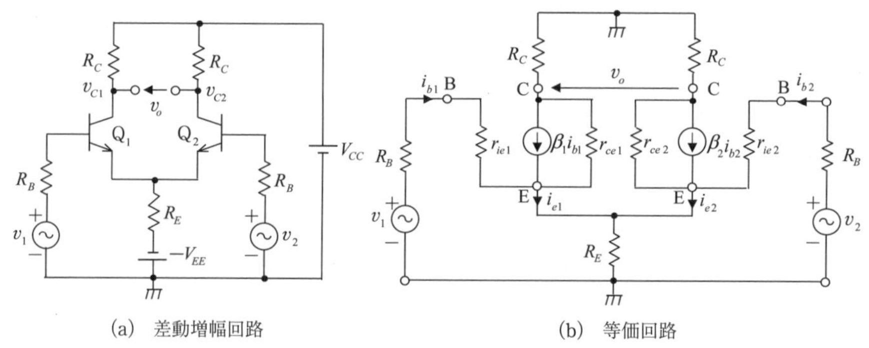

図9.1 差動増幅回路と等価回路

取り出される．ベースの直流電圧は0であり，正の電圧 V_{CC} と負の電圧 $-V_{EE}$ をコレクタとエミッタにそれぞれ加えることによりバイアスを与えている．

図(b)において，次式が成り立つ．ただし，コレクタ抵抗 r_{ce} は非常に大きく無視するものとする．

$$v_1 = i_{b1}\{R_B + r_{ie1} + (\beta_1+1)R_E\} + i_{b2}(\beta_2+1)R_E \qquad (9.1)$$

$$v_2 = i_{b1}(\beta_1+1)R_E + i_{b2}\{R_B + r_{ie2} + (\beta_2+1)R_E\} \qquad (9.2)$$

特性がそろっていることから，$r_{ie1}=r_{ie2}=r_{ie}$，$\beta_1=\beta_2=\beta$ になる．また，$\{R_B+r_{ie}+(\beta+1)R_E\}$ を R_i とおき，式を整理する．

$$R_B + r_{ie} + (\beta+1)R_E = R_i \qquad (9.3)$$

$$\left.\begin{array}{l} v_1 = i_{b1}R_i + i_{b2}(\beta+1)R_E \\ v_2 = i_{b1}(\beta+1)R_E + i_{b2}R_i \end{array}\right] \qquad (9.4)$$

式(9.4)からベース電流 i_{b1}，i_{b2} を求めると

$$\left. i_{b1} = \frac{R_i v_1 - (\beta+1)R_E v_2}{R_i^2 - (\beta+1)^2 R_E^2},\quad i_{b2} = \frac{R_i v_2 - (\beta+1)R_E v_1}{R_i^2 - (\beta+1)^2 R_E^2} \right] \qquad (9.5)$$

になる．ここで，R_i を元にもどすと，以下のようになる．

$$i_{b1} = \frac{\{R_B + r_{ie} + (\beta+1)R_E\}v_1 - (\beta+1)R_E v_2}{(R_B + r_{ie})\{R_B + r_{ie} + 2(\beta+1)R_E\}} \qquad (9.6)$$

$$i_{b2} = \frac{\{R_B + r_{ie} + (\beta+1)R_E\}v_2 - (\beta+1)R_E v_1}{(R_B + r_{ie})\{R_B + r_{ie} + 2(\beta+1)R_E\}} \qquad (9.7)$$

これらから，コレクタ電圧 v_{c1}，v_{c2} は

$$v_{c1} = -\beta i_{b1}R_C = -\beta R_C \frac{\{R_B + r_{ie} + (\beta+1)R_E\}v_1 - (\beta+1)R_E v_2}{(R_B + r_{ie})\{R_B + r_{ie} + 2(\beta+1)R_E\}} \qquad (9.8)$$

$$v_{c2} = -\beta i_{b2}R_C = -\beta R_C \frac{\{R_B + r_{ie} + (\beta+1)R_E\}v_2 - (\beta+1)R_E v_1}{(R_B + r_{ie})\{R_B + r_{ie} + 2(\beta+1)R_E\}} \qquad (9.9)$$

として求められる．以上から，差動増幅回路の出力電圧 v_o は以下のようになる．

$$v_o = v_{c1} - v_{c2} = -\beta \frac{R_C}{R_B + r_{ie}}(v_1 - v_2) \qquad (9.10)$$

出力電圧 v_o は，入力電圧の差，(v_1-v_2) に比例して変化する．このため，この出力電圧を**差動出力電圧**という．動作波形を**図 9.2** に示す．

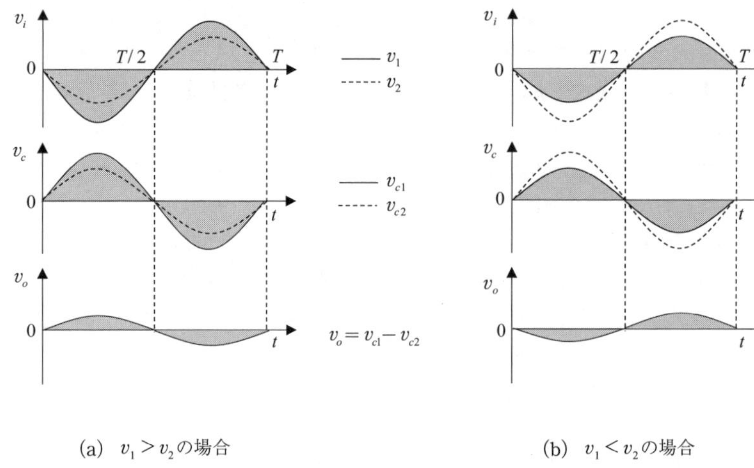

(a) $v_1 > v_2$の場合　　(b) $v_1 < v_2$の場合

図9.2 差動増幅回路の動作波形

[2] 差動利得と同相利得

コレクタ電圧の差と入力電圧の差の比，$(v_{c1}-v_{c2})/(v_1-v_2)$を**差動利得**(differential mode gain)A_dといい，式(9.11)で与えられる．

$$A_d=\frac{v_{c1}-v_{c2}}{v_1-v_2}=-\beta\frac{R_C}{R_B+r_{ie}} \qquad (9.11)$$

電流増幅率βと抵抗R_Cが大きく，抵抗R_Bと入力抵抗r_{ie}が小さいほど差動利得は大きくなる．また，コレクタ電圧の和と入力電圧の和の比，$(v_{c1}+v_{c2})/(v_1+v_2)$を**同相利得**(common mode gain)A_cといい，式(9.13)で与えられる．差動利得と異なり，抵抗R_Eが変数として入ってくる．

$$v_{c1}+v_{c2}=-\beta R_C\frac{v_1+v_2}{R_B+r_{ie}+2(\beta+1)R_E} \qquad (9.12)$$

$$A_c=\frac{v_{c1}+v_{c2}}{v_1+v_2}=-\beta\frac{R_C}{R_B+r_{ie}+2(\beta+1)R_E} \qquad (9.13)$$

差動利得A_dが一定のとき，抵抗R_Eを大きくすると，同相利得A_cを小さくすることができる．式(9.11)と式(9.13)より，抵抗R_Eが$R_E=0$のときは同相利得と差動利得は等しく$A_c=A_d$であるが，抵抗R_Eを大きくすると，差動利得A_dは一定のままで同相利得A_cを下げることができる（**図9.3**を参照）．

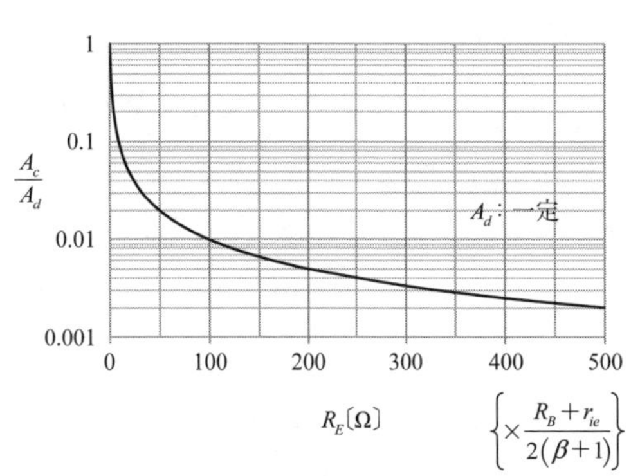

図 9.3　抵抗 R_E と同相利得 A_c

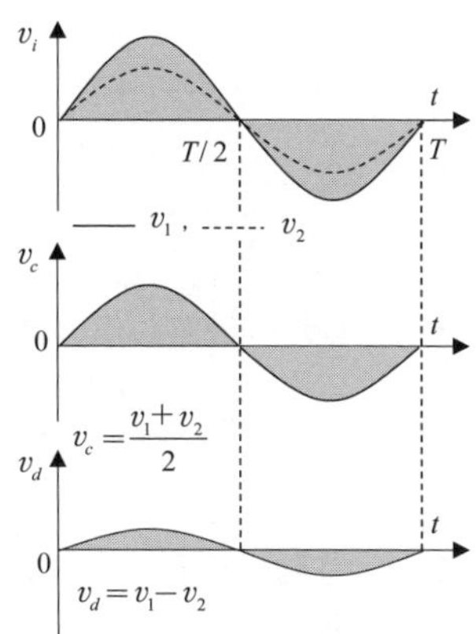

図 9.4　同相入力電圧 v_c と差動入力電圧 v_d

入力電圧には，**図 9.4** に示すように**同相入力電圧** v_c と**差動入力電圧** v_d が含まれている．それぞれは次のように定義することができる．

$$\text{同相入力電圧}：v_c=\frac{v_1+v_2}{2} \qquad (9.14)$$

$$\text{差動入力電圧}：v_d=v_1-v_2 \qquad (9.15)$$

ベクトルで表すと，**図 9.5** のようになる．入力電圧 v_1 と v_2 の和の半分，$(v_1+v_2)/2$ が同相入力電圧，v_1 と v_2 の差，(v_1-v_2) が差動入力電圧となる．

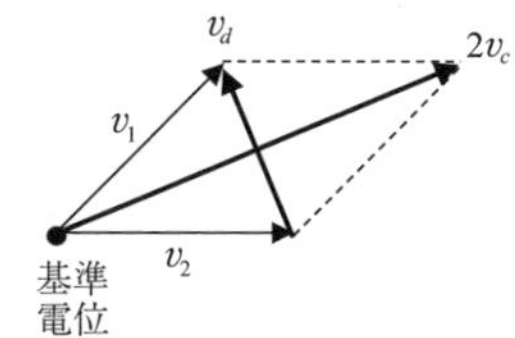

図 9.5　同相入力電圧 v_c と差動入力電圧 v_d

式 (9.14) と式 (9.15) を用いると，入力電圧 v_1 と v_2 は次のように表すことができる．

$$v_1=v_c+\frac{v_d}{2} \qquad (9.16)$$

$$v_2=v_c-\frac{v_d}{2} \qquad (9.17)$$

【例題 9.1】

$v_1=12$ mV，$v_2=8$ mV のときの同相入力電圧 v_c と差動入力電圧 v_d を求めよ．

（解）　$v_c=\frac{v_1+v_2}{2}=\frac{12+8}{2}=10$ mV，$v_d=v_1-v_2=12-8=4$ mV

式 (9.16) と式 (9.17) を式 (9.8) と式 (9.9) に代入すると，コレクタ電圧 v_{c1} と v_{c2} を求めることができる．

$$v_{c1}=-\frac{\beta R_C}{R_B+r_{ie}+2(\beta+1)R_E}v_c-\frac{\beta R_C}{R_B+r_{ie}}\cdot\frac{v_d}{2}=A_cv_c+A_d\frac{v_d}{2} \qquad (9.18)$$

$$v_{c2}=-\frac{\beta R_C}{R_B+r_{ie}+2(\beta+1)R_E}v_c+\frac{\beta R_C}{R_B+r_{ie}}\cdot\frac{v_d}{2}=A_cv_c-A_d\frac{v_d}{2} \qquad (9.19)$$

つまり，コレクタ電圧 v_{c1} と v_{c2} には同相成分と差動成分が現れることになる．このときの差動増幅回路の出力電圧 v_o は

$$v_o=v_{c1}-v_{c2}=A_cv_c+A_d\frac{v_d}{2}-A_cv_c+A_d\frac{v_d}{2}=A_dv_d \qquad (9.20)$$

となり，差動成分しか現れない．

ここで，差動増幅回路の入力・出力電圧と差動利得 A_d および同相利得 A_c を整理すると，**図 9.6** のようになる．差動増幅回路には，入力1と入力2の電圧差を増幅する差動増幅回路と，同相の電圧を増幅する同相増幅回路の二つの増幅回路が存在する．このときの差動増幅回路の利得が A_d であり，同相増幅回路の利得が A_c になる．

図 9.6(b) より，同相利得 A_c が大きいと，コモンモード（同相電圧成分）の雑音や誘導電圧を増幅してしまうことになる．差動増幅回路としては，同相利得 A_c が

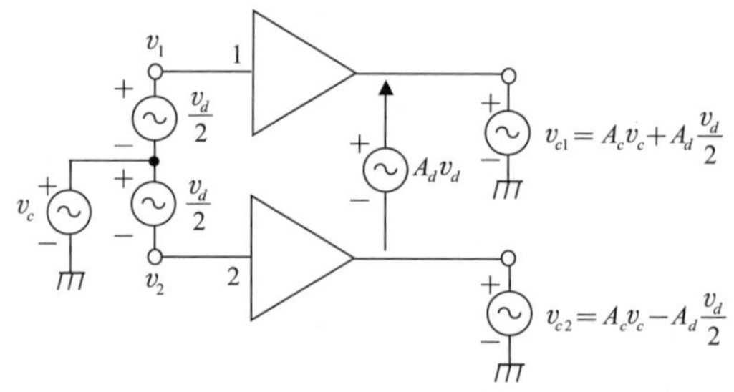

A_dv_d が出力電圧 v_o になる．

(a)　差動増幅回路の入力・出力電圧

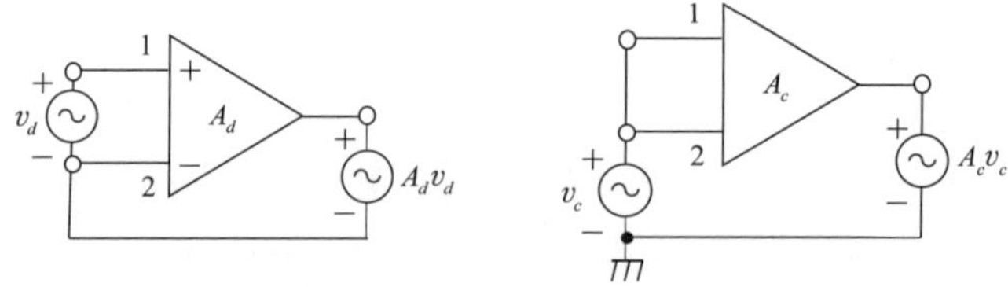

図 9.6(a) をさらに分解するとこのようになる．二つの増幅回路が存在する．

(b)　入力・出力電圧と差動利得 A_d および同相利得 A_c

図 9.6　作動増幅回路の入力・出力電圧と差動利得 A_d および同相利得 A_c

小さく差動利得 A_d が大きいことが理想的になる．そこで，差動増幅回路の性能の良さを表す尺度として，**同相除去比**（**CMRR**: common mode rejection rate）が設定されている．

$$\mathrm{CMRR}=\frac{A_d}{A_c}=1+\frac{2(\beta+1)R_E}{R_B+r_{ie}} \qquad (9.21)$$

CMRR が大きいほど，差動増幅回路の性能が良いことになる．同相利得 A_c を小さくし，同相除去比を大きくするためには，図 9.3 および式 (9.21) より，抵抗 R_E をできるだけ大きくする必要がある．

【例題 9.2】

図 9.7 の差動増幅回路について，以下の問いに答えよ．

① コレクタ電流 I_{C1}，I_{C2} および抵抗 R_E を流れる電流 I_0 を求めよ．トランジスタのベース-エミッタ間電圧を $V_{BE}=0.7$ V とする．

② A_c，A_d，CMRR を求めよ．ただし，トランジスタの電流増幅率を $\beta=120$ とし，コレクタ抵抗 r_{ce} とベース抵抗 r_b を無視するものとする．

③ $v_1=10$ mV，$v_2=6$ mV のときの差動出力電圧 v_o を求めよ．

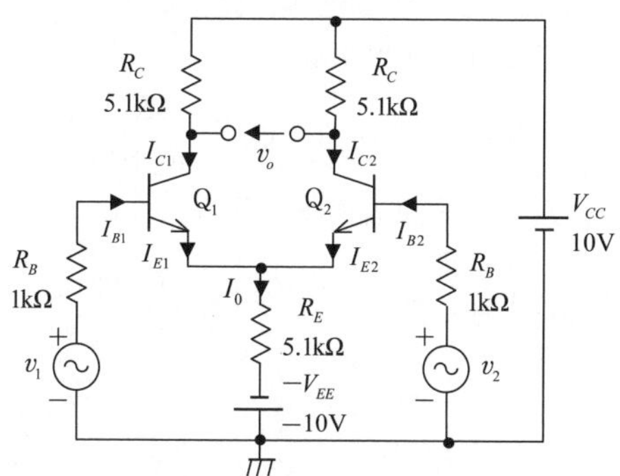

図 9.7　差動増幅回路の例題

（解） $V_{EE}=I_{B1}R_B+(I_{B1}+I_{B2})(\beta+1)R_E+V_{BE}=I_{B1}\{R_B+2(\beta+1)R_E\}+V_{BE}$

$$I_{B1}=I_{B2}=\frac{V_{EE}-V_{BE}}{R_B+2(\beta+1)R_E}=\frac{9.3\ \mathrm{V}}{(1+2\times121\times5.1)\ \mathrm{k\Omega}}=\frac{9.3\ \mathrm{V}}{1235.2\ \mathrm{k\Omega}}=0.007529\ \mathrm{mA}$$

$$I_{C1}=I_{C2}=\beta I_{B1}=120\times0.007529=0.9\ \mathrm{mA}$$

$$I_{E1}=I_{E2}=I_{C1}\times(\beta+1)/\beta=0.9\ \mathrm{mA}\times121/120=0.9075\ \mathrm{mA}$$

$$I_0=2\times I_{E1}=1.815\ \mathrm{mA},\quad r_e=\frac{26\ \mathrm{mV}}{I_{E1}}=\frac{26\ \mathrm{mV}}{0.9075\ \mathrm{mA}}=28.65\ \Omega$$

$$r_{ie}=r_b+(\beta+1)r_e=121\times28.65\ \Omega=3.4667\ \mathrm{k\Omega}\cong3.47\ \mathrm{k\Omega}$$

$$A_d=-\beta\frac{R_C}{R_B+r_{ie}}=-\frac{120\times5.1\ \mathrm{k\Omega}}{(1+3.47)\mathrm{k\Omega}}=-136.9$$

$$A_c=-\beta\frac{R_C}{R_B+r_{ie}+2(\beta+1)R_E}=-\frac{120\times5.1\,\text{k}\Omega}{(1+3.47+2\times121\times5.1)\text{k}\Omega}=-\frac{612\,\text{k}\Omega}{1238.67\,\text{k}\Omega}$$
$$=-0.494$$
$$\text{CMRR}=\frac{A_d}{A_c}=\frac{136.9}{0.494}=277.1$$
$$v_o=A_dv_d=A_d(v_1-v_2)=-136.9\times(10-6)\text{mV}=-0.5476\text{ V}\cong-0.55\text{ V}$$

9.2　定電流回路を使用した差動増幅回路

抵抗 R_E を大きくするためには負電圧 $-V_{EE}$ を大きくしなければならなく，抵抗 R_E によって CMRR を大きくするのには限度がある．このために，抵抗 R_E の代わりに定電流回路を使うのが一般的である．理想的な定電流回路は内部抵抗が無限大であり，定電流回路を使うことにより差動増幅回路の入力インピーダンスを大きくし，CMRR を上げることができる．

図 9.8 は定電流回路を使用した差動増幅回路である．図 (a) の定電流 I_0 を求めてみよう．鳳・テブナンの定理を適用すると

$$R_0=\frac{R_2R_3}{R_2+R_3},\quad I_BR_0+(\beta+1)I_BR_1+V_{BE}-\frac{R_2}{R_2+R_3}V_{EE}=0\Big] \qquad (9.22)$$

が成り立つ．これより，I_B と定電流 I_0 が得られる．

$$I_B=\frac{1}{R_0+(\beta+1)R_1}\left(\frac{R_2}{R_2+R_3}V_{EE}-V_{BE}\right) \qquad (9.23)$$

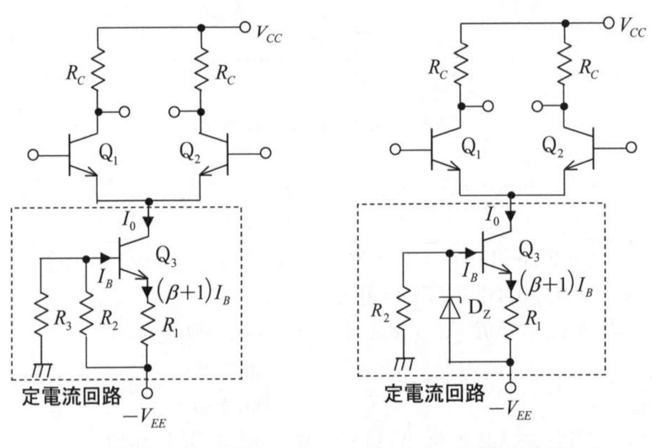

(a)　差動増幅回路例 (1)　　(b)　差動増幅回路 (2)

図 9.8　定電流回路を使用した差動増幅回路

$$I_0=I_C=\beta I_B=\frac{\beta}{R_0+(\beta+1)R_1}\left(\frac{R_2}{R_2+R_3}V_{EE}-V_{BE}\right) \qquad (9.24)$$

β が十分に大きく $(\beta+1)R_1 \gg R_0$ のときは，I_0 は以下のようになる．

$$I_0 \cong \frac{1}{R_1}\left(\frac{R_2}{R_2+R_3}V_{EE}-V_{BE}\right) \qquad (9.25)$$

また，図 (b) における I_0 は，ツェナーダイオード（Zener diode）のツェナー電圧を V_z とすると

$$\left.V_Z=I_B(\beta+1)R_1+V_{BE},\ \ I_B=\frac{V_Z-V_{BE}}{(\beta+1)R_1}\right] \qquad (9.26)$$

$$I_0=I_C=\beta I_B=\frac{V_Z-V_{BE}}{R_1\left(1+\dfrac{1}{\beta}\right)} \cong \frac{V_Z-V_{BE}}{R_1} \qquad (9.27)$$

になり，定電流になる．

上記以外に，定電流を発生する回路に**カレントミラー** (current mirror) **回路**がある．**図 9.9** に示す．トランジスタ Q_1 に電流 I_1 を流すと，ほぼ同じ大きさの電流 I_0 が Q_2 に流れることから，こう呼ばれている．ここで，図 (a) における I_0 を求めてみよう．ただし，Q_1 と Q_2 の電流増幅率 β とベース-エミッタ間電圧 V_{BE} は等しいものとする．

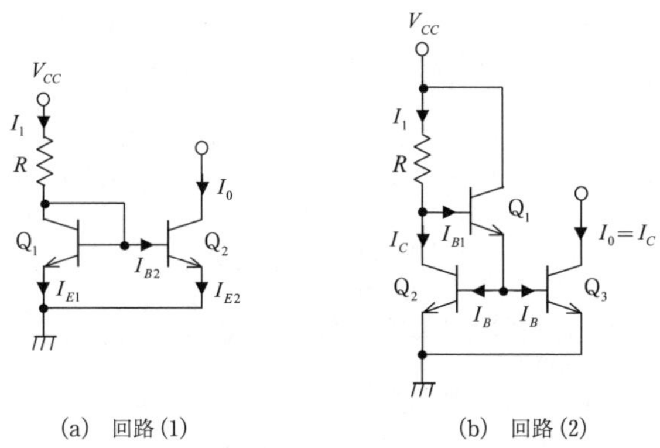

(a)　回路 (1)　　(b)　回路 (2)

図 9.9　カレントミラー回路

$$I_1=\frac{V_{CC}-V_{BE}}{R} \qquad (9.28)$$

$$\left.I_{E2}=I_0+I_{B2}=I_0\left(1+\frac{1}{\beta}\right),\ \ I_{E1}=I_1-I_{B2}=I_1-\frac{I_0}{\beta}\right] \qquad (9.29)$$

$$I_{E1}=I_{E2} \text{ より } \quad I_0=\frac{I_1}{1+\dfrac{2}{\beta}} \qquad (9.30)$$

式 (9.30) より，β を一定とすると電流 I_0 は電流 I_1 に比例した定電流になる．

図 (a) の回路において，β が小さいと電流 I_1 と I_0 の差が大きくなる．これを改善したのが図 (b) の回路である．図 (b) において，次式が成り立つ．

$$V_{CC}=I_1R+2V_{BE},\quad I_1=\frac{V_{CC}-2V_{BE}}{R} \qquad (9.31)$$

$$I_B=\frac{I_C}{\beta},\quad 2I_B=(\beta+1)I_{B1},\quad I_{B1}=\frac{2I_B}{\beta+1}=\frac{2I_C}{\beta(\beta+1)} \qquad (9.32)$$

次に，I_1 を求め I_{B1} を消去すると，I_0 を求めることができる．I_0 は電流 I_1 に等しい定電流になる．

$$I_1=I_C+I_{B1}=I_C+\frac{2I_C}{\beta(\beta+1)}=I_C\left\{1+\frac{2}{\beta(\beta+1)}\right\} \qquad (9.33)$$

$$I_0=I_C=\frac{I_1}{1+\dfrac{2}{\beta(\beta+1)}}\cong I_1 \qquad (9.34)$$

【例題 9.3】

例題 9.2 の差動増幅回路 (図 9.7) において，抵抗 R_E の代わりに図 9.9(b) のカレントミラー回路を適用したときに，カレントミラー回路の抵抗 R と差動増幅回路の CMRR を求めよ．ただし，カレントミラー回路の出力トランジスタ Q_3 のアーリー電圧を $V_A=100$ V とする．

(解) 図 9.9(b) のカレントミラー回路を図 9.7 の差動増幅回路に接続すると，図 9.9(b) の V_{CC} 端子は接地され，Q_2 と Q_3 のエミッタ端子には $-V_{EE}=-10$ V が加えられることになる．

$$R=\frac{0-(-V_{EE})-2V_{BE}}{I_0}=\frac{(10-1.4)\mathrm{V}}{1.815\ \mathrm{mA}}=4.74\ \mathrm{k\Omega}$$

トランジスタ Q_3 のコレクタ抵抗 (出力インピーダンス) は

$$r_{ce}=\frac{V_A}{I_C}=\frac{100\ \mathrm{V}}{1.815\ \mathrm{mA}}=55.1\ \mathrm{k\Omega}$$

になる．これより，CMRR は以下のように求められる．

$$\mathrm{CMRR}=\frac{A_d}{A_c}=1+\frac{2(\beta+1)R_E}{R_B+r_{ie}}=1+\frac{2(\beta+1)r_{ce}}{R_B+r_{ie}}=1+\frac{2\times121\times55.1\ \mathrm{k\Omega}}{(1+3.47)\mathrm{k\Omega}}\cong 2\,984$$

例題 9.2 の回路では CMRR＝277.1 であったので，カレントミラー回路を使うことにより CMRR は 10.8 倍になる．図 9.9(b) のカレントミラー回路において，トランジスタ Q_2 と Q_3 のエミッタと接地点間に抵抗 R_E を追加すると，Q_3 の出力

インピーダンスをさらに大きくすることができる．また，この回路を差動増幅回路に適用するとCMRRを大きくすることができる（詳細は付録のHを参照）．

図9.10は定電流を用いた差動増幅回路の直流回路である．この回路より，差動増幅回路の直流特性を求めることができる．

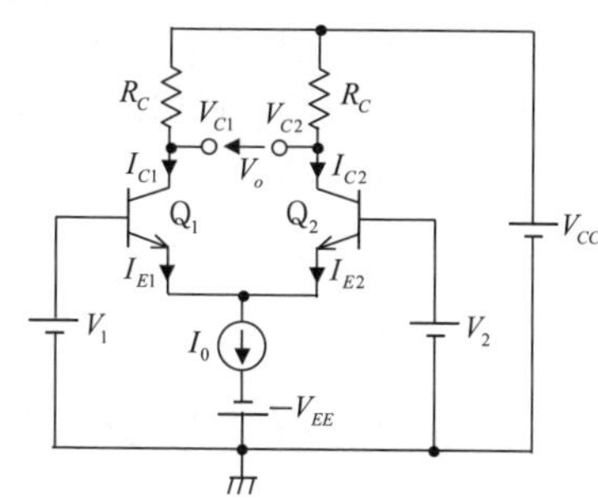

図9.10　差動増幅回路の直流回路

図9.10におけるエミッタ電流は，式(4.3)より

$$I_{E1} \cong (I_{B0}+I_{C0})\exp\left(\frac{qV_{BE1}}{kT}\right) \qquad (9.35)$$

$$I_{E2} \cong (I_{B0}+I_{C0})\exp\left(\frac{qV_{BE2}}{kT}\right) \qquad (9.36)$$

となる．また

$$\frac{I_{E2}}{I_{E1}} = \exp\left\{-\frac{q}{kT}(V_{BE1}-V_{BE2})\right\} = \exp\left\{-\frac{q}{kT}(V_1-V_2)\right\} \qquad (9.37)$$

$$I_{E1}+I_{E2} = I_{E1}+I_{E1}\exp\left\{-\frac{q}{kT}(V_1-V_2)\right\} = I_0 \qquad (9.38)$$

が成り立つ．これらの式から I_{E1} と I_{E2} を求めることができる．

$$I_{E1} = \frac{I_0}{1+\exp\left\{-\frac{q}{kT}(V_1-V_2)\right\}} = \frac{I_0}{1+\exp\left(-\frac{V_1-V_2}{V_T}\right)} \qquad (9.39)$$

$$I_{E2} = \frac{I_0}{1+\exp\left\{\frac{q}{kT}(V_1-V_2)\right\}} = \frac{I_0}{1+\exp\left(\frac{V_1-V_2}{V_T}\right)} \qquad (9.40)$$

常温における V_T は約26 mVであり，わずかな電圧差 (V_1-V_2) で，I_{E1} と I_{E2} が変化することがわかる．(V_1-V_2) に対する I_{E1} と I_{E2} の変化，つまり直流電流特性を**図9.11**に示す．

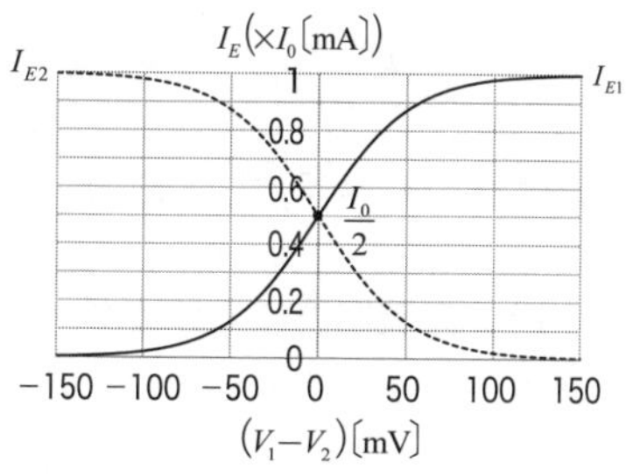

図9.11　差動増幅回路の直流電流特性

次に，直流の出力電圧を $V_o(V_o=V_{C1}-V_{C2})$ として，V_o を求める．まず，トランジスタの Q_1 と Q_2 のコレクタ電圧 V_{C1} と V_{C2} は

$$V_{C1} = V_{CC}-I_{C1}R_C = V_{CC}-\frac{\beta}{\beta+1}I_{E1}R_C = V_{CC}-\alpha I_{E1}R_C \qquad (9.41)$$

$$V_{C2} = V_{CC}-I_{C2}R_C = V_{CC}-\frac{\beta}{\beta+1}I_{E2}R_C = V_{CC}-\alpha I_{E2}R_C \qquad (9.42)$$

となる．これより，V_o が求まる．

$$V_o = V_{C1} - V_{C2}$$
$$= V_{CC} - \alpha I_{E1} R_C - V_{CC} + \alpha I_{E2} R_C$$
$$= -\alpha R_C (I_{E1} - I_{E2}) \qquad (9.43)$$

入力電圧の差 $(V_1 - V_2)$ に対して V_o は**図 9.12** のように変化する．

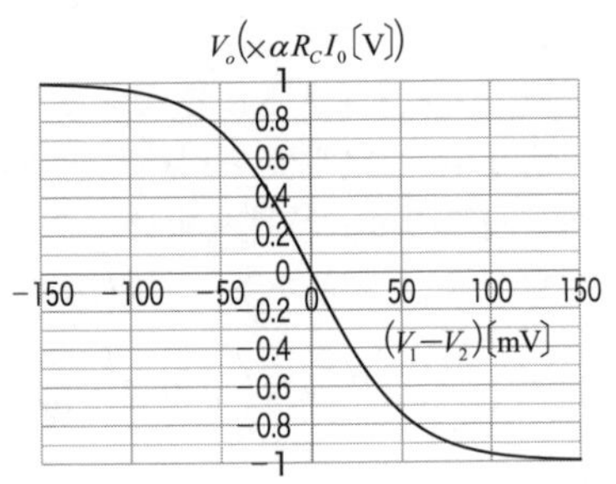

図 9.12　差動増幅回路の出力特性

9.3　ダーリントン接続を使用した差動増幅回路

［1］ ダーリントン接続

トランジスタの電流増幅率を大きくするときに，**図 9.13** に示すような接続をする．これを**ダーリントン接続**(Darlington connection) という．Q_1 と Q_2 は同一特性であるとし，全体を一つのトランジスタと考えてダーリントン接続したときの電流増幅率 A_i を求めると

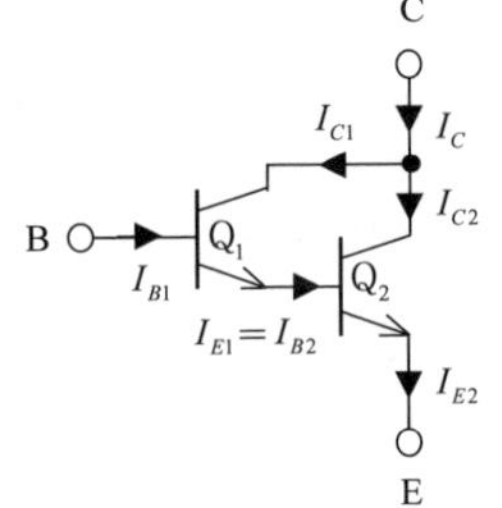

図 9.13　ダーリントン接続

$$A_i = \frac{I_C}{I_{B1}} = \frac{I_{C1} + I_{C2}}{I_{B1}} = \frac{I_{C1}}{I_{B1}} + \frac{I_{B2}}{I_{B1}} \cdot \frac{I_{C2}}{I_{B2}}$$
$$= \frac{I_{C1}}{I_{B1}} + \frac{I_{B1}(\beta+1)}{I_{B1}} \cdot \frac{I_{C2}}{I_{B2}}$$
$$= \beta + (\beta+1)\beta = \beta(\beta+2) \cong \beta^2 \qquad (9.44)$$

となり，飛躍的に大きくなる．同一ベース電流を流すと，大きなコレクタ電流を得ることができる．しかし，直流回路と交流回路では動作特性が異なってくる．直流回路と交流回路に分けて説明する．

(1)　直流回路におけるダーリントン接続

図 9.14(a) は通常のトランジスタ回路である．この回路のコレクタ電流は

$$I_C = \beta \frac{V_{BB} - V_{BE}}{R_B} \qquad (9.45)$$

になる．一方，ダーリントン接続を使用した図 (b) の回路では

$$I_C = \beta(\beta+2) \frac{V_{BB} - 2V_{BE}}{R_B} \qquad (9.46)$$

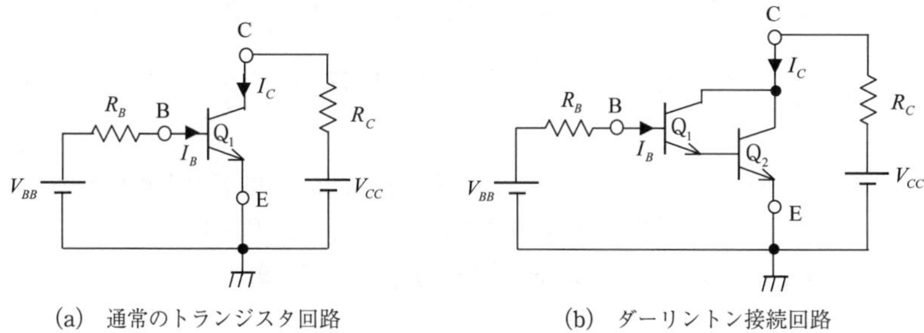

(a)　通常のトランジスタ回路　　(b)　ダーリントン接続回路

図 9.14　直流回路における通常のトランジスタ回路とダーリントン接続回路

になり，コレクタ電流は $(\beta+2)\left(\dfrac{V_{BB}-2V_{BE}}{V_{BB}-V_{BE}}\right)$ 倍に増加する.

（2）　交流回路におけるダーリントン接続

交流回路では見かけ上の電流増幅率は大きくなるが，トランジスタの入力抵抗 r_{ie} が増大するために，ベース電流が減少し，コレクタ電流も通常のトランジスタに比べ減少してしまう．以下，これについて説明する.

図 9.15 は交流小信号に対するダーリントン接続回路の等価回路である．この等価回路における入力抵抗 r_{ie} をまず求める.

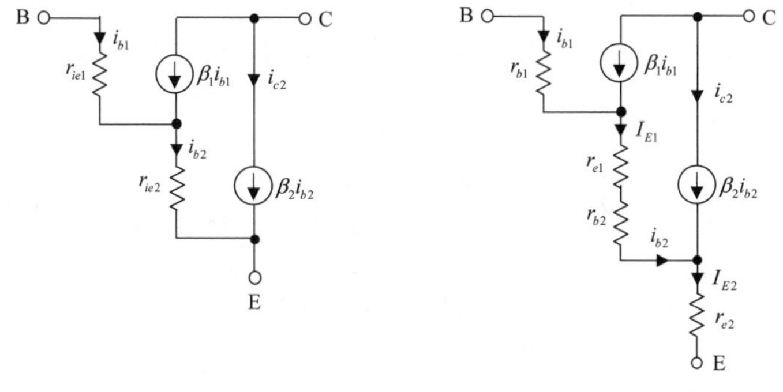

(a)　簡易等価回路　　(b)　等価回路

図 9.15　交流小信号に対するダーリントン接続回路の等価回路

ベース-エミッタ間の入力抵抗 r_{ie} は

$$
\begin{aligned}
r_{ie} &= \frac{i_{b1}r_{ie1}+i_{b2}r_{ie2}}{i_{b1}} = \frac{i_{b1}r_{ie1}+i_{b1}(\beta_1+1)r_{ie2}}{i_{b1}} = r_{ie1}+(\beta_1+1)r_{ie2} \\
&= r_{b1}+(\beta_1+1)r_{e1}+(\beta_1+1)\{r_{b2}+(\beta_2+1)r_{e2}\} \qquad (9.47)
\end{aligned}
$$

となる．ここで，トランジスタのエミッタ抵抗 r_e を求めると

$$\left. r_{e2}=\frac{V_T}{I_{E2}},\ \ r_{e1}=\frac{V_T}{I_{E1}}=\frac{V_T}{I_{E2}/(\beta_2+1)}=(\beta_2+1)r_{e2} \right] \qquad ただし，V_T=26\,\mathrm{mV} \tag{9.48}$$

となる．これらの式を代入し整理すると，入力抵抗 r_{ie} は以下のようになる．

$$\begin{aligned} r_{ie}&=r_{b1}+(\beta_1+1)(\beta_2+1)r_{e2}+(\beta_1+1)r_{b2}+(\beta_1+1)(\beta_2+1)r_{e2}\\ &=r_{b1}+(\beta_1+1)r_{b2}+2(\beta_1+1)(\beta_2+1)r_{e2} \end{aligned} \tag{9.49}$$

トランジスタ Q_1 と Q_2 が同一特性とすると

$$r_{ie}=(\beta+2)r_b+2(\beta+1)^2 r_e \tag{9.50}$$

になる．また，ベース抵抗 r_b を無視すると，以下のようになる．

$$r_{ie}\cong 2(\beta+1)^2 r_e \tag{9.51}$$

一般的なトランジスタの入力抵抗 r_{ie} は

$$r_{ie}=r_b+(\beta+1)r_e\cong(\beta+1)r_e \tag{9.52}$$

なので，ダーリントン接続をすると，入力抵抗 r_{ie} がほぼ $2(\beta+1)$ 倍に大きくなる．

コレクタ電流は，ダーリントン接続をすると減少してしまう．通常のトランジスタに比べて電流増幅度が $(\beta+2)$ 倍になるが，入力抵抗が $2(\beta+1)$ 倍になるためにベース電流が減少し，結局，1/2 倍になってしまう．入力電圧を v_i とすると，通常のトランジスタのコレクタ電流は，トランジスタのベース抵抗 r_b を無視すると

$$i_c=\beta\frac{v_i}{r_{ie}}=\beta\frac{v_i}{r_b+\beta r_e}\cong\frac{v_i}{r_e} \tag{9.53}$$

となる．ダーリントン接続でのコレクタ電流は，同様にベース抵抗 r_b を無視すると

$$\begin{aligned} i_b&=i_{b1}=\frac{v_i}{(\beta+2)r_b+2(\beta+1)^2 r_e}\cong\frac{v_i}{2(\beta+1)^2 r_e}\\ i_c&=i_{c2}=\beta(\beta+2)i_b\cong\frac{\beta(\beta+2)v_i}{2(\beta+1)^2 r_e}=\frac{(\beta^2+2\beta)v_i}{2(\beta^2+2\beta+1)r_e}\cong\frac{v_i}{2r_e} \end{aligned} \tag{9.54}$$

になる．式 (9.53) と式 (9.54) から，同じ入力電圧 v_i を加えたときは，ダーリントン接続するとコレクタ電流が 1/2 に減少してしまうことになる．見かけ上の電流増幅率 A_i は $(\beta+2)$ 倍になるが，入力抵抗 r_{ie} が増加するためにコレクタ電流は減少する．

実質的な電流増幅率を下げずに同じ電圧増幅度を確保するためには，図 9.13 における Q_1，Q_2 のバイアス電流 I_{E1}，I_{E2} を大きくしエミッタ抵抗 r_e を下げなければならない．

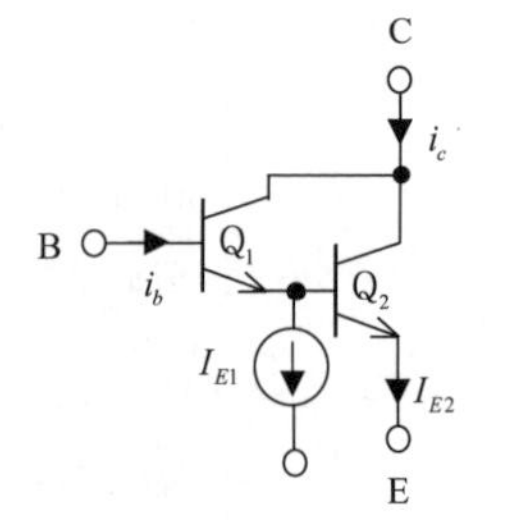

図 9.16　バイアス電流 (I_{E1}) を加えたダーリントン接続回路

図 9.16 は Q_1 にバイアス電流 I_{E1} を加えたもので

ある．$I_{E1}>I_{E2}$ とすると，r_{e1} は十分に小さくなり，入力抵抗 r_{ie} はベース抵抗 r_b を無視すると

$$r_{ie}=r_{b1}+(\beta_1+1)r_{e1}+(\beta_1+1)r_{b2}+(\beta_1+1)(\beta_2+1)r_{e2}\cong(\beta_1+1)(\beta_2+1)r_{e2} \tag{9.55}$$

になる．トランジスタ Q_1 と Q_2 が同一特性とすると

$$r_{ie}\cong(\beta+1)^2r_e,\ ただし，r_e=\frac{26\ \mathrm{mV}}{I_{E2}} \tag{9.56}$$

となり，式(9.51)より小さくなる．コレクタ電流も通常のトランジスタ(式9.53)と同一になる．

$$i_b=\frac{v_i}{(\beta+1)^2r_e},\ i_c=\beta(\beta+2)i_b=\frac{\beta(\beta+2)v_i}{(\beta+1)^2r_e}=\frac{(\beta^2+2\beta)v_i}{(\beta^2+2\beta+1)r_e}\cong\frac{v_i}{r_e} \tag{9.57}$$

以上の結果をまとめると**表9.1**のようになる．ダーリントン接続にすると，入力抵抗 r_{ie} が大きくなるためにベース電流が減少する．したがって，見かけ上の電流増幅率は大きくなるが，実際のコレクタ電流は減少してしまう．バイアス電流を加えたダーリントン接続(図9.16の回路)では，入力抵抗 r_{ie} を小さくできるために，通常のトランジスタと同じコレクタ電流を確保することができる．

表9.1　ダーリントン接続したときの交流小信号に対する特性

	通常のトランジスタ	ダーリントン接続	バイアス電流を加えたダーリントン接続
電流増幅率 A_i	β	$\beta(\beta+2)$	$\beta(\beta+2)$
入力抵抗 r_{ie}	$(\beta+1)r_e$	$2(\beta+1)^2r_e$	$(\beta+1)^2r_e$
ベース電流 i_b	$\dfrac{v_i}{(\beta+1)r_e}$	$\dfrac{v_i}{2(\beta+1)^2r_e}$	$\dfrac{v_i}{(\beta+1)^2r_e}$
コレクタ電流 i_c	$\dfrac{v_i}{r_e}$	$\dfrac{v_i}{2r_e}$	$\dfrac{v_i}{r_e}$

それぞれは近似式を用いている．r_e：トランジスタのエミッタ抵抗

【例題9.4】

$\beta=99$ のトランジスタを図9.16に示すバイアス電流 I_{E1} を備えたダーリントン接続したときに，電流増幅度 A_i とコレクタ電流 i_c および入力抵抗 r_{ie} は何倍になるか求めよ．ただし，コレクタ電流(直流)を $I_C=0.99$ mA，入力電圧を $v_i=20$ mV，トランジスタのベース抵抗を $r_b=0$ とする．また，Q_1 のエミッタには十分なバイアス電流が流れており，Q_1 のエミッタ抵抗 r_e は非常に小さく無視できるものとする．

(解)　①　通常のトランジスタ

$$A_i=\beta=99,\ I_E=\frac{\beta+1}{\beta}I_C=\frac{100}{99}\times0.99=1\ \mathrm{mA},\ r_e=\frac{V_T}{I_E}=\frac{26\ \mathrm{mV}}{1\ \mathrm{mA}}=26\ \Omega$$

$$r_{ie}=(\beta+1)r_e=100\times26=2.6\ \mathrm{k\Omega},\ i_c=\frac{\beta v_i}{r_{ie}}=\frac{99\times20\ \mathrm{mV}}{2.6\times10^3\ \Omega}=0.7615\ \mathrm{mA}\cong0.76\ \mathrm{mA}$$

② ダーリントン接続(図9.16の回路)

$A_i=\beta(\beta+2)=99\times101=9999,\ \ r_{ie}=(\beta+1)^2r_e=100^2\times26=260\ \text{k}\Omega$

$$i_c=\frac{\beta(\beta+2)v_i}{(\beta+1)^2r_e}=\frac{99\times101\times20\ \text{mV}}{260\ \text{k}\Omega}=0.769\ \text{mA}$$

ダーリントン接続すると，電流増幅度A_iが101倍，コレクタ電流i_cが1.01倍，入力抵抗r_{ie}が100倍になる．

---

[2] ダーリントン接続を使用した差動増幅回路

図9.17はダーリントン接続を使用した差動増幅回路である．ダーリントン接続を使うと，電流増幅度A_iが上がるために，差動利得A_dとCMRRを大きくすることができる．

この回路の差動利得A_d，同相利得A_c，CMRRは，式(9.11)，式(9.13)，式(9.21)おいて，それぞれを

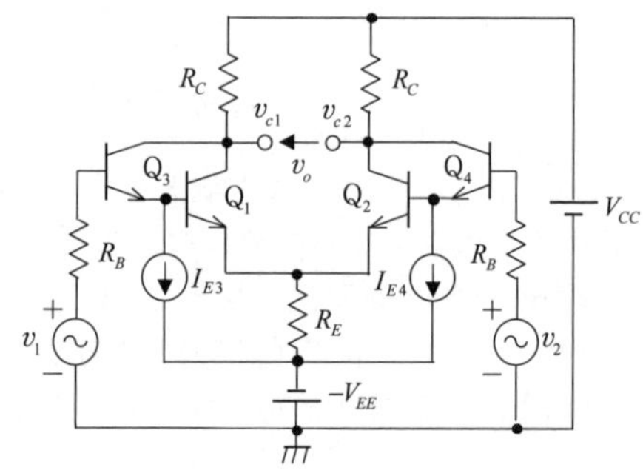

図9.17　ダーリントン接続を使用した差動増幅回路

・電流増幅率A_i：$\beta\to\beta(\beta+2)$

・ベース側換算の抵抗R_E：$(\beta+1)R_E\to(\beta+1)^2R_E$

・入力抵抗r_{ie}：$r_{ie}=r_b+(\beta+1)r_e\cong(\beta+1)r_e$

$\to r_{ie}=(\beta+2)r_b+(\beta+1)^2r_e\cong(\beta+1)^2r_e$

に置き換えることにより，以下のように求めることができる．

$$A_d=-\beta(\beta+2)\frac{R_C}{R_B+r_{ie}} \qquad (9.58)$$

$$A_c=-\beta(\beta+2)\frac{R_C}{R_B+r_{ie}+2(\beta+1)^2R_E} \qquad (9.59)$$

$$\text{CMRR}=\frac{A_d}{A_c}=1+\frac{2(\beta+1)^2R_E}{R_B+r_{ie}} \qquad (9.60)$$

ここで，例題9.2の差動増幅回路と同一条件でA_d，A_c，CMRRを計算してみよう．(同一条件：$I_{C1}=I_{C2}=0.9\ \text{mA}$，$\beta=120$，$R_C=5.1\ \text{k}\Omega$，$R_B=1\ \text{k}\Omega$，$R_E=5.1\ \text{k}\Omega$)

ほぼ同じコレクタ電流を流すためには，$-V_{EE}=-10.6\ \text{V}$にしなければならない．

$$I_{C1}=I_{C2}=\frac{\beta(\beta+2)(V_{EE}-2V_{BE})}{R_B+2(\beta+1)^2R_E}=\frac{120\times122\times9.2\ \text{V}}{(1+2\times121^2\times5.1)\text{k}\Omega}=\frac{134688\ \text{V}}{149339.2\ \text{k}\Omega}$$

$$=0.9\ \text{mA}$$

$$I_{E1}=I_{E2}=I_{C1}\times(\beta+1)/\beta=0.9\ \text{mA}\times121/120=0.9075\ \text{mA}$$

$$r_e=\frac{V_T}{I_{E1}}=\frac{26\ \text{mV}}{0.9075\ \text{mA}}=28.65\ \Omega(1.0\ 倍),$$

$$r_{ie}=(\beta+1)^2r_e=121^2\times28.65\ \Omega\cong419.5\ \text{k}\Omega(121\ 倍)$$

$$A_d=-\beta(\beta+2)\frac{R_C}{R_B+r_{ie}}=\frac{-120\times122\times5.1\ \text{k}\Omega}{(1+419.5)\text{k}\Omega}=-177.6(1.3\ 倍)$$

$$A_c=-\beta(\beta+2)\frac{R_C}{R_B+r_{ie}+2(\beta+1)^2R_E}=\frac{-120\times122\times5.1\ \text{k}\Omega}{(1+419.5+2\times121^2\times5.1)\text{k}\Omega}$$

$$=-\frac{74664\ \text{k}\Omega}{149758.7\ \text{k}\Omega}=-0.51(1.03\ 倍)$$

$$\text{CMRR}=\frac{A_d}{A_c}=\frac{177.6}{0.51}=348.2(1.26\ 倍)$$

(　) 内は通常のトランジスタを使用したときの例題 9.2 の値に対する比率を示している．このように，ダーリントン接続をすると差動利得 A_d と CMRR を大きくすることができる．

9.4　FET を使用した差動増幅回路

図 9.18 は，FET を使用した差動増幅回路である．この回路について，同相利得 A_c，差動利得 A_d，CMRR を求めてみよう．

図 9.18(b) において，以下の式が成り立つ．なお，定電流 I_0 は理想的であり，内部抵抗は無限大として扱う．また，Q_1 と Q_2 の特性は同じとする．

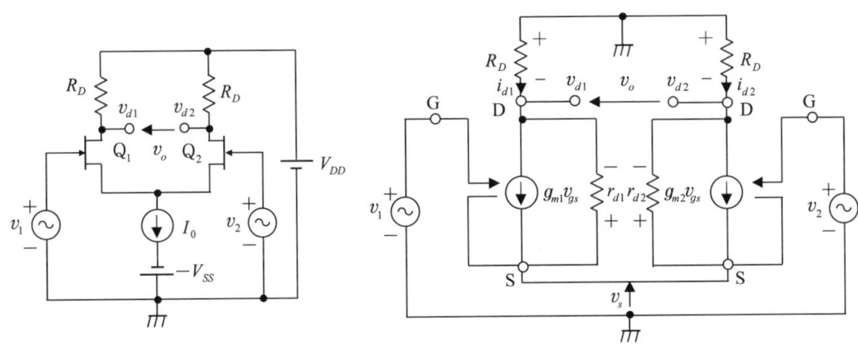

(a)　FET を使用した差動増幅回路

r_{d1}, r_{d2} : FET のドレイン抵抗

(b)　等価回路

図 9.18　FET を使用した差動増幅回路と等価回路

$$\left.\begin{aligned}&i_{d1}=\frac{r_d}{r_d+R_D}g_m(v_1-v_s),\ \ i_{d2}=\frac{r_d}{r_d+R_D}g_m(v_2-v_s),\ \ i_{d1}=-i_{d2}\\&v_{d1}=-i_{d1}R_D=-g_m(v_1-v_s)R,\ \ v_{d2}=-i_{d2}R_D=-g_m(v_2-v_s)R\\&\text{ただし，}R=\frac{r_dR_D}{r_d+R_D}\end{aligned}\right]\quad(9.61)$$

式 (9.61) から，i_{d1} と i_{d2} を消去して v_{d1} と v_{d2} および差動出力電圧 v_o を求めると

$$\left.\begin{aligned}&(v_1-v_s)+(v_2-v_s)=0,\ \ v_s=\frac{v_1+v_2}{2}\\&v_{d1}=-g_m(v_1-v_s)R=-\frac{g_m(v_1-v_2)R}{2}=-\frac{g_mv_dR}{2}\\&v_{d2}=-g_m(v_2-v_s)R=-\frac{g_m(v_2-v_1)R}{2}=\frac{g_mv_dR}{2}\\&v_o=v_{d1}-v_{d2}=-\frac{g_mv_dR}{2}-\frac{g_mv_dR}{2}=-g_mv_dR\end{aligned}\right]\quad(9.62)$$

となる．また，差動利得は次のようになる．なお，同相利得 A_c は 0 になる．

$$A_d=\frac{v_o}{v_1-v_2}=\frac{v_o}{v_d}=-g_mR\qquad(9.63)$$

トランジスタを使ったときの差動増幅回路 (図 9.1) において差動利得 A_d と同相利得 A_c に対する等価回路は，式 (9.11) と式 (9.13) から**図 9.19** となる．また，図 9.19 より，FET を使用した図 9.18 の差動増幅回路の差動利得 A_d と同相利得 A_c に対する等価回路は**図 9.20** になる．図 (a) より，差動利得 A_d を求めることができる．差動利得は式 (9.63) に同じになる．また，図 (b) より，同相利得 A_c は 0 になる．

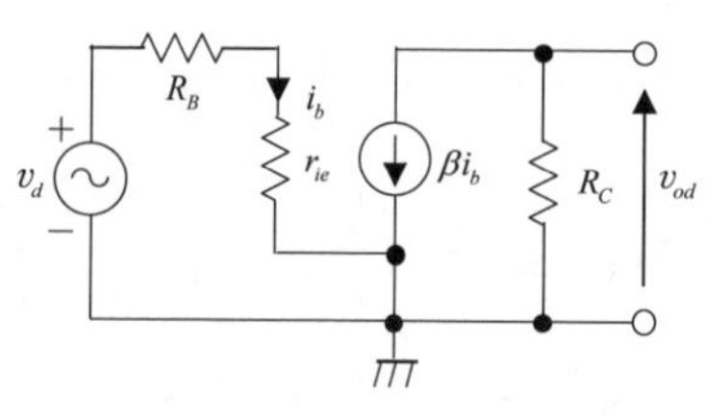

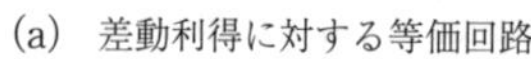
(a) 差動利得に対する等価回路

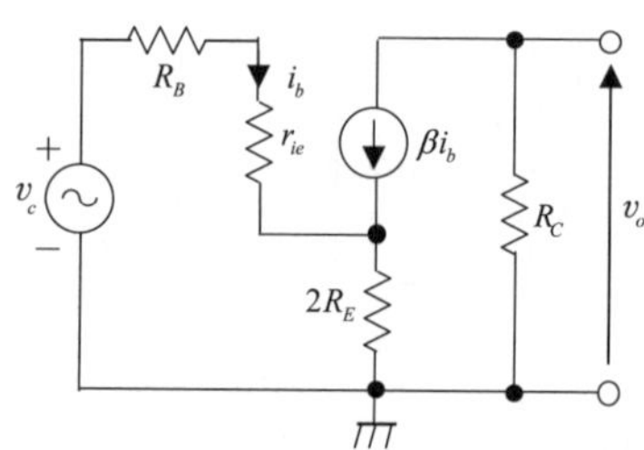

(b) 同相利得に対する等価回路

図 9.19 トランジスタを使用した差動増幅回路の差動利得と同相利得に対する等価回路

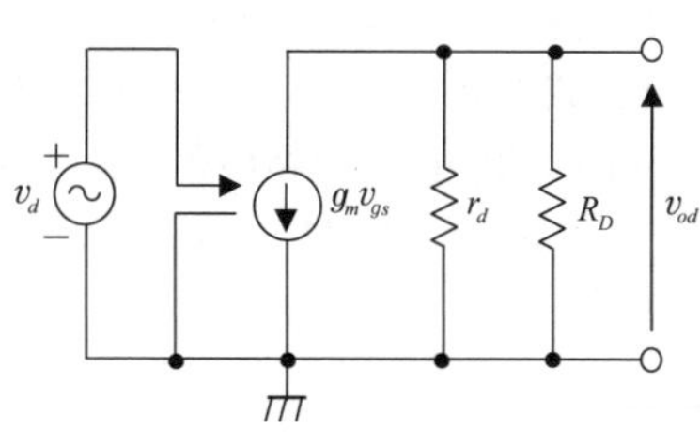

(a)　差動利得に対する等価回路

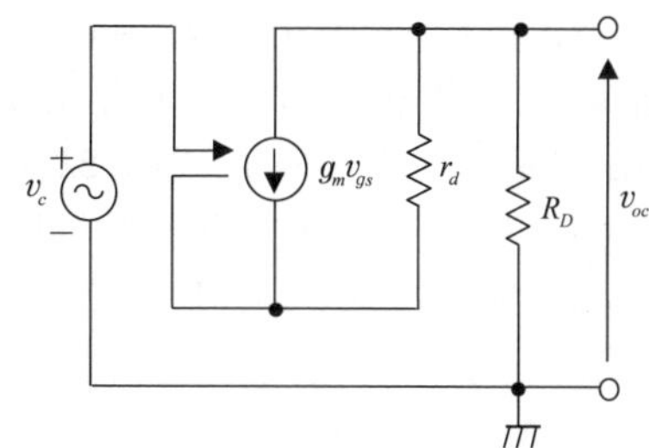

(b)　同相利得に対する等価回路

図 9.20　FET を使用した差動増幅回路（図 9.18）の差動利得と同相利得に対する等価回路

【例題 9.5】

図 9.18 の差動増幅回路において，FET の相互コンダクタンスを $g_m=30$ mS，ドレイン抵抗 $r_d=50$ kΩ，抵抗 $R_D=4.7$ kΩ，入力電圧を $v_1=10$ mV，$v_2=-10$ mV としたときの差動出力電圧 v_o を求めよ．

（解）　$R=\dfrac{50\times4.7}{50+4.7}=4.3\ \text{k}\Omega$

$$v_o=-g_mR(v_1-v_2)=-30\ \text{mS}\times4.3\ \text{k}\Omega\times(10+10)\text{mV}=-2.58\ \text{V}\cong-2.6\ \text{V}$$

9.5　単一出力差動増幅回路

差動増幅回路は二つの出力端子をもっており，二つの出力端子間の電圧差が出力になる．これに対して，一つの出力端子の接地点に対する電圧を出力電圧 v_o にした回路を，単一出力差動増幅器という．**図 9.21** に単一出力差動出力回路を示す．

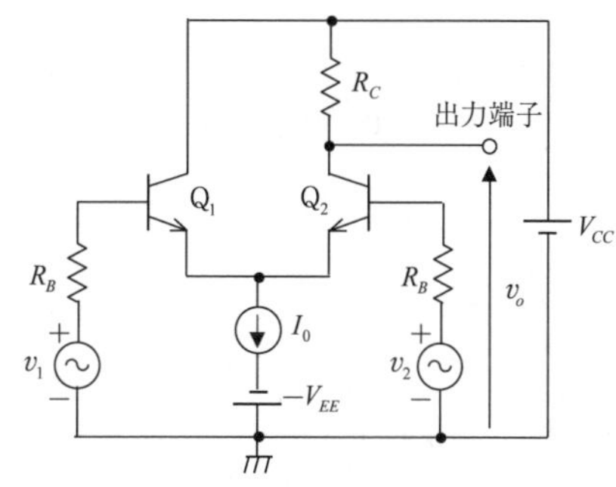

(a)　差動入力電圧 $v_d(v_d=v_1-v_2)$ と同相で出力を取り出すとき

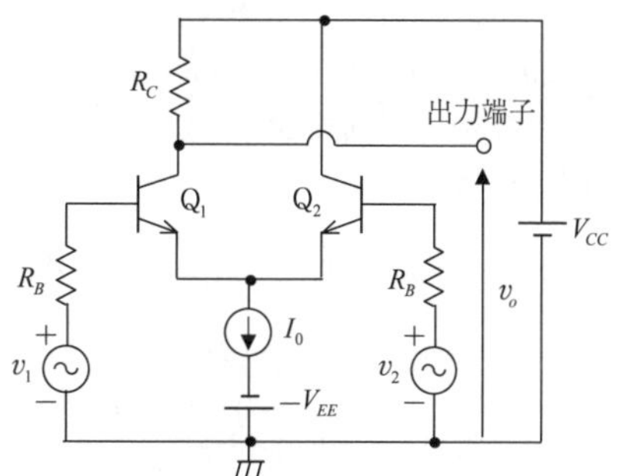

(b)　差動入力電圧 $v_d(v_d=v_1-v_2)$ と逆相で出力を取り出すとき

図 9.21　単一出力差動増幅回路

図(a)は差動入力電圧 $v_d(v_d=v_1-v_2)$ と同相で出力を取り出すときの回路であり，図(b)は v_d と逆相で出力を取り出すときの回路である．また，図9.22は図9.21(a)の等価回路である．**図9.22**をもとに，図9.21(a)の回路の差動入力電圧 v_d に対する増幅度 A_v を求めると，以下のようになる．なお，Q_1 と Q_2 の特性は同じであり，コレクタ抵抗 r_{ce} は無視するものとする．

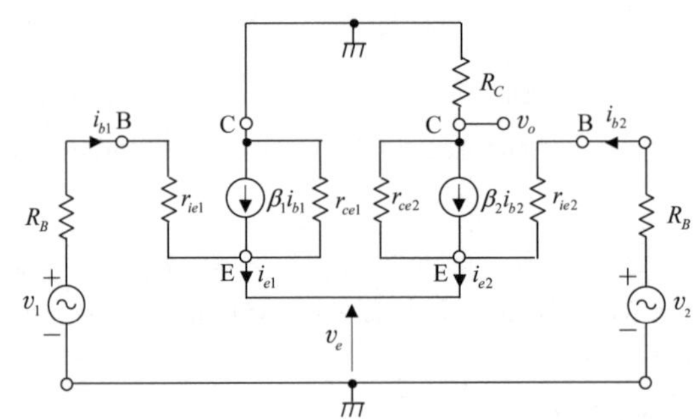

図9.22　単一出力差動増幅回路(図9.21(a))の等価回路

$$\left.\begin{aligned} & i_{e1}=\frac{(\beta+1)(v_1-v_e)}{R_B+r_{ie}},\quad i_{e2}=\frac{(\beta+1)(v_2-v_e)}{R_B+r_{ie}} \\ & i_{e1}=-i_{e2},\quad v_e=\frac{v_1+v_2}{2} \\ & v_o=v_{c2}=-i_{c2}R_C=-\frac{\beta(v_2-v_e)R_C}{R_B+r_{ie}}=\frac{\beta R_C}{R_B+r_{ie}}\cdot\frac{v_1-v_2}{2} \end{aligned}\right] \tag{9.64}$$

$$A_v=\frac{v_o}{v_1-v_2}=\frac{\beta R_C}{2(R_B+r_{ie})} \tag{9.65}$$

定電流が理想的であり内部抵抗が無限大と考えると，式(9.13)の分母の R_E が無限大になり同相利得 A_c は0になる．また，式(9.19)に $A_c=0$ を代入すると，出力電圧 v_o は

$$v_o=v_{c2}=A_c v_c-A_d\frac{v_d}{2}=-A_d\frac{v_d}{2} \tag{9.66}$$

になる．これより，増幅度 A_v は

$$A_v=\frac{v_o}{v_1-v_2}=\frac{v_o}{v_d}=\frac{1}{v_d}\left(-A_d\frac{v_d}{2}\right)=-\frac{A_d}{2} \tag{9.67}$$

になる．式(9.11)より $A_d=-\dfrac{\beta R_C}{R_B+r_{ie}}$ なので，これを代入すると

$$A_v = -\frac{A_d}{2} = \frac{\beta R_C}{2(R_B + r_{ie})} \qquad (9.68)$$

となり，式 (9.65) と同一になる．

図 9.21(a) に示す単一出力差動増幅回路の動作波形を**図 9.23** に示す．図 9.21(a) の回路では，出力電圧 v_o は差動入力電圧 v_d と同相になる．エミッタ接地増幅回路だと出力電圧 v_o は入力電圧に対して逆相になるが，図 9.21(a) の単一差動増幅回路を使うと，差動入力電圧に対して同相の出力電圧を得ることができる．図 9.21(b) の回路では，出力電圧 v_o は差動入力電圧 v_d と逆相になる．

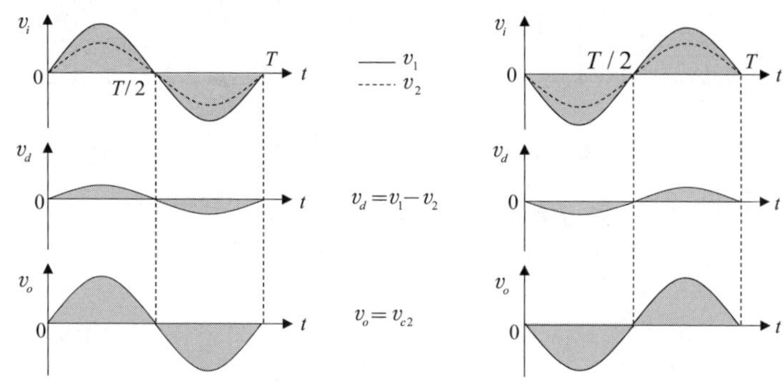

図 9.23 単一出力差動増幅回路 (図 9.21(a)) の動作波形

演 習 問 題

1. 図 9.7 の差動増幅回路において，V_{CC} を 12 V，$-V_{EE}$ を −12 V に変更したときに以下の問いに答えよ．

① 差動利得 A_c, 同相利得 A_d, CMRR を求めよ．ただし，トランジスタの V_{BE} を 0.7 V, 電流増幅率を β=120 とし，コレクタ抵抗 r_{ce} とベース抵抗 r_b を無視するものとする．

② 差動利得 A_c を例題 9.2 の値と比較し，なぜそうなるのか (増減する理由) を説明せよ．

2. **図 9.24** に示すダーリントン接続を使用した増幅回路において，バイアス電流 I_{E1} が無いときと有るときの増幅度 $A_v(A_v = v_o/v_i)$ を求めよ．なお，Q_1 と Q_2 の電流増幅率を β=100，V_{BE} を 0.7 V とし，ベース抵抗 r_{b1} と r_{b2} を無視するものとする．

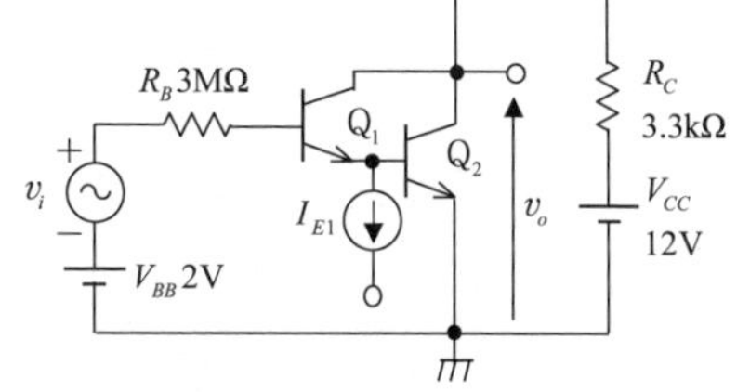

図 9.24 ダーリントン接続を使用した増幅回路

3. **図 9.25** に示す差動増幅回路の差動利得 A_d と同相利得 A_c を求めよ．なお，ドレイン抵抗 r_d を無視するものとする．

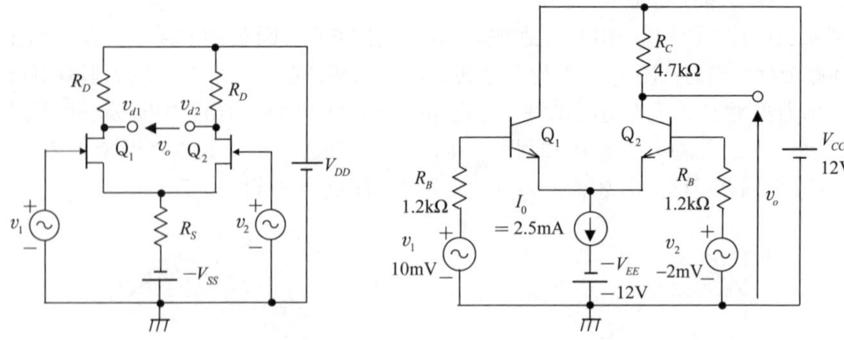

図 9.25 FET を使用した差動増幅回路

図 9.26 単一出力差動増幅回路

4. 図 9.26 の単一出力差動増幅回路における出力電圧 v_o と差動利得 A_d を求めよ．ただし，Q_1 と Q_2 の特性は同じであり，コレクタ抵抗を r_{ce}=40 kΩ，ベース抵抗を r_b=0 Ω，電流増幅率を β=80 とする．

演算増幅器

演算増幅器 (operational amplifier) は直結形の増幅回路を使用した高利得の増幅器であり，抵抗やコンデンサ，ダイオードなどを接続することにより，加算，減算，積分，微分をはじめとしていろいろな演算を行うことができる．**オペアンプ**とも呼ばれており，集積化された増幅器として広く使われている．

第 10 章では，演算増幅器の回路構成と等価回路，理想的な演算増幅器，特性，応用回路について説明する．

10.1 回路構成と等価回路

[1] 回路構成

図 10.1 は演算増幅器の回路例を示したものである．入力段は反転入力 (−端子)

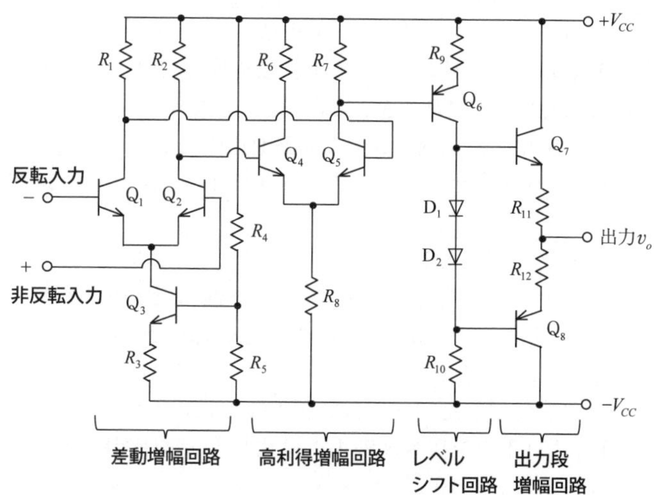

図 10.1 演算増幅器の回路例

と非反転入力（＋端子）という二つの入力端子を持っている差動増幅回路で構成されている．CMRR を高くするために，差動増幅回路には定電流回路が使われている．差動増幅回路の出力は高増幅度（高利得）の増幅回路でさらに増幅され，**レベルシフト回路**（level shifter）を経て，出力段の増幅回路から出力される．レベルシフト回路は直流電圧のレベルを変換する回路であり，出力段にバイアスを与えている．出力段増幅回路は正負の出力を得るために，npn(Q_7)と pnp(Q_8)の相補トランジスタを用い，出力インピーダンスを下げるために，エミッタホロワ回路にしている．

図 10.1 に使われているそれぞれの回路について説明する．

(1) 定電流を使用した差動増幅回路，高利得増幅回路

第 9 章で説明したとおりである．

(2) レベルシフト回路

直結形増幅回路を多段接続すると，後段になるほどバイアス電圧が上昇してしまう．このため，電源電圧を高くしないと増幅された交流信号の振幅を得ることができなくなる．この問題を解消するために，レベルシフト回路が使われる．レベルシフト回路で後段のバイアス電圧を低下させ，後段の増幅回路が正常な増幅動作をするようにする．いろいろなレベルシフト回路を**図 10.2** に示す．図 10.1 の演算増幅回路では図 10.2(d) の回路を使用している．

① 抵抗を使用したレベルシフト回路（図 10.2(a)）

トランジスタ Q_2 のベース電圧 V_{B2} はベース電流 I_{B2} を無視すると

$$V_{B2}=\frac{R_2(V_{C1}+V_{BB})}{R_1+R_2}-V_{BB}=\frac{R_2V_{C1}-R_1V_{BB}}{R_1+R_2} \qquad (10.1)$$

となり，V_{C1} よりも低下する．しかし，この回路では，交流信号電圧も抵抗分割で決まる比率，$R_2/(R_1+R_2)$ に低下してしまう欠点がある．

② ダイオードを使用したレベルシフト回路（図 10.2(b)）

V_{B2} は，V_{C1} よりダイオードの順方向電圧降下 V_F に相当する電圧だけ低下する．

$$V_{B2}=V_{C1}-V_F \qquad (10.2)$$

③ ツェナーダイオードを使用したレベルシフト回路（図 10.2(c)）

V_{B2} は，V_{C1} よりツェナー電圧 V_Z に相当する電圧だけ低下する．

$$V_{B2}=V_{C1}-V_Z \qquad (10.3)$$

④ トランジスタを使用したレベルシフト回路（図 10.2(d)）

V_{B2} は，V_{C1} よりトランジスタの V_{CB} に相当する電圧だけが低下する．

$$V_{B2}=V_{C1}-V_{CB} \qquad (10.4)$$

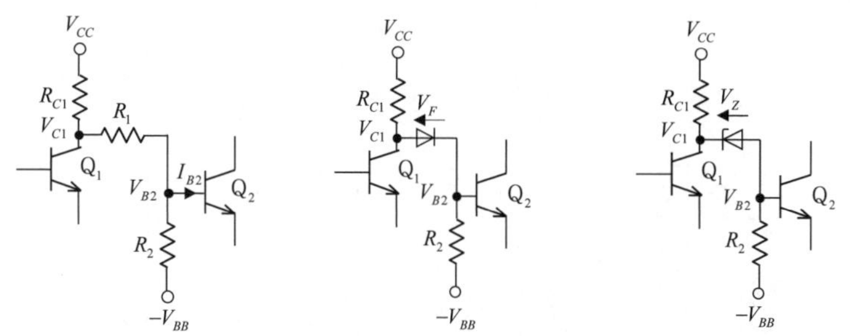

(a)　抵抗を使用　(b)　ダイオードを使用　(c)　ツェナーダイオードを使用

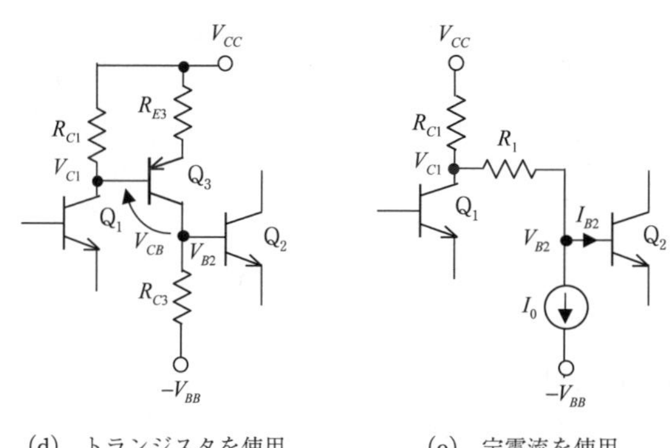

(d)　トランジスタを使用　(e)　定電流を使用

図 10.2　レベルシフト回路

⑤　定電流回路を使用したレベルシフト回路（図 10.2(e)）

トランジスタ Q_2 のベース電流 I_{B2} を無視すると，V_{B2} は抵抗 R_1 に生じる電圧降下によって V_{C1} よりも低下する．

$$V_{B2}=V_{C1}-I_0R_1 \qquad (10.5)$$

(3)　出力段増幅回路

図 10.1 の出力段増幅回路を **B 級プッシュプル回路**という．入力電圧の半周期 $T/2$ ごとに Q_1 と Q_2(図 10.1 の Q_7,Q_8) が導通し，出力電流が**図 10.3** のように流れる．0～$T/2$ の期間は Q_1 が導通し i_{e1} が図のように流れる．$T/2$～T の期間は Q_2 が導通し，i_{e2} が図のように流れる．この動作により，負荷抵抗 R_L に出力電流が流れ，負荷抵抗 R_L に増幅された出力電圧 v_o が発生する．

なお，図 10.1 の出力段増幅回路のダイオード D_1，D_2，抵抗 R_{11}，R_{12} は**クロスオーバひずみ**をなくすためのものである．詳細は，B 級プッシュプル回路も含めて第 11 章で説明する．

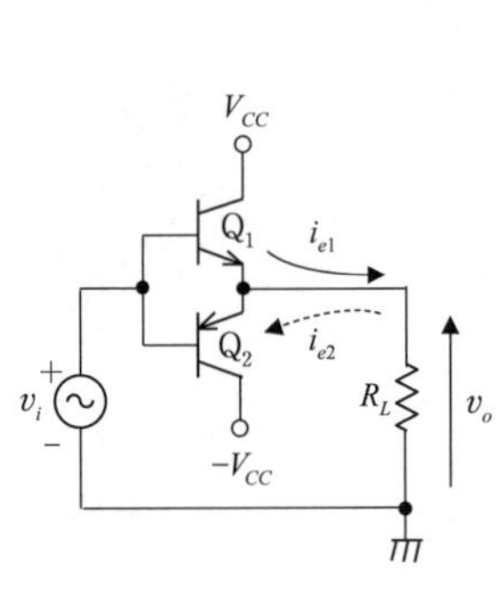

(a)　B級プッシュプル回路と出力電流

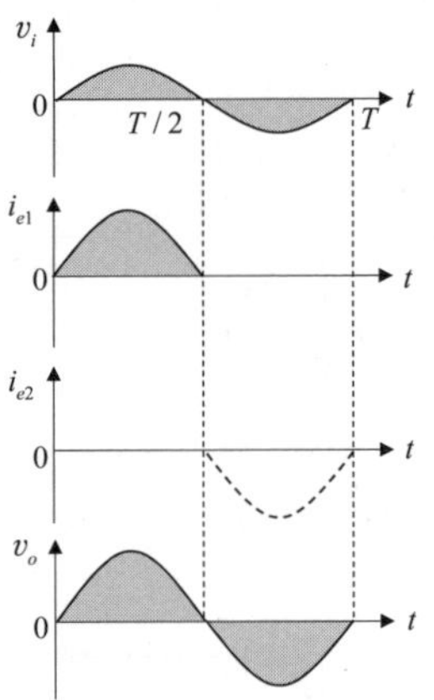

電流の極性は i_{e1} の向きを正にしたときのもの.

(b)　動作波形

図 10.3　B級プッシュプル回路と動作波形

[2]　等　価　回　路

演算増幅器の等価回路は**図 10.4** のようになる. 非反転入力端子（+ 端子）に加えられた電圧 v_1 と反転入力端子（−端子）に加えられた電圧 v_2 の差である差動入力電圧 $v_d(v_d=v_1-v_2)$ と同相入力電圧 $v_c(v_c=(v_1+v_2)/2)$ が増幅され, 出力電圧 v_o になる.

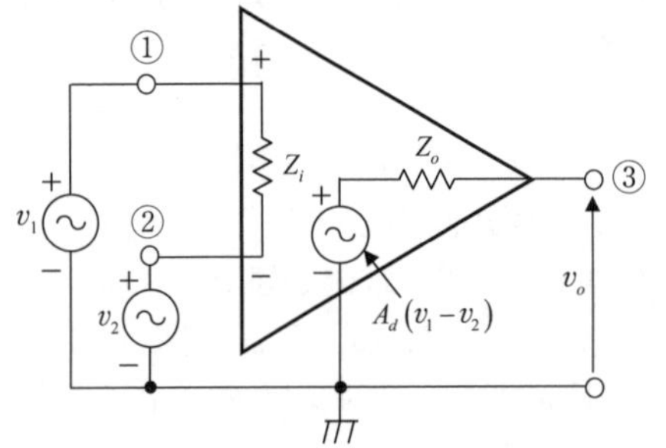

①：非反転（または正相）入力端子
②：反転（または逆相）入力端子
③：出力端子
Z_i：入力インピーダンス
Z_o：出力インピーダンス
A_d：差動利得
v_1, v_2：入力電圧
v_o：出力電圧

同相利得が $A_c=0$ であり, 理想的な演算増幅器の等価回路

図 10.4　演算増幅器の等価回路

$$v_o=A_d(v_1-v_2)+A_c\frac{v_1+v_2}{2} \qquad (10.6)$$

このときの A_d を差動利得，A_c を同相利得，また，これらの比 A_d/A_c を同相除去比 CMRR($\mathrm{CMRR}=A_d/A_c$) という．

理想的な差動増幅回路を使用した演算増幅器だと同相利得は $A_c=0$ であり，出力電圧は

$$v_o=A_d(v_1-v_2) \qquad (10.7)$$

となる．

10.2　理想的な演算増幅器

以下の条件を満足する増幅器が理想的な演算増幅器になる．

① 増幅度 (利得) は無限大で，かつ帯域も無限大である．

② 非反転入力端子 (＋ 端子) と反転入力端子 (－端子) 間の電位差は常に 0 で同電圧である．これを**仮想短絡 (イマジナリショート :imaginary short)** という．**図 10.5** に示す演算増幅器を用いた帰還増幅回路おいて，入力インピーダンス Z_i が非常に大きく $i_i \cong 0$ とすると，$i_1 \cong i_2$ になり以下の式が成り立つ．

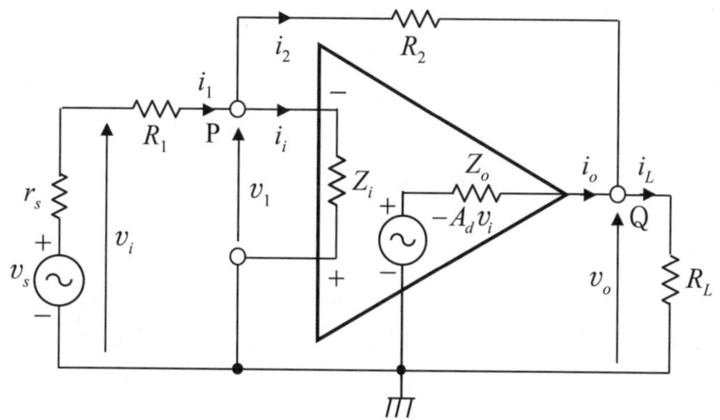

図 10.5　演算増幅器を用いた帰還増幅回路

$$\left.\begin{aligned} v_1&=v_i-i_1R_1=v_i+\frac{R_1}{R_1+R_2}(v_o-v_i)=\frac{R_2}{R_1+R_2}v_i+\frac{R_1}{R_1+R_2}v_o \\ v_1&=-\frac{v_o}{A_d} \end{aligned}\right] \qquad (10.8)$$

式 (10.8) より v_1 を求める．

$$-\frac{v_o}{A_d}=\frac{R_2}{R_1+R_2}v_i+\frac{R_1}{R_1+R_2}v_o$$

A_dが非常に大きいとすると，v_oは式(10.9)になる．

$$-\frac{v_o}{A_d}=0=\frac{R_2}{R_1+R_2}v_i+\frac{R_1}{R_1+R_2}v_o \Rightarrow v_o=-\frac{R_2}{R_1}v_i \qquad (10.9)$$

これを式(10.8)に代入すると，v_1は0になり，−端子と＋端子は同電位で仮想短絡になる．

$$v_1=\frac{R_2}{R_1+R_2}v_i+\frac{R_1}{R_1+R_2}v_o=\frac{R_2}{R_1+R_2}v_i-\frac{R_2}{R_1+R_2}v_i=0 \qquad (10.10)$$

③ 入力インピーダンスZ_iが無限大であり，入力端子に電流が流れ込むことはない．入力電流が流れ込むと，信号の内部抵抗による電圧降下により入力電圧がv_iからv_i'に下がってしまう（**図10.6**を参照）．なお，r_{s1}とr_{s2}は信号の内部抵抗である．

$$v_i'=v_i-i_i(r_{s1}+r_{s2})=\frac{Z_i}{Z_i+r_{s1}+r_{s2}}v_i$$

ただし，$v_i=(v_1-v_2)$ (10.11)

式(10.11)において，$Z_i=\infty$であると$v_i'=v_i$になり入力電圧は低下しない．

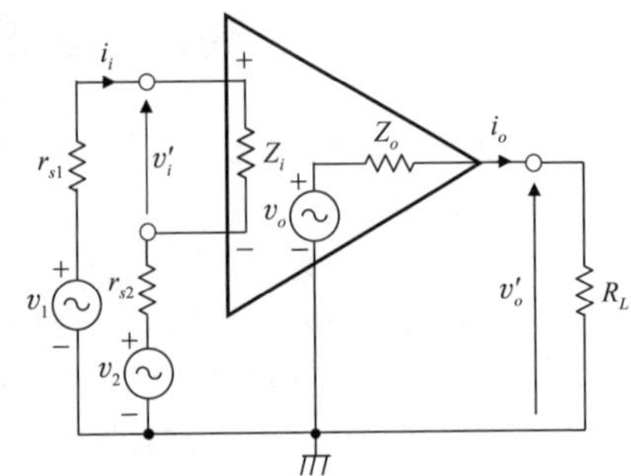

r_{s1}とr_{s2}は信号の内部抵抗，R_Lは負荷抵抗

図10.6 演算増幅器の入力・出力電圧と入力・出力インピーダンス

④ 出力インピーダンスZ_oが0であるので，出力電流i_oにより出力電圧v_oが変わることはない．Z_oがあると出力電流により，出力電圧が図10.6に示すようにv_oからv_o'に下がってしまう．

$$v_o'=v_o-i_oZ_o \qquad (10.12)$$

$Z_o=0$であると$v_o'=v_o$になり，i_oが流れても出力電圧は低下しない．

⑤ オフセット電圧，オフセット電流が0である．**オフセット**（offset）とは差動入力電圧(v_1-v_2)を0にしても出力電圧v_oが0にならない現象をいう．本来0であるべきものが0にならないものを総称してオフセットという．電圧に起因するオフセットと電流に起因するオフセットがある．

実際の演算増幅器の特性を**表10.1**に示す．表中の項目については理想に近い値

表10.1 実際の演算増幅器の特性

	実際の特性	備考
差動利得 A_d	100 dB以上	
入力インピーダンス Z_i	2 MΩ～10^6 MΩ	トランジスタ：2 MΩ FET：10^6 MΩ
出力インピーダンス Z_o	数Ω～数百Ω	
同相除去比 CMRR	90 dB以上	

になっている．

ここで，図 10.5 に示す演算増幅器を用いた帰還増幅回路の増幅度の誤差を求め，実際の演算増幅器を理想的な演算増幅器として扱っても問題がないかを確認しよう．まず，図 10.5 の P 点と Q 点について，節点方程式を立てると以下のようになる．

$$i_1=i_i+i_2 \quad \Rightarrow \quad \frac{v_i-v_1}{R_1}=\frac{v_1}{Z_i}+\frac{v_1-v_o}{R_2} \tag{10.13}$$

$$i_L=i_o+i_2 \quad \Rightarrow \quad \frac{v_o}{R_L}=\frac{-A_d v_1-v_o}{Z_o}+\frac{v_1-v_o}{R_2} \tag{10.14}$$

式 (10.14) から

$$v_1=\frac{\dfrac{1}{Z_o}+\dfrac{1}{R_2}+\dfrac{1}{R_L}}{-\dfrac{A_d}{Z_o}+\dfrac{1}{R_2}}v_o=\frac{1+\dfrac{Z_o}{R_2}+\dfrac{Z_o}{R_L}}{-A_d+\dfrac{Z_o}{R_2}}v_o \tag{10.15}$$

が得られ，これを式 (10.13) に代入し，v_1 を消去して増幅度 $A_v (A_v=v_o/v_i)$ を求めると

$$A_v=\frac{v_o}{v_i}=-\frac{R_2}{R_1}\cdot\frac{1}{1+\left(1+\dfrac{R_2}{Z_i}+\dfrac{R_2}{R_1}\right)\left(\dfrac{1+Z_o/R_2+Z_o/R_L}{A_d-Z_o/R_2}\right)} \tag{10.16}$$

となる．$A_d=\infty$，$Z_i=\infty$，$Z_o=0$ のときは，増幅度は $A_v=-R_2/R_1$ になる．詳細については 10.4 節の［1］で説明する．これに対して実際の演算増幅器での増幅度は式 (10.16) で与えられ，このときの誤差 ε は，$R_1=0.5\,\mathrm{k\Omega}$，$R_2=4.7\,\mathrm{k\Omega}$，$Z_i=2\,\mathrm{M\Omega}$，$Z_o=100\,\Omega$，$R_L=3.3\,\mathrm{k\Omega}$，$A_d=100\,\mathrm{dB}$($10^5$ 倍) とすると

$$\varepsilon=\left(1+\frac{R_2}{Z_i}+\frac{R_2}{R_1}\right)\left(\frac{1+Z_o/R_2+Z_o/R_L}{A_d-Z_o/R_2}\right)\cong 1.09\times10^{-4} \quad \Rightarrow \quad 0.0109\ \%$$

になり，無視できるほど小さい値になる．つまり，実際の演算増幅器は A_d，Z_i，Z_o に関して理想的なものとして扱ってもよいことになる．

【例題 10.1】

図 10.5 の演算増幅器を用いた帰還増幅回路の P 点から右側を見たときの入力インピーダンス Z_{if} と Q 点から左側を見たときの出力インピーダンス Z_{of} を求めよ．ただし，$R_1=0.5\,\mathrm{k\Omega}$，$R_2=4.7\,\mathrm{k\Omega}$，$R_L=3.3\,\mathrm{k\Omega}$，演算増幅器の $Z_i=2\,\mathrm{M\Omega}$，$Z_o=100\,\Omega$，$A_d=120\,\mathrm{dB}$(10^6 倍) とする．

（解） 式 (10.15) と式 (10.13) より

$$v_o=\frac{-A_d+\dfrac{Z_o}{R_2}}{1+\dfrac{Z_o}{R_2}+\dfrac{Z_o}{R_L}}v_1,\quad i_1=i_i+i_2=\frac{v_1}{Z_i}+\frac{v_1-v_o}{R_2}=\frac{v_1}{Z_i}+\frac{1}{R_2}\left(\frac{1+\dfrac{Z_o}{R_L}+A_d}{1+\dfrac{Z_o}{R_2}+\dfrac{Z_o}{R_L}}\right)v_1$$

が成り立つ．これより，Z_{if} は

$$Z_{if}=\frac{v_1}{i_1}=\frac{1}{\dfrac{1}{Z_i}+\dfrac{1}{R_2}\left(\dfrac{1+Z_o/R_L+A_d}{1+Z_o/R_2+Z_o/R_L}\right)}=\frac{Z_i}{1+\dfrac{Z_i}{R_2}\left(\dfrac{1+Z_o/R_L+A_d}{1+Z_o/R_2+Z_o/R_L}\right)}$$

$$\cong\frac{Z_i}{1+\dfrac{Z_i}{R_2}A_d}\cong\frac{R_2}{A_d}=\frac{4.7\ \mathrm{k\Omega}}{10^6}=0.0047\ \Omega$$

となる．つまり，－端子と＋端子は短絡とみなすことができる．次に，$v_i=0$ として出力インピーダンス Z_{of} を求める．Q 点において次の節点方程式が成り立つ．

$$R_1'=\frac{R_1Z_i}{R_1+Z_i},\quad v_1=\frac{R_1'}{R_1'+R_2}v_o,\quad i_L=\frac{-A_dv_1-v_o}{Z_o}-\frac{v_o}{R_1'+R_2}$$

これより，出力インピーダンス Z_{of} を求めると次のようになる．Z_{of} はほぼ 0 Ω になる．

$$-i_L=\frac{v_o}{Z_o}\left(1+A_d\frac{R_1'}{R_1'+R_2}\right)+\frac{v_o}{R_1'+R_2}$$

$$Z_{of}=\frac{v_o}{-i_L}=\frac{1}{\dfrac{1}{Z_o}\left(1+\dfrac{A_dR_1'}{R_1'+R_2}\right)+\dfrac{1}{R_1'+R_2}}=\frac{Z_o}{\left(1+\dfrac{Z_o+A_dR_1'}{R_1'+R_2}\right)}$$

$Z_i \gg R_1$ のために $R_1'=R_1$ となる．これを代入する．

$$Z_{of}=\frac{Z_o}{\left(1+\dfrac{Z_o+A_dR_1}{R_1+R_2}\right)}=1.04\times10^{-6}\ \Omega\cong0\ \Omega$$

10.3　演算増幅器の特性

演算増幅器の差動利得 A_d，入力インピーダンス Z_i，出力インピーダンス Z_o，同相除去比 CMRR は理想的であることは前節で説明したとおりである．しかし，理想的な演算増幅器と異なる点もある．必ず考慮しないといけない事項について説明する．

[1]　オフセット

オフセットとは，前節で説明したとおり，差動入力電圧 (v_1-v_2) を 0 にしても出力電圧 v_o が 0 にならない現象をいう．本来 0 であるべきものが 0 にならないものを総称してオフセットという．**図 10.7** は出力に現れるオフセット電圧を表したものである．電圧に起因するオフセットと電流に起因するオフセットがある．

(1)　電圧に起因するオフセット

差動入力電圧 (v_1-v_2) が 0 でも出力電圧が 0 にならない．これは，差動増幅回路

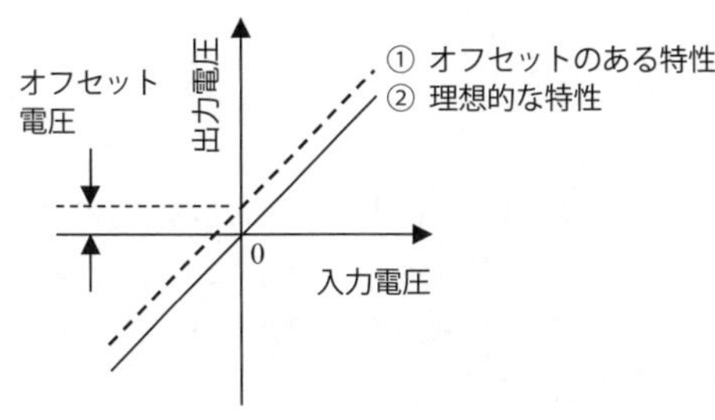

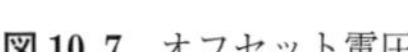
図 10.7　オフセット電圧

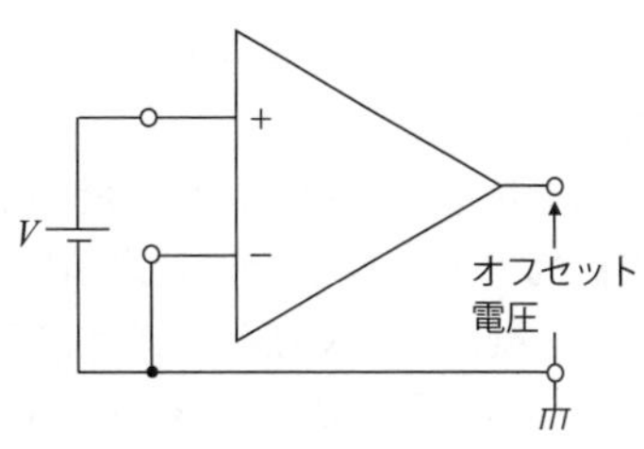

図 10.8　入力オフセット電圧 V

を構成する二つのトランジスタの特性が異なることにより起因し，＋入力端子に微小な直流電圧 V が常に加わっているのと等価になる（**図 10.8** を参照）．このときの出力電圧をオフセット電圧，電圧 V を**入力オフセット電圧**という．入力オフセット電圧は，バイポーラトランジスタを使用した差動増幅器で数 mV 程度である．

（2）　電流に起因するオフセット

理想的な演算増幅器は入力インピーダンスが無限大であり，演算増幅器の入力端子には電流は流れない．しかし，実際には微小な電流が流れ込む．この電流を，入力段を構成している差動増幅回路の**入力バイアス電流**といい，バイポーラトランジスタを使用した増幅器で nA(10^{-9} A) 程度，FET の場合は pA(10^{-12} A) 程度である．この電流が流れると，＋ 端子は接地されているために電圧は生じないが，－端子には抵抗 R_1 と R_2 が接続されているために式 (10.17) で与えられる電圧 V_1 が発生する（**図 10.9** を参照）．

$$V_1 = -\frac{R_1 R_2}{R_1 + R_2} I_{B1} \qquad (10.17)$$

この電圧 V_1 により，オフセット電圧が発生する．V_1 は－端子に加わる電圧であり，図 10.8 に示すように＋ 端子の電圧に換算すると

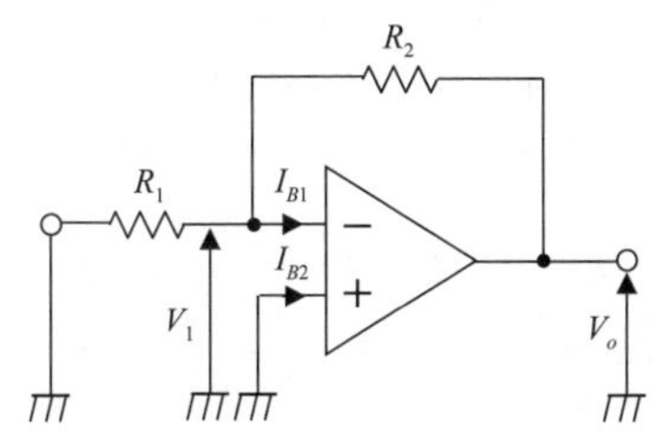

図 10.9　入力バイアス電流 (I_{B1}，I_{B2})

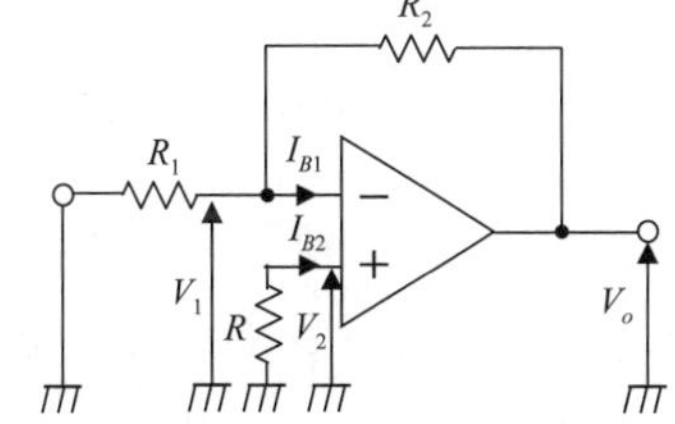

図 10.10　電流性オフセットの対策（抵抗 R の挿入）

$$V=-V_1=\frac{R_1R_2}{R_1+R_2}I_{B1} \qquad (10.18)$$

になる．

これを対策するためには，**図 10.10** に示すように，R_1 と R_2 の合成抵抗に等しい値の抵抗 R を＋端子と接地点間に挿入する．そうすると，＋端子にも V_1 と同じ電圧 V_2 が発生し，入力バイアス電流が $I_{B1}=I_{B2}$ なら－端子と＋端子の電位差がなくなる．なお，そのときの R の抵抗値は式 (10.19) で与えられる．

$$R=\frac{R_1R_2}{R_1+R_2} \qquad (10.19)$$

図 10.10 において V_1 は，$V_1=-I_{B1}\dfrac{R_1R_2}{R_1+R_2}+I_{B2}R$ であり，出力電圧 V_o は

$$V_o=\frac{R_1+R_2}{R_1}V_1=\frac{R_1+R_2}{R_1}\left(-I_{B1}\frac{R_1R_2}{R_1+R_2}+I_{B2}R\right)$$

$$=R_2\left\{-I_{B1}+\frac{I_{B2}R}{R_1R_2/(R_1+R_2)}\right\} \qquad (10.20)$$

になる．$R=R_1R_2/(R_1+R_2)$ で I_{B1} と I_{B2} の大きさが同じなら，出力電圧 V_o は 0 でオフセット電圧はなくなる．しかし，抵抗 R が式 (10.19) の値のときでも，I_{B1} と I_{B2} の大きさが異なると，オフセット電圧が残ってしまうことになる．このときの I_{B1} と I_{B2} の差 $(I_{B1}-I_{B2})$ を**入力オフセット電流**という．

【例題 10.2】

式 (10.17) を導け．

（解） 帰還増幅回路と入力バイアス電流に対する等価回路は**図 10.11** になる．図において，節点方程式

$$I_{B1}=I_1+I_2=\frac{V_i-V_1}{R_1}+\frac{V_o-V_1}{R_2}$$

が成り立つ．これより

$$V_1=\frac{R_2V_i+R_1V_o}{R_1+R_2}-\frac{R_1R_2}{R_1+R_2}I_{B1}$$

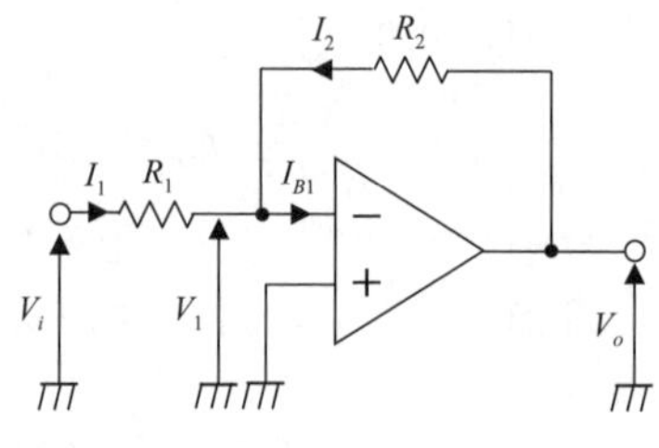

図 10.11　帰還増幅回路と入力バイアス電流 I_{B1}

が得られる．ここで，上式の第一項は入力バイアス電流 I_{B1} が流れていないときの V_1 であり，以下の理由により 0 になる．

① 仮想短絡により，－端子の電圧 V_1 は＋ 端子の電圧に等しく 0 になる．

② 演算増幅器の入力インピーダンス Z_i を無限大とすると $V_0=-\dfrac{R_2}{R_1}V_i$ であり，これを第一項に代入すると 0 になる．

したがって，V_1 は最終的に式 (10.17) になる．

[2] 周波数特性

通常，多段接続した増幅回路には位相補償用のコンデンサを付ける．このコンデンサが原因になり，高域周波数領域の増幅度が低下してしまう．この特性はローパスフィルタを直列接続したときの出力特性に相当し，増幅回路を 3 段接続したときの特性は，式 (10.22) に示すように 3 次特性で表すことができる．ローパスフィルタを**図 10.12** に示す．図における出力電圧は

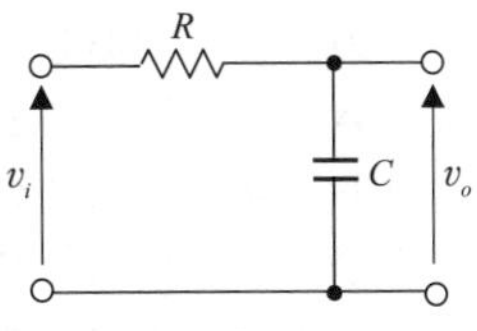

図 10.12 ローパスフィルタ

$$v_o = \frac{v_i}{1 + j\omega CR} = \frac{v_i}{1 + j\dfrac{\omega}{\omega_n}} \qquad (10.21)$$

で与えられる．なお，ω_n は増幅度が直流の増幅度 A_0 から 3dB 下がる角周波数を意味している．

増幅回路が 3 段接続されたときの増幅度は，一般的に

$$A_v = \frac{1}{\left(1 + j\dfrac{\omega}{\omega_1}\right)\left(1 + j\dfrac{\omega}{\omega_2}\right)\left(1 + j\dfrac{\omega}{\omega_3}\right)} \qquad (10.22)$$

で表すことができる．

式 (10.22) で求められる電圧増幅度の周波数特性例を**図 10.13** に示す．周波数が上昇すると，図示している傾斜で増幅度が低下する．周波数が 10 倍になると，増幅度が 1/10(−20 dB) に低下する．したがって次式が成り立つ．

$$GB = A_v \times f : \text{一定} \qquad (10.23)$$

この GB を**利得帯域幅積** (GB 積) といい，演算増幅器の性能を表す一つの指標になっています．また，**図 10.13** における f_T は増幅度が 1(0 dB) になる周波数であり，**ユニティゲイン周波数**という．

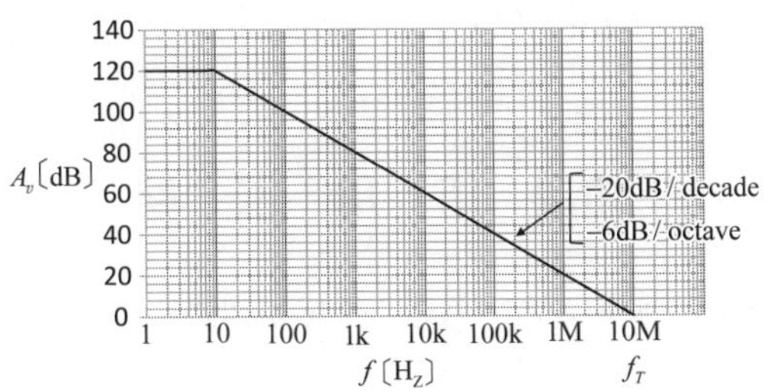

図 10.13 電圧増幅度の周波数特性例

［3］ スルーレート

入力電圧が急激に変化すると演算増幅器は追従できずに，出力電圧は遅れて**図 10.14** のように立ち上がる．実際の演算増幅器では，立上りおよび立下りにおいて入力・出力間に遅延が生じる．このために，演算増幅器の速さを表す指標として**スルーレート** (SR：slew rate) が設定され，式 (10.24) で定義されている．

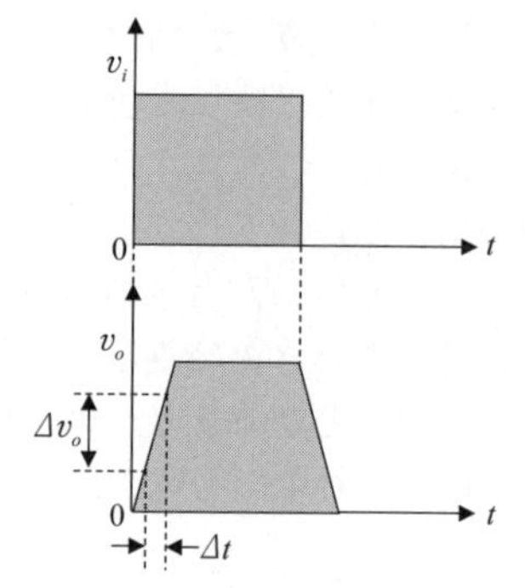

図 10.14　スルーレートと出力電圧の遅れ

$$\mathrm{SR}=\frac{\Delta v_o}{\Delta t}\ \text{〔V/s〕}$$

$$=\frac{\Delta v_o\times 10^{-6}}{\Delta t}\ \text{〔V/μs〕} \qquad (10.24)$$

出力電圧を正弦波とすると，振幅 v_m と周波数 f から必要な SR を計算することができる．

$$v_o=v_m\sin\omega t \qquad (10.25)$$

この出力電圧の立上り速度は，スルーレート SR 以下でなければならず

$$\frac{dv_o}{dt}=\omega v_m\cos\omega t\leqq \mathrm{SR} \qquad (10.26)$$

が成り立つ．式 (10.26) の左辺の最大値は ωv_m であり

$$\omega v_m\leqq \mathrm{SR} \qquad (10.27)$$

が得られる．式 (10.27) において，左辺のほうが大きくなると，正弦波電圧がひずんでしまうことになる．

【例題 10.3】

演算増幅器を使った増幅回路において，$f=100$ kHz，1 V〔rms〕の正弦波の出力電圧が必要となった．演算増幅器の必要なスルーレート SR を求めよ．

$$v_m=\sqrt{2}\times 1=1.414\ \mathrm{V}$$

$$\mathrm{SR}\geqq 2\pi f v_m=2\pi\times 100\times 10^3\times 1.414=0.888\times 10^6\ \text{〔V/s〕}\cong 0.89\ \text{〔V/μs〕}$$

10.4 応用回路

本節では演算増幅器を使用したいろいろな応用回路について説明する．

［1］ 逆相増幅回路（反転増幅回路）

図 10.15 は**逆相増幅回路**（反転増幅回路）を示したものである．

図において演算増幅器の－端子の入力インピーダンスは無限大であるために，抵抗 R_1 を流れる電流 i は抵抗 R_2 にそのまま流れる．このときの電流 i は－端子が 0 電位であるために

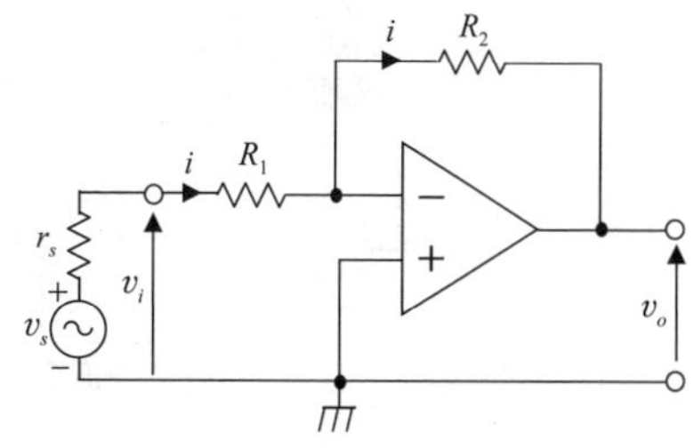

図 10.15　逆相増幅回路（反転増幅回路）

$$i=\frac{v_i}{R_1} \qquad (10.28)$$

となる．これより，出力電圧と増幅度は

$$v_o=0-iR_2=-\frac{R_2}{R_1}v_i \qquad (10.29),\quad A_v=\frac{v_o}{v_i}=-\frac{R_2}{R_1} \qquad (10.30)$$

となり，入力電圧と逆相の出力電圧が得られる．

［2］ 正相増幅回路（非反転増幅回路）

図 10.16 は**正相増幅回路**（非反転増幅回路）を示したものである．図において，演算増幅器の＋端子の入力電圧 v_i は－端子の電圧に等しく

$$v_i=\frac{R_1}{R_1+R_2}v_o \qquad (10.31)$$

が成り立つ．これより，出力電圧と増幅度は

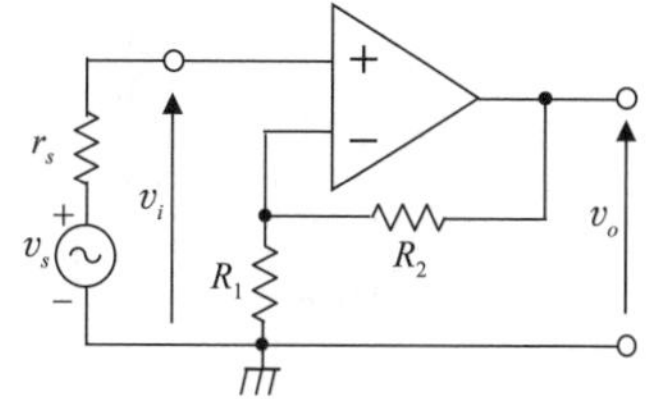

図 10.16　正相増幅回路（非反転増幅回路）

$$v_o=\left(1+\frac{R_2}{R_1}\right)v_i \qquad (10.32),\qquad A_v=\left(1+\frac{R_2}{R_1}\right) \qquad (10.33)$$

となり，入力電圧と同相の出力電圧が得られる．

［3］ 電 圧 ホ ロ ワ

図 10.16 の正相増幅回路において，$R_1=\infty$，$R_2=0$ とすると，**図 10.17** に示す**電圧ホロワ**が得られる．図において出力電圧は

$$V_o=V_i \qquad (10.34)$$

であり，増幅作用はない．

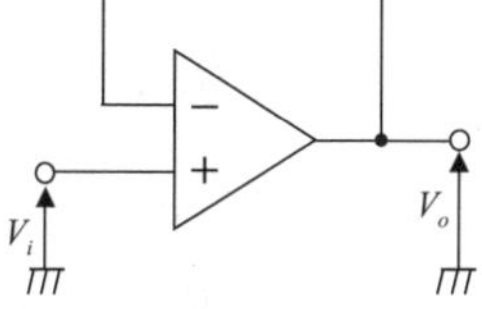

図 10.17　電圧ホロワ

しかし，演算増幅器をそのまま使うので，入力インピーダンスが高く，出力インピーダンスが低いという特徴がある．この電圧ホロワは，その特徴を生かして**図 10.18** に示すような使い方をする．

① 内部抵抗の高い回路の電圧を測るときに，測定器と被測定回路の間に入れて，入力インピーダンスを上げ測定誤差を少なくする．

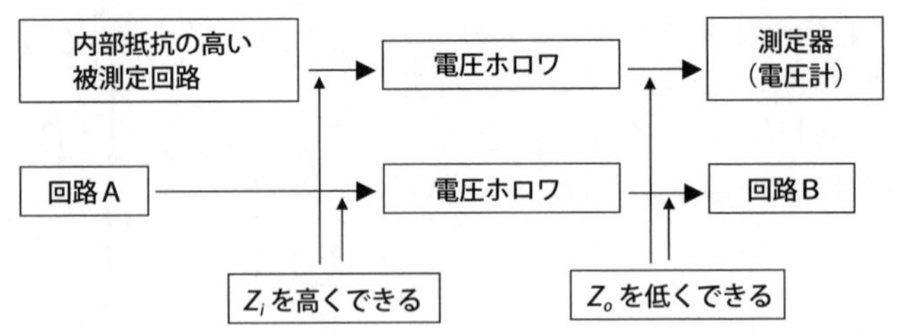

図 10.18 電圧ホロワの使い方

② 回路と回路を接続するときに，間に入れて入力インピーダンスを上げ，電圧が減衰しないようにする．

【例題 10.4】

図 10.19 における測定電圧の誤差を求めよ．また，測定器と被測定回路の間に電圧ホロワを入れると誤差がどうなるかを考察せよ．

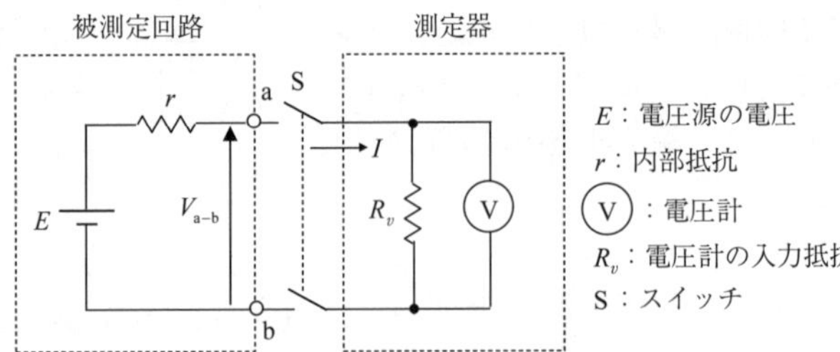

図 10.19 電圧測定の等価回路

(解)

① スイッチ S が開いているときの端子 a-b 間の電圧 (真値)

$$V_{\text{a-b}}(\text{真値})=E$$

② スイッチ S が閉じているときの端子 a-b 間の電圧 (測定値)

$$V_{\text{a-b}}(\text{測定値})=E-Ir=E-\frac{E}{r+R_v}\cdot r=E\left(1-\frac{1}{1+R_v/r}\right)$$

③ 誤差 ε $\quad \varepsilon=\dfrac{\text{測定値}-\text{真値}}{\text{真値}}=-\dfrac{1}{1+R_v/r}$

電圧源の内部抵抗 r が大きく，電圧計の入力抵抗 R_v が小さいほど測定誤差が大きくなる．したがって，内部抵抗の大きい電圧源の電圧を測定するときは，電圧計と被測定回路の間に電圧ホロワを入れて等価的に測定器 (電圧計) の入力インピーダンスを上げ，測定誤差を小さくするようにしている．理想的な電圧ホロワであれば，誤差はなくなる．

[4] 積 分 回 路

図 10.20 は**積分回路**を示したものである．図において演算増幅器の－端子の入力インピーダンスは無限大であるために，抵抗 R を流れる電流 i はコンデンサ C にそのまま流れる．このときの電流 i は，－端子が 0 電位であるために

$$i=\frac{v_i}{R} \qquad (10.35)$$

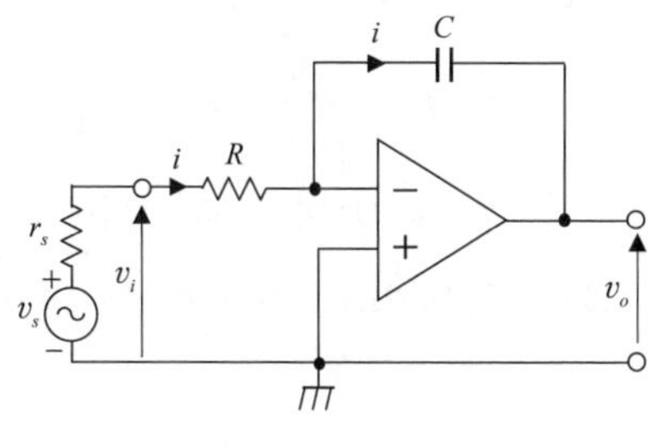

図 10.20　積分回路

となる．これより，出力電圧は

$$v_o=0-\frac{1}{C}\int idt=-\frac{1}{CR}\int v_i dt \qquad (10.36)$$

となり，入力電圧を積分した逆極性の電圧が出力される．

【例題 10.5】

図 10.20 の積分回路において，入力電圧が①正弦波電圧と②矩形波電圧の場合について出力電圧 v_o を求めよ．

① 正弦波電圧 $v_i=E_m\sin\omega t$

② 矩形波電圧 $0\sim T/2$ 期間 :$v_i=E$

$T/2\sim T$ 期間 :$v_i=-E$

(解)

①の場合

$$v_o=-\frac{1}{CR}\int E_m\sin\omega t dt=\frac{E_m}{\omega CR}\cos\omega t$$

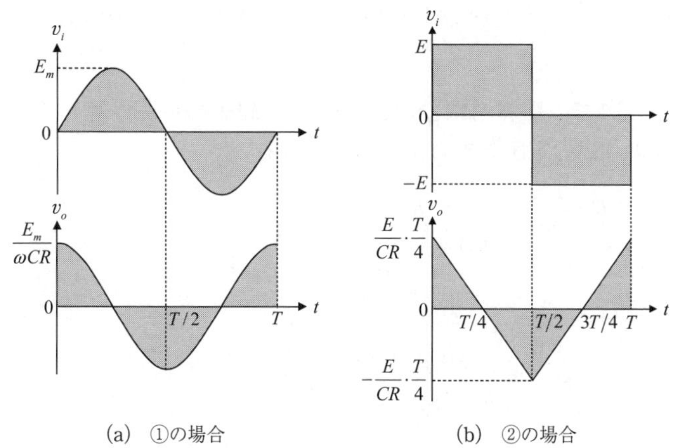

(a) ①の場合　(b) ②の場合

図 10.21　積分回路の入力・出力電圧

②の場合　$v_o=-\dfrac{E}{CR}\int dt=-\dfrac{E}{CR}t+K$　$t=T/4$ のとき $v_o=0$ より，$K=\dfrac{E}{CR}\cdot\dfrac{T}{4}$ となる．

$0\sim T/2$ 期間：$v_o=-\dfrac{E}{CR}\left(t-\dfrac{T}{4}\right)$

$T/2\sim T$ 期間：$v_o=\dfrac{E}{CR}\left\{\left(t-\dfrac{T}{2}\right)-\dfrac{T}{4}\right\}=\dfrac{E}{CR}\left(t-\dfrac{3T}{4}\right)$

波形を**図 10.21** に示す．①の出力電圧は余弦波，②の出力電圧は三角波になる．

---

［5］ 正相積分回路

図 10.22 に示す回路を**正相積分回路**という．図 10.20 の積分回路と異なり，入力電圧と同一極性の出力電圧が得られる．

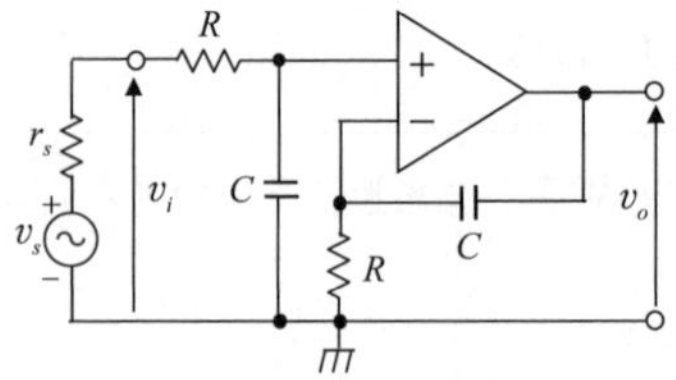

図 10.22　正相積分回路

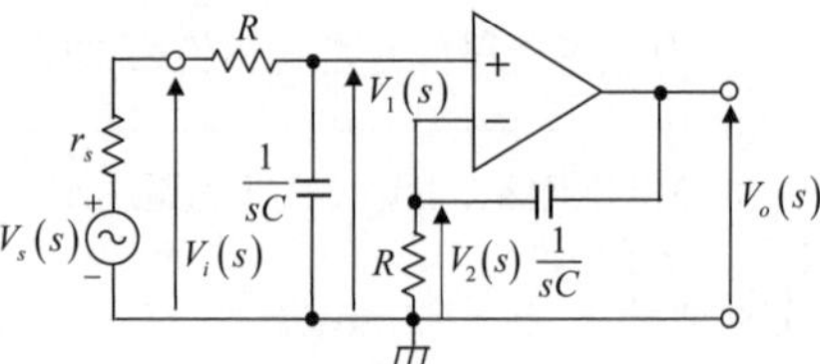

図 10.23　伝達関数に対する等価回路

図 10.23 は，伝達関数に対する正相積分回路の等価回路である．なお，伝達関数については付録 I を参照されたい．図 10.23 において

$$\left.V_1(s)=\frac{\frac{1}{SC}}{R+\frac{1}{SC}}V_i(s),\quad V_2(s)=\frac{R}{R+\frac{1}{SC}}V_o(s)\right] \qquad (10.37)$$

が成り立つ．ここで，演算増幅器の－端子と＋端子の電圧は等しく $V_1(s)=V_2(s)$ であり，これより出力電圧を求めることができる．

$$V_o(s)=\frac{R+\frac{1}{SC}}{R}V_2(s)=\frac{R+\frac{1}{SC}}{R}V_1(s)$$

$$=\frac{R+\frac{1}{SC}}{R}\cdot\frac{\frac{1}{SC}}{R+\frac{1}{SC}}V_i(s)=\frac{1}{sCR}V_i(s)$$

逆ラプラス変換すると

$$v_o=\frac{1}{CR}\int v_i dt \qquad (10.38)$$

になる．式(10.38)より，正相積分回路では，入力電圧と同一極性の出力電圧を得ることができる．なお，逆ラプラス変換については付録Iを参照されたい．

［6］ 対数変換回路

図10.24は**対数変換回路**を示したものである．図において演算増幅器の－端子の入力インピーダンスは無限大であるために，抵抗Rを流れる電流IはダイオードDにそのまま流れる．このときの電流Iは，－端子が0電位であるために

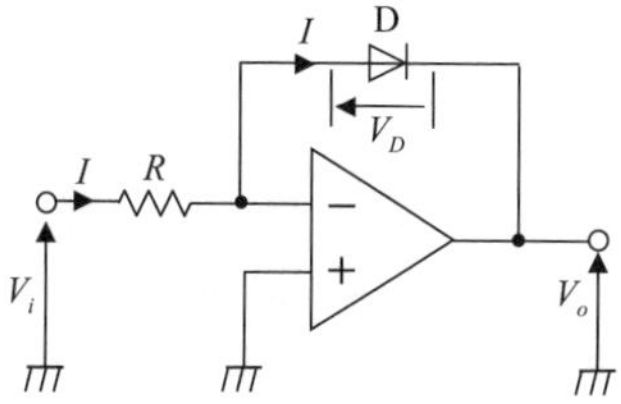

$$I=\frac{V_i}{R} \qquad (10.39)$$

になる．また，出力電圧は

$$V_o=0-V_D=-V_D \qquad (10.40)$$

図10.24 対数変換回路

となる．一方，ダイオードの電圧V_Dと順方向電流Iの間には第3章の式(3.8)から次の関係が成り立つ．

$$I=I_S\left\{\exp\left(\frac{V_D}{V_T}\right)-1\right\}\cong I_S\exp\left(\frac{V_D}{V_T}\right) \qquad (10.41)$$

ただし，I_Sは飽和電流を，$V_T=kT/q$($T=300$ K で $V_T\cong 26$ mV)を意味している．式(10.39)と式(10.40)および式(10.41)から出力電圧を求めると，以下のようになる．

$$I=\frac{V_i}{R}=I_S\exp\left(\frac{V_D}{V_T}\right)=I_S\exp\left(-\frac{V_o}{V_T}\right),$$

$$V_o=-V_T\log_e\left(\frac{V_i}{I_SR}\right)=-V_T\ln\left(\frac{V_i}{I_SR}\right) \qquad (10.42)$$

式(10.42)のI_SRは定数であり，入力電圧を対数変換した値に比例した出力電圧が得られる．**図10.25**を参照のこと．このような回路を対数変換回路または**対数増幅回路**という．

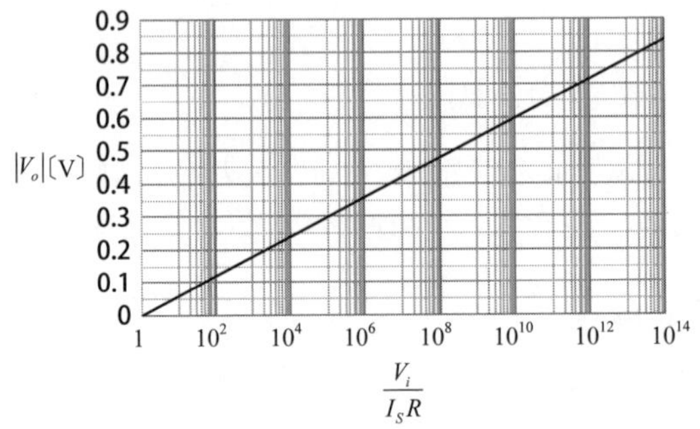

図 10.25　対数変換回路の出力電圧

［7］ 加　算　回　路

図 10.26 は**加算回路**を示したものである．演算増幅器の－端子に抵抗 R_1 と R_2 を通して二つの入力電圧 v_1 と v_2 が接続されている．そのほかは逆相増幅回路と同じになっている．図において演算増幅器の－端子の入力インピーダンスは無限大であるために，抵抗 R_1 と R_2 を流れる電流 i_1 と i_2 は抵抗 R_3 にそのまま流れる．このときの電流 i_1 と i_2 は，－端子が 0 電位であるために

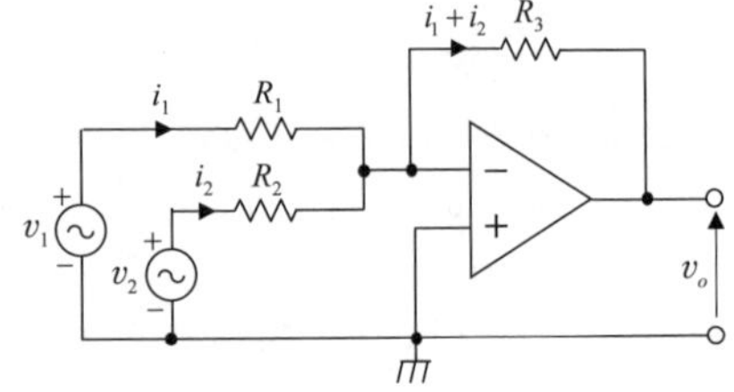

図 10.26　加算回路

$$\left.i_1=\frac{v_1}{R_1},\ \ i_2=\frac{v_2}{R_2}\right] \qquad (10.43)$$

になる．また，出力電圧 v_o は

$$v_o=0-(i_1+i_2)R_3=-\left(\frac{v_1}{R_1}+\frac{v_2}{R_2}\right)R_3 \qquad (10.44)$$

$R_1=R_2=R_3$ のときは，逆相であるが v_1 と v_2 を加算した出力電圧が得られる．

$$v_o=-(v_1+v_2) \qquad (10.45)$$

［8］ 減　算　回　路

図 10.27 は**減算回路**を示したものである．図において，演算増幅器の－端子と＋端子の電圧 v_- と v_+ を求めると

$$v_-=\frac{R_1}{R_1+R_3}(v_o-v_1)+v_1=\frac{R_1}{R_1+R_3}v_o+\frac{R_3}{R_1+R_3}v_1 \qquad (10.46)$$

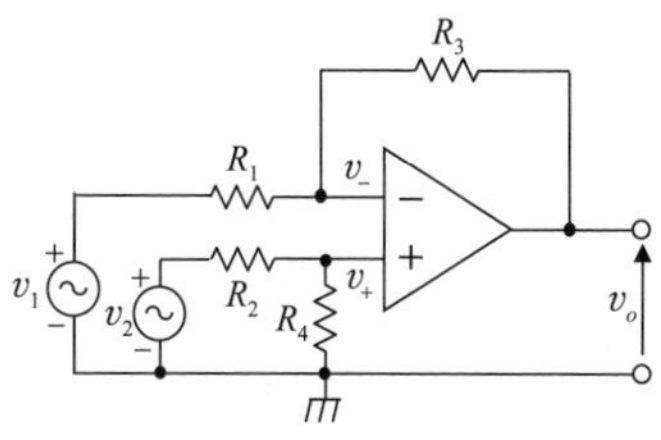

図 10.27　減算回路

$$v_+=\frac{R_4}{R_2+R_4}v_2 \qquad (10.47)$$

となる．仮想短絡により $v_-=v_+$ であり，式(10.46)と式(10.47)から出力電圧 v_o を得ることができる．

$$\frac{R_1}{R_1+R_3}v_o+\frac{R_3}{R_1+R_3}v_1=\frac{R_4}{R_2+R_4}v_2$$

$$v_o=\frac{R_1+R_3}{R_1}\cdot\frac{R_4}{R_2+R_4}v_2-\frac{R_3}{R_1}v_1 \qquad (10.48)$$

$R_1=R_2=R_3=R_4$ のときは，出力電圧は

$$v_o=v_2-v_1 \qquad (10.49)$$

となり，入力電圧の差の電圧 (v_2-v_1) が出力される．

演 習 問 題

1. 演算増幅器の理想的な特性とそうでない特性について，簡単に説明せよ．
2. スルーレートが SR＝0.5 V/μs の演算増幅器を使い，正弦波の入力電圧を 100 kHz までひずませることなく増幅したい．取り出せる最大出力電圧（実効値）を求めよ．
3. **図 10.28** に示す**微分回路**おいて，$v_i=E_m\sin\omega t$ のときの出力電圧 v_o を求めよ．

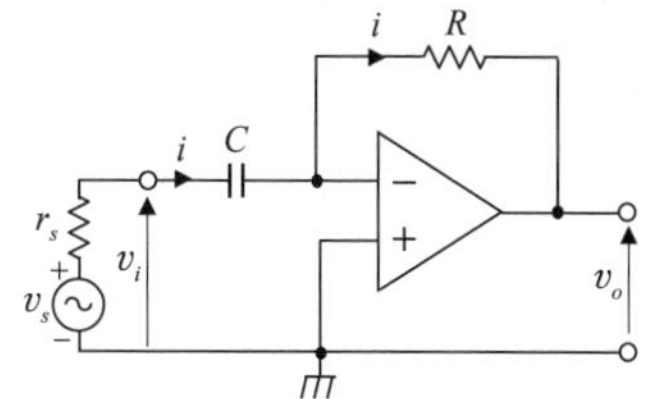

図 10.28　微分回路

4. **図 10.29** は実際の積分回路である．これについて以下の質問に答えよ．

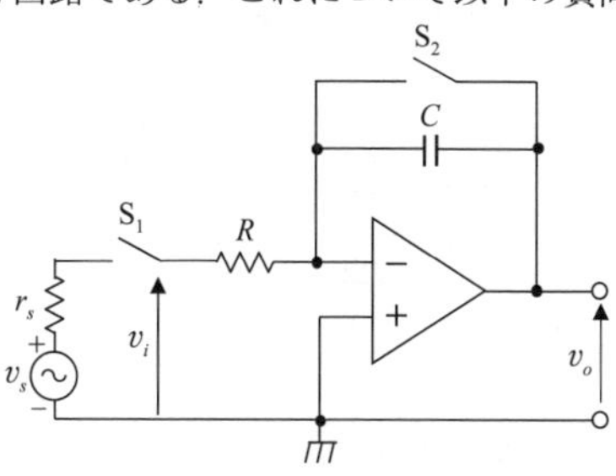

図 10.29　実際の積分回路

① $v_i=-1$ V とする．$t=0$ でスイッチ S_1 を閉じたときの t_1 秒後の出力電圧を求めよ．ただし，コンデンサ電圧の初期値を 0 とする．

② その後，同時刻（t_1 秒後）にスイッチ S_1 を開いたときの出力電圧を求めよ．

③ スイッチ S_2 の役割について考察せよ．

5.　**図 10.30** に示す増幅回路の周波数に対する増幅度を求めよ．

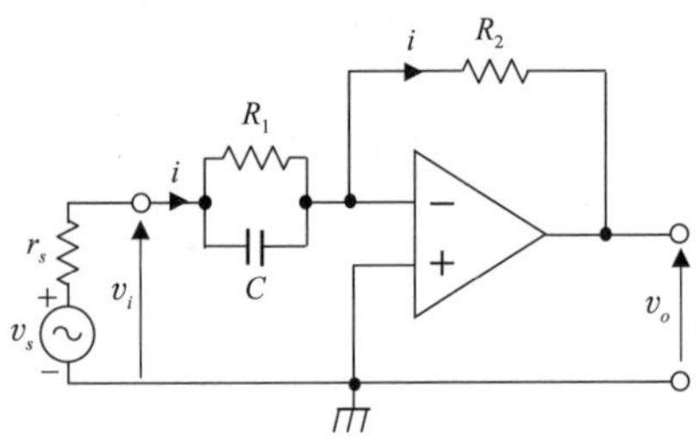

図 10.30　演算増幅器を用いた増幅回路

6.　**図 10.31** は減算回路を利用した電子電流計の原理図である．任意の回路の電流を検出し求めることができる．この回路において，微小抵抗 R_S を流れる電流 I を求めよ．ただし，$Rs \ll (R_1,\ R_2,\ R_3,\ R_4)$ とする．

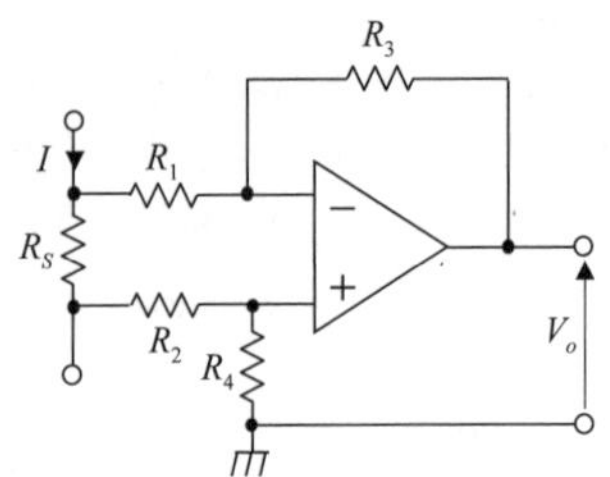

図 10.31　電子電流計の原理図

7.　付録 I を参考にして，**図 10.32** に示す増幅回路の伝達関数 $G(s)$ を求めよ．

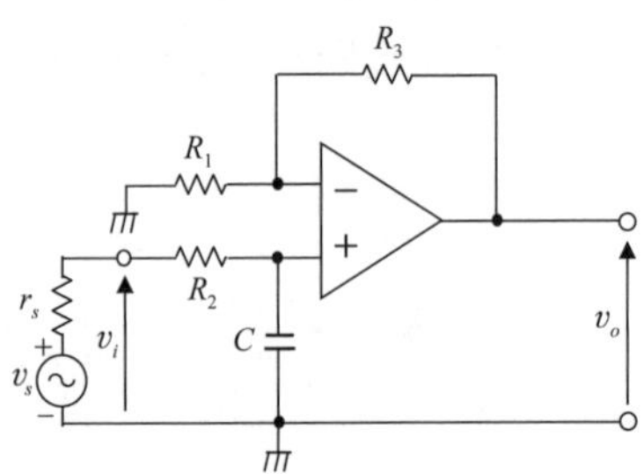

図 10.32　演算増幅器を使用した増幅回路

電力増幅回路

いままでに述べてきた増幅回路は小信号用であり，出力の大きい音声増幅回路などには使用することはできない．スピーカなどを駆動するためには，電力増幅回路を使用する．増幅された電力を負荷に供給する回路を**電力増幅回路**という．大きな電力を扱うために損失も大きく，効率を上げることが重要になる．

第 11 章では，電力増幅回路について，分類と回路構成，動作原理，特性（効率）について説明する．

11.1　電力増幅回路の分類

電力増幅回路にはリニア方式とスイッチング方式がある．リニア方式は動作点（バイアス点）の選び方によって，**A 級増幅回路**，**B 級増幅回路**，**C 級増幅回路**に分けることができる．A 級増幅回路では，動作点 Q を交流負荷線のほぼ中央に設定する．周期 T の全期間にわたって増幅動作が行われる．**図 11.1**(a) と**図 11.2**(a) は A 級増幅回路の入力側の動特性（伝達特性における動作点と動作波形）および出力側の動特性（負荷線における動作点と動作波形）を示したものである．正弦波のコレクタ電流が周期 T の全期間にわたって流れる．B 級増幅回路では，交流信号の正または負の半サイクルだけを増幅するように動作点が決められている．図 11.1(b) と図 11.2(b) は B 級増幅回路の入力側の動特性および出力側の動特性を示したものである．前半期間だけ，正弦波のコレクタ電流が流れる．なお，B 級増幅回路で周期 T の全期間にわたり増幅動作をさせるときは，2 個のトランジスタを用いたプッシュプル増幅回路が一般的に使われる．C 級増幅回路では，動作点は遮断領域に設定され，交流信号の一部の期間だけが増幅される．図 11.1(c) と図 11.2(c) は C 級増幅回路の入力側の動特性および出力側の動特性を示したものである．t_1～t_2 期間だけ，正弦波のコレクタ電流の一部が流れる．必要に応じて，A 級と B 級，または B 級と C 級の間に動作点を選び電力増幅を行うときがある．この

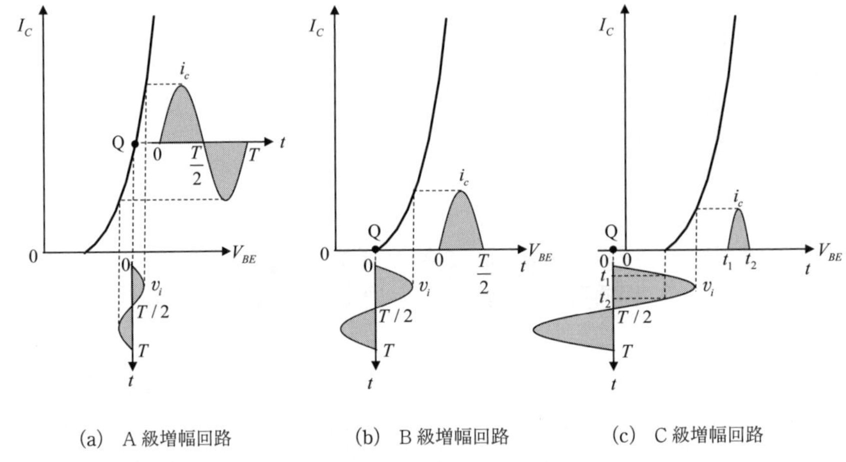

(a)　A級増幅回路　　(b)　B級増幅回路　　(c)　C級増幅回路

図11.1　入力側の動特性（伝達特性における動作点と動作波形）

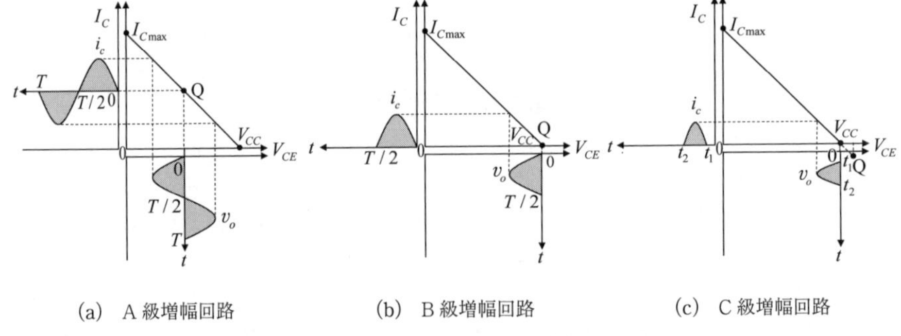

(a)　A級増幅回路　　(b)　B級増幅回路　　(c)　C級増幅回路

図11.2　出力側の動特性（負荷線における動作点と動作波形）

場合は，A-B級増幅回路，B-C級増幅回路と呼ばれる．

一方，スイッチング方式は**D級増幅回路**と呼ばれている．一般的にパルス幅変調（PWM: pulse width modulation）よる増幅回路が用いられる．パルス幅変調については，詳細を11.5節で説明する．

11.2　A級電力増幅回路

A級電力増幅器は出力トランジスタに電圧が加わっている状態で，大きなコレクタ電流が流れる．出力トランジスタの損失が大きく，効率は良くない．以下，効率を主として説明する．

［1］ 抵抗負荷の A 級電力増幅回路

図 11.3 は抵抗負荷の A 級電力増幅回路を，**図 11.4** はその動特性を示したものである．動作点 Q は出力電圧・電流の最大振幅が得られるように，負荷線の中点に設定されている．この増幅回路において，正弦波の信号が入力されたときの損失と効率を求めてみよう．

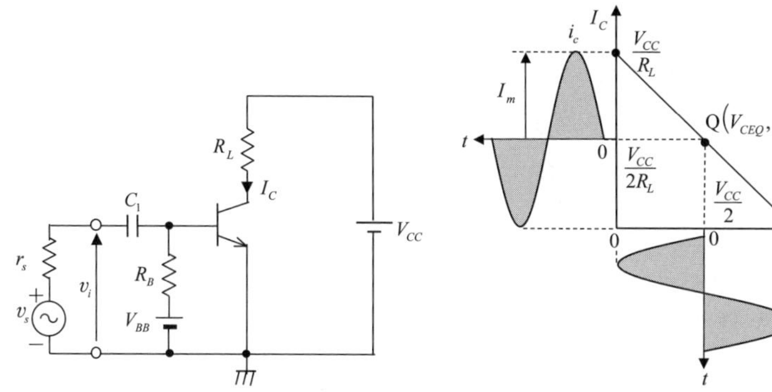

図 11.3　抵抗負荷の A 級電力増幅回路

図 11.4　A 級電力増幅回路の動特性

ひずみがないときの負荷抵抗 R_L に流れる出力電流 $i_o(i_c)$ の最大振幅 I_m は，図 11.4 より

$$I_m = I_{CQ} = \frac{V_{CC}}{2R_L} \qquad (11.1)$$

となる．これより，負荷抵抗に出される最大出力電力は

$$P_{o\max} = \left(\frac{I_m}{\sqrt{2}}\right)^2 R_L = \left(\frac{V_{CC}}{2\sqrt{2}\,R_L}\right)^2 R_L = \frac{V_{CC}^2}{8R_L} \qquad (11.2)$$

になる．また，電源 V_{CC} から供給される電流の平均値は I_{CQ} に等しく，入力電力は

$$P_i = V_{CC} I_{CQ} = V_{CC}\left(\frac{V_{CC}}{2R_L}\right) = \frac{V_{CC}^2}{2R_L} \qquad (11.3)$$

になる．このときの A 級電力増幅回路の**最大電力効率** $\eta_{\max}$ は次のように 25% となる．効率は非常に良くない．

$$\eta_{\max} = \frac{P_{o\max}}{P_i} = 0.25 \qquad (11.4)$$

残りの 75% は，負荷抵抗に直流電流が流れることにより消費される電力 P_R とトランジスタのコレクタ損失 P_C になる．

$$P_R=I_{CQ}^2R_L=\left(\frac{V_{CC}}{2R_L}\right)^2R_L=\frac{V_{CC}^2}{4R_L} \qquad (11.5)$$

$$P_C=\frac{1}{T}\int_0^T v_{ce}i_c dt=\frac{1}{T}\int_0^T\left\{\frac{V_{CC}}{2}(1-\sin\omega t)\cdot\frac{V_{CC}}{2R_L}(1+\sin\omega t)\right\}dt$$

$$=\frac{V_{CC}^2}{4R_L}\cdot\frac{1}{T}\int_0^T\left(1-\frac{1-\cos\omega t}{2}\right)dt$$

$$=\frac{V_{CC}^2}{4R_L}\cdot\frac{1}{T}\left[\frac{t}{2}+\frac{\sin\omega t}{2\omega}\right]_0^T=\frac{V_{CC}^2}{8R_L} \qquad (11.6)$$

P_C は次のようにも求めることができる.

$$P_C=P_i-(P_o+R_R)=\frac{V_{CC}^2}{8R_L} \qquad (11.7)$$

出力電力 P_o が 0 のときのトランジスタのコレクタ電圧とコレクタ電流は直流となり, コレクタ損失 P_C は最大になる. 最大出力電力 $P_{o\max}$ の 2 倍のコレクタ損失が発生する (**表 11.1** の※印の比較).

$$P_{C\max}=\frac{V_{CC}}{2}\cdot\frac{V_{CC}}{2R_L}=\frac{V_{CC}^2}{4R_L} \qquad (11.8)$$

表 11.1 抵抗負荷の A 級電力増幅回路の入力・出力電力と損失

	P_o が最大のとき	$P_o=0$ のとき	備 考
入力電力 P_i	$\frac{V_{CC}^2}{2R_L}$	$\frac{V_{CC}^2}{2R_L}$	—
出力電力 P_o	$\frac{V_{CC}^2}{8R_L}$(※)	0	—
負荷抵抗の電力 P_R	$\frac{V_{CC}^2}{4R_L}$	$\frac{V_{CC}^2}{4R_L}$	直流電流が流れることによる抵抗 R_L の損失である.
コレクタ損失 P_C	$\frac{V_{CC}^2}{8R_L}$	$\frac{V_{CC}^2}{4R_L}$(※)	※印の $P_{o\max}$ と比較すると, 2 倍の損失が発生する.

以上の結果を求めると, 表 11.1 のようになる.

A 級電力増幅回路ではトランジスタのコレクタ損失が大きいために, 放熱板を付ける必要がある. 実際にトランジスタを放熱板に取り付けるときは, 放熱板とトランジスタの間に絶縁板 (絶縁スペーサ) を入れて放熱板とトランジスタを絶縁し, ビス止めする. なお, フルモールド (樹脂で全体を覆い, コレクタ電極が露出していないタイプ : **図 11.5** に示すタイプ) のトランジスタは絶縁板が不要となる.

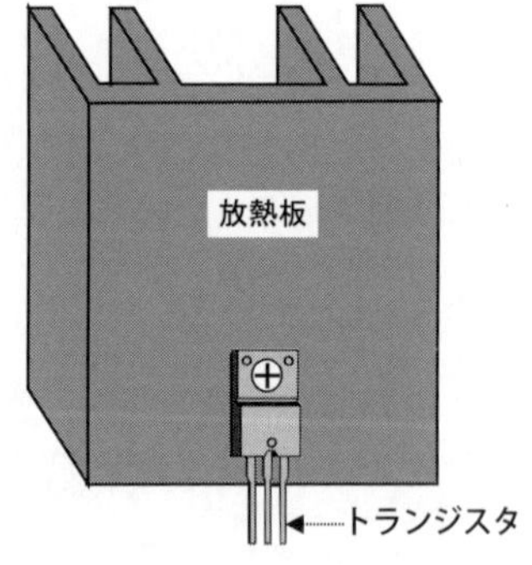

図 11.5 放熱板の取付け方

放熱板を取り付けたときの放熱に関する等価回路は**図 11.6** になる．このときのトランジスタの**接合部（ジャンクション）温度** T_j は

$$T_j = P_C\theta_i + T_C = P_C\left\{\theta_i + \frac{\theta_b(\theta_S+\theta_C+\theta_f)}{\theta_b+\theta_S+\theta_C+\theta_f}\right\} + T_a \qquad (11.9)$$

となる．外部熱抵抗は一般的に大きく $\theta_b \gg (\theta_S+\theta_C+\theta_f)$ の関係にあり，無視することができる．したがって，T_j は式 (11.10) になる．

$$T_j = P_C\theta_i + T_C = P_C(\theta_i+\theta_S+\theta_C+\theta_f) + T_a \qquad (11.10)$$

なお，このときの内部熱抵抗 θ_i は，ケース温度が T_C＝25℃ におけるトランジスタの**最大許容コレクタ損失**を $P_{C\max}$ とすると，式 (11.11) で与えられる．

$$\theta_i = \frac{T_{j\max} - T_C}{P_{C\max}} = \frac{T_{j\max} - 25}{P_{C\max}} \qquad (11.11)$$

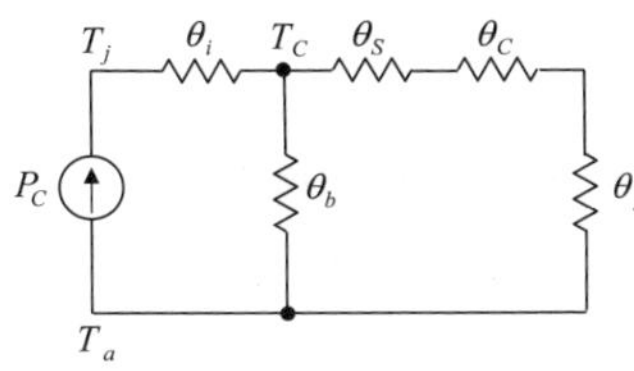

P_C：コレクタ損失〔W〕，T_j：接合部（ジャンクション）温度〔℃〕，T_C：ケース温度〔℃〕，T_a：周囲温度〔℃〕，θ_i：内部熱抵抗（℃/W，ケースから接合部までの熱抵抗），θ_b：外部熱抵抗（℃/W，外囲器から周囲温度までの熱抵抗），θ_S：絶縁板熱抵抗〔℃/W〕，θ_C：接触熱抵抗（℃/W，放熱板とトランジスタの接触面の熱抵抗），θ_f：放熱板熱抵抗〔℃/W〕

図 11.6　放熱に関する等価回路

トランジスタの最大許容コレクタ損失 $P_{C\max}$ は，無限大の放熱板を付けた状態（ケース温度 T_C と周囲温度 T_a が等しい状態）でケース温度が T_C＝25℃ の値であり，周囲温度 T_a が上昇すると減少し，T_a が最大接合部温度 $T_{j\max}$＝150℃ に達すると 0 になる．$P_{C\max}$＝25 W のトランジスタの場合の許容できるコレクタ損失を**図 11.7** の①に示す．放熱板がないときは温度上昇が大きくなるために，コレクタ損失 P_C は③に示すように最大でも 1.9 W しか許容することができない．また，熱抵抗が 5℃/W の放熱板を付けたときは②のようになり，コレクタ損失 P_C は T_a＝25

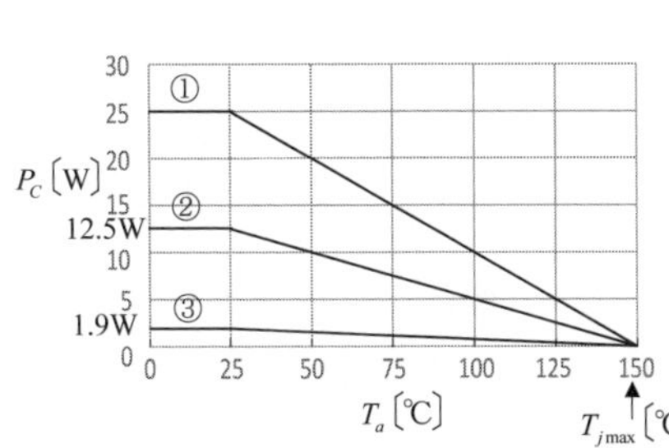

① 無限大の放熱板

$$\theta_i = \frac{T_{j\max} - T_C}{P_C} = \frac{150-25}{25} = 5〔℃/W〕$$

$$T_j = \theta_i P_C + T_a = 5 \times P_C + T_a〔℃〕$$

② θ_f＝5℃/W の放熱板

θ_b＝60℃/W，$\theta_s+\theta_c$＝0.5〔℃/W〕

$$T_j = \left\{\theta_i + \frac{\theta_b(\theta_S+\theta_C+\theta_f)}{\theta_b+\theta_S+\theta_C+\theta_f}\right\}P_C + T_a = 10 \times P_C + T_a〔℃〕$$

③ 放熱板なし

$$T_j = (\theta_i+\theta_b)P_C + T_a = 65 \times P_C + T_a〔℃〕$$

図 11.7　放熱板の大きさと許容できるコレクタ損失

℃で 12.5 W まで許容できる．このように，許容できるコレクタ損失 P_C は放熱板の大きさで変化する．また，図示しているように周囲温度でも変化する．

【例題 11.1】

最大出力電力 5 W の A 級電力増幅回路において，トランジスタの T_j を 120℃以下で動作させるための放熱板の熱抵抗を求めよ．ただし，トランジスタの最大許容コレクタ損失を $P_{C\max}=50$ W($T_C=25$℃)，接触熱抵抗 θ_C と絶縁板熱抵抗 θ_S を $(\theta_C+\theta_S)=0.5$℃/W，周囲温度を $T_a=60$℃とし，外部熱抵抗 θ_b を無視するものとする．

(解) $\theta_i=\dfrac{150-25}{50}=2.5$℃/W，$\theta_i+\theta_S+\theta_C=2.5+0.5=3$ ℃/W，

$P_{C\max}=2P_{o\max}=2\times5=10$ W

$\theta_f\leqq\dfrac{T_j-T_a}{P_{C\max}}-(\theta_i+\theta_S+\theta_C)=\dfrac{120-60}{10}-3=3$ ℃/W

(厚さ 2 mm，面積約 265 cm² のアルミ板が必要になる)

［2］ チョークコイル結合およびトランス結合 A 級電力増幅回路

図 11.8 は**チョークコイル結合 A 級増幅回路**である．図 11.3 の負荷抵抗 R_L をコレクタと接地点間に移動し，チョークコイル L を通して直流電圧 V_{CC} を加えている．チョークコイルは直流に対しては短絡になり，直流電流が流れても損失は発生しない．負荷抵抗には直列にコンデンサ C_2 が接続されているので，直流電流が流れない．これらの理由により，図 11.3 の負荷抵抗 R_L に発生する直流損失をなくすことができ，最大効率を 50% に上げることができる．

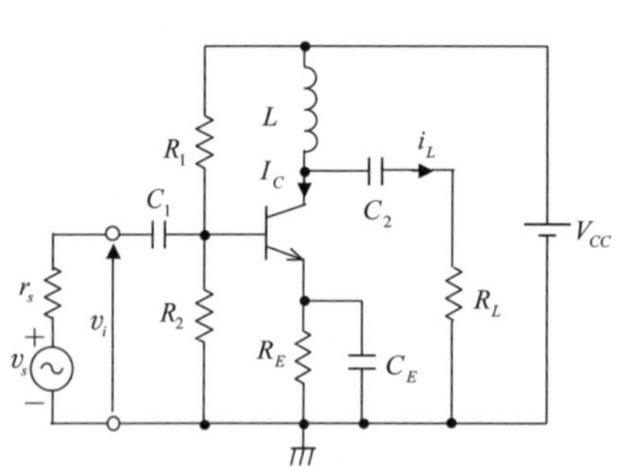

図 11.8　チョークコイル結合 A 級電力増幅回路

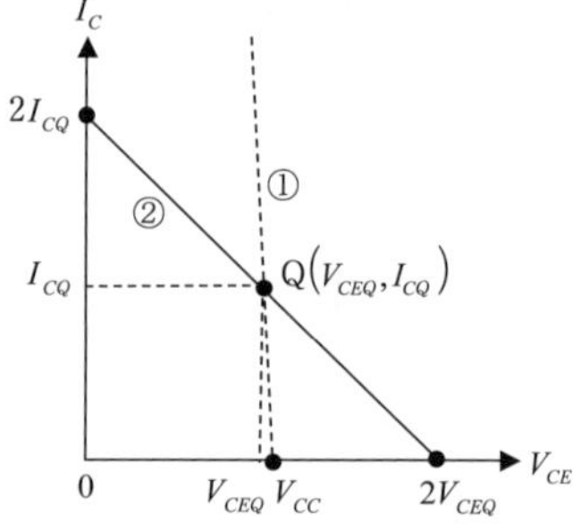

図 11.9　負荷線と動作点

図 11.9 はチョークコイル結合 A 級電力増幅回路の負荷線と動作点 Q を示したものである．抵抗 R_E は小さく，直流負荷線の傾きは大きくなる．また，動作点 Q を通って，傾きが$-1/R_L$ で引いた直線が交流負荷線になる．このときの入力電力 P_i

と最大出力電力 $P_{o\max}$(最大負荷電力 $P_{R\max}$) は

$$P_i = V_{CC} I_{CQ} \cong V_{CC}\left(\frac{V_{CC}}{R_L}\right) = \frac{V_{CC}^2}{R_L} \qquad (11.12)$$

$$P_{o\max} = P_{R\max} = \frac{V_{CEQ}}{\sqrt{2}} \cdot \frac{I_{CQ}}{\sqrt{2}} \cong \frac{V_{CC}}{\sqrt{2}}\left(-\frac{V_{CC}}{\sqrt{2}\,R_L}\right) = \frac{V_{CC}^2}{2R_L} \qquad (11.13)$$

になる．最大効率 $\eta_{\max}$ は

$$\eta_{\max} = \frac{P_o}{P_i} = 0.5 \qquad (11.14)$$

0.5 になる．抵抗 R_E は極めて小さいので損失を無視すると，コレクタ損失 P_C は

$$\left.\begin{aligned} &P_o=0 \text{ のとき，} P_C = P_{c\max} = \frac{V_{CC}^2}{R_L} \\ &R_o = P_{o\max} = \frac{V_{CC}^2}{2R_L} \text{ のとき，} P_C = \frac{V_{CC}^2}{2R_L} \end{aligned}\right] \qquad (11.15)$$

になる．最大出力 $P_{o\max}$ に対する最大コレクタ損失 $P_{C\max}$ の比を求めると 2 になる．

$$P_{C\max}/P_{o\max} = 2 \qquad (11.16)$$

チョークコイルをトランスに置き換えても，同様に動作する（**図 11.10** を参照）．効率も式 (11.14) と同じ 50% を得ることができる．トランスの一次巻線のインダクタンスがチョークコイルと同じ役割を果たす．なお，負荷抵抗 R_L はトランスの二次側に接続されており，一次側に換算すると式 (11.17) となる．なお，n は巻線比である．

$$R_L' = n^2 R_L \qquad (11.17)$$

R_L'：一次換算の負荷抵抗，

n：巻線比

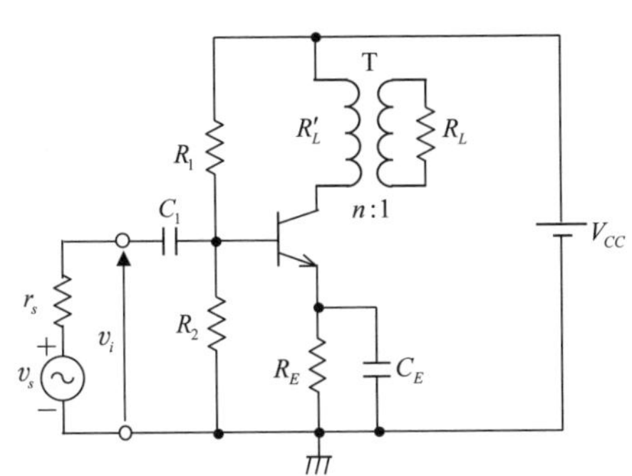

図 11.10　トランス結合 A 級電力増幅回路

11.3　B 級プッシュプル電力増幅回路

B 級電力増幅回路は，動作点におけるバイアス電流 $I_{CQ}=0$ になるようにバイアスを設定し，バイアス電流による損失をなくして電力効率を高めた電力増幅回路である．B 級電力増幅回路には，トランスと二つのトランジスタを使い，トランジスタを半周期ごとに動作させる**プッシュプル** (push-pull) **電力増幅回路**と，トランスを使用しない **OTL**(output transformer less) **回路**がある．OTL 回路には **SEPP** (single ended push-pull) **回路**と，特性のそろった npn 形と pnp 形のトランジ

スタを用いた**コンプリメンタリ SEPP**(complementary single ended push-pull, 相補形 SEPP) **回路**がある．それらの回路を**図 11.11**(a)～(c) に示す．また，動作電流の波形を図 (d) に示す．プッシュプル電力増幅回路では，トランジスタは負荷に対して直列，電源に対しては並列になる．SEPP 回路では，トランジスタは負荷に対しては並列，電源に対しては直列になる．なお，プッシュプル電力増幅回路は SEPP 回路に対して **DEPP**(double ended push-pull) 回路といわれることがある．

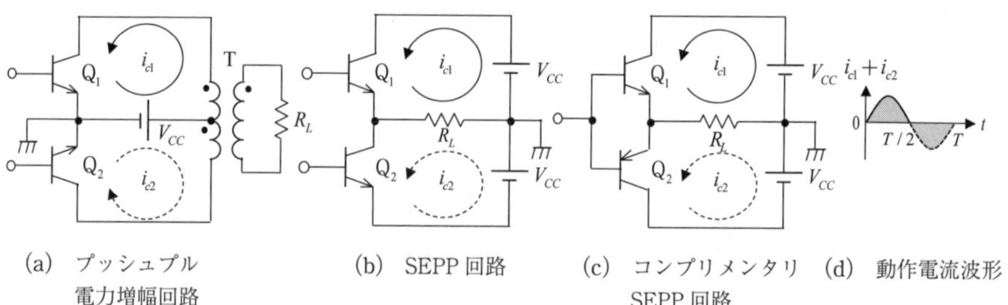

(a) プッシュプル電力増幅回路　(b) SEPP 回路　(c) コンプリメンタリ SEPP 回路　(d) 動作電流波形

図 11.11　B 級電力増幅回路と動作波形

［1］ B 級プッシュプル電力増幅回路

図 11.12 は，B 級プッシュプル電力増幅回路，**図 11.13** はその動作波形を示したものである．入力電圧 v_i が，トランス T_1 を通してトランジスタ Q_1 と Q_2 のベース-エミッタ間に供給されている．また，Q_1 と Q_2 のコレクタ-エミッタ間には，トランス T_2 の一次巻線と直流電源 V_{CC} の直列回路が接続されている．トランス T_2 の二次巻線には負荷抵抗 R_L が接続されている．

図 11.12 および図 11.13 において，周期 T の前半期間 (t=0～T/2) はトランジスタ Q_1 が導通し，コレクタ電流 i_{c1} と負荷電流 i_L が図のように流れる．後半

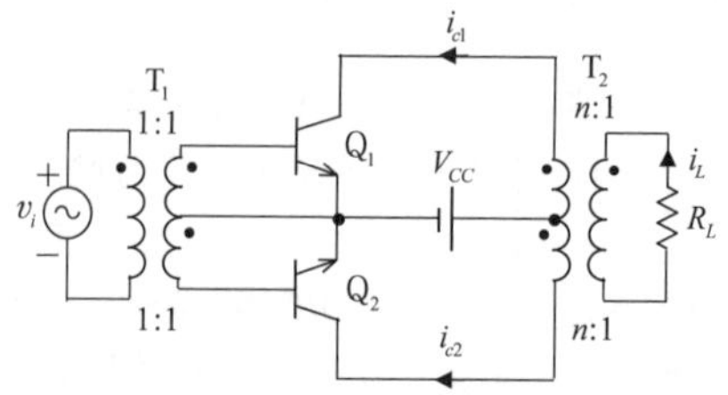

図 11.12　B 級プッシュプル電力増幅回路

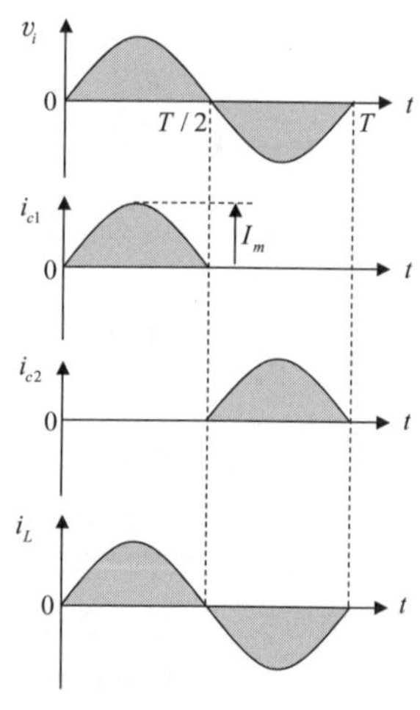

図 11.13　動作波形

期間 ($t=T/2\sim T$) はトランジスタ Q_2 が導通し，コレクタ電流 i_{c2} と負荷電流 i_L が図のように流れ，負荷抵抗に増幅された電力を供給する．このときの負荷電流は

$$i_L=n(i_{c1}-i_{c2}) \qquad (11.18)$$

となり，前半の期間は i_{c1} と同相の電流が，後半は i_{c2} と逆相の電流がトランスの二次側に正弦波の負荷電流となって流れる．

図 11.14 はトランジスタ Q_1 に対する等価回路を，**図 11.15** は Q_1 の交流負荷線を示したものである．

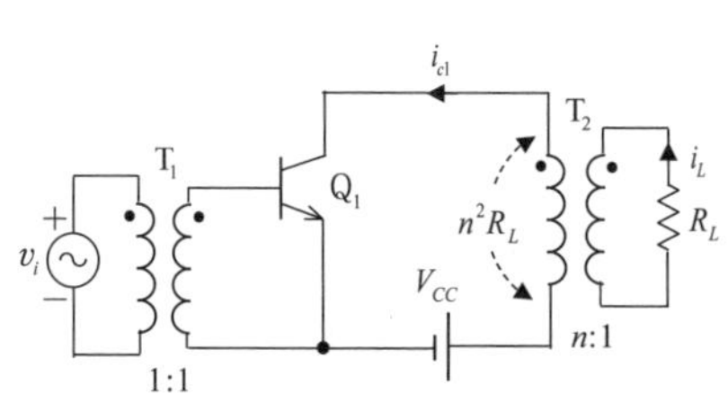

図 11.14　トランジスタ Q_1 に対する等価回路

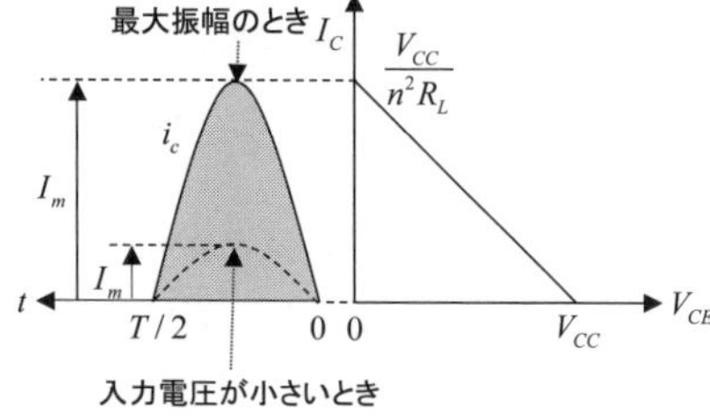

図 11.15　トランジスタ Q_1 の交流負荷線

これらから，入力・出力電力と効率を求めてみよう．まず，電源から供給される入力電力 (平均電力)P_i は，前半期間と後半期間を合計すると

$$P_i=\frac{1}{T}\int_0^T V_{CC}I_m\sin\omega t dt=\frac{2V_{CC}I_m}{\pi} \qquad (11.19)$$

となる．式 (11.19) の振幅 I_m は入力信号によって変化する．入力電力が最大となるのは振幅 I_m が最大になるときであり，図 11.15 より得られる振幅の最大値 $I_m=V_{CC}/(n^2R_L)$ を式 (11.19) に代入すると，最大入力電力 $P_{i\max}$ を得ることができる．

$$P_{i\max}=\frac{2V_{CC}^2}{n^2\pi R_L} \qquad (11.20)$$

一方，出力電力 P_o(負荷電力 P_R) は

$$P_o=\left(\frac{nI_m}{\sqrt{2}}\right)^2 R_L=\frac{n^2I_m^2R_L}{2} \qquad (11.21)$$

になる．その最大値 $P_{o\max}$ は，同様に式 (11.21) に $I_m=V_{CC}/(n^2R_L)$ を代入すると

$$P_{o\max}=\frac{n^2R_L}{2}\left(\frac{V_{CC}}{n^2R_L}\right)^2=\frac{V_{CC}^2}{2n^2R_L} \qquad (11.22)$$

となる．トランジスタのコレクタ損失 P_C は

$$2P_C=P_i-P_o=\frac{2V_{CC}I_m}{\pi}-\frac{n^2I_m^2R_L}{2},\ \ P_C=\frac{V_{CC}I_m}{\pi}-\frac{n^2I_m^2R_L}{4} \qquad (11.23)$$

になる．最大出力のときのコレクタ損失 $P_{C\text{-}Po\max}$ は，式 (11.23) に $I_m=V_{CC}/(n^2R_L)$

を代入し求めると以下のようになる.

$$P_{C\text{-}Po\max}=I_m\left(\frac{V_{CC}}{\pi}-\frac{n^2I_mR_L}{4}\right)=\frac{V_{CC}^2}{n^2R_L}\left(\frac{1}{\pi}-\frac{1}{4}\right) \qquad (11.24)$$

また, Pc が最大になるときの I_m は, $\partial P_C/\partial I_m=0$ より $I_m=\dfrac{2V_{CC}}{\pi n^2R_L}$ となる. これを式(11.23)に代入すると, 最大コレクタ損失 $P_{C\max}$ を得ることができる.

$$P_{C\max}=I_m\left(\frac{V_{CC}}{\pi}-\frac{n^2I_mR_L}{4}\right)=\frac{2V_{CC}}{\pi n^2R_L}\left(\frac{V_{CC}}{\pi}-\frac{V_{CC}}{2\pi}\right)=\frac{V_{CC}^2}{\pi^2n^2R_L} \qquad (11.25)$$

以上から電力効率 η を求めると

$$\eta=\frac{P_o}{P_i}=\frac{n^2I_m^2R_L}{2}\cdot\frac{\pi}{2V_{CC}I_m}=\frac{\pi n^2R_L}{4V_{CC}}I_m \qquad (11.26)$$

となる. また, 最大出力における最大効率 $\eta_{\max}$ は約 0.785 になる.

$$\eta_{\max}=\frac{\pi n^2R_L}{4V_{CC}}I_m=\frac{\pi n^2R_L}{4V_{CC}}\cdot\frac{V_{CC}}{n^2R_L}=\frac{\pi}{4}\cong 0.785 \qquad (11.27)$$

このときに, 最大出力 $P_{o\max}$ に対する最大コレクタ損失 $P_{C\max}$ の比を求めると 0.2 になる.

$$\frac{P_{C\max}}{P_{o\max}}=\frac{V_{CC}^2}{\pi^2n^2R_L}\cdot\frac{2n^2R_L}{V_{CC}^2}=\frac{2}{\pi^2}\cong 0.2 \qquad (11.28)$$

効率および電力比 ($P_{C\max}/P_{o\max}$) を A 級電力増幅回路と対比して**表 11.2** に示す. 効率が 0.785 まで上がっており, 電力比 ($P_{C\max}/P_{o\max}$) は A 級電力増幅回路の 1/10 になっている. つまり, 同じ出力電力を出したときの最大コレクタ損失が 1/10 に改善されており, 最大許容コレクタ損失の小さいトランジスタを使うことができる.

表 11.2 最大効率と電力比の比較

	最大効率	P_{Cmax}/P_{omax}
A 級電力増幅回路	0.25	2
A 級トランス結合電力増幅回路	0.5	2
B 級プッシュプル電力増幅回路	0.785	0.2

【例題 11.2】

図 11.12 の B 級プッシュプル電力増幅回路において, 負荷抵抗 $R_L=8\ \Omega$, トランス T_2 の巻線比 $n=3$, $V_{CC}=15$ V のときの①トランス T_2 の一次側から見た負荷抵抗 R_L', ② 入力電力 P_i , ③ 最大出力電力 $P_{o\max}$, ④トランジスタの最大コレクタ損失 $P_{C\max}$, ⑤最大効率 $\eta_{\max}$ を求めよ.

(解) ① $R'_L=n^2R_L=3^2\times 8=72\ \Omega$ ② $P_{i\max}=\dfrac{2V_{CC}^2}{n^2\pi R_L}=\dfrac{2\times 15^2}{\pi\times 72}=1.99$ W

③ $P_{o\max}=\dfrac{V_{CC}^2}{2n^2R_L}=\dfrac{15^2}{2\times 72}=1.5625\cong 1.563$ W　④ $P_{C\max}=\dfrac{V_{CC}^2}{\pi^2n^2R_L}=\dfrac{15^2}{\pi^2\times 72}$
$=0.3166\cong 0.317$ W，別解：$P_{C\max}\cong 0.2\times P_{o\max}=0.2\times 1.563=0.313$ W
⑤ $\eta_{\max}=1.5625/1.99=0.785$

図 11.13 の示す動作波形は，実際には**図 11.16** のようにひずんだ波形になる．これを**クロスオーバひずみ**という．入力電圧 v_i が−0.7〜0.7 V 付近はほとんどコレクタ電流が流れないために発生する．伝達特性（I_C-V_{BE} 特性）が非直線的であることに起因する．このクロスオーバひずみの防止回路を**図 11.17** に示す．図 (a) において，入力電圧 v_i が−0.7〜0.7 V に相当する電圧 $2V_{BB}$ をバイアス電圧として加えており，これによりコレクタ電流が流れない期間がなくなる．実際には図 (b) に示すように，抵抗 R_1 と R_2 の抵抗分割によりバイアス電圧を得ている．抵抗 R_E は安定化抵抗であり，負帰還をかけることによりトランジスタの伝達特性の違いによるコレクタ電流の変化を減少させる効果がある．

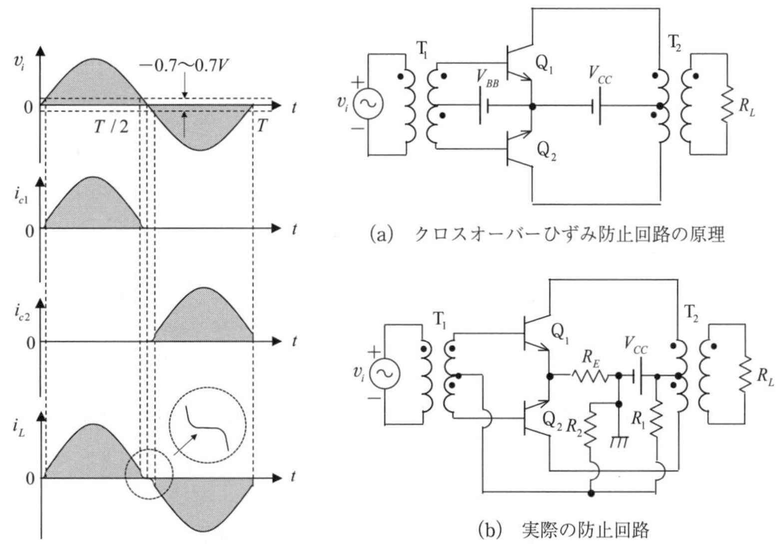

図 11.16　クロスオーバひずみ

図 11.17　クロスオーバひずみ防止回路

［2］ B 級 SEPP 回路

図 11.18 は B 級 SEPP 回路であり，B 級プッシュプル電力増幅回路に付いていた出力トランス T_2 がなくなっている．**図 11.19** は B 級**コンプリメンタリ SEPP 回路**であり，Q_1 に npn 形，Q_2 に pnp 形の相補形のトランジスタが使われている．入力電圧を供給すると Q_1 と Q_2 が相互に導通するので，SEPP 回路で使っていたト

ランス T_1 も必要がなくなる．二つの電源が必要であるが，図(b)のように一つの電源でも動作する．ただし，この場合はコンデンサ C が必要であり，電源電圧は2電源方式の2倍の電圧 $(2V_{CC})$ にしなければならない．コンデンサ C には Q_2 の電源となる V_{CC} が蓄積される．B級コンプリメンタリSEPP回路は，トランスがなく回路構成が簡単である．また，基本回路がエミッタホロワ(コレクタ接地)であるために出力インピーダンスが低く，抵抗値の小さいスピーカなどを駆動するのに適しており，音声出力回路などに広く使われている．かつては，テレビジョン受像機の垂直偏向回路にも使われていた．なお，B級SEPP回路の動作波形は，図11.13に示したB級プッシュプル電力増幅回路に同じになる．

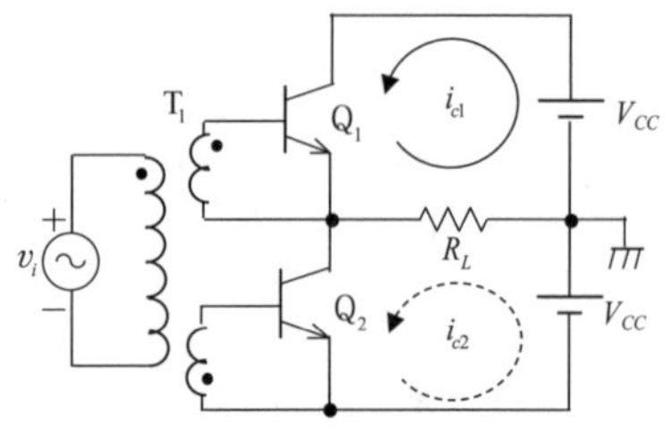

図11.18 B級SEPP回路

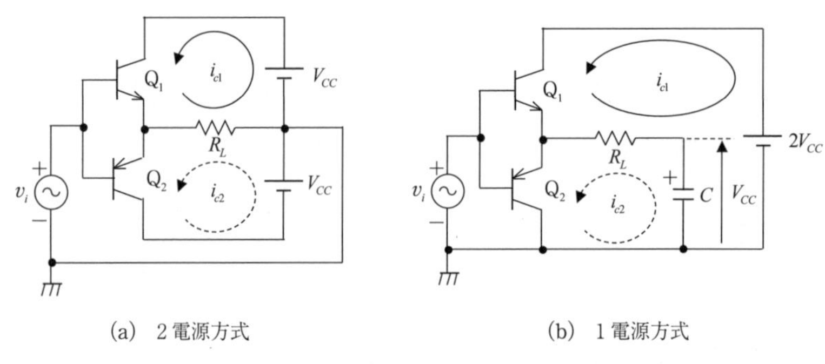

(a) 2電源方式　　(b) 1電源方式

図11.19 B級コンプリメンタリSEPP回路

最大入力電力，最大出力電力，最大効率，トランジスタの最大コレクタ損失などについては，B級プッシュプル電力増幅回路の等式，式(11.20)〜式(11.28)に同じになる．ただし，トランスの巻線比 n が含まれている式においては，$n=1$ に置き換えること．

B級コンプリメンタリSEPP回路でもクロスオーバひずみが発生する．**図11.20**はその防止回路である．図(a)の回路はダイオード D_1 と D_2 の順方向電圧降下 V_F を利用して，バイアス電圧を作っている．また，図(b)の回路ではダイオード D_1 の V_F と抵抗 R_3 の電圧降下を利用してバイアス電圧を作っている．図11.20(c)の回路ではトランジスタ Q_3 の V_{CE} を使いバイアス電圧を作っており，クロスオーバひずみが発生しないようにしている．

図11.20(a)の回路ではバイアス電圧は $2V_F$ で一定である．しかし，図(b)の回

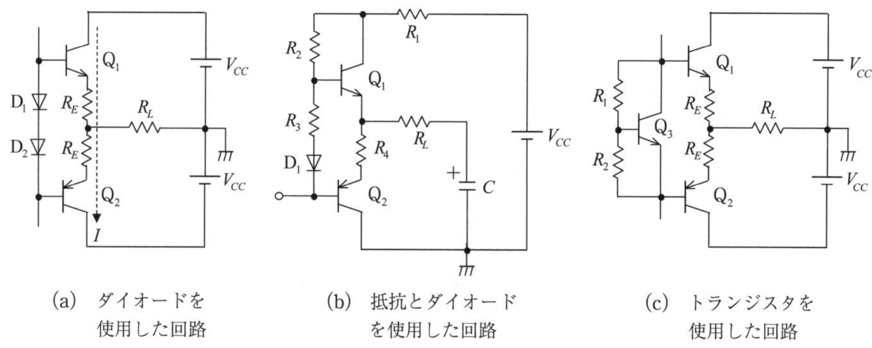

(a)　ダイオードを使用した回路　(b)　抵抗とダイオードを使用した回路　(c)　トランジスタを使用した回路

図 11.20　B級コンプリメンタリ SEPP 回路のクロスオーバひずみ防止回路

路では抵抗 R_3 によって最適なバイアス電圧を設定できる．図 (c) の回路でも，抵抗分割比により最適なバイアス電圧を設定できる．このときのトランジスタ Q_3 の V_{CE} は，ベース電流を無視すると，式 (11.29) で与えられる．

$$V_{CE} \cong \frac{R_1+R_2}{R_2} V_{BE} \qquad (11.29)$$

図 11.20(a)，(c) における R_E と図 (b) における R_4 は値の小さい抵抗であるが，二つのトランジスタが同時に導通状態になったときに大きな直流電流（貫通電流）I が流れないようにする役目を果たしている．図 (a) において，常温で

$$2V_F \leqq 2V_{BE}$$

になるようにバイアス点を設定したとする．その後，電子機器をオンし，機器内部の内部温度が上昇したとする．温度上昇の違いにより，トランジスタ Q_1 と Q_2 のベース-エミッタ間電圧 V_{BE} の減少がダイオードの順方向電圧降下 V_F の減少よりも大きいと

$$2V_F > 2V_{BE}$$

となり，Q_1 と Q_2 が同時に導通し直流電流 I が流れる．Q_1 と Q_2 は損失が増え温度がさらに上昇し，V_{BE} もさらに減少する．これによって，Q_1 と Q_2 は熱暴走し，最悪の場合は破壊してしまう．抵抗 R_E を入れておくと

$$2V_F = 2V_{BE} + 2IR_E, \quad I = \frac{V_F - V_{BE}}{R_E} \qquad (11.30)$$

が成り立ち，V_{BE} が小さくなっても式 (11.30) で決まる電流以上は流れなくなる．前述の熱暴走をなくすことができる．

【例題 11.3】

コンプリメンタリ SEPP 回路の欠点について考察せよ．

（解）　**図 11.21** は，最大出力のときのコンプリメンタリ SEPP 回路（Q_1）の動作波形を

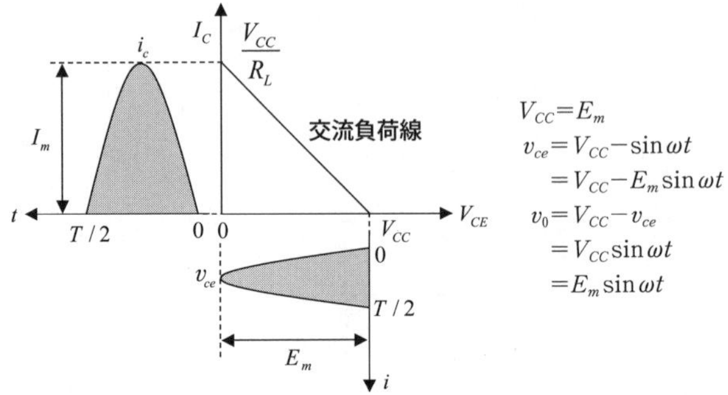

Q_1 のコレクタ-エミッタ間電圧 v_{ce} と出力電圧 v_o の最大振幅 E_m は V_{CC} に等しく，非常に大きい．

図 11.21 最大出力のときのコンプリメンタリ SEPP 回路 (Q_1) の動作波形

示したものである．SEPP 回路の基本回路はエミッタホロワ (コレクタ接地) であり，電圧増幅度は 1 未満になる．一方，最大出力を与えるための出力電圧の振幅 E_m は図 11.21 に示すように V_{CC} に等しく，非常に大きくなる．したがって，SEPP を使うときは前段に高増幅度の増幅回路を接続し，電圧増幅度を大きくすることが必要になる．

【例題 11.4】

コンプリメンタリ SEPP 回路において，出力電力 P_o，入力電力 P_i，トランジスタ Q_1 と Q_2 の損失の合計 $2P_C$ が出力電流の振幅 I_m に対してどう変化するかを求めよ．ただし，$V_{CC}=12$ V，$R_L=8\ \Omega$ とする．

(解) 最大 $I_m=\dfrac{V_{CC}}{R_L}=\dfrac{12\text{ V}}{8}=1.5$ A，$P_o=\left(\dfrac{I_m}{\sqrt{2}}\right)^2 R_L=\dfrac{I_m^2 R_L}{2}$

$$P_i=V_{CC}\left(\frac{2I_m}{\pi}\right)=\frac{2V_{CC}I_m}{\pi},\quad 2P_C=P_i-P_o=\frac{2V_{CC}I_m}{\pi}-\frac{I_m^2R_L}{2}$$

計算結果を**図 11.22** に示す．コレクタ損失は $I_m=\dfrac{2V_{CC}}{\pi R_L}=\dfrac{2\times 12}{\pi\times 8}=0.955$ A で最大になる．

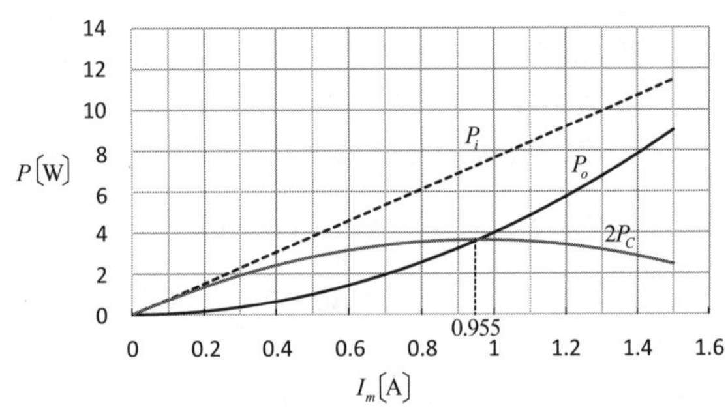

図 11.22 I_m に対する入力電力 P_i，出力電力 P_o，コレクタ損失 $2P_C$ の変化

11.4　C 級電力増幅回路

C 級電力増幅回路は動作点を遮断領域に設定したものであり，動作している期間は $T/2$ よりも短くなる．

図 11.23 において，$-t_1 \sim t_1$ 期間におけるコレクタ電流 i_c は

$$i_c = I_m(\cos\omega t - \cos\omega t_1) \qquad (11.31)$$

になる．このときのコレクタ電流の平均値 I_C は

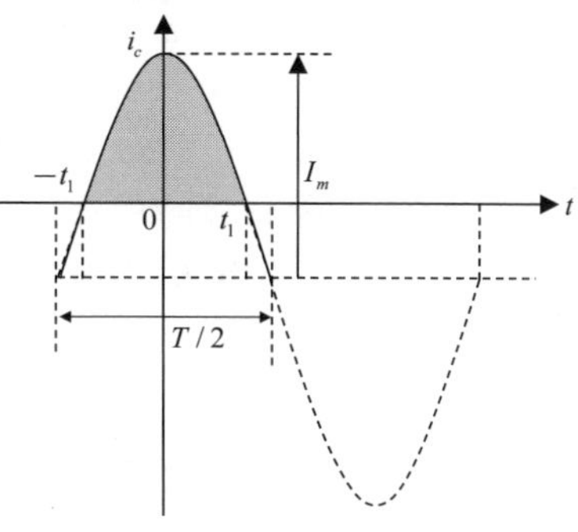

図 11.23　C 級電力増幅回路のコレクタ電流

$$I_C = \frac{I_m}{T}\int_{-t_1}^{t_1}(\cos\omega t - \cos\omega t_1)dt = \frac{2I_m}{T}\left[\frac{\sin\omega t}{\omega} - t\cos\omega t_1\right]_0^{t_1}$$

$$= \frac{2I_m}{T}\left(\frac{\sin\omega t_1}{\omega} - t_1\cos\omega t_1\right) = \frac{I_m}{\pi}(\sin\omega t_1 - \omega t_1\cos\omega t_1) \qquad (11.32)$$

となり，電源から供給される電力を求めると以下のようになる．

$$P_i = V_{CC}I_C = \frac{V_{CC}I_m}{\pi}(\sin\omega t_1 - \omega t_1\cos\omega t_1) \qquad (11.33)$$

次に，式 (11.31) をフーリエ級数に展開し，基本波成分を求めると

$$i_{c1} = \frac{2I_m}{T}\int_{-t_1}^{t_1}(\cos\omega t - \cos\omega t_1)\cos\omega t dt$$

$$= \frac{2I_m}{T}\int_{-t_1}^{t_1}\left(\frac{1-\cos 2\omega t}{2} - \cos\omega t_1\cos\omega t\right)dt$$

$$= \frac{2I_m}{T}\left[\frac{t - \frac{\sin 2\omega t}{2\omega}}{2} - \frac{\cos\omega t_1\sin\omega t}{\omega}\right]_{-t_1}^{t_1}$$

$$= \frac{I_m}{2\pi}(2\omega t_1 - \sin{}_2\omega t_1) \qquad (11.34)$$

となる．このときの基本波の出力電力 P_{o1}(実効値) は，出力電圧の基本波成分の振幅を v_{o1} とすると

$$P_{o1} = \frac{V_{o1}i_{c1}}{2} = \frac{v_{o1}I_m}{4\pi}(2\omega t_1 - \sin 2\omega t_1) \qquad (11.35)$$

になる．以上から，直流入力電力から基本波出力電力に変換するときの効率 η は

$$\eta = \frac{P_{o1}}{P_i}$$

$$= \frac{v_{o1}}{4V_{CC}} \cdot \frac{2\omega t_1 - \sin 2\omega t_1}{\sin \omega t_1 - \omega t_1 \cos \omega t_1} \tag{11.36}$$

となる．$v_{o1} = V_{CC}$ として ωt_1 に対する電力効率 η を求めると，**図 11.24** のようになる．$2\omega t_1$ が小さくなると，出力電力 P_{o1} は減少するが効率 η は高くなる．

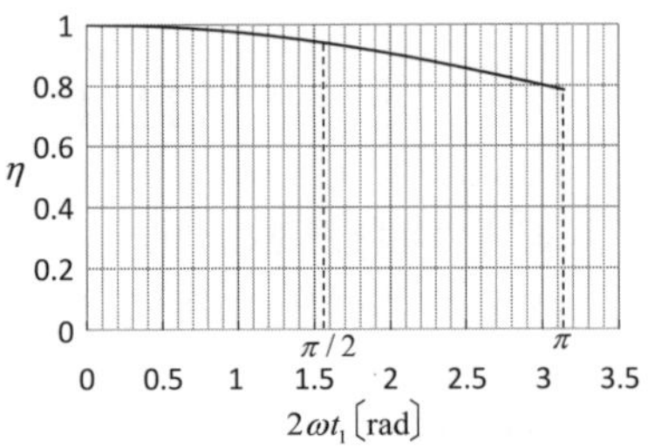

図 11.24 C 級電力増幅器の電力効率

11.5 D 級電力増幅回路

A 級，B 級，C 級電力増幅回路はリニア方式と呼ばれている．これに対してスイッチングによる電力増幅回路を D 級電力増幅回路という．一般的には**パルス幅変調** (PWM: pulse width modulation) **方式**が使われる．スイッチング周波数 f_S を一定にして，信号に応じてスイッチがオンしている期間 (信号でいうと高レベルの期間) を変える方式である．入力電圧 (入力信号) を一度 PWM 信号に変え，その後，出力回路で増幅された PWM 信号をアナログ信号に戻すという方式である．

図 11.25 に **D 級電力増幅回路**の構成を示す．PWM 信号発生回路と D 級出力回路およびローパスフィルタで構成されている．出力回路を構成する二つの n チャ

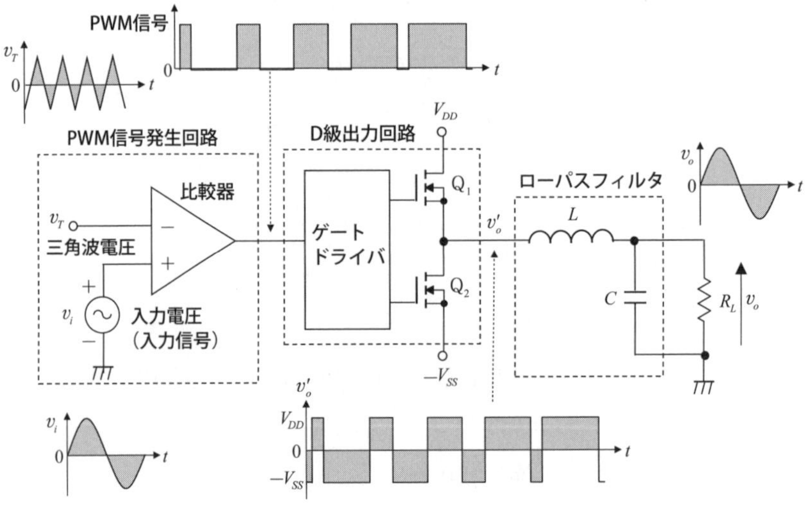

図 11.25 D 級電力増幅回路の構成

ネル MOS FET が一定の周波数でスイッチする．MOS FET がオンしている期間はドレイン電流 i_d が流れるが，ドレイン-ソース間電圧 v_{ds} は 0 になる．オフしている期間はドレイン-ソース間には電圧 v_{ds} が加わるが，ドレイン電流 i_d は流れない．オンしている期間を t_{on}，周期を T_S とするとドレイン損失 P_D は

$$P_D=\frac{1}{T_S}\int_0^{t_{on}}(0\times i_d)dt+\frac{1}{T_S}\int_{t_{on}}^{T_S}(v_{ds}\times 0)dt=0 \qquad (11.37)$$

となり，出力の MOS FET である Q_1 と Q_2 のドレイン損失 P_D は 0 になる．このように MOS FET が理想的なスイッチとすると，D 級電力増幅回路の損失はなく，非常に高い効率を得ることができる．

［1］　PWM 信号発生回路の動作

比較器の＋端子に正弦波の入力電圧（入力信号）v_i が，－端子に三角波電圧 v_T が加えられている．したがって，v_i が v_T よりも大きい期間は比較器の出力電圧が出力される．逆に，v_i が v_T よりも小さい期間は比較器の出力は 0 になる．入力電圧 v_i が正弦波状に変化すると，比較器の出力電圧のパルス幅 τ が**図 11.26** のように変化する．入力電圧 v_i の大きさがパルス幅 τ に変換され，入力電圧 v_i が高いとパルス幅 τ が広くなる．逆に，入力電圧 v_i が低いとパルス幅 τ は狭くなる．この動作によりパルス幅変調（PWM）された電圧が比較器より出力される．

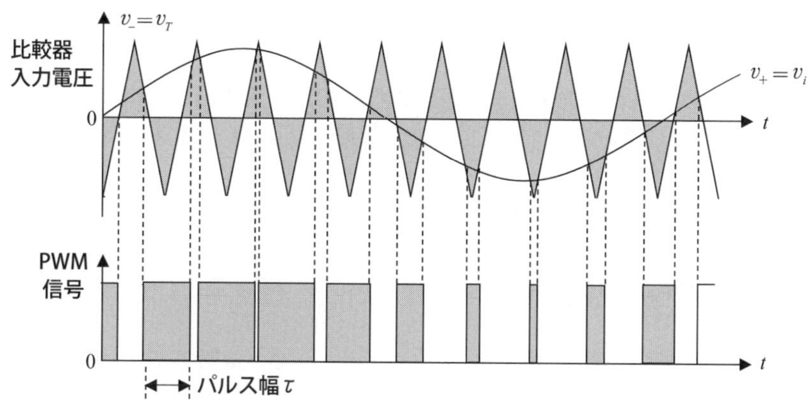

図 11.26　PWM 信号発生回路の動作原理

［2］　D 級出力回路の動作

D 級出力回路の動作状態は，**表 11.3** に示すように動作状態 1（0～T_1 期間）と動作状態 2（T_1～T_S 期間）に分けることができる．動作状態 1 のときは，Q_1 がオンし

表11.3 D級出力回路の動作状態

	動作状態1 (0～T_1期間)	動作状態2 (T_1～T_S期間)
Q_1	オン	オフ
Q_2	オフ	オン

Q_2はオフしている．このときの出力電圧v_o'は，**図11.27**(a)に示すようにV_{DD}になる．動作状態2ではその逆でQ_1がオフ，Q_2はオンしている．このときの出力電圧v_o'は，図11.27(b)に示すように$-V_{SS}$になる．

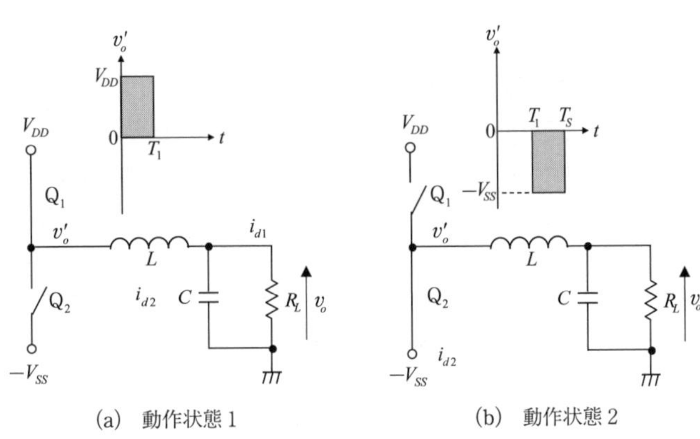

(a) 動作状態1　　(b) 動作状態2

図11.27 D級出力回路の動作と出力電圧v_o'

その後，v_o'はローパスフィルタで平滑され，直流の出力電圧v_oになる．つまり，v_oはv_o'の平均値になるので，スイッチング周期をT_S，Q_1のオン期間をT_1，Q_2のオン期間をT_2とすると

$$V_{DD}=V_{SS},\quad T_2=T_S-T_1$$

であるために

$$v_o=\frac{T_1V_{DD}-T_2V_{SS}}{T_S}=\frac{T_1-(T_S-T_1)}{T_S}V_{DD}=\frac{2T_1-T_S}{T_S}V_{DD} \qquad (11.38)$$

となる．スイッチング周期T_Sに対してQ_1がオンしている期間T_1の比Dは

$$D=\frac{T_{on}}{T_S}=\frac{T_1}{T_S} \qquad (11.39)$$

で与えられ，このDを**時比率**または**デューティレシオ**(duty ratio)という．Dを用いると

$$v_o=2\left(\frac{T_1}{T_S}-\frac{1}{2}\right)V_{DD}=2\left(D-\frac{1}{2}\right)V_{DD} \qquad (11.40)$$

になり，時比率が $D=0.5$ なら出力電圧は $v_o=0$ になる．$D>0.5$ なら v_o は正で，時比率 D が大きくなると v_o も高くなる．$D<0.5$ なら v_o は負で，時比率が小さくなると v_o も低くなる．**図 11.28** を参照のこと．

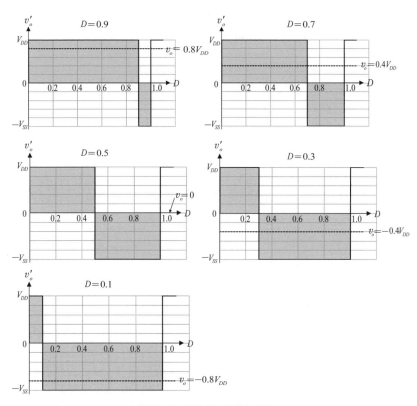

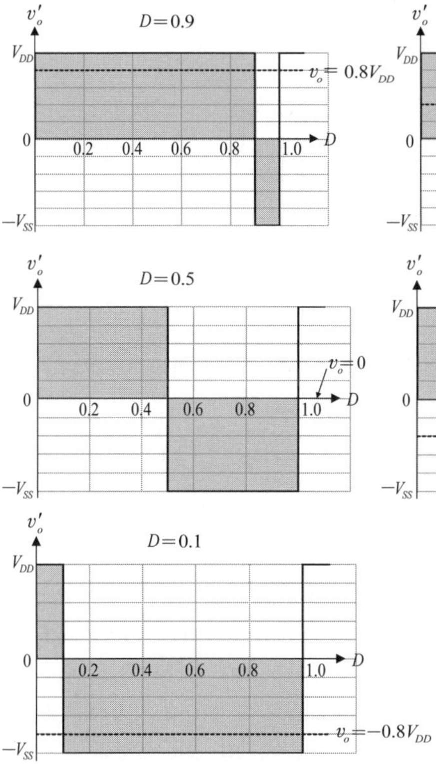

図 11.28　時比率 D と出力電圧 v_o

一定の周波数 f_s でスイッチングすると周期 T_s も一定になり，Q_1 のオン期間 T_1 を変えると，これに比例して時比率 D が変化する．一方，時比率 D と出力電圧 v_o は比例関係にある．したがって，PWM 信号の T_1 期間を変化させて時比率 D を正弦波状にすると，出力電圧 v_o も正弦波になる．このときの出力特性を**図 11.29** に示す．この原理を利用して，入力電圧

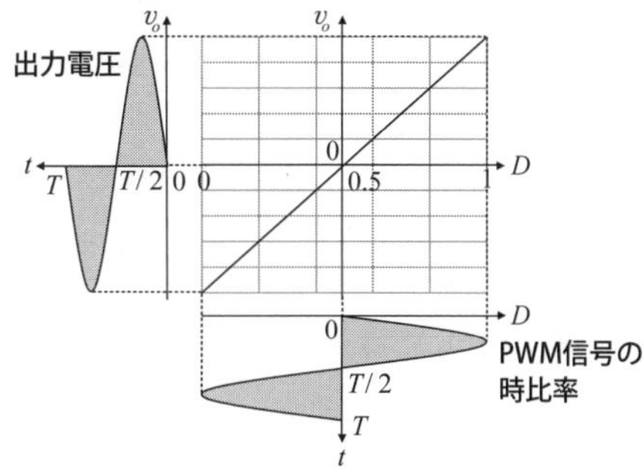

図 11.29　D 級出力回路の出力特性

が増幅される.

次に，Q_1 と Q_2 の動作電流について求めてみよう．コンデンサ C はスイッチング周波数のリプル電流を除去するためのものであり，開放と考えると，Q_1 がオンしている T_1 期間におけるドレイン電流 i_{d1} は

$$i_{d1}=\frac{V_{DD}}{R_L}\left(1-e^{-\frac{R_L}{L}t}\right) \qquad (11.41)$$

になる．ここで，t に対して時定数 $\tau=L/R_L$ が十分に大きく，$\tau \gg t$ のときは

$$i_{d1}=\frac{V_{DD}}{R_L}\left(1-1+\frac{R_L}{L}t\right)=\frac{V_{DD}}{L}t \qquad (11.42)$$

となる．また，Q_2 がオンしたときの T_2 期間におけるドレイン電流 i_{d2} は，オンしたときの時刻を $t=0$ とすると

$$i_{d2}=-\frac{V_{SS}}{L}t \qquad (11.43)$$

になる．これらから出力電流 i_o は式 (11.42) に $t=T_1$ を，式 (11.43) に $t=T_2=(T_S-T_1)$ を代入し求めた i_{d1} と i_{d2} を加算すると得ることができる.

$$i_o=i_{d1}+i_{d2}=\frac{V_{DD}}{L}T_1-\frac{V_{SS}}{L}(T_S-T_1)=\frac{2V_{DD}}{L}\left(T_1-\frac{T_S}{2}\right)$$
$$=\frac{2V_{DD}T_S}{L}\left(D-\frac{1}{2}\right) \qquad (11.44)$$

式 (11.44) から，$T_1>T_S/2(D>0.5)$ ならば出力電流 i_o は正になり，$T_1(D)$ を時間に対して徐々に増加させると出力電流 i_o も増加する．このときの出力電流 i_o が**図 11.30**(b) の 0～$T/2$ 期間の動作波形に相当する．$T_1<T_S/2(D<0.5)$ ならば出力電流 i_o は負になり，$T_1(D)$ を時間に対して徐々に減少させると出力電流 i_o も減少する ($T_2(1-D)$ を時間に対して徐々に増加させると負の出力電流が増加する)．このときの出力電流 i_o が図 (c) の $T/2$～T 期間の動作波形に相当する．出力電流 i_o はコンデンサ C でスイッチング周波数のリプル電流が除去され，負荷抵抗に流れ込む．したがって，負荷抵抗に発生する出力電圧は図 (a) のようなリプル電圧のない正弦波になる.

図 11.31 は，スイッチング周期で見たときの Q_1 と Q_2 を流れるドレイン電流である．入力電圧 (入力信号) の 0～$T/2$ 期間は図 11.31(a) に示すように正の電流が流れる．また，$T/2$～T 期間は図 (b) に示すように負の電流が流れる．出力 MOS FETQ_1 と Q_2 には，入力電圧の周期 T の全期間にわたり出力電流が流れることになる.

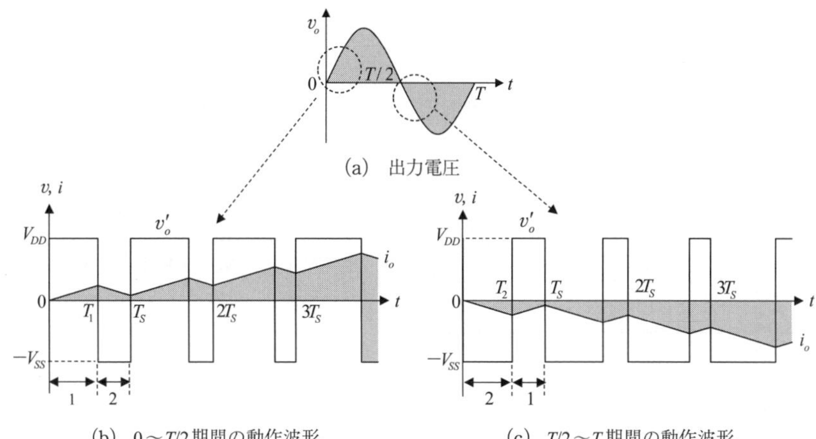

(a)　出力電圧

(b)　0～$T/2$ 期間の動作波形　　(c)　$T/2$～T 期間の動作波形

図 11.30　D 級出力回路の動作波形

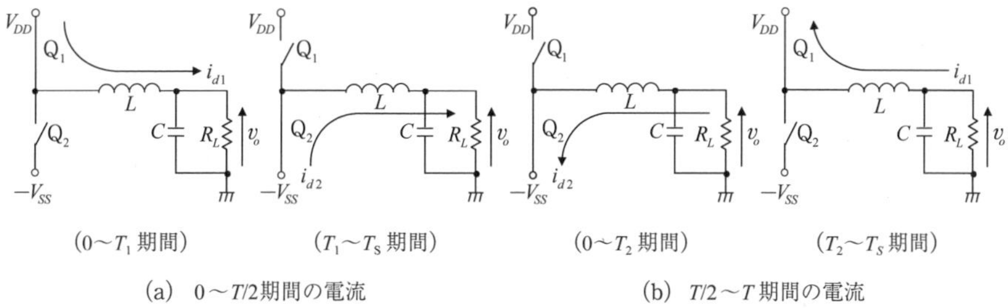

(0～T_1 期間)　(T_1～T_S 期間)　(0～T_2 期間)　(T_2～T_S 期間)

(a)　0～$T/2$ 期間の電流　　(b)　$T/2$～T 期間の電流

図 11.31　D 級出力回路の出力電流

［3］　Q_1，Q_2 のドレイン損失 P_D と出力回路の効率

（1）　Q_1，Q_2 のドレイン損失

MOSFET には立上り時間 t_r と立下り時間 t_f がある．したがって，ターンオンするときとターンオフするときにスイッチング損失 P_{SW}($P_{SW}=P_r+P_f$) が発生する．また，オン抵抗 $R_{DS(ON)}$(オンしているときのドレイン-ソース間の等価抵抗) があるためにオンしている期間にも損失 P_{on} が発生する．これらの損失を**図 11.32** に示す．

ここで，それぞれの損失とドレイン損失 P_D を求めると以下のようになる．

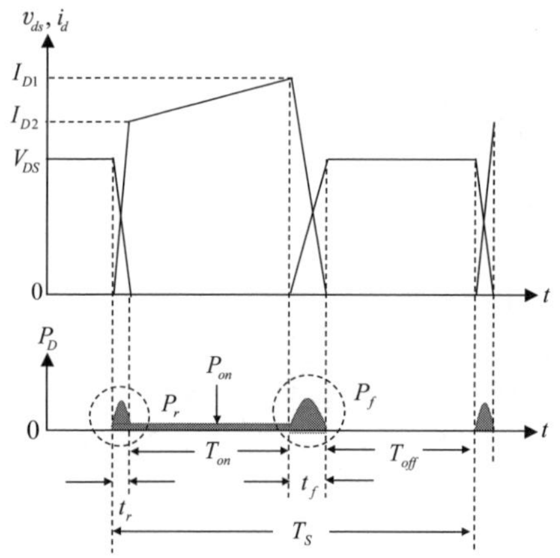

P_r および P_f：立上りおよび立下り時間における損失，$P_{SW}=P_r+P_f$，P_{on}: オン期間に発生する損失
なお，一般に定義されている MOS FET の立上り時間と立下り時間は図とは異なり，t_r は V_{DS} がオフ期間の V_{DS} の 90% から 10% に下がるまでの時間を，t_f は 10% から 90% に達する時間を意味する．

図 11.32　Q_1，Q_2 のドレイン損失

$$\left.\begin{aligned}
&P_r=\frac{1}{T_S}\int_0^{t_r}v_{ds}i_d=\frac{1}{T_S}\int_0^{t_r}V_{DD}\left(1-\frac{t}{t_r}\right)\cdot I_{D2}\frac{t}{t_r}dt=\frac{V_{DD}I_{D2}t_r}{6T_S},\\
&P_f=\frac{V_{DD}I_{D1}t_f}{6T_S}\\
&P_{SW}=P_r+P_f=\frac{V_{DD}(I_{D2}t_r+I_{D1}t_f)}{6T_S}=\frac{V_{DD}f_S(I_{D2}t_r+I_{D1}t_f)}{6}\\
&P_{on}=(i_{d\text{-}rms})^2R_{DS(ON)}\\
&P_D=P_{SW}+P_{on}=\frac{V_{DD}f_S(I_{D2}t_r+I_{D1}f_f)}{6}+(i_{d\text{-}rms})^2R_{on}
\end{aligned}\right]\qquad(11.45)$$

（2）　出力回路の効率

出力 MOS FET のドレイン損失 P_D がないときの入力電力 P_i は出力電力 P_o に等しく，I_m を正弦波の出力電流 i_o の最大振幅とすると

$$P_i=P_o=\left(\frac{I_m}{\sqrt{2}}\right)^2R_L=\frac{V_{DD}^2}{2R_L}\qquad(11.46)$$

となる．ただし，式 (11.46) は最大時比率を $D_{\max}=1$ としたときのものである．出力電力は電源電圧 V_{DD} の 2 乗に比例して変化し，このときの効率は 100% になる．しかし，実際には Q_1 と Q_2 のドレイン損失 P_{D1} と P_{D2} があるために，効率は

$$\eta=\frac{P_o}{P_i}=\frac{P_i-(P_{D1}+P_{D2})}{P_i}=1-\frac{2R_L(P_{D1}+P_{D2})}{V_{DD}^2}\qquad(11.47)$$

になってしまう．

ここで，実際の効率を求めてみよう．まず，スイッチングの周期 T_S における平均損失抵抗を求めると，出力電流が T_1 期間には Q_1 を，T_2 期間には Q_2 を通るので

$$\frac{1}{T_S}(T_1 R_{DS(ON)1}+T_2 R_{DS(ON)2})=\frac{T_1+T_2}{T_S}R_{DS(ON)}=R_{DS(ON)} \quad (11.48)$$

となる．なお，Q_1 と Q_2 のオン抵抗が異なるときは，平均損失抵抗は入力電圧（入力信号）の周期を T とすると

$$\frac{1}{T}(\Sigma T_1 R_{DS(ON)1}+\Sigma T_2 R_{DS(ON)2})=\frac{\frac{T}{2}(R_{DS(ON)1}+R_{DS(ON)2})}{T}$$

$$=\frac{R_{DS(ON)1}+R_{DS(ON)2}}{2} \quad (11.49)$$

となる．これより，入力電力 P_i と Q_1・Q_2 のオン期間における損失の合計 $(P_{on1}+P_{on2})$ は以下のように求めることができる．

$$P_i=\left(\frac{1}{\sqrt{2}}\cdot\frac{V_{DD}}{R_{DS(ON)}+R_L}\right)^2(R_{DS(ON)}+R_L)=\frac{V_{DD}^2}{2}\cdot\frac{1}{R_{DS(ON)}+R_L} \quad (11.50)$$

$$P_{on1}+P_{on2}=\left(\frac{1}{\sqrt{2}}\cdot\frac{V_{DD}}{R_{DS(ON)}+R_L}\right)^2 R_{DS(ON)}=\frac{V^2{}_{DD}}{2}\cdot\frac{R_{DS(ON)}}{(R_{DS(ON)}+R_L)^2} \quad (11.51)$$

スイッチング周波数 f_S が信号の周波数 f よりも十分に高いときは

$$I_{D1}=I_{D2}\cong I_m\sin\omega t$$

とおくことができる．このときの Q_1 と Q_2 のスイッチング損失 P_{SW} は

$$P_{SW1}=P_{SW2}=\frac{V_{DD}f_s(t_r+t_f)}{6}\cdot\frac{2I_m}{\pi}=\frac{V^2{}_{DD}f_s(t_r+t_f)}{3\pi(R_{DS(ON)}+R_L)} \quad (11.52)$$

になる．これらから Q_1 と Q_2 のドレイン損失 P_{D1} と P_{D2} を合計した P_D を求めることができる．なお，[2] で説明したように，Q_1 と Q_2 は入力電圧（入力信号）の周期 T の全期間にわたってスイッチングするために，全体のスイッチング損失は式 (11.52) で与えられる損失の 2 倍の損失が発生する．

$$P_D=P_{D1}+P_{D2}=(2P_{SW1}+P_{on1}+P_{on2})=\frac{2V_{DD}^2 f_s(t_r+t_f)}{3\pi(R_{DS(ON)}+R_L)}+\frac{V_{DD}^2 R_{DS(ON)}}{2(R_{DS(ON)}+R_L)^2}$$

$$=\frac{V_{DD}^2}{R_{DS(ON)}+R_L}\left\{\frac{2f_s(t_r+t_f)}{3\pi}+\frac{R_{DS(ON)}}{2(R_{DS(ON)}+R_L)}\right\} \quad (11.53)$$

このときの出力電力 P_o と効率 η は，式 (11.50) と式 (11.53) を使って求めると次のようになる．

$$P_o=P_i-P_D=\frac{V_{DD}^2}{2}\cdot\frac{R_L}{R_{DS(ON)}+R_L}-\frac{V_{DD}^2}{R_{DS(ON)}+R_L}\cdot\frac{2f_s(t_r+t_f)}{3\pi} \quad (11.54)$$

$$\eta=1-\frac{P_D}{P_i}=1-\left\{\frac{4f_s(t_r+t_f)}{3\pi}+\frac{R_{DS(ON)}}{R_{DS(ON)}+R_L}\right\} \qquad (11.55)$$

式(11.55)の括弧内の第一項が Q_1 と Q_2 のスイッチング損失による効率の低下分を，第二項がオン損失による効率の低下分を意味している．式(11.55)から，効率はスイッチング周波数が高く，立上り時間と立下り時間が大きく，オン抵抗が大きいと低下する．このように実際の効率は100%にはならない．スイッチング周波数と出力電力およびMOS FETの特性にもよるが，実測データでは80～85%以上の高い効率が得られている．

［4］ D級電力増幅回路の欠点と展望

D級電力増幅回路は次のような欠点がある．

① 信号の周波数 f に対してMOS FETのスイッチング周波数 f_S を十分に高くする必要がある．高くすると，MOS FETの損失が増え，効率が低下する．一般的に fs は250 kHz～400 kHz程度のものが使われている．

② スイッチングノイズが発生する．スイッチングノイズには基本波成分と高調波成分が含まれている．他の回路に影響を与えないように，十分な対策をとる必要がある．

③ リニア方式に比べ回路が複雑になり，コストが高くなる．

以上で述べたような欠点があるが，効率がリニア方式よりも良く，小型化が可能であり携帯機器などをはじめとして広く使われている．MOS FETの特性が改善されれば，さらに効率は上昇する．今後もD級電力増幅器の需要はますます拡大するものと推定される．

演 習 問 題

1. クロスオーバひずみとその防止回路について説明せよ．

2. スピーカの抵抗が16 Ωで，最大出力電力5 WのB級SEPP回路に必要な電源電圧 V_{CC} と出力トランジスタの最大コレクタ損失を求めよ．

3. 最大出力電力20 WのB級SEPP回路において，トランジスタの T_j を120℃以下で動作させるための放熱板の熱抵抗を求めよ．ただし，トランジスタの最大許容コレクタ損失を $P_{C\max}=25$ W($T_C=25$℃)，接触熱抵抗 θ_C と絶縁板熱抵抗 θ_S を $(\theta_C+\theta_S)=0.5$℃/W，周囲温度を $Ta=60$℃とし，外部熱抵抗 θ_b を無視するものとする．

4. D級電力増幅回路の特徴について説明せよ．

5. D級電力増幅回路において，1.5 Wの出力電力を出すための電源電圧 V_{DD} とそのときの効率 η を求めよ．ただし，スピーカの抵抗を $R_L=8$ Ω，MOS FET Q_1 と Q_2 のオン抵抗 $R_{DS(ON)}$ を0.7 Ωとし，スイッチング立上り時間を $t_r=100$ ns，立下り時間を $t_f=150$ ns，スイッチング周波数を350 kHzとする．

電　源　回　路

日本では三相交流による送電をしている．発電所から送られた交流電圧は変電所と柱上変圧器を経て低電圧に変圧され，一般家庭には単相二線式 100 V および単相三線式 100 V/200 V が供給される．一方，ほとんどの電気・電子機器は直流電源で動作する．したがって，交流電源を整流・平滑し，安定化された直流電圧を負荷回路に供給する必要がある．このための回路が**電源回路**である．電源回路は，**図 12.1** に示すように整流・平滑回路と定電圧回路で構成される．整流・平滑回路で交流電圧を直流にするが，ここには図に示すようにリプル電圧（交流電源周波数の 2 倍の周波数成分）が乗っている．定電圧回路ではリプル電圧を除去し一定にした直流電圧を作り，負荷回路に供給する．メインの定電圧回路は絶縁する役目もあり，後述するスイッチングレギュレータが一般的に使われる．

第 12 章では，これらについて，回路構成や動作原理，特性について説明する．

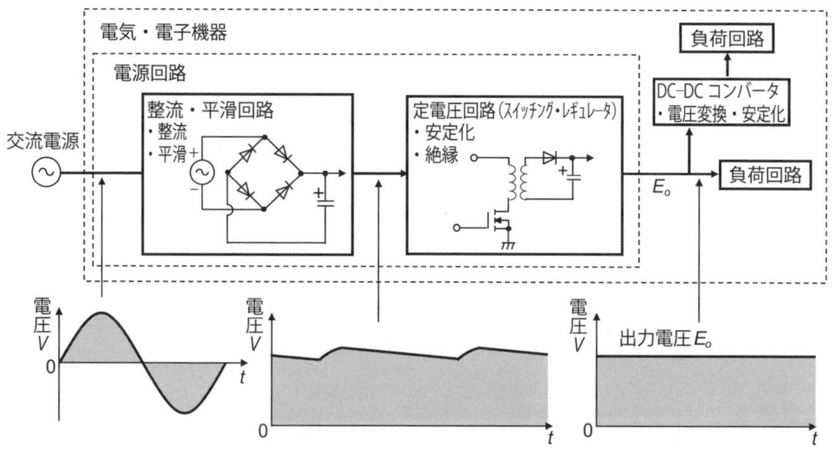

図 12.1　電源回路の構成

12.1　整流・平滑回路

交流電源の整流・平滑には，一般的にコンデンサ入力形の整流回路が使われる．ここでは，コンデンサ入力形の代表的な回路およびチョーク入力形整流回路について説明する．

［1］　コンデンサ入力形整流回路

（1）　コンデンサ入力形半波整流回路

コンデンサ入力形半波整流回路とその動作を**図12.2**に示す．また，その動作波形を**図12.3**に示す．交流電源eが時刻t_1で出力電圧v_o（平滑コンデンサCの両端電圧）に達すると，ダイオードDが導通し平滑コンデンサCを充電する．その後，平滑コンデンサが充電され出力電圧v_oが交流電圧eと等しくなると，時刻t_2でダイオードDはオフし電流iは0になる．ダイオードがオフしたあとは，コンデンサCから抵抗R_Lに放電電流が流れ，出力電圧は直線的に下降する．交流電源eが負の半サイクルは，ダイオードは導通せず電流は流れない．出力電圧はダイオードが導通しているときには上昇し，オフしているときは下降する．したがって，出力電圧v_oには図12.3に示すように交流電源周波数のリプル電圧が発生する．

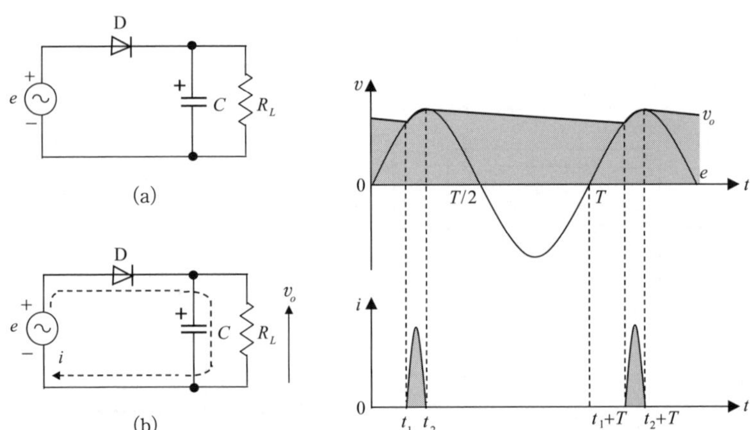

図12.2　コンデンサ入力形半波整流回路とその動作

図12.3　コンデンサ入力形半波整流回路の動作波形

実際には，交流電源の内部抵抗やダイオードの等価直流抵抗および突入電流を抑えるための抵抗を合計した抵抗rが，ダイオードと直列に入る．このときの動作

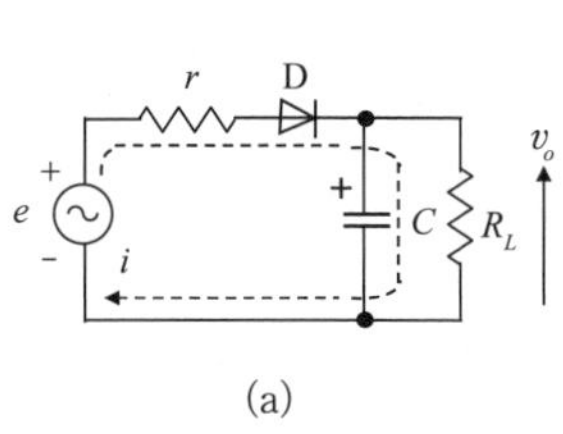

(a)

r：交流電源の内部抵抗やダイオードの等価直流抵抗および突入電流を抑えるための抵抗を合計した抵抗

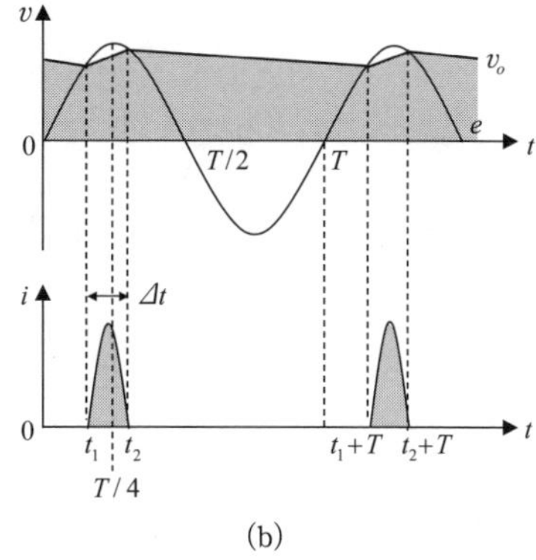

(b)

図 12.4　実際のコンデンサ入力形半波整流回路と動作波形

波形は**図 12.4** のようになり，ダイオードがオフする時刻は $T/4$ より遅れる．

時刻 t_2 でダイオードがオフすると，出力電圧 v_o は直線的に下降する．時定数 $\tau=CR_L$ は周期 T に対して十分に大きいものとすると，このときの出力電圧 v_o は

$$v_o=E_m\sin\omega t_2 e^{\frac{t-t_2}{CR_L}}\cong E_m\sin\omega t_2\left(1-\frac{t-t_2}{CR_L}\right)\qquad(12.1)$$

となる．時刻 (t_1+T) では

$$v_o(t_1+T)=E_m\sin\omega t_2\left\{1-\frac{(t_1+T)-t_2}{CR_L}\right\}=E_m\sin\omega t_2\left(1-\frac{T-\varDelta t}{CR_L}\right)\Bigg]\qquad(12.2)$$

$$\varDelta t=t_2-t_1$$

となる．ただし，$\varDelta t$ $(\varDelta t=t_2-t_1)$ はダイオードの導通時間である．出力電圧の直流電圧を V_o，リプル電圧の p-p 値（ピークからピークまでの値）を $\varDelta v_o$ とすると，それらは式 (12.2) から次のように求めることができる．

$$\varDelta v_o=E_m\sin\omega t_2\left(\frac{T-\varDelta t}{CR_L}\right)\qquad(12.3)$$

$$V_o=E_m\sin\omega t_2-\frac{1}{2}\varDelta v_o=E_m\sin\omega t_2\left(1-\frac{T-\varDelta t}{2CR_L}\right)\qquad(12.4)$$

また，**リプル率** $\boldsymbol{\gamma}$ は $\gamma=$（リプル電圧の実効値/直流出力電圧）で与えられ

$$\gamma=\frac{\left(\frac{\varDelta v_o}{2}\right)\Big/\sqrt{3}}{V_o}=\frac{\frac{1}{2\sqrt{3}}E_m\sin\omega t_2\left(\frac{T-\varDelta t}{CR_L}\right)}{E_m\sin\omega t_2\left(1-\frac{T-\varDelta t}{2CR_L}\right)}\cong\frac{T-\varDelta t}{2\sqrt{3}\,CR_L}\left(1+\frac{T-\varDelta t}{2CR_L}\right)$$

(12.5)

となる．

式(12.3)～式(12.5)における時刻 t_2 とダイオードの導通時間 Δt および t_1 は以下の式で求めることができる（詳細は付録Jを参照）．

$$t_1=\frac{T}{4}-\Delta t_1=\frac{T}{4}-\frac{1}{\omega}\sqrt{\frac{2(T-\Delta t_2)}{CR_L}} \qquad (12.6)$$

$$t_2=\frac{T}{4}+\Delta t_2=\frac{T}{4}+\frac{1}{\omega}\tan^{-1}\left(\frac{\omega^2C^2rR_L^2+r+R_L}{\omega CR_L^2}\right) \qquad (12.7)$$

$$\Delta t=t_2-t_1=\frac{1}{\omega}\left\{\sqrt{\frac{2(T-\Delta t_2)}{CR_L}}+\tan^{-1}\left(\frac{\omega^2C^2rR_L^2+r+R_L}{\omega CR_L^2}\right)\right\} \qquad (12.8)$$

$f=50$ Hz($T=20$ ms)，$C=1000$ μF，$R_L=150$ Ω として，それぞれを計算した結果を**図12.5**に示す．抵抗 r が0であると t_2 はほぼ5 ms($T/4$)であるが，r が大きくなると t_2 もしだいに遅れる．一方，時刻 t_1 はほとんど変化しないために，導通時間 Δt も r が大きくなると大きくなる．

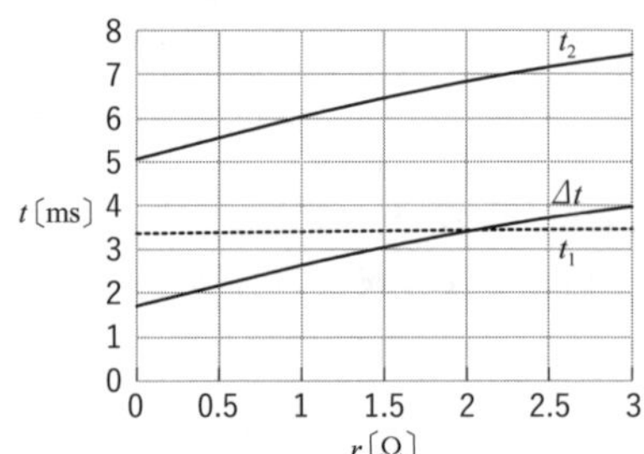

図12.5　半波整流回路におけるダイオードの導通時間 Δt と時刻 t_1，t_2

【例題12.1】

コンデンサ入力形半波整流回路において，AC100 V，$f=50$ Hz($T=20$ ms)，$C=1000$ μF，$R_L=150$ Ω，$r=1.5$ Ω のときの出力電圧 V_o を求めよ．ただし，Δt_2 を1.46 msとする．

（解）　$t_2=\dfrac{T}{4}+\Delta t_2=5+1.46=6.46$ ms，$\omega t_2=2\pi\times50\times6.46\times10^{-3}=2.03$ rad

$$\Delta t=\frac{1}{\omega}\sqrt{\frac{2(T-\Delta t_2)}{CR_L}}+\Delta t_2=\frac{1}{2\pi\times50}\sqrt{\frac{2\times(20-1.46)\times10^{-3}}{1000\times10^{-6}\times150}}+1.46=3.0\text{ ms}$$

$$V_o=E_m\sin\omega t_2\left(1-\frac{T-\Delta t}{2CR_L}\right)=141.4\text{ V}\times\sin2.03\times\left\{1-\frac{(20-3)\times10^{-3}}{2\times1000\times10^{-6}\times150}\right\}$$

$$=141.4\text{ V}\times0.8964\times0.943=119.5\text{ V}$$

（2）　コンデンサ入力形全波整流回路

整流回路の中で，最も広く電気・電子機器に使われている，実際の**コンデンサ入力形全波整流回路**を**図12.6**に示す．四つのダイオードと平滑コンデンサ C と抵抗 r で構成されている．r は，半波整流回路と同様に，交流電源の内部抵抗やダイ

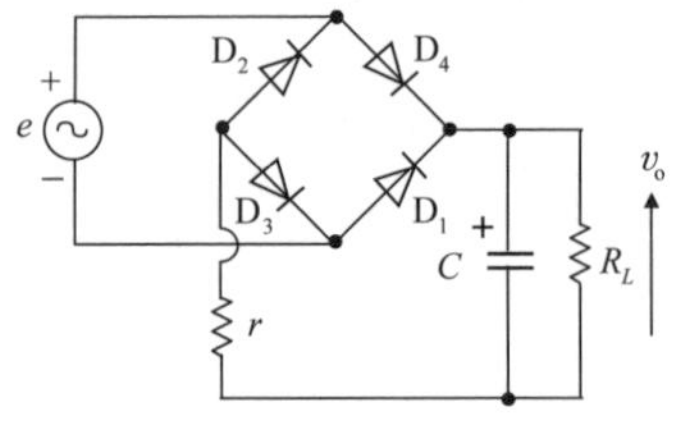

図12.6　コンデンサ入力形全波整流回路

オードの等価直流抵抗および突入電流を抑えるための抵抗を合計した抵抗である.

図 12.7 は，コンデンサ入力形全波整流回路の動作と動作波形を示したものである．交流電源 e が時刻 t_1 で出力電圧 v_o (平滑コンデンサ C の両端電圧) に達すると，ダイオード D_3 と D_4 が導通し，図 (a) のように電流 i が流れ平滑コンデンサ C を充電する．その後，平滑コンデンサが充電され出力電圧 v_o が交流電圧 e と等しくなると，ダイオード D_3 と D_4 は時刻 t_2 でオフし電流 i は 0 になる．ダイオードがオフしたあとは，コンデンサ C から抵抗 R_L に放電電流が流れ，出力電圧は直線的に下降する．交流電源 e が負の半サイクルは，ダイオード D_1 と D_2 が先の期間と同様な動作を行う．ダイオード D_1 と D_2 は図 (b) に示すように $(t_1+T/2)\sim(t_2+T/2)$ 間に導通し，コンデンサ C を充電する．オフしたあとはコンデンサ C から抵抗 R_L に放電電流が流れ，出力電圧は直線的に下降する．出力電圧はダイオードが導通しているときには上昇し，オフしているときは下降する．したがって，出力電圧 v_o には図 (c) に示すように交流電源周波数の 2 倍の周波数を持つリプル電圧が発生する．

時刻 t_2 でダイオードがオフすると，出力電圧 v_o は直線的に下降する．時定数 $\tau=CR_L$ は半周期 $(T/2)$ に対して十分に大きいものとすると，このときの出力電圧 v_o は，半波整流回路に同じであり

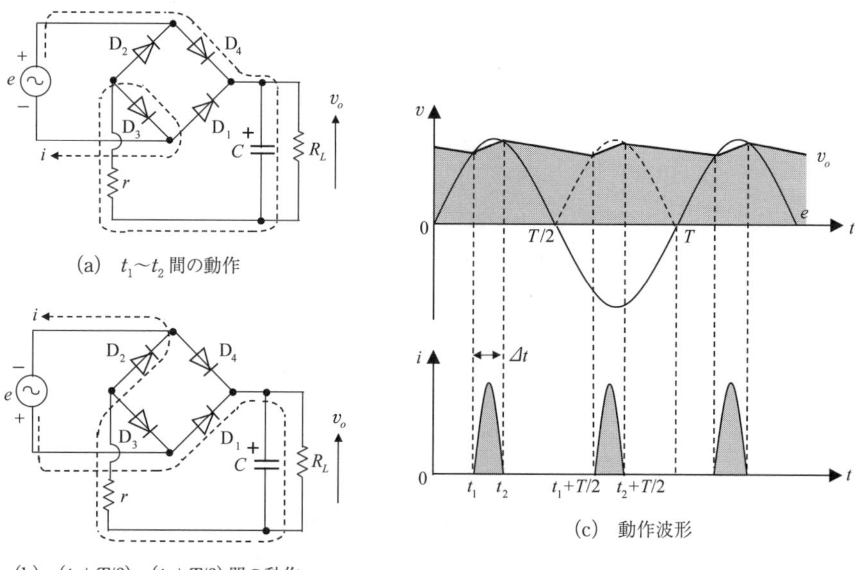

図 12.7　コンデンサ入力形全波整流回路の動作と動作波形

$$v_o=E_m\sin\omega t_2 e^{\frac{t-t_2}{CR_L}}=E_m\sin\omega t_2\left(1-\frac{t-t_2}{CR_L}\right) \qquad (12.1)$$

となる．時刻 $(t_1+T/2)$ では

$$\left.\begin{aligned} v_o(t_1+T/2)&=E_m\sin\omega t_2\left(1-\frac{(t_1+T/2)-t_2}{CR_L}\right)\\ &=E_m\sin\omega t_2\left(1-\frac{T/2-\Delta t}{CR_L}\right)\quad \Delta t=t_2-t_1 \end{aligned}\right] \qquad (12.9)$$

となる．ただし，Δt $(\Delta t=t_2-t_1)$ はダイオードの導通時間である．出力電圧の直流電圧を V_o，リプル電圧の p-p 値（ピークからピークまでの値）を Δv_o とすると，それらは式(12.9)から次のように求めることができる．

$$\Delta v_o=E_m\sin\omega t_2\left(\frac{T/2-\Delta t}{CR_L}\right) \qquad (12.10)$$

$$V_o=E_m\sin\omega t_2-\frac{1}{2}\Delta v_o=E_m\sin\omega t_2\left(1-\frac{T/2-\Delta t}{2CR_L}\right) \qquad (12.11)$$

また，リプル率 γ は γ=(リプル電圧の実効値/直流出力電圧) で与えられ

$$\begin{aligned} \gamma&=\frac{\left(\dfrac{\Delta v_o}{2}\right)\Big/\sqrt{3}}{V_o}\\ &=\frac{\dfrac{1}{2\sqrt{3}}E_m\sin\omega t_2\left(\dfrac{T/2-\Delta t}{CR_L}\right)}{E_m\sin\omega t_2\left(1-\dfrac{T/2-\Delta t}{2CR_L}\right)}\cong\frac{T/2-\Delta t}{2\sqrt{3}\,CR_L}\left(1+\frac{T/2-\Delta t}{2CR_L}\right) \end{aligned} \qquad (12.12)$$

となる．

式(12.10)～式(12.12)における時刻 t_2 とダイオードの導通時間 Δt および t_1 は以下の式で求めることができる（詳細は付録 J を参照）．なお，t_2 は半波整流回路と同じ式(12.7)になる．

$$t_1=\frac{T}{4}-\frac{1}{\omega}\sqrt{\frac{(T-2\Delta t_2)}{CR_L}} \qquad (12.13)$$

$$t_2=\frac{T}{4}+\Delta t_2=\frac{T}{4}+\frac{1}{\omega}\tan^{-1}\left(\frac{\omega^2C^2rR_L^2+r+R_L}{\omega CR_L^2}\right) \qquad (12.7)$$

$$\Delta t=t_2-t_1=\frac{1}{\omega}\left\{\sqrt{\frac{(T-2\Delta t_2)}{CR_L}}+\tan^{-1}\left(\frac{\omega^2C^2rR_L^2+r+R_L}{\omega CR_L^2}\right)\right\} \qquad (12.14)$$

$f=50$ Hz($T=20$ ms)，$C=1000$ μF，$R_L=150\,\Omega$ として，それぞれを計算した結果を**図 12.8** に示す．半周期ごとにダイオードが導通するので，導通時間 $\varDelta t$ は半波整流回路よりも短くなる．抵抗 r が 0 だと t_2 はほぼ 5 ms($T/4$) だが，r が大きくなると t_2 もしだいに遅れる．一方，時刻 t_1 はほとんど変化しないために，導通時間 $\varDelta t$ も r が大きくなると大きくなる．

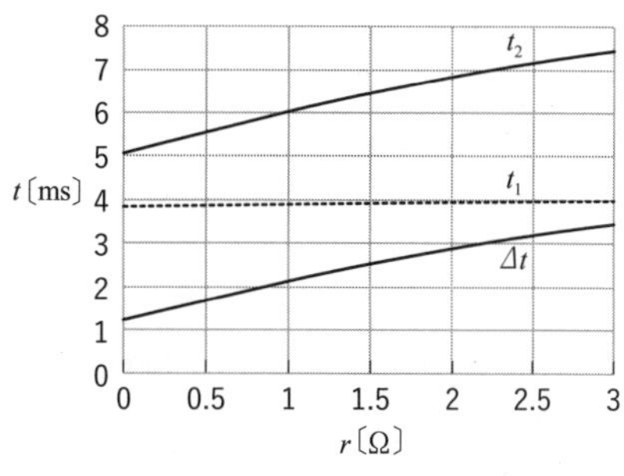

図 12.8　全波整流回路におけるにおけるダイオードの導通時間 $\varDelta t$ と時刻 t_1，t_2

【例題 12.2】

AC100 V，$f=50$ Hz($T=20$ ms)，$C=1000$ μF，$R_L=150\,\Omega$，$r=1.5\,\Omega$ のときのリプル電圧 $\varDelta v_o$(p-p 値) を半波整流回路と全波整流回路について求め，比較せよ．ただし，$\varDelta t_2$ を 1.46 ms とする．

（解）　$t_2=\dfrac{T}{4}+\varDelta t_2=5+1.46=6.46$ ms，$\omega t_2=2\pi\times 50\times 6.46\times 10^{-3}=2.03$ rad

①　半波整流　例題 12.1 より $\varDelta t=3.0$ ms になる．

$$\varDelta v_o=E_m\sin\omega t_2\left(\frac{T-\varDelta t}{CR_L}\right)=141.4\text{ V}\times\sin 2.03\times\frac{(20-3)\times 10^{-3}}{1000\times 10^{-6}\times 150}=14.4\text{ V}$$

②　全波整流

$$\varDelta t=\varDelta t_2+\frac{1}{\omega}\sqrt{\frac{(T-2\varDelta t_2)}{CR_L}}=1.46+\frac{1}{2\pi\times 50}\sqrt{\frac{(20-2.92)\times 10^{-3}}{1000\times 10^{-6}\times 150}}=2.53\text{ ms}$$

$$\varDelta v_o=E_m\sin\omega t_2\left(\frac{T/2-\varDelta t}{CR_L}\right)=141.4V\times\sin 2.03\times\frac{(10-2.53)\times 10^{-3}}{1000\times 10^{-6}\times 150}=6.3\text{ V}$$

同じ回路定数であると，全波整流のリプル電圧は半波整流に比較して半分以下になる．

---

［2］　倍電圧整流回路

（1）　半波倍電圧整流回路

交流電源の振幅以上の直流電圧を得るためには，トランスを用い昇圧する必要があるが，この場合はトランスが大きく不経済になる．これに代わる回路として，倍電圧回路が考案された．**半波倍電圧整流回路**と**全波倍電圧整流回路**がある．それぞれの整流回路の直流出力電圧 V_o の 2 倍に近い出力電圧を取り出すことができる．**図 12.9** は半波倍電圧整流回路を，**図 12.10** はその動作を示している．

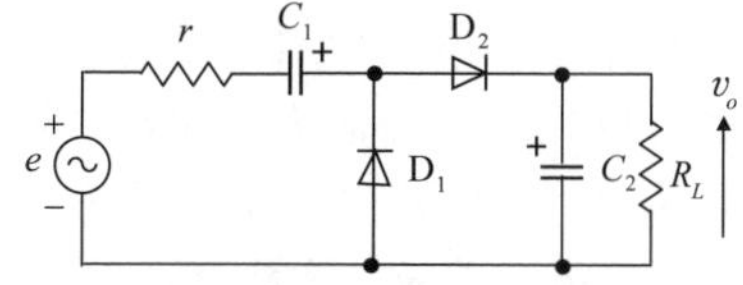

図 12.9　半波倍電圧整流回路

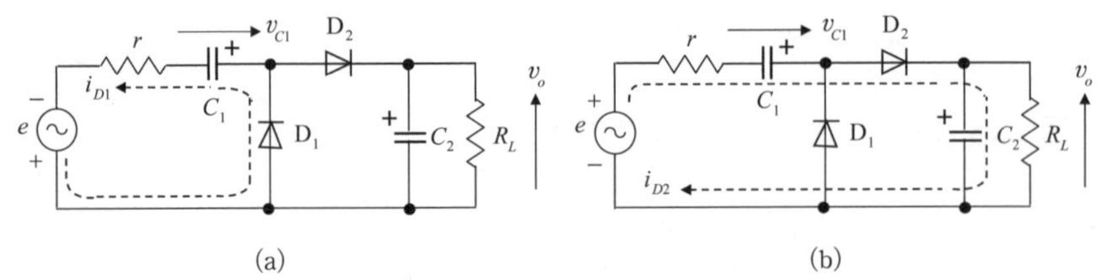

図 12.10　半波倍電圧整流回路の動作

図 (a) において，交流電源がコンデンサ C_1 の電圧 v_{c1} より高くなるとダイオード D_1 が導通し，コンデンサ C_1 を充電する．半サイクル後には，交流電源 e が

$$e > v_o - v_{c1} \qquad (12.15)$$

になるとダイオード D_2 が導通し，コンデンサ C_2 を充電する（図 12.10(b) を参照）．このとき，v_{c1} に交流電源 e を加算した電圧が整流・出力されるので，出力電圧 v_o は半波整流回路の出力電圧の 2 倍近い値になる．半波倍電圧整流回路はあまり使われていない．出力電圧 V_o やリプル電圧 $\varDelta v_o$ の計算は省略する．

(2)　全波倍電圧整流回路

全波倍電圧整流回路を**図 12.11** に，また，その動作と動作波形を**図 12.12** と**図 12.13** に示す．

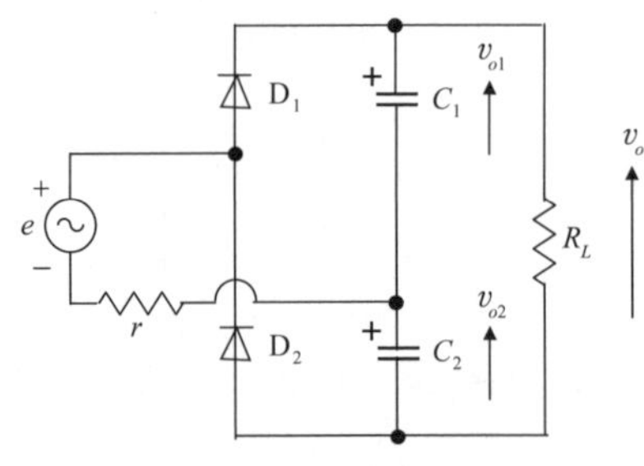

図 12.11　全波倍電圧整流回路

交流電源が負の半サイクルにおいて，時刻 t_1 でダイオード D_2 が導通しコンデンサ C_2 を充電する．その後，時刻 t_2 でダイオード D_2 はオフし，コンデンサ C_2 はコンデンサ C_1 と R_L を通して放電し，コンデンサ C_2 の両端電圧 v_{o2} は時間に対して直線的に下降する．交流電源が正の半サイクルでは，時刻 $(t_1+T/2)$ でダイオード D_1 が導通しコンデンサ C_1 を充電する．その後，時刻 $(t_2+T/2)$ でダイオード D_1 はオフし，コンデンサ C_1 はコンデンサ C_2 と R_L を通して放電し，コンデンサ C_1 の両端電圧 v_{o1} は時間に対して直線的に下降する．それぞれのコンデンサを充電するのは周期 T ごとであり，半波整流回路の動作になる．一方，出力電圧 v_o はコンデンサ C_1 と C_2 の電圧を加算した電圧になる．これらのことから，全波倍電圧整流回路の等価回路は**図 12.14** のように半波整流回路を組み合わせた回路と考えることができる．

図 12.14 より，$C_1 = C_2 = C$ とするとダイオードがオフしたあとの放電時定数は $\tau = 2/CR_L$ となる．半波整流回路のリプル電圧 $\varDelta v_o$(p-p 値) である式 (12.3) に，時

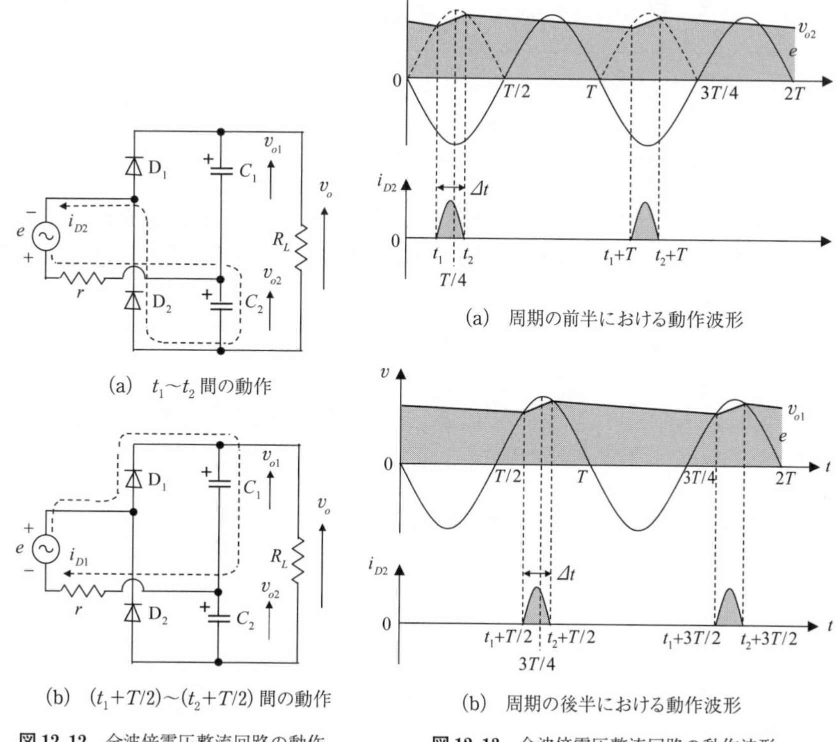

(a)　t_1～t_2 間の動作

(b)　$(t_1+T/2)$～$(t_2+T/2)$ 間の動作

図 12.12　全波倍電圧整流回路の動作

(a)　周期の前半における動作波形

(b)　周期の後半における動作波形

図 12.13　全波倍電圧整流回路の動作波形

定数 CR_L の代わりに $CR_L/2$ を代入すると全波倍電圧整流回路のリプル電圧 $\varDelta v_{o1}$, $\varDelta v_{o2}$ が求められる．

$$\varDelta v_{o1}=\varDelta v_{o2}=E_m \sin\omega t_2\left\{\frac{2(T-\varDelta t)}{CR_L}\right\} \tag{12.16}$$

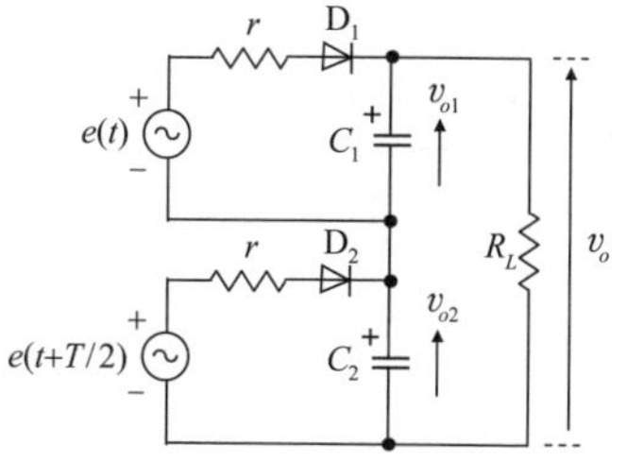

これより，出力電圧の直流電圧を V_o は

$$V_{o1}=E_m \sin\omega t_2-\frac{1}{2}\varDelta v_{o1}=E_m \sin\omega t_2\left(1-\frac{T-\varDelta t}{CR_L}\right)$$

$$V_o=V_{o1}+V_{o2}=2E_m \sin\omega t_2\left(1-\frac{T-\varDelta t}{CR_L}\right) \tag{12.17}$$

図 12.14　全波倍電圧整流回路の等価回路

となる．また，これらからリプル率 γ(γ= リプル電圧の実効値/直流出力電圧) を求めることができる．

$$\gamma=\frac{\frac{1}{2\sqrt{3}}\sqrt{(\Delta v_{o1})^2+(\Delta v_{o2})^2}}{V_o}=\frac{\frac{\sqrt{2}}{2\sqrt{3}}\Delta v_{o1}}{V_o}=\frac{\frac{1}{\sqrt{6}}E_m\sin\omega t_2\left\{\frac{2(T-\Delta t)}{CR_L}\right\}}{2E_m\sin\omega t_2\left(1-\frac{T-\Delta t}{CR_L}\right)}$$

$$\cong\frac{T-\Delta t}{\sqrt{6}CR_L}\left(1+\frac{T-\Delta t}{CR_L}\right) \qquad (12.18)$$

式(12.16)～式(12.18)における時刻 t_2 とダイオードの導通時間 Δt および t_1 は以下の式で求めることができる（詳細は付録Jを参照）．なお，t_2 は半波整流回路と同じ式(12.7)になる．

$$t_1=\frac{T}{4}-\Delta t_1=\frac{T}{4}-\frac{2}{\omega}\sqrt{\frac{(T-\Delta t_2)}{CR_L}} \qquad (12.19)$$

$$\Delta t=t_2-t_1=\frac{1}{\omega}\left\{2\sqrt{\frac{(T-\Delta t_2)}{CR_L}}+\tan^{-1}\left(\frac{\omega^2C^2rR_L^2+r+R_L}{\omega CR_L^2}\right)\right\} \qquad (12.20)$$

［3］ コンデンサ入力形整流回路のまとめ

基本となる3方式の出力電圧，リプル電圧，ダイオードの導通時間をまとめて**表12.1**に示す．

表12.1 コンデンサ入力形整流回路の動作特性(1)

	出力電圧 V_o	リプル電圧 Δv_o(p-p値)	導通時間 Δt
半波整流	$E_m\sin\omega t_2\left(1-\frac{T-\Delta t}{2CR_L}\right)$	$E_m\sin\omega t_2\left(\frac{T-\Delta t}{CR_L}\right)$	$\frac{1}{\omega}\sqrt{\frac{2(T-\Delta t_2)}{CR_L}}+\Delta t_2$
全波整流	$E_m\sin\omega t_2\left(1-\frac{T/2-\Delta t}{2CR_L}\right)$	$E_m\sin\omega t_2\left(\frac{T/2-\Delta t}{CR_L}\right)$	$\frac{1}{\omega}\sqrt{\frac{(T-2\Delta t_2)}{CR_L}}+\Delta t_2$
全波倍電圧整流	$2E_m\sin\omega t_2\left(1-\frac{T-\Delta t}{2CR_L}\right)$	$E_m\sin\omega t_2\left\{\frac{2(T-\Delta t)}{CR_L}\right\}$	$\frac{2}{\omega}\sqrt{\frac{(T-\Delta t_2)}{CR_L}}+\Delta t_2$

注)Δt_2 は共通です．$\Delta t_2=\frac{1}{\omega}\tan^{-1}\left(\frac{\omega^2C^2rR_L^2+r+R_L}{\omega CR_L^2}\right)$

表12.1より，以下のことがいえる．

① 全波整流回路は半周期に1回ダイオードが導通するために，半波整流回路より出力電圧が高く，リプル電圧は小さい．また，ダイオードの導通時間は半波整流回路より短い．

② 全波倍電圧整流回路の出力電圧は，半波整流回路の出力電圧の2倍である．また，リプル電圧は，平滑コンデンサ C が直列接続されているために等価的に半分になっており，半波整流回路の2倍になる．

それぞれの式において，抵抗 R_L は

$$R_L=\frac{V_o}{I_o} \qquad (12.21)$$

で与えられる．これを代入し，R_L を消去すると同じ直流の負荷電流 I_o を引いたときの出力電圧とリプル電圧およびダイオードの導通時間を求めることができる．結果を**表 12.2** に示す．表 12.1 と同様なことがいえるが，同じ負荷電流 I_o のときは，半波整流回路と全波倍電圧整流のリプル電圧の大きさは同じになる．全波倍電圧整流回路において半波整流回路と同じ負荷電流のときは，負荷抵抗は $2R_L$ にしなければならず，このときの時定数は，$\tau=(C/2)\times(2R_L)=CR_L$ で半波整流回路と同じになる．このためにリプル電圧は同じになる．

表 12.2　コンデンサ入力形整流回路の動作特性(2)

	出力電圧 V_o	リプル電圧 Δv_o(p-p 値)	導通時間 Δt
半波整流	$E_m\sin\omega t_2-\dfrac{I_o(T-\Delta t)}{2C}$	$\dfrac{I_o(T-\Delta t)}{C}$	$\dfrac{1}{\omega}\sqrt{\dfrac{2I_o(T-\Delta t_2)}{CV_o}}+\Delta t_2$
全波整流	$E_m\sin\omega t_2-\dfrac{I_o(T/2-\Delta t)}{2C}$	$\dfrac{I_o(T/2-\Delta t)}{C}$	$\dfrac{1}{\omega}\sqrt{\dfrac{I_o(T-2\Delta t_2)}{CV_o}}+\Delta t_2$
全波倍電圧整流	$2E_m\sin\omega t_2-\dfrac{I_o(T-\Delta t)}{C}$	$\dfrac{I_o(T-\Delta t)}{C}$	$\dfrac{2}{\omega}\sqrt{\dfrac{I_o(T-\Delta t_2)}{CV_o}}+\Delta t_2$

［4］　チョーク入力形全波整流回路

コンデンサ入力形全波整流回路では，交流電源 e が平滑コンデンサ C 両端の出力電圧を超えるわずかな時間（t_1～t_2 期間）しか電流が流れない．このときの電流波形は図 12.7 に示したようにひずんでおり，ひずんだ波形の電流には基本波周波数の整数倍の周波数を持つ**高調波電流**が含まれている．AC100 V/50 Hz，$C=1000\ \mu$F，$r=1\ \Omega$，$R_L=176.5\ \Omega$，実効電流 $I_{\rm rms}=1.84$ A のときの電流 i をフーリエ展開し交流分を取り出すと

$$\begin{aligned}i&=1.49\sin(\omega t+0.085)-1.3745\sin(3\omega t+0.256)+1.161\sin(5\omega t+0.432)\\&\quad-0.885\sin(7\omega t+0.6175)+0.591\sin(9\omega t+0.822)-0.321\sin(11\omega t+1.08)\\&\quad+0.1146\sin(13\omega t+1.625)+0.0735\sin(15\omega t+0.384)+\cdots(\mathrm{A})\end{aligned} \qquad (12.22)$$

となり，基本波のほかに奇数次の高調波電流が含まれている．電流の**総合高調波ひずみ率**（THD :total harmonic distortion）は

$$\text{電流 THD}=\frac{\sqrt{\displaystyle\sum_{n=2}^{\infty}I_n^2}}{I_1}=\frac{\sqrt{I_{rms}^2-I_1^2}}{I_1}=\frac{\text{高調波電流の総和}}{\text{基本波電流}} \qquad (12.23)$$

で定義される．ただし，I_1 は基本波電流の実効値，I_n は高調波電流の実効電流である．式 (12.22) の交流電流 i の総合高調波ひずみ率を計算すると 144% であり，非常に大きな値になる．基本波電流よりも高調波電流の合計のほうが大きい状態になっている．

電源電圧が基本波からなり，一方，電流には高調波電流を含んでいるときの**力率** (PF: power factor) は

$$PF=\frac{P}{S}=\frac{V_1 I_1 \cos\phi_1}{V_1\sqrt{\sum_{n=1}^{\infty} I_n^2}}=\frac{I_1\cos\phi_1}{\sqrt{(I_1^2+I_2^2+I_3^2+\cdots\cdots\cdots)}} \qquad (12.24)$$

で与えられる．基本波電流だけであり，高調波電流がないときの力率は**位相率** ($\cos\phi_1$) に等しくなる．

$$\sqrt{\sum_{n=2}^{\infty} I_n^2}=0 \text{ のとき } \quad PF=\frac{P}{S}=\cos\phi_1 \qquad (12.25)$$

ただし，式 (12.24) と式 (12.25) の中の記号はそれぞれ以下のことを意味している．

P：有効電力，S：皮相電力，V_n：n 次電圧（基本波電圧および高調波電圧の実効電圧）

I_n：n 次電流（基本波電流および高調波電流の実効電流），PF：力率，$\cos\phi_1$：位相率

ϕ_1：基本波電圧と基本波電流の位相差

ここで，式 (12.22) の交流電流 i の力率を求めると PF＝0.57 であり，非常に低い値になっている．

ダイオードに直列にチョークコイル L を入れると，高調波電流を抑制し力率を上げることができる．このためにチョークコイル L を入れたのが**チョーク入力形全波整流回路**になる．チョーク入力形全波整流回路を**図 12.15** に示す．チョークコイル L を入れる前の整流回路のインピーダンス Z，入れたあとのインピーダンスを Z_L とすると

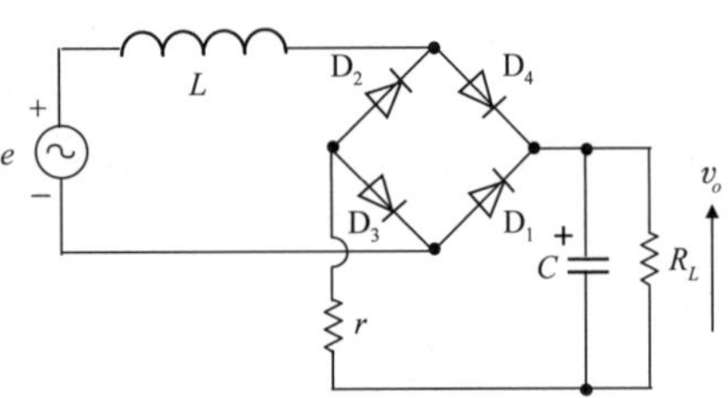

図 12.15 チョーク入力形全波整流回路

$$Z=r+\frac{R_L}{1+j\omega CR_L}$$

$$|Z|=\sqrt{\left(r+\frac{R_L}{1+(\omega CR_L)^2}\right)^2+\left(\frac{\omega CR_L^2}{1+(\omega CR_L)^2}\right)^2} \qquad (12.26)$$

$$Z_L=r+j\omega L+\frac{R_L}{1+j\omega CR_L}=r+j\omega L+\frac{R_L-j\omega CR_L^2}{1+(\omega CR_L)^2}$$

$$|Z_L|=\sqrt{\left(r+\frac{R_L}{1+(\omega CR_L)^2}\right)^2+\left(\omega L-\frac{\omega CR_L^2}{1+(\omega CR_L)^2}\right)^2} \qquad (12.27)$$

となり，チョークコイル L を入れることでインピーダンスを**図 12.16** のように上げることができる．周波数 f が上がるとインピーダンス Z_L も大きくなる．これにより，高調波電流を抑制することができる．

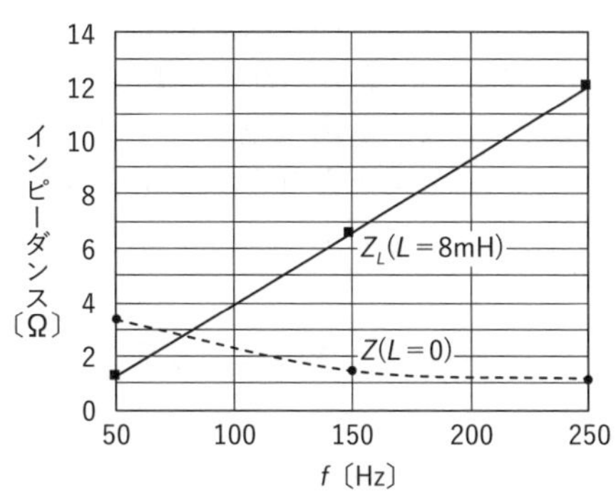

条件：r=1 Ω，C=1000 μF，R_L=150 Ω，L=8 mH

図 12.16　周波数に対する全波整流回路のインピーダンス

高調波電流抑制のためのチョークコイルのインダクタンスは数 mH 以上必要であり，形状が大きく重いためにあまり使われてはいない．高調波電流を抑制するためには，一般的に**力率改善回路**が使われる．力率改善回路は **PFC** (power factor correction) **回路**とも呼ばれている．一例として昇圧形 PFC 回路を付録 K に掲載しているが，昇圧形 PFC 回路を使うと，高調波電流をほとんどなくし力率をほぼ 1 にすることができる．

12.2　シリーズレギュレータ

定電圧回路を分類とすると，**図 12.17** のようになる．リニア方式とスイッチング方式がある．リニア方式には**シリーズレギュレータ**とシャントレギュレータがあるが，シャントレギュレータはほとんど使われず，シリーズレギュレータで代表される．ここでは，シリーズレギュレータの構成や動作原理について説明する．

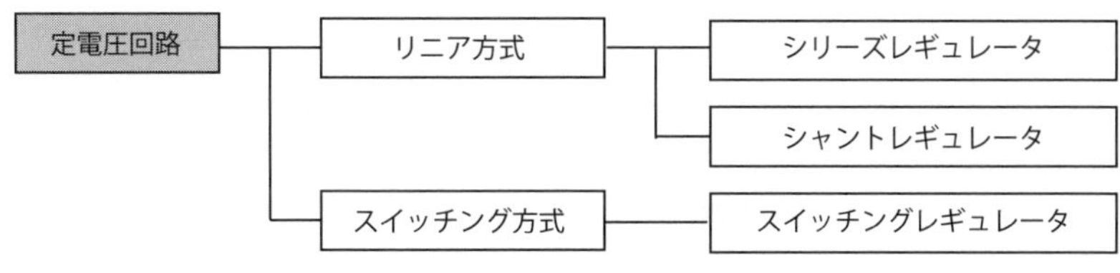

図 12.17　定電圧回路の分類

[1] 動 作 原 理

図 12.18 はシリーズレギュレータの原理を示したものである．図において，E_i は入力電圧，E_o は出力電圧，I_o は出力電流（負荷電流），r は電源の内部抵抗，R は可変抵抗，R_L は負荷抵抗である．

図 12.18 において，出力電圧 E_o は

$$E_o=E_i-I_o(r+R) \qquad (12.28)$$

になる．ここで，入力電圧 E_i もしくは出力電流 I_o が変化すると，出力電圧が変化してしまう．このとき可変抵抗 R を変え，出力電圧 E_o を一定にする．可変抵抗 R を変化させたときの出力電圧の変化を**図 12.19** に示す．

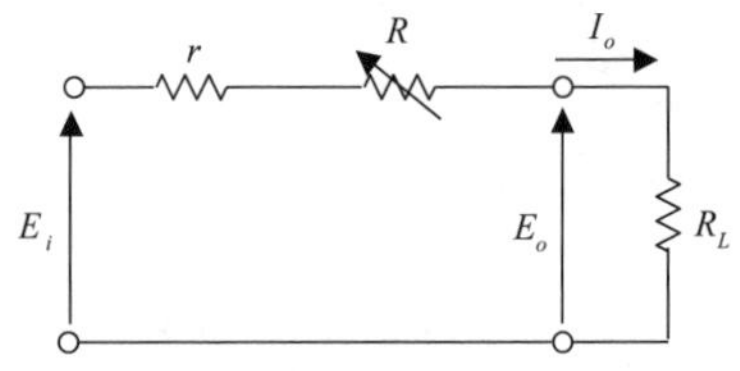

E_i：入力電圧，E_o：出力電圧，I_o：出力電流（負荷電流）
r：電源の内部抵抗，R：可変抵抗，R_L：負荷抵抗

図 12.18 シリーズレギュレータの原理

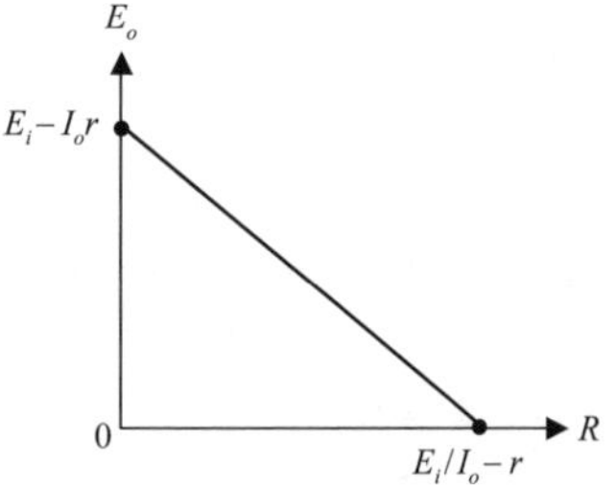

図 12.19 シリーズレギュレータの動作特性

図 12.18 に示したシリーズレギュレータは，実際には**図 12.20** に示す構成になっている．出力電圧 E_o が基準電圧と比較され，誤差があるときは増幅器で増幅された誤差により制御回路が出力電圧 E_o を一定にするように動作する．制御回路は一般的にはトランジスタが使用され，トランジスタの等価抵抗を変化させることにより出力電圧 E_o をコントロールする．

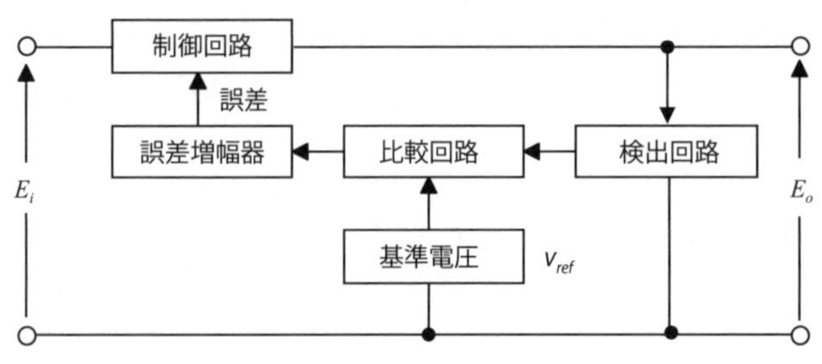

図 12.20 シリーズレギュレータの構成

シリーズレギュレータは**図 12.21** に示すような負帰還増幅回路と考えることができる．このときの出力電圧 E_o は，差動増幅器の増幅度 A_v が十分に大きいとすると

式 (12.29) で与えられる．つまり，出力電圧 E_o は帰還率 H_v と基準電圧 V_{ref} で決まる値の一定の電圧となる．なお，R_1 と R_2 は後出の図 12.22 に示している分圧抵抗である．

$$A_v(V_{ref}-H_vE_o)=E_o \quad \text{より}$$

$$E_o=\frac{A_v}{1+A_vH_v}V_{ref} \qquad \text{ただし，}$$

$$H_v=\frac{R_2}{R_1+R_2}$$

$A_vH_v \gg 1$ なら

$$E_o \cong \frac{V_{ref}}{H_v}=\frac{R_1+R_2}{R_2}V_{ref} \qquad (12.29)$$

となる．

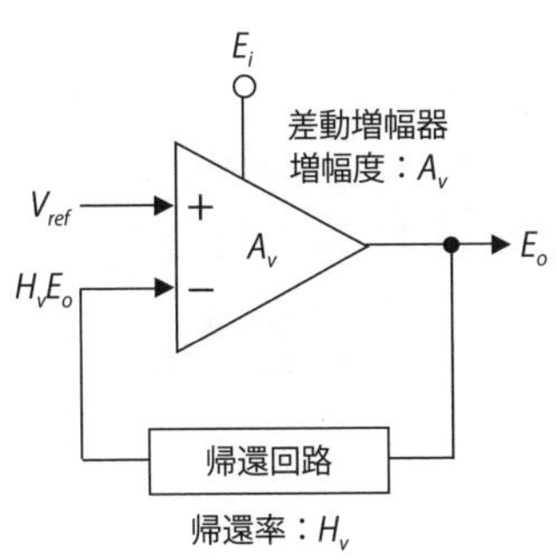

E_i：入力電圧，E_o：出力電圧
A_v：増幅度，H_v：帰還率，
V_{ref}：基準電圧

図 12.21　シリーズレギュレータの考え方（等価回路）

［2］　実際の回路と出力電圧

実際のシリーズレギュレータを**図 12.22** に示す．入力と出力の間に直列にトランジスタ Q_1 が接続されており，Q_1 のベース電流 i_{B1} を調節しコレクタ-エミッタ間 v_{CE1} を変化させることにより出力電圧 E_o を一定にしている．このときの入力電圧 E_i と出力電圧 E_o は**図 12.23** に示すようになり，それらの電圧差はトランジスタのコレクタ損失 P_c(式 (12.30)) として消費される．

$$P_C=(E_i-I_or-E_o)I_o \cong (E_i-E_o)I_o \qquad (12.30)$$

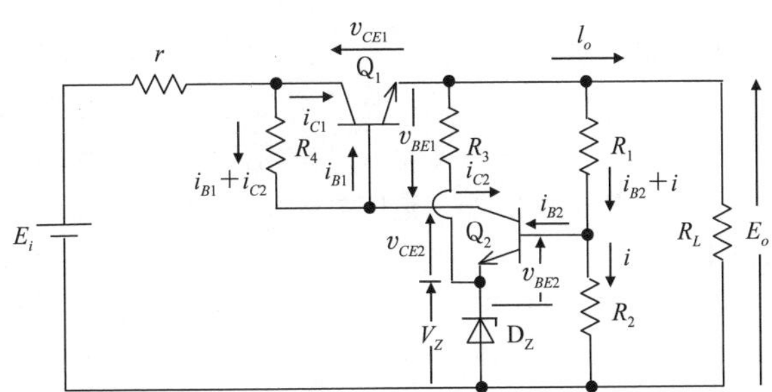

E_i：入力電圧，E_o：出力電圧，I_o：出力電流（負荷電流），r：電源の内部抵抗，R_L：負荷抵抗，Q_1：出力トランジスタ，Q_2：誤差増幅器，D_Z：ツェナーダイオード，V_Z：基準電圧，R_1 および R_2：分圧抵抗

図 12.22　シリーズレギュレータ

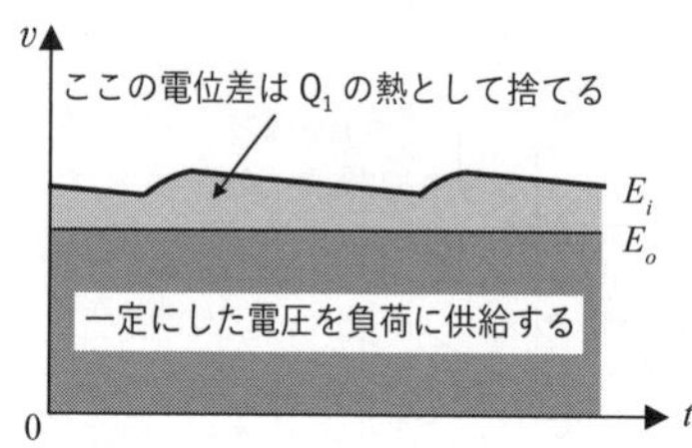

図 12.23　シリーズレギュレータの入出力電圧

図 12.22 において，h パラメータを使用し電圧と電流の関係を求めると以下となる．

$$i_{C1}=h_{fe1}i_{B1}+h_{oe1}v_{CE1} \qquad (12.31)\ ,$$

$$v_{BE1}=h_{ie1}i_{B1}+V_{BE1} \qquad (12.32)$$

$$i_{C2}=h_{fe2}i_{B2}+h_{oe2}v_{CE2}\cong h_{fe2}i_{B2}$$

$$(h_{oe2}\text{ は十分に小さいので}) \qquad (12.33)$$

$$v_{BE2}=h_{ie2}i_{B2}+V_{BE2} \qquad (12.34)$$

ただし，h_{oe} および h_{ie} はそれぞれエミッタ接地の入力端開放における出力コンダクタンスと出力端短絡における入力インピーダンスを示している．

$$h_{oe1}=\frac{\text{出力電流}}{\text{出力電圧}}=\left(\frac{i_C}{v_{CE1}}\right)_{i_{B1}=0}\text{〔S〕} \qquad (12.35)$$

$$h_{ie1}=\frac{\text{入力電圧}}{\text{入力電流}}=\left(\frac{v_{BE1}}{i_{B1}}\right)_{v_{CE1}=0}\text{〔Ω〕} \qquad (12.36)$$

式 (12.31)～式 (12.34) を用いて，Q_1 のベース電流，Q_2 のベース電流および出力電圧 E_o は以下のように求めることができる（式の誘導については詳細を付録 L に記載）．

$$i_{B1}=\frac{1}{h_{fe1}}(I_o-h_{fe2}h_{oe1}R_4i_{B2}-h_{oe1}V_{BE1}) \qquad (12.37)$$

$$i_{B2}=\frac{E_o}{R_1}-\left(\frac{1}{R_1}+\frac{1}{R_2}\right)(V_{BE2}+V_Z) \qquad (12.38)$$

$$E_o=E_i-\left(r+\frac{1}{h_{oe1}}\right)I_o+\frac{h_{fe1}}{h_{oe1}}i_{B1} \qquad (12.39)$$

式（12.38）は，出力電圧が変化すると，これに比例してトランジスタ Q_2 のベース電流 i_{B2} が変化することを示している．そうすると，式（12.37）に示すように i_{B2} の変化がトランジスタ Q_1 のベース電流 i_{B1} に負帰還され，最終的には式（12.39）において，i_{B1} の変化が出力電圧 E_o を一定にするように作用する．これらの動作を**図 12.24～図 12.26** に示す．

さらに，式 (12.37)～式 (12.39) を一つにまとめて出力電圧 E_o を求めると以下となる．

$$E_o=\frac{R_1}{R_1+h_{fe2}R_4}\left\{E_i-rI_o-h_{fe2}R_4\left(\frac{1}{R_1}+\frac{1}{R_2}\right)(V_{BE2}+V_Z)-V_{BE1}\right\} \qquad (12.40)$$

ここで，$h_{fe2}R_4\gg R_1$ とすると，E_o は

$$E_o\cong\frac{R_1}{h_{fe2}R_4}(E_i-rI_o-V_{BE1})+R_1\left(\frac{1}{R_1}+\frac{1}{R_2}\right)(V_{BE2}+V_Z)$$

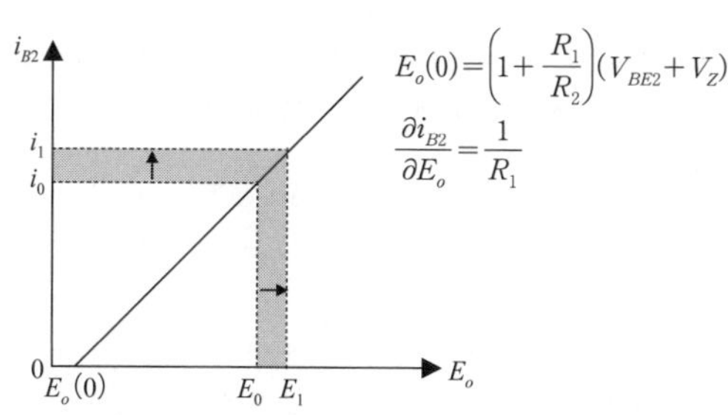

出力電圧 E_o が高くなると，i_{B2} が増加する．

図 12.24　出力電圧に対するベース電流 i_{B2} の変化

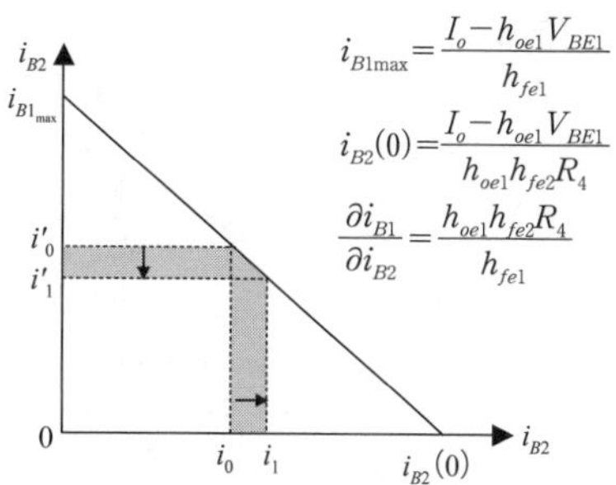

i_{B2} が増加すると，i_{B1} が減少する．

図 12.25　ベース電流 i_{B2} に対する i_{B1} の変化

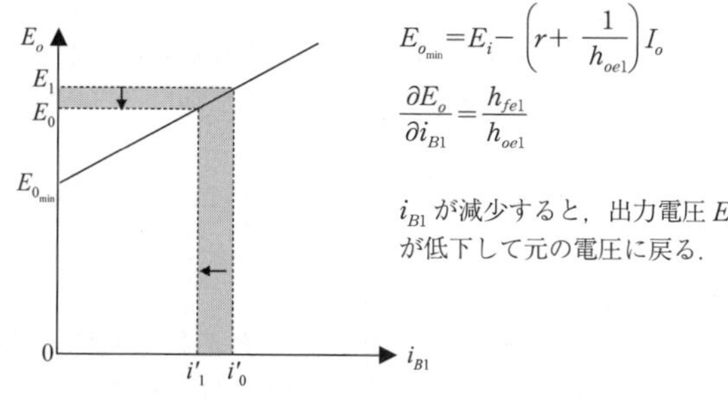

図 12.26　ベース電流 i_{B1} に対する出力電圧の変化

$$=\frac{R_1}{h_{fe2}R_4}(E_i-rI_o-V_{BE1})+\left(\frac{R_1+R_2}{R_2}\right)(V_{BE2}+V_Z) \qquad (12.41)$$

となる．以上より，入力電圧の変動に対する出力電圧の**変動率**を求めると，以下のようになる．

$$\frac{\partial E_o}{\partial E_i}=\frac{R_1}{h_{fe2}R_4} \qquad (12.42)$$

また，負荷電流の変動に対する出力電圧の変動率，つまり出力インピーダンス Z_o は

$$Z_o=-\frac{\partial E_o}{\partial I_o}=\frac{R_1 r}{h_{fe2}R_4} \qquad (12.43)$$

と表され，ともに小さくすることができる．その結果，出力電圧 E_o は基準電圧と分圧抵抗だけで決まる直流電圧になる．

$$E_o=\left(\frac{R_1+R_2}{R_2}\right)(V_{BE2}+V_Z)\cong\frac{R_1+R_2}{R_2}V_Z \qquad (12.44)$$

式 (12.44) は先に求めた式 (12.29) に一致する．

【例題 12.3】

図 12.22 のシリーズレギュレータにおいて，$R_1=36\ \mathrm{k\Omega}$，$R_2=2.1\ \mathrm{k\Omega}$，$R_4=11\ \mathrm{k\Omega}$，$V_z=6.2\ \mathrm{V}$ である．$h_{fe2}=200$ としたときの出力電圧 E_o と出力電圧の変動率 $(\partial E_o/\partial E_i)$ を求めよ．

（解） $$E_o \cong \frac{R_1+R_2}{R_2}V_Z=\frac{36+2.1}{2.1}\times 6.2\ \mathrm{V}=112.5\ \mathrm{V}\quad ,$$

$$\frac{\partial E_o}{\partial E_i}=\frac{R_1}{h_{fe2}R_4}=\frac{36\ \mathrm{k\Omega}}{200\times 11\ \mathrm{k\Omega}}=0.0164$$

シリーズレギュレータは，出力インピーダンスは小さいが，トランジスタの損失が大きく効率は良くない．そのために大きな放熱板が必要で，重量が重くなる．部品点数が少なく，入力電圧が急変したときなどの応答速度†が早いなどの特長を持っているが，そのままでは入力電圧以上の出力電圧は出すことができなく，絶縁することも困難である．絶縁するためには商用電源周波数に対応する大きな電源トランスが必要で，コストが高く，重量および取り付けスペースの面からも使用するのが困難になる．しかし，直流動作であるためにノイズはなく，ノイズを嫌う計測器や医療機器の一部には現在も使用されている．

12.3　スイッチングレギュレータ

［1］　動作原理と制御方式

スイッチングレギュレータは DC-DC コンバータと制御回路から成り，DC-DC コンバータのスイッチ Q の時比率 D（オン期間の周期に対する比率：$D=T_{on}/T_S$，デューティレシオともいう）もしくはスイッチング周波数を制御し出力電圧 E_o を一定にする．これらは**パルス幅制御**（PWM：pulse width modulation）**方式**および**周波数制御**（FM：frequency modulation）**方式**という．周波数制御方式はスイッチング周波数制御方式やパルス周波数制御方式ともいう．制御方式による分類を**図 12.27** に示す．

スイッチングレギュレータの一例として，パルス幅制御方式の降圧形（buck 形）

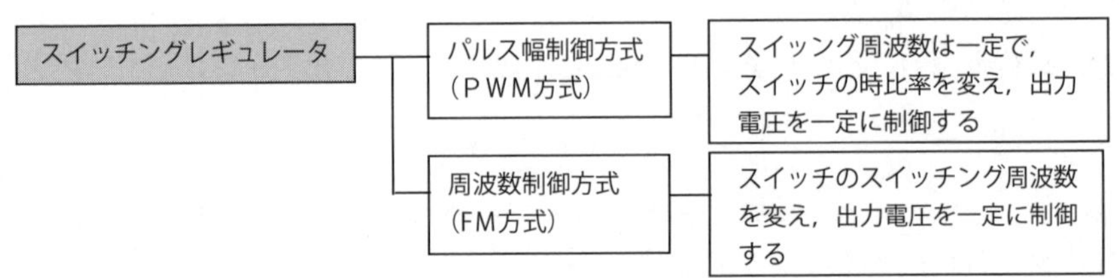

図 12.27　制御方式によるスイッチングレギュレータの分類

† シリーズレギュレータの応答速度．図 12.22 においてコイルやコンデンサはなく，また，トランジスタの遅れ時間は無視できるほど小さく，入力電圧が急変したときなどの応答に時間的な遅れはない．

コンバータの構成を**図 12.28** に示す．制御回路は基準電圧，比較回路，増幅回路，時比率制御回路（FM 制御方式では周波数制御回路になる）から成り，時比率制御回路の出力が DC-DC コンバータのスイッチ Q のゲートに接続されている．出力電圧 E_o が基準電圧と比較され，誤差があるときは増幅器で増幅された誤差によりスイッチングコンバータのスイッチの時比率 D が制御され，出力電圧 E_o を一定にするように動作する．たとえば，入力電圧が高くなり出力電圧が上昇すると，誤差電圧 ΔV_e が時比率制御回路に送られ，時比率 D を D_0 から D_1 に小さくする．そうすると，**昇降圧比** $G(G=E_o/E_i)$ が G_0 から G_1 に小さくなり，出力電圧がもとの値に戻る．この動作により，出力電圧が一定に制御される（**図 12.29** の出力特性と**図

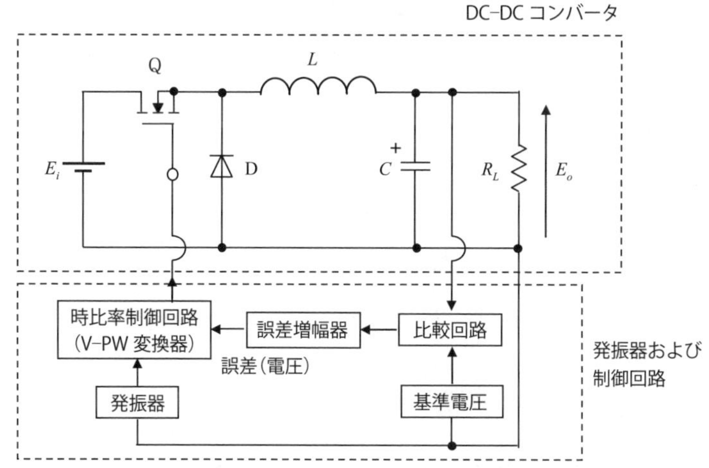

図 12.28　降圧形コンバータの構成

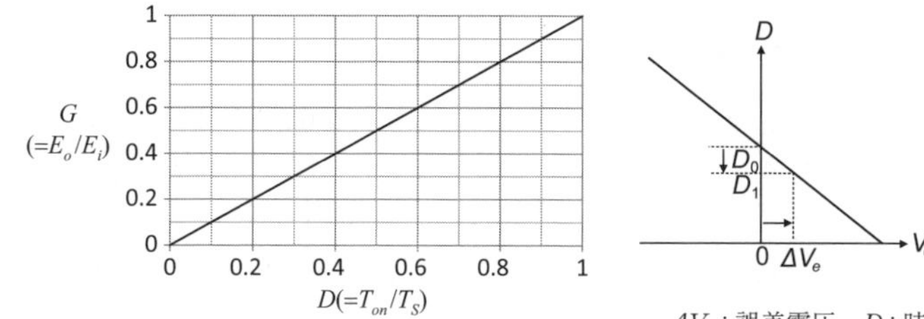

D：時比率（デューティレシオ），
G：昇降圧比 $(G=E_o/E_i)$

図 12.29　降圧形コンバータの出力特性

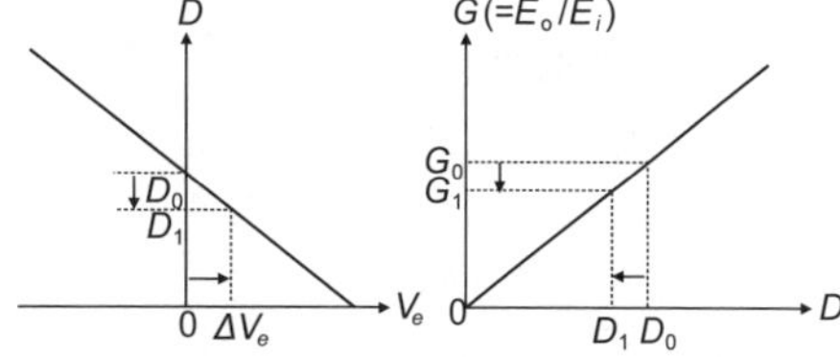

ΔV_e：誤差電圧，D：時比率（デューティレシオ），
G：昇降圧比 $(G=E_o/E_i)$

図 12.30　パルス幅制御方式スイッチングレギュレータの動作†

† 出力電圧が上昇すると誤差電圧 ΔV_e が時比率制御回路に送られ，時比率 D を D_0 から D_1 に小さくする．そうすると，昇降圧比 G が G_0 から G_1 に小さくなり，出力電圧が元の値に戻る．

12.30の動作を参照).

スイッチングレギュレータにはいろいろな方式がある．**表12.3**に代表的なスイッチングレギュレータを示す．大別して，**矩形波コンバータ**と**共振形コンバータ**に区分することができる．さらに，それらは絶縁形と非絶縁形に区分することができる．絶縁形は電気・電子機器のメイン電源として使われる．非絶縁形は電圧の大きさを変換するためのDC–DCコンバータとして使われる．

表12.3 スイッチングコンバータの代表的な回路方式

<table>
<tr><th colspan="3"></th><th>スイッチ素子数</th><th>制御方式</th></tr>
<tr><td rowspan="10">矩形波コンバータ</td><td rowspan="3">非絶縁形チョッパ方式</td><td>降圧形(buck形)</td><td rowspan="3">1</td><td rowspan="3">PWM</td></tr>
<tr><td>昇圧形(boost形)</td></tr>
<tr><td>昇降圧形(buck-boost形)</td></tr>
<tr><td rowspan="7">絶縁形</td><td>リンギングチョーク形</td><td>1</td><td>FM</td></tr>
<tr><td>フライバック形</td><td rowspan="2">1</td><td rowspan="6">PWM</td></tr>
<tr><td>フォワード形</td></tr>
<tr><td>プッシュプル形</td><td rowspan="2">2</td></tr>
<tr><td>ハーフブリッジ形</td></tr>
<tr><td>フルブリッジ形</td><td>4</td></tr>
<tr><td style="display:none"></td></tr>
<tr><td rowspan="3">共振形コンバータ</td><td rowspan="3">絶縁形</td><td>電流共振形</td><td>2</td><td rowspan="3">FM</td></tr>
<tr><td>電圧共振形</td><td>1</td></tr>
<tr><td>部分共振形</td><td>1</td></tr>
</table>

非絶縁形の共振形コンバータは省略している．PWM：パルス幅変調方式，FM：周波数変調方式

[2] 降圧形・昇圧形・昇降圧形コンバータ

非絶縁のチョッパ方式[†1]コンバータには**降圧形**(buck形[†2])**コンバータ**，**昇圧形**(boost形)**コンバータ**，**昇降圧形**(buck–boost形)**コンバータ**の3方式がある．それぞれについて，説明する．

(1) 降圧形コンバータ

降圧形(buck形)コンバータはスイッチング電源の基本的な動作をする回路で，入力電圧E_iより低い電圧を出力する．スイッチQがオフしているときにはダイオードの両端電圧は0であるが，スイッチQがオンすると入力電圧E_iがダイオード両端に現れる．1周期をみるとダイオードの両端電圧は矩形波になり，この電圧をLCフィルタで平滑し直流の出力電圧E_oを得ている．1周期の動作状態は**表12.4**に示すように二つに分けること

表12.4 降圧形コンバータの動作状態

	動作状態1	動作状態2
Q	オン	オフ
D	オフ	オン

†1 短い周期でオン・オフを繰り返すので，こう呼ばれている．

†2 buckは電気・電子分野では「降圧」を意味する．

ができる．そのときの各動作状態における等価回路を**図 12.31** に，動作波形を**図 12.32** に示す．

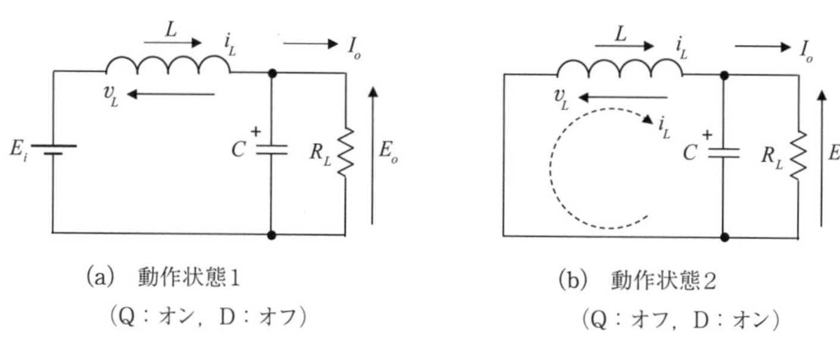

(a)　動作状態1
（Q：オン，D：オフ）

(b)　動作状態2
（Q：オフ，D：オン）

図 12.31　降圧形コンバータの各動作状態における等価回路

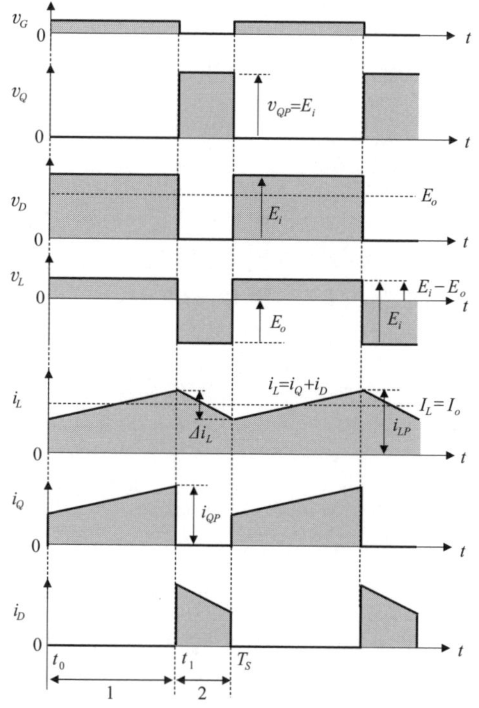

v_G：スイッチ (MOS FET) のゲート電圧，v_Q：スイッチの電圧，v_{QP}：スイッチのピーク電圧，v_D：ダイオード両端電圧，v_L：図 12.31 の向きのコイル両端電圧，i_L：コイル電流，I_L：コイルの平均電流，$\varDelta i_L$：コイル電流の交流分，i_Q：スイッチの電流，i_{QP}：スイッチのピーク電流 ($=i_{LP}$)，i_D：ダイオード電流，E_i：入力電圧，E_o：出力電圧，I_o：出力電流 (負荷電流)

図 12.32　降圧形コンバータの動作波形

降圧形コンバータでは一定の周波数で MOS FET(Q) をスイッチさせる．出力電圧は時比率 D を変えることで制御する．ここで，出力電圧ほかについて求めてみよう．まず，それぞれを以下のように定義する．

T_{on}:スイッチQのオン期間，T_{off}:スイッチQのオフ期間，T_S:周期（$T_S=T_{on}+T_{off}$）

i_L：コイルを流れる電流，I_L：i_Lの平均値，I_o：出力電流（負荷電流），D：時比率（$D=T_{on}/T_S$），$D'=T_{off}/T_S=1-D$

時刻t_0でスイッチQがオンすると，コイルLの両端に(E_i-E_o)が加えられ，コイルが励磁される．コイルに流れる電流i_Lが時間に対して直線的に上昇し，コイルにエネルギーを蓄積する（図12.32の動作波形を参照）．その後，時刻t_1でゲート電圧v_GがなくなりQがオフすると，i_Lを流し続けるようにダイオードDがオンし，コイル電流i_Lは時間に対して直線的に下降し，先の動作でコイルに蓄えられたエネルギーをコンデンサCに放出する．このときに，スイッチQがオンしている期間に増加したコイルのエネルギーと，オフ期間に放出されるエネルギーは等しく，次式が成り立つ．

$$(E_i-E_o)I_LT_{on}=E_oI_LT_{off}$$
$$E_iI_LT_{on}=E_oI_L(T_{on}+T_{off})=E_oI_LT_S \qquad (12.45)$$

これより，出力電圧E_oは

$$E_o=\frac{T_{on}}{T_S}E_i=D\cdot E_i \qquad (12.46)$$

となり，時比率Dに比例した電圧となる．この関係を示したのが，図12.29である．図12.32に示すダイオード電圧v_Dの平均値が出力電圧E_oになる．

実際の降圧コンバータには抵抗が存在する．**図12.33**において，r_1がスイッチのオン期間の等価抵抗であり，r_2がオフ期間の等価抵抗である．

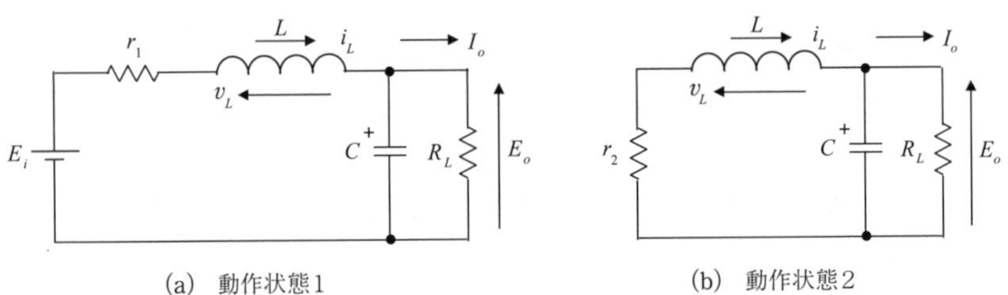

(a)　動作状態1　　(b)　動作状態2

r_1：スイッチのオン期間の等価抵抗（スイッチのオン抵抗r_Q，コイルの抵抗r_Lなどの損失抵抗），r_2：スイッチのオフ期間の等価抵抗（ダイオードの等価抵抗r_D，コイルの抵抗r_Lなどの損失抵抗）

図12.33　実際の降圧形コンバータの各動作状態における等価回路

この抵抗を考慮すると，式(12.45)は以下のようになる．

$$\left.\begin{array}{l}(E_i-E_o-I_Lr_1)I_LT_{on}=(E_o+I_Lr_2)I_LT_{off}\\ I_L=I_o\end{array}\right] \qquad (12.47)$$

これより，降圧形コンバータの実際の出力電圧は以下のように求められる．

$$E_oT_S = E_iT_{on} - I_o(r_1T_{on} + r_2T_{off}),\quad E_o = \frac{E_iT_{on} - I_o(r_1T_{on} + r_2T_{off})}{T_S} \tag{12.48}$$

ここで，出力インピーダンス Z_o は

$$Z_o = -\frac{\partial E_o}{\partial I_o} = \frac{r_1T_{on} + r_2T_{off}}{T_S} = Dr_1 + D'r_2 = r \tag{12.49}$$

となる．r を**平均損失抵抗**という．式(12.49)を式(12.48)に代入すると出力電圧は

$$E_o = \frac{E_iT_{on} - I_o(r_1T_{on} + r_2T_{off})}{T_S} = DE_i - I_oZ_o = DE_i \cdot \frac{1}{1 + Z_o/R_L} \tag{12.50}$$

となる．つまり，実際の回路では**図 12.34** に示す出力インピーダンス Z_o が存在するために，降圧形コンバータの出力電圧は式(12.50)の値に低下する．また，そのときの出力インピーダンスは式(12.49)となる．

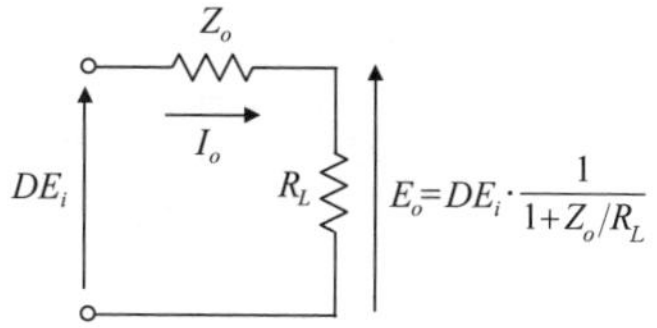

Z_o：出力インピーダンス，R_L：負荷抵抗

図 12.34　出力インピーダンスと出力電圧の関係

（2）　昇圧形コンバータ

図 12.35 に示す昇圧形（boost 形）コンバータは入力電圧 E_i より高い電圧を出力する回路で，入力電圧より低い電圧を出力することはできない．1 周期の動作状態は**表 12.5** に示すように二つに分けることができる．そのときの各動作状態における等価回路を**図 12.36** に，動作波形を**図 12.37** に示す．

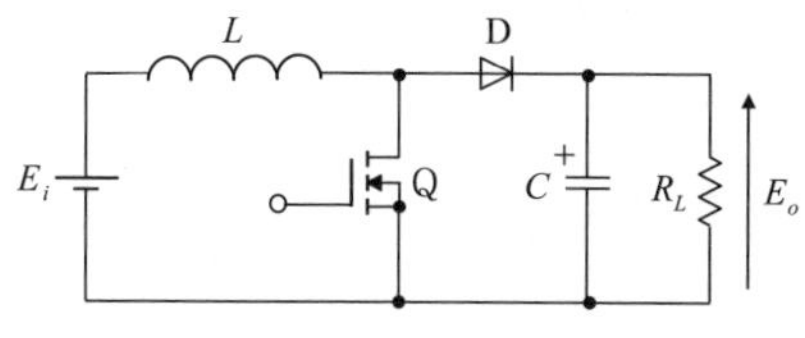

図 12.35　昇圧形コンバータ

表 12.5　昇圧形コンバータの動作状態

	動作状態 1	動作状態 2
Q	オン	オフ
D	オフ	オン

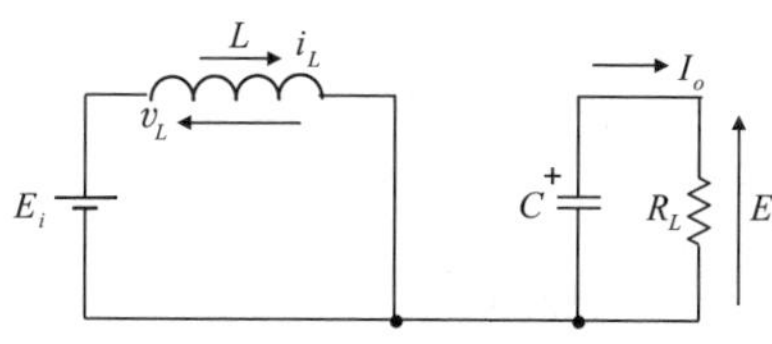

(a)　動作状態1（Q：オン，D：オフ）

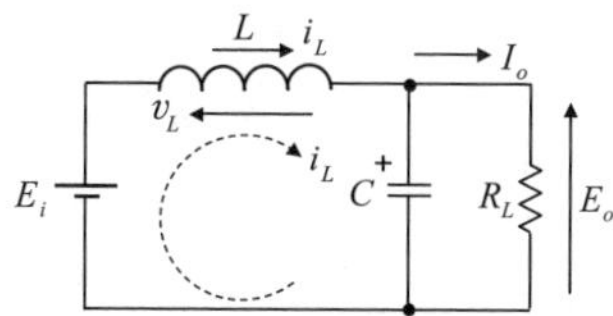

(b)　動作状態2（Q：オフ，D：オン）

図 12.36　昇圧形コンバータの各動作状態における等価回路

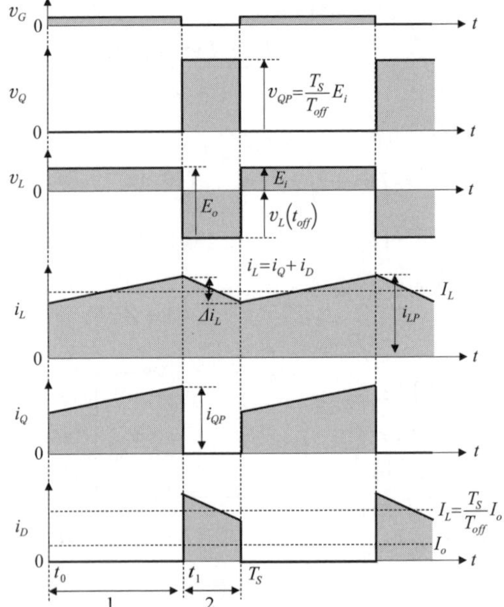

v_G：スイッチ (MOS FET) のゲート電圧，v_Q：スイッチの電圧，v_{QP}：スイッチのピーク電圧，v_D：ダイオード両端電圧，v_L：図12.36の向きのコイル両端電圧，i_L：コイル電流，I_L：コイルの平均電流，Δi_L：コイル電流の交流分，i_Q：スイッチの電流，i_{QP}：スイッチのピーク電流 ($=i_{LP}$)，i_D：ダイオード電流，E_i：入力電圧，E_o：出力電圧，I_o：出力電流 (負荷電流)

図 12.37　昇圧形コンバータの動作波形

昇圧形コンバータも一定の周波数で MOS FET(Q) をスイッチさせ，時比率を変えることで出力電圧を制御する．ここで，出力電圧ほかについて求めてみよう．時刻 t_0 でスイッチ Q がオンすると，コイル L に入力電圧 E_i が加えられ，コイルが励磁される．コイルに流れる電流 i_L が時間に対して直線的に上昇し，コイルにエネルギーを蓄積する．その後，時刻 t_1 でゲート電圧 v_G がなくなり Q がオフすると，i_L を流し続けるようにダイオード D がオンし，コイル電流 i_L は時間に対して直線的に下降し，先の動作でコイルに蓄えられたエネルギーをコンデンサ C に放出する．このとき，入力電圧 E_i にコイルに発生する電圧 $v_L(t_{off})$ が加算され，出力電圧として取り出される．図 12.37 の動作波形を参照のこと．スイッチ Q がオンしている期間に増加したコイルのエネルギーと，オフ期間に放出されるエネルギーは等しく，次式が成り立つ．

$$E_iI_LT_{on}=(E_o-E_i)I_LT_{off},\quad E_iI_L(T_{on}+T_{off})=E_oI_LT_{off} \qquad (12.51)$$

これより，出力電圧は

$$E_o=E_i+\frac{T_{on}}{T_{off}}E_i=\frac{T_S}{T_{off}}E_i=\frac{1}{D'}\cdot E_i \qquad (12.52)$$

になる．

実際の回路にはオン期間の抵抗 r_1 とオフ期間の抵抗 r_2 が存在する．これを考慮すると出力電圧は以下のようになる．まず，動作状態 2 において，コイルに発生する電圧 v_L は $(E_i-I_Lr_1)T_{on}=v_LT_{off}$ より

$$v_L=\frac{T_{on}}{T_{off}}(E_i-I_Lr_1) \qquad (12.53)$$

が得られる．また，$I_LT_{off}=I_oT_S$ より

$$I_L=\frac{T_S}{T_{off}}I_o \qquad (12.54)$$

が得られる．一方，出力電圧は $E_o=E_i+v_L-I_Lr_2$ で与えられ，ここに式 (12.53) および式 (12.54) を代入すると以下のようになる．

$$\begin{aligned}E_o&=E_i+\frac{T_{on}}{T_{off}}(E_i-I_Lr_1)-I_Lr_2=\frac{T_S}{T_{off}}E_i-I_L\left(\frac{T_{on}}{T_{off}}r_1+r_2\right)\\&=\frac{T_S}{T_{off}}E_i-\left(\frac{T_S}{T_{off}}I_o\right)\left(\frac{T_{on}}{T_{off}}r_1+r_2\right)=\frac{E_i}{D'}-\frac{I_o}{D'}\left(\frac{D}{D'}r_1+r_2\right)\end{aligned} \qquad (12.55)$$

式 (12.55) から出力インピーダンス Z_o を求めることができる．

$$Z_o=-\frac{\partial E_o}{\partial I_o}=\frac{1}{D'}\left(\frac{D}{D'}r_1+r_2\right)=\frac{1}{D'^2}(Dr_1+D'r_2)=\frac{r}{D'^2} \qquad (12.56)$$

また，Z_o を用いて出力電圧を求めると，式 (12.57) になる．

$$E_o=\frac{E_i}{D'}-I_oZ_o=\frac{E_i}{D'}\cdot\frac{1}{1+Z_o/R_L} \qquad (12.57)$$

（3）　昇降圧形コンバータ

図 12.38 に示す昇降圧形 (buck-boost 形) は極性反転形ともいわれ，入力電圧 E_i と逆極性の出力電圧 E_o を取り出すことができる．また，出力電圧 (絶対値) は入力電圧よりも低い電圧，高い電圧ともに取り出すことができ，出力電圧の範囲が非常に広い特徴がある．1 周期の動作状態は**表 12.6** に示すように二つに分けることができる．そのときの各動作状態における等価回路を**図 12.39** に，また，動作波形を**図 12.40** に示す．

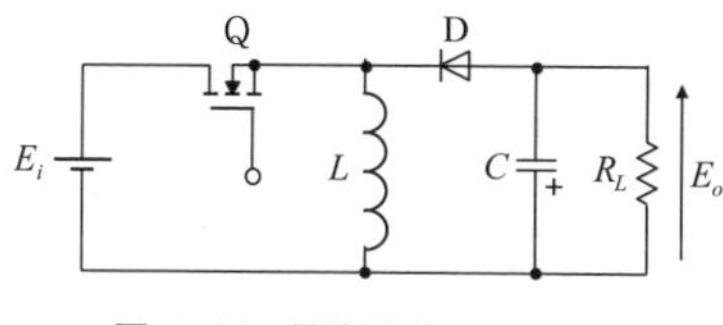

図 12.38　昇降圧形コンバータ

表 12.6　昇圧形コンバータの動作状態

	動作状態 1	動作状態 2
Q	オン	オフ
D	オフ	オン

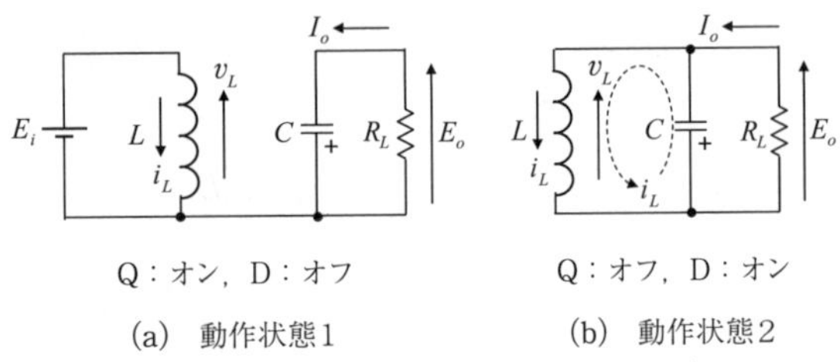

Q：オン，D：オフ　　　Q：オフ，D：オン

(a) 動作状態1　　　(b) 動作状態2

図 12.39 昇降圧形コンバータの各動作状態における等価回路

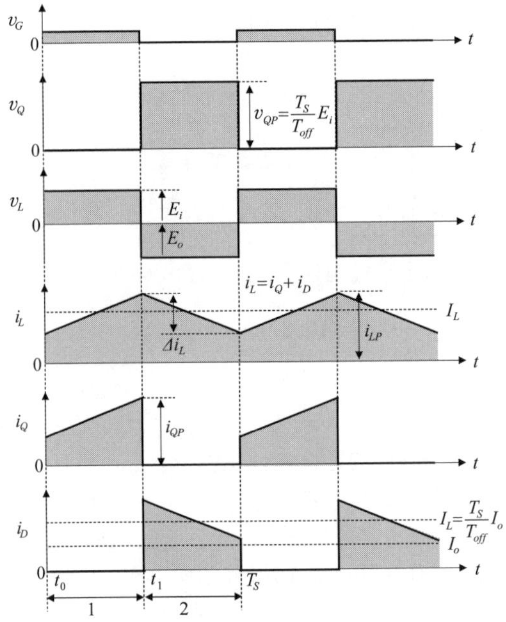

v_G：スイッチ(MOS FET)のゲート電圧，v_Q：スイッチの電圧，v_{QP}：スイッチのピーク電圧，v_D：ダイオード両端電圧，v_L：図12.39の向きのコイル両端電圧，i_L：コイル電流，I_L：コイルの平均電流，Δi_L：コイル電流の交流分，i_Q：スイッチの電流，i_{QP}：スイッチのピーク電流($=i_{LP}$)，i_D：ダイオード電流，E_i：入力電圧，E_o：出力電圧，I_o：出力電流(負荷電流)

図 12.40 昇降圧形コンバータの動作波形

昇降圧形コンバータも一定の周波数でMOS FET(Q)をスイッチさせ，時比率を変えることで出力電圧を制御する．ここで，出力電圧ほかについて求めてみよう．時刻t_0でスイッチQがオンすると，コイルLに入力電圧E_iが加えられ，コイルが励磁される．コイルに流れる電流i_Lが時間に対して直線的に上昇し，コイルにエネルギーを蓄積する．その後，時刻t_1でゲート電圧v_GがなくなりQがオフすると，i_Lを流し続けるようにダイオードDがオンし，コイル電流i_Lは時間に対して直線的に下降し，先の動作でコイルに蓄えられたエネルギーをコンデンサCに放出する．このとき，コイルに発生する負電圧が出力電圧E_oとして取り出され

る（図 12.40 の動作波形を参照）．スイッチ Q がオンしている期間に増加したコイルのエネルギーと，オフ期間に放出されるエネルギーは等しく，次式が成り立つ．

$$E_i I_L T_{on} = -E_o I_L T_{off} \qquad (12.58)$$

これより，出力電圧は以下のようになる．

$$E_o = -\frac{T_{on}}{T_{off}} E_i = -\frac{D}{D'} \cdot E_i \qquad (12.59)$$

実際の回路にはオン期間の抵抗 r_1 とオフ期間の抵抗 r_2 が存在する．これを考慮すると出力電圧は以下のようになる．まず，次式が成り立つ．

$$(E_i - I_L r_1) T_{on} = -v_L I_L T_{off} = (-E_o + I_L r_2) I_L T_{off} \qquad (12.60)$$

ここで，$I_L T_{off} = I_o T_S$ より $I_L = \frac{T_S}{T_{off}} I_o$ が得られ，これを式 (12.60) に代入し E_o を求める．

$$E_o = -\left\{ \frac{T_{on}}{T_{off}} E_i - \frac{I_L (T_{on} r_1 + T_{off} r_2)}{T_{off}} \right\} = -\left\{ \frac{T_{on}}{T_{off}} E_i - \frac{T_S}{T_{off}} I_0 \left(\frac{T_{on}}{T_{off}} r_1 + r_2 \right) \right\}$$

$$= -\left\{ \frac{DE_i}{D'} - \frac{I_0}{D'} \left(\frac{D}{D'} r_1 + r_2 \right) \right\} \qquad (12.61)$$

式 (12.61) から出力インピーダンス Z_o を求めることができる．

$$Z_o = -\frac{\partial |E_o|}{\partial I_o} = \frac{T_S}{T_{off}} \left(r_1 \frac{T_{on}}{T_{off}} + r_2 \right) = \frac{1}{D'} \left(\frac{D}{D'} r_1 + r_2 \right) = \frac{1}{D'^2} (D r_1 + D' r_2)$$

$$= \frac{r}{D'^2} \qquad (12.62)$$

また，Z_o を用いて出力電圧を求めると，以下のようになる．

$$E_o = -\left(\frac{DE_i}{D'} - I_o Z_o \right) = -\frac{DE_i}{D'} \cdot \frac{1}{1 + Z_o / R_L} \qquad (12.63)$$

（4） チョッパ方式コンバータのまとめ

チョッパ方式コンバータの静特性と変動率をまとめて**表 12.7** に示す．変動率はスイッチングレギュレータとして負帰還をかけて動作させたときの動特性である．これ以外は DC-DC コンバータとしての静特性である．出力インピーダンス Z_o は，スイッチングレギュレータとして動作させたときは表 12.7 の値より小さくなる．

昇降圧比 G は昇圧形が最も大きく，時比率に対する変化幅は昇降圧形が最も広くなっている．また，出力インピーダンスは降圧形が最も低くなっている．スイッチに加わる電圧は昇圧形と昇降圧形で大きく，耐圧の高い MOS FET が必要になる．リプル電圧は差があるが，どのコンバータも容量 C を大きくすると小さくなる．変動率はシリーズレギュレータと異なり，出力電圧が低くなると大きくなる．

表12.7　チョッパ方式コンバータの静特性と変動率

	静特性				動特性
	昇降圧比 G $G=E_o/E_i$	Z_o	V_{QP}	リプル電圧 Δe_o	変動率 $\partial E_o/\partial E_i$
降圧形コンバータ	$D\cdot\frac{1}{1+Z_o/R_L}$	r	E_i	$\frac{D'T_S^2}{8LC}\left(1+\frac{r_2}{R_L}\right)E_0$	$\frac{D^2}{D+H_vE_o}$
昇圧形コンバータ	$\frac{1}{D'}\cdot\frac{1}{1+Z_o/R_L}$	$\frac{r}{D'^2}$	$\frac{E_i}{D'}$	$\frac{DT_S}{CR_L}E_o$	$\frac{1}{D'+H_vE_o}$
昇降圧形コンバータ	$-\frac{D}{D'}\cdot\frac{1}{1+Z_o/R_L}$	$\frac{r}{D'^2}$	$\frac{E_i}{D'}$	$\frac{DT_S}{CR_L}\lvert E_o\rvert$	$\frac{1}{DD'+H_v\lvert E_o\rvert}$

Z_o：出力インピーダンス，H_v：帰還率，V_{QP}：スイッチに加わる最大電圧，Δe_o：出力電圧に含まれるリプル電圧（Δe_o と変動率の求め方は参考文献 No. 25 を参照）

【例題 12.4】

降圧形，昇圧形，昇降圧形コンバータにおいて，時比率が $D=0.5$ のときの昇降圧比 G を求めよ．ただし，回路の抵抗は無視するものとする．

（解） ①降圧形　$G=D=0.5$

②昇圧形　$G=\frac{1}{D'}=\frac{1}{1-D}=\frac{1}{0.5}=2$

③昇降圧形　$G=-\frac{D}{D'}=-\frac{0.5}{0.5}=-1$

各コンバータの昇降圧比の絶対値$|G|$は，時比率に対して**図12.41**のように変化する．

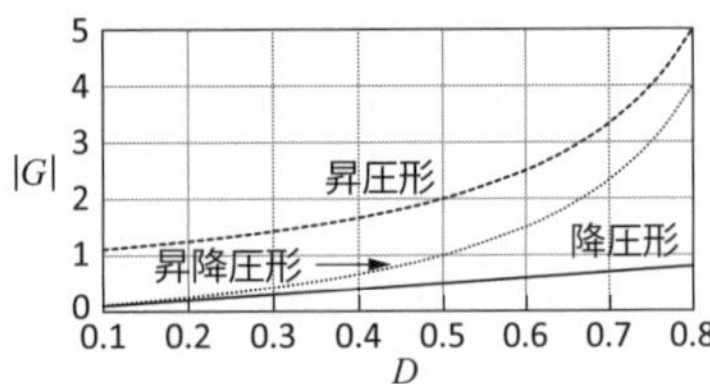

図12.41　各コンバータの出力特性

［3］ フライバック形コンバータ

フライバック形コンバータは，昇降圧形コンバータのコイルをトランスに変更し，トランスの二次側の極性を反転させて出力電圧を正電圧にしたものであり，基本的な動作は昇降圧形コンバータに同じになる（**図12.42**を参照）．絶縁形コンバータの代表的な回路である．スイッチがオンしている期間にトランスにエネル

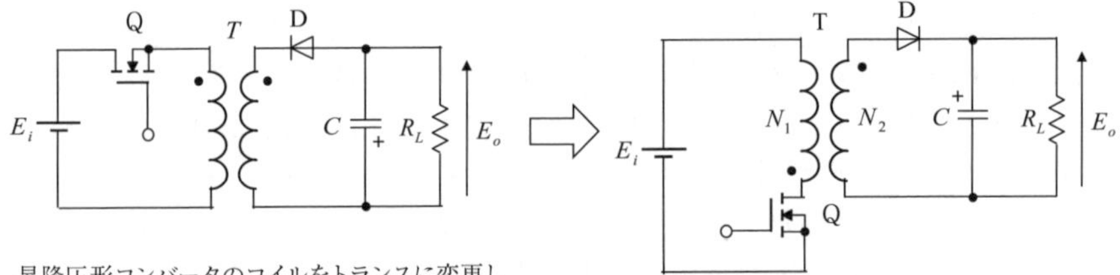

昇降圧形コンバータのコイルをトランスに変更し，
二次側の極性を反転させて出力電圧を正電圧すると，フライバック形コンバータになる．

図12.42　フライバック形コンバータ

ギーを蓄え，オフ期間（フライバック期間）にそれを放出することにより負荷に電力を供給する．このことより，この形名が付いている．

スイッチング周波数を一定にして，時比率を変え出力電圧を制御する．このときの出力電圧は

$$E_o=\frac{D}{D'}\cdot\frac{E_i}{n}\cdot\frac{1}{1+Z_o/R_L}\cong\frac{D}{D'}\cdot\frac{E_i}{n} \qquad (12.64)$$

ただし，n：巻線比　$n=N_1/N_2$

となり，昇降圧形コンバータの E_o（式 (12.63) の E_o）を正極性にして，トランスの巻線比 n を入れた式になる．また，昇降圧比 G は抵抗 r_1 と r_2 を無視すると

$$G=\frac{\text{一次換算出力電圧}}{\text{入力電圧}}=\frac{E'_o}{E_i}=\frac{D}{D'}\cdot\frac{1}{1+Z_o/R_L}\cong\frac{D}{D'} \qquad (12.65)$$

となり，昇降圧形コンバータの G を正極性にした値になる．出力インピーダンスとリプル電圧は，昇降圧形コンバータに同じになる．

$$\left.Z_o=\frac{r}{D'^2},\quad \Delta e_o=\frac{DT_S}{CR_L}E_o\right] \qquad (12.66)$$

なお，出力インピーダンスは，静特性としての出力インピーダンスであり，スイッチングレギュレータとして負帰還をかけ動作させたときはこの値より小さくなる．

また，変動率はトランスの巻線比 $n(n=N_1/N_2)$ を考慮すると

$$\frac{\partial E_o}{\partial E_i}=\frac{1}{n}\cdot\frac{1}{DD'+H_vE_o} \qquad (12.67)$$

となり，昇降圧形コンバータの式（表 12.7 の変動率）に巻線比 n を入れた等式になる．

【例題 12.5】

フライバック形コンバータにおいて，トランスの巻線比 $n=1$，入力電圧 $E_i=130$ V，$E_o=125$ V における時比率と出力電圧の変動率を求めよ．ただし，帰還率を $H_v=0.1$ とする．

（解） $E_o\cong\frac{D}{1-D}\cdot\frac{E_i}{n}=\frac{D}{1-D}\cdot E_i \quad\Rightarrow\quad D=\frac{E_o}{E_i+E_o}=\frac{125}{255}=0.49$

$$\frac{\partial E_o}{\partial E_i}=\frac{1}{n}\cdot\frac{1}{DD'+HE_o}=\frac{1}{0.49\times0.51+0.1\times125}=\frac{1}{0.2499+12.5}=0.078$$

［4］　電流共振形コンバータ

電流共振形コンバータの構成を**図 12.43** に示す．一次回路はハーフブリッジ構成になっており，二つのスイッチ Q_1 と Q_2 の接続点と基準電位（アース）間に，トランスの一次巻線と電流共振コンデンサ C_i が直列に接続されている．また，電圧共

振コンデンサ C_v が，トランスの一次巻線と電流共振コンデンサ C_i の直列回路に並列に配置されている．二次回路は全波整流回路になっている．スイッチ Q_1 と Q_2 を交互に 0.5 の時比率でオン・オフさせて，二次側に電力を供給する．その際，コンデンサ C_v を使い電圧共振を利用して，スイッチ Q_1 と Q_2 を **ZVS**(zero voltage switching：ドレイン-ソース間電圧 v_{DS} が 0 となる時刻でオン・オフさせる動作(**図 12.44** 参照) をさせている．この動作により，Q_1 と Q_2 のスイッチング損失を矩形波コンバータに比べて大幅に減少させることができる．スイッチがオンしている期間は，トランスの自己インダクタンス L_1 と電流共振コンデンサ C_i が直列共振し，励磁電流が正弦波になる．出力電圧は，スイッチ Q_1 と Q_2 の時比率を一定にしたままスイッチング周波数を変えることにより，一定に制御される (FM 制御)．

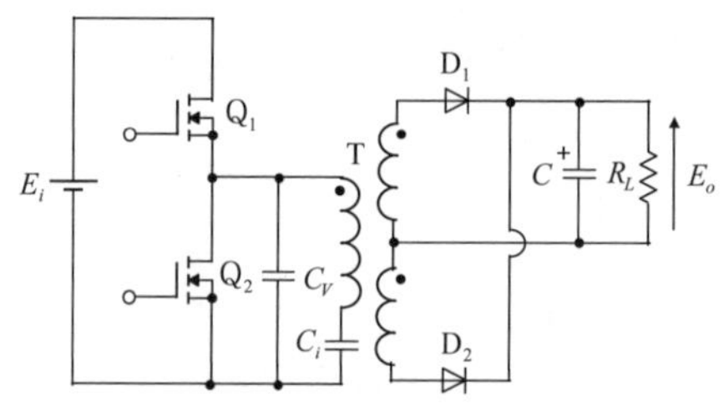

C_i：電流共振コンデンサ，C_V：電圧共振コンデンサ

図 12.43　電流共振形コンバータ

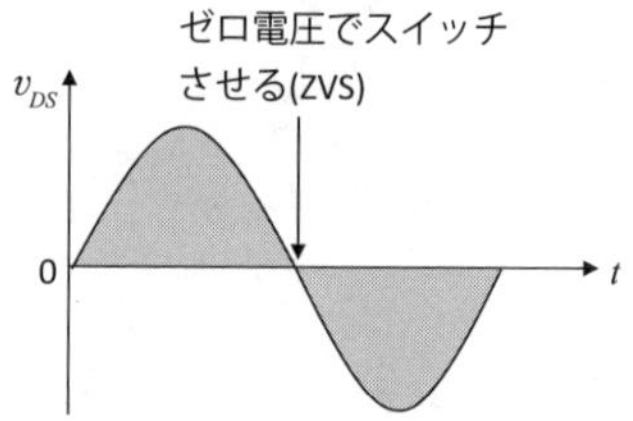

ゼロ電圧でスイッチさせる(ZVS)

v_{DS}：ドレイン-ソース間電圧

図 12.44　ZVS 動作

図 12.43 において，電流共振コンデンサ C_i の容量がスイッチング周波数に対して十分に大きく交流に対して短絡状態にあるとすると，スイッチ Q_1 と Q_2 の時比率が 0.5 で等しいために，ここには入力電圧の 1/2 の直流電圧 $E_i/2$ が生じる．電流共振コンデンサ C_i の容量をある程度小さくすると，トランスの自己インダクタンス L_1 と電流共振コンデンサ C_i が共振し，共振電圧 $\varDelta v_{ci}$ が C_i に発生する．したがって，このときの C_i の両端電圧 v_{ci} は

$$V_{Ci}=\frac{E_i}{2}+\varDelta v_{Ci} \qquad (12.68)$$

となる．また，**図 12.45** は一次換算の等価回路を示したものである．自己インダクタンスL_1は励磁インダクタンスL_PとリーケージインダクタンスL_{S1}の和($L_1=L_P+L_{S1}$)であり，励磁インダクタンス L_P には，電圧 ($E_i/2+\varDelta v_{ci}\varepsilon^{j\pi}$) を励磁インダクタンス L_P と一次リーケージインダクタンス L_{S1} とでインピーダンス分割した電圧 v_{LP} が発生する．このときの励磁インダクタンスに発生する電圧を式 (12.69) に示す．

$$v_{LP}=\frac{L_P}{L_P+L_{S1}}(E_i-v_{Ci})=\frac{L_P}{L_P+L_{S1}}\left\{E_i-\left(\frac{E_i}{2}+\varDelta v_{Ci}\right)\right\}$$

$$=\frac{L_P}{L_P+L_{S1}}\left(\frac{E_i}{2}+\varDelta v_{Ci}\varepsilon^{j\pi}\right) \qquad (12.69)$$

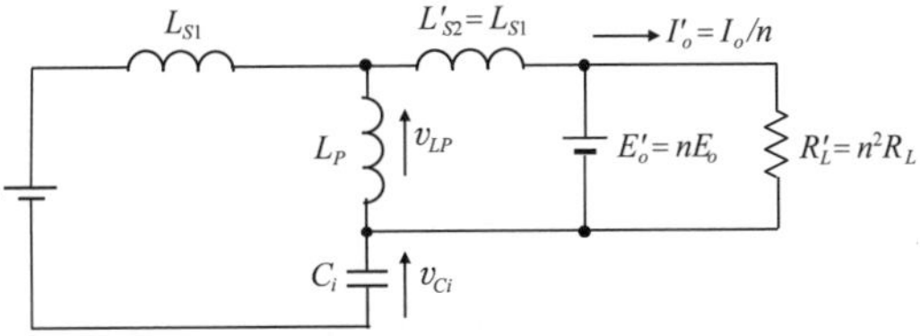

L_{S1}：一次リーケージインダクタンス，$L_{S2}{}'$：一次換算の二次リーケージインダクタンス，L_P：励磁インダクタンス，C_i：電流共振コンデンサ，$R_L{}'$：一次換算の出力抵抗（負荷抵抗），$I_o{}'$：一次換算の出力電流（負荷電流），E_i：入力電圧，$E_o{}'$：一次換算の出力電圧，n：巻線比，$n=N_1/N_2$

図 12.45　電流共振形コンバータの一次換算等価回路

式 (12.69) において，スイッチング周波数が自己インダクタンス L_1 と電流共振コンデンサ C_i の共振周波数 f_1 付近になると，共振電圧 $\varDelta v_{ci}\varepsilon^{j\pi}$ が最大になるために v_{LP} も最大にななる．また，スイッチング周波数 f_S が非常に高くなると，電流共振コンデンサ C_i が短絡状態になるため，式 (12.69) の共振電圧 $\varDelta v_{ci}\varepsilon^{j\pi}$ が 0 になり，v_{LP} は最低値になる．このときの昇降圧比 G（$G=E_o'/E_i$，E_o': 一次換算の出力電圧）は，v_{LP} に比例して変化するため，スイッチング周波数 f_S に対して**図 12.46** のように変化する．電流共振形コンバータは，この特性を利用して出力電圧を周波数制御する．

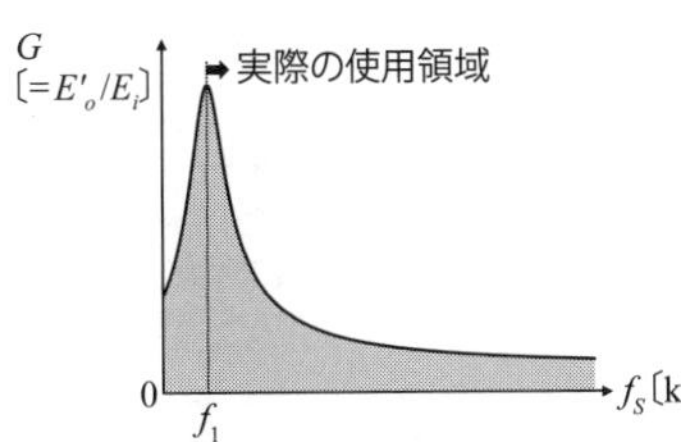

f_S：スイッチング周波数，f_1：自己インダクタンス，$L_1(L_1=L_P=L_{S1})$ と電流共振コンデンサ C_i の共振周波数．出力電流（負荷電流）がないときはスイッチング周波数が f_1 のときに G が最大になる．

図 12.46　電流共振形コンバータの出力特性（無負荷のとき）

出力電流 (負荷電流) があるときの出力電圧 E_o と昇降圧比 G は，出力電流がないときよりも低下する．それらは以下の式で与えられる (詳細については参考文献 No. 33 を参照).

$$E_o=\frac{E_i}{n}\cdot\frac{L_P}{L_P+L_{S1}}\cdot\frac{1}{\sqrt{1+\dfrac{f_S{}^2}{f_1{}^2}\left(\dfrac{1}{Q}\right)^2\left(\dfrac{f_S{}^2/f_0{}^2-1}{f_S{}^2/f_1{}^2-1}\right)^2}}\left|\frac{\cos\left(\dfrac{f_1}{f_S}\cdot\dfrac{\pi}{2}\right)}{1+\cos\left(\dfrac{f_1}{f_S}\cdot\pi\right)}\right|$$

$$=\frac{E_i}{n}\cdot\frac{L_P}{L_P+L_{S1}}F \qquad (12.70)$$

$$G=\frac{\text{一次換算出力電圧}}{\text{入力電圧}}=\frac{nE_o}{E_i}=\frac{L_P}{L_P+L_{S1}}F \qquad (12.71)$$

式(12.71)で与えられる昇降圧比 G を**図12.47**に示す．なお，式(12.70)と式(12.71)式の中の Q，f_0，f_1，F は式(12.72)で与えられる．

$$\left.\begin{aligned}
&Q=R_{LAC}\sqrt{\frac{C_i}{L_P+L_{S1}}},\ R_{LAC}=0.81n^2R_L\\
&\text{巻線比 } n=N_1/N_2,\ f_1=\frac{1}{2\pi\sqrt{(L_P+L_{S1})C_i}}\\
&f_0=\frac{1}{2\pi\sqrt{\left(L_{S1}+\frac{L_PL_{S1}}{L_P+L_{S1}}\right)C_i}}\\
&F=\frac{1}{\sqrt{1+\frac{f_S^2}{f_1^2}\left(\frac{1}{Q}\right)^2\left(\frac{f_S^2/f_0^2-1}{f_S^2/f_1^2-1}\right)^2}}\left|\frac{\cos\left(\frac{f_1}{f_S}\cdot\frac{\pi}{2}\right)}{1+\cos\left(\frac{f_1}{f_S}\cdot\pi\right)}\right|
\end{aligned}\right\} \qquad (12.72)$$

出力インピーダンス Z_o は

$$Z_o=\frac{f_S^2}{f_1^2}\left(\frac{1}{Q}\right)^2\left(\frac{f_S^2/f_0^2-1}{f_S^2/f_1^2-1}\right)R_L \qquad (12.73)$$

となり，スイッチング周波数 f_s によって出力インピーダンスの値が変化する．な

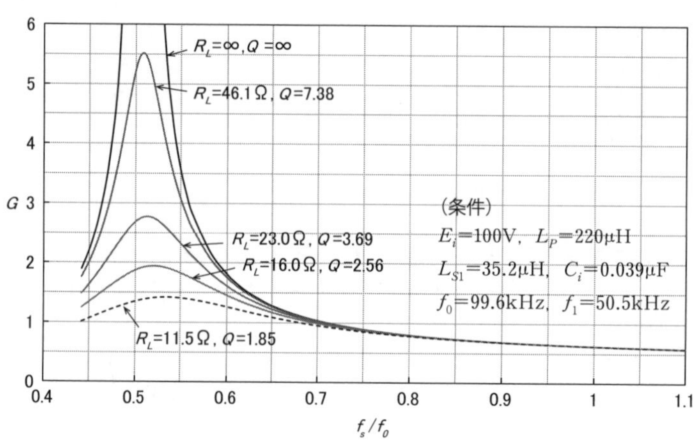

図12.47　電流共振コンバータの出力特性

お，式 (12.73) の出力インピーダンスは，静特性としての出力インピーダンスであり，スイッチングレギュレータとして負帰還をかけ動作させたときはこの値より小さくなる．また，変動率は複雑な式になるので，省略する．

スイッチングレギュレータは，シリーズレギュレータと比較すると，損失が少なく効率が非常に高い (85〜97% 程度) という特徴がある．入力電圧以上の出力電圧を出すのも可能で，絶縁することも容易にできる．部品点数はシリーズレギュレータより多くなるが，小型・軽量で効率が高いためにいろいろな電気および電子機器に広範囲に使われている．しかし，スイッチング動作のために輻射ノイズ，伝導ノイズともに大きく，抑制するための対策が必要になる．

演 習 問 題

1. コンデンサ入力形全波波整流回路において，AC100 V，f=50 Hz(T=20 ms)，C=1000 μF，R_L=150 Ω，r =1 Ω のときの出力電圧 V_o を求めよ．
2. コンデンサ入力形全波整流回路において，抵抗 r が大きくなると，ダイオードがオフする時刻 t_2 が図 12.8 のように遅れる．この理由について簡単に説明せよ．
3. 昇降圧形コンバータにおいて，D=0.5 および D=0.2 のときの昇降圧比 G を求めよ．ただし，入力電圧，損失抵抗，負荷抵抗をそれぞれ，E_i=20 V，r_1=0.08 Ω，r_2=0.05 Ω，R_L=2.5 Ω とする．
4. 降圧形コンバータをスイッチングレギュレータとして動作させたときの出力インピーダンス Z_o' は，静特性としての出力インピーダンス Z_o とすると式 (12.74) で与えられる．帰還率 H_v=0.1，E_o=12 V，D=0.5，r_2=0.2 Ω，R_L=12 Ω とすると，負帰還をかける前の出力スンピーダンス Z_o の何倍に低下するか求めよ．

$$Z'_o=Z_o\bigg/\left\{1+\frac{H_vE_o}{D}\left(1+\frac{r_2}{R_L}\right)\right\} \qquad (12.74)$$

5. シリーズレギュレータとスイッチングレギュレータの得失について説明せよ．
6. 電流共振形コンバータがフライバックコンバータに対して優れている点は何か説明せよ．

発振回路

外部からの信号がない状態で交流信号（電気的な振動）を発生するのが**発振回路**である．発振回路はトランジスタや抵抗 R，コイル L，コンデンサ C などの受動素子で構成され，正弦波状の信号を発生する回路とパルス状の信号を発生する回路がある．

第 13 章では，このうちの正弦波発振回路について説明する．

13.1　発振回路の原理

図 13.1 は帰還回路である．この回路の増幅度 A_{vf} は

$$A_{vf}=\frac{v_o}{v_i}=\frac{A_v}{1-A_vH_v} \qquad (13.1)$$

になる．ここで

$$A_vH_v=1 \qquad (13.2)$$

であれば，帰還回路の増幅度 A_{vf} は無限大になり，入力電圧 v_i を加えたあとに除去しても出力電圧は 0 にならない．つまり，これが発振する条件になる（**図 13.2** を参照）．

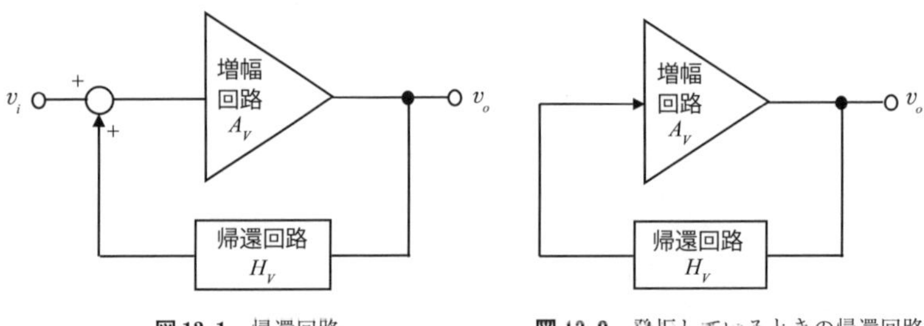

図 13.1　帰還回路　　**図 13.2**　発振しているときの帰還回路

ループ利得が $A_vH_v>1$ のときは，出力電圧 v_o はしだいに大きくなるが，実際の回路では動作する電圧（振幅）が限定されるために，信号が限度値まで大きくなる

と飽和し，それ以上は大きくならない．等価的に $A_vH_v=1$ の状態になり発振が持続される．このことより発振する条件は

$$A_vH_v \geqq 1 \qquad (13.3)$$

になる．

式 (13.1)～式 (13.3) の A_v と H_v は複素数である．A_v と H_v に位相差があると仮定し，その位相差を θ とすると，式 (13.2) を満足するためには

$$A_vH_ve^{j\theta}=A_vH_v(\cos\theta+j\sin\theta)=1 \qquad (13.4)$$

より，$\theta=0$ でなければならない．$\theta=0$ のときは，虚部が 0 で実部が $A_vH_v=1$ になる．実際には

$$A_vH_ve^{j\theta}=A_vH_v(\cos\theta+j\sin\theta) \geqq 1 \qquad (13.5)$$

が発振の条件になるので，これより式 (13.6) と式 (13.7) が導かれる．

$$R_e(A_vH_v) \geqq 1 \qquad (13.6),\ I_m(A_vH_v)=0 \qquad (13.7)$$

式 (13.6) を**振幅条件**という．また，式 (13.7) は後述するように周波数を決定するので**周波数条件**という．

なお，以上の条件が満足されるとき，**図 13.3** における帰還された電圧 v_o' と出力電圧 v_o は，$v_o'/v_o=A_vH_v$ であり同相になる．

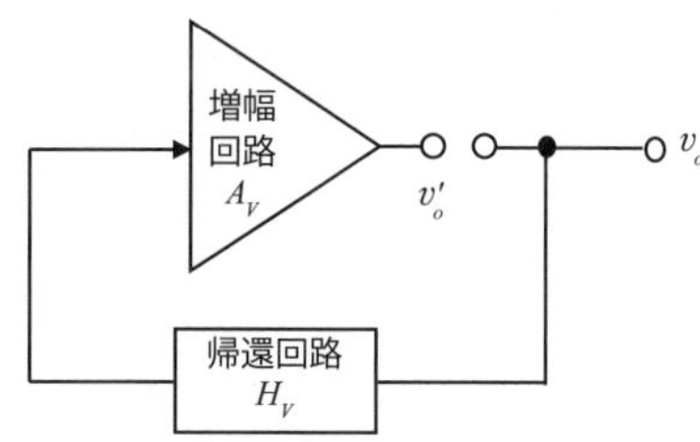

図 13.3 出力電圧 v_o と帰還された電圧 v_o'

【例題 13.1】

図 13.1 において，増幅器の増幅度 A_v が 40 dB で発振するためには帰還回路の電圧帰還率 H_v の値はいくつ以上必要か求めよ．ただし，ループ利得 A_vH_v の位相角を 0 とする．

（解） 増幅度 40 dB は 100 倍になる．式 (13.3) より H_v は次のようになる．

$$100\,H_v \geqq 1 \quad \Rightarrow \quad H_v \geqq 0.01$$

13.2 LC 発 振 回 路

帰還回路がコイル L とコンデンサ C で構成されている発振回路を **LC 発振回路**という．構成を**図 13.4** に示す．負荷および帰還回路がリアクタンス X で構成されている．

交流小信号に対する等価回路は**図 13.5** のようになる．帰還率 H_i はコレクタ電流 i_c がベース端子に戻る割合であり，**図 13.6** のように表すことができる．したがって，等価回路をさらにわかりやすくすると**図 13.7** のようになる．

図 13.6 および図 13.7 において，電流増幅度 A_i は

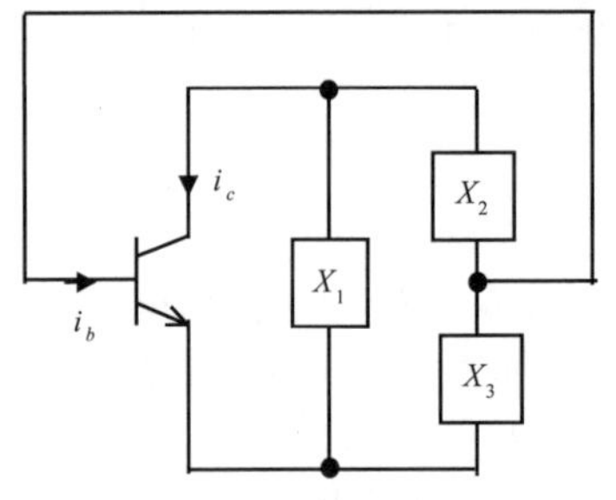

図 13.4　LC 発振回路

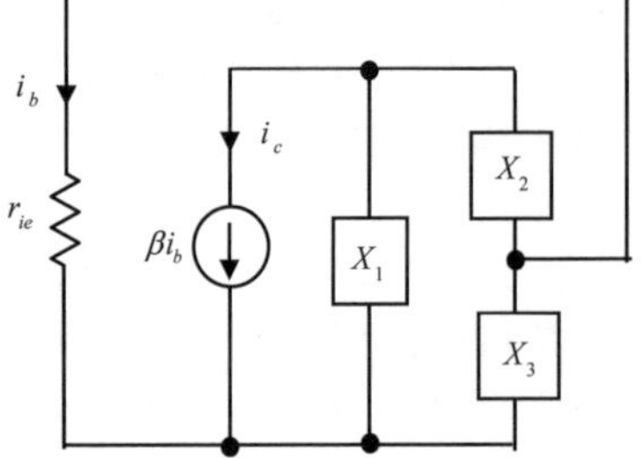

図 13.5　交流小信号に対する等価回路(1)

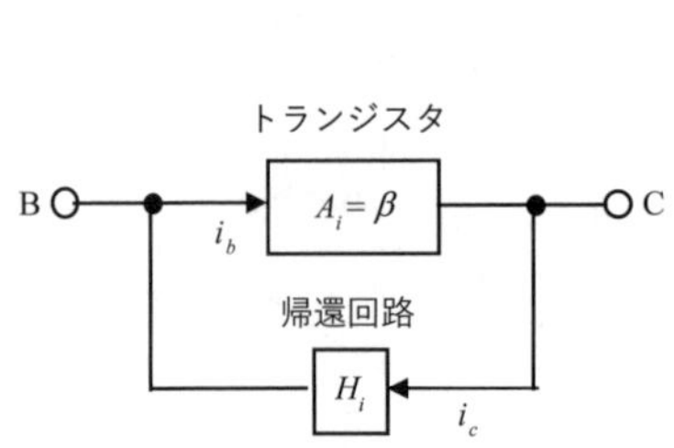

図 13.6　LC 発振回路のブロック図

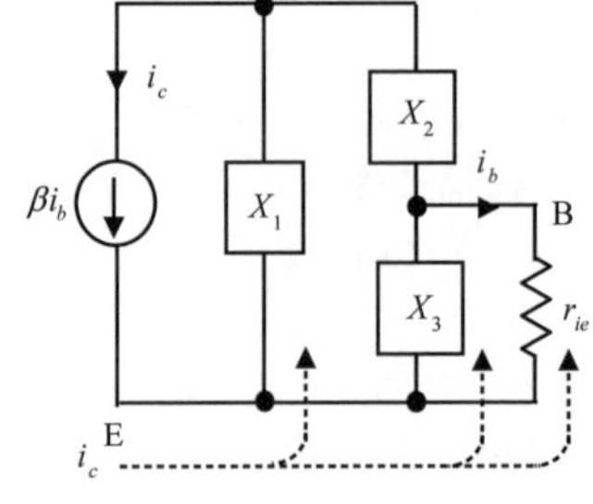

図 13.7　交流小信号に対する等価回路(2)

$$A_i=\beta \qquad (13.8)$$

であり，また，帰還率 H_i は次のように求めることができる．

$$i_b=-\frac{jX_1}{jX_1+jX_2+\dfrac{jr_{ie}X_3}{r_{ie}+jX_3}}\cdot\frac{jX_3}{r_{ie}+jX_3}i_c \qquad (13.9)$$

$$H_i=\frac{i_b}{i_c}=-\frac{jX_1}{jX_1+jX_2+\dfrac{jr_{ie}X_3}{r_{ie}+jX_3}}\cdot\frac{jX_3}{r_{ie}+jX_3} \qquad (13.10)$$

式 (13.8) と式 (13.10) を式 (13.3) に代入すると

$$A_iH_i=\beta\frac{i_b}{i_c}=\frac{\beta X_1X_3}{-X_3(X_1+X_2)+jr_{ie}(X_1+X_2+X_3)}\geqq 1 \qquad (13.11)$$

が得られる．ここに，式 (13.6) と式 (13.7) を適用すると

$$-\frac{\beta X_1}{X_1+X_2}\geqq 1 \qquad (13.12)$$

$$X_1+X_2+X_3=0 \qquad (13.13)\quad (\text{周波数条件})$$

になる．式 (13.13) は先に説明した周波数条件を表している．ここで，式 (13.13)

を式(13.12)に代入すると

$$\beta \geqq \frac{X_3}{X_1} \qquad (13.14) \quad (\text{振幅条件})$$

となる．式(13.14)は先に説明した振幅条件を表している．$A_iH_i=1$ のときは

$$-\frac{\beta X_1}{X_1+X_2}=1 \qquad (13.15)$$

と式(13.13)が成り立つ．式(13.15)より

$$X_1=-\frac{X_2}{\beta+1} \qquad (13.16)$$

が，また，式(13.13)と式(13.16)より

$$X_3=\beta X_1=-\frac{\beta X_2}{\beta+1} \qquad (13.17)$$

が得られる．式(13.16)と式(13.17)は，X_2 が X_1 および X_3 と異符号であることを意味している．つまり

・X_1 と X_3 が容量性のリアクタンス X_C なら，X_2 は誘導性のリアクタンス X_L

・X_1 と X_3 が誘導性のリアクタンスなら X_L，X_2 は容量性のリアクタンス X_C

ということになる．

［1］ コルピッツ発振回路

LC 発振回路において，X_1 と X_3 をコンデンサ(容量性リアクタンス)に，X_2 をコイル(誘導性リアクタンス)にした**図 13.8** の回路を**コルピッツ** (Colpitts) **発振回路**という．

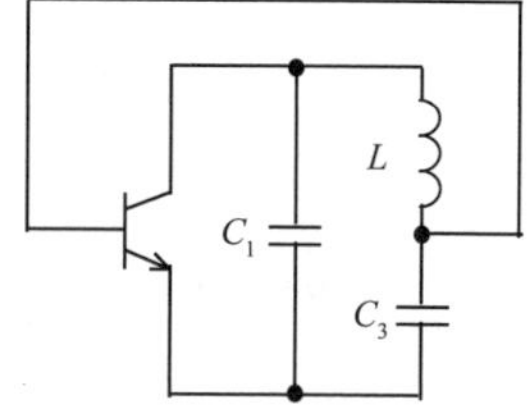

図 13.8 コルピッツ発振回路

図 13.8 に示すコンデンサとコイルのそれぞれのリアクタンスは

$$X_1=-\frac{1}{\omega C_1},\ X_2=\omega L,\ X_3=-\frac{1}{\omega C_3} \qquad (13.18)$$

になる．これを周波数条件である式(13.13)に代入すると，発振周波数を求めることができる．

$$\omega L-\left(\frac{1}{\omega C_1}+\frac{1}{\omega C_3}\right)=0$$

$$\omega=\frac{1}{\sqrt{L\left(\dfrac{C_1C_3}{C_1+C_3}\right)}},\ f=\frac{1}{2\pi\sqrt{L\left(\dfrac{C_1C_3}{C_1+C_3}\right)}} \qquad (13.19)$$

また，振幅条件は式(13.14)と式(13.18)とから次式のようになる．

$$\beta \geqq \frac{C_1}{C_3} \qquad (13.20)$$

【例題 13.2】

コルピッツ発振回路において，$C_1=560$ pF，$C_3=20$ pF，$L=100$ μH のときの発振周波数と振幅条件（トランジスタの電流増幅率 β）を求めよ．

（解） $C=\dfrac{560\times 20}{560+20}=19.31$ pF，$f=\dfrac{1}{2\pi\sqrt{LC}}=\dfrac{1}{2\pi\sqrt{100\times 19.31\times 10^{-18}}}=3.62$ MHz

$$\beta \geqq \frac{C_1}{C_3}=\frac{560}{20}=28$$

---

［2］ ハートレー発振回路

LC 発振回路において，X_1 と X_3 をコイル（誘導性リアクタンス）に，X_2 をコンデンサ（容量性リアクタンス）にした**図 13.9** の回路を**ハートレー**（Hartley）**発振回路**という．

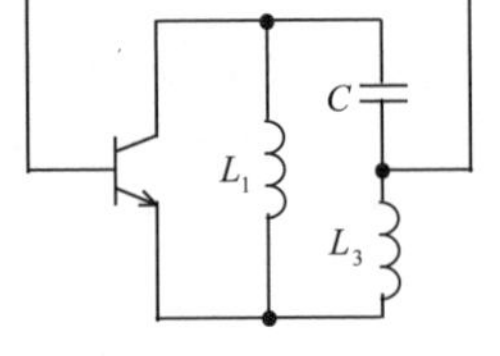

図 13.9 ハートレー発振回路

図 13.9 に示すコンデンサとコイルのそれぞれのリアクタンスは

$$X_1=\omega L_1,\ X_2=-\frac{1}{\omega C},\ X_3=\omega L_3 \qquad (13.21)$$

になる．これを周波数条件である式(13.13)に代入すると，発振周波数を求めることができる．

$$\omega(L_1+L_3)-\frac{1}{\omega C}=0$$

$$\omega=\frac{1}{\sqrt{(L_1+L_3)C}},\ f=\frac{1}{2\pi\sqrt{(L_1+L_3)C}} \qquad (13.22)$$

また，振幅条件は式(13.14)と式(13.21)とから次式のようになる．

$$\beta \geqq \frac{L_3}{L_1} \qquad (13.23)$$

13.3 RC 発 振 回 路

低周波の出力電圧を得ようとすると，LC 発振回路ではコンデンサの容量とコイルのインダクタンスを大きくしなければならなくなり，実用には向かない．そこで，主に低周波発振器として用いられてるのが **RC 発振回路**になる．帰還回路が

抵抗 R とコンデンサ C で構成されている．

［1］ ウィーンブリッジ発振回路

図 13.10 はウィーンブリッジ (Wien bride) 回路である．c–d 間の電位差が 0 となるように抵抗 R_3 と R_4 を調整すると，未知のコンデンサの容量 C_1 と抵抗 R_1 の値を求めることができる．このブリッジ回路を利用して発振回路を形成したのが**図 13.11** に示す**ウィーンブリッジ発振回路**である．c–d 間に生じるわずかな電位差をオペアンプで増幅し，入力側に帰還している．

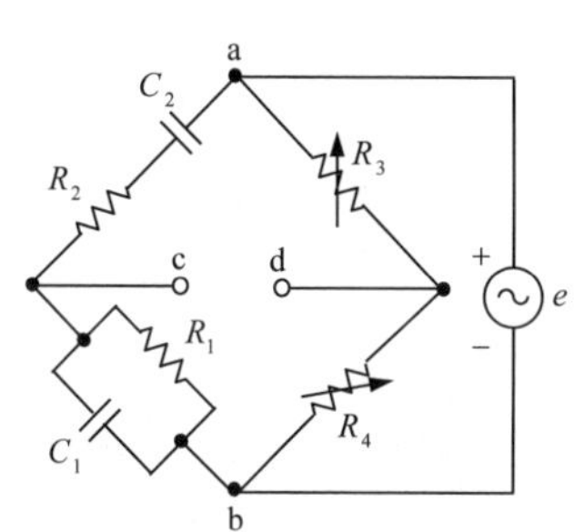

図 13.10　ウィーンブリッジ回路

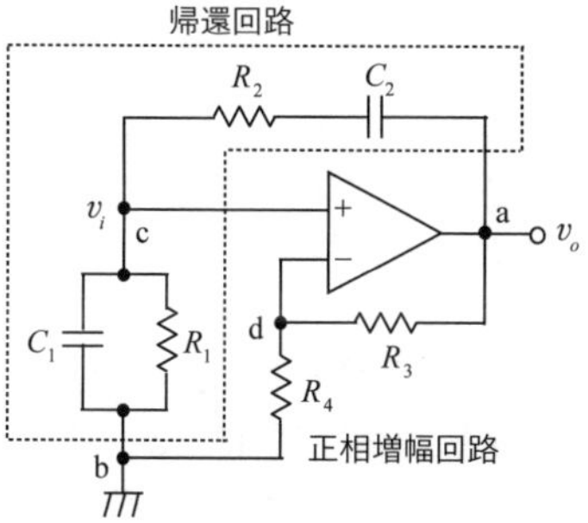

帰還回路

正相増幅回路

図 13.11　ウィーンブリッジ発振回路

図 13.11 において，オペアンプと抵抗 R_3 と R_4 は正相増幅回路 (非反転増幅回路) を形成している．したがって，10.4 節［2］から出力電圧 v_o と増幅度 A_v は

$$v_o = \left(1+\frac{R_3}{R_4}\right)v_i,\quad A_v = \left(1+\frac{R_3}{R_4}\right)\Bigg] \qquad (13.24)$$

となる．また，抵抗 R_1，R_2 およびコンデンサ C_1，C_2 で帰還回路が形成されており，このときの帰還率 H_v は

$$Z_1 = \frac{R_1}{1+j\omega C_1 R_1},\quad Z_2 = R_2 + \frac{1}{j\omega C_2} \text{とすると}$$

$$H_v = \frac{Z_1}{Z_1+Z_2} = \frac{1}{\left(1+\dfrac{R_2}{R_1}+\dfrac{C_1}{C_2}\right)+j\left(\omega C_1 R_2 - \dfrac{1}{\omega C_2 R_1}\right)} \qquad (13.25)$$

となる．これらより，ループ利得 $A_v H_v$ は

$$A_v H_v = \frac{1+R_3/R_4}{\left(1+\dfrac{R_2}{R_1}+\dfrac{C_1}{C_2}\right)+j\left(\omega C_1 R_2 - \dfrac{1}{\omega C_2 R_1}\right)} \qquad (13.26)$$

になる．周波数条件である $\mathrm{Im}(A_v H_v)=0$ より発振周波数を求めることができる．

$$\omega C_1 R_2 - \frac{1}{\omega C_2 R_1} = 0$$

$$\omega^2 = \frac{1}{C_1 C_2 R_1 R_2},\quad f = \frac{1}{2\pi\sqrt{C_1 C_2 R_1 R_2}} \qquad (13.27)$$

また，振幅条件 $\mathrm{Re}(AvHv) \geqq 1$ より

$$\frac{1 + R_3/R_4}{\left(1 + \dfrac{R_2}{R_1} + \dfrac{C_1}{C_2}\right)} \geqq 1 \qquad (13.28)$$

が導かれる．ここで，$R_1 = R_2 = R$，$C_1 = C_2 = C$ とすると，発振周波数と抵抗 R_3 と R_4 の比は

$$\left.f = \frac{1}{2\pi CR},\quad \frac{R_3}{R_4} \geqq 2\right] \qquad (13.29)$$

となる．抵抗 R_3 と R_4 の比が式 (13.29) を満足するときに発振が持続される．

［2］ RC 移相形発振回路

RC 移相形発振回路を**図 13.12** に示す．逆相増幅回路（反転増幅回路）と RC 移相器で構成されており，RC 移相器が帰還回路になっている．逆相増幅回路の出力電圧 v_o は式 (13.30) に示すように入力電圧 v_i に対して位相が π ずれるので，RC 移相器でさらに π だけ移相をずらした電圧を入力側に帰還すると，v_o と v_i が同相になり発振する．

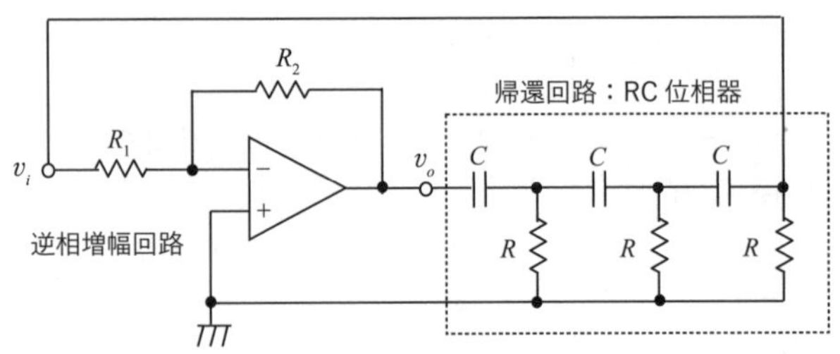

図 13.12　RC 移相形発振回路

逆相増幅回路の出力電圧 v_o と増幅度 A_v は，式 (10.29) と式 (10.30) から

$$\left.v_o = -\frac{R_2}{R_1} v_i = \frac{R_2}{R_1} v_i e^{-j\pi},\quad A_v = -\frac{R_2}{R_1}\right] \qquad (13.30)$$

となる．一方，帰還率 H_v は次のように求めることができる．帰還回路であるRC移相器を取り出すと**図 13.13** のようになる．これより，鳳・テブナンの定理を使って求める．まず，図 13.13 におけるインピーダンスを求めると式 (13.31)，式 (13.32) になる．

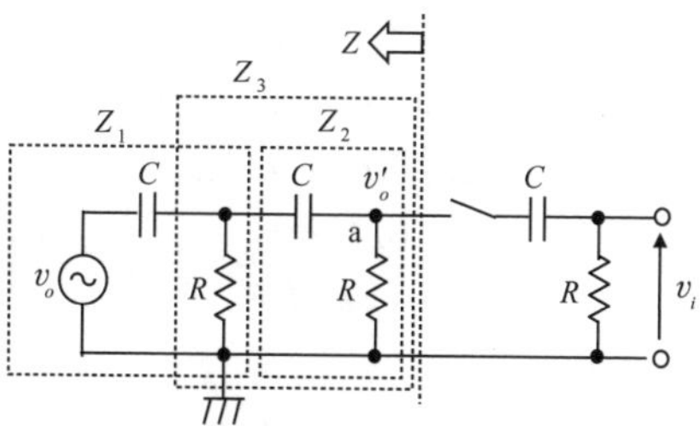

図 13.13　RC 移相器の等価回路

$$\left.\begin{aligned} Z_1&=\frac{R/j\omega C}{R+1/j\omega C}=\frac{R}{1+j\omega CR},\quad Z_2=R+\frac{1}{j\omega C}=\frac{1+j\omega CR}{j\omega C}\\ Z_3&=\frac{RZ_2}{R+Z_2}=\frac{R(1+j\omega CR)/j\omega C}{R+(1+j\omega CR)/j\omega C}=\frac{R(1+j\omega CR)}{1+j2\omega CR}\end{aligned}\right] \tag{13.31}$$

$$Z=\frac{\left(Z_1+\dfrac{1}{j\omega C}\right)R}{Z_1+\dfrac{1}{j\omega C}+R}=\frac{R(1+2j\omega CR)}{1-(\omega CR)^2+j3\omega CR} \tag{13.32}$$

これより，入力電圧を求めると

$$v_o'=\frac{Z_3}{\dfrac{1}{j\omega C}+Z_3}\cdot\frac{R}{R+\dfrac{1}{j\omega C}}v_o=\frac{-(\omega CR)^2}{1-(\omega CR)^2+j3\omega CR}\cdot v_o \tag{13.33}$$

$$\begin{aligned} v_i&=\frac{R}{Z+\dfrac{1}{j\omega C}+R}v_o'\\ &=\frac{R}{\dfrac{R(1+2j\omega CR)}{1-(\omega CR)^2+j3\omega CR}+\dfrac{1}{j\omega C}+R}\cdot\frac{-(\omega CR)^2}{1-(\omega CR)^2+j3\omega CR}\cdot v_o\\ &=\frac{-(\omega CR)^2}{5-(\omega CR)^2+j(6\omega CR-1/\omega CR)}\cdot v_o \end{aligned} \tag{13.34}$$

となり，式 (13.34) から帰還率 H_v が得られる．このときのループ利得は

$$A_vH_v=A_v\frac{v_i}{v_o}=\frac{R_2}{R_1}\cdot\frac{(\omega CR)^2}{5-(\omega CR)^2+j\left(6\omega CR-\dfrac{1}{\omega CR}\right)} \tag{13.35}$$

となる．周波数条件である $\mathrm{Im}(A_vH_v)=0$ より発振周波数を求めることができる．

$$6\omega CR-\frac{1}{\omega CR}=0$$

$$\omega^2 = \frac{1}{6(CR)^2},\quad f = \frac{1}{2\pi\sqrt{6}\,CR} \qquad (13.36)$$

また，振幅条件 $\mathrm{Re}(A_v H_v) \geqq 1$ より

$$\frac{R_2}{R_1}\cdot\frac{(\omega CR)^2}{5-(\omega CR)^2} = \frac{R_2}{R_1}\cdot\frac{1/6}{5-(1/6)} = \frac{R_2}{29R_1} \geqq 1,\quad \frac{R_2}{R_1} \geqq 29 \qquad (13.37)$$

が導かれる．

【例題 13.3】

図 13.12 の RC 移相形発振回路において，$R_1=5.1\ \mathrm{k\Omega}$，$R=4.7\ \mathrm{k\Omega}$，$C=0.01\ \mathrm{\mu F}$ のときの抵抗 R_2 の最低必要値と発振周波数を求めよ．

（解） $R_2 \geqq 29\times R_1 = 29\times 5.1 = 147.9 \cong 148\ \mathrm{k\Omega}$

$$f = \frac{1}{2\pi\sqrt{6}\,CR} = \frac{1}{2\pi\sqrt{6}\times 0.01\times 10^{-6}\times 4.7\times 10^{3}}\ \mathrm{Hz} \cong 1.38\ \mathrm{kHz}$$

13.4 水晶発振回路

LC 発振回路において，コイル L を水晶振動子に置き換えたものが**水晶発振回路**である．LC 発振回路では，回路を構成するコイルのインダクタンスやコンデンサの容量のばらつきおよび温度変化などに発振周波数が変化していた．これに対して水晶発振回路はきわめて安定しており，高精度の周波数安定度が求められる機器に広く使用されている．

水晶振動子は水晶片の両面に電極を付けたものであり，これに電圧を加えると**圧電効果** (piezoelectric effect) と弾性体としての性質により，水晶片の大きさと形状で決まる固有の弾性振動が発生する．圧電効果とは電圧を加えるとひずみが発生し，外から力を加えると電圧を発生する現象をいう．水晶振動子の記号と等価回路を**図 13.14** に，また，水晶振動子のリアクタンスの周波数特性を**図 13.15** に示す．

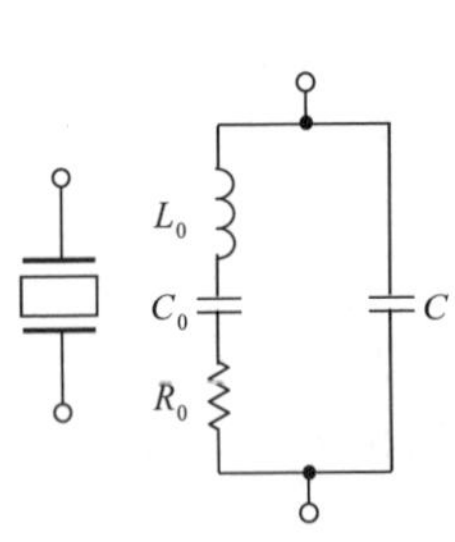

図 13.14 水晶振動子の記号と等価回路

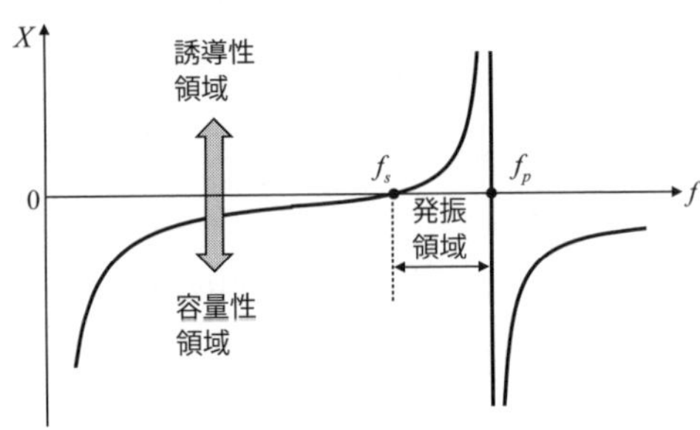

図 13.15 水晶振動子のリアクタンスの周波数特性

図 13.14 において，L_0 は固有のインダクタンス，C_0 は固有の容量，R_0 は損失に相当する等価抵抗，C は電極間容量である．R_0 は小さく，これを無視して端子間のリアクタンス X を求めると

$$X=\frac{\left(\omega L_0-\dfrac{1}{\omega C_0}\right)}{1-\omega C\left(\omega L_0-\dfrac{1}{\omega C_0}\right)} \qquad (13.38)$$

となる．このリアクタンスは周波数に対して**図 13.15** のように変化する．図 13.15 において，$X=0$ になる周波数 f_s は式 (13.38) の分子が 0 になる周波数であり

$$f_s=\frac{1}{2\pi\sqrt{L_0C_0}} \qquad (13.39)$$

となる．つまり，f_s は L_0 と C_0 の直列共振周波数になる．また，f_s における Q 値 (共振の鋭さを表す指標) は

$$Q=\frac{2\pi f_s L_0}{R_0} \qquad (13.40)$$

になり，R_0 が小さいために，通常の LC 共振回路に比べて非常に大きな値になる．

f_p は式 (13.38) の分母が 0 になりリアクタンス X が無限大になる周波数であり

$$f_p=\frac{1}{2\pi\sqrt{L_0C_0}}\left(1+\frac{C_0}{C}\right)=f_s\left(1+\frac{C_0}{C}\right) \qquad (13.41)$$

となる．つまり，周波数 f_p は L_0 と C_0 および C の並列共振周波数になる．一般的に，容量 C は十分に大きく $C \gg C_0$ の関係になるので，f_s と f_p の間隔は非常に狭くなる．f_s と f_p の間の周波数では，水晶振動子のリアクタンスは誘導性になるために L として働き，回路として発振することになる．水晶振動子をコルピッツ発振回路に適用した例を**図 13.16** に示す．

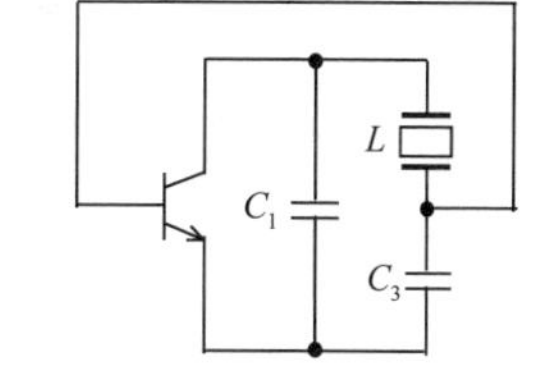

図 13.16　コルピッツ形水晶発振回路

演習問題

1. 図 13.9 のハートレー発振回路において，$L_1=2\ \mu\text{H}$，$L_3=40\ \mu\text{H}$，$C=1\,000\ \text{pF}$ のときの発振周波数と振幅条件 (トランジスタの電流増幅率 β) を求めよ．
2. 水晶振動子の定数が $L_0=0.5\ \text{mH}$，$C_0=4\ \text{pF}$，$R_0=2\ \Omega$，$C=50\ \text{pF}$ のときの f_s，f_p，Q を求めよ．
3. 図 13.11 のウィーンブリッジ発振回路において，$C_1=C_2=1\,200\ \text{pF}$，$R_1=R_2=5.1\ \text{k}\Omega$，$R_4=2\ \text{k}\Omega$ のときの発振周波数と発振が持続される振幅条件 (R_3 の下限値) を求めよ．

4. **図 13.17** に示す FET 発振回路の発振条件と，発振が持続される振幅条件を求めよ．

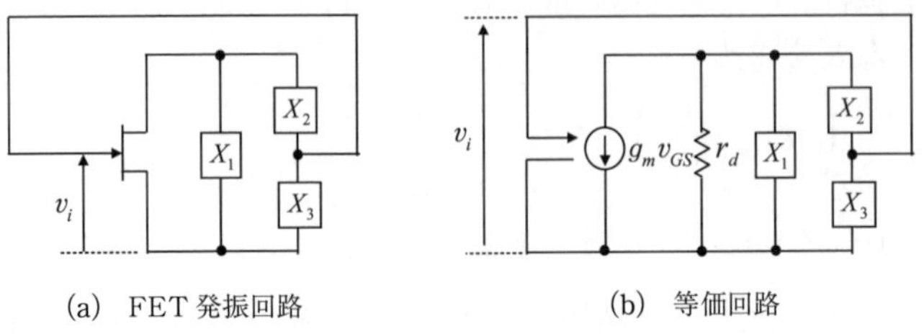

(a)　FET 発振回路　　(b)　等価回路

図 13.17　FET 発振回路と等価回路

5. **図 13.18** に示す回路の発振周波数と発振が持続される振幅条件を求めよ．

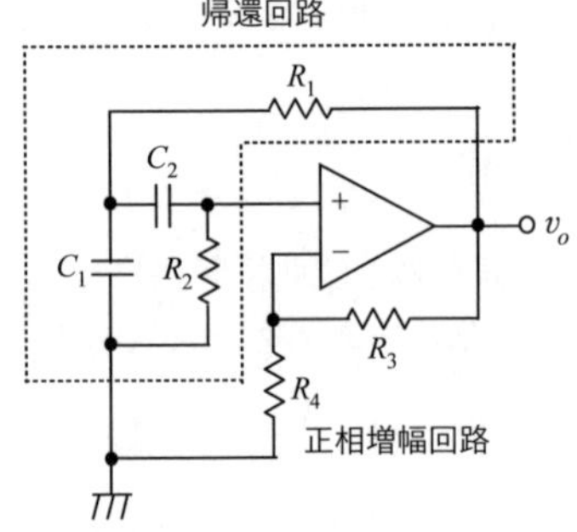

図 13.18　オペアンプを使用した発振回路

パルス回路

方形波やのこぎり波および三角波など，正弦波以外の波形を**パルス** (pulse) 波形という．パルス波形は単にパルスと呼ぶことが多くなっている．

第 14 章では，微分・積分回路とダイオードを使った波形整形回路およびのこぎり波発生回路について説明する．

14.1 微分回路および積分回路

コンデンサ C と抵抗 R で構成される微分回路と積分回路について説明する．**図 14.1** は**微分回路** (differentiator) とその出力電圧を示したものである．電圧が E でパルス幅が T の方形波が微分回路に入力されると，出力電圧 v_o は

$$v_o = Ee^{-\frac{t}{CR}} \qquad (14.1)$$

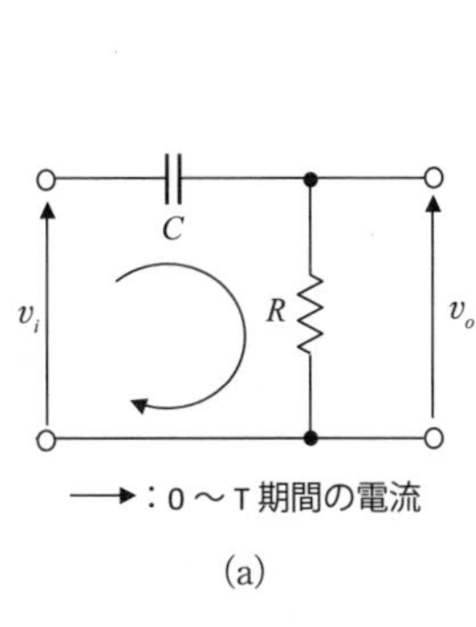

(a)

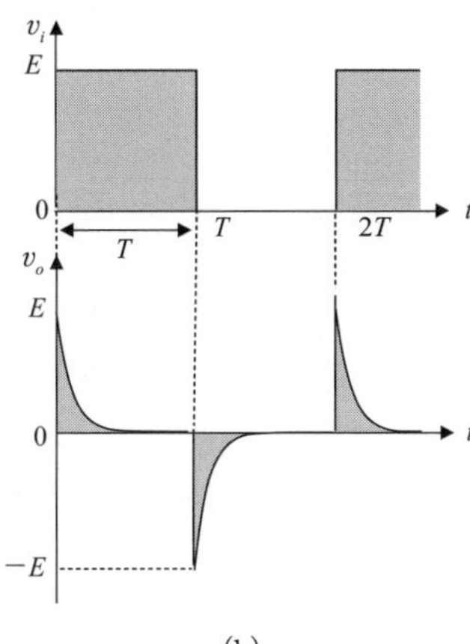

(b)

図 14.1　微分回路と出力電圧（$\tau = CR \ll T$ の場合）

になる．ここで，時定数 τ が $\tau=CR\ll T$ であるとすると，出力電圧は図 (b) のように入力電圧を微分した波形になる．$T\sim 2T$ の期間はコンデンサが放電し，$0\sim T$ 期間と逆向きに電流が流れるために負の電圧が出力される．このときの時定数 τ が T の 0.1 以下であると，**図 14.2** のように理想的な微分波形の出力電圧を得ることができる．

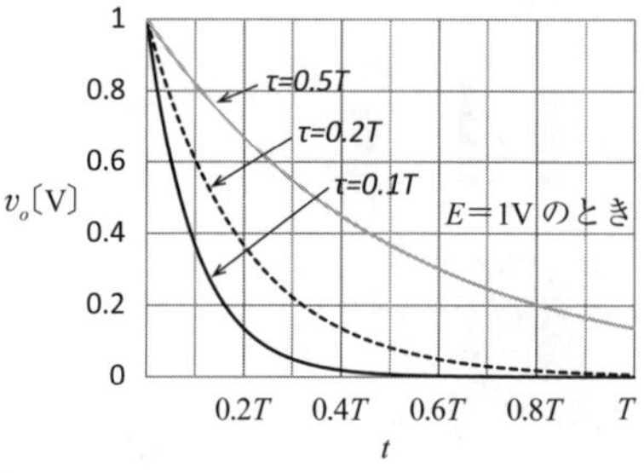

図 14.2　微分回路の時定数 τ と出力電圧 v_o

また，**図 14.3** は**積分回路** (integrator) とその出力電圧を示したものである．電圧が E でパルス幅が T の方形波が積分回路に入力されると，出力電圧 v_o は，コンデンサ電圧の初期値を $v_c(0)$ とすると

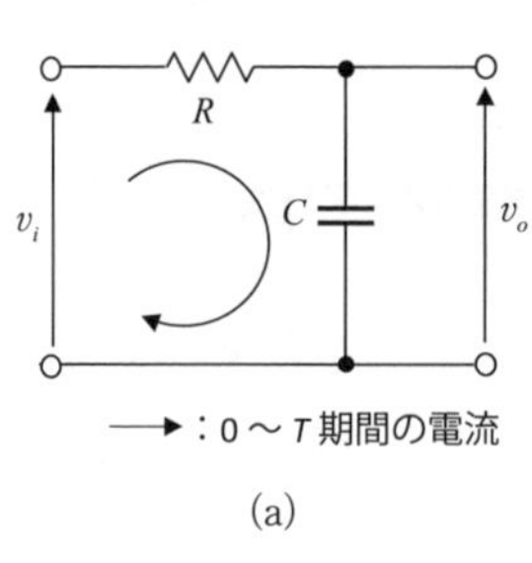

(a)

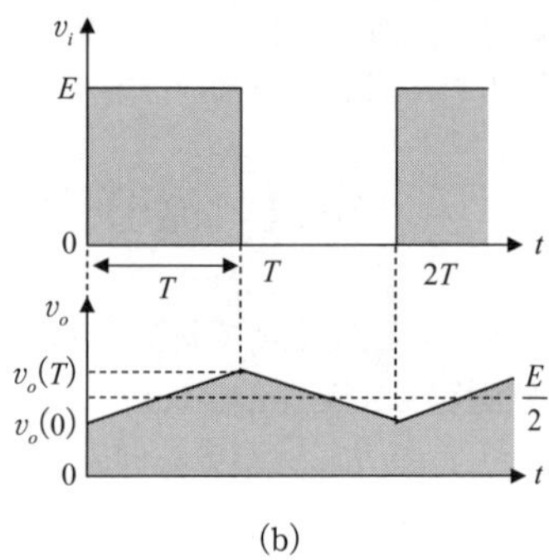

(b)

図 14.3　積分回路と出力電圧 ($\tau=CR\gg T$ の場合)

$$v_o=(E-v_c(0))\left(1-e^{-\frac{t}{CR}}\right)+v_c(0) \qquad (14.2)$$

になる．ここで，時定数 τ が $\tau=CR\gg T$ であるとすると，出力電圧 v_o は

$$v_o=\frac{E-v_c(0)}{CR}t+v_c(0) \qquad (14.3)$$

となり，図 (b) のように入力電圧を積分した波形になる．$T\sim 2T$ の期間はコンデンサが放電し，出力電圧 v_o は直線的に減少する．時定数 τ が T の 20 倍以上であると，式 (14.2) と式 (14.3) で与えられる出力電圧の差がほとんどなくなり，時間に対して直線的になる（**図 14.4** を参照）．

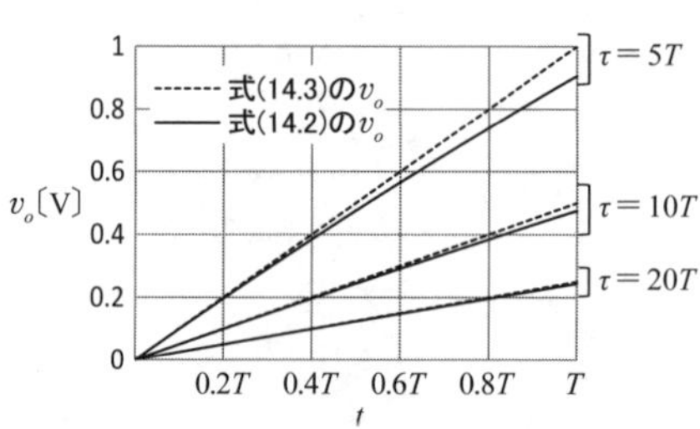

図 14.4　積分回路の時定数 τ と出力電圧 v_o

14.2　波形整形回路

[1]　ク　リ　ッ　パ

入力電圧 v_i が基準となる電圧以上または以下になったときに，入力電圧を通過させる回路であり，抵抗 R，ダイオード D，基準電圧 E で構成される．この回路を**クリッパ**(clipper) いい，**図 14.5** に代表的なクリッパを示す．直列形と並列形がある．

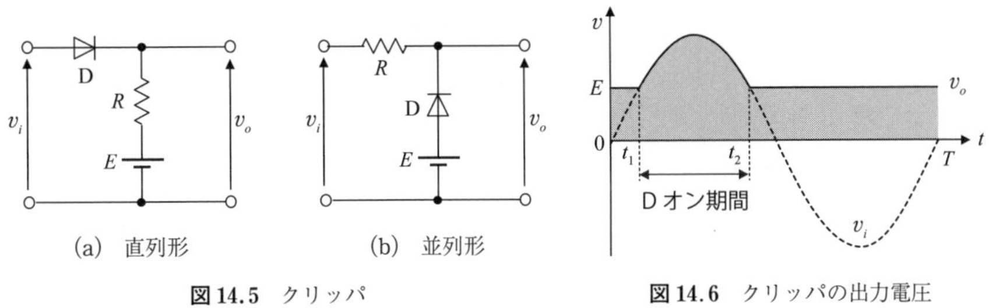

図 14.5　クリッパ

図 14.6　クリッパの出力電圧

図 14.5(a) において，正弦波の入力電圧を加えたときの出力電圧は，**図 14.6** のようになる．入力電圧 v_i が基準電圧 E よりも低い期間はダイオード D がオフしており，出力電圧 v_o は E に保持される．v_i が E を超えると，ダイオードがオンし入力電圧 v_i がそのまま出力される．

$$\left.\begin{array}{l} v_i<E \text{ 期間：ダイオードオフ，} v_o=E \\ v_i>E \text{ 期間 } (t_1\sim t_2 \text{ 期間})\text{：ダイオードオン，} v_o=v_i \end{array}\right] \quad (14.4)$$

図 14.5(b) のクリッパの出力電圧も図 14.6 に示す波形と同じになる．

図 14.5(a) 回路のダイオードを逆向きにすると，**図 14.7** に示す別のクリッパが得られる．この回路では，入力電圧 v_i が基準電圧 E よりも高い期間はダイオードがオフしており，出力電圧 v_o は E に保持される．逆に v_i が E よりも低くなるダ

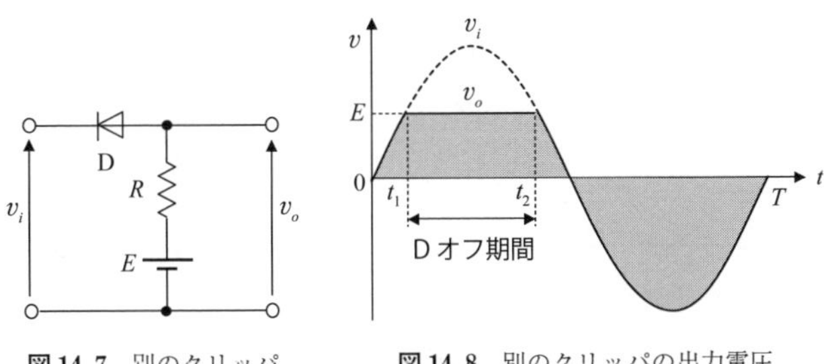

図 14.7　別のクリッパ

図 14.8　別のクリッパの出力電圧

イオードがオンし入力電圧 v_i がそのまま出力される．そのときの出力電圧は**図 14.8** に示す波形になる．

$$\left.\begin{array}{l} v_i > E \text{ 期間 } (t_1 \sim t_2 \text{ 期間}) : \text{ダイオードオフ},\ v_o = E \\ v_i < E \text{ 期間} : \text{ダイオードオン},\ v_o = v_i \end{array}\right] \quad (14.5)$$

【例題 14.1】

図 14.9(a) に示すクリッパは基準電圧の代わりにツェナーダイオードを使った回路である．正弦波の入力電圧 v_i が加わったときの出力電圧 v_o を求めよ．

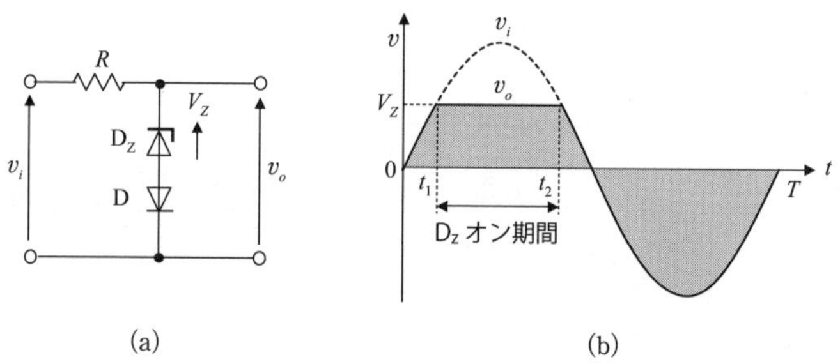

図 14.9　ツェナーダイオードを使ったクリッパ (a) と出力電圧 (b)

(解)　出力電圧を図 (b) に示す．入力電圧 v_i がツェナー電圧 V_z を超えるとツェナーダイオードがオンし，出力電圧は V_z で一定になる ($t_1 \sim t_2$ 期間)．この期間以外は入力電圧がそのまま出力電圧になる．

---

[2]　リ　ミ　タ

二つのクリッパを直列または並列に組み合わせることにより**リミタ** (limiter) を構成することができる．リミタは入力電圧の上部と下部を除去することができる．リミタは**図 14.10** に示すように，直列形と並列形がある．図 (a) のリミタは図 14.5(a) と図 14.7 の直列形クリッパを組み合わせた回路になっており，その出力電圧は**図 14.11** のようになる．また，図 14.10(b) のリミタは 14.5(b) の並列形ク

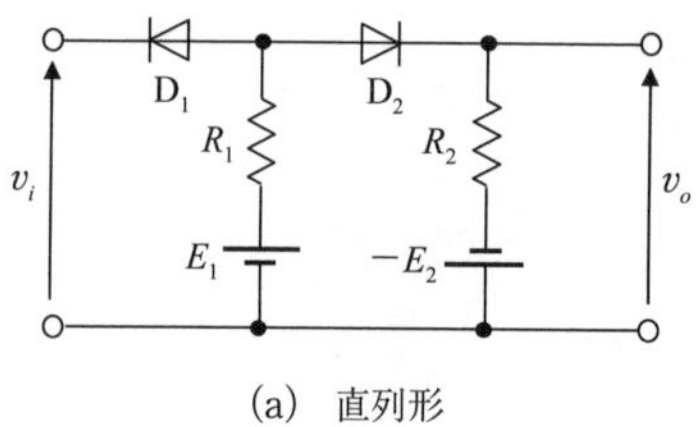

(a)　直列形

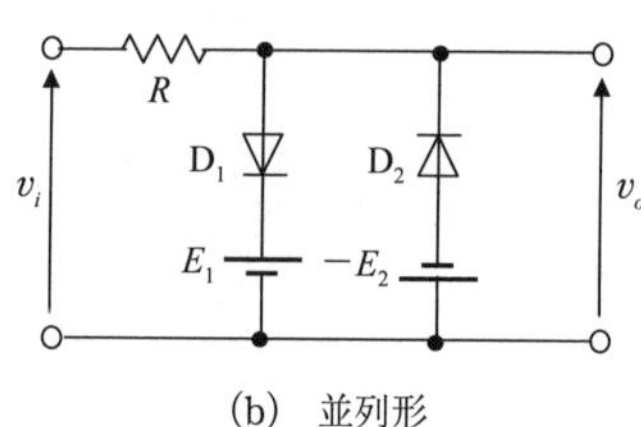

(b)　並列形

図 14.10　リミタ

リッパを二段構成にしたものであり，ダイオードD_1とD_2が同時にオンする期間はなく，抵抗はR一つで兼用できる．その出力電圧は同様に図14.11のようになる．

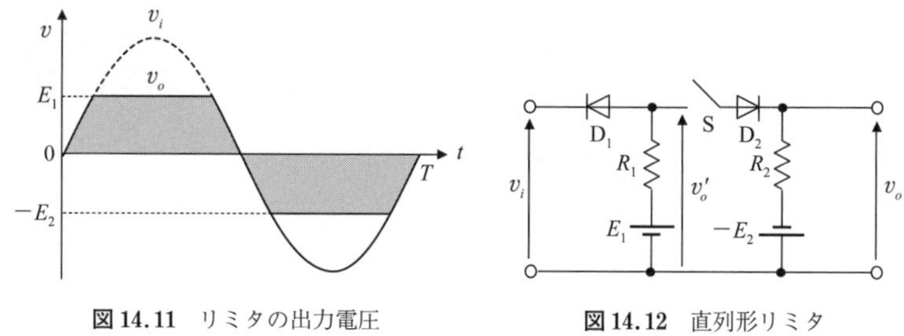

図14.11　リミタの出力電圧

図14.12　直列形リミタ

図14.12は図14.10(a)の直列形リミタにスイッチSを設けた回路である．スイッチSが開いていると，出力電圧v_o'は，ダイオードD_1がオンしているときはv_iに，D_1がオフしているときはE_1になるために**図14.13**(a)に示す波形になる．ここで，スイッチを閉じるとv_o'が次段のクリッパに入力電圧として加えられる．したがって，二段目の出力電圧v_oは，ダイオードD_2がオンしているときはv_o'に，D_2がオフしているときは$-E_2$になるために図(b)に示す波形になる．スイッチSが閉じたときに初段のクリッパの動作に影響を与え出力電圧v_o'の波形が変化しないように，抵抗は$R_1 \ll R_2$になるように設定する．

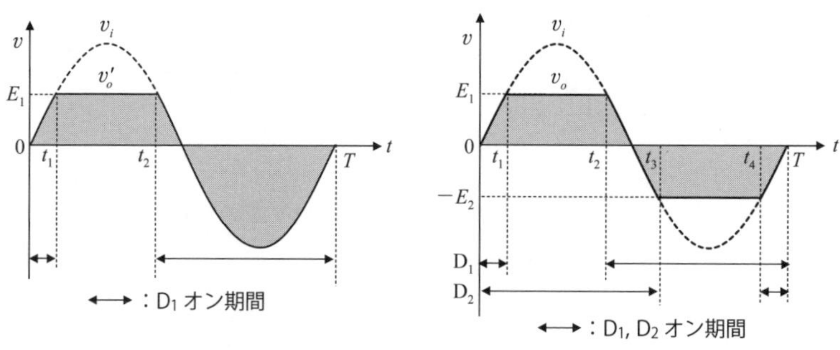

(a)　Sが開いているときの出力電圧v_o'

(b)　Sが閉じているときの出力電圧v_o

図14.13　直列形リミタ(図14.12)の出力電圧

直流電源の代わりにツェナーダイオードを使い，簡単にリミタを構成することができる．構成と動作図および出力電圧を**図14.14**(a)～(c)に示す．入力電圧がD_{z1}のツェナー電圧v_{z1}を超えるt_1～t_2期間は，D_{z1}がオンし電流iが図14.14(b)の向きに流れる．このときの出力電圧はv_{z1}で一定になる．逆にt_3～t_4期間はD_{z2}がオンし，電流i'が図の向きに流れる．このときの出力電圧は$-v_{z2}$で一定になる．し

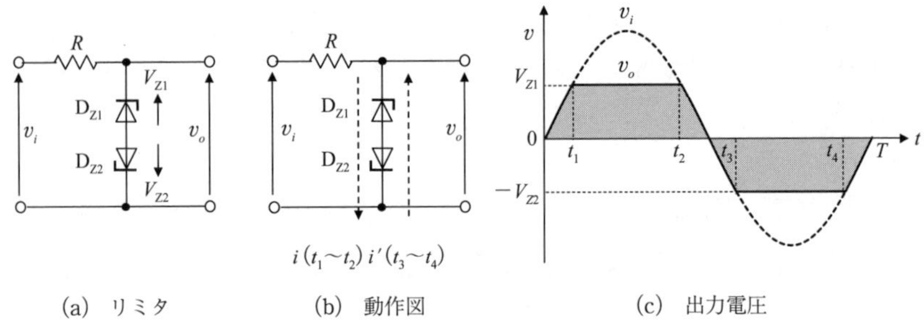

(a)　リミタ　　(b)　動作図　　(c)　出力電圧

図 14.14　ツェナーダイオードを使ったリミタと動作図および出力電圧

たがって，出力電圧は図 (c) のようになる．

[3]　ス　ラ　イ　サ

前述のリミタにおいて，特に基準電圧 E が低い場合を**スライサ** (slicer) という．基準電圧 E を 0.7 V に設定するときは，ダイオードの順方向電圧降下 V_F を利用してスライサが作られる．この場合，直流電源は必要ない．このときのスライサの構成と出力電圧を**図 14.15** に示す．

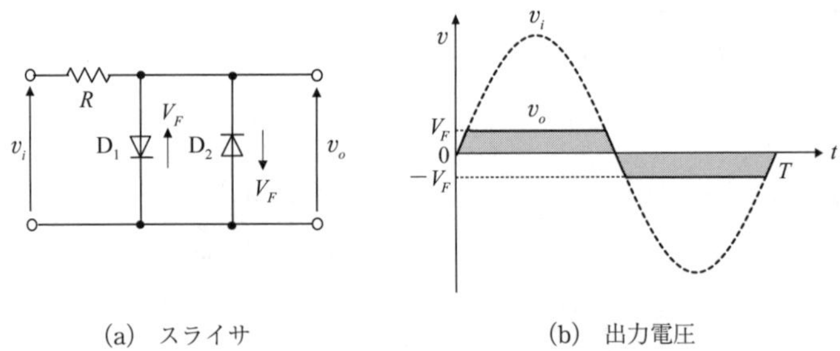

(a)　スライサ　　(b)　出力電圧

図 14.15　スライサと出力電圧

[4]　ク　ラ　ン　パ

入力電圧に任意の直流電圧を与える回路を**クランパ** (clamper) という．クランパと動作図および出力電圧 v_o を**図 14.16**(a)〜(c) に示す．

図 (a) において，入力電圧に E_m が加えられると電流 i が図 (b) のように流れ，即座にコンデンサ C が (E_m-E) に充電される．このときの出力電圧 v_o は

$$v_o(0\sim t_1)=E_m-(E_m-E)=E \qquad (14.6)$$

となる．その後，時刻 t_1 で入力電圧が 0 になると，先の動作でコンデンサ C に充

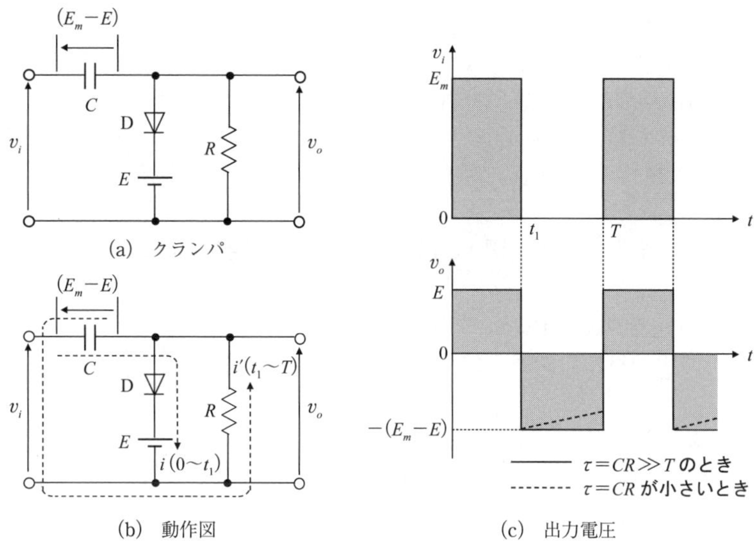

図 14.16　クランパと動作図および出力電圧

電された電圧 (E_m-E) が電流 i' として図 (b) のように放電され，抵抗 R の両端に出力電圧が発生する．このときの出力電圧 v_o は

$$v_o(t_1\sim T)=-(E_m-E) \qquad (14.7)$$

になる．一周期を考えると出力電圧が (E_m-E) だけ下がったことになる．電圧 E がないときは，出力電圧は E_m だけ下がることになる．

放電時定数 $\tau(\tau=CR)$ が周期 T に対して十分に大きいときは，時刻 $t_1\sim T$ 期間における出力電圧は図 (c) の実線のようにほとんど変化しないが，時定数が小さくなると破線のようになってしまう．$\tau\gg T$ に設定することが必要である．

14.3　のこぎり波発生回路

［1］ RC 積 分 回 路

図 14.17 は **RC 積分回路**である．スイッチ S を閉じたときの出力電圧 v_o は

$$v_o=E\left(1-e^{-\frac{t}{CR}}\right)$$
$$\cong E\left[1-\left\{1-\frac{t}{CR}+\frac{1}{2}\left(\frac{t}{CR}\right)^2\right\}\right]$$

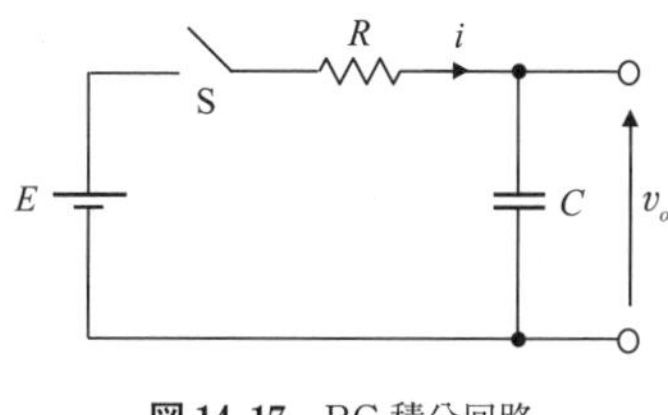

図 14.17　RC 積分回路

$$=\frac{Et}{CR}\left(1-\frac{t}{2CR}\right) \quad (14.8)$$

で与えられる．一方，出力電圧が直線的に上昇するとすれば，出力電圧は

$$v_o=\frac{E}{CR}t \quad (14.9)$$

になる．これらを計算すると**図 14.18** のようになる．

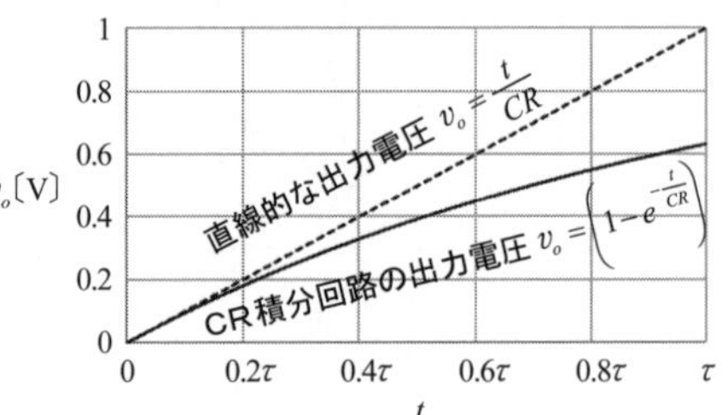

図 14.18　RC 積分回路の出力電圧（$\tau=CR$, $E=1$ V の場合）

式 (14.9) の v_o を真値とすると，式 (14.8) で与えられる出力電圧の誤差 ε は

$$\varepsilon=-\frac{t}{2CR} \quad (14.10)$$

となり，時間とともに大きくなる．図 14.18 において，実線と破線の差が誤差になる．この誤差は，コンデンサ C に生じる電圧 v_o と大きさが同じで逆極性の電圧を直列に接続すると，回路を流れる電流 i が定電流になり，なくすことができる（**図 14.19** を参照）．そうすると，出力電圧は式 (14.11) になり，理想的なのこぎり波（直線的な電圧）を得ることができる．

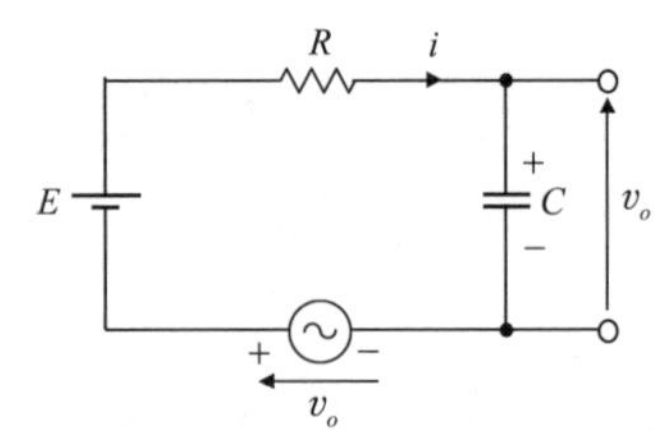

図 14.19　理想のこぎり波発生回路の原理

$$\left.i=\frac{E}{R},\ \ v_o=\frac{1}{C}\int idt=\frac{Et}{CR}\right] \quad (14.11)$$

以上で述べた原理を使用してのこぎり波を発生するのが，ミラー積分回路とブートストラップ回路になる．

［2］　ミラー積分回路

図 14.20 は**ミラー積分回路**（Miller integrator）を示したものである．オペアンプが理想的であり，入力インピーダンスが無限大とすると，その等価回路は**図 14.21** になる．

図 14.21 において

$$v_i=\frac{1}{C}\int idt-A_v v_i \quad (14.12)$$

が成り立つ．これより v_i が求まる．

$$v_i=\frac{1}{(1+A_v)C}\int idt \quad (14.13)$$

式 (14.13) より，コンデンサの容量は動作状態では $(1+A_v)$ 倍になったのと等価に

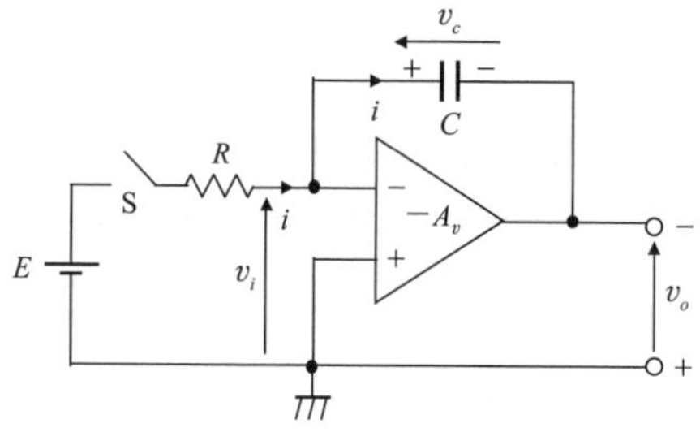

図 14.20　ミラー積分回路

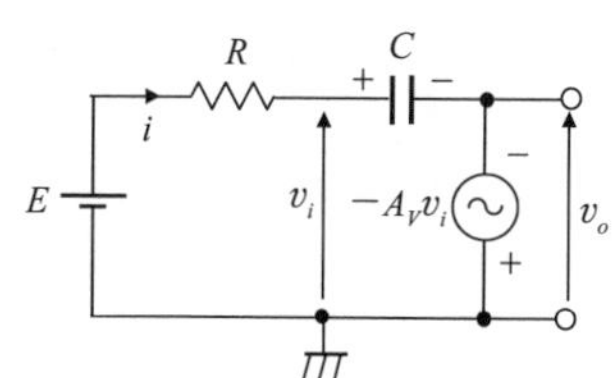

図 14.21　ミラー積分回路の等価回路

なる.

一方

$$E=iR+v_i=iR+\frac{1}{(1+A_v)C}\int idt \qquad (14.14)$$

が成り立ち，初期条件を $v_o=0$ として，式 (14.14) を解くと電流 i と v_i および出力電圧 v_o が得られる.

$$i=\frac{E}{R}e^{-\frac{t}{(1+A_v)CR}} \qquad (14.15)$$

$$v_i=E-iR=E\left\{1-e^{-\frac{t}{(1+A_v)CR}}\right\} \qquad (14.16)$$

$$v_o=-A_v v_i=-A_v E\left\{1-e^{-\frac{t}{(1+A_v)CR}}\right\} \qquad (14.17)$$

式 (14.17) の v_o は，増幅度 A_v が十分に大きく $(1+A_v)CR \gg t$ のために

$$v_o \cong -A_v E\left[1-1+\frac{t}{(1+A_v)CR}-\frac{1}{2}\left\{\frac{t}{(1+A_v)CR}\right\}^2\right]$$

$$\cong -\frac{Et}{CR}\left\{1-\frac{t}{2(1+A_v)CR}\right\} \qquad (14.18)$$

のように近似できる．増幅度 A_v と時定数 $\tau(\tau=CR)$ が十分に大きいと，式 (14.18) の第二項はほぼ 0 になるために直線性の良いのこぎり波電圧を得ることができる.

ディスクリート半導体（個別半導体）を使って構成したミラー積分回路の一例を**図 14.22** に示す．図の中でトランジスタ Q_2 が A 級増幅器であり，Q_1 と Q_3 は入力インピーダンスを大きくし，出力インピーダン

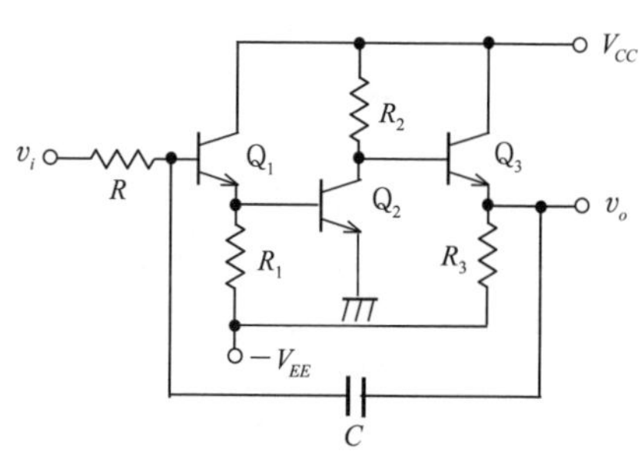

図 14.22　ミラー積分回路の一例

スを小さくするためのエミッタホロワ(コレクタ接地回路)である．入力電圧 v_i が加えられると，時定数 $\tau(\tau=CR)$ で Q_1 のベース電圧と Q_2 のベース電圧が徐々に上昇し，Q_2 のコレクタ電圧と Q_3 のエミッタ電圧(出力電圧 v_o)が低下する．入力電圧が0になると，コンデンサ C が時定数 τ で放電し，Q_1 のベース電圧と Q_2 のベース電圧が徐々に下降し，Q_2 のコレクタ電圧と Q_3 のエミッタ電圧(出力電圧 v_o)が上昇する．この動作により，のこぎり波(三角波)電圧が作られる．

【例題 14.2】

図14.22のミラー積分回路に**図14.23**(a)の入力電圧 v_i が加えられたときの出力電圧 v_o の波形を求めよ．ただし，$T/2=CR$ とし式(14.18)の第二項を無視できるものとする．また，$t=0$ での出力電圧を E とする．

(解)　出力電圧 v_o は以下のようになる．

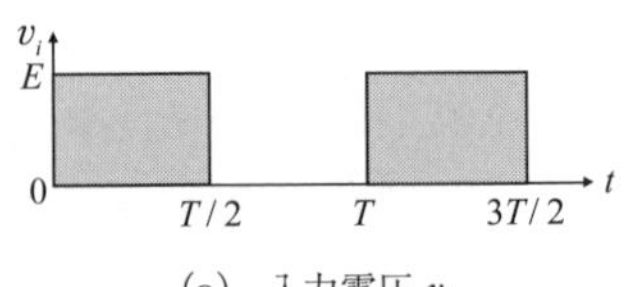

(a)　入力電圧 v_i

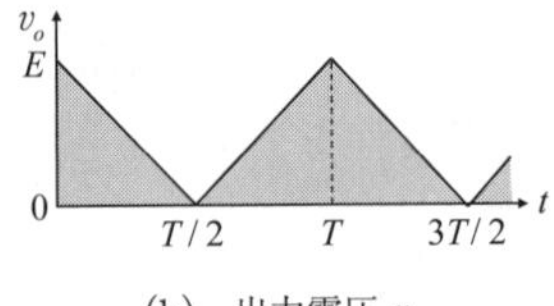

(b)　出力電圧 v_o

図14.23

[3]　ブートストラップ回路

直線性の良いのこぎり波を得る別な回路として**ブートストラップ回路**(bootstrap circuit)がある．ブートストラップ回路と等価回路を**図14.24**と**図14.25**に示す．

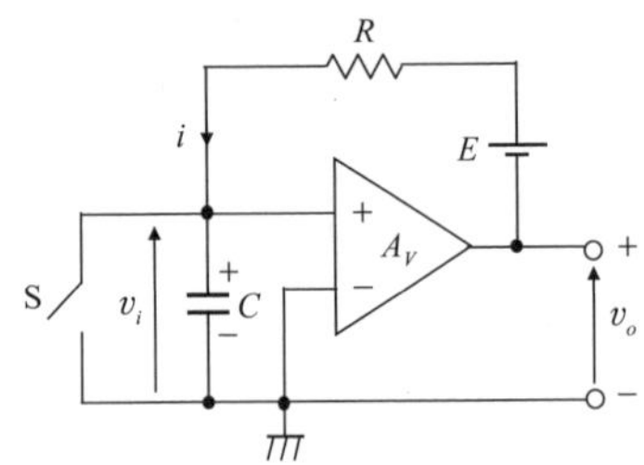

図14.24　ブートストラップ回路

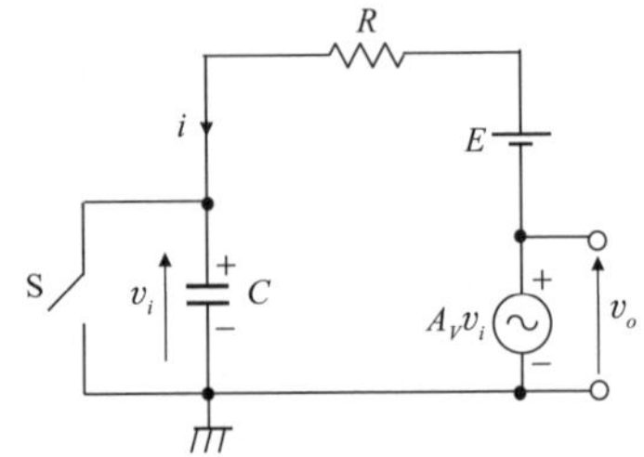

図14.25　ブートストラップ回路の等価回路

コンデンサ C の電圧 v_i と逆極性の電圧 A_vv_i を増幅器で作っている．この電圧 A_vv_i が出力電圧になる．正帰還をしているので，回路を発振させないためには，増幅器の増幅度 A_v は1以下でなければならない．実際には，増幅器として A_v が1未満($A_v<1$)のエミッタホロワを使う．エミッタホロワを増幅器に使用すると，入力インピーダンスが非常に大きいために増幅器の入力インピーダンスは開放として考え無視することができる．したがって，等価回路は図14.25になる．

図14.25において，スイッチSを開いたときの入力電圧 v_i は

$$v_i = A_v v_i + E - iR,\quad v_i = \frac{E-iR}{1-A_v} = \frac{1}{C}\int i dt \qquad (14.19)$$

で与えられる．これより，次の方程式

$$iR + \frac{1-A_v}{C}\int i dt = E \qquad (14.20)$$

が成り立つ．式 (14.20) より，電流 i と出力電圧 v_o を求めることができる．

$$i = \frac{E}{R}\cdot e^{-\frac{1-A_v}{CR}t} \qquad (14.21)$$

$$\begin{aligned} v_o &= A_v v_i = A_v\cdot\frac{E-iR}{1-A_v} = \frac{A_v E}{1-A_v}\left(1-e^{-\frac{1-A_v}{CR}t}\right) \\ &\cong \frac{A_v E}{1-A_v}\left\{1-1+\frac{1-A_v}{CR}t-\frac{1}{2}\left(\frac{1-A_v}{CR}t\right)^2\right\} \\ &= \frac{A_v E}{CR}t\left(1-\frac{1-A_v}{2CR}t\right) \end{aligned} \qquad (14.22)$$

式 (14.22) において，増幅度 A_v が 1 に近いと第二項が小さくなり，出力電圧 v_o が時間に対して直線的に増加する時間が長くなる．特に，A_v が 1 であると出力電圧は直線的に上昇する理想的な波形になる．

図 14.26 は実際のブートストラップ回路の一例を示したものである．トランジスタ Q_1 が図 14.24 のスイッチの役目をなしている．Q_2 は増幅器であり，入力インピーダンスが大きく増幅度が 1 未満のエミッタホロワを使用している．Q_1 がオンし Q_2 のエミッタ電位が 0 になると，電源からダイオード D を介してコンデンサ C_0 が V_{CC} に充電される．Q_1 がオフすると Q_2 のエミッタ電位が上昇し，ダイオード D はオフし，コンデンサ C_0 の電圧 V_{CC} が電源として抵抗 R とコンデンサ C に供給される．なお，C_0 は Q_1 がオフしている期間の C_0 の電圧が一定になるように，大容量のコンデンサが使われる．Q_1 がオフしたときの出力電圧 v_o はコンデンサ C の電圧 v_c に等しく，$C \ll C_0$ のため

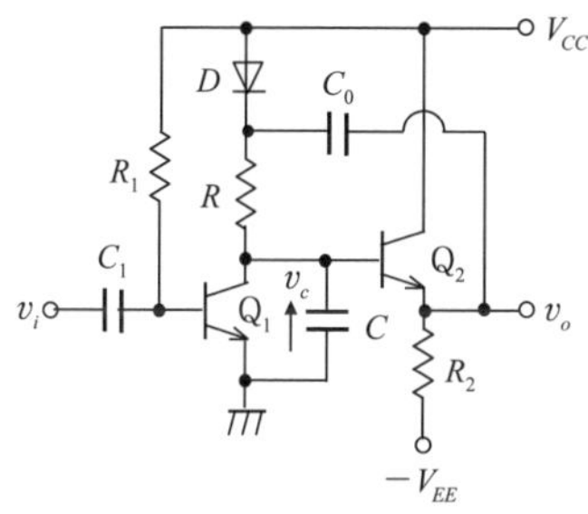

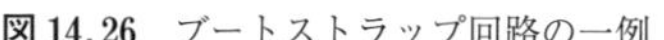
図 14.26　ブートストラップ回路の一例

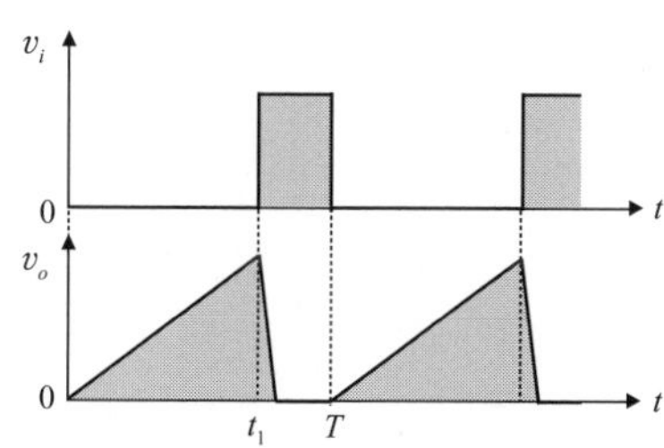

図 14.27　ブートストラップ回路の動作波形

$$v_o \cong v_c = \frac{V_{CC}}{CR}t \qquad (14.23)$$

になる．出力電圧 v_o は時間に対して直線的に増加する電圧になる．Q_1 がオンするとコンデンサ C の電圧は放電され，0 にリセットされる．このようにして，のこぎり波電圧を発生することができる．このときの動作波形を**図 14.27** に示す．

演 習 問 題

1. クリッパ，リミタ，スライサ，クランパについて説明せよ．
2. **図 14.28** に示すクリッパに正弦波の入力電圧を加えたときの出力電圧波形を求めよ．
3. 図 14.16(a) のクランパにおいて，時定数 $\tau(\tau=CR)$ が小さいと出力電圧の波形はどうなるか説明せよ．
4. ブートストラップ回路は直線的な電圧（のこぎり波電圧）を発生することができる．この原理とエミッタホロワが増幅器として使われる理由について説明せよ．

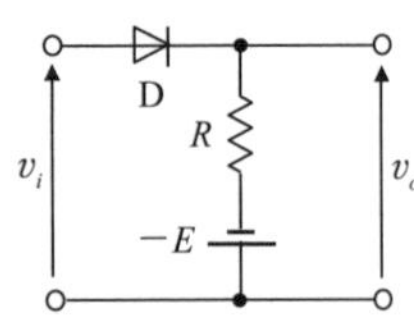

図 14.28　クリッパ

付　　録

A　円運動している電子の半径とエネルギー

電子は波動としての性質も持っており，波動として考えた場合は波長 λ の整数倍 (n 倍) が円軌跡の長さになることになる (**図 A.1** を参照). したがって次式が成り立つ.

$$2\pi r = n\lambda \ [\mathrm{m}] \qquad (\mathrm{A.1})$$

ここで，**ド・ブロイの式** (ド・ブロイの波長)

$$\lambda = \frac{h}{mv} \ [\mathrm{m}] \qquad (\mathrm{A.2})$$

を代入する.

$$2\pi r = n\lambda = \frac{hn}{mv} \ [\mathrm{m}] \qquad (\mathrm{A.3})$$

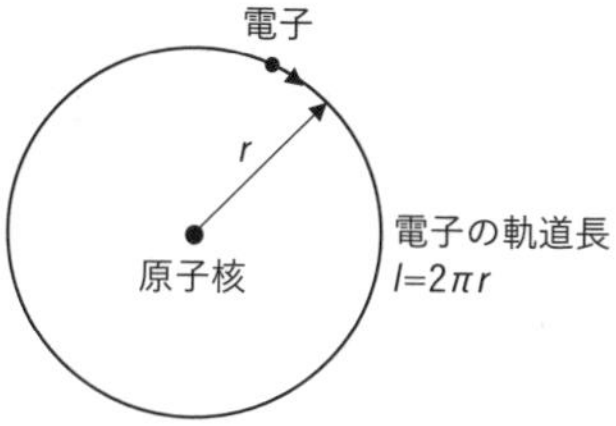

図 A.1　電子の円運動と軌道長

これより式 (A.4) が得られる. ただし，h はプランク定数 ($h=6.625\times10^{-34}$ J·s) である.

$$mvr = \frac{hn}{2\pi} \ [\mathrm{J\cdot s}] \qquad (\mathrm{A.4})$$

次に，電子の速度 v を求める. まず，式 (2.1) の両辺に $\dfrac{r^2}{v}$ を掛ける.

$$\frac{mv^2}{r}\cdot\frac{r^2}{v} = \frac{q^2}{4\pi\varepsilon_0 r^2}\cdot\frac{r^2}{v} \ \Rightarrow \ mvr = \frac{q^2}{4\pi\varepsilon_0 v} \ [\mathrm{J\cdot s}] \qquad (\mathrm{A.5})$$

が得られるが，これは式 (A.4) に等しくなる.

$$mvr = \frac{hn}{2\pi} = \frac{q^2}{4\pi\varepsilon_0 v} \ [\mathrm{J\cdot s}] \qquad (\mathrm{A.6})$$

これより

$$v = \frac{2\pi q^2}{4\pi\varepsilon_0 hn} = \frac{q^2}{2\varepsilon_0 hn} \ [\mathrm{m/s}] \qquad (\mathrm{A.7})$$

が得られる. また，式 (A.4) より r を求めることができる.

$$r = \frac{hn}{2\pi mv} \ [\mathrm{m}] \qquad (\mathrm{A.8})$$

ここに式 (A.7) を代入すると，原子核から n 番目の軌道の半径 r_n は

$$r_n = \frac{hn}{2\pi mv} = \frac{hn}{2\pi m}\cdot\frac{2\varepsilon_0 hn}{q^2} = \frac{\varepsilon_0 h^2 n^2}{\pi m q^2} \ [\mathrm{m}] \qquad (\mathrm{A.9}) = (2.5)$$

となる. さらに，式 (A.9) を式 (2.4) に代入すると，電子のエネルギー E_n を求めることができる.

$$E_n = -\frac{q^2}{8\pi\varepsilon_0 r_n} = -\frac{q^2}{8\pi\varepsilon_0}\cdot\frac{\pi m q^2}{\varepsilon_0 h^2 n^2} = -\frac{mq^4}{8\varepsilon^2{}_0 h^2 n^2} \ [\mathrm{J}] \qquad (\mathrm{A.10}) = (2.6)$$

B　半導体の電気伝導

半導体中の電流は，キャリアが電界に引かれ移動することにより流れるドリフト電流と，キャリアが数密度〔m^{-3}〕の高いほうから低いほうに拡散していくことにより流れる拡散電流からなる．ドリフト電流には，電子のドリフト電流と正孔のドリフト電流がある．拡散電流も，電子の拡散電流と正孔の拡散電流がある．これらを加算した電子電流密度 J_n〔$\mathrm{A/m^2}$〕と正孔電流密度 J_p〔$\mathrm{A/m^2}$〕は以下のようになる．

それぞれを以下のように定義する．これ以外については，本文を参照のこと．

F_n：単位時間・単位面積当りの電子の変化数〔$\mathrm{1/m^2 \cdot s}$〕

F_p：単位時間・単位面積当りの正孔の変化数〔$\mathrm{1/m^2 \cdot s}$〕

V：半導体の体積〔$\mathrm{m^3}$〕，S：半導体の断面積〔$\mathrm{m^2}$〕

まず，電子のドリフト電流密度 J_{nE} が式 (B.1) のように求めることができる．

$$J_{nE} = -qnv_n = -qn(-\mu_n E) = qn\mu_n E \text{〔A/m}^2\text{〕} \qquad \text{(B.1)}$$

次に，拡散による単位時間・単位面積当りの電子の変化数 F_n を求める．

$$F_n = -\left(\frac{dn}{dt}V\right)\frac{1}{S} = -\left(\frac{V}{S}\cdot\frac{dx}{dt}\right)\frac{dn}{dx} = -D_n\frac{dn}{dx} \text{〔1/m}^2\cdot\text{s〕} \qquad \text{(B.2)}$$

これより，電子の拡散電流密度 J_{nD} を得ることができる．

$$J_{nD} = -qF_n = -q\left(-D_n\frac{dn}{dx}\right) = qD_n\frac{dn}{dx} \text{〔A/m}^2\text{〕} \qquad \text{(B.3)}$$

式 (B.1) と式 (B.3) を加算すると電子電流密度 J_n が得られる．

$$J_n = J_{nE} + J_{nD} = qn\mu_n E + qD_n\frac{dn}{dx} \text{〔A/m}^2\text{〕} \qquad \text{(B.4)=(2.9)}$$

同様にして，正孔電流密度 J_p を求めることができる．

$$J_{pE} = qnv_p = qp\mu_p E \text{〔A/m}^2\text{〕} \qquad \text{(B.5)}$$

$$F_p = -D_p\frac{dp}{dx} \text{〔1/m}^2\cdot\text{s〕} \qquad \text{(B.6)} \quad , \quad J_{pD} = qF_p = -qD_p\frac{dp}{dx} \text{〔A/m}^2\text{〕} \qquad \text{(B.7)}$$

$$J_p = J_{pE} + J_{pD} = qp\mu_p E - qD_p\frac{dp}{dx} \text{〔A/m}^2\text{〕} \qquad \text{(B.8)=(2.10)}$$

C　pn 接合ダイオードの電位障壁と順方向電流

ここでは，電位障壁とダイオードの順方向電流の式を導く．

p 形領域の電子数密度 n_p と，n 形領域の電子数密度 n_n はそれぞれ

$$n_p = N_C \exp\left\{\frac{-(E_{Cp}-E_F)}{kT}\right\} \text{〔m}^{-3}\text{〕}, \quad n_n = N_C \exp\left\{\frac{-(E_{Cn}-E_F)}{kT}\right\} \text{〔m}^{-3}\text{〕}$$

で与えられる．なお，N_C は有効状態密度であり，伝導帯にいるすべての電子が伝導帯の底のエネルギー準位 E_C にあると考えたときの，実効的な状態密度を意味している．これ以外の E_F，E_{Cp}，E_{Cn} については，**図 C.1** を参照されたい．

ここで，n_p と n_n の比を求めると

$$\frac{n_n}{n_p} = \exp\left\{\frac{-(E_{Cn}-E_F)+(E_{Cp}-E_F)}{kT}\right\} = \exp\left(\frac{E_{Cp}-E_{Cn}}{kT}\right) \qquad \text{(C.1)}$$

となる．一方，図 C.1 より，$(E_{Cp}-E_{Cn}) = q\phi$ になる．これを式 (C.1) に代入すると

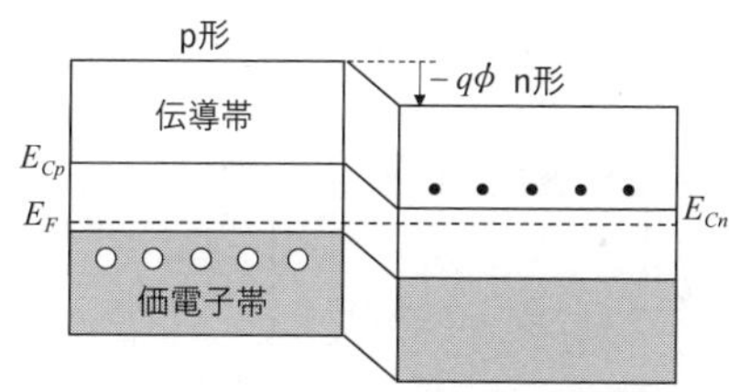

E_F：フェルミ準位（電子の存在確率が 1/2 になるエネルギー準位）
E_{Cp}：p 形領域における伝導帯の底のエネルギー準位，E_{Cn}：n 形領域における伝導帯の底のエネルギー準位

図 C.1　平衡状態における pn 接合のエネルギー準位

$$\frac{n_n}{n_p}=\exp\left(\frac{q\phi}{kT}\right),\quad n_p=\frac{n_n}{\exp(q\phi/kT)}=n_n\exp\left(-\frac{q\phi}{kT}\right)\ [\mathrm{m}^{-3}] \qquad (\mathrm{C.2})$$

が得られる．また，電位障壁 ϕ も $\phi=\dfrac{kT}{q}\ln\left(\dfrac{n_n}{n_p}\right)$ として求められるが，正孔数密度を考えたときは，$\phi=\dfrac{kT}{q}\ln\left(\dfrac{p_p}{p_n}\right)$ になる．これより，式 (C.3) が成り立つ．

$$\phi=\frac{kT}{q}\ln\left(\frac{n_n}{n_p}\right)=\frac{kT}{q}\ln\left(\frac{p_p}{p_n}\right)\ [\mathrm{V}] \qquad (\mathrm{C.3})=(3.1)$$

ただし，p_p は p 形領域の正孔数密度，p_n は n 形領域の正孔数密度を意味する．

次に，ダイオードの順方向電流の式を導く．平衡状態における pn 接合のキャリア数密度を図 3.11 に示している．図において，平衡状態での p 形領域の正孔数密度を n_{p0}，n 形領域の電子数密度を n_{n0} とすると，式 (C.2) より次式を得ることができる．

$$n_{p0}=n_{n0}\exp\left(-\frac{q\phi}{kT}\right)\ [\mathrm{m}^{-3}] \qquad (\mathrm{C.4}) \quad \Rightarrow \quad n_{n0}=n_{p0}\exp\left(\frac{q\phi}{kT}\right)\ [\mathrm{m}^{-3}] \qquad (\mathrm{C.5})$$

同様に平衡状態での n 形領域の正孔数密度を p_{n0}，p 形領域の正孔数密度を p_{p0} とすると式 (C.7) が求められる．

$$p_{n0}=p_{p0}\exp\left(-\frac{q\phi}{kT}\right)\ [\mathrm{m}^{-3}] \qquad (\mathrm{C.6}) \quad \Rightarrow \quad p_{p0}=p_{n0}\exp\left(\frac{q\phi}{kT}\right)\ [\mathrm{m}^{-3}] \qquad (\mathrm{C.7})$$

式 (C.4) と式 (C.6) の電位障壁 ϕ を $(\phi-V_D)$ に置き換え，ここに式 (C.5) と式 (C.7) を代入すると，順バイアス状態の $x=0$ における p 形領域の電子数密度を $n_p(0)$ と，n 形領域の正孔数密度を $p_n(0)$ を求めることができる．なお，順バイアス状態のキャリアの数密度を**図 C.2** に示す．

$$n_p(0)=n_{n0}\exp\left\{-\frac{q(\phi-V_D)}{kT}\right\}$$

ここに式 (C.5) を代入する．

$$n_p(0)=n_{p0}\exp\left(\frac{q\phi}{kT}\right)\exp\left\{-\frac{q(\phi-V_D)}{kT}\right\}=n_{p0}\exp\left\{\frac{q\phi-q(\phi-V_D)}{kT}\right\}$$

$$=n_{p0}\exp\left(\frac{qV_D}{kT}\right)\ [\mathrm{m}^{-3}] \qquad (\mathrm{C.8})$$

同様に $p_n(0)$ を求めることができる．

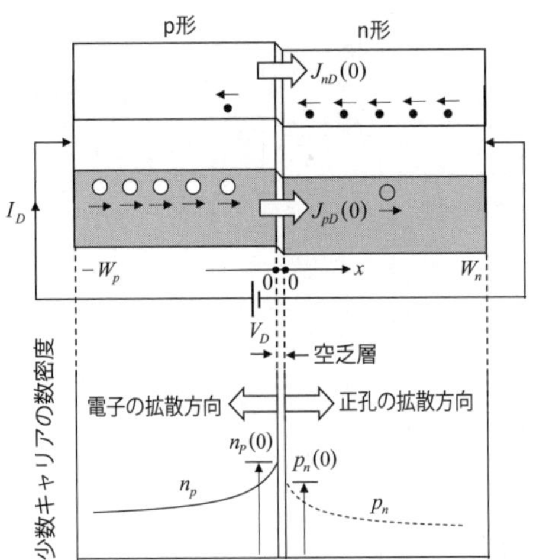

図 C.2　順方向電圧を加えたときの少数キャリアの数密度と拡散電流（$(\phi - V_D)>0$ の場合）

$$p_n(0)=p_{n0}\exp\left(\frac{qV_D}{kT}\right)\ \text{〔m}^{-3}\text{〕} \qquad \text{(C.9)}$$

ここで，ドリフト電流がないときの p 形領域における少数キャリア連続の方程式は，次式で与えられる．末尾に式 (C.10) の意味と導き方を示したので，詳細はそちらを参照のこと．

$$\frac{\partial n_p(x,t)}{\partial t}=D_n\frac{\partial^2 n_p(x,t)}{\partial x^2}-\frac{n_p(x,t)-n_{p0}}{\tau_n}\ \text{〔m}^{-3}\text{s}^{-1}\text{〕} \qquad \text{(C.10)}$$

ただし，D_n は電子の拡散係数〔m^2/s〕，n_p は p 形領域内の電子の数密度〔m^{-3}〕を，τ_n は電子の生存時間〔寿命，s〕を意味している．順バイアスを加えてから十分に長い時間が経過したあとの定常状態を考えると，$\partial n_p(x,t)/\partial t=0$ であり，n_p は x だけの関数 $n_p(x)$ になる．したがって，式 (C.10) は次のようになる．

$$D_n\frac{d^2 n_p(x)}{dx^2}-\frac{n_p(x)-n_{p0}}{\tau_n}=0 \ \Rightarrow\ \frac{d^2 n_p(x)}{dx^2}-\frac{n_p(x)-n_{p0}}{D_n\tau_n}=0 \qquad \text{(C.11)}$$

ここで，$L_n=\sqrt{D_n\tau_n}$ とおくと，次のようになる．

$$\frac{d^2 n_p(x)}{dx^2}-\frac{n_p(x)-n_{p0}}{L_n^2}=0 \qquad \text{(C.12)},\qquad \frac{d^2 n_p(x)}{dx^2}-\frac{n_p(x)}{L_n^2}=-\frac{n_{p0}}{L_n^2} \qquad \text{(C.13)}$$

これが p 形領域における電子分布を支配する拡散方程式であり，L_n を電子の拡散長〔m〕という．

$\dfrac{d^2y}{dx^2}-k^2y=-a$ の一般解は $y=A\exp(kx)+B\exp(-kx)+\dfrac{a}{k^2}$ であるため，式 (C.13) の一般解は

$$n_p(x)=A\exp\left(\frac{x}{L_n}\right)+B\exp\left(-\frac{x}{L_n}\right)+\frac{n_{p0}}{L_n^2}L_n^2=A\exp\left(\frac{x}{L_n}\right)+B\exp\left(-\frac{x}{L_n}\right)+n_{p0}$$

$$n_p(x)-n_{p0}=A\exp\left(\frac{x}{L_n}\right)+B\exp\left(-\frac{x}{L_n}\right) \qquad \text{(C.14)}$$

となる．いま，p 形領域の幅を W_p とし，W_p が電子の拡散長 L_n に比べて十分に長いと仮定すると，$x=-W_p$ での $n_p(x)$ は n_{p0} に等しくなる．これより

$$n_p(x)-n_{p0}=n_{p0}-n_{p0}=A\exp(-\infty)+B\exp(\infty)=0+B\exp(\infty)=0,\ B=0$$

となる．また，$x=0$ では

$$n_p(0)=n_{p0}\exp\left(\frac{qV_D}{kT}\right)\ \text{〔m}^{-3}\text{〕} \qquad \text{(C.15)}$$

が成り立ち，これを式 (C.14) に代入すると，A を求めることができる．

$$n_p(0)-n_{p0}=n_{p0}\exp\left(\frac{qV_D}{kT}\right)-n_{p0}=A\exp\left(\frac{0}{L_n}\right)=A,\ A=n_{p0}\left\{\exp\left(\frac{qV_D}{kT}\right)-1\right\}$$

以上で求めた A と B を式 (C.14) に代入すると

$$n_p(x)-n_{p0}=A\exp\left(\frac{x}{L_n}\right)=n_{p0}\left\{\exp\left(\frac{qV_D}{kT}\right)-1\right\}\exp\left(\frac{x}{L_n}\right)$$

$$n_p(x)=n_{p0}+n_{p0}\left\{\exp\left(\frac{qV_D}{kT}\right)-1\right\}\exp\left(\frac{x}{L_n}\right)\ \text{〔m}^{-3}\text{〕} \qquad \text{(C.16)}$$

が得られる．次に式 (C.16) を x で微分すると

$$\frac{dn_p(x)}{dx}=\frac{n_{p0}}{L_n}\left\{\exp\left(\frac{qV_D}{kT}\right)-1\right\}\exp\left(\frac{x}{L_n}\right)$$

が得られる．この式を拡散電流 J_{nD} の式，$J_{nD}=qD_n\dfrac{dn(x)}{dx}$ に代入し，$x=0$ とすると pn 接合端 ($x=0$) を横切る電子の拡散電流 $J_{nD}(0)$ が得られる．なお，$J_{nD}(0)$ については図 C.2 を参照のこと

$$J_{nD}=qD_n\frac{dn(x)}{dx}=qD_n\frac{n_{p0}}{L_n}\left\{\exp\left(\frac{qV_D}{kT}\right)-1\right\}\exp\left(\frac{x}{L_n}\right)$$

ここに，$x=0$ を代入する．

$$J_{nD}(0)=qD_n\frac{dn(0)}{dx}=\frac{qD_nn_{p0}}{L_n}\left\{\exp\left(\frac{qV_D}{kT}\right)-1\right\}\ \text{〔A/m}^2\text{〕} \qquad \text{(C.17)=(3.6)}$$

同様にして式 (C.9) を用い，拡散方程式を解き n 形領域の正孔密度の空間分布を求め，pn 接合端 ($x=0$) での正孔の拡散電流を計算すると

$$J_{pD}(0)=qD_n\frac{dp(0)}{dx}=\frac{qD_pp_{n0}}{L_p}\left\{\exp\left(\frac{qV_D}{kT}\right)-1\right\}\ \text{〔A/m}^2\text{〕} \qquad \text{(C.18)=(3.7)}$$

となる．

順方向電圧を加えたときに pn 接合を流れる全電流 I_D は pn 接合部の断面積を S とすると

$$I_D=S\{J_{nD}(0)+J_{pD}(0)\}=qS\left(\frac{D_nn_{p0}}{L_n}+\frac{D_pp_{n0}}{L_p}\right)\left\{\exp\left(\frac{qV_D}{kT}\right)-1\right\}\ \text{〔A〕} \qquad \text{(C.19)}$$

となる．ここで，$I_S=qS\left(\dfrac{D_nn_{p0}}{L_n}+\dfrac{D_pp_{n0}}{L_p}\right)$ とおくと

$$I_D = I_S\left\{\exp\left(\frac{qV_D}{kT}\right)-1\right\} = I_S\left\{\exp\left(\frac{V_D}{V_T}\right)-1\right\} \text{〔A〕} \qquad \text{(C.20)=(3.8)}$$

が得られる．順方向電圧 V_D が高い領域では，電流 I_D は $\exp(qV_D/kT)$ に比例することになる．逆方向電圧を加えたときの電流 I_D は，式 (C.20) において $V_D=-V_R$ と書き直すことができる．

$$I_D = I_S\left\{\exp\left(-\frac{qV_R}{kT}\right)-1\right\} \cong -I_S \text{〔A〕} \qquad \text{(C.21)=(3.9)}$$

V_R が大きいと $\exp\left(-\frac{qV_R}{kT}\right)=0$ で電流 I_D は $-I_S$ になり，V_R が増加しても変化しないことから I_S を飽和電流と呼ぶ．

◆　少数キャリア連続の方程式の意味と誘導の仕方

n 形領域における正孔数密度の時間に対する変化を求めてみよう．ここで，それぞれを

$\dfrac{\partial p_n(x,t)}{\partial t}$：n 形領域における正孔数密度 $p_n(x,t)$ の時間的な変化率〔$\mathrm{m^{-3}s^{-1}}$〕

α：電流で搬入される正孔数密度の時間的な変化率〔$\mathrm{m^{-3}s^{-1}}$〕

β：電子と再結合して消滅する正孔の数密度の変化速度〔$\mathrm{m^{-3}s^{-1}}$〕

とすると，次式が成り立つ．

$$\frac{\partial p_n(x,t)}{\partial t} = \alpha + \beta \qquad \text{(C.22)}$$

式 (C.22) において，α と β は以下で与えられます．なお，V と S は半導体の体積と断面積，$I_p(x,t)$ は正孔による電流，$J_p(x,t)$ は正孔電流密度，Q は総電荷を意味している．まず，$J_p(x,t)$ は

$$J_p(x,t) = \frac{I_p(x,t)}{S} = \frac{1}{S}\cdot\frac{\partial Q}{\partial t} = \frac{1}{S}\cdot\frac{\partial(-p_n(x,t)Vq)}{\partial t} = -\alpha q\frac{V}{S} = -\alpha q x$$

となる．この式の両辺を x で偏微分し整理すると，α を得ることができる．

$$\alpha = -\frac{1}{q}\cdot\frac{\partial J_p(x,t)}{\partial x}$$

ここに，式 (B.8) を代入すると，

$$\alpha = -\frac{1}{q}\cdot\frac{\partial J_p(x,t)}{\partial x} = -\frac{1}{q}\cdot\frac{\partial}{\partial x}\left(qp_n(x,t)\mu_p E - qD_p\frac{\partial p_n(x,t)}{\partial x}\right)$$

$$= D_p\frac{\partial^2 p_n(x,t)}{\partial x^2} - \mu_p E\frac{\partial p_n(x,t)}{\partial x} \text{〔}\mathrm{m^{-3}s^{-1}}\text{〕} \qquad \text{(C.23)}$$

が得られる．一方，β は**図 C.3** の $(p_n(x,t)-p_{n0})$ に比例することより

$$\beta = -\frac{p_n(x,t)-p_{n0}}{\tau_p} \text{〔}\mathrm{m^{-3}s^{-1}}\text{〕} \qquad \text{(C.24)}$$

になる．なお，式中の p_{n0} は平衡状態の正孔の数密度，τ_p は正孔の寿命を意味している．式 (C.22) に，式 (C.23) と式 (C.24) を代入すると，式 (C.25) になる．式 (C.25) を n 形半導体における少数キャ

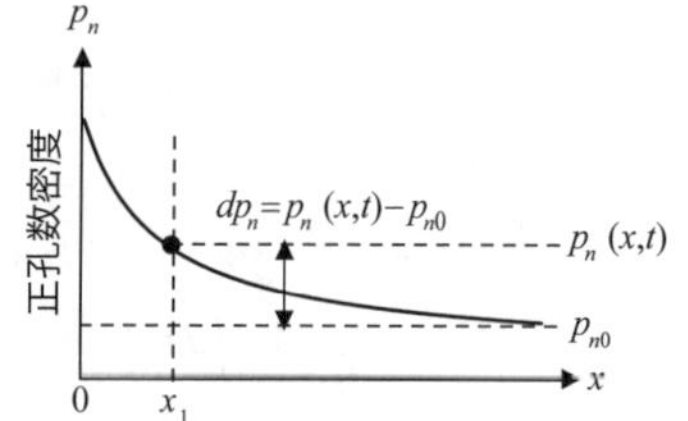

図 C.3　n 形半導体中の正孔密度の時間変化

リア連続の方程式という．

$$\frac{\partial p_n(x,t)}{\partial t}=\left(D_P\frac{\partial^2 p_n(x,t)}{\partial x^2}-\mu_P E\frac{\partial p_n(x,t)}{\partial x}\right)-\frac{p_n(x,t)-p_{n0}}{\tau_P} \qquad \text{(C.25)}$$

同様に，p 形半導体における少数キャリア連続の方程式を求めることができる．

$$\frac{\partial n_p(x,t)}{\partial t}=\left(D_n\frac{\partial^2 n_p(x,t)}{\partial x^2}+\mu_n E\frac{\partial n_p(x,t)}{\partial x}\right)-\frac{n_p(x,t)-n_{p0}}{\tau_n} \qquad \text{(C.26)}$$

ただし，n_{p0} は平衡状態の電子の数密度，τ_n は電子の寿命を意味する．式 (C.26) において，ドリフト電流がないときは，少数キャリア連続の方程式は式 (C.10) になる．

D　pn 接合ダイオードのツェナー降伏となだれ現象

ダイオードに逆方向電圧を加え，逆方向電圧が逆耐電圧 V_{RM} を超えると，急激に電流が流れる．これはツェナー降伏またはなだれ現象の二つの機構によって発生する．

ツェナー降伏は，pn 接合の p 形と n 形における不純物濃度が高いときに発生する．不純物濃度が高いと，逆方向電圧を大きくしてもそれほど空乏層が広がらず，n 形のエネルギー帯が下に曲がる．その結果，p 形の価電子帯と n 形の伝導帯が同じエネルギー準位になり，p 形の価電子帯にいる電子が，**トンネル効果**により直接 n 形の伝導帯に通り抜けるようになる．これにより，電子の移動方向と反対向きに大きな逆方向電流が流れる．これを**ツェナー降伏**という．**図 D.1** を参照のこと．

p 形と n 形における不純物濃度があまり高くないときには，ツェナー降伏は起きにくくなる．逆方向電圧を大きくすると，電子を n 形に，正孔を p 形に加速する方向に大きな電界が空乏層内に発生する．そうすると，逆方向電圧で加速された電子と正孔が，空乏層内の結晶原子に衝突し，電子・正孔対を発生させる．こうして生じた電子・正孔対が再び強電界に加速され，結晶原子に衝突し，次々に電子・正孔対を発生させる．その結果，なだれのようにキャリアが増加し，これによって大きな逆方向電流が流れる．この現象を**なだれ現象**という．**図 D.2** を参照のこと．

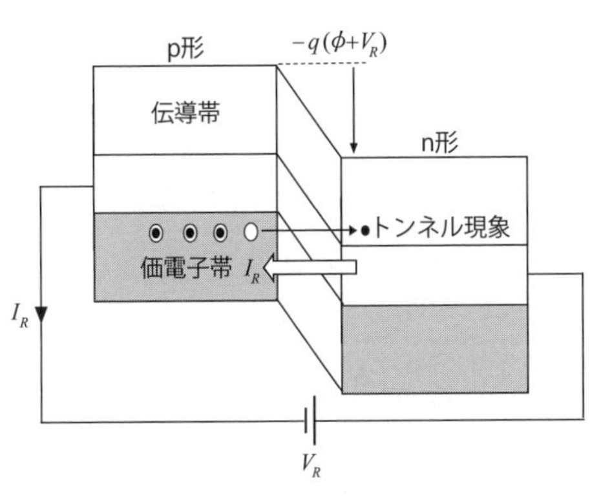

図 D.1　ツェナー降伏

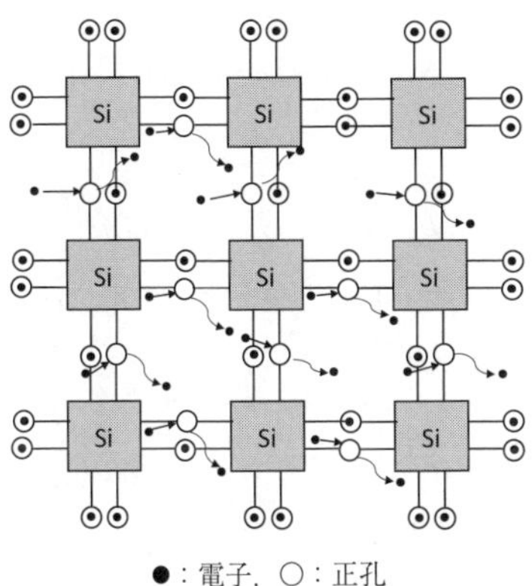

図 D.2　なだれ現象

E　MOS 形電界効果トランジスタのドレイン電流

ゲート-ソース間電圧 V_{GS} が，チャネルを発生させるしきい値電圧 V_{th} とドレイン-ソース間電圧 V_{DS} を加算した電圧 $(V_{th}+V_{DS})$ を超えると，チャネルが形成されドレイン電流 I_D が流れる．式 (E.1) と**図 E.1** を参照のこと．

$$V_{GS}>(V_{th}+V_{DS}) \qquad \text{(E.1)}$$

それぞれを以下のように定義し，このときのドレイン電流 I_D を求めてみよう．

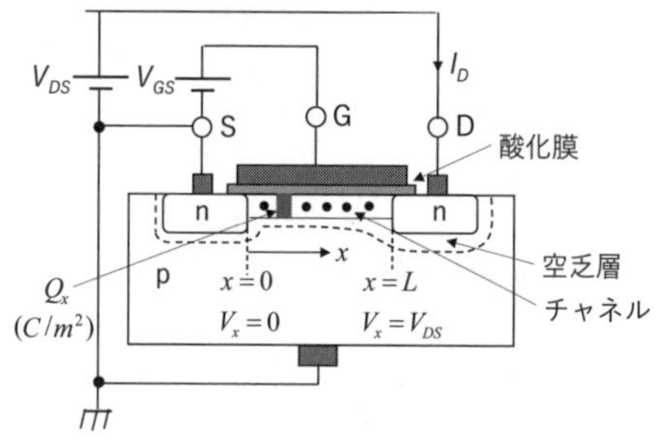

図 E.1　n チャネル MOS FET の構造とドレイン電流 I_D

V_x：x 点の電圧〔V〕，E_x：x 点の電界強度〔V/m〕，L：ゲート長 (D–S 間の距離，〔m〕)
W：ゲート幅 (奥行，〔m〕)，Q_x：x 点での単位面積当りのチャネルの電荷〔C/m²〕
V_{th}：チャネルを生じさせるゲート電圧のしきい値〔V〕

C_{ox}：ゲート酸化膜の単位面積当りの容量 (F/m²)，$C_{ox}=\dfrac{C}{S}=\dfrac{1}{S}\cdot\dfrac{S}{T_{ox}}\varepsilon_r\varepsilon_0=\dfrac{\varepsilon_r\varepsilon_0}{T_{ox}}\left[\dfrac{\mathrm{F}}{\mathrm{m}^2}\right]$

μ：キャリアの移動度，$\mu=\dfrac{\text{速度}}{\text{電界強度}}=\dfrac{v}{E}\left[\dfrac{\mathrm{m/s}}{\mathrm{V/m}}=\dfrac{\mathrm{m}^2}{\mathrm{V\cdot s}}\right]$

β_0：プロセス定数，$\beta_0=\mu C_{\mathrm{ox}}=\mu\dfrac{\varepsilon_r\varepsilon_0}{T_{ox}}\left[\dfrac{\mathrm{F}}{\mathrm{V\cdot s}}\right]$

T_{ox}：ゲートの酸化膜厚〔m〕，ε_0：真空の誘電率〔F/m〕，ε_r：酸化膜の比誘電率 (無名数)

ドレイン電流 I_D は $I_D=dQ/dt$ であり，また，$Q=WxQ_x$ なので

$$I_D=\frac{d(WxQ_x)}{dt}=WQ_x\frac{dx}{dt}=WQ_xv=WQ_x\frac{v}{E_x}E_x=WQ_x\mu E_x(\mathrm{C/s=A}) \qquad \text{(E.2)}$$

が成り立つ．ここで，電界強度は

$$E_x=-\frac{dV_x}{dx}\ 〔\mathrm{V/m}〕 \qquad \text{(E.3)}$$

で与えられ，これを式 (E.2) に代入すると式 (E.4) が得られる．

$$I_D=WQ_x\mu E_x=-WQ_x\mu\frac{dV_x}{dx}\ 〔\mathrm{A}〕 \qquad \text{(E.4)}$$

一方，$Q=CV$ より，x 点での単位面積当りのチャネルの電荷 Q_x は

$$Q_x=-C_{ox}\{V_{GS}-(V_{th}+V_x)\}=-C_{ox}\{(V_{GS}-V_{th})-V_x\}\ 〔\mathrm{C/m^2}〕 \qquad \text{(E.5)}$$

となる．式 (E.5) を式 (E.4) に代入すると，式 (E.6) が得られる．

$$I_D=-WQ_x\mu\frac{dV_x}{dx}=W\mu C_{ox}\{(V_{GS}-V_{th})-V_x\}\frac{dV_x}{dx}\ 〔\mathrm{A}〕 \qquad \text{(E.6)}$$

次に，式 (E.6) を整理し，両辺を積分する．

$$I_Ddx=W\mu C_{ox}\{(V_{GS}-V_{th})-V_x\}dV_x \ \Rightarrow\ I_D\int_0^L dx=W\mu C_{ox}\int_0^{V_{DS}}\{(V_{GS}-V_{th})-V_x\}dV_x$$

$$I_D L = W\mu C_{ox}\left\{(V_{GS}-V_{th})V_{DS}-\frac{1}{2}V_{DS}^2\right\} \quad \Rightarrow \quad I_D=\left(\frac{W}{L}\right)\mu C_{ox}\left\{(V_{GS}-V_{th})V_{DS}-\frac{1}{2}V_{DS}^2\right\}$$

$\mu C_{\mathrm{ox}}=\beta_0$ とおくと

$$I_D=\beta_0\left(\frac{W}{L}\right)\left\{(V_{GS}-V_{th})V_{DS}-\frac{1}{2}V_{DS}^2\right\}\cong\beta_0\left(\frac{W}{L}\right)(V_{GS}-V_{th})V_{DS}\ \text{〔A〕} \quad (\mathrm{E.7})=(5.2)$$

が得られる．この電流が線形領域におけるドレイン電流になる．

F　トランジスタのベース-エミッタ間電圧 V_{BE} の温度変化

図 F.1 は npn 形トランジスタの動作状態におけるキャリアと電流およびベース-エミッタ間の等価抵抗を示したものである．エミッタ領域では，多数キャリアは電子，少数キャリアは正孔になる．ベース領域では，逆に多数キャリアは正孔，少数キャリアは電子になる．ベース-エミッタ間にはバイアス電圧 V_{BB} が加えられており，ベース電流がベースからエミッタに向けて価電子帯を通って流れている．

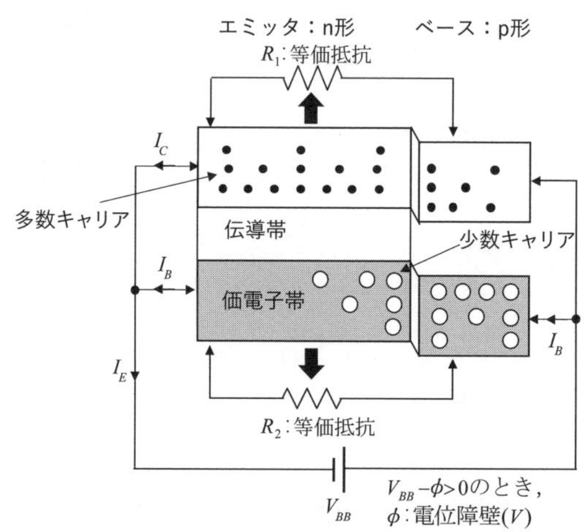

●：電子，○：正孔．エミッタの価電子帯における少数キャリア（正孔：真性キャリア）が，温度とともに図 F.2 のように急激に増加する．

図 F.1　npn 形トランジスタの動作状態とベース-エミッタ間等価抵抗

温度が上がると，エミッタ領域とベース領域の多数キャリアは変化ないが，エミッタ領域の価電子帯おける正孔（少数キャリア）の数密度（真性キャリア数密度）が**図 F.2** のように急激に増加する．このために，飽和電流密度（印加電圧に依存しない電流密度）が上昇し，ベース-エミッタ間の等価抵抗 R_2 が下がり，ベース-エミッタ間電圧 V_{BE} が低下する．

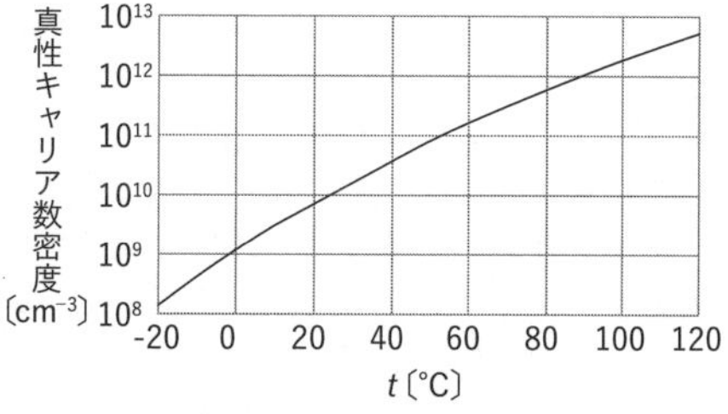

図 F.2　真性キャリア数密度（密度）の温度変化

G　トランス結合増幅回路と直結増幅回路

(1)　トランス結合増幅回路

図 G.1 は，トランス結合増幅回路を示したものである．初段の増幅回路と後段の増幅回路がトランスで結合されている．この回路は以下のような特徴がある．

① トランスの巻線比を選ぶことで，増幅回路の最大出力電力を得ることができる．

② 増幅度の周波数特性があまり良くない．

③ 入力電圧（交流小信号）の周波数が低周波の場合はトランスに鉄心が必要であり，コストが高くなる．

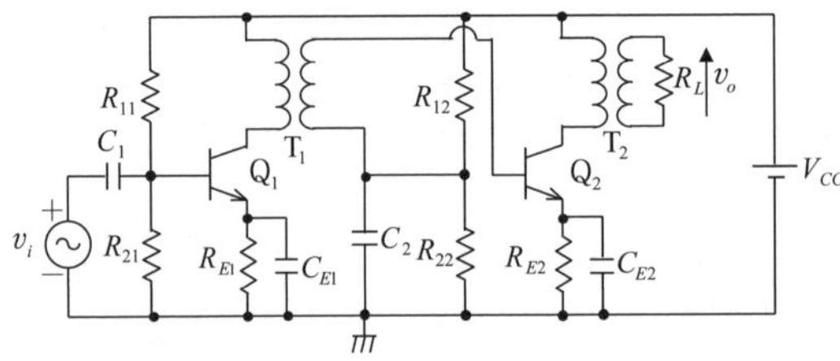

図 G.1　トランス結合増幅回路

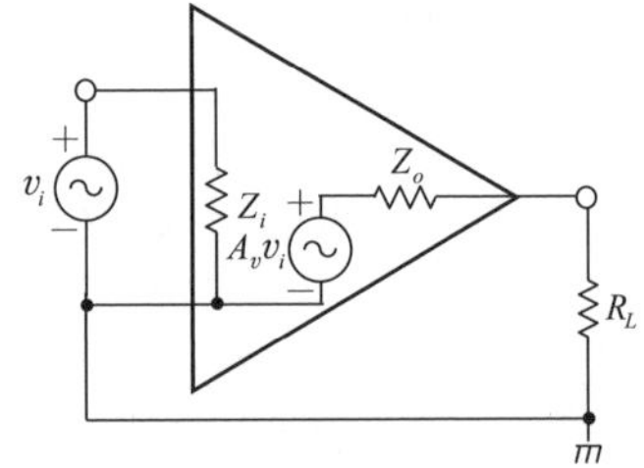

v_i：入力電圧，$A_v v_i$：増幅された入力電圧，Z_i：入力インピーダンス，Z_o：出力インピーダンス，R_L：負荷抵抗

図 G.2　増幅器の出力インピーダンスと負荷抵抗

図 G.2 は増幅器の出力インピーダンス Z_o と負荷抵抗 R_L を示したものである．増幅器の出力電力（負荷抵抗 R_L の電力）P_o は

$$P_o=\left(\frac{A_v v_i}{Z_o+R_L}\right)^2 R_L \qquad \text{(G.1)}$$

で与えられ，出力インピーダンス Z_o と負荷抵抗 R_L が等しい $Z_o=R_L$ のときに最大になる．このときの最大出力電力 $P_{o\max}$ は

$$P_{o\max}=\frac{(A_v v_i)^2}{4R_L} \qquad \text{(G.2)}$$

になる．トランス結合増幅回路を使うと，巻線比 $n(n=N_1/N_2)$ を変えることで一次側に換算された負荷抵抗 n^2R_L の値を変え，出力電力が最大になる条件 $(Z_o=R_L)$ に合わせることができる．

トランスの等価回路を**図 G.3** に示すが，一次励磁インダクタンス L_P に一次側に換算された負荷抵抗 R'_L（以下，ダッシュの付いている記号は一次側に換算したものを示す）が並列に接続されている．また，一次巻線分布容量 C_{S1} と一次換算の二次巻線分布容量 C'_{S2} が図のように存在する．一次励磁インダクタンス L_P のリアクタンス X_L は

$$X_L=\omega L_P=2\pi f L_P \qquad \text{(G.3)}$$

で与えられ，入力電圧の周波数が下がると低下してしまう．その結果，出力電圧（図 G.3 の二次電圧 v'_2）が低下し，増幅度も下がってしまう．これを改善するために磁気抵抗 R_m

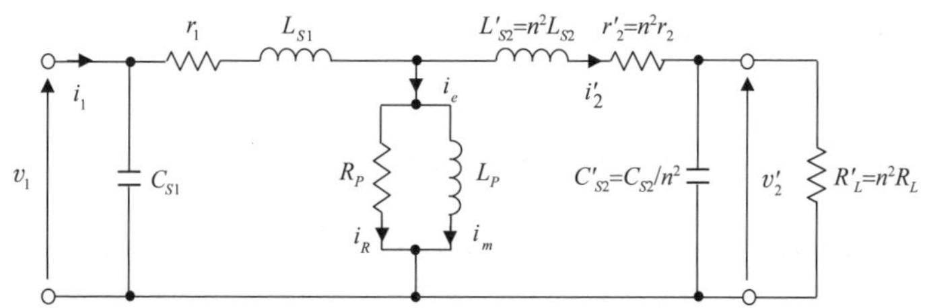

n：巻線比（$n=N_1/N_2$），r_1：一次巻線抵抗，r'_2：一次巻線換算の二次巻線抵抗，R'_L：一次換算の負荷抵抗，L_{S1}：一次リーケージインダクタンス，L'_{S2}：一次換算の二次リーケージインダクタンス，L_p：一次励磁インダクタンス，R_p：鉄損に相当する抵抗，C_{S1}：一次巻線の分布容量，C'_{S2}：一次換算の二次巻線の分布容量，v_1：一次電圧，v'_2：一次換算の二次電圧，i_1：一次電流，i'_2：一次換算の二次電流，i_e：励磁電流，i_R：鉄損電流，i_m：磁化電流．

図 G.3　トランスの等価回路

を下げて一次励磁インダクタンスを確保する必要があり，透磁率 μ の高い鉄心を入れる．式 (G.4) を参照のこと．このために，価格が高くなってしまう．

$$L_P=N_1^2/R_m \propto \mu N_1^2 \qquad \text{(G.4)}$$

逆に入力電圧の周波数が高くなると，分布容量により負荷抵抗両端が短絡されるために出力電圧 (図 G.3 の二次電圧 v'_2) が低下し，増幅度も下がってしまう．このようにトランス結合増幅回路は周波数特性があまり良くない．

（2）　直結増幅回路

図 G.4 に直結増幅回路を示す．直流に近い周波数の入力電圧を増幅する場合，トランス結合増幅回路や CR 結合増幅回路は増幅度が落ちてしまい使えない．このようなときは直結増幅回路を使う．しかし，高域の周波数領域での増幅度は CR 結合増幅回路と同じく低下してしまう．**図 G.5** を参照のこと．トランジスタの接合容量や配線などの浮遊容量などにより，高域周波数領域における増幅度は図 G.5 のように低下してしまう．

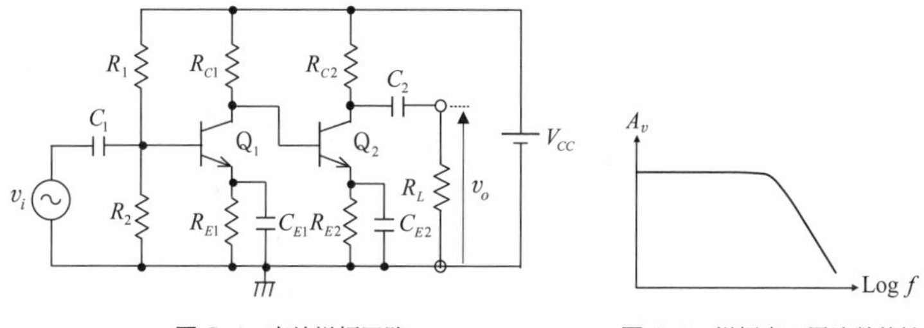

図 G.4　直結増幅回路　　**図 G.5**　増幅度の周波数特性

また，トランス結合増幅回路や CR 結合増幅回路と違い，初段と後段の増幅回路のバイアス電圧は単独で設定することはできない．入力信号がなくても出力には常にトランジスタ Q_2 のコレクタ電圧 (直流電圧) がオフセット電圧として現れる．

集積回路は大きな容量のコンデンサが内蔵できないので，増幅器として直結増幅回路が使われる．

H　出力インピーダンス(出力抵抗)を高めたカレントミラー回路

図 H.1 に示すようにカレントミラー回路の出力トランジスタ Q_2，Q_3 のエミッタと接地点間に抵抗 R_E を挿入すると，負帰還がかかってコレクタ電流(交流分)i_c が減少し，Q_3 の出力インピーダンス Z_o を上げることができる．第 8 章で学んだ直列帰還-直列注入形の負帰還増幅回路と同様になり，Z_o が大きくなる．したがって，このカレントミラー回路を使うと差動増幅器の CMRR を大きくすることができる．

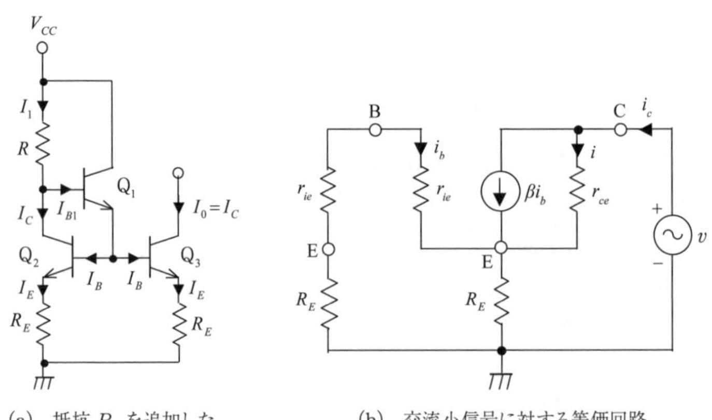

(a)　抵抗 R_E を追加したカレントミラー回路　　(b)　交流小信号に対する等価回路

図 H.1　抵抗 R_E を追加したカレントミラー回路

まず，定電流 I_0 と抵抗 R および R_E の関係について求める．図 H.1(a) より

$$I_B=\frac{I_C}{\beta},\ \ 2I_B=(\beta+1)I_{B1}\Rightarrow I_{B1}=\frac{2I_B}{\beta+1}=\frac{2I_C}{\beta(\beta+1)}$$

$$I_1=I_C+I_{B1}=I_C+\frac{2I_C}{\beta(\beta+1)}=I_C\left\{1+\frac{2}{\beta(\beta+1)}\right\} \qquad \text{(H.1)}$$

$$V_{CC}=I_1R+2V_{BE}+I_ER_E=I_CR\left\{1+\frac{2}{\beta(\beta+1)}\right\}+2V_{BE}+\frac{\beta+1}{\beta}I_CR_E$$

$$=I_C\left[R\left\{1+\frac{2}{\beta(\beta+1)}\right\}+\frac{\beta+1}{\beta}R_E\right]+2V_{BE} \qquad \text{(H.2)}$$

が成り立つ．これより，定電流 I_0 が

$$I_0=I_C=\frac{V_{CC}-2V_{BE}}{R\left\{1+\dfrac{2}{\beta(\beta+1)}\right\}+\dfrac{\beta+1}{\beta}R_E}\cong\frac{V_{CC}-2V_{BE}}{R+R_E} \qquad \text{(H.3)}$$

として得られる．式 (H.3) より，例題 9.2 および例題 9.3 と同じ値の定電流 I_0 にするた

めには，$(R+R_E)=4.74\,\mathrm{k\Omega}$ にしなければならない．

次に，交流信号に対する等価回路図 H.1(b) から，出力インピーダンス Z_o を求める．図 H.1(b) において次式が成り立つ．

$$(\beta+1)i_bR_E+i(r_{ce}+R_E)=v \qquad (\mathrm{H.5})$$

$$(\beta+1)i_bR_E+i_b(R_E+2r_{ie})+iR_E=0 \qquad (\mathrm{H.6})$$

式 (H.6) より式 (H.7) が得られる．

$$i_b=-\frac{R_E}{(\beta+2)R_E+2r_{ie}}i \qquad (\mathrm{H.7})$$

これを式 (H.5) に代入し，整理すると電流 i とベース電流 i_b が得られる．

$$i=\frac{(\beta+2)R_E+2r_{ie}}{(\beta+2)R_Er_{ce}+2r_{ie}(r_{ce}+R_E)+R_E^{\,2}}v \qquad (\mathrm{H.8})$$

$$i_b=-\frac{R_E}{(\beta+2)R_Er_{ce}+2r_{ie}(r_{ce}+R_E)+R_E^{\,2}}v \qquad (\mathrm{H.9})$$

これらの式から，出力インピーダンス Z_o を求めると以下のようになる．

$$i_c=i+\beta i_b=\frac{2(R_E+r_{ie})}{(\beta+2)R_Er_{ce}+2r_{ie}(r_{ce}+R_E)+R_E^{\,2}}v$$

$$Z_o=\frac{v}{i_c}=\frac{(\beta+2)R_Er_{ce}+2r_{ie}(r_{ce}+R_E)+R_E^{\,2}}{2(R_E+r_{ie})} \qquad (\mathrm{H.10})$$

一例として，$R_E=1\,\mathrm{k\Omega}$，$R=3.74\,\mathrm{k\Omega}$，その他は例題 9.2 および例題 9.3 と同一条件で計算すると，出力インピーダンスは 1265.6 kΩ になる．抵抗 R_E を挿入する前 (例題 9.3) の出力インピーダンスは 55.1 kΩ であるから，23 倍に大きくなったことになる．

$$\beta=120,\ R=3.74\,\mathrm{k\Omega},\ R_E=1\,\mathrm{k\Omega},\ I_0=I_C=\frac{0-(-V_{EE})-2V_{BE}}{R+R_E}=\frac{8.6\,\mathrm{V}}{4.74\,\mathrm{k\Omega}}$$

$$=1.815\,\mathrm{mA}$$

$$r_{ce}=\frac{100\,\mathrm{V}}{1.815\,\mathrm{mA}}=55.1\,\mathrm{k\Omega},\ I_E\cong I_C=1.815\,\mathrm{mA},\ r_e=\frac{26\,\mathrm{mV}}{1.815\,\mathrm{mA}}=14.325\,\Omega$$

$$r_{ie}=r_b+(\beta+1)r_e=121\times14.325\,\Omega=1.733\,\mathrm{k\Omega},$$

$$Z_o=\frac{(\beta+2)R_Er_{ce}+2r_{ie}(r_{ce}+R_E)+R_E^{\,2}}{2(R_E+r_{ie})}=\left\{\frac{122\times1\times55.1+2\times1.733\times(55.1+1)+1^2}{2\times(1+1.733)}\right\}$$

$$=\left(\frac{6722.2+194.44+1}{5.466}\right)=\left(\frac{6917.64}{5.466}\right)=1265.6\,\mathrm{k\Omega}$$

また，この回路を差動増幅回路に適用すると，CMRR は 68517.9(96.7 dB) になる．抵抗 R_E を挿入する前 (例題 9.3) は 2984(69.5 dB) なので，23 倍に大きくなったことになる．

R_B：図 9.7 のベース抵抗，$R_B=1\,\mathrm{k\Omega}$，r'_{ie}：図 9.7Q_1 の入力抵抗，$r'_{ie}=3.47\,\mathrm{k\Omega}$

$$\mathrm{CMRR}=\frac{A_d}{A_c}=1+\frac{2(\beta+1)Z_o}{R_B+r'_{ie}}=1+\frac{2\times121\times1265.6}{1+3.47}=68517.9\Rightarrow96.7\,\mathrm{dB}$$

I　伝達関数とラプラス変換

入力電圧と出力電圧の初期値を 0 として，ラプラス変換した後の入力電圧と出力電圧の比を伝達関数 $G(s)$ という．

$$G(s)=\frac{\text{ラプラス変換後の出力電圧}}{\text{ラプラス変換後の入力電圧}}=\frac{V_o(s)}{V_i(s)} \qquad (\text{I}.1)$$

入力電圧 $v_i\ (t)$ と出力電圧 $v_o(t)$ の比 $G(t)$ は，入力電圧が変化すると変わってしまう．一方，ラプラス変換したあとの伝達関数 $G(s)$ は，入力電圧 $v_i\ (t)$ が変わっても変わらない．一例を紹介しよう．

（1） 入力電圧 $v_i\ (t)$ と出力電圧 $v_o(t)$ の比

図 I.1 に示す回路について入力電圧 $v_i(t)$ と出力電圧 $v_o(t)$ の比 $G(t)$ を求めよう．

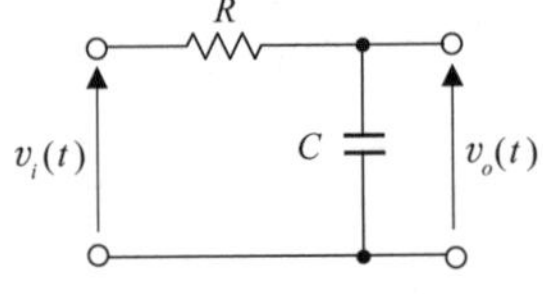

図 I.1　RC 回路（ローパスフィルタ回路）

① $v_i(t)=1$ のとき

$$v_o(t)=1-\varepsilon^{-\frac{t}{CR}}$$

$$G(t)=\frac{v_o(t)}{v_i(t)}=\left(1-\varepsilon^{-\frac{t}{CR}}\right) \qquad (\text{I}.2)$$

② $v_i(t)=t$ のとき

$$v_o(t)=t-CR\left(1-\varepsilon^{-\frac{t}{CR}}\right),\qquad G(t)=\frac{v_o(t)}{v_i(t)}=\left\{1-\frac{CR}{t}\left(1-\varepsilon^{-\frac{t}{CR}}\right)\right\} \qquad (\text{I}.3)$$

①と②に示したように，入力電圧 $v_i\ (t)$ によって入力電圧 $v_i\ (t)$ と出力電圧 $v_o(t)$ の比 $G(t)$ は変化してしまう．

（2） ラプラス変換後の入力電 $V_i\ (s)$ と出力電圧 $V_o(s)$ の比

図 I.1 をラプラス変換後の回路に置き換えると，**図 I.2** になる．この回路について入力電圧 $V_i\ (s)$ と出力電圧 $V_o(s)$ の比 $G(s)$ を求める．

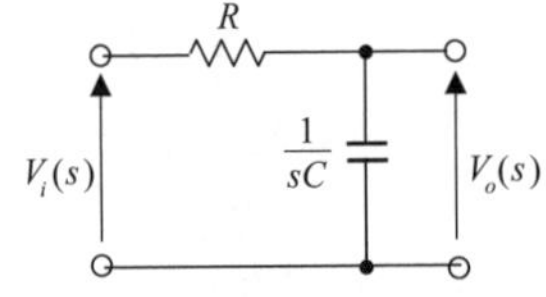

図 I.2　ラプラス変換後の等価回路（伝達関数に対する等価回路）

① $v_i\ (t)=1$，$V_i\ (s)=1/s$ のとき　式 (I.2) をラプラス変換すると，以下のようになる．

$$G(s)=\frac{V_o(s)}{V_i(s)}=\frac{1}{1/s}\left(\frac{1}{s}-\frac{1}{s+1/CR}\right)=\frac{1}{1+sCR} \qquad (\text{I}.4)$$

② $v_i(t)=t$，$V_i(s)=1/s^2$ のとき　回路方程式をラプラス変換し $G(s)$ を求める．

$$iR+\frac{1}{C}\int idt=t,\ I(s)R+\frac{I(s)}{sC}=\frac{1}{s^2}\quad\Rightarrow\quad I(s)=\frac{1}{s^2}\cdot\frac{sC}{1+sCR}$$

$$V_o(s)=\frac{I(s)}{sC}=\frac{1}{s^2}\cdot\frac{1}{1+sCR},\quad V_i(s)=\frac{1}{s^2}$$

$$G(s)=\frac{V_o(s)}{V_i(s)}=s^2\left(\frac{1}{s^2}\cdot\frac{1}{1+sCR}\right)=\frac{1}{1+sCR} \qquad (\text{I}.5)$$

①と②に示したように，入力電圧が変化しても，ラプラス変換後の入力電圧 $V_i\ (s)$ と出力電圧 $V_o(s)$ の比 $G(s)$ は変化しない．この $G(s)$ を**伝達関数**という．

なお，ラプラス変換とは難しい関数 $f(t)$ を簡単な関数 $F(s)$ に変換することをいう．微分・積分方程式の中の関数 $f(t)$ を簡単な関数 $F(s)$ にラプラス変換し，方程式の解を求める．その解を逆ラプラス変換すると，t 領域での微分・積分方程式の解を求めることができる（**図 I.3**）．

ラプラス変換の定義（変換の仕方）は

$$F(s)=\int_0^\infty e^{-st}f(t)dt \qquad \text{(I.6)}$$

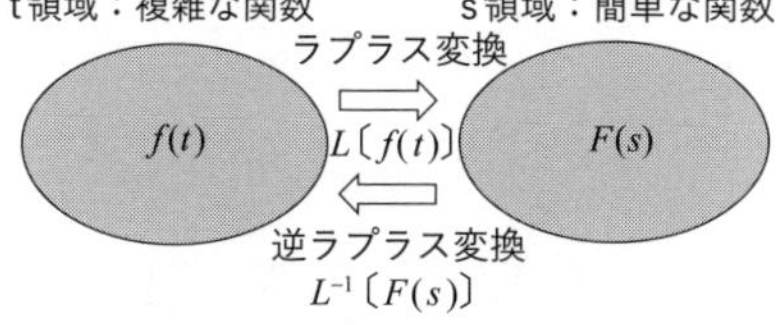

図 I.3　ラプラス変換と逆ラプラス変換

となっている．関数 $f(t)$ に e^{-st} をかけて，0〜∞まで積分する．e^{-st} をかけるのは，積分後の値を収束させるためである．逆ラプラス変換するときは，ラプラス変換表を用い，当てはまる $f(t)$ 関数を求める．代表的なラプラス変換例を**表 I.1** に示す．

表 I.1　ラプラス変換表

$f(t)$	$F(s)$	備考
1	$1/s$	——
t	$1/s^2$	——
$\int f(t)dt$	$\dfrac{F(s)}{s}+\dfrac{f^{-1}(0)}{s}$	初期値が0のときは $\dfrac{F(s)}{s}$ になる．

J　コンデンサ入力形整流回路におけるダイオードの消弧角と導通時間

［1］　半波整流回路および全波整流回路

整流ダイオードは図 12.3 に示すように，時刻 t_1 で導通しその後時刻 t_2 でオフする．このときの t_1 と t_2 およびダイオードの導通時間 $\Delta t(\Delta t=t_2-t_1)$ を求めてみよう．

（1）　交流電源の内部抵抗やダイオードの等価直流抵抗を考慮しないとき

交流電源 e がコンデンサ C と抵抗 R_L に加えられると，電流 i_C と i_R が流れる．このときの電流と i_C と i_R が 0 になる消弧角 θ_2 は

$$e=E_m\sin\omega t$$

$$\left.\begin{array}{l} i_C=\omega CE_m\cos\omega t \\ \theta_2=\pi/2 \end{array}\right] \quad \text{(J.1)}, \qquad \left.\begin{array}{l} i_R=\dfrac{E_m}{R_L}\sin\omega t \\ \theta_2=\pi \end{array}\right] \quad \text{(J.2)}$$

となる．**図 J.1** を参照のこと．また，これらを加算した電流 i は

$$i=i_C+i_R=\omega CE_m\cos\omega t+\frac{E_m}{R_L}\sin\omega t$$

$$=\sqrt{(\omega C)^2+(1/R_L)^2}E_m\left(\frac{\omega C\cos\omega t}{\sqrt{(\omega C)^2+(1/R_L)^2}}+\frac{1/R_L\sin\omega t}{\sqrt{(\omega C)^2+(1/R_L)^2}}\right)$$

$$\sqrt{(\omega C)^2+(1/R_L)^2}E_m\cos(\omega t-\alpha) \quad \text{(J.3)}, \quad \alpha=\tan^{-1}\left(\frac{i_R}{i_C}\right)=\tan^{-1}\left(\frac{1}{\omega CR_L}\right) \quad \text{(J.4)}$$

になる．電流 i を図 J.1 に示すが，電流 i が 0 になる消弧角 θ_2 と時刻 t_2 は

$$\cos(\omega t_2-\alpha)=0 \text{ より } \omega t_2-\alpha=\pi/2$$

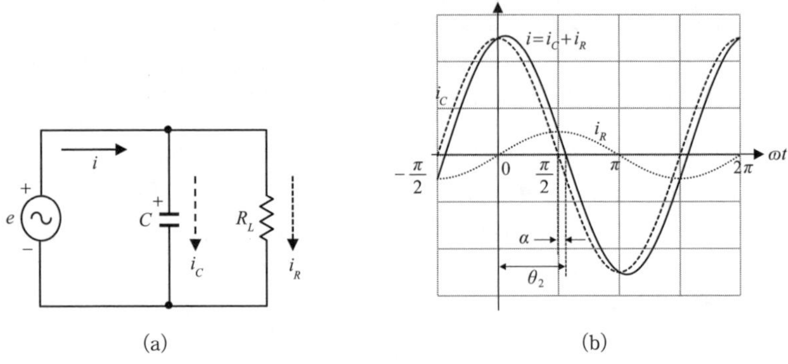

図 J.1　交流電流とダイオードがオフする消弧角 $\theta_2(\theta_2=\omega t_2)$ の関係

$$\left.\begin{aligned}\theta_2&=\omega t_2=\frac{\pi}{2}+\alpha=\frac{\pi}{2}+\tan^{-1}\left(\frac{i_R}{i_C}\right)=\frac{\pi}{2}+\tan^{-1}\left(\frac{1}{\omega CR_L}\right)\\ t_2&=\frac{T}{4}+\frac{1}{\omega}\tan^{-1}\left(\frac{1}{\omega CR_L}\right),\ \ \Delta t_2=\frac{\alpha}{\omega}=\frac{1}{\omega}\tan^{-1}\left(\frac{1}{\omega CR_L}\right)\end{aligned}\right] \qquad \text{(J.5)}$$

として求めることができる．図 J.1 において，コンデンサを流れる電流 i_C が抵抗を流れる電流 i_R よりも大きいと，θ_2 は $\pi/2$ に近づく．逆に，i_C が i_R より小さいと，θ_2 は π に近づく．この関係を表したのが，式 (J.4) と式 (J.5) になる．なお，時刻 t_2 は半波整流回路，全波整流回路ともに同じであり，式 (J.5) で与えられる．

時刻 t_1 は半波整流回路と全波整流回路で異なる．それぞれについて求める．

〈1〉　半波整流回路の t_1

時刻 t_2 でダイオードがオフすると，出力電圧 v_o は時間に対して直線的に下降する．時定数 τ $(\tau=CR_L)$ が周期 T に対して十分に大きいとすると，v_o は次のようになる．

$$v_o=E_m\sin\omega t_2 e^{-\frac{t-t_2}{CR_L}}\cong E_m\sin\omega t_2\left(1-\frac{t-t_2}{CR_L}\right) \qquad \text{(J.6)}$$

時刻 (t_1+T) に達すると，出力電圧は時刻 t_1 の出力電圧に等しくなる．

$$v_o(t_1+T)=E_m\sin\omega t_2\left(1-\frac{t_1+T-t_2}{CR_L}\right)=v_o(t_1)=E_m\sin\omega t_1 \qquad \text{(J.7)}$$

ここで，$t_1=T/4-\Delta t_1$，$t_2=T/4+\Delta t_2$ とおき，式 (J.7) より t_1 と Δt_1 を求める．なお，電源周波数 $f=50$ Hz，$C=1000$ μF，$R_L=150$ Ω のときの t_2 は 5.07 ms であり，$\sin\omega t_2\cong1$ になる．（後述の (2) で $r=1$ Ω のときの t_2 は 6 ms であり，同様に，$\sin\omega t_2=0.951\cong1$ になる）．したがって，式 (J.7) より

$$\sin\omega t_1=1-\frac{t_1+T-t_2}{CR_L}=1+\frac{t_2-t_1}{CR_L}-\frac{T}{CR_L}=1+\frac{\Delta t_1+\Delta t_2}{CR_L}-\frac{T}{CR_L}$$

が成り立つ．これより，まず Δt_1 を求めると以下のようになる．

$$\sin\omega t_1=\sin\left(\frac{\pi}{2}-\omega\Delta t_1\right)=\cos\omega\Delta t_1\cong1-\frac{1}{2}(\omega\Delta t_1)^2=1+\frac{\Delta t_1+\Delta t_2}{CR_L}-\frac{T}{CR_L}$$

$$\frac{1}{2}(\omega\Delta t_1)^2+\frac{\Delta t_1}{CR_L}+\frac{\Delta t_2}{CR_L}-\frac{T}{CR_L}=0 \;\Rightarrow\; \omega^2(\Delta t_1)^2+\frac{2}{CR_L}\Delta t_1-\frac{2}{CR_L}(T-\Delta t_2)=0$$

$$\Delta t_1=\frac{-\dfrac{2}{CR_L}\pm\sqrt{\left(\dfrac{2}{CR_L}\right)^2+\dfrac{8\omega^2}{CR_L}(T-\Delta t_2)}}{2\omega^2}$$

$$=\frac{-\dfrac{1}{CR_L}\pm\dfrac{1}{CR_L}\sqrt{1+2\omega^2CR_L(T-\Delta t_2)}}{2\omega^2}$$

$1\ll 2\omega^2CR_L(T-\Delta t_2)$ であるために，Δt_1 と t_1 は以下となる．

$$\left.\begin{aligned}\Delta t_1&\cong\frac{\sqrt{2\omega^2CR_L(T-\Delta t_2)}}{\omega^2CR_L}=\frac{1}{\omega}\sqrt{\frac{2(T-\Delta t_2)}{CR_L}}\\ t_1&=\frac{T}{4}-\Delta t_1=\frac{T}{4}-\frac{1}{\omega}\sqrt{\frac{2(T-\Delta t_2)}{CR_L}}\end{aligned}\right]\qquad \text{(J.8)}$$

〈2〉 全波整流回路の t_1

全波整流回路の t_1 は次のようになる．時刻 $(t_1+T/2)$ において，出力電圧 v_o は時刻 t_1 の出力電圧に等しくなる．

$$v_o(t_1+T/2)=E_m\sin\omega t_2\left(1-\frac{t_1+T/2-t_2}{CR_L}\right)=v_o(t_1)=E_m\sin\omega t_1 \qquad \text{(J.9)}$$

式 (J.9) より，$\sin\omega t_2\cong 1$ とおくと

$$\sin\omega t_1=1-\frac{t_1+T/2-t_2}{CR_L}=1+\frac{t_2-t_1}{CR_L}-\frac{T/2}{CR_L}=1+\frac{\Delta t_1+\Delta t_2}{CR_L}-\frac{T}{2CR_L}$$

が成り立つ．これより，Δt_1 を求めることができる．

$$\sin\omega t_1=\sin\left(\frac{\pi}{2}-\omega\Delta t_1\right)=\cos\omega\Delta t_1\cong 1-\frac{1}{2}(\omega\Delta t_1)^2=1+\frac{\Delta t_1+\Delta t_2}{CR_L}-\frac{T}{2CR_L}$$

$$\frac{1}{2}(\omega\Delta t_1)^2+\frac{\Delta t_1}{CR_L}+\frac{\Delta t_2}{CR_L}-\frac{T}{2CR_L}=0 \Rightarrow \omega^2(\Delta t_1)^2+\frac{2}{CR_L}\Delta t_1-\frac{1}{CR_L}(T-2\Delta t_2)=0$$

$$\Delta t_1=\frac{-\dfrac{2}{CR_L}\pm\sqrt{\left(\dfrac{2}{CR_L}\right)^2+\dfrac{4\omega^2}{CR_L}(T-2\Delta t_2)}}{2\omega^2}$$

$$=\frac{-\dfrac{1}{CR_L}\pm\dfrac{1}{CR_L}\sqrt{1+\omega^2CR_L(T-2\Delta t_2)}}{\omega^2}$$

$1\ll\omega^2CR_L(T-2\Delta t_2)$ であるために，Δt_1 と t_1 は以下となる．

$$\left.\begin{aligned}\Delta t_1&\cong\frac{\sqrt{\omega^2CR_L(T-2\Delta t_2)}}{\omega^2CR_L}=\frac{1}{\omega}\sqrt{\frac{(T-2\Delta t_2)}{CR_L}}\\ t_1&=\frac{T}{4}-\Delta t_1=\frac{T}{4}-\frac{1}{\omega}\sqrt{\frac{(T-2\Delta t_2)}{CR_L}}\end{aligned}\right]\qquad \text{(J.10)}$$

(2) 交流電源の内部抵抗などを合計した抵抗 r を考慮したとき

実際には，交流電源の内部抵抗やダイオードの等価直流抵抗および突入電流を抑えるための抵抗がダイオードと直列に入る．図 12.4 を参照してそれらを合計した抵抗を r とすると，回路を流れる電流は以下のようになる．

$$i=\frac{\omega E_m}{\omega^2+\left(\dfrac{r+R_L}{CrR_L}\right)^2}\left(\frac{1}{Cr^2}\cos\omega t+\frac{\omega^2C^2rR_L^2+r+R_L}{\omega(CrR_L)^2}\sin\omega t-\frac{1}{Cr^2}e^{-\frac{t}{\tau}}\right)$$

$$=\frac{\sqrt{(\omega^2C^2rR_L^2+r+R_L)^2+(\omega CR_L^2)^2}}{(\omega CrR_L)^2+(r+R_L)^2}E_m\left\{\cos(\omega t-\alpha)-\cos\alpha\, e^{-\frac{t}{\tau}}\right\} \qquad (\mathrm{J.11})$$

$$\tau=C\left(\frac{rR_L}{r+R_L}\right),\quad \alpha=\tan^{-1}\left(\frac{i_R}{i_C}\right)=\tan^{-1}\left(\frac{\omega^2C^2rR_L^2+r+R_L}{\omega CR_L{}^2}\right) \qquad (\mathrm{J.12})$$

時定数 τ は $C=1000\ \mu\mathrm{F}$，$r=1\ \Omega$，$R_L=150\ \Omega$ とすると 0.99 ms になる．これに対して，交流電源周波数が $f=50$ Hz のとき，時刻 t_2 は 5 ms を超える．したがって，式 (J.11) の第二項はほぼ 0 になり，時間が 5 ms 以上では電流 i は近似的に式 (J.13) になる．

式 (J.11) の第二項：$-\cos\alpha\, e^{-\frac{t}{\tau}}=-\cos\alpha\, e^{-\frac{5}{0.99}}\cong 0$

$$i=\frac{\sqrt{(\omega^2C^2rR_L^2+r+R_L)^2+(\omega CR_L^2)^2}}{(\omega CrR_L)^2+(r+R_L)^2}E_m\cos(\omega t-\alpha) \qquad (\mathrm{J.13})$$

これより，半波・全波整流回路の t_1 と t_2 および Δt を求めると以下のようになる．

① 半波整流回路

$$\left.\begin{aligned}
&\cos(\omega t_2-\alpha)=0 \text{ より } \omega t_2-\alpha=\pi/2\\
&\theta_2=\omega t_2=\frac{\pi}{2}+\alpha=\frac{\pi}{2}+\tan^{-1}\left(\frac{\omega^2C^2rR_L^2+r+R_L}{\omega CR_L^2}\right)\\
&t_2=\frac{T}{4}+\frac{1}{\omega}\tan^{-1}\left(\frac{\omega^2C^2rR_L^2+r+R_L}{\omega CR^2{}_L}\right),\\
&\Delta t_2=\frac{1}{\omega}\tan^{-1}\left(\frac{\omega^2C^2rR_L^2+r+R_L}{\omega CR^2{}_L}\right)
\end{aligned}\right] \qquad (\mathrm{J.14})$$

t_1 は式 (J.8) に同じになる．

② 全波整流回路　　t_2 は式 (J.14) に同じになる．t_1 は式 (J.10) に同じになる．

[2] 全波倍電圧整流回路

全波倍電圧整流回路の交流に対する等価回路は**図 J.2**(a) になる．ここで

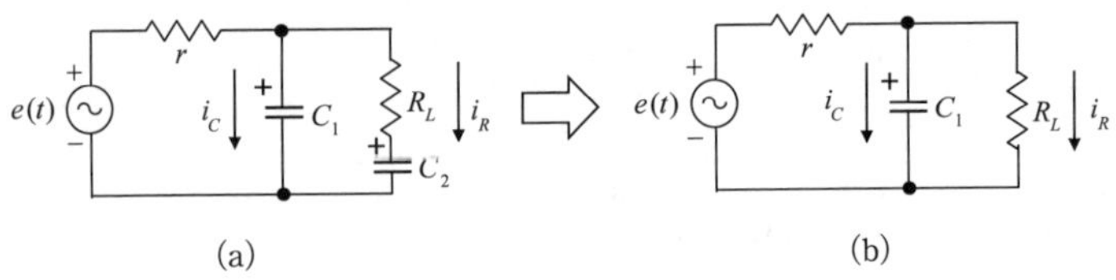

図 J.2　交流電源に対する等価回路

$$1/(\omega C_2) \ll R_L \qquad (\mathrm{J.15})$$

のために，コンデンサ C_2 は短絡と考え等価回路は図 J.2(b) として扱うことができる．図 J.2(b) は図 J.1 に等しくなるので，位相角 α，時刻 t_2，$\varDelta t_2$ は式 (J.14) に同じになる．

一方，ダイオードがオフしている放電期間における等価回路は**図 J.3** になる．放電するときのこの回路の時定数は

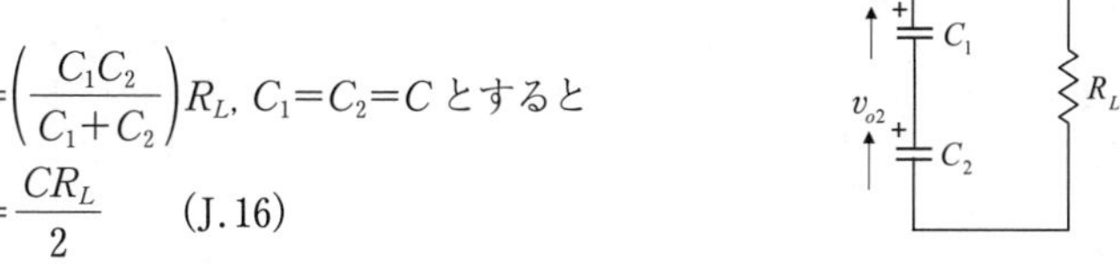

図 J.3　ダイオードのオフ期間における等価回路

$$\tau=\left(\frac{C_1C_2}{C_1+C_2}\right)R_L,\ C_1=C_2=C \text{ とすると}$$

$$\tau=\frac{CR_L}{2} \qquad (\mathrm{J.16})$$

になる．

時刻 t_2 でダイオード D_2 がオフすると，コンデンサ C_2 両端の出力電圧 v_{o2} は時間に対して直線的に減少する．時定数 τ が周期 T に対して十分に大きいとすると，v_{o2} は次のようになる．

$$v_{o2}=E_m\sin\omega t_2 e^{-\frac{t-t_2}{\tau}} \cong E_m\sin\omega t_2\left\{1-\frac{2(t-t_2)}{CR_L}\right\} \qquad (\mathrm{J.17})$$

時刻 (t_1+T) に達すると出力電圧は時刻 t_1 の出力電圧に等しくなる．

$$v_{o2}(t_1+T)=E_m\sin\omega t_2\left\{1-\frac{2(t_1+T)-2t_2}{CR_L}\right\}=v_{o2}(t_1)=E_m\sin\omega t_1 \qquad (\mathrm{J.18})$$

ここで，$t_1=T/4-\varDelta t_1$，$t_2=T/4+\varDelta t_2$ とおき，t_1 を求める．式 (J.18) より，$\sin\omega t_2\cong 1$ とおくと

$$\sin\omega t_1=1-\frac{2(t_1+T)-2t_2}{CR_L}=1+\frac{2(t_2-t_1)}{CR_L}-\frac{2T}{CR_L}=1+\frac{2(\varDelta t_1+\varDelta t_2)}{CR_L}-\frac{2T}{CR_L}$$

が成り立つ．これより，$\varDelta t_1$ を求めると以下のようになる．

$$\sin\omega t_1=\sin\left(\frac{\pi}{2}-\omega\varDelta t_1\right)=\cos\omega\varDelta t_1=1-\frac{1}{2}(\omega\varDelta t_1)^2=1+\frac{2(\varDelta t_1+\varDelta t_2)}{CR_L}-\frac{2T}{CR_L}$$

$$\frac{1}{2}(\omega\varDelta t_1)^2+\frac{2\varDelta t_1}{CR_L}+\frac{2\varDelta t_2}{CR_L}-\frac{2T}{CR_L}=0 \ \Rightarrow\ \omega^2(\varDelta t_1)^2+\frac{4}{CR_L}\varDelta t_1-\frac{4}{CR_L}(T-\varDelta t_2)=0$$

$$\varDelta t_1=\frac{-\dfrac{4}{CR_L}\pm\sqrt{\left(\dfrac{4}{CR_L}\right)^2+\dfrac{16\omega^2}{CR_L}(T-\varDelta t_2)}}{2\omega^2}$$

$$=\frac{-\dfrac{2}{CR_L}\pm\dfrac{2}{CR_L}\sqrt{1+4\omega^2CR_L(T-\varDelta t_2)}}{\omega^2}$$

$1\ll 4\omega^2CR_L(T-\varDelta t_2)$ であるために，$\varDelta t_1$ と t_1 は以下となる．

$$\left.\begin{aligned}\varDelta t_1&\cong\frac{\sqrt{4\omega^2CR_L(T-\varDelta t_2)}}{\omega^2CR_L}=\frac{2}{\omega}\sqrt{\frac{T-\varDelta t_2}{CR_L}}\\ t_1&=\frac{T}{4}-\varDelta t_1=\frac{T}{4}-\frac{2}{\omega}\sqrt{\frac{(T-\varDelta t_2)}{CR_L}}\end{aligned}\right] \qquad (\mathrm{J.19})$$

K PFC 回路（力率改善回路）

図 K.1 に，昇圧形 PFC 回路（電流臨界モード昇圧形 PFC 回路）を示す．全波整流回路（ブリッジ形整流回路）の出力端子にコイル L，スイッチ Q_1，ダイオード D_5，平滑コンデンサ C で構成された昇圧形 PFC 回路が接続されている．整流された正弦波電圧が PFC 回路に加えられており，100 kHz 程度の周波数で周期 T の全期間にわたって入力電流の平均値が正弦波状になるように MOS FET をスイッチさせる．Q_1 がオンするとコイル L と Q_1 を通って時間に対して直線的に増加する電流が流れ，コイルにエネルギーを蓄積する．Q_1 がオフするとダイオード D_5 がオンし，蓄積したエネルギーを平滑コンデンサ C に放出する．スイッチ電流のピーク値が正弦波状になるように Q_1 のオン・オフ期間を制御する．これによって，交流電流の平均値が正弦波になり，力率が上がり高調波電流が減少する．**図 K.2** は，昇圧形 PFC 回路を使ったときの交流電流の波形を示したものであるが，正弦波になっており，このときの力率はほぼ 1 を得ることができる．

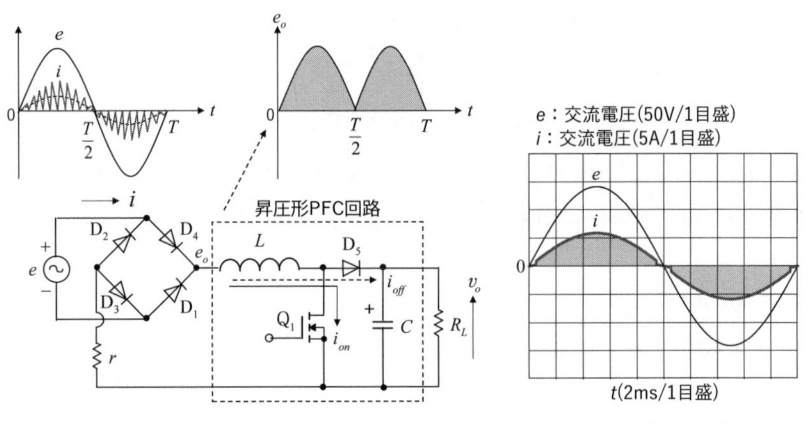

図 K.1 昇圧形 PFC 回路　　**図 K.2** 交流電流波形

L シリーズレギュレータの出力電圧

図 12.22 において，出力電流は式 (12.31) から $I_o \cong i_{C1} = h_{fe1} i_{B1} + h_{oe1} v_{CE1}$ となる．ここに $v_{CE1} = (E_i - rI_o - E_o)$ を代入すると，$I_o \cong i_{C1} = h_{fe1} i_{B1} + h_{oe1}(E_i - rI_o - E_o)$ が得られる．これから，

$$E_o = E_i - \left(r + \frac{1}{h_{oe1}}\right) I_o + \frac{h_{fe1}}{h_{oe1}} i_{B1} \qquad \text{(L.1)}$$

が求められる．また，回路から

$$v_{CE1} = R_4(i_{B1} + i_{C2}) + v_{BE1} \qquad \text{(L.2)}$$

が成り立つ．

さらに，式 (12.31) に式 (12.32)，(12.33)，(L.2) を代入し v_{CE1}，v_{BE1}，i_{C2} を消去すると，以下の式が得られる．

$$i_{B1}=\frac{1}{h_{fe1}}(1_{C1}-h_{oe1}v_{CE1})=\frac{1}{h_{fe1}}[i_{C1}-h_{oe1}\{R_4(i_{B1}+i_{C2})+v_{BE1}\}]$$
$$=\frac{1}{h_{fe1}}[i_{C1}-h_{oe1}\{R_4(i_{B1}+h_{fe2}i_{B2})+h_{fe1}i_{B1}+V_{BE1}\}]$$
$$=\frac{1}{h_{fe1}}(i_{C1}-h_{fe2}h_{oe1}R_4i_{B2}-h_{oe1}V_{BE1})-\frac{i_{B1}}{h_{fe1}}\{h_{oe1}(R_4+h_{fe1})\}$$

ここで，$h_{fe1}\gg h_{oe1}(R_4+h_{fe1})$ のために $\frac{i_{B1}}{h_{fe1}}\{h_{oe1}(R_4+h_{fe1})\}\cong 0$　また，$i_{C1}\cong I_o$ であり

$$i_{B1}=\frac{1}{h_{fe1}}(I_o-h_{fe2}h_{oe1}R_4i_{B2}-h_{oe1}V_{BE1}) \qquad (L.3)$$

になる．

次に，E_o を求めると以下となる．

$$E_o=R_ii_{B2}+(R_1+R_2)i=R_1i_{B2}+\frac{v_{BE2}+V_Z}{R_2}(R_1+R_2)$$
$$=R_1\left(i_{B2}+\frac{v_{BE2}+V_Z}{R_2}\right)+v_{BE2}+V_Z \qquad (L.4)$$

i_{B2} を求めるために，式 (L.4) に式 (12.34) を代入する．

$$E_o=R_1\left(i_{B2}+\frac{h_{ie2}i_{B2}+V_{BE2}+V_Z}{r_2}\right)+h_{ie2}i_{B2}+V_{BE2}+V_Z$$
$$=i_{B2}\left\{R_1\left(1+\frac{h_{ie2}}{R_2}\right)+h_{ie2}\right\}+\left(\frac{R_1}{R_2}+1\right)(V_{BE2}+V_Z)$$
$$=i_{B2}\frac{R_1+R_2}{R_2}\left(\frac{R_1R_2}{R_1+R_2}+h_{ie2}\right)+\left(\frac{R_1+R_2}{R_2}\right)(V_{BE2}+V_Z)$$

上式において，$R_1R_2/(R_1+R_2)\gg h_{ie2}$ のために h_{ie2} は省略することができる．

$$E_o=R_1i_{B2}+\left(\frac{R_1+R_2}{R_2}\right)(V_{BE2}+V_Z) \qquad (L.5)$$

これより，i_{B2} が求められる．

$$i_{B2}=\frac{E_o}{R_1}-\left(\frac{1}{R_1}+\frac{1}{R_2}\right)(V_{BE2}+V_Z) \qquad (L.6)$$

次に，式 (L.1)，(L.3)，(L.6) を一つにまとめ E_o を求めてみよう．まず，式 (L.3) に式 (L.6) を代入する．

$$i_{B1}=\frac{1}{h_{fe1}}\left[I_o-h_{fe2}h_{oe1}R_4\left\{\frac{E_o}{R_1}-\left(\frac{1}{R_1}+\frac{1}{R_2}\right)(V_{BE2}+V_Z)\right\}-h_{oe1}V_{BE1}\right]$$

以上で求めた i_{B1} を式 (L.1) に代入する．

$$E_o=E_i-\left(r+\frac{1}{h_{oe1}}\right)I_o$$
$$+\frac{1}{h_{oe1}}\left[I_o-h_{fe2}h_{oe1}R_4\left\{\frac{E_o}{R_1}-\left(\frac{1}{R_1}+\frac{1}{R_2}\right)(V_{BE2}+V_Z)\right\}-h_{oe1}V_{BE1}\right]$$
$$E_o\left(\frac{R_1+h_{fe2}R_4}{R_1}\right)=E_i-rI_o-h_{fe2}R_4\left(\frac{1}{R_1}+\frac{1}{R_2}\right)(V_{BE2}+V_Z)-V_{BE1}$$

$$E_o = \frac{R_1}{R_1 + h_{fe2}R_4}\left\{E_i - rI_o - h_{fe2}R_4\left(\frac{1}{R_1} + \frac{1}{R_2}\right)(V_{BE2} + V_Z) - V_{BE1}\right\}$$

上式において $h_{fe2}R_4 \gg R_1$ とすると，E_o は最終的に

$$E_o \cong \frac{R_1}{h_{fe2}R_4}(E_i - rI_o - V_{BE1}) + R_1\left(\frac{1}{R_1} + \frac{1}{R_2}\right)(V_{BE2} + V_Z)$$

$$= \frac{R_1}{h_{fe2}R_4}(E_i - rI_o - V_{BE1}) + \left(\frac{R_1 + R_2}{R_2}\right)(V_{BE2} + V_Z) \qquad \text{(L.7)} = \text{(12.41)}$$

となる.

文　　献

(引用文献)

1. サンケン電気ホームページ，製品データ (2SC3851)
https://www.semicon.sankenele.co.jp/ctrl/product/category/Transistor/detail/?product=2SC3851

(参考文献)

1. 竹谷謙一「半導体工学」，日刊工業新聞社 (1966)
2. 鍛冶幸悦，岡田新之助「電気回路Ⅰ」，コロナ社 (1987)
3. 小野員正「半導体工学の基礎」，東海大学出版会 (1988)
4. 清水潤治「半導体工学の基礎」，コロナ社 (1990)
5. 石黒美種，牛田富之「電子工学」，コロナ社 (1990)
6. 堺　孝夫「電子物性」，コロナ社 (1991)
7. 押山安常，他 3 名「電子回路」，コロナ社 (1991)
8. 押本愛之助，小林博夫「トランジスタ回路計算法」，工学図書 (1997)
9. 伊東規之「電子回路」，日本理工出版会 (1999)
10. 傳田精一「最新わかる半導体」，CQ 出版 (2003)
11. 生駒英明「半導体ダイオード及び光デバイス」，工学研究社 (2003)
12. 生駒英明「半導体トランジスタ及び集積回路の基礎」，工学研究社 (2003)
13. 本田　潤，他 11 名「D 級/ディジタル・アンプの設計と製作」，CQ 出版 (2005)
14. 大類重範「アナログ電子回路」，日本理工出版会 (2007)
15. 松尾博文「基礎電子回路」，長崎大学講義用テキスト (2008)
16. 藤井信生「アナログ電子回路」，昭晃堂 (2008)
17. 原田耕介，他 2 名「基礎電子回路」，コロナ社 (2010)
18. 関根慶太郎「電子回路」，コロナ社 (2010)
19. 須田健二，土田英一「電子回路」，コロナ社 (2010)
20. 古川静二郎，他 2 名「電子デバイス工学」，森北出版 (2010)
21. 宮入圭一，阿部克也「アナログ電子回路入門」，共立出版 (2011)
22. 中本高道「電気・電子計測入門」，実教出版 (2012)
23. 宮尾正信，佐道泰造「電子デバイス工学」，朝倉書店 (2013)
24. 末松安晴，他 10 名「電子回路入門」，実教出版 (2015)
25. 落合政司「スイッチング電源の原理と設計」，オーム社 (2015)
26. 二宮　保，小浜輝彦「アナログ電子回路」，森北出版 (2016)
27. 大山秀典，葉山清輝「半導体デバイス工学」，森北出版 (2017)
28. 藤井信生「アナログ電子回路」，オーム社 (2017)
29. 松田順一「バイポーラ·デバイス特性入門」，第 329 回群馬大学アナログ集積回路研究会 (2018)
30. 桜庭一郎，熊耳　正「電子回路」，森北出版 (2018)
31. 落合政司，他 5 名「はかる×わかる半導体　パワーエレクトロニクス編」，日経 BP コンサルティング (2019)
32. 秋田順一，「はじめての電子回路 15 講」，講談社 (2019)
33. 落合政司「共振形スイッチングコンバータの基礎」，オーム社 (2019)

演習問題解答

第1章

1. キルヒホッフの第一法則より，$I_E = I_B + I_C = 20\ \mu\text{A} + 3\ \text{mA} = 3.02\ \text{mA}$ になる．
2. インダクタンスは短絡，コンデンサは開放と考えると，キルヒホッフの第二法則より電圧 V を求めることができる．

$$E = I(R_1 + R_2 + R_3)$$

$$V = IR_3 = \frac{R_3}{R_1 + R_2 + R_3}E = \frac{3.3\ \text{k}\Omega}{(2 + 0.47 + 3.3)\ \text{k}\Omega} \times 10\ \text{V} = 5.72\ \text{V} \cong 5.7\ \text{V}$$

3. 鳳・テブナンの定理を使う．

$$V_0 = \frac{R_2}{R_1 + R_2}E = \frac{3}{0.56 + 3} \times 15\ \text{V} = 12.64\ \text{V}$$

$$R_0 = R_3 + \frac{R_1 R_2}{R_1 + R_2} = 1 + \frac{0.56 \times 3}{0.56 + 3} = 1.47\ \text{k}\Omega$$

$$I = \frac{V_0}{R_0 + R} = \frac{12.64\ \text{V}}{(1.47 + 2)\ \text{k}\Omega} = 3.64\ \text{mA} \cong 3.6\ \text{mA}$$

4. 電流は 10 A になる．$I = \dfrac{E}{r} = \dfrac{10\ \text{V}}{1\ \Omega} = 10\ \text{A}$
5. 逆起電力は**解図 1.1** のようになる．

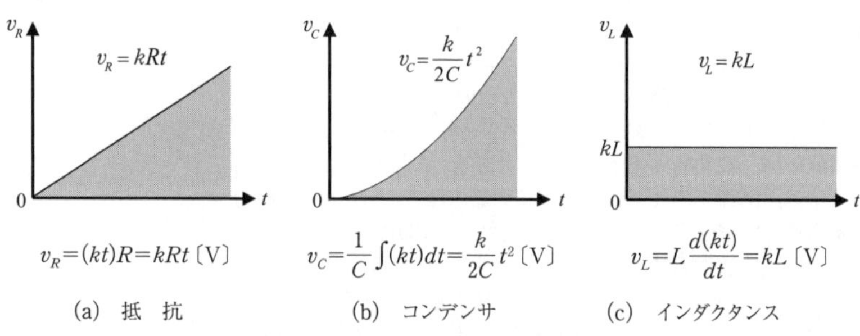

$v_R = (kt)R = kRt$〔V〕　$v_C = \dfrac{1}{C}\int (kt)dt = \dfrac{k}{2C}t^2$〔V〕　$v_L = L\dfrac{d(kt)}{dt} = kL$〔V〕

(a) 抵　抗　(b) コンデンサ　(c) インダクタンス

解図 1.1　線形素子に生じる逆起電力

6.

$$Z = R - j\frac{1}{\omega C}$$

$$\theta = \tan^{-1}\left(\frac{\text{虚部}}{\text{実部}}\right) = -\tan^{-1}\left(\frac{1}{\omega CR}\right)$$

（**解図 1.2**）

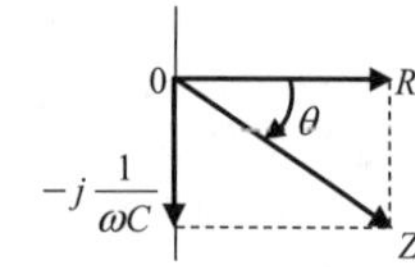

解図 1.2　インピーダンスの位相角

第2章

1. 表 2.2 を参照のこと.
2. $0.1\times10^{-6}\times5\times10^{22}/\text{cm}^3=5\times10^{15}/\text{cm}^3$
3. $$J_E=J_{nE}+J_{pE}=qn\mu_n E+qp\mu_p E=qE(n\mu_n+p\mu_p)=\frac{V}{R}\cdot\frac{1}{S}=\frac{V}{\rho(l/S)}\cdot\frac{1}{S}=\frac{E}{\rho}$$
$$\rho=\frac{1}{q(n\mu_n+p\mu_p)}\ 〔\Omega\cdot\text{m}〕$$
ただし，それぞれは以下を意味する．これ以外は本文 (2.5 節) を参照のこと．
J_E：ドリフト電流密度〔A/m^2〕，V：電圧〔V〕，R：半導体の抵抗〔Ω〕，
S：半導体の断面積〔m^2〕，l：半導体の長さ〔m〕
4. **(1)** ① 半導体，② 抵抗率，③ Ω·m，**(2)** ④ 原子核，⑤ 原子番号，⑥ 価電子，**(3)** ⑦ n^2，**(4)** ⑧ エネルギーギャップ，⑨ 大きい，**(5)** ⑩ 4，⑪ 5，⑫ ドナー準位，⑬ ドナー，⑭ n，⑮ 電子，**(6)** ⑯ 3，⑰ アクセプタ準位，⑱アクセプタ，⑲ p ⑳ 正孔，**(7)** ㉑ 伝導，㉒ 価電子．

第3章

1. $$\frac{I_S\{\exp(0.71/V_T)-1\}}{I_S\{\exp(0.7/V_T)-1\}}\cong\frac{I_S\exp(0.71/V_T)}{I_S\exp(0.7/V_T)}=\exp\left(\frac{0.71-0.7}{V_T}\right)=\exp\left(\frac{0.01}{0.026}\right)=1.47$$
$$\cong 1.5\ \text{倍}$$
2. 半波整流の電流を I'，全波整流の電流を I とする．
$$I'=\frac{1}{T}\int_0^{T/2}I_m\sin\omega t dt=\frac{I_m}{\omega T}[-\cos\omega t]_0^{T/2}=\frac{I_m}{2\pi}\left\{-\cos\left(\frac{2\pi}{T}\cdot\frac{T}{2}\right)+\cos 0\right\}$$
$$=\frac{I_m}{2\pi}(1+1)=\frac{I_m}{\pi}=\frac{0.5}{\pi}=0.159\ \text{A},\ I=\frac{2I_m}{\pi}=\frac{2\times0.5}{\pi}=0.318\ \text{A},\ \frac{I'}{I}=\frac{1}{2}$$
3. 例題 3.1 の結果（**解図 3.1**）から，動作点を中心にして順方向電圧 V_D が ±20 mV 付近はダイオードの電圧-電流特性はほぼ直線的となる．したがって，交流抵抗 r_D はこの範囲ではほぼ一定であると近似することができる．例題 3.1 で求めた交流抵抗 r_D は $r_D=0.57\ \Omega$ であり，これより出力電圧が求められる．
$$v_o=\frac{R_L}{R_L+r_D}v_i=\frac{50}{50.57}\times20\sin\omega t$$
$$=19.78\sin\omega t\ 〔\text{mV}〕$$

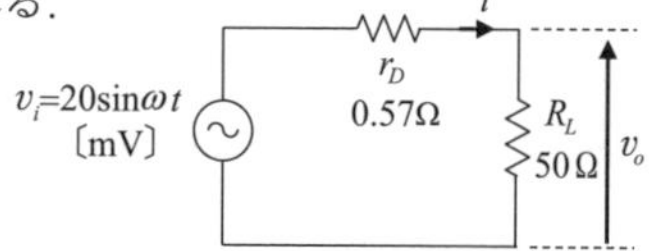

解図 3.1 例題 3.1 の等価回路

4. ダイオード電流 I_D は 1.45 mA になる（**解図 3.2**）．
$$I=\frac{E-V_F}{R_1}=\frac{4.3\ \text{V}}{2\ \text{k}\Omega}=2.15\ \text{mA}$$
$$I_R=\frac{V_F}{R_2}=\frac{0.7\ \text{V}}{1\ \text{k}\Omega}=0.7\ \text{mA}$$
$$I_D=I-I_R=1.45\ \text{mA}$$

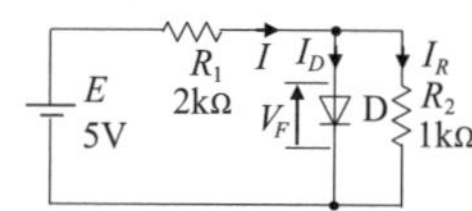

解図 3.2 図 3.28 のダイオード回路 (2)

5. ① 鳳·テブナンの定理を使ったとき
定電圧ダイオードを接続する前に，抵抗 R と負荷抵抗 R_L の接続点に生じている電圧 V_0 は

$$V_0=\frac{R_L}{R+R_L}E=\frac{1\,\mathrm{k\Omega}}{(0.56+1)\,\mathrm{k\Omega}}\times 10\,\mathrm{V}=6.41\,\mathrm{V}$$

となる．このときの電源の内部抵抗に相当する抵抗 R_0 は，抵抗 R と負荷抵抗 R_L が並列になるので，以下となる．

$$R_0=\frac{RR_L}{R+R_L}=\frac{0.56}{1.56}=0.359\,\mathrm{k\Omega}$$

これより，定電圧ダイオードの消費電力 P は以下となる．

$$P=V_ZI_Z=V_Z\left(\frac{V_0-V_Z}{R_0}\right)=5\,\mathrm{V}\times\frac{(6.41-5)\mathrm{V}}{359\,\Omega}=0.0196\,\mathrm{W}=19.6\,\mathrm{mW}$$

② 一般的な解き方

$$I_L=\frac{V_Z}{R_L},\quad E=(I_Z+I_L)R+V_Z,\quad I_Z=\frac{E-V_Z}{R}-I_L=\frac{E-V_Z}{R}-\frac{V_Z}{R_L}$$

$$P=V_ZI_Z=V_Z\left(\frac{E-V_Z}{R}-\frac{V_Z}{R_L}\right)=5\,\mathrm{V}\times\left(\frac{5\,\mathrm{V}}{560\,\Omega}-\frac{5\,\mathrm{V}}{1000\,\Omega}\right)=5\,\mathrm{V}\times(8.929-5)\,\mathrm{mA}$$
$$=19.6\,\mathrm{mW}$$

6. $0\sim t_1$ 期間，入力電圧は E_m になる．このとき，電圧 E_m からコンデンサ C，ダイオード D を通って電流 i が流れ，コンデンサ C が即座に E_m に充電される（**解図 3.3**）．この期間の出力電圧 v_o は

$$v_o=E_m-E_m=0$$

になる．

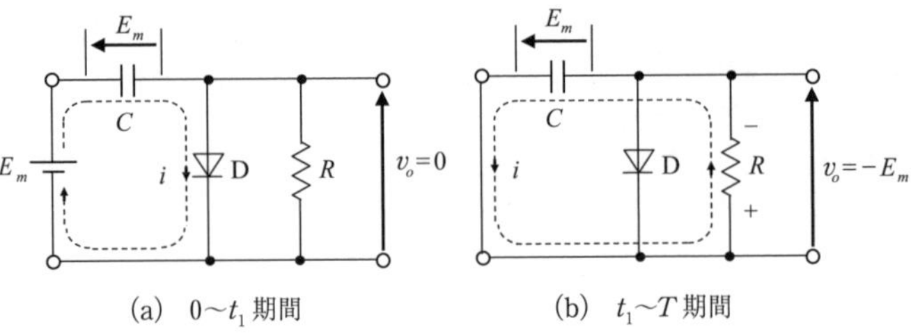

(a) $0\sim t_1$ 期間　(b) $t_1\sim T$ 期間

解図 3.3 クランパの動作

一方，$t_1\sim T$ の期間は入力電圧が 0 になり，電圧 E_m が出力抵抗の両端に負の電圧として現れる．したがって，この期間の出力電圧 v_o は

$$v_o=-iR=-E_m$$

になる．以上の動作により，出力電圧は入力電圧より電圧 E_m だけ下がった波形になる．なお，動作波形は図 3.26 を参照のこと．

第4章

1. エミッタ接地トランジスタのコレクタ抵抗：$r_{ce}=\dfrac{V_A}{I_C}=\dfrac{120\ \mathrm{V}}{3\ \mathrm{mA}}=40\ \mathrm{k\Omega}$

ベース接地トランジスタのコレクタ抵抗：$r_{cb}=\dfrac{1}{1-\alpha}\cdot\dfrac{V_A}{I_C}=\dfrac{40\ \mathrm{k\Omega}}{1-0.99}=4\ \mathrm{M\Omega}$

2. $r_e=\dfrac{26\ \mathrm{mV}}{I_E}\cong\dfrac{26\ \mathrm{mV}}{I_C}=\dfrac{26\ \mathrm{mV}}{2.5\ \mathrm{mA}}=10.4\ \Omega,\quad r_{ce}=\dfrac{V_A}{I_C}=\dfrac{110\ \mathrm{V}}{2.5\ \mathrm{mA}}=44\ \mathrm{k\Omega}$

$r_{ie}=r_b+(\beta+1)r_e=50\ \Omega+200\times10.4\ \Omega=50\ \Omega+2080\ \Omega=2.13\ \mathrm{k\Omega}$

3. $I_C=\left(1+\dfrac{V_{CE}}{V_A}\right)\beta I_B,\quad V_{CE}=V_{CC}-I_CR_C$

両式から V_{CE} を消去し，I_C を求める．

$$I_C=\left(1+\frac{V_{CC}-I_CR_C}{V_A}\right)\beta I_B,\quad I_C\left(1+\frac{\beta I_BR_C}{V_A}\right)=\left(1+\frac{V_{CC}}{V_A}\right)\beta I_B$$

$$I_C=\frac{\left(1+\dfrac{V_{CC}}{V_A}\right)\beta I_B}{1+\dfrac{\beta I_BR_C}{V_A}}=\frac{1+\dfrac{12\ \mathrm{V}}{100\ \mathrm{V}}}{1+\dfrac{200\times0.02\ \mathrm{mA}\times1.2\ \mathrm{k\Omega}}{100}}\times200\times0.02\ \mathrm{mA}$$

$$=\frac{1.12\times200\times0.02\ \mathrm{mA}}{1.048}=4.275\ \mathrm{mA}\cong4.28\ \mathrm{mA}$$

$V_{CE}=V_{CC}-I_CR_C=12V-4.28\ \mathrm{mA}\times1.2\ \mathrm{k\Omega}=12\ \mathrm{V}-5.14\ \mathrm{V}=6.86\ \mathrm{V}\cong6.9\ \mathrm{V}$

4. $r_e=\dfrac{26\ \mathrm{mV}}{I_E}\cong\dfrac{26\ \mathrm{mV}}{I_C}=\dfrac{26\ \mathrm{mV}}{4\ \mathrm{mA}}=6.5\ \Omega,$

$r_{ie}=r_b+(\beta+1)r_e=50+181\times6.5=1226.5\ \Omega$

$r_{ce}=\dfrac{V_A}{I_C}=\dfrac{100\ \mathrm{V}}{4\ \mathrm{mA}}=25\ \mathrm{k\Omega},\quad R=\dfrac{R_Cr_{ce}}{R_C+r_{ce}}=\dfrac{2\times25}{2+25}=1.852\ \mathrm{k\Omega}=1852\ \Omega$

$A_i=\dfrac{i_c}{i_b}=\beta\dfrac{r_{ce}}{R_C+r_{ce}}=180\times\dfrac{25\ \mathrm{k\Omega}}{(2+25)\mathrm{k\Omega}}=166.7$

$A_v=\dfrac{v_o}{v_i}=-\dfrac{\beta R}{r_{ie}}=-\dfrac{180\times1852\ \Omega}{1226.5\ \Omega}=-271.8$

5. $r_{ce}=\dfrac{V_A}{I_C}=\dfrac{90\ \mathrm{V}}{3\ \mathrm{mA}}=30\ \mathrm{k\Omega}$

$i_e=(\beta+1)i_b\dfrac{r_{ce}}{R_E+r_{ce}}=201\times\dfrac{30\ \mathrm{k\Omega}}{(1.5+30)\ \mathrm{k\Omega}}i_b=191.4i_b$

$A_i=\dfrac{i_c}{i_b}=191.4,\quad R=\dfrac{R_Er_{ce}}{R_E+r_{ce}}=\dfrac{1.5\times30}{1.5+30}=1.4286\cong1.429\ \mathrm{k\Omega}$

$$A_v=\frac{v_o}{v_i}=\frac{(\beta+1)i_bR}{i_b\{r_{ie}+(\beta+1)R\}}=\frac{(\beta+1)R}{r_{ie}+(\beta+1)R}=\frac{201\times1.429\ \mathrm{k\Omega}}{(1+201\times1.429)\ \mathrm{k\Omega}}=\frac{287.23}{288.23}$$

$=0.9965\cong0.997$

6. 図 4.18(a) のベース接地の h パラメータを使用した等価回路において，$i_1=-i_e$, $i_2=i_c$ とおくと

$$v_1 = -h_{ib} i_e + h_{rb} v_2 \quad (解 4.1),\quad i_c = -h_{fb} i_e + h_{ob} v_2 \quad (解 4.2)$$

が成り立つ．

次に，図 4.10(a) の T 形等価回路から式 (解 4.1) と式 (解 4.2) に相当する式を求める．図 4.10(a) において

$$v_1 = -i_b r_b - i_e r_e = -(i_e - i_c) r_b - i_e r_e = -i_e (r_b + r_e) + i_c r_b \quad (解 4.3)$$

$$v_2 = (i_c - \alpha i_e) r_c - i_b r_b = (i_c - \alpha i_e) r_c - (i_e - i_c) r_b \quad (解 4.4)$$

が得られ，式 (解 4.4) を整理し i_c を求める．

$$v_2 = -i_e (r_b + \alpha r_c) + i_c (r_b + r_c),\quad i_c = \frac{r_b + \alpha r_c}{r_b + r_c} i_e + \frac{v_2}{r_b + r_c} \qquad r_c \gg r_b \text{ のために}$$

$$i_c \cong \alpha i_e + \frac{1}{r_c} v_2 \quad (解 4.5)$$

になる．次に式 (解 4.5) を式 (解 4.3) に代入する．

$$v_1 = -i_e (r_b + r_e) + i_c r_b = -i_e (r_b + r_e) + \left(\alpha i_e + \frac{1}{r_c} v_2\right) r_b$$

$$v_1 = i_e \{(\alpha - 1) r_b - r_e\} + \frac{r_e}{r_c} v_2 = -i_e \{(1 - \alpha) r_b + r_e\} + \frac{r_b}{r_c} v_2 \quad (解 4.6)$$

ここで，$r_c = r_{cb}$ とおくと，式 (解 4.1) と式 (解 4.6) の対比および式 (解 4.2) と式 (解 4.5) の対比により，ベース接地回路の h パラメータは以下のようになる．

$$h_{ib} = (1 - \alpha) r_b + r_e,\quad h_{rb} = \frac{r_b}{r_c} = \frac{r_b}{r_{cb}},\quad h_{fb} = -\alpha,\quad h_{ob} = \frac{1}{r_c} = \frac{1}{r_{cb}}$$

第 5 章

1. 酸化膜があり絶縁されているために，ゲート-ソース間に電圧を加えても電流は流れない．
2. $g_m \propto T_{ox}^{-1}$ のために，相互コンダクタンス g_m は 2 倍になる．
3. ドレイン電流 I_D が 2 倍になると，相互コンダクタンスが$\sqrt{2}$ 倍になり，電圧増幅度 A_v も$\sqrt{2}$ 倍になります．$20\log\sqrt{2} = 3$ dB であり，電圧増幅度は 3 dB 増加する．
4. $$r_d = \frac{1}{\lambda I_D} = \frac{1}{0.01 \times 3 \times 10^{-3}}\ \Omega = 33.3\ \mathrm{k\Omega},\quad R = \frac{R_D r_d}{R_D + r_d} = \frac{3 \times 33.3}{3 + 33.3} = 2.752\ \mathrm{k\Omega}$$
   $$A_v = -g_m R = -30 \times 10^{-3}\ \mathrm{S} \times 2.752 \times 10^3\ \Omega = -82.56 \cong -82.6$$

第 6 章

1. $$I_{BB} = \frac{I_{CC}}{\beta} = \frac{2+1}{160} = 0.01875\ \mathrm{mA} = 18.8\ \mu\mathrm{A}$$
   $$V_{CC} > I_{C\max} R_C = (3+2)\ \mathrm{mA} \times 2\ \mathrm{k\Omega} = 10\ \mathrm{V}$$
2. $$I_B = \frac{V_{CC} - V_{BE}}{R_B} = \frac{(12 - 0.7)\ \mathrm{V}}{560\ \mathrm{k\Omega}} = 0.02018\ \mathrm{mA} \cong 20.2\ \mu\mathrm{A}$$
   $$V_{CC} = I_C R_C + V_{CE} = \left(1 + \frac{V_{CE}}{V_A}\right) \beta I_B R_C + V_{CE} = \beta I_B R_C + \left(1 + \frac{\beta I_B R_C}{V_A}\right) V_{CE}$$

$$V_{CE}=\frac{V_{CC}-\beta I_B R_C}{1+\dfrac{\beta I_B R_C}{V_A}}=\frac{12\ \mathrm{V}-140\times 0.02018\ \mathrm{mA}\times 2\ \mathrm{k\Omega}}{1+\dfrac{140\times 0.02018\ \mathrm{mA}\times 2\ \mathrm{k\Omega}}{120\ \mathrm{V}}}=\frac{12\ \mathrm{V}-5.65\ \mathrm{V}}{1+\dfrac{5.65\ \mathrm{V}}{120\ \mathrm{V}}}$$

$$=6.065\ \mathrm{V}\cong 6.1\ \mathrm{V}$$

$$I_C=\frac{V_{CC}-V_{CE}}{R_C}=\frac{(12-6.065)\ \mathrm{V}}{2\ \mathrm{k\Omega}}=\frac{5.935\ \mathrm{V}}{2\ \mathrm{k\Omega}}=2.9675\ \mathrm{mA}\cong 3.0\ \mathrm{mA}$$

3. $V_{CC}=V_{CE}+(I_C+I_B)R_C=V_{CE}+(1+\beta)I_B R_C,\quad V_{CE}=I_B R_B+V_{BE}$

両式から，V_{CE} を消去するとベース電流 I_B とコレクタ電流 I_C が求められる．

$$I_B=\frac{V_{CC}-V_{BE}}{R_B+(1+\beta)R_C}=\frac{(10-0.7)\ \mathrm{V}}{(220+181\times 1.8)\ \mathrm{k\Omega}}=\frac{9.3\ \mathrm{V}}{545.8\ \mathrm{k\Omega}}=0.017\ \mathrm{mA}$$

$$I_C=\beta I_B=180\times 0.017\ \mathrm{mA}=3.06\ \mathrm{mA}\cong 3.1\ \mathrm{mA}$$

また，コレクタ-エミッタ間電圧 V_{CE} は以下のようになる．

$$V_{CE}=V_{CC}-(I_B+I_C)R_C\cong V_{CC}-I_C R_C=10-3.06\times 1.8=4.492\cong 4.5\ \mathrm{V}$$

4. $R_C+R_E\cong\dfrac{V_{CC}-V_{CE}}{I_C}=\dfrac{6\ \mathrm{V}}{3\ \mathrm{mA}}=2\ \mathrm{k\Omega},\quad R_E=\dfrac{2\ \mathrm{k\Omega}}{4}=500\ \Omega$

$$R_C=2\ \mathrm{k\Omega}-500\ \Omega=1.5\ \mathrm{k\Omega},\quad R_0=nR_E=8\times 0.5=4\ \mathrm{k\Omega}$$

$$V_0=\frac{I_C\{n+(1+\beta)\}R_E}{\beta}+V_{BE}=\frac{3\times 10^{-3}\ \mathrm{A}\times(8+161)\times 500\ \Omega}{160}+0.7\ \mathrm{V}=2.284\ \mathrm{V}$$

$$R_0=\frac{R_1R_2}{R_1+R_2}=\left(\frac{R_2}{R_1+R_2}\right)R_1=\left(\frac{V_0}{V_{CC}}\right)R_1=4\ \mathrm{k\Omega}$$

$$R_1=\frac{V_{CC}}{V_0}R_0=\frac{12\ \mathrm{V}}{2.284\ \mathrm{V}}\times 4\ \mathrm{k\Omega}=21.016\ \mathrm{k\Omega}\cong 21\ \mathrm{k\Omega}$$

$$R_2=\frac{V_0}{V_{CC}-V_0}R_1=\frac{2.284\ \mathrm{V}}{(12-2.284)\ \mathrm{V}}\times 21.016\ \mathrm{k\Omega}=4.945\ \mathrm{k\Omega}\cong 5\ \mathrm{k\Omega}$$

5. $V_{GS}=V_G-V_S=\dfrac{R_2}{R_1+R_2}V_{DD}-I_DR_S\qquad(6.40)$

$I_D=0$ なら，$V_{GS}=\dfrac{R_2}{R_1+R_2}V_{DD}=\dfrac{1}{4}\times 20\ \mathrm{V}=5\ \mathrm{V}$

$V_{GS}=0$ なら，

$$I_D=\frac{1}{R_S}\cdot\frac{R_2}{R_1+R_2}V_{DD}=\frac{5\ \mathrm{V}}{500\ \Omega}=10\ \mathrm{mA}$$

これらの点を直線で結ぶと，伝達特性との交点 Q が動作点になる（**解図 6.1**）．

$V_{GS}=3\ \mathrm{V}$

$I_D=4\ \mathrm{mA}$

$$V_{DS}=V_{DD}-I_D(R_D+R_S)$$
$$=20\ \mathrm{V}-4\ \mathrm{mA}\times 2.5\ \mathrm{k\Omega}=10\ \mathrm{V}$$

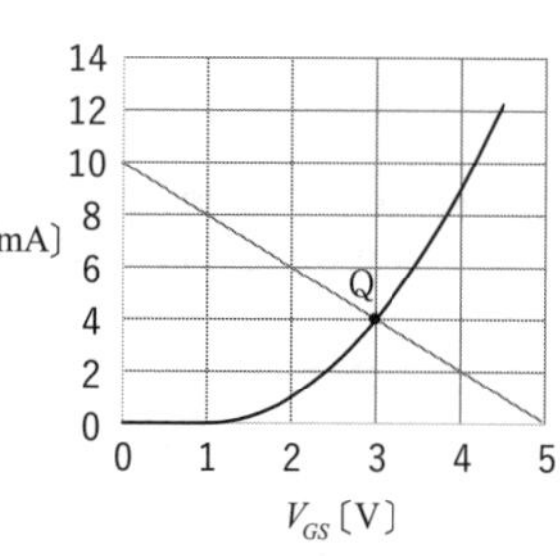

解図 6.1 伝達特性と動作点

6. $I_C=\beta I_B$　ここに，$I_B=\dfrac{V_{CE}-V_{BE}}{R_B}$ と $V_{CE}=V_{CC}-(I_C+I_B)R_C\cong V_{CC}-I_CR_C$ を代入し，I_C を求める．

$$I_C=\beta\left(\frac{V_{CE}-V_{BE}}{R_B}\right)=\beta\left(\frac{V_{CC}-I_CR_C-V_{BE}}{R_B}\right),\ I_C=\beta\left(\frac{V_{CC}-V_{BE}}{R_B+\beta R_C}\right)$$

上式より，感度関数を求めることができる．

$$\frac{\partial I_C}{\partial V_{BE}}=-\frac{\beta}{R_B+\beta R_C},\quad \frac{\partial I_C}{\partial \beta}=\frac{R_B(V_{CC}-V_{BE})}{(R_B+\beta R_C)^2}$$

また，素子感度は以下のように導くことができる．

$$\frac{\partial I_C}{\partial V_{BE}}=-\frac{\beta}{R_B+\beta R_C}=-\frac{\beta(V_{CC}-V_{BE})}{(R_B+\beta R_C)(V_{CC}-V_{BE})}=-\frac{I_C}{V_{CC}-V_{BE}}$$

$$S^{I_C}_{V_{BE}}=\frac{\partial I_C}{\partial V_{BE}}\cdot\frac{V_{BE}}{I_C}=-\frac{I_C}{V_{CC}-V_{BE}}\frac{V_{BE}}{I_C}=-\frac{V_{BE}}{V_{CC}-V_{BE}}$$

$$\frac{\partial I_C}{\partial \beta}=\frac{R_B(V_{CC}-V_{BE})}{(R_B+\beta R_C)^2}=\frac{V_{CC}-V_{BE}}{R_B+\beta R_C}\cdot\frac{R_B}{R_B+\beta R_C}=\frac{I_C}{\beta}\cdot\frac{R_B}{R_B+\beta R_C}$$

$$S^{I_C}_{\beta}=\frac{\partial I_C}{\partial \beta}\cdot\frac{\beta}{I_C}=\frac{I_C}{\beta}\cdot\frac{R_B}{R_B+\beta R_C}\frac{\beta}{I_C}=\frac{R_B}{R_B+\beta R_C}$$

素子感度 $S^{I_C}_{V_{BE}}$ を小さくするためには，電源電圧 V_{CC} を高くする必要がある．また，素子感度 $S^{I_C}_{\beta}$ を小さくするためには，抵抗 R_B を小さくし，トランジスタの電流増幅率 β と抵抗 R_C を大きくする必要がある．

第7章

1. 直流負荷線の傾き

$$\tan\theta_d=-\frac{1}{R_C+R_E}=-\frac{1}{2.68\ \text{k}\Omega}=-3.73\times10^{-4}\ \text{S}$$

交流負荷線の傾き

$$r_{ce}=\frac{V_A}{I_C}=\frac{80\ \text{V}}{2\ \text{mA}}=40\ \text{k}\Omega,\quad R'_C=\frac{R_CR_L}{R_C+R_L}=\frac{2\times3.3}{2+3.3}=1.245\ \text{k}\Omega$$

$$R=\frac{r_{ce}R'_C}{r_{ce}+R'_C}=\frac{40\times1.245}{41.245}=1.207\ \text{k}\Omega,$$

$$\tan\theta_a=-\frac{1}{R}=-\frac{1}{1.207\ \text{k}\Omega}=-8.28\times10^{-4}\cong-8.3\times10^{-4}\ \text{S}$$

2. (1) ベース接地

$$Z_i=r_{ib}=(1-\alpha)r_b+r_e=(1-0.995)\times50+9=9.25\ \Omega,\quad Z_o=\infty$$

$$A_i=\alpha=\frac{\beta}{\beta+1}=\frac{199}{200}=0.995,$$

$$r_{ie}=r_b+(\beta+1)r_e=(\beta+1)r_{ib}=200\times9.25\ \Omega=1.85\ \text{k}\Omega$$

$$A_v=\alpha(\beta+1)\frac{R_L}{r_{ie}}=0.995\times200\times\frac{2.7\ \text{k}\Omega}{1.85\ \text{k}\Omega}=290.4$$

$$A_p=|A_iA_v|=0.995\times290.4=288.95\cong289$$

(2) エミッタ接地

$$Z_i=r_{ie}=r_b+(\beta+1)r_e=50\ \Omega+200\times9\ \Omega=1.85\ \text{k}\Omega$$

$Z_o = r_{ce} = 50\ \text{k}\Omega$, $A_i = \beta \dfrac{r_{ce}}{r_{ce}+R_L} = 199 \times \dfrac{50\ \text{k}\Omega}{52.7\ \text{k}\Omega} = 188.8$

$R = \dfrac{r_{ce}R_L}{r_{ce}+R_L} = \dfrac{50\times 2.7}{52.7} = 2.562\ \text{k}\Omega$, $A_v = -\beta \dfrac{R}{r_{ie}} = -199 \times \dfrac{2.562\ \text{k}\Omega}{1.85\ \text{k}\Omega} = -275.6$

$A_p = |A_i A_v| = 188.8 \times 275.6 = 52033.3$

(3) コレクタ接地

$r_{ie} = 1.85\ \text{k}\Omega$, $R = 2.562\ \text{k}\Omega$

$Z_i = r_{ie} + (\beta+1)R = 1.85 + 200 \times 2.562 = 514.25 \cong 514.3\ \text{k}\Omega$

$$R' = \frac{1}{\dfrac{1}{r_S}+\dfrac{1}{R_1}+\dfrac{1}{R_2}} = \frac{1}{\dfrac{1}{0.5\ \text{k}\Omega}+\dfrac{1}{15\ \text{k}\Omega}+\dfrac{1}{16\ \text{k}\Omega}} = \frac{1}{2.1292} = 0.4697 \cong 0.47\ \text{k}\Omega$$

$$Z_o = \frac{r_{ie}+R'}{\beta+1}\cdot\frac{r_{ce}+R_L}{r_{ce}} = \frac{(1.85+0.47)\ \text{k}\Omega}{200} \times \frac{(50+2.7)\ \text{k}\Omega}{50\ \text{k}\Omega} = 0.012226\ \text{k}\Omega = 12.2\ \Omega$$

$$A_i = (\beta+1)\frac{r_{ce}}{r_{ce}+R_L} = 200 \times \frac{50\ \text{k}\Omega}{52.7\ \text{k}\Omega} = 189.75 \cong 198.8$$

$$A_v = \frac{(\beta+1)R}{r_{ie}+(\beta+1)R} = \frac{200\times 2.562\ \text{k}\Omega}{(1.85+200\times 2.562)\text{k}\Omega} = \frac{512.4}{514.25} = 0.9964 \cong 0.996$$

$A_p = |A_i A_v| = 189.75 \times 0.9964 = 189.07 \cong 189.1$

3. (1) ソース接地

$$Z_i = \infty,\ Z_o = r_d = 50\ \text{k}\Omega,\ A_i = \infty,\ R = \frac{r_d R_L}{r_d + R_L} = \frac{50\times 3}{50+3} = 2.83\ \text{k}\Omega$$

$A_v = -g_m R = -30\times 10^{-3}\ \text{S} \times 2.83 \times 10^3\ \Omega = -84.9$, $A_p = \infty$

(2) ドレイン接地

$$Z_i = \infty,\ Z_o = \frac{r_d}{1+g_m r_d} = \frac{50\ \text{k}\Omega}{1+30\times 10^{-3}\ \text{S}\times 50\times 10^3\ \Omega} = \frac{50\ \text{k}\Omega}{1501} = 33.3\ \Omega$$

$$A_i = \infty,\ A_v = \frac{g_m R}{1+g_m R} = \frac{30\times 10^{-3}\ \text{S}\times 2.83\times 10^3\ \Omega}{1+30\times 10^{-3}\ \text{S}\times 2.83\times 10^3\ \Omega} = \frac{84.9}{85.9} = 0.9884 \cong 0.99$$

$A_p = \infty$

(3) ゲート接地

$$Z_i = \frac{r_d + R_L}{1+g_m r_d} = \frac{53\ \text{k}\Omega}{1501} = 35.3\ \Omega,\ R' = \frac{r_s R_S}{r_s + R_S} = \frac{0.5\times 1}{0.5+1} = 0.3333\ \text{k}\Omega$$

$Z_o = r_d + (1+g_m r_d)R' = 50\ \text{k}\Omega + 1501 \times 0.3333\ \text{k}\Omega = (50+500.3)\ \text{k}\Omega = 550.3\ \text{k}\Omega$

$$A_i = 1,\ A_v = \frac{(1+g_m r_d)R_L}{r_d + R_L} = \frac{1501\times 3\ \text{k}\Omega}{53\ \text{k}\Omega} = 84.96 \cong 85,\ A_p = |A_i A_v| = 85$$

4. $R'_D = \dfrac{r_d R_D}{r_d + R_D} = \dfrac{60\times 2}{60+2} = 1.9355\ \text{k}\Omega$

$$R = \frac{R'_D R_L}{R'_D + R_L} = \frac{1.9355\times 3.3}{1.9355+3.3} = 1.21997\ \text{k}\Omega \cong 1.22\ \text{k}\Omega$$

$$f_H = \frac{1}{2\pi C_o R} = \frac{1}{2\pi\times 15\times 10^{-12}\times 1.22\times 10^3} = 8.7\times 10^6\ \text{Hz} \cong 8.7\ \text{MHz}$$

$$f_{L2}=\frac{1}{2\pi C_2(R'_D+R_L)}=\frac{1}{2\pi\times 2.2\times 10^{-6}\times(1.9355+3.3)\times 10^3}=13.8\ \text{Hz}$$

$$R'_L=\frac{R_D R_L}{R_D+R_L}=\frac{2\times 3.3}{2+3.3}=1.245\ \text{k}\Omega$$

$$f_{LS}=\frac{g_m r_d}{2.6C_S(r_d+R'_L)}=\frac{30\times 60}{2.6\times 100\times 10^{-6}\times 61.245\times 10^3}=113.0\ \text{Hz}$$

帯域幅は 113 Hz～8.7 MHz になる．

5. $$R_{L1}=\frac{1}{\dfrac{1}{r_{ce1}}+\dfrac{1}{R_{C1}}+\dfrac{1}{R_{12}}+\dfrac{1}{R_{22}}+\dfrac{1}{r_{ie2}}}$$

$$=\frac{1}{\dfrac{1}{50\ \text{k}\Omega}+\dfrac{1}{2\ \text{k}\Omega}+\dfrac{1}{18\ \text{k}\Omega}+\dfrac{1}{5.1\ \text{k}\Omega}+\dfrac{1}{2.0\ \text{k}\Omega}}$$

$$=\frac{1}{0.02+0.5+0.05556+0.196+0.5}=\frac{1}{1.27156}=0.7864\ \text{k}\Omega$$

$$A_{v1}=-\beta_1\frac{R_{L1}}{r_{ie1}}=-150\times\frac{0.7864\ \text{k}\Omega}{1.8\ \text{k}\Omega}=-65.5$$

$$R_{L2}=\frac{1}{\dfrac{1}{r_{ce2}}+\dfrac{1}{R_{C2}}+\dfrac{1}{R_L}}=\frac{1}{\dfrac{1}{50\ \text{k}\Omega}+\dfrac{1}{1.5\ \text{k}\Omega}+\dfrac{1}{3.3\ \text{k}\Omega}}=\frac{1}{0.02+0.6667+0.303}$$

$$=1.01\ \text{k}\Omega$$

$$A_{v2}=-\beta_2\frac{R_{L2}}{R_{ie2}}=-180\times\frac{1.01\ \text{k}\Omega}{2.0\ \text{k}\Omega}=-90.9,\quad A_v=-65.5\times -90.9=5953.95\cong 5954$$

第 8 章

1. 本文を参照のこと．
2. ループ利得　$A_vH_v=1000\times 0.05=50$，$20\log(A_vH_v)=20\log 50=34\ \text{dB}$

   増幅度　$A_{vf}=\dfrac{A_v}{1+A_vH_v}=\dfrac{1000}{1+50}=19.61$，$20\log A_{vf}=20\log 19.61=25.85\cong 25.9\ \text{dB}$
3. 並列帰還-直列注入形

   入力インピーダンスを大きくし，出力インピーダンスを小さくできる．理想的な増幅回路に近づけることができる．
4. $$R'_L=\frac{R_C R_L}{R_C+R_L}=\frac{2\times 3}{2+3}=1.2\ \text{k}\Omega,$$

$$A_{vf}=-\frac{\beta R'_L}{r_{ie}+(\beta+1)R_E}=\frac{180\times 1.2\ \text{k}\Omega}{(2+181\times 0.12)\ \text{k}\Omega}=\frac{216}{23.72}=9.1$$

$$R_0=\frac{R_1R_2}{R_1+R_2}=\frac{51\times 15}{51+15}=9.27\ \text{k}\Omega,$$

$$Z'_{if}=r_{ie}+(\beta+1)R_E=2.2\ \text{k}\Omega+181\times 0.12\ \text{k}\Omega=23.92\ \text{k}\Omega$$

$$Z_{if}=\frac{R_0Z'_{if}}{R_0+Z'_{if}}=\frac{9.27\times23.92}{9.27+23.92}=\frac{221.7384}{33.19}=6.68\cong6.7\,\mathrm{k\Omega}$$

抵抗 R_E がないときの入力インピーダンス

$$Z'_i=r_{ie}=2.2\,\mathrm{k\Omega},\quad Z_i=\frac{R_0Z'_i}{R_0+Z'_i}=\frac{9.27\times2.2}{9.27+2.2}=\frac{20.394}{11.47}=1.778\cong1.78\,\mathrm{k\Omega}$$

(Z_{if} の別の求め方)

抵抗 R_E がなく負帰還がかかっていないときの増幅度を A_v とする．

$$A_v=-\beta\frac{R'_L}{r_{ie}}=-180\times\frac{1.2\,\mathrm{k\Omega}}{2.2\,\mathrm{k\Omega}}=-98.18$$

負帰還をかけたときの入力抵抗は以下のようになり，先に求めた値に一致する．

$$H_v=-\frac{R_E}{R'_L}\cdot\frac{\beta+1}{\beta}=-\frac{0.12\,\mathrm{k\Omega}}{1.2\,\mathrm{k\Omega}}\times\frac{181}{180}=-0.10056$$

$$Z'_{if}=(1+A_vH_v)Z_i=(1+98.18\times0.10056)\times2.2\,\mathrm{k\Omega}=(1+9.87)\times2.2\,\mathrm{k\Omega}=23.9\,\mathrm{k\Omega}$$

$$Z_{if}=\frac{R_0Z'_{if}}{R_0+Z'_{if}}=\frac{9.27\times23.9}{9.27+23.9}=\frac{221.553}{33.17}=6.67\cong6.7\,\mathrm{k\Omega}$$

5. $$v'_i=v_i+v_n-H_vv_o,\quad v_o=A_vv'_i=A_v(v_i+v_n-H_vv_o),\quad v_o=\frac{A_v(v_i+v_n)}{1+A_vH_v}$$

負帰還増幅回路の入力側にノイズ電圧が加わると，出力に現れるノイズも $1/(1+A_vH_v)$ になるために，増幅された信号電圧との比率は変わらない．

6. $$R_{L1}=\frac{1}{\frac{1}{R_{C1}}+\frac{1}{R_{12}}+\frac{1}{R_{22}}}=\frac{1}{\frac{1}{4.3\,\mathrm{k\Omega}}+\frac{1}{22\,\mathrm{k\Omega}}+\frac{1}{6.8\,\mathrm{k\Omega}}}=\frac{1}{0.425}\,\mathrm{k\Omega}=2.35\,\mathrm{k\Omega}$$

$$R_{L2}=\frac{R_{C2}R_L}{R_{C2}+R_L}=\frac{2.7\times3}{2.7+3}=1.42\,\mathrm{k\Omega}$$

$$A_v=\frac{\beta_1R_{L1}}{r_{ie1}+(\beta_1+1)R_E}\cdot\frac{\beta_2R_{L2}}{r_{ie2}}=\frac{200\times2.35\,\mathrm{k\Omega}}{(4+201\times0.1)\,\mathrm{k\Omega}}\times\frac{160\times1.42\,\mathrm{k\Omega}}{1.8\,\mathrm{k\Omega}}=\frac{106784}{43.38}$$
$$=2461.6$$

$$A_{vf}=\frac{A_v}{1+A_v\frac{R_E}{R_E+R_f}}=\frac{2461.6}{1+2461.6\times\frac{0.1\,\mathrm{k\Omega}}{56.1\,\mathrm{k\Omega}}}=\frac{2461.6}{5.3879}=456.9\Rightarrow A_v\text{ の約 }0.186$$

倍になる．

$$Z_{of}=\frac{1}{\frac{1}{R_E+R_f}+\frac{1}{R_{L2}}}=\frac{(R_E+R_f)\times R_{L2}}{R_E+R_f+R_{L2}}=\frac{56.1\times1.42}{56.1+1.42}=1.385\cong1.39\,\mathrm{k\Omega}$$

7. ループ利得が 0 dB のときの位相は $\theta=-190°$ であり，不安定である．

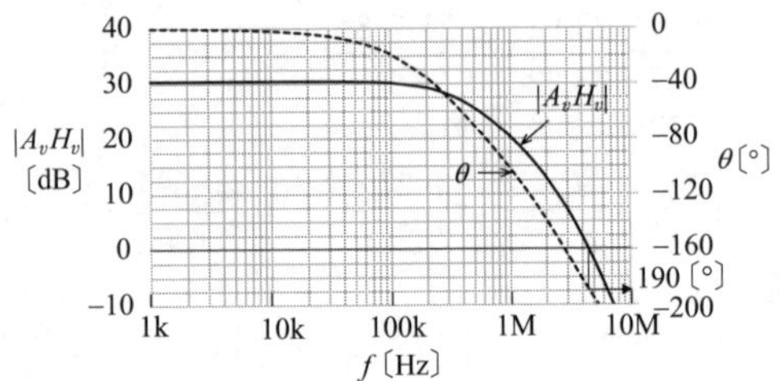

解図 8.1 ループ利得$|A_vH_v|$と位相θの周波数特性

第9章

1. $V_{EE}=I_{B1}R_B+(I_{B1}+I_{B2})(\beta+1)R_E+V_{BE}=I_{B1}\{R_B+2(\beta+1)R_E\}+V_{BE}$

$$I_{B1}=I_{B2}=\frac{V_{EE}-V_{BE}}{R_B+2(\beta+1)R_E}$$

$$I_{C1}=I_{C2}=\beta I_{B1}=\frac{\beta(V_{EE}-V_{BE})}{R_B+2(\beta+1)R_E}=\frac{120\times 11.3\ \mathrm{V}}{(1+2\times 121\times 5.1)\ \mathrm{k\Omega}}=\frac{1356\ \mathrm{V}}{1235.2\ \mathrm{k\Omega}}=1.098\ \mathrm{mA}$$

$I_{E1}=I_{C1}\times(\beta+1)/\beta=1.098\times 121/120=1.107\ \mathrm{mA}$，$I_0=2\times I_{E1}=2.214\ \mathrm{mA}$

$$r_e=\frac{26\ \mathrm{mV}}{I_{E1}}=\frac{26\ \mathrm{mV}}{1.107\ \mathrm{mA}}=23.49\ \Omega(28.65\ \Omega)$$

$r_{ie}=r_b+(\beta+1)r_e=121\times 23.49=2.84\ \mathrm{k\Omega}(3.47\ \mathrm{k\Omega})$

$$A_d=-\beta\frac{R_C}{R_B+r_{ie}}=-\frac{120\times 5.1\ \mathrm{k\Omega}}{(1+2.84)\mathrm{k\Omega}}=-159.4(-136.9)$$

$$A_c=-\beta\frac{R_C}{R_B+r_{ie}+2(\beta+1)R_E}=-\frac{120\times 5.1\ \mathrm{k\Omega}}{(1+2.84+2\times 121\times 5.1)\ \mathrm{k\Omega}}=-\frac{612}{1238.04}$$
$$=-0.494(-0.494)$$

$$\mathrm{CMRR}=\frac{A_d}{A_c}=\frac{159.4}{0.494}=322.7(277.1)$$

(　)内は例題 9.2 の値となる．バイアス電流I_{E1}とI_{E2}が増加し，エミッタ抵抗r_eが低下する．その結果，ベース電流i_bが増加し，差動利得A_dは例題 9.2 の値より大きくなる．

2. ① バイアス電流I_{E1}がないとき

$$I_B=\frac{V_{BB}-2V_{BE}}{R_B}=\frac{2-1.4}{3\times 10^6}=0.2\times 10^{-6}\ \mathrm{A},\ I_{E1}=(\beta+1)I_B=101\times 0.2\ \mu\mathrm{A}=20.2\ \mu\mathrm{A}$$

$$I_{E2}=(\beta+1)^2I_B=2.04\ \mathrm{mA},\ r_{e1}=\frac{26\ \mathrm{mV}}{I_{E1}}=\frac{26\ \mathrm{mV}}{0.0202\ \mathrm{mA}}=1287.1\ \Omega$$

$$r_{e2}=\frac{26\ \mathrm{mV}}{2.04\ \mathrm{mA}}=12.745\ \Omega$$

$$r_{ie}=(\beta+1)r_{e1}+(\beta+1)^2r_{e2}=101\times 1.287\ \mathrm{k\Omega}+101^2\times 12.745\ \Omega=(129.99+130.0)\ \mathrm{k\Omega}$$
$$=260\ \mathrm{k\Omega}$$

$$A_v=\frac{v_o}{v_i}=-\frac{\beta(\beta+2)i_bR_C}{i_b(R_B+r_{ie})}=-\frac{\beta(\beta+2)R_C}{R_B+r_{ie}}=-\frac{100\times102\times3.3\,\mathrm{k\Omega}}{(3000+260)\,\mathrm{k\Omega}}=-10.3$$

② バイアス電流 I_{E1} があるとき

$$r_{ie}=(\beta+1)^2r_{e2}=101^2\times12.745\,\Omega=130.0\,\mathrm{k\Omega}$$

$$A_v=\frac{v_o}{v_i}=-\frac{\beta(\beta+2)R_C}{R_B+r_{ie}}=-\frac{100\times102\times3.3\,\mathrm{k\Omega}}{(3000+130)\mathrm{k\Omega}}=-10.75\cong-10.8$$

抵抗 R_B が 3 MΩ と大きいために，バイアス電流 I_{E1} によってベース電流 i_b と電圧増幅度 A_v はあまり変化しない．

3. Q_1 と Q_2 の特性を同一とする．また，ドレイン抵抗 r_d を無視すると，A_d と A_c は**解図 9.1** より (解 9.1)，式 (解 9.2) のようになる．

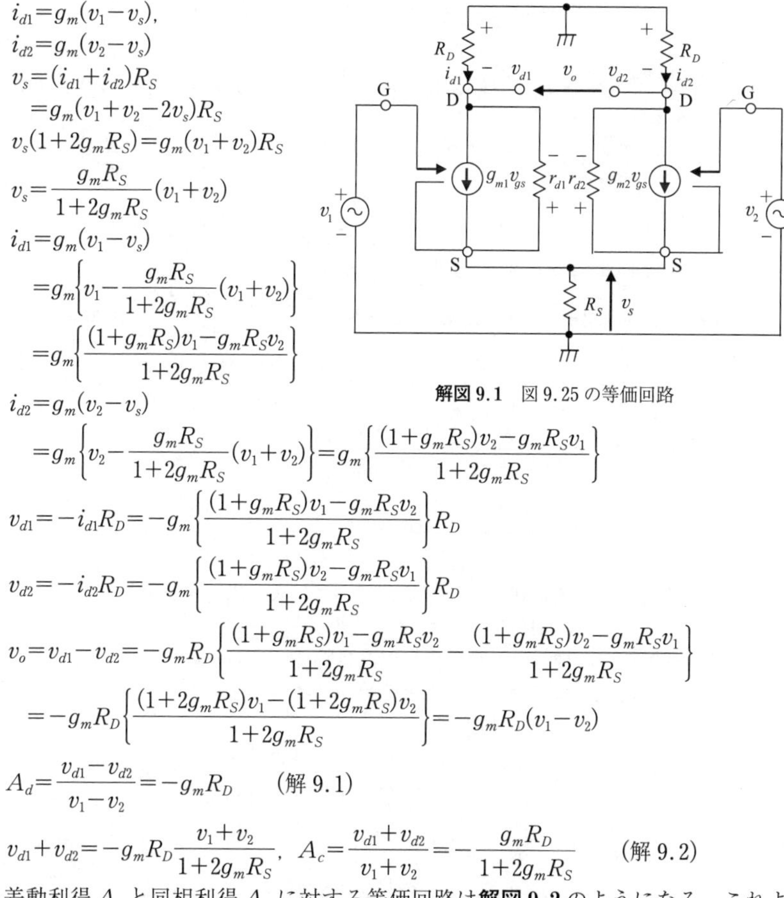

解図 9.1 図 9.25 の等価回路

$$i_{d1}=g_m(v_1-v_s),$$
$$i_{d2}=g_m(v_2-v_s)$$
$$v_s=(i_{d1}+i_{d2})R_S$$
$$=g_m(v_1+v_2-2v_s)R_S$$
$$v_s(1+2g_mR_S)=g_m(v_1+v_2)R_S$$
$$v_s=\frac{g_mR_S}{1+2g_mR_S}(v_1+v_2)$$
$$i_{d1}=g_m(v_1-v_s)$$
$$=g_m\left\{v_1-\frac{g_mR_S}{1+2g_mR_S}(v_1+v_2)\right\}$$
$$=g_m\left\{\frac{(1+g_mR_S)v_1-g_mR_Sv_2}{1+2g_mR_S}\right\}$$
$$i_{d2}=g_m(v_2-v_s)$$
$$=g_m\left\{v_2-\frac{g_mR_S}{1+2g_mR_S}(v_1+v_2)\right\}=g_m\left\{\frac{(1+g_mR_S)v_2-g_mR_Sv_1}{1+2g_mR_S}\right\}$$
$$v_{d1}=-i_{d1}R_D=-g_m\left\{\frac{(1+g_mR_S)v_1-g_mR_Sv_2}{1+2g_mR_S}\right\}R_D$$
$$v_{d2}=-i_{d2}R_D=-g_m\left\{\frac{(1+g_mR_S)v_2-g_mR_Sv_1}{1+2g_mR_S}\right\}R_D$$
$$v_o=v_{d1}-v_{d2}=-g_mR_D\left\{\frac{(1+g_mR_S)v_1-g_mR_Sv_2}{1+2g_mR_S}-\frac{(1+g_mR_S)v_2-g_mR_Sv_1}{1+2g_mR_S}\right\}$$
$$=-g_mR_D\left\{\frac{(1+2g_mR_S)v_1-(1+2g_mR_S)v_2}{1+2g_mR_S}\right\}=-g_mR_D(v_1-v_2)$$
$$A_d=\frac{v_{d1}-v_{d2}}{v_1-v_2}=-g_mR_D \qquad (解 9.1)$$
$$v_{d1}+v_{d2}=-g_mR_D\frac{v_1+v_2}{1+2g_mR_S},\quad A_c=\frac{v_{d1}+v_{d2}}{v_1+v_2}=-\frac{g_mR_D}{1+2g_mR_S} \qquad (解 9.2)$$

(別解) 差動利得 A_c と同相利得 A_d に対する等価回路は**解図 9.2** のようになる．これより，ドレイン抵抗 r_d を無視すると，差動利得 A_c と同相利得 A_d を求めることができる．

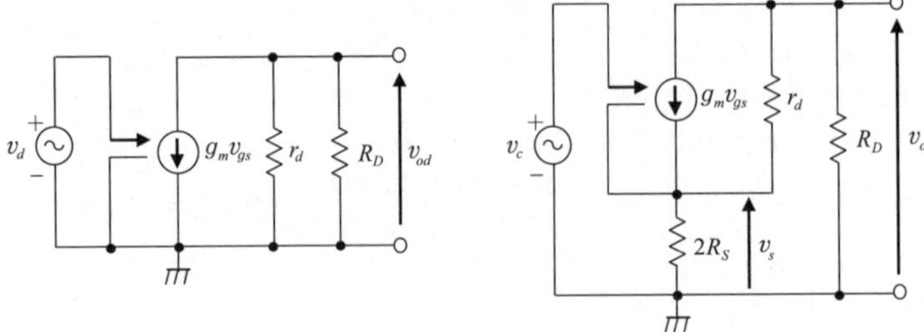

(a) 差動利得に対する等価回路　(b) 同相利得に対する等価回路

解図 9.2 差動利得と同相利得に対する等価回路

$$A_d=\frac{v_{od}}{v_d}=-g_m R_D \quad (解 9.3), \quad v_s=2i_d R_S, \quad i_d=g_m v_{gs}=g_m(v_c-v_s)=g_m(v_c-2i_d R_S)$$

$$i_d=\frac{g_m v_c}{1+2g_m R_S}, \quad v_{oc}=-i_d R_D=-\frac{g_m R_D v_c}{1+2g_m R_S}, \quad A_c=\frac{v_{oc}}{v_c}=-\frac{g_m R_D}{1+2g_m R_S} \quad (解 9.4)$$

4. $$I_E=I_{E1}=I_{E2}=\frac{I_0}{2}=1.25\ \text{mA}, \quad r_e=\frac{26\ \text{mV}}{1.25\ \text{mA}}=20.8\ \Omega$$

$$r_{ie}=r_b+(\beta+1)r_e=81\times 20.8\ \Omega=1.685\ \text{k}\Omega$$

$$R_B+r_{ie}=1.2+1.685=2.885\ \text{k}\Omega, \quad R=\frac{r_{ce}R_C}{r_{ce}+R_C}=\frac{40\times 4.7}{40+4.7}=4.206\cong 4.21\ \text{k}\Omega$$

$$v_o=v_{c2}=-i_{c2}R_C=\frac{\beta R}{R_B+r_{ie}}\cdot\frac{v_1-v_2}{2}=\frac{80\times 4.21\ \text{k}\Omega}{2.885\ \text{k}\Omega}\times\frac{12\ \text{mV}}{2}=0.7\ \text{V}$$

$$A_d=\frac{v_o}{v_1-v_2}=\frac{\beta R}{2(R_B+r_{ie})}=\frac{80\times 4.21\ \text{k}\Omega}{2\times 2.885\ \text{k}\Omega}=58.4$$

第10章

1.

・理想的な特性…差動利得，入力インピーダンス，出力インピーダンス，同相除去比 CMRR

・理想的でない特性…オフセット，周波数特性，スルーレート

それぞれの説明については本文を参照のこと．

2. $$\text{SR}=0.5\ \text{V}/\mu\text{s}=0.5\times 10^6\ \text{V/s}$$

$$\omega v_m=\omega\sqrt{2}v(rms)\leqq \text{SR}, \quad v\leqq\frac{\text{SR}}{\sqrt{2}\omega}=\frac{0.5\times 10^6}{\sqrt{2}\times 2\pi\times 100\times 10^3}=0.563\ \text{V}$$

3. $$v_i=v_c=\frac{1}{C}\int idt, \quad \frac{dv_i}{dt}=\frac{i}{C}\Rightarrow i=C\frac{dv_i}{dt}$$

$$v_o=-iR=-CR\frac{dv_i}{dt}=-CR\frac{d(E_m\sin\omega t)}{dt}=-\omega CRE_m\cos\omega t$$

4. ① t_1 秒後の出力電圧

$$v_o(t_1)=-\frac{1}{CR}\int v_i dt=\frac{t_1}{CR}$$

② その後，t_1 時刻にスイッチ S_1 を開いても出力電圧は $v_o(t_1)$ のままで変わりない．出力電圧を 0 にリセットするためには，スイッチ S_2 を閉じコンデンサの電圧を放電させる必要がある．

③ 次のような使い方をする．積分回路を使う前に，スイッチ S_1 を開放し，スイッチ S_2 を閉じコンデンサに残っている電荷を放電させる．次に S_2 を開放し，S_1 を閉じて，必要な時間だけ積分する．その後，S_1 を開放すると，入力電圧を積分した結果を保持することができる．次に使うときは，S_2 を閉じ出力電圧を 0 にリセットする．

5.

$$i=\left(\frac{1}{R_1}+j\omega C\right)v_i,\quad v_o=-iR_2=-R_2\left(\frac{1}{R_1}+j\omega C\right)v_i=-\frac{R_2}{R_1}(1+j\omega CR_1)v_i$$

$$A_v(j\omega)=\frac{v_o}{v_i}=-\frac{R_2}{R_1}(1+j\omega CR_1)$$

6. 本文中の式 (10.48) において，$v_o=V_o$，$v_1=IR_S$，$v_2=0$ とおくと $V_o=-\dfrac{R_3}{R_1}v_1=-\dfrac{R_3}{R_1}IR_S$ となる．これより，抵抗 R_S を流れる電流 I を求めることができる．

$$|I|=\frac{R_1}{R_3}\cdot\frac{V_o}{R_S}$$

7.

$$V_-(s)=\frac{R_1}{R_1+R_3}V_o(s),\quad V_+(s)=\frac{1/Cs}{R_2+1/Cs}V_i(s)=\frac{1}{1+CR_2s}V_i(s)$$

$$V_-(s)=V_+(s)\text{ より }V_o(s)=\frac{R_1+R_3}{R_1}V_-(s)=\frac{R_1+R_3}{R_1}\cdot\frac{1}{1+CR_2s}V_i(s)$$

$$=\left(1+\frac{R_3}{R_1}\right)\frac{1}{1+CR_2s}V_i(s)$$

$$G(s)=\frac{V_o(s)}{V_i(s)}=\left(1+\frac{R_3}{R_1}\right)\frac{1}{1+CR_2s}$$

第11章

1. 本文を参照のこと．

2.

$$P_o=\left(\frac{I_m}{\sqrt{2}}\right)^2R_L=\frac{V_{CC}^2}{2R_L},\quad V_{CC}=\sqrt{2R_LP_o}=\sqrt{2\times16\times5}=12.65\cong12.7\text{ V}$$

$$P_{C\max}=\frac{V_{CC}^2}{\pi^2R_L}=\frac{12.7^2}{\pi^2\times16}=1.02\cong1.0\text{ W}$$

3.

$$\theta_i=\frac{150-25}{25}=5℃/\text{W},\quad \theta_i+\theta_S+\theta_C=5+0.5=5.5℃/\text{W}$$

$$P_{C\max}=0.2\times 9_{o\max}=0.2\times20\text{ W}=4\text{ W}$$

$$\theta_f \leq \frac{T_j - T_a}{P_{C\max}} - (\theta_i + \theta_S + \theta_C) = \frac{(120-60)℃}{4\ \mathrm{W}} - 5.5℃/\mathrm{W} = 9.5℃/\mathrm{W}$$

(厚さ 2 mm，面積約 38 $\mathrm{cm^2}$ のアルミ板が必要になる．)

結果を A 級電力増幅回路に関する例題 11.1 と比較すると，**解表 11.1** のようになる．B 級 SEPP 回路を使うと，コレクタ損失が小さく，放熱設計が容易になる．

解表 11.1 A 級電力増幅回路（例題 11.1）と B 級 SEPP 回路の比較

	最大出力電力〔W〕	最大許容コレクタ損失〔W〕	実際の $P_{C\max}$〔W〕	放熱板	
				熱抵抗〔℃/W〕	面積〔$\mathrm{cm^2}$〕
A 級電力増幅回路	5	50	10	3 以下	約 265
B 級 SEPP 回路	20	25	4	9.5 以下	約 38

(注) 放熱板の面積は，厚さ 2 mm のアルミ板のもの．

4. 本文を参照のこと．

5.
$$\eta = 1 - \left\{ \frac{4f_s(t_r + t_f)}{3\pi} + \frac{R_{DS(ON)}}{R_{DS(ON)} + R_L} \right\}$$

$$= 1 - \left\{ \frac{4 \times 350 \times 10^3\ \mathrm{Hz} \times 0.25 \times 10^{-6} s}{3\pi} + \frac{0.7\ \Omega}{(0.7+8)\Omega} \right\}$$

$$= 1 - (0.0372 + 0.0805) = 0.8823$$

$$P_i = \frac{V_{DD}^2}{2} \cdot \frac{1}{R_{DS(ON)} + R_L},\quad P_o = \eta \frac{V_{DD}^2}{2} \cdot \frac{1}{R_{DS(ON)} + R_L}$$

$$V_{DD} = \sqrt{\frac{2P_o(R_{DS(ON)} + R_L)}{\eta}} = \sqrt{\frac{2 \times 1.5\ \mathrm{W} \times 8.7\ \Omega}{0.8823}} = 5.44\ \mathrm{V} \Rightarrow 5.5\ \mathrm{V}$$

第 12 章

1.
$$\Delta t_2 = \frac{1}{\omega} \tan^{-1}\left(\frac{\omega^2 C^2 r R_L^2 + r + R_L}{\omega C R_L^2} \right) = \frac{0.313\ \mathrm{rad}}{6.28 \times 50\ \mathrm{Hz}} \cong 1\ \mathrm{ms}$$

$$t_2 = \frac{T}{4} + \Delta t_2 = 5 + 1 = 6\ \mathrm{ms}$$

$$\omega t_2 = 2\pi \times 50 \times 6 \times 10^{-3} = 1.884\ \mathrm{rad}$$

$$\Delta t = \frac{1}{\omega} \sqrt{\frac{(T - 2\Delta t_2)}{CR_L}} + \Delta t_2 = \frac{1}{2\pi \times 50} \sqrt{\frac{(20-2)}{1000 \times 10^{-6} \times 150}} + 1 = 2.1\ \mathrm{ms}$$

$$V_o = E_m \sin \omega t_2 \left(1 - \frac{T/2 - \Delta t}{2CR_L} \right) = 141.4 \times \sin 1.884 \times \left\{ 1 - \frac{(10-2.1) \times 10^{-3}}{2 \times 1000 \times 10^{-6} \times 150} \right\}$$

$$= 141.4 \times 0.9514 \times 0.9737 = 131.0\ \mathrm{V}$$

2. コンデンサを流れる電流 i_C は時刻 $T/4$ で 0 になる．また，抵抗を流れる電流 i_R は時刻 $T/2$ で 0 になる．これらを合計した交流電流 i は $T/4$～$T/2$ の間で 0 になり，その時刻 t_2(交流電流 i が 0 になりダイオードがオフする時刻) は i_C と i_R の比によって決まり以下の式で与えられる．

$$t_2=\frac{T}{4}+\frac{1}{\omega}\tan^{-1}\left(\frac{i_R}{i_C}\right)$$

抵抗 r を大きくすると，コンデンサを流れる電流が大きく減少する．これにより上式の第二項が大きくなり，ダイオードがオフする時刻 t_2 が $T/2$ に近づく．詳細は付録の J を参照のこと．

3. $D=0.5$ のときが $G=0.906$，$D=0.2$ のときが $G=0.242$ になる．詳細は**解表 12.1** を参照のこと．

解表 12.1

D	0.5	0.45	0.4	0.35	0.3	0.25	0.2
$D'=1-D$	0.5	0.55	0.6	0.65	0.7	0.75	0.8
r〔Ω〕	0.065	0.0635	0.062	0.0605	0.059	0.0575	0.056
Z_o〔Ω〕	0.26	0.21	0.172	0.143	0.120	0.1022	0.0875
Z_o/R_o	0.104	0.084	0.069	0.057	0.048	0.041	0.035
$1+Z_o/R_o$	1.104	1.084	1.069	1.057	1.048	1.041	1.035
$G=E_o/E_i$	0.906	0.755	0.624	0.509	0.409	0.320	0.242

4. 出力インピーダンスは 0.29 倍に低下する．

$$Z_o'=\frac{Z_o}{1+\frac{H_vE_o}{D}\left(1+\frac{r_2}{R_L}\right)}=\frac{Z_o}{1+\frac{0.1\times12}{0.5}\left(1+\frac{0.2}{12}\right)}=\frac{Z_o}{3.44}=0.29Z_o$$

5. 本文を参照のこと．

6. 共振を利用してスイッチ Q_1 と Q_2 を ZVS させている．そのために，スイッチング損失が小さく，効率が高い．また，スイッチングノイズも減少する．

第 13 章

1.

$$f=\frac{1}{2\pi\sqrt{(L_1+L_3)C}}=\frac{1}{2\pi\sqrt{42\times10^{-6}\times1000\times10^{-12}}}=7.77\times10^5\ \text{Hz}=0.78\ \text{MHz}$$

$$\beta\geqq\frac{L_3}{L_1}=\frac{40\ \mu\text{H}}{2\ \mu\text{H}}=20$$

2.

$$f_s=\frac{1}{2\pi\sqrt{L_0C_0}}=\frac{1}{2\pi\sqrt{0.5\times10^{-3}\times4\times10^{-12}}}=3.56\ \text{MHz}$$

$$f_p=f_s\left(1+\frac{C_0}{C}\right)=3.56\times\left(1+\frac{4\ \text{pF}}{50\ \text{pF}}\right)\cong3.85\ \text{MHz}$$

$$Q=\frac{2\pi f_sL_0}{R_0}=\frac{2\pi\times3.56\times10^6\times0.5\times10^{-3}}{2}=5.59\times10^3$$

3.

$$f=\frac{1}{2\pi CR}=\frac{1}{2\pi\times1200\times10^{-12}\times5.1\times10^3}=\frac{10^6}{2\pi\times1.2\times5.1}\ \text{〔Hz〕}=26\ \text{kHz}$$

振幅条件：$R_3\geqq2R_4=2\times2\ \text{k}\Omega=4\ \text{k}\Omega$

4. 等価回路は，電流源を電圧源に等価変換すると，**解図 13.1** のように書き直すことができる．下図において，電圧増幅度 A_v と帰還率 H_v は次のように求めることができる．

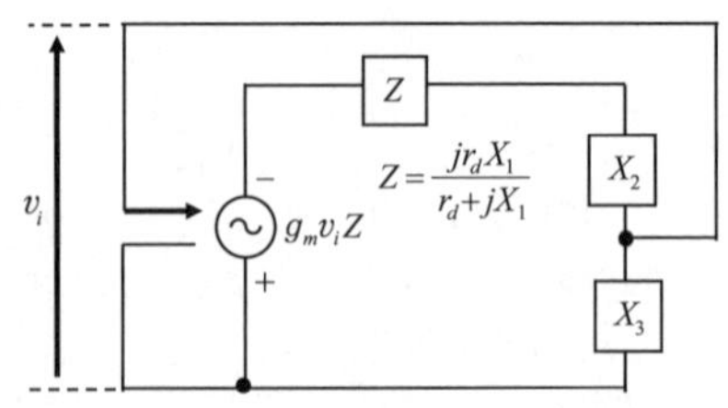

解図 13.1

$$A_v=g_mZ=g_m\frac{jr_dX_1}{r_d+jX_1},\quad H_v=-\frac{jX_3}{Z+jX_2+jX_3}=-\frac{jX_3}{\dfrac{jr_dX_1}{r_d+jX_1}+jX_2+jX_3}$$

以上より，周波数の条件式と振幅の条件式を求めることができる．

$$A_vH_v=-g_m\frac{jr_dX_1}{r_d+jX_1}\cdot\frac{jX_3}{\dfrac{jr_dX_1}{r_d+jX_1}+jX_2+jX_3}\geqq 1$$

$$A_vH_v=g_m\frac{r_dX_1X_3}{-X_1(X_2+X_3)+jr_d(X_1+X_2+X_3)}\geqq 1$$

虚部 $=0$ より，周波数の条件式：$X_1+X_2+X_3=0$

実部 $\geqq 1$ より，振幅の条件式：$-\dfrac{g_mr_dX_3}{X_2+X_3}\geqq 1$ が得られる．

5.

$$Z=\frac{\dfrac{1}{j\omega C_1}\left(R_2+\dfrac{1}{j\omega C_2}\right)}{\dfrac{1}{j\omega C_1}+R_2+\dfrac{1}{j\omega C_2}}=\frac{1+j\omega C_2R_2}{-\omega^2C_1C_2R_2+j\omega(C_1+C_2)}$$

$$H_v=\frac{Z}{R_1+Z}\cdot\frac{R_2}{R_2+\dfrac{1}{j\omega C_2}}=\frac{\dfrac{1+j\omega C_2R_2}{-\omega^2C_1C_2R_2+j\omega(C_1+C_2)}}{R_1+\dfrac{1+j\omega C_2R_2}{-\omega^2C_1C_2R_2+j\omega(C_1+C_2)}}\cdot\frac{j\omega C_2R_2}{1+j\omega C_2R_2}$$

$$=\frac{1}{1+\dfrac{R_1(C_1+C_2)}{C_2R_2}-j\left(\dfrac{-\omega^2C_1C_2R_1R_2+1}{\omega C_2R_2}\right)}$$

虚部 $=0$ より，発振周波数は以下となる．

$$-\omega^2C_1C_2R_1R_2+1=0,\quad f=\frac{1}{2\pi\sqrt{C_1C_2R_1R_2}}$$

また，振幅条件は $A_v=(1+R_3/R_4)$ のために以下となる．

$$A_vH_v=\left(1+\frac{R_3}{R_4}\right)\frac{1}{1+\dfrac{R_1(C_1+C_2)}{C_2R_2}}\geqq 1,\quad \frac{R_3}{R_4}\geqq\frac{C_1R_1}{C_2R_2}+\frac{R_1}{R_2}$$

第 14 章

1. 本文を参照のこと.
2. 出力電圧は**解図 14.1** のようになる.
3. 時定数が小さいと，出力電圧が図 14.16(c) の点線の波形のようにひずんでしまう.
4. 原理については本文を参照のこと．エミッタホロワが増幅器として使われるのは，増幅度 A_v が 1 未満であり回路が発振することなく，A_v が 1 に近いために理想的な出力電圧 (時間に対して直線的に増加する電圧) を得ることができるためである．また，入力インピーダンスが高く，ブートストラップ回路を接続しても入力電圧 v_i に大きな影響を与えることもない.

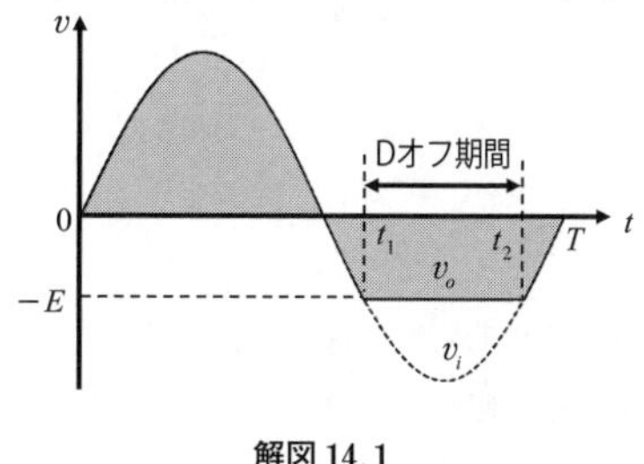

解図 14.1

索　　引

す

せ

そ

た

ち

つ

て

と

な

に

の

は

ひ

ふ

著者略歴

落合　政司（おちあい　まさし）

長崎大学大学院 生産科学研究科 博士課程修了
工学博士
（教職歴）
長崎大学・小山高専・芝浦工業大学・東洋大学　非常勤講師（2006～2007 年度，2011～2020 年度）
群馬大学　客員教授（2012～2017 年度）
（著書歴）
『スイッチング電源の原理と設計』（オーム社，2015 年）
『しっかり学べる！「スイッチング電源回路」の設計入門』（日刊工業新聞社，2018 年）
『はかる×わかる半導体 パワーエレクトロニクス編』（共著，日経 BP コンサルティング社，2019 年）
『共振形スイッチングコンバータの基礎』（オーム社，2019 年）

電気学会大学講座
アナログ電子回路　－半導体デバイスとその応用技術－

2022年 8 月19日　初　版　1 刷発行

発行者　本吉　高行

発行所　一般社団法人 **電　気　学　会**
〒102-0076　東京都千代田区五番町 6-2
電話（03）3221-7275
https://www.iee.or.jp

発売元　株式会社　オーム社
〒101-8460　東京都千代田区神田錦町 3-1
電話（03）3233-0641

印刷所
製本所　日経印刷株式会社

落丁・乱丁の際はお取替いたします
ISBN978-4-88686-318-8　C3054

電気学会の出版事業について

電気学会は，1888年に「電気に関する研究と進歩とその成果の普及を図り，もって学術の発展と文化の向上に寄与する」ことを目的に創立され，教育関係者，研究者，技術者および関係諸機関・法人などにより組織され運営される公益法人です．電気学会の出版事業は，1950年に大学講座シリーズとして発行した電気工学の教科書をはじめとし半世紀以上を経た今日まで電子工学を包含した数多くの図書の企画，出版を行っています．

電気学会の扱う分野は電気工学に留まらず，エネルギー，システム，コンピュータ，通信，制御，機械，医療，材料，輸送，計測など多くの工学分野に密接に関係し，工学全般にとって必要不可欠の領域となっています．しかも年々学術，技術の進歩が加速的に速くなっているため，大学，高専などの教育現場においては，教育科目，内容，授業形態などが急激に様変わりしており，カリキュラムも多様化しています．

電気学会では，そのような実情，社会ニーズなどを調査，分析して時代に即応した教科書の出版を行っていますが，さらに，学問や技術の進歩に一早く応えた研究者，エンジニア向けの専門工学書，また，難解な専門工学を分りやすく解説した一般読者向けの技術啓発書などの出版にも鋭意，力を注いでいます．こうしたことは，本学会が各界の一線で活躍する教育関係者，研究者，技術者などで組織する学術団体だからこそ出来ることです．電気学会では，これらの特徴を活かして，これからも知識向上，自己啓発，生涯教育などに貢献できる図書を出版していきたいと考えています．

会員入会のご案内

電気学会では，世代を超えて多くの方々の入会をお待ちしておりますが，特に，次の世代を担う若い学生，研究者，エンジニアの方々の入会を歓迎いたします．電気電子工学を幅広く捉え将来の活躍の場を見出すため入会され，最新の学術や技術を身につけ一層磨きをかけてキャリアアップを目指してはいかがでしょうか．すべての会員には，毎月発行する電気学会誌，論文誌の配布や，当会発行図書の特価購読など，いろいろな特典がございますので，是非一度下記までお問合せ下さい．

〒102-0076　東京都千代田区五番町6-2　一般社団法人　電気学会

https://www.iee.jp　Fax：03（3221）3704

▽入会案内：総務課　Tel：03（3221）7312

▽出版案内：編修出版課　Tel：03（3221）7275